# PowerPoint 多媒体课件制作经典教程

## 模块模板精讲

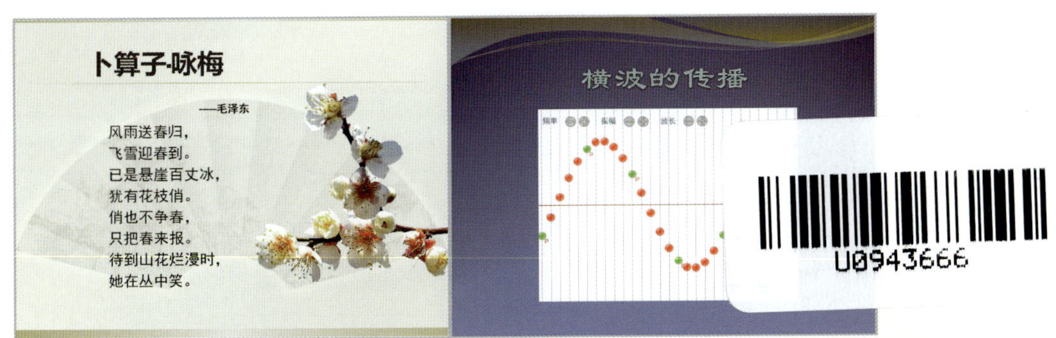


4.1.3 卜算子·咏梅　　4.3.3 横波的传播

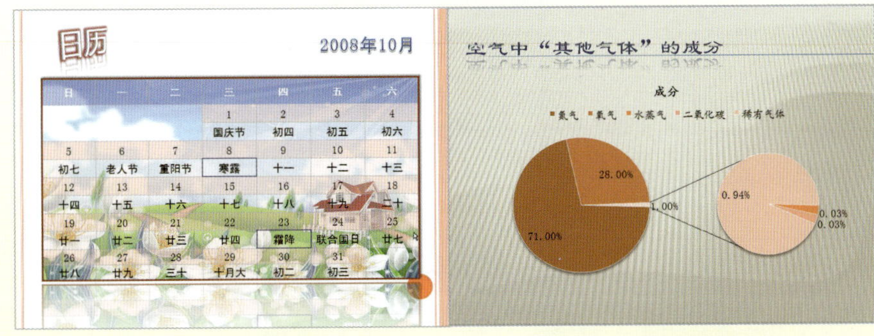


5.1 使用表格　　5.2 使用图表

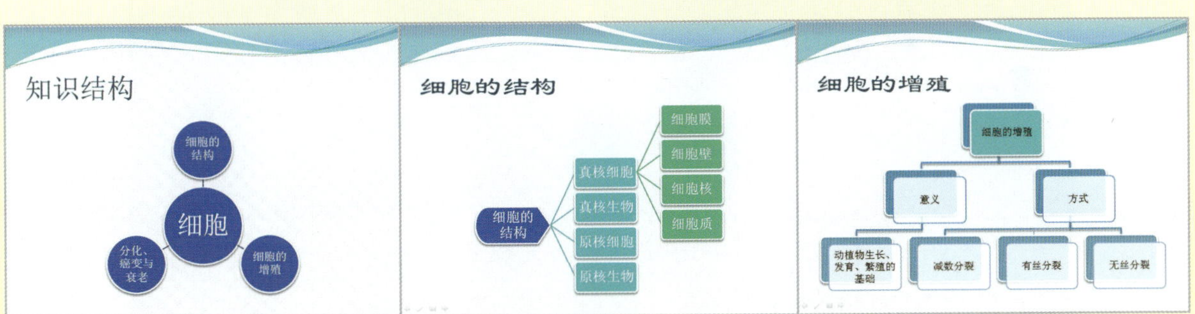


5.3.3 高中生物知识结构复习(细胞)

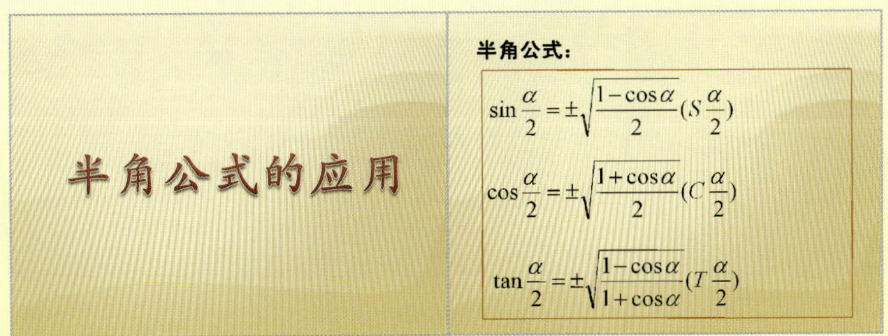


6.3 半角公式的应用

安徒生是世界著名童话作家。他的童话和过去的一般童话不同，并不是民间传说的重述。他立足于现实生活，运用浪漫主义的手法，创作了168篇童话故事。在英国，他的作品是青少年教育的范本，同时，他也是属于全世界的。他的作品被译成80多种文字，是丹麦对世界文学最伟大的贡献。

阅读课文联系课文内容 填写表格

| 擦燃火柴次数 | 幻 想 | 渴 望 | 现 实 |
|---|---|---|---|
| 第一次 | 火 炉 | 温 暖 | 寒 冷 |
| 第二次 | 烤 鹅 | 食 物 | 饥 饿 |
| 第三次 | 圣诞树 | 欢 乐 | 孤 独 |
| 第四次 | 奶 奶 | 疼 爱 | 痛 苦 |
| 第五次 | 同奶奶飞走 | 幸 福 | 死 了 |

思考：

2. 她曾经多么幸福，跟着她奶奶一起走向新年的幸福中去。”对这句话中的两个“幸福”，你是怎样理解的？从这句话中，你体会到了些什么？

（第一个“幸福”是说小女孩临死的时候是幸福的，她是在看到许多美丽的东西的幻觉中死去的；第二个“幸福”的意思是小女孩死了就幸福了，就没有寒冷，没有饥饿，没有痛苦了。）

联系课文内容，理解“她们俩在光明和快乐中飞走了，越飞越高，飞到那没有寒冷，没有饥饿，也没有痛苦的地方去了。”这句话的含义。

这是小女孩的幻想，说明了小女孩活在世上只有寒冷、饥饿和痛苦。卖火柴的小女孩要想摆脱寒冷、饥饿和痛苦，只有死亡。只有推翻当时黑暗的社会制度。

7.3 卖火柴的小女孩

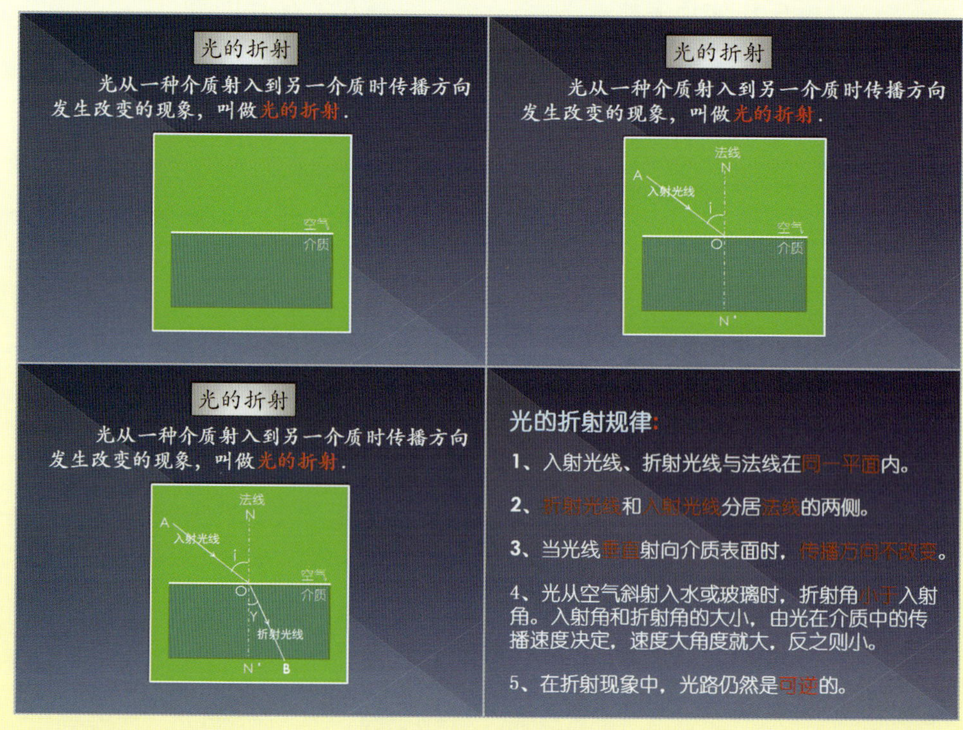


7.4 光的折射

# 模块模板精讲



2.1.4 小石潭记



2.2.3 小音乐家扬科

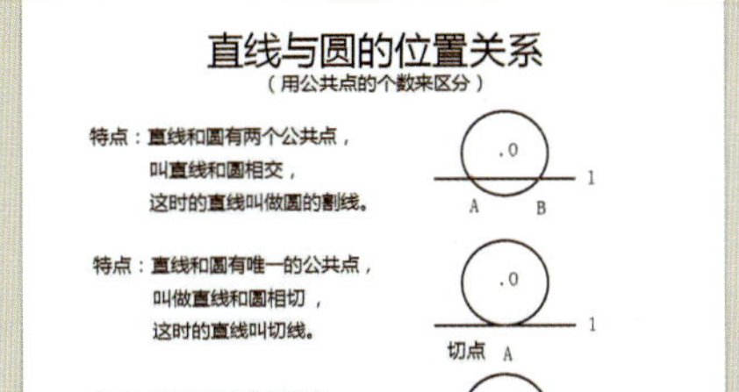


3.1.3 直线与圆的位置关系

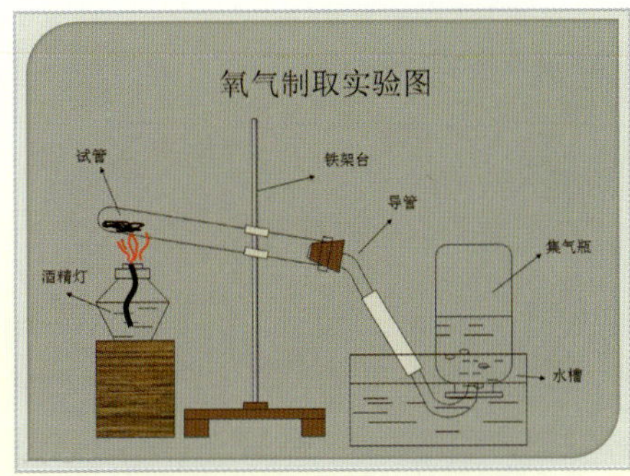


3.1.5 氧气制取实验图

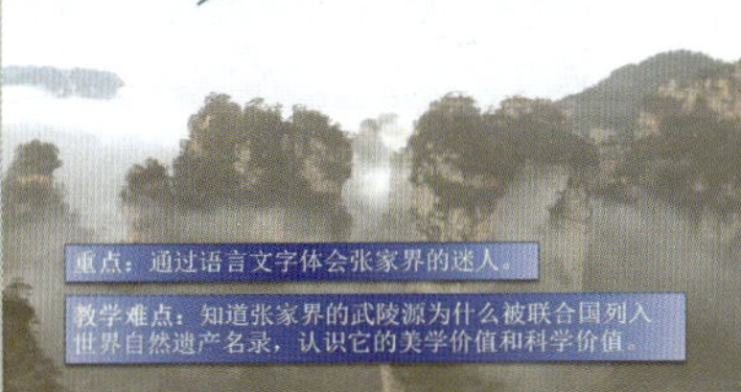

3.2.4 美丽的张家界

# PowerPoint 多媒体课件制作经典教程

## 模块模板精讲

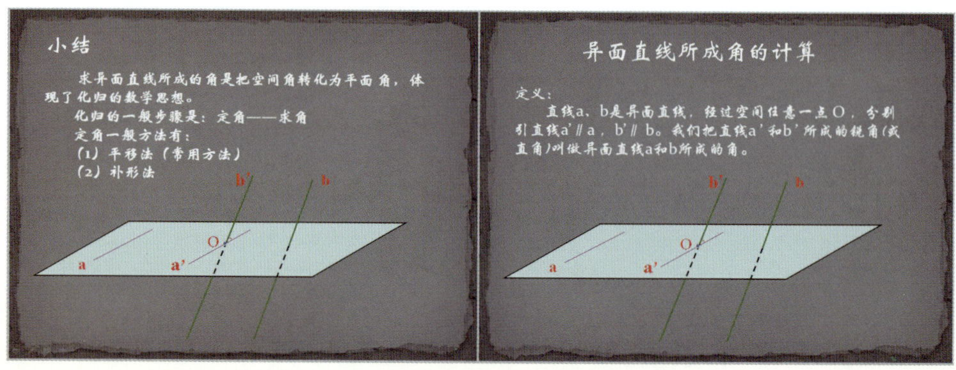


3.1.4 异面直线所成角的计算

3.2.5 圆明园的毁灭

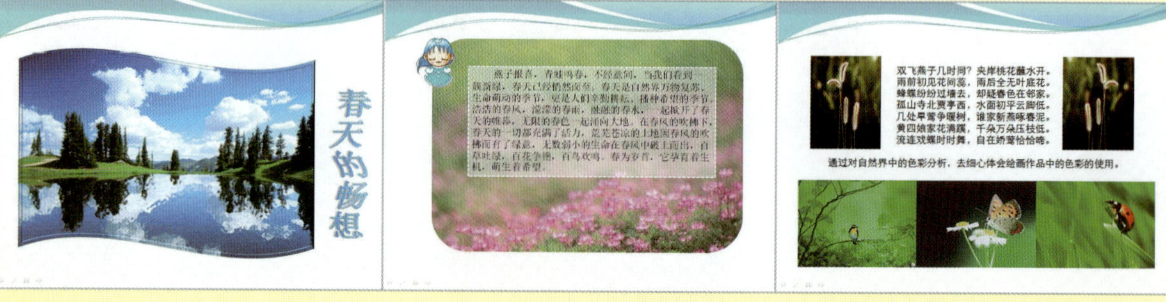


3.2.6 春天的畅想

8.1.3 白杨礼赞

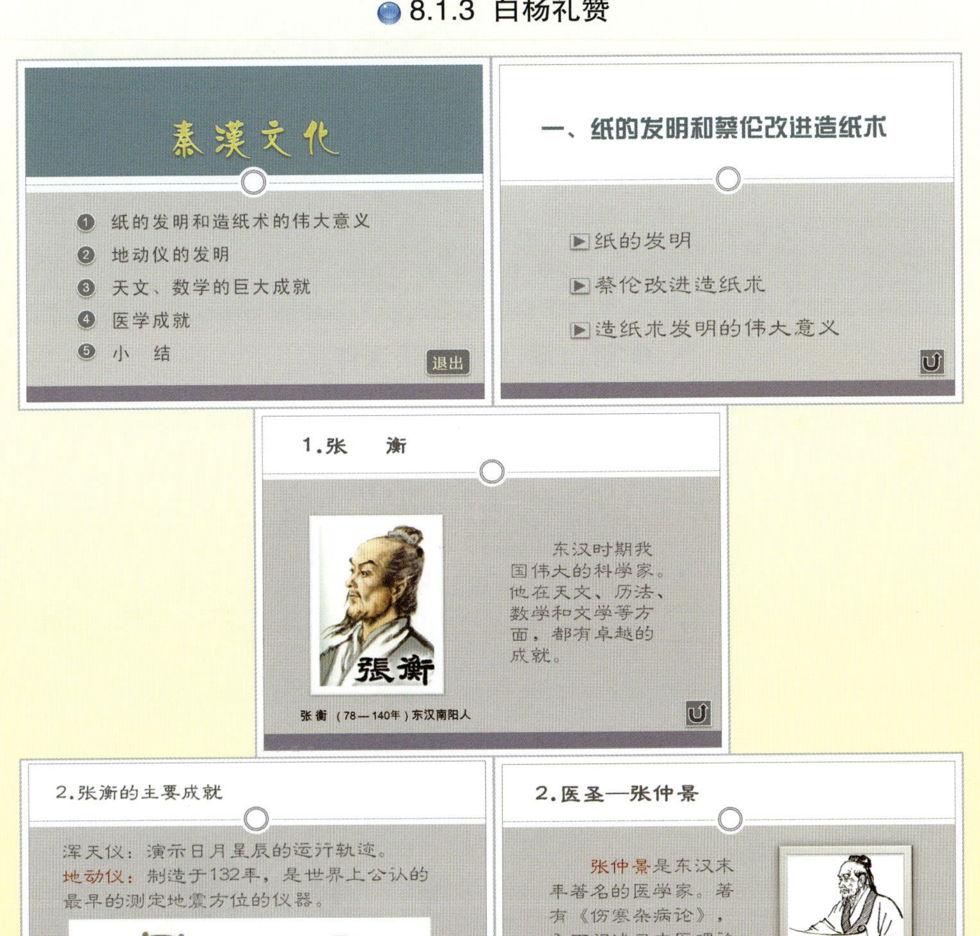


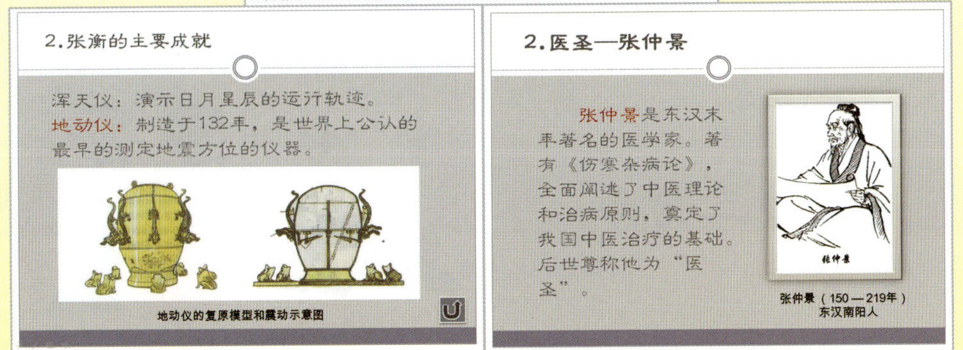


8.2.5 秦汉文化

PowerPoint 多媒体课件制作经典教程

模块模板精讲

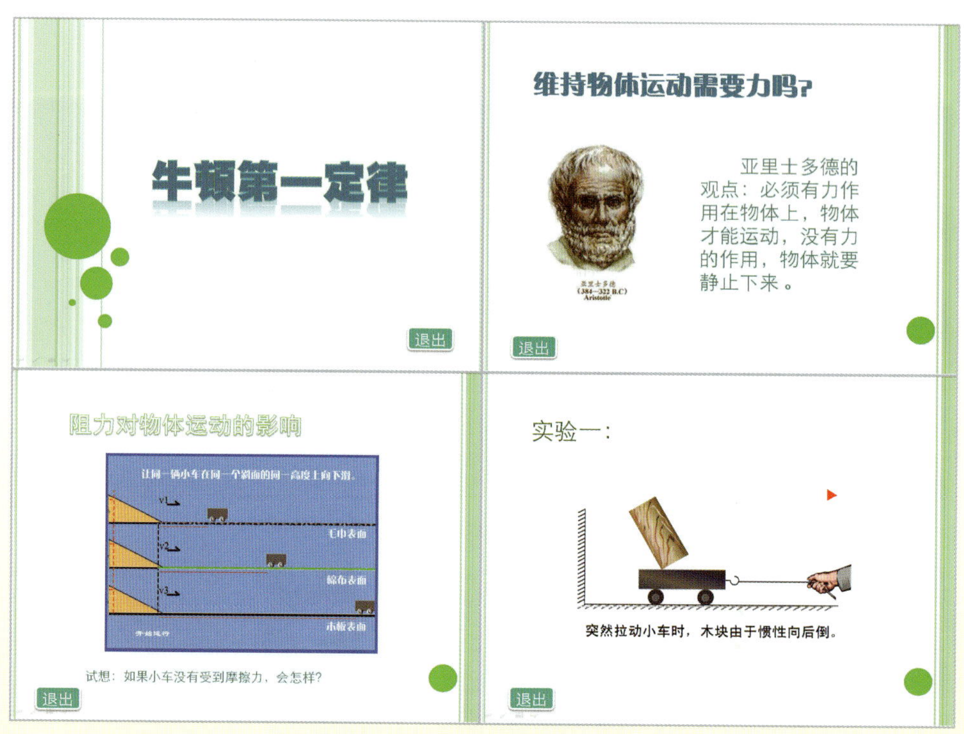


第15章 制作物理课件

16.3 利用Adobe Presenter制作测验

# PowerPoint多媒体课件制作经典教程 模块模板精讲

李　永　李　伟　贾海涛　陈金仓　编　著
田占平　宋振宁　郑占席　杨守清

清华大学出版社
北　京

## 内 容 简 介

教育信息化的迅速发展急需越来越多的课件制作人才，急需越来越多、越来越好的网络课件资源。

PowerPoint 2007 是一个功能强大的多媒体网络课件开发工具，本书由浅入深、由易到难，详细介绍了 PowerPoint 2007 制作课件的技术和方法，书中的范例讲解深入、生动、细致，详尽的讲解和图示能让读者轻松地掌握 PowerPoint 2007 课件制作，不仅能达到触类旁通、举一反三的效果，还为读者的开发设计提供了难得的借鉴参考。

书中的范例有的是通用性很强的基础课件，有的是可以在其他课件中直接移植使用的通用模板，有的是与学科紧密结合的实际应用。书中每个经典范例中都渗透了非常好的设计思想，范例的界面美观，交互性强，读者通过学习本书，能够在短时间内迅速获得 PowerPoint 2007 课件制作的能力。

本书内容丰富，图文并茂，结构清晰，具有系统、全面和实用的特点。本书不仅可以作为在职教师学习课件制作的自学用书，同时也可作为教师继续教育的培训用书和师范类大专院校及相关领域培训班学生的教材。



图书在版编目(CIP)数据

PowerPoint 多媒体课件制作经典教程：模块模板精讲/李永等编著. —北京：清华大学出版社，2014（2022.1重印）

ISBN 978-7-302-34169-7

Ⅰ. ①P… Ⅱ. ①李… Ⅲ. ①多媒体—计算机辅助教学—图形软件—教材 Ⅳ. ①G434

中国版本图书馆 CIP 数据核字(2013)第 243407 号

责任编辑：杨作梅
装帧设计：杨玉兰
责任校对：李玉萍
责任印制：丛怀宇
出版发行：清华大学出版社
网　　址：http://www.tup.com.cn, http://www.wqbook.com
地　　址：北京清华大学学研大厦 A 座　　邮　　编：100084
社 总 机：010-62770175　　邮　　购：010-62786544
投稿与读者服务：010-62776969, c-service@tup.tsinghua.edu.cn
质量反馈：010-62772015, zhiliang@tup.tsinghua.edu.cn
印 装 者：三河市铭诚印务有限公司
经　　销：全国新华书店
开　　本：185mm×260mm　　印　张：22.25　　插　页：4　　字　数：532 千字
(附光盘 1 张)
版　　次：2014 年 1 月第 1 版　　印　次：2022 年 1 月第 9 次印刷
定　　价：49.00 元

---

产品编号：054570-01

# 前　言

伴随着计算机的迅速普及，网络“触角”的迅速延伸，信息时代到来了！

信息时代给我们带来了海量的信息；信息时代给我们提供了全新的沟通交流方式。在信息时代，我们可跨越时空的限制获取信息，信息时代正在并将继续改变我们的生活方式!

信息时代的到来也给各行各业提供了巨大的发展机会，教育行业也迎来了前所未有的发展机遇。教育部关于推进教师教育信息化建设的意见中明确指出：“信息化是当今世界发展潮流，是国家社会发展的趋势，信息化水平已成为衡量一个国家现代化水平和综合国力的重要指标。积极推进国家信息化是我国国民经济和社会发展的重要战略举措。提高国民的信息素养，培养信息化人才是国家信息化建设的根本，教育信息化是国家信息化建设的重要基础。教师教育信息化既是教育信息化的重要组成部分，又是推动教育信息化建设的重要力量。”

国家对教育信息化的重视还体现在资金的投入上，近年来，国家投入巨资，通过实施“校校通工程”和“农村中小学现代远程教育工程”，使广大中小学信息化基础条件显著改善，仅“农村中小学现代远程教育工程”国家就已经投入了 111 亿元。

国家的投入最简单最直接的是硬件的投入，很多县市一级的中学校园网、多媒体教室、教师备课室等加起来投入几百万元的随处可见。几百万元花了，设备配备好了，但是谁能让这些“死”的设备“活”起来？

很多国内公司做的多媒体教学软件，画面非常漂亮但却很不实用，为什么？因为制作这些课件的美工和程序员不懂教学，只有懂教学的人做的课件才是最适合教学需求的。将不懂教学的课件制作人员培养成懂教学的人很难，因为教学需要时间经验的积淀，而让优秀的教师了解课件制作就要相对简单得多。

如果你能让学校几百万元的教学设备“活”起来，如果你能让国家的几百亿教学设备“活”起来，那你一定是一个时代的弄潮儿！

本书是为一线教师、师范院校的学生和专业从事多媒体课件开发的人员编写的教材，从学习者的角度来看，本书有以下几个特点。

第一个特点是“水平高”。本书的作者是国内最大的基础教育网站——北京四中网校的课件制作团队，他们有非常丰富的多媒体课件开发制作经验，他们制作的课件有几十个在全国多媒体课件大赛中获奖，多套教学软件已经由人民教育音像出版社等多家出版社出版发行，书中的很多课件是这些获奖课件中的精品。

第二个特点是“实用性强”。本书的作者曾在师范院校教授“教材教法”等课程，了解教学规律和教学需求，同时，作者还教授“多媒体课件制作与课程整合”等课程，作者能够将教学内容与信息技术有机地结合起来，本书中的大量实例都是作者多年上课实例的积累，这些实例既发挥了教育技术的特点，又解决了教学中的重点和难点。作者中有具有丰富教学经验的教师，也有专业的程序员和美工，他们的合作使课件无论在与教学内容的紧密结合方面，还是交互性及画面的美观色彩的协调等方面都非常有特点。

第三个特点是“上手快”。本书是以实例为线索，利用实例将课件制作的技术串联起来，书中的实例都非常典型、实用。不同的教师不同的教学内容需要的课件虽然是不同的，但其中有很多具有共性的东西，作者将课件开发过程中具有共性的问题，进行归纳总结制作成了模板，这些模板的通用性很强，读者完全可以将这些模板的制作思路和方法直接移植到自己的课件中。

本书共分 16 章，其中第 1～10 章为本书的基础部分，这 10 章通过简单的实例，介绍了 PowerPoint 基本概念、基本操作和基本技巧。

第 11～15 章是提高部分，作者总结了课件制作中经常用到的一些技术，以英语、语文、数学、化学、物理课件的开发制作为例，讲解了课件制作的过程，分析了课件制作中的技术难点。第 16 章还专门介绍了 Adobe 公司为 PowerPoint 设计的辅助插件 Adobe Presenter。通过 Adobe Presenter 可以很简单地为 PowerPoint 插入录音、视频、Flash 动画等，还可以利用 Adobe Presenter 制作专门用于教学的小测验。

本书在内容安排上由浅入深、由易到难，基本涵盖了 PowerPoint 课件制作中可能遇到的所有问题，书中范例的讲解生动、细致和深入，详尽的讲解和图示能让读者较快地掌握 PowerPoint 课件制作，不仅能达到触类旁通、举一反三的效果，还为读者的开发设计提供了难得的借鉴参考。

本书以实例为线索，详细的分步讲解更易于读者迅速地掌握课件制作的方法，本书内容丰富、图文并茂、结构清晰，具有系统、全面和实用的特点。不仅可以作为在职教师学习课件制作的自学用书，同时也可作为教师继续教育的培训用书和师范类大专院校及相关领域培训班学生的教材。

本书是集体智慧的结晶，参与本书策划写作和课件制作的有李永、李伟、贾海涛、陈金仓、田占平、宋振宁、郑占席、杨守清等，本书的配套光盘由李伟、宋振宁、贾海涛、田占平、陈金仓、郑占席、杨守清等设计制作完成。

为便于阅读理解，本书作如下约定。

- 本书中出现的中文菜单和命令将用【】括起来，以示区分，而英文菜单和命令则省略【】。此外，为了使语句更简洁易懂，本书中所有菜单和命令之间以竖线“|”分隔，例如，单击【文件】菜单再选择【另存为】命令，就用【文件】|【另存为】来表示。
- 用“+”号连接两个或三个键表示组合键，在操作时表示同时按下这两个或三个键。例如，Ctrl+V 是指在按下 Ctrl 键的同时，按下 V 字母键；Ctrl+Alt+F10 是指在按下 Ctrl 键和 Alt 键的同时，按下功能键 F10。
- 在没有特别指定时，PowerPoint 均指 PowerPoint 2007 中文版软件。

# 目　录

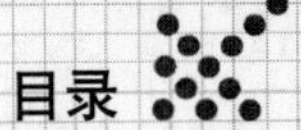

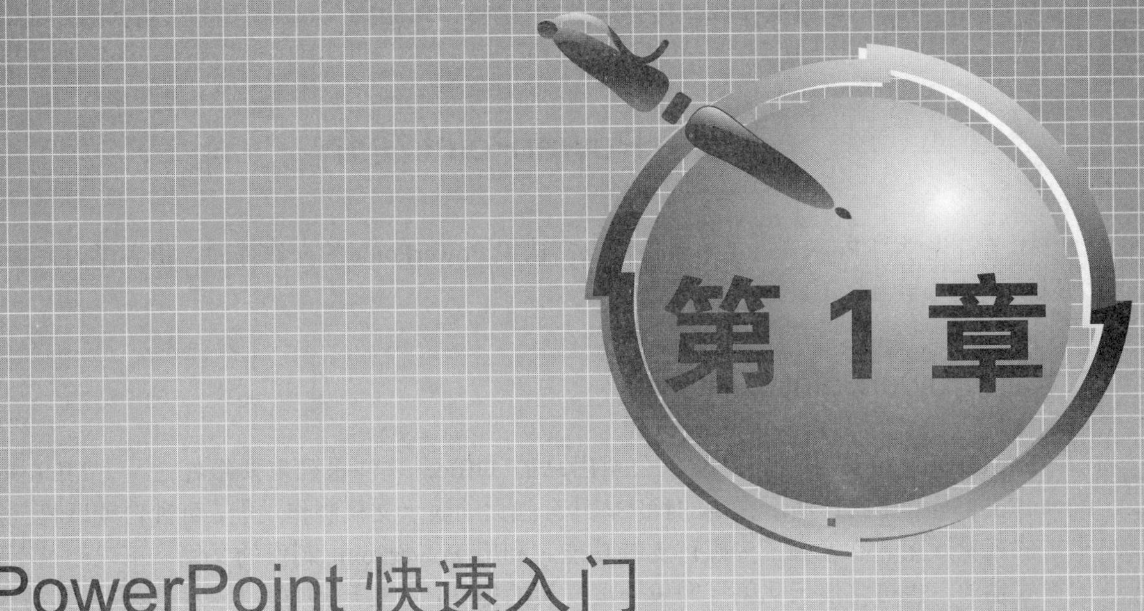


# PowerPoint 快速入门

PowerPoint 和 Word、Excel 等应用软件一样，都是微软公司推出的 Office 系列产品之一，主要用于设计制作广告宣传、产品演示的电子版幻灯片，制作的演示文稿可以通过计算机屏幕或者投影机播放。在教育领域，随着计算机的普及，充分利用计算机进行计算机辅助教学已经成为教育界的共识，而 PowerPoint 的应用，为快速高效地开发出适合课堂教育使用的多媒体课件提供了一个很好的工具。

本章主要是对 PowerPoint 软件、窗口界面的组成、PowerPoint 的工具栏、菜单命令和视图等方面的基本特征和基本使用的介绍，从而使读者对 PowerPoint 有一个基本的认识。

## 本章内容主要包括：

- PowerPoint 简介。
- PowerPoint 窗口组成。
- PowerPoint 文档的新建。
- PowerPoint 文档的保存和打包。

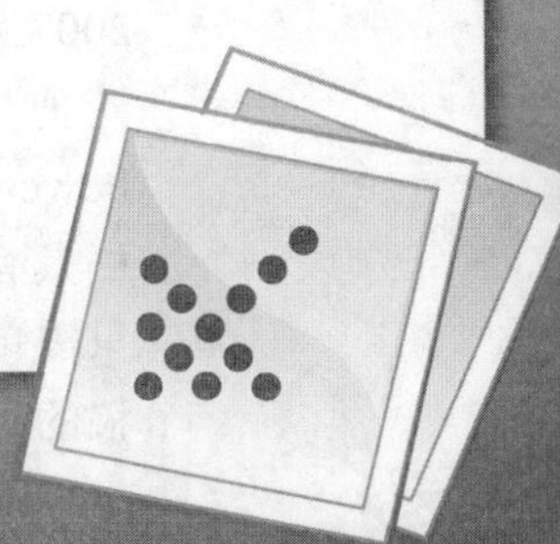

# 1.1 PowerPoint 简介

本节首先学习 PowerPoint 的软件特点，认识 PowerPoint 的操作界面，培养学习兴趣，为以后章节的学习打下良好的基础。

## 1.1.1 PowerPoint 软件介绍

PowerPoint 简称 PPT，是微软公司出品的 Office 软件系列重要组件之一。Microsoft PowerPoint 是一个制作演示文稿的程序，具有强大的演示文稿制作功能，可独自或联机创建丰富的视觉效果。它增强了多媒体支持功能。利用 PowerPoint 制作的文稿，可以通过不同的方式播放，也可将演示文稿打印成一页一页的幻灯片，使用幻灯片机或投影仪将其播放，可以将演示文稿保存到光盘中以进行分发，并可在幻灯片放映过程中播放音频流或视频流。

Microsoft PowerPoint 2007 通过对以前版本的改进和完善，使用户可以快速创建极具感染力的动态演示文稿，同时集成工作流和方法以轻松共享信息。从重新设计的用户界面到新的图形以及格式设置功能，都更加方便创建具有精美外观的演示文稿。Microsoft PowerPoint 2007 具有以下优点。

- 使用重新设计的用户界面可以更快地获得更好的操作结果。Microsoft PowerPoint 2007 采用崭新的外观，重新设计了用户界面，从而使得创建、演示和共享演示文稿变得更简单、更直观。现在，PowerPoint 2007 中所有丰富的特性和功能都集中在一个经过改进的、整齐有序的工作区中，这不仅可以最大限度地防止干扰，还有助于更加快速、轻松地获得所需的结果。
- 创建强大、动态的 SmartArt 图示。可在 Microsoft PowerPoint 2007 中轻松创建关系、工作流或层次结构图，甚至可以将项目符号列表转换为 SmartArt 图示或修改并更新现有图示。借助新的用户界面中的上下文相关图示菜单，用户还可以更方便地使用丰富的格式选项。
- 帮助确保内容是最新内容。通过使用 PowerPoint 幻灯片库，可以轻松地重复使用存储在 Microsoft PowerPoint 2007 所支持的网站上的现有演示文稿幻灯片。这不仅可以缩短创建演示文稿所用的时间，而且从网站中插入的所有幻灯片都可与服务器版本保持同步，从而确保内容是最新的内容。
- 通过重新使用自定义版式可以快速、轻松地创建演示文稿。在 Microsoft PowerPoint 2007 中，可以定义并保存自定义幻灯片版式，这样便无须再浪费宝贵的时间将版式剪切并粘贴到新幻灯片中，或从具有所需版式的幻灯片中删除内容。借助 PowerPoint 幻灯片库，可以轻松地与其他人共享这些自定义幻灯片，以使演示文稿具有一致而专业的外观。
- 只需单击即可应用一致的外观。利用文档主题，只需单击一次即可更改整个演示文稿的外观。对于演示文稿的主题不仅可以更改背景色，而且可以更改图示、表格、图表和字体的颜色，甚至可以更改演示文稿中项目符号的样式。通过应用主题，可以使整个演示文稿具有专业水准的一致外观。

- 使用新工具和效果可以动态修改形状、文本和图形。现在，可以通过比以前更多的方式来操作和使用文本、表格、图表和其他演示元素。Microsoft PowerPoint 2007 通过改进的用户界面和上下文菜单使这些工具随时可用，这样只需进行几次单击，便可使作品更具感染力。

## 1.1.2　PowerPoint 窗口组成

选择【开始】|【所有程序】| Microsoft Office | Microsoft Office PowerPoint 2007，运行 PowerPoint 2007 软件。

启动 PowerPoint 2007 后，将进入其工作界面，如图 1.1 所示。PowerPoint 的工作界面包括 Office 按钮、快速访问工具栏、标题栏、功能选项卡、功能区、编辑区、状态栏和视图栏等部分。

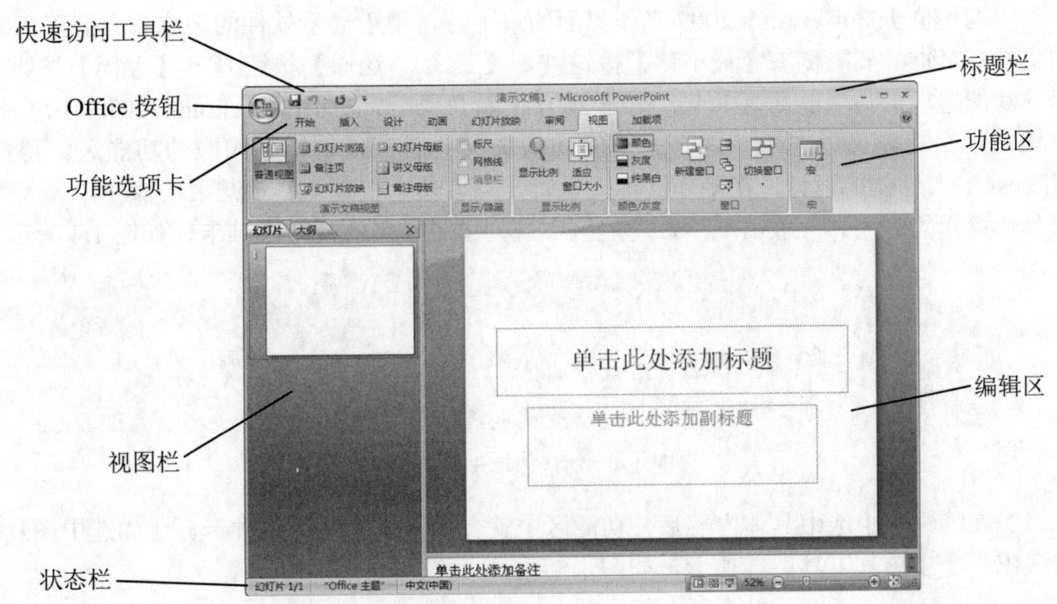


图 1.1　PowerPoint 2007 工作界面

在 PowerPoint 2007 工作界面的左上角有一个 Microsoft Office 标志的圆形按钮被称为 Office 按钮，单击它可以弹出下拉菜单，如图 1.2 所示。Office 按钮主要用于执行 PowerPoint 演示文稿的新建、打开和保存等基本操作，菜单的右侧列出了用户经常使用的演示文档的名称。在菜单的下方有两个按钮，利用它们可以对 PowerPoint 2007 进行相关设置和关闭的操作。

在 Office 按钮的右侧是【快速访问】工具栏，其中包括最常用的【保存】按钮、【撤销】按钮和【重复】按钮。如果需要在【快速访问】工具栏中添加其他按钮，可单击工具栏右侧的按钮，在弹出的下拉菜单中选择所需的命令即可，如图 1.3 所示。

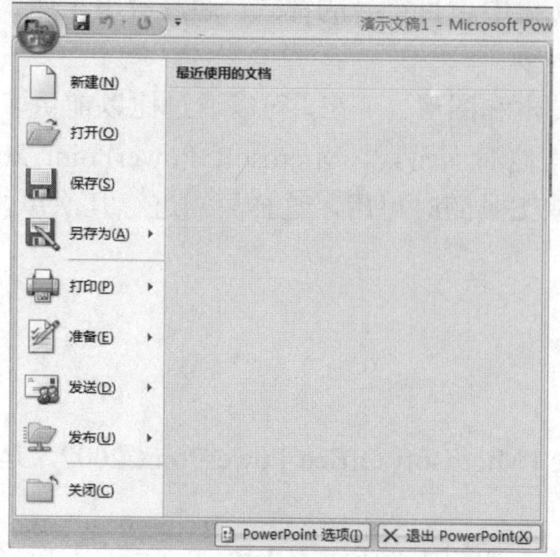


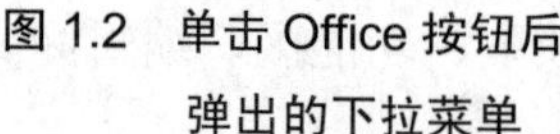
图 1.2 单击 Office 按钮后弹出的下拉菜单

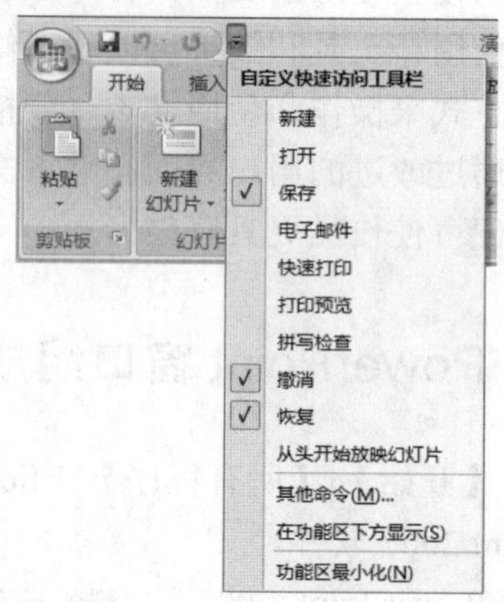


图 1.3 单击【快速访问】工具栏右侧的按钮后弹出的快捷菜单

标题栏位于 PowerPoint 2007 工作界面的最上方，用于显示软件的名称和当前正在编辑的文档的名称。其右侧有【最小化】按钮、【最大化/还原】按钮和【关闭】按钮。

功能选项卡与功能区是 PowerPoint 2007 的特色部分，它将 PowerPoint 2007 的所有命令集成在几个功能选项卡中。选择不同的功能选项卡后可以切换到相应的功能区。得益于 Microsoft 人性化的设计，在制作演示文稿时，可以非常快速地实现想要的操作，大大缩短了具体操作的时间。一般情况下，功能区中只列出了常用的几个选项卡，如图 1.4 所示。

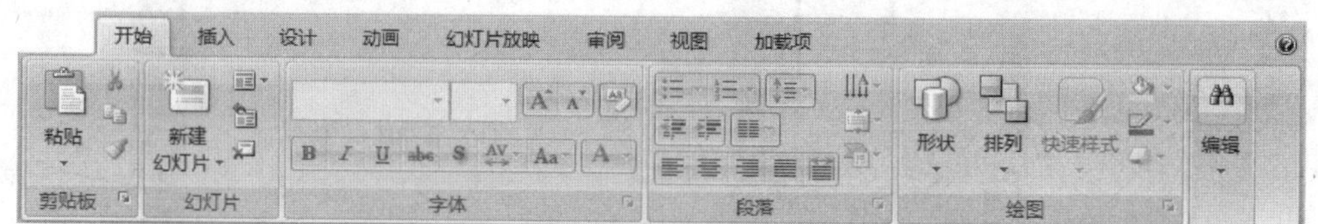


图 1.4 功能选项卡与功能区

当在编辑区中选中具体内容后，功能区中就会多出来对应的选项卡。比如选中图片时，会多出一个【图片工具】选项卡，如图 1.5 所示。

图 1.5 【图片工具】选项卡

在普通视图模式下，PowerPoint 2007 提供了两种窗格显示模式：“幻灯片”模式和“大纲”模式。

在“幻灯片”模式下，可以看到整个版面中的各个幻灯片的主要内容，可以直接在上面进行排版和编辑，如图 1.6 所示。而在“大纲”模式下可以查看整个文档的主要结构，从中可方便地查看和编辑幻灯片的标题和正文，如图 1.7 所示。

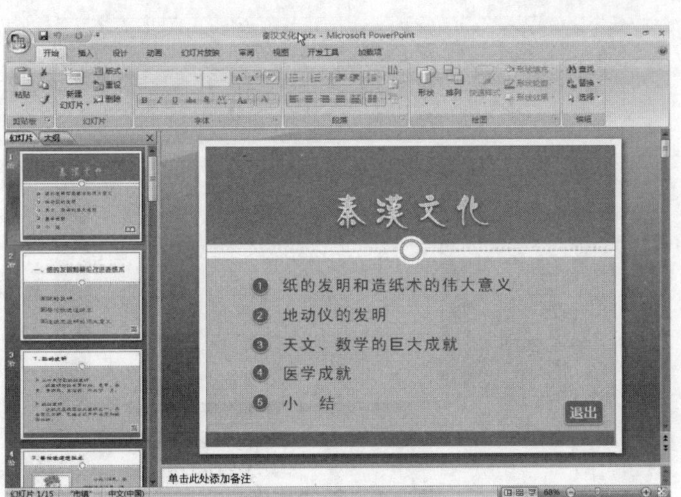


图 1.6　以“幻灯片”模式显示的幻灯片

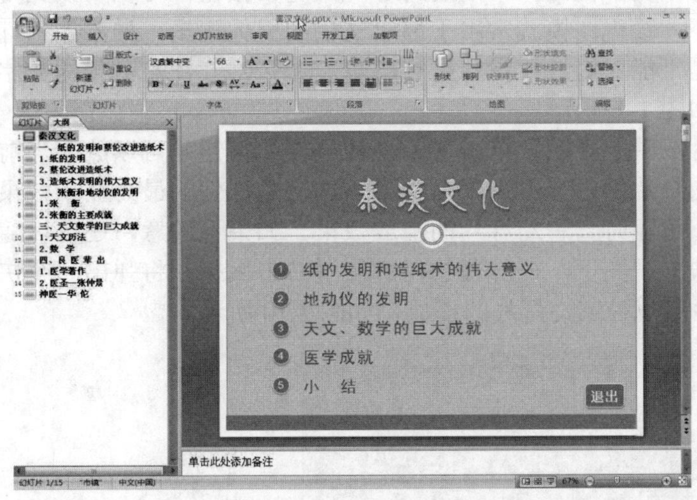


图 1.7　以“大纲”模式显示的幻灯片

备注编辑区用来查看和编辑幻灯片的一些备注信息。在放映幻灯片时，备注信息并不显示出来。另外，在【视图】选项卡的【演示文稿】选项组中单击【备注页】按钮后，还可以单独显示备注视图，在此模式下可以方便地编辑备注页。

状态栏用于显示当前文档相应的某些状态要素。其中包括幻灯片总页数、当前正在编辑的幻灯片的序号、套用的模板类型、拼写检查的状态等信息。

## 1.1.3　视图介绍

PowerPoint 2007 为我们提供了一个人性化的课件制作环境，以便于课件的制作和开发。在 PowerPoint 窗口底部状态栏右侧提供了各种工作视图模式的快捷按钮，形成了包括幻灯片编辑、管理、播放为一体的工作环境。这几种视图模式如下。

- 【普通】视图：【普通】视图是 PowerPoint 默认的视图模式。它由三部分组成：【大纲/幻灯片】窗格、【幻灯片编辑】窗格和【备注】窗格，如图 1.8 所示。

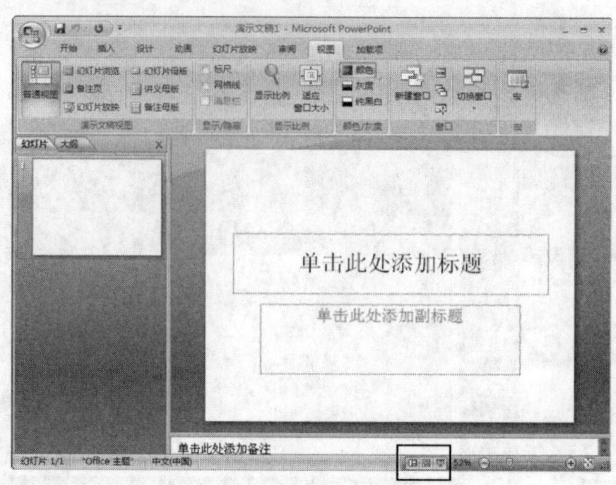


图 1.8 普通视图

- 【幻灯片浏览】视图：单击【幻灯片浏览】按钮，可以切换到【幻灯片浏览】视图模式下，该视图模式常用于演示文稿的整体编辑，如添加幻灯片和删除幻灯片等，但是不能对幻灯片内容进行编辑。每张幻灯片右下角的数字代表该幻灯片的编号，如图 1.9 所示。
- 【幻灯片放映】视图：单击【幻灯片放映】按钮，可以放映当前编辑的幻灯片，使整张幻灯片的内容占满整个屏幕，这也是课件的最终显示效果。在编辑幻灯片的同时，可随时查看幻灯片的播放效果。如果不满意，还可以随时更改。在【幻灯片放映】视图下，在屏幕的任意位置右击鼠标，将弹出一个快捷菜单，利用其中的命令可以控制幻灯片的播放，如图 1.10 所示。

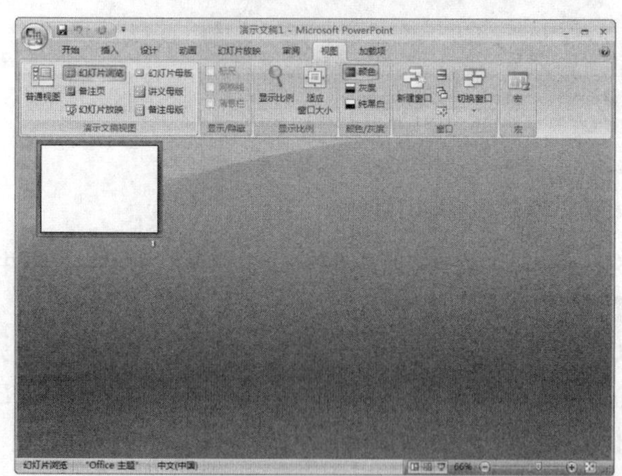


图 1.9 【幻灯片浏览】视图

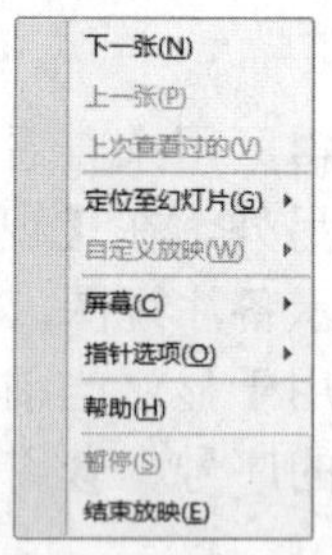


图 1.10 在【幻灯片放映】视图中右击鼠标后弹出的快捷菜单

## 1.2 PowerPoint 基本操作

使用 PowerPoint 制作演示文稿，首先要学习文档的创建和保存，以及对制作好的演示文稿进行打包和发布。

## 1.2.1　创建空演示文稿

用 PowerPoint 2007 制作演示文稿的第一步就是创建演示文稿。启动 PowerPoint 2007 软件后，标题栏中将自动显示为“演示文稿 1”，这就是系统自动新建的空白演示文稿，也是最常见的演示文稿类型。PowerPoint 2007 还提供了多种创建演示文稿的方式，下面分别进行讲解。

### 1. 创建一个空白演示文稿

创建一个空白演示文稿的操作方法如下。

**步骤 1**　选择【Office 按钮】|【新建】命令，如图 1.11 所示。

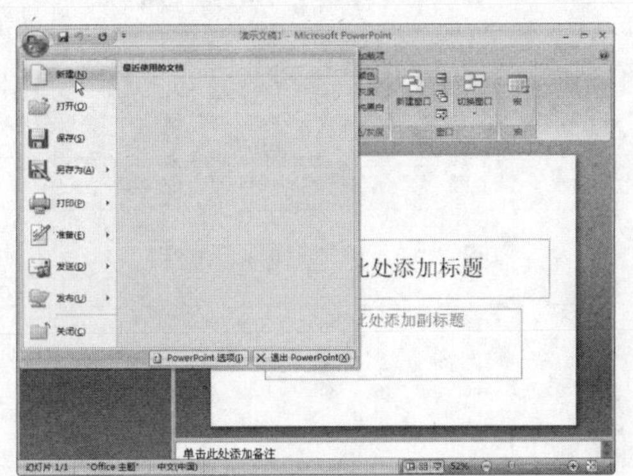


图 1.11　选择【新建】命令

**步骤 2**　在打开的【新建演示文稿】对话框左侧的【模板】列表框中选择【空白文档和最近使用的文档】选项，在其右侧的列表框中选择【空白演示文稿】选项，如图 1.12 所示。

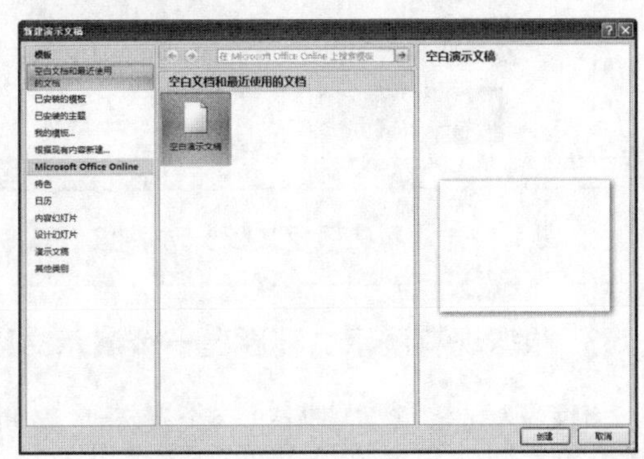


图 1.12　【新建演示文稿】对话框

**步骤 3**　单击【创建】按钮即可新建一个空白演示文稿，如图 1.13 所示。

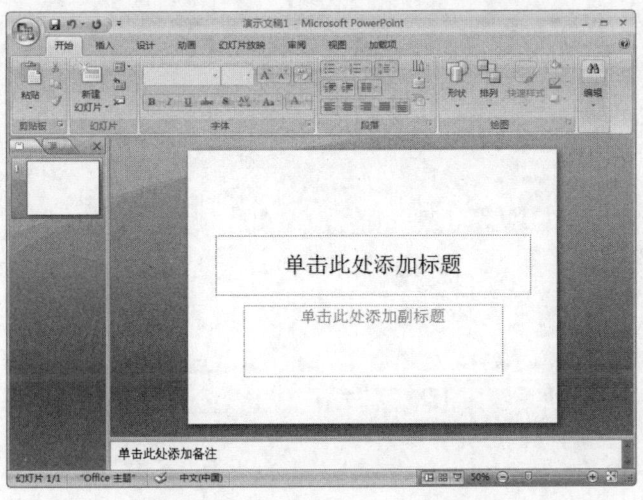


图 1.13　新创建的空白演示文稿

### 2. 根据已安装的模板或主题创建演示文稿

根据已安装的模板或主题创建演示文稿的操作方法如下。

**步骤 1** 选择【Office 按钮】|【新建】命令，打开【新建演示文稿】对话框，在左侧的【模板】列表框中选择【已安装的模板】或【已安装的主题】选项，从其右侧的列表框中选择相应的选项，单击【创建】按钮，如图 1.14 所示。

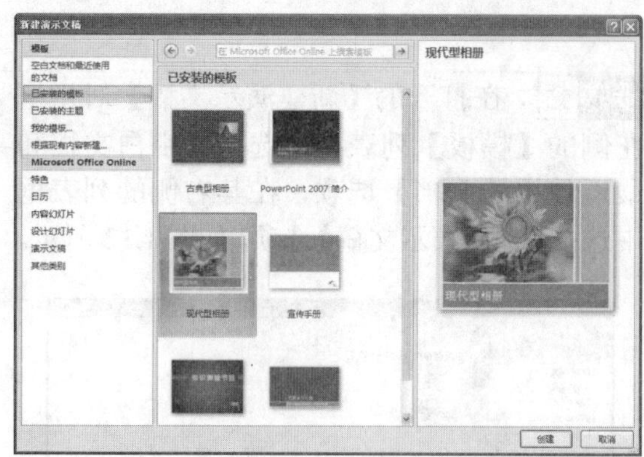


图 1.14 【新建演示文稿】对话框

**步骤 2** 这样就创建了一个演示文稿，此时左侧的窗格和中间的编辑区中已经有了相应的内容，如图 1.15 所示。

图 1.15 创建的演示文稿

### 3. 根据现有演示文稿新建一个演示文稿

根据现有演示文稿新建一个演示文稿的操作方法如下。

**步骤 1** 选择【Office 按钮】|【新建】命令，在打开的【新建演示文稿】对话框左侧的【模板】列表框中，选择【根据现有内容新建】选项后打开【根据现有演示文稿新建】对话框，如图 1.16 所示。

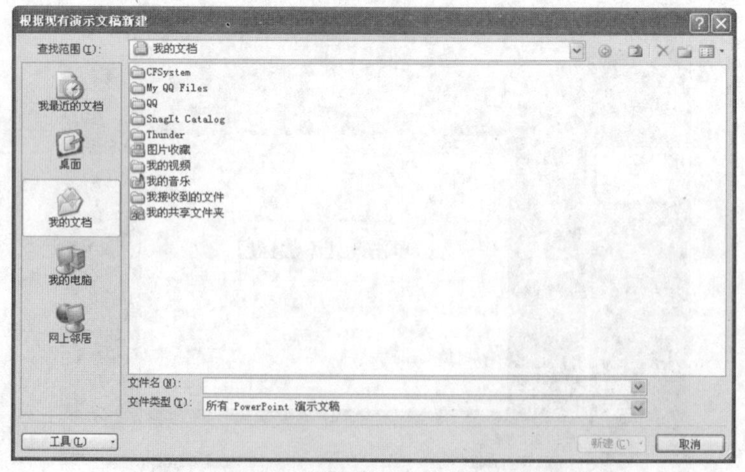


图 1.16 【根据现有演示文稿新建】对话框

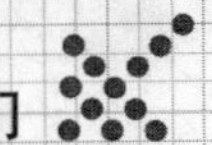

步骤 2　在其中选中已有的幻灯片文档，单击【创建】按钮即可根据现有演示文稿创建一个新的文档。再通过对现有的课件进行修改和完善，即可制作出自己满意的演示文稿。

## 1.2.2　保存演示文稿

制作好演示文稿后，要保存一下劳动成果，养成经常保存文件的好习惯，以免遇到断电关机等意外情况时前功尽弃。

保存演示文稿的操作方法如下。

步骤 1　选择【Office 按钮】|【保存】命令，弹出【另存为】对话框，如图 1.17 所示。

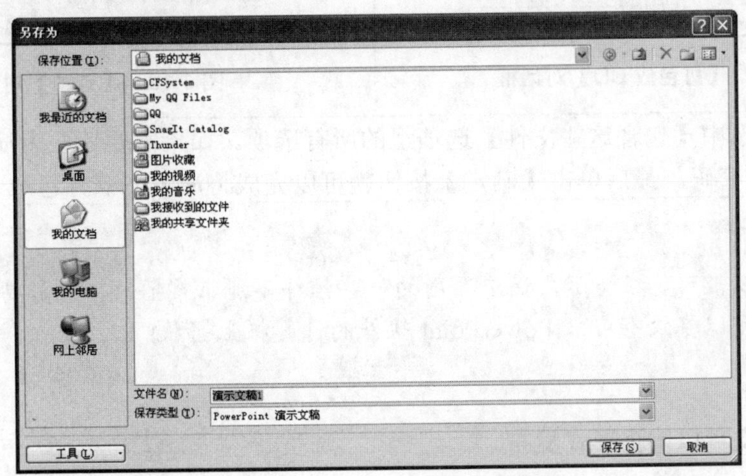


图 1.17　【另存为】对话框

步骤 2　在其中的【保存位置】下拉列表框中选择保存文件的位置，在【文件名】文本框中输入文件名。在【保存类型】下拉列表框中可以选择文件类型，这里保持默认的文件类型是“PowerPoint 演示文稿”，最后单击【保存】按钮即可。

## 1.2.3　打包和发布演示文稿

演示文稿制作好后，经常要拿到另一台计算机上播放，这时就需要将演示文稿复制以便携带，而一些含有视频文件的较大的演示文稿，就需要打包携带了。

### 1. 将演示文稿打包成 CD

将演示文稿打包成 CD 的操作方法如下。

步骤 1　运行制作好的演示文稿，选择【Office 按钮】|【发布】|【CD 数据包】命令，打开【打包成 CD】对话框，如图 1.18 所示。

步骤 2　在打开的对话框中的【将 CD 命名为】文本框中输入打包的 CD 名称。可以单击【复制到 CD】按钮，直接将演示文稿打包到 CD 上(注意需要计算机上安装有刻录机)。如果对打包设置有特殊要求，单击其中的【选

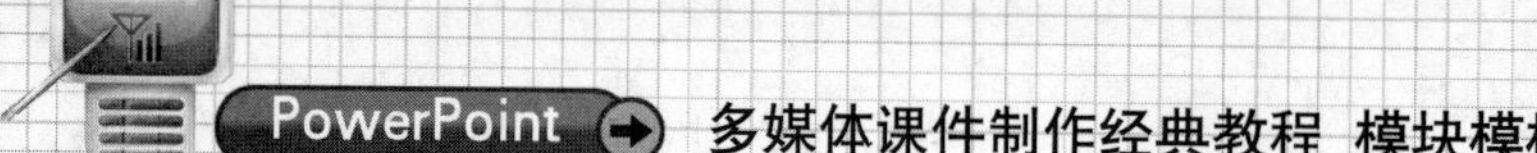

项】按钮后，在打开【选项】对话框中重新设置打包参数，如图 1.19 所示。

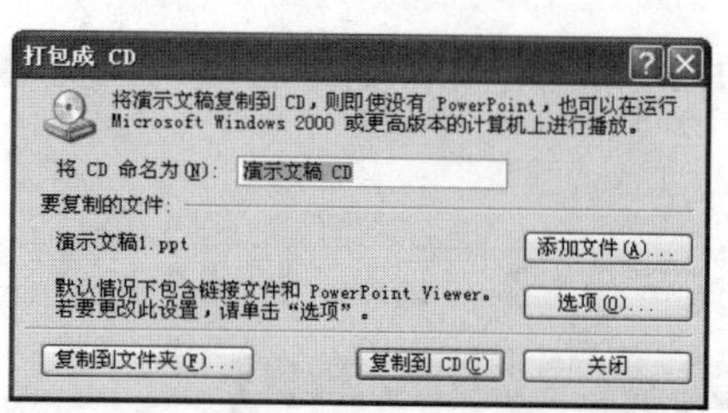

图 1.18 【打包成 CD】对话框

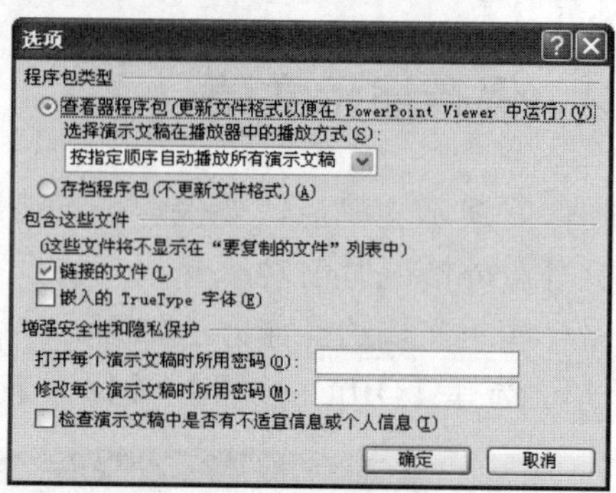

图 1.19 【选项】对话框

步骤 3 建议选中【包含这些文件】选项组的所有选项。如果需要还要为演示文稿设置一个打开和修改密码。最后单击【确定】按钮就可以完成将演示文稿打包成 CD 的操作。

提 示

使用打包功能后，在演示文稿中运用的一些控件不能正常播放，而需要手动修订，但是它的优点是可以在没有安装 PowerPoint 软件的计算机上播放。

### 2. 将演示文稿以网页形式发布

目前网络演示文稿非常流行，PowerPoint 也提供了以网页形式发布的功能。将演示文稿以网页形式发布的操作方法如下。

步骤 1 选择【Office 按钮】|【另存为】命令，打开的【另存为】对话框如图 1.20 所示。

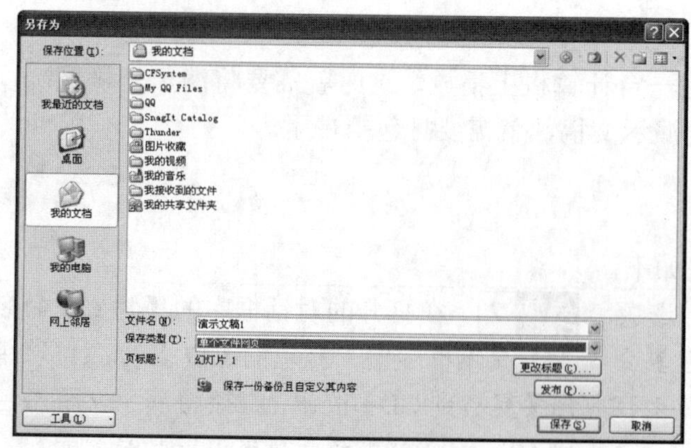

图 1.20 【另存为】对话框

步骤 2 从中单击【更改标题】按钮后，在打开的【设置页标题】对话框中的【页标题】文本框中输入标题名称，如图 1.21 所示。

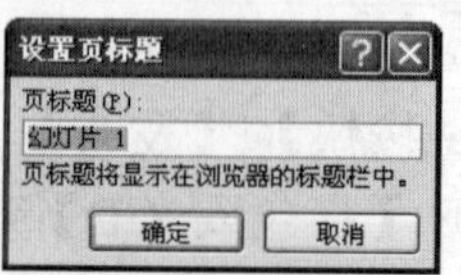

图 1.21 【设置页标题】对话框

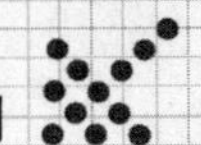

步骤 3　单击【确定】按钮，返回【另存为】对话框，从中单击【发布】按钮，打开的【发布为网页】对话框，如图 1.22 所示。

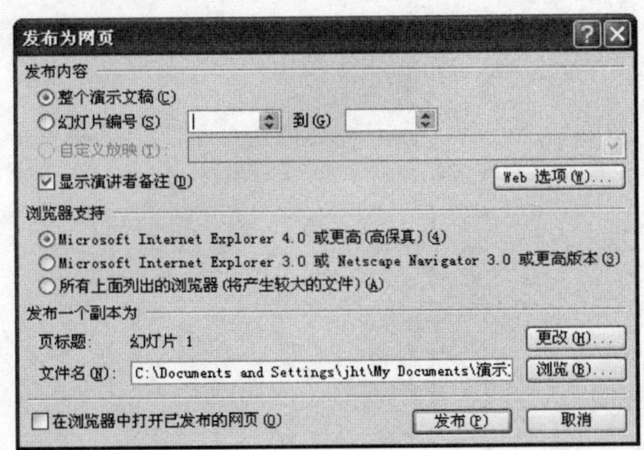


图 1.22　【发布为网页】对话框

步骤 4　在【发布内容】选项组中选中【整个演示文稿】单选按钮，选中最下方的【在浏览器中打开已发布的网页】复选框，最后单击【发布】按钮，此时会根据演示文稿的大小等待不同的时间。发布成功后系统会自动调用 IE 浏览器打开演示文稿。

[illegible]

[illegible]

[illegible]

# 制作文字课件

不管是什么演示文稿，其中的文本内容都是不可忽视的。在 PowerPoint 中，文本的作用最为重要。文本也就是常说的文字，在演示文稿中起着描述讲解内容的作用。

文字是制作 PowerPoint 演示文稿的基础内容，任何一个演示文稿都少不了文本。本章将讲解文本的使用方法，包括输入文本、编辑文本和制作艺术字等知识。

## 本章内容主要包括：

- 在占位符和文本框中输入文本。
- 设置文本的字体和段落格式。
- 插入艺术字。
- 编辑艺术字。

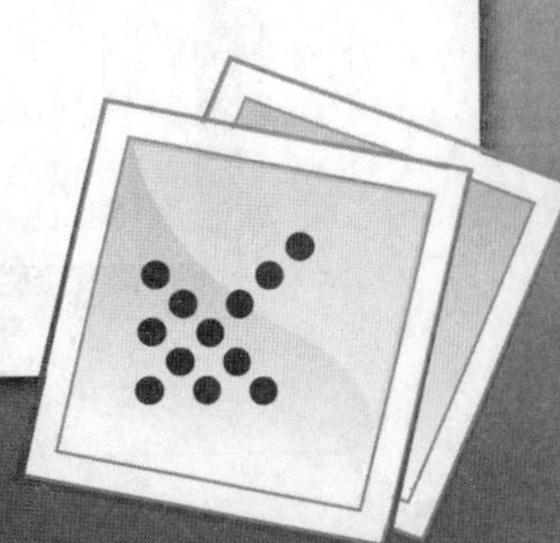

# 2.1 插入和编辑文本

PowerPoint 提供了多种在幻灯片中添加文本内容的方式：打开幻灯片后即可在占位符中输入文本，即常用的在占位符中输入文本；在备注窗格中输入文本；插入文本框后输入文本；插入形状后在形状中输入文本；还可以导入外部的文本内容。不管用哪种方式输入文本后，都可以在 PowerPoint 中对其进行编辑。接下来详细讲解如何在 PowerPoint 中输入文本和编辑文本，并制作一个纯文字的课件。

## 2.1.1 输入文本

在 PowerPoint 中最常用的输入文本的方法就是在占位符中输入文本。占位符是一种带有虚线边框的方框，创建幻灯片后会自动显示占位符，并提示用户添加内容，如图 2.1 所示。

用户只需单击占位符的提示文字，待提示文字消失后，输入相应的标题文本或正文文本即可。不管是标题幻灯片还是内容幻灯片，在占位符中输入文本的方法是相同的。

单击此处添加标题

单击此处添加副标题

图 2.1 幻灯片中的占位符

### 1. 在占位符中输入文本

下面介绍如何在占位符中输入文本。

**步骤 1** 打开幻灯片，默认的版式如图 2.2 所示。

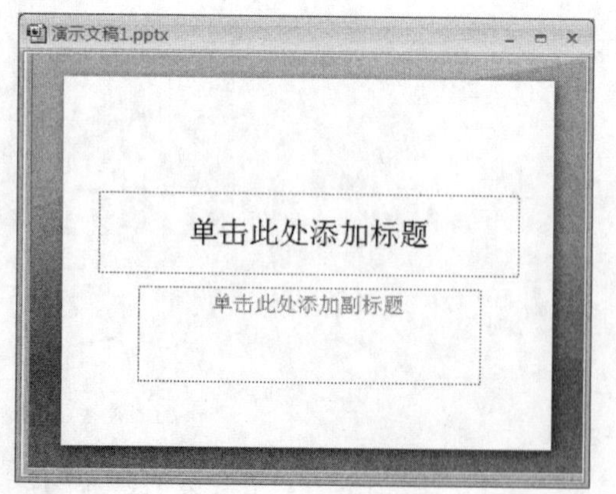


图 2.2 打开幻灯片

**步骤 2** 将鼠标移动到占位符位置后单击，此时光标开始闪烁，表明可以输入文字了。输入课件标题“让知识的火花燃烧起来”，如图 2.3 所示。

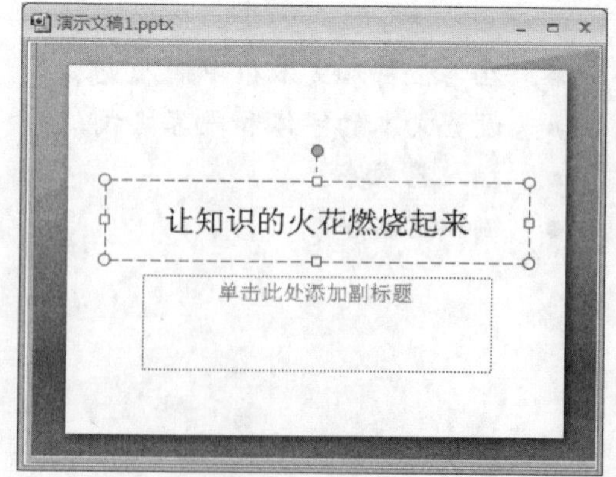


图 2.3 在标题占位符中输入文本

**步骤 3**　单击副标题占位符后，输入课件副标题“语文知识抢答竞赛”，如图 2.4 所示。

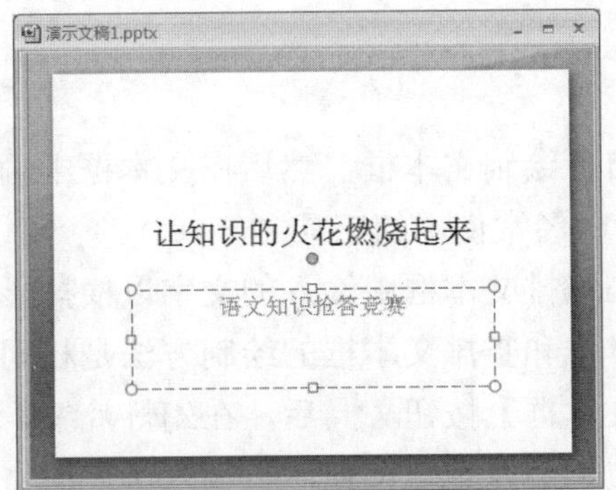


图 2.4　在副标题占位符中输入文本

**步骤 4**　单击【开始】选项卡的【幻灯片】选项组中的【新建幻灯片】按钮，在弹出的下拉列表中选择【标题和内容】选项，创建一个新幻灯片，如图 2.5 所示。

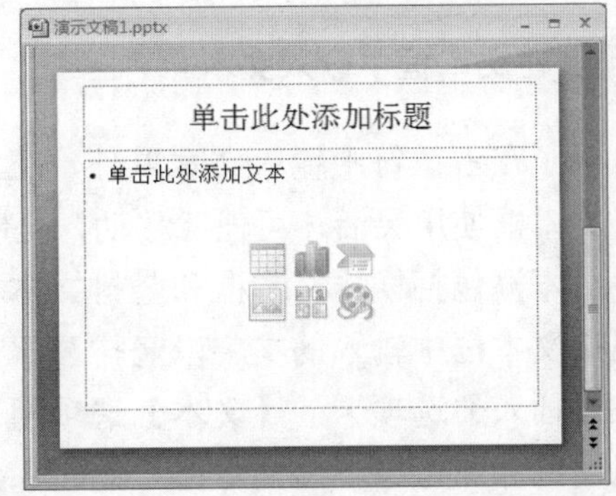


图 2.5　新建的【标题和内容】版式的幻灯片

**步骤 5**　在新建的幻灯片标题占位符中输入标题“语文知识抢答竞赛”，如图 2.6 所示。

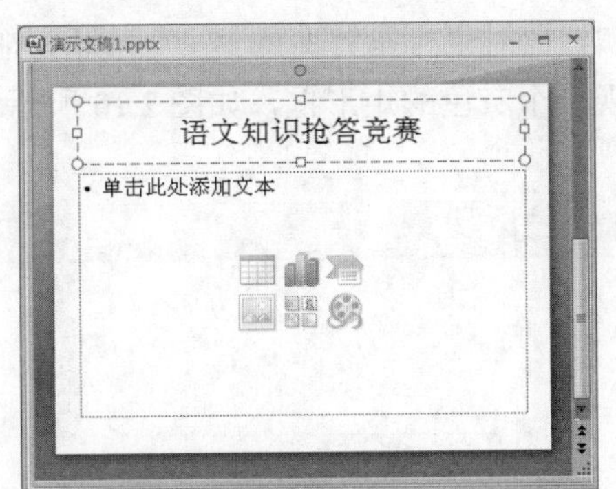


图 2.6　在标题占位符中输入标题

**步骤 6**　在正文占位符中输入文本内容。当输入的文本宽度超过占位符宽度时，将自动换行，如图 2.7 所示。

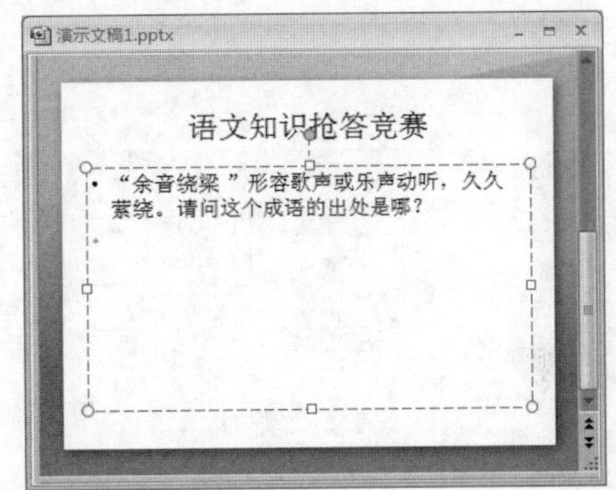


图 2.7　在内容占位符中输入正文

**步骤 7**　按 Enter 键换行，PowerPoint 会自动在该段前添加项目符号“•”，接着分别输入其他题目，如图 2.8 所示。

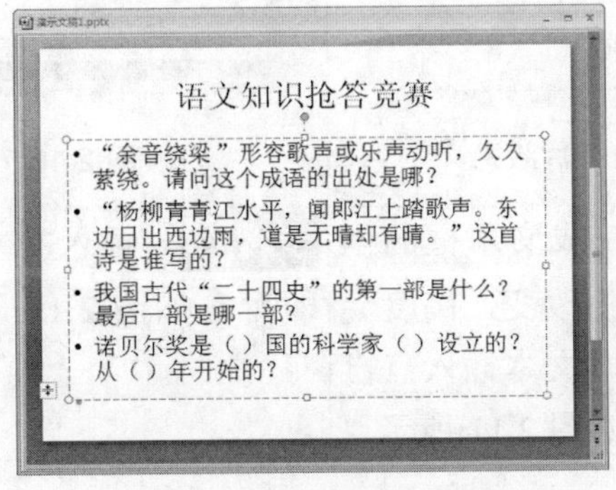


图 2.8　继续输入正文内容

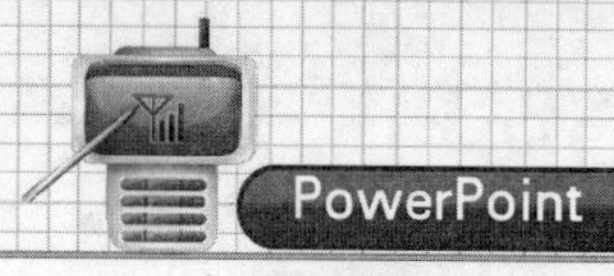



**提 示**

如果在占位符中的文本输入过多而超出占位符的边界，那么将在占位符左下角显示÷图标，单击该图标，在弹出的列表中可以根据需要选择不同的显示方式。

### 2. 在文本框中输入文本

除了在占位符中输入文本以外，还可以通过自行绘制文本框，然后在文本框中输入文本。文本框使用灵活，可任意移动，是制作幻灯片时经常使用的工具之一。

文本框包括横排文本框和竖排文本框。其中在横排文本框中输入的文字以横排显示，在竖排文本框中输入的文字以竖排显示。横排文本框和竖排文本框的绘制方法是相同的，即在【插入】选项卡的【文本】选项组中单击【文本框】按钮文本框后，在幻灯片编辑窗口中拖动鼠标即可绘制出文本框。此时系统自动将文本插入点定位处，再输入所需的文字即可。下面介绍如何在文本框中输入文本。

**步骤 1** 新建一个幻灯片，在【开始】选项下的【幻灯片】选项组中单击【版式】按钮，在弹出的下拉列表中选择【空白】选项，如图 2.9 所示。

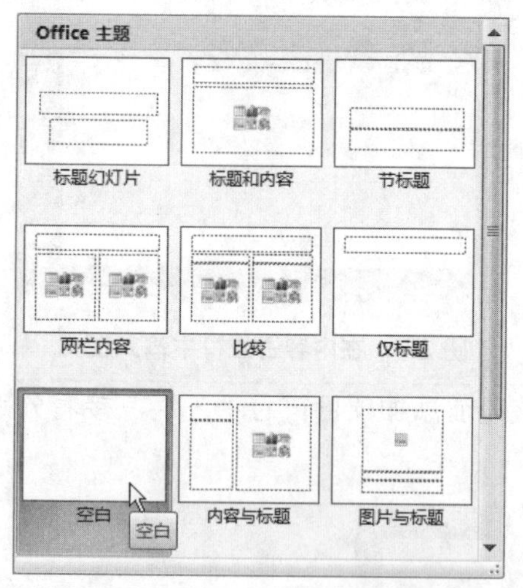


图 2.9 选择【空白】幻灯片版式

**步骤 2** 单击【插入】选项卡的【文本框】按钮下方的倒三角按钮，在弹出的下拉列表中选择【横排文本框】选项，将鼠标指针移至幻灯片编辑窗口，此时鼠标指针变成“＋”形状，拖动鼠标出现一个灰色的矩形框，如图 2.10 所示。

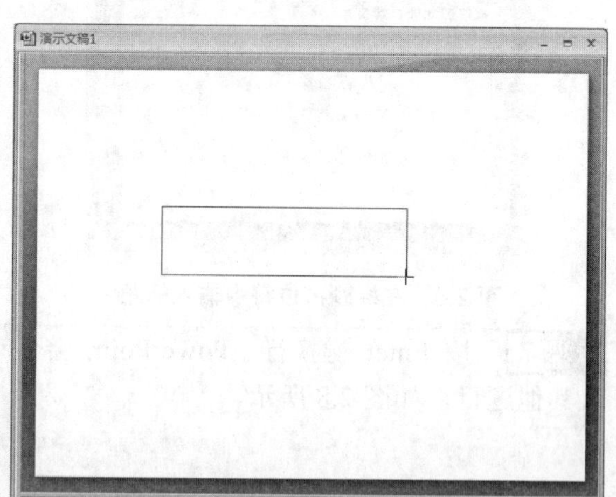


图 2.10 文本框插入时的状态

**步骤 3** 松开鼠标后，即完成文本框的创建。灰色矩形框的长度未发生改变，高度会自动适应默认字体字号。此时文本插入点自动定位到绘制的文本框中，如图 2.11 所示。

**步骤 4** 插入文本框后在文本框中输入文本即可，如图 2.12 所示。

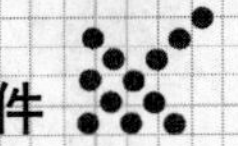

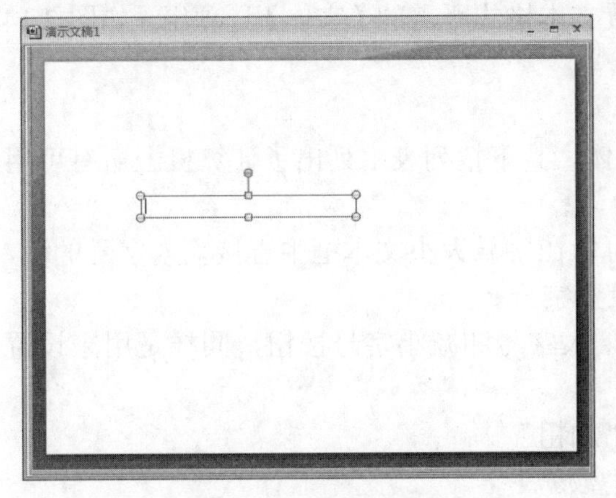


图 2.11　插入文本框

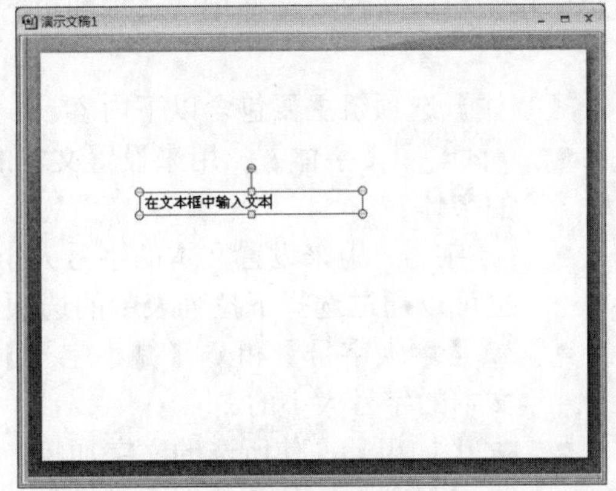


图 2.12　在创建的文本框中输入文本

3. 导入文本文档

除了手动打字输入文本外，还可以将已有的文本文档导入到 PowerPoint 中应用，方法是单击【插入】选项卡的【文本】选项组中的【对象】按钮，在打开的【插入对象】对话框中选中【由文件创建】单选按钮，单击【浏览】按钮，在打开的【浏览】对话框中选择要插入的文本文档即可。在 PowerPoint 中导入文本文档后的效果如图 2.13 所示。

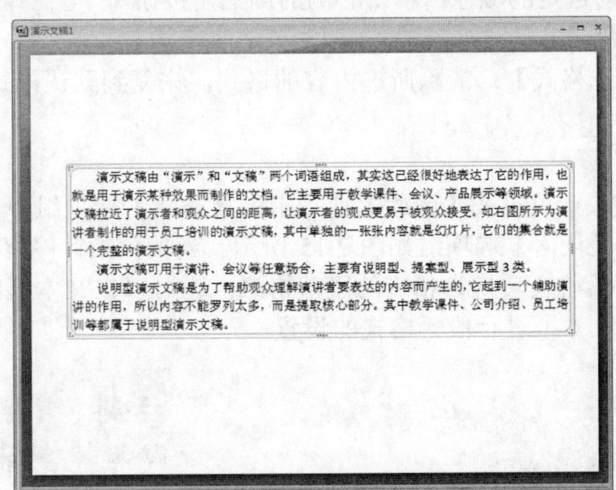


图 2.13　导入的外部文本

## 2.1.2　设置文本和段落的格式

### 1. 设置文本的格式

输入文本内容后，文字的大小、颜色、字体等均为默认的样式，这样不仅不能突出文本内容的重点，而且影响了整个演示文稿的观赏性，所以需要对文本的格式进行设置。设置文本格式的方法较简单，即选择需设置的文本内容，再在【开始】选项卡的【字体】选

项组中单击相应按钮或选择相应选项即可，设置文本格式所需的【字体】选项组，如图 2.14 所示。

【字体】选项组主要包含以下内容。

- 宋体 (正文)【字体】：用来设置文本的字体。其下拉列表中列出了计算机上所有可用的字体。
- 32 字号：用来设置文本的字号大小。可以在字号大小文本框中直接输入字号的值，也可以通过选择下拉列表中的选项来设置字号。
- 【增大字号】和【减小字号】：增大字号和减小字号按钮，同样是用来设置文本的字号大小的。
- 【加粗】：使所选的文字加粗，如“**加粗**”。
- 【倾斜】：使所选的文字倾斜，如“*倾斜*”。
- 【下划线】：为所选文字加下划线，如“下划线”。
- 【删除线】：在所选文字的中间画一条线，表示删除该文字，如“~~删除线~~”。
- 【文字阴影】：为所选文字添加阴影效果，使之在课件中更醒目，如“**阴影**”。
- 【字符间距】：调整字符间距，单击该按钮后弹出下拉菜单，从中可根据需要设置文字的疏密程度，如“很紧、稀 松 ”。
- 【更改大小写】：将所选文字全部更改为大写、小写或句首字母大写等。
- 【字体颜色】：设置所选文字的颜色。选定文字后，单击该按钮，可将所选文字更改为当前选定的颜色；单击右侧的倒三角按钮，可在弹出的颜色列表中选择要设定的颜色。
- 【清除所选格式】：清除所选内容的格式，恢复到默认格式。

**2. 设置段落的格式**

要想更改段落格式，可以在【开始】选项卡的【段落】选项组中单击相应按钮或选择相应选项进行设置。【段落】选项组如图 2.15 所示。当鼠标指针停留在某个段落时，单击某个选项按钮后该段落就会转换为相应的段落格式；也可以在文本框内拖动鼠标选中多个段落文本或选中整个文本框进行段落格式的设置。

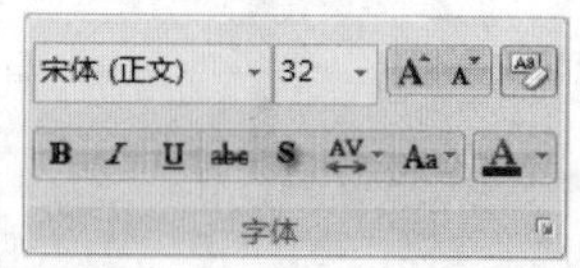


图 2.14 【字体】选项组

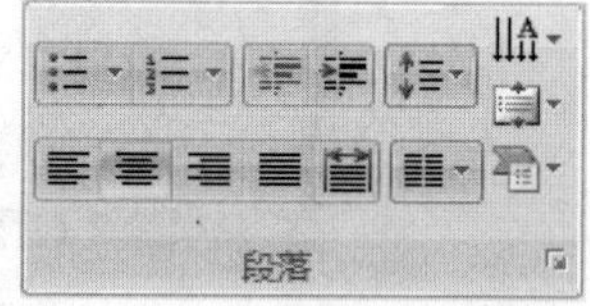


图 2.15 【段落】选项组

【段落】选项组主要包含以下内容。

- 【项目符号】按钮和【编号】按钮：用来设置段落的项目符号和编号，单击按钮右侧的倒三角按钮可选择不同的项目符号样式和编号格式。选择“1.2.3.”编号格式后的效果如图 2.16 所示。
- 【降低列表级别】按钮和【提高列表级别】按钮：用来减小和增大文本的级别。单击相应的按钮，可以对当前段落进行降级和升级。例如，选中第二段文字后单击【提高列表级别】按钮后的效果如图 2.17 所示。

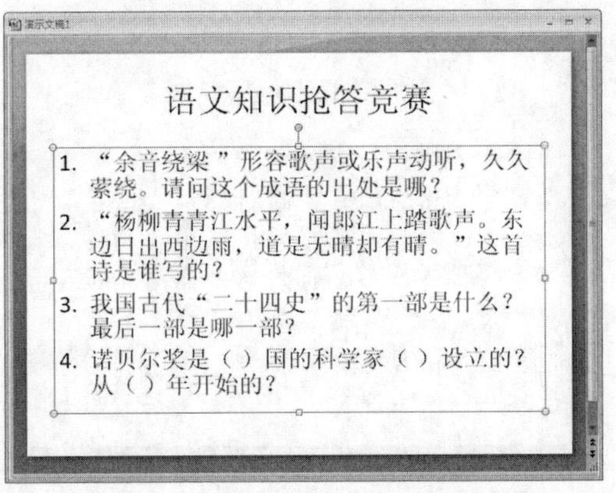


图 2.16　设置"1.2.3."编号格式

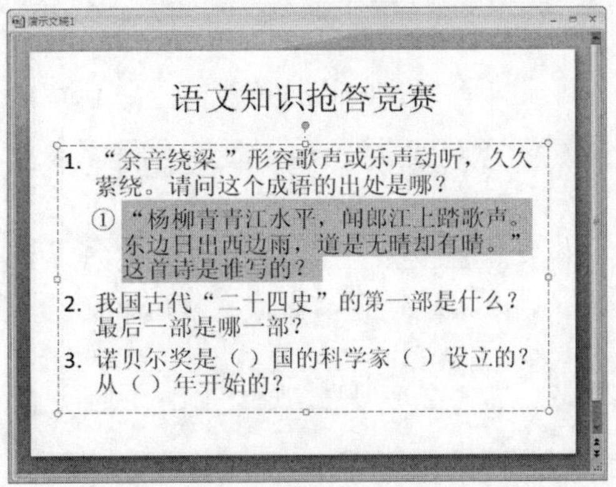


图 2.17　提高段落级别

**提 示**

同一级别的文本内容应用相同的项目符号，不同级别的项目符号应有所差异，才能更直观地加以区分。

- 【行距】按钮：更改行与行之间的距离，单击其右侧的倒三角按钮可选择不同的行距数值。例如，对所选文字增大行距后效果如图 2.18 所示。
- 【对齐方式】按钮：用于设置文本的对齐方式，从左至右依次为"左对齐"、"居中"、"右对齐"、"两端对齐"、"分散对齐"。其中"分散对齐"表示输入的每行文本与占位符长度相匹配，有时会增大文本的间距。例如，对内容文本应用"分散对齐"格式后的效果如图 2.19 所示。

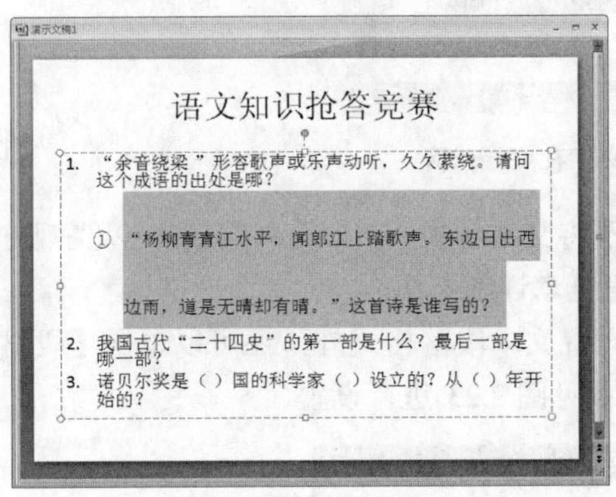


图 2.18　增大行距

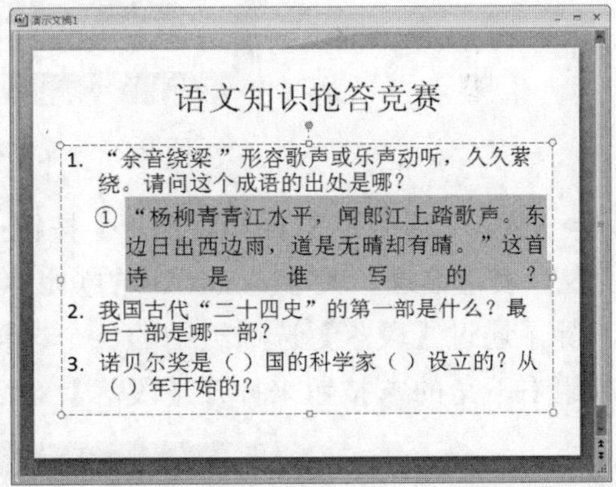


图 2.19　"分散对齐"的效果

- 【分栏】按钮：用于将文字拆分成两栏或更多栏。单击其右侧的倒三角按钮可选择分栏数。例如，选中内容文本，单击【分栏】按钮后，在弹出的列表中选择【三列】选项后的效果如图 2.20 所示。
- 【文字方向】按钮：用于设置文字方向。单击此按钮后，在弹出的下拉列表中可选择【横排】、【竖排】、【所有文字旋转 90°】、【所有文字旋转 270°】、【堆积】选项。例如，将内容文本应用【竖排】格式后的效果如图 2.21 所示。

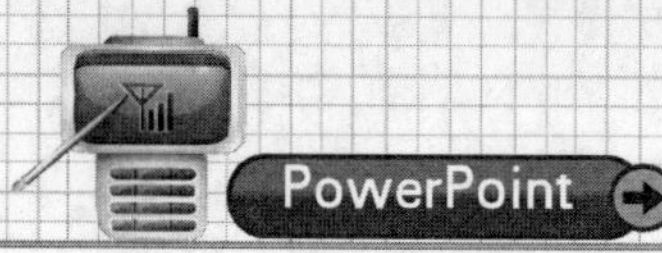


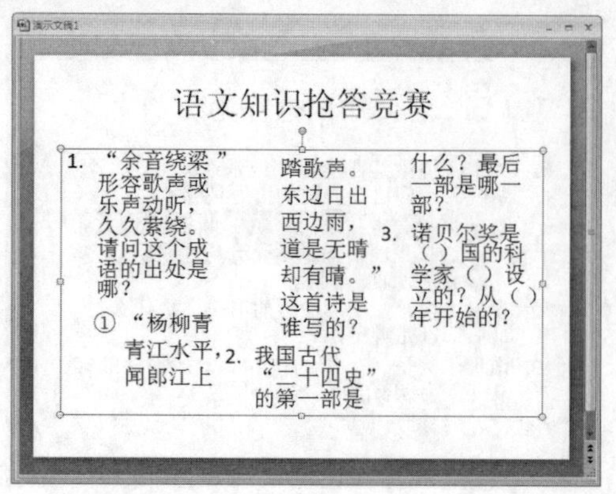


图 2.20　将文本拆分为三栏

图 2.21　竖排文字

- 【对齐文本】按钮：用于设置文本框中的文字相对于文本框位置的对齐方式。单击此按钮后，在弹出的下拉列表中可选择【顶端对齐】、【中部对齐】、【底端对齐】选项。例如，对文本内容应用【底端对齐】格式后的效果如图 2.22 所示。

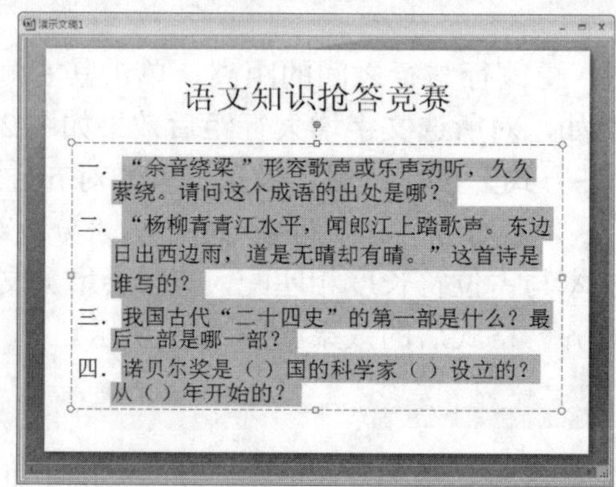


图 2.22　文本框内文字在底端对齐

- 【转换为 SmartArt 图形】按钮：用于将文本转换为 SmartArt 图形，以直观方式表达信息。关于 SmartArt 的知识将在第五章详细介绍。

除了通过【段落】选项组中的各个选项来设置文本段落格式外，还可以单击【段落】选项组右下角的按钮来打开【段落】对话框(参见图 2.23)进行设置。

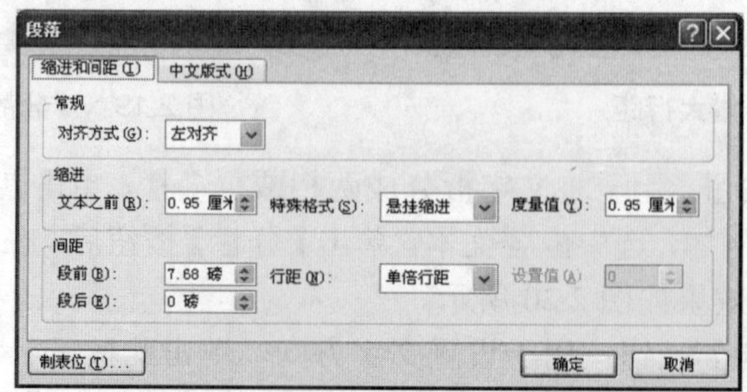


图 2.23　【段落】对话框

**提 示**

在文本框内拖动鼠标选中文本时，会在文本周边弹出编辑文本的浮动选项框，如图 2.24 所示。在该选项框内可以设置文本和段落的格式。另外单击右上角的【格式刷】按钮，可以按当前选中的文本格式快速设置其他文本的样式。操作方法为：选择具有目标格式的文本，单击【格式刷】按钮，此时鼠标指针变为状态，再选择需设置的文本内容即可为该内容快速设置相应格式。

图 2.24　文本的浮动选项框

## 2.1.3　编辑文本框

除了可以编辑文本外，还可以对文本所在的文本框进行编辑。在幻灯片编辑窗口拖动鼠标绘制出文本框后即可对其进行编辑，包括改变大小、旋转角度、复制和移动等。在占位符中输入文本后，该占位符即转换为一个文本框，同样可对其进行上述编辑操作。可对文本框进行的调整操作如下。

- 选择文本框：当文本框为非选中状态时，单击文字，即可激活文本框，并可以修改文字内容；鼠标移至文本框边框变为形状时，单击鼠标即选中了整个文本框，如图 2.25 所示。
- 改变文本框的宽度大小：选中文本框后，将鼠标光标移动到文本框两侧的方形控制点处，当鼠标光标变为双向箭头形状时，拖动鼠标即可调整文本框的宽度。

**提 示**

在占位符中输入文本而成为文本框后，可对该类型的文本框的长度和宽度进行修改，同时改变文字的大小后不会对文本框大小产生变化；而对绘制的文本框，只可以进行宽度的改变，修改文本框内的文字大小会相应地改变该文本框的宽度。

- 旋转文本框：选中文本框后，将鼠标光标移动到文本框上方的绿色控制点后，鼠标光标变为时，拖动鼠标即可旋转文本框的方向，如图 2.26 所示。

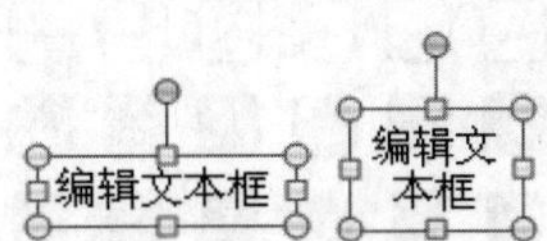


图 2.25　选中文本框后的效果

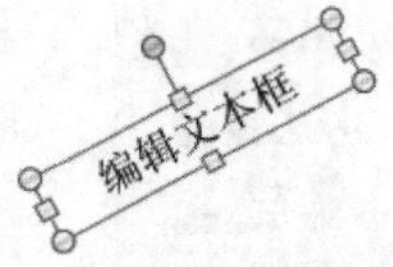


图 2.26　旋转文本框

- 复制和移动文本框：选中文本框后，将鼠标光标移动到文本框四周非控制点的任意位置，鼠标光标变为后，按住 Ctrl 键的同时拖动鼠标到所需位置即可复制一个相同的文本框到该位置；不按 Ctrl 键进行拖动操作即可移动文本框。

除了对文本框进行一些基本的编辑以外，还可以通过【开始】选项卡的【绘图】选项组对其进行排列和美化。【绘图】选项组如图 2.27 所示。通过【排列】按钮可以设置文本

框位于幻灯片的左端、右端或中央。当幻灯片中含有多个文本框时，还可以设置文本框之间的分布。该选项组的右半部分为设置文本框样式的选项，包括设置文本框边框颜色、文本框填充颜色等。下面分别介绍【绘图】选项中的排列和文本框设置选项。

- 【排列】按钮：通过它可以更改幻灯片中对象的顺序、位置或将其旋转，也可以通过它将多个对象组合在一起，以便将它们作为单个对象来处理。单击【排列】按钮后，弹出下拉菜单，对于单个文本框，通过该按钮可以对文本框进行对齐和旋转操作，如图 2.28 所示；对于多个文本框，通过该按钮还可以对文本框进行组合操作，如图 2.29 所示。

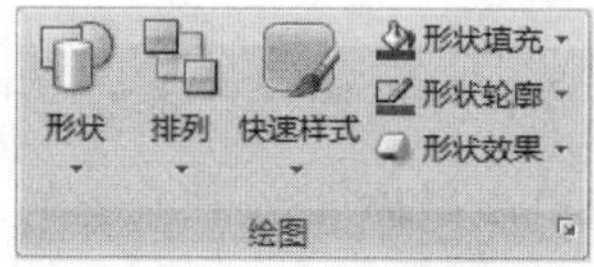


图 2.27 【绘图】选项组

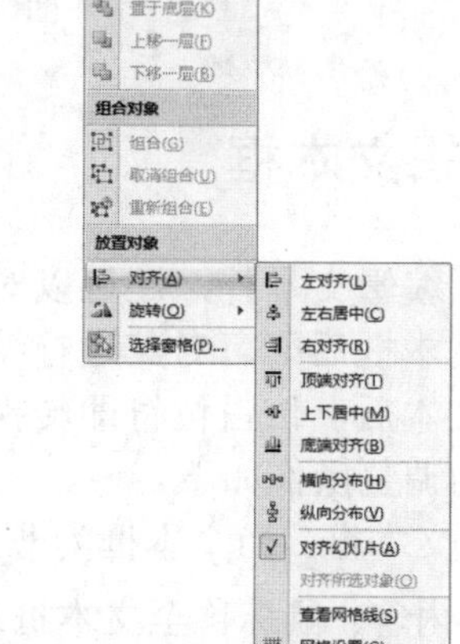


图 2.28 对文本框可进行的排列操作

- 【快速样式】按钮：为方便用户快速设置文本框等对象的外形，PowerPoint 预设了多种主题填充效果。其边框与填充色搭配效果较好，选择任意一种即可制作出专业的效果。而且 PowerPoint 将根据现有幻灯片各对象的配色情况，自行调整相对应的填充颜色和边框颜色，即不同的幻灯片弹出的下拉列表中的选项会有所差异。操作方法为：选择文本框后，在【开始】选项卡的【绘图】选项组中单击【快速样式】按钮，将弹出包含所有主题填充效果的下拉列表，如图 2.30 所示。从中单击任意一种填充效果按钮后可将其更改为对应的样式。例如，对标题文本框设置主题效果为绿色的“浅色 1 轮廓”后的效果如图 2.31 所示。

图 2.29 对多个文本框可进行的组合操作菜单

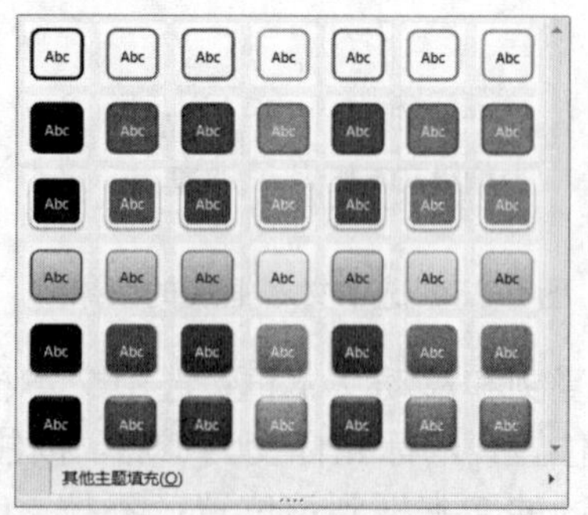


图 2.30 单击【快速样式】按钮后弹出的下拉列表

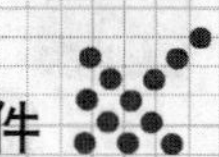

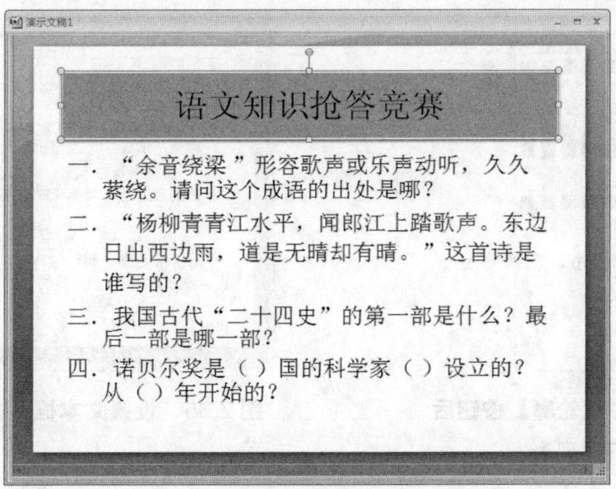


图 2.31　设置文本框主题填充效果

**注 意**

在主题填充效果下拉列表中，将鼠标指向【其他主题填充】选项，在弹出的子菜单中可选择其他主题效果。

- 形状填充 按钮：用户除了可选择主题填充效果外，还可以根据自己的需要选择文本框的填充内容，如单一颜色、渐变颜色、纹理填充和电脑中保存的图片等。单击此按钮后弹出一个下拉列表，如图 2.32 所示，从中可选择主题颜色、其他颜色、图片等对文本框进行填充。例如，对初始的标题文本框设置形状填充为【纹理】子菜单中的【新闻纸】样式后，其效果如图 2.33 所示。

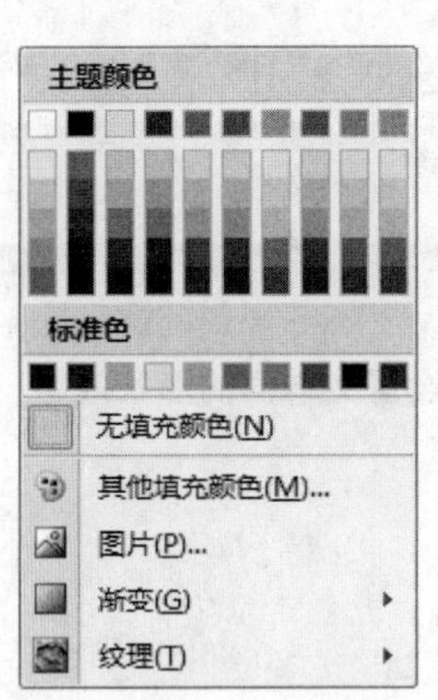


图 2.32　单击【形状填充】按钮后弹出的下拉列表

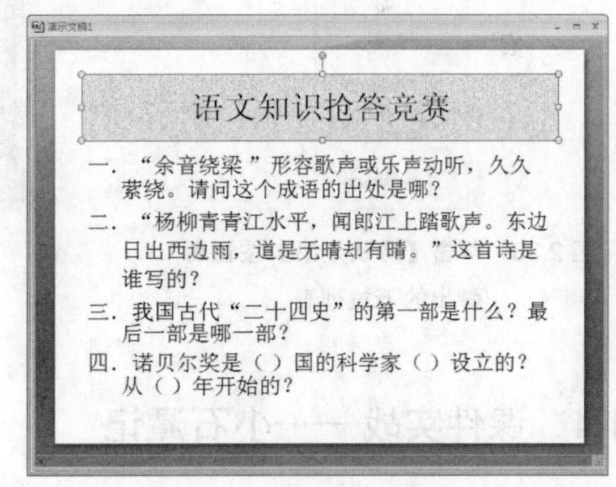


图 2.33　设置文本框形状填充后的效果

- 形状轮廓 按钮：文本框的外形效果除了填充内容外还有轮廓线，用户可根据需要自定义轮廓线效果，如轮廓线颜色、线型和粗细等。单击此按钮后弹出一个下拉列表，如图 2.34 所示，从中可选择文本框的轮廓线颜色、宽度和线型。例如，对设置了形状填充效果的文本框修改形状轮廓的样式后，其效果如图 2.35 所示。

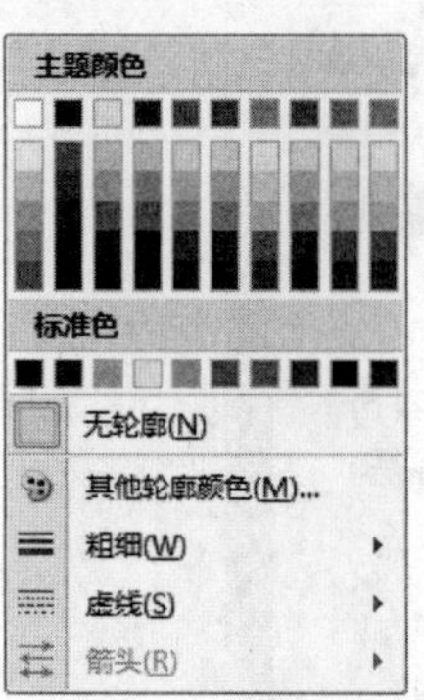


图 2.34 单击【形状轮廓】按钮后弹出的下拉列表

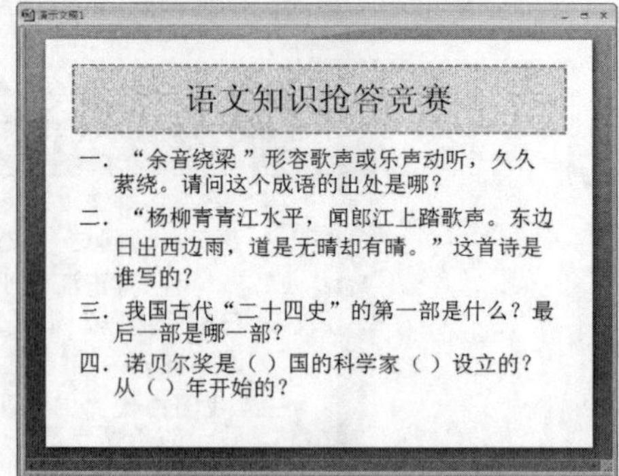


图 2.35 设置文本框形状轮廓后的效果

- 形状效果按钮：用于为绘制的文本框等对象设置特殊效果。利用它可以很方便地为对象设置阴影、映像、发光及三维旋转等效果，以便于用户快速地制作出更专业的幻灯片效果。单击此按钮后在弹出的下拉列表中列出了多种特殊效果选项，如图 2.36 所示。从中用鼠标指向任意一个选项，在弹出的子菜单中即可选择具体的效果。例如，对初始的标题文本框设置形状样式为"中等效果-强调颜色 3"、形状效果为"柔化边缘"(数值为 25 磅)后，其效果如图 2.37 所示。

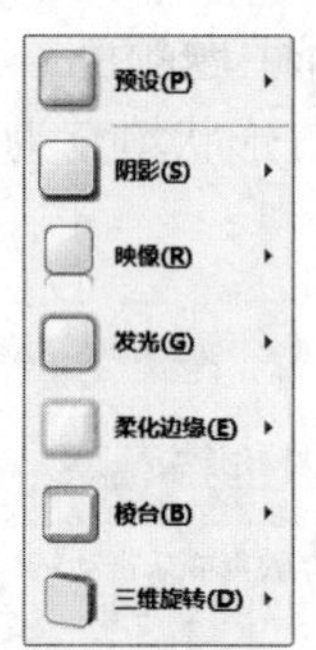


图 2.36 单击【形状效果】按钮后弹出的下拉列表

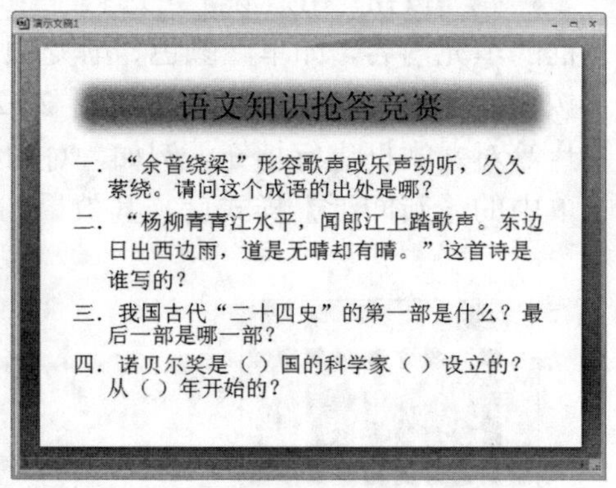


图 2.37 设置文本框的形状效果

## 2.1.4 课件实战——小石潭记

本节主要以实例讲解如何在幻灯片中插入和编辑文本。插入文本的方法主要有在占位符中输入文本、通过文本框输入文本和导入外部文本。每种方法都有其独特与方便之处，用户要根据幻灯片的实际情况决定使用哪种方法插入文本。

学习了输入文本的方法后，就可以制作一个简单的文字类课件了。在制作课件之前，首先为该课件设置一种主题，使制作出来的课件更加美观、漂亮。在 PowerPoint 2007 中提供了许多预设的主题，每种主题都很漂亮，用户可根据需要选择合适的主题。选择主题后，幻灯片的文字内容格式会相应地改变。设置主题的方法很简单，即在【设计】选项卡的【主题】选项组中的列表框中选择相应的主题即可，如图 2.38 所示。

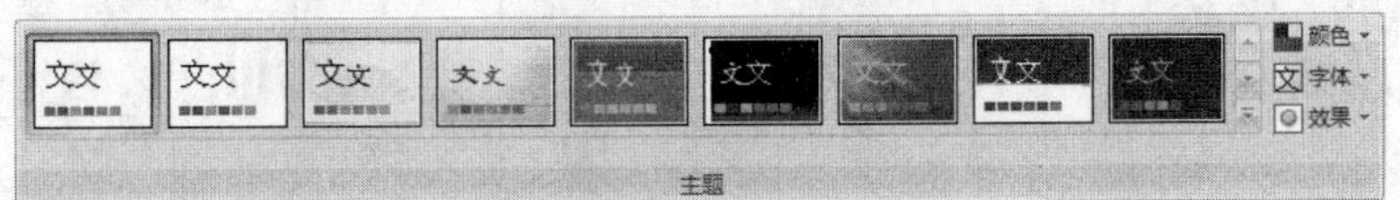


图 2.38　【主题】选项组

下面制作一个名为“小石潭记”的语文课件。首先选择一个合适的版式并设置一个漂亮的主题，然后利用所学内容制作该课件内容。在课件中将难学的字设置为红色，将重点词语加下划线，以突出教学重点。

这个课件是一个单纯的文字类课件，通过制作该课件，可以掌握 PowerPoint 中文字的编辑方法并学会制作出理想的文字类课件。制作“小石潭记”课件的操作方法如下。

**步骤 1**　打开 PowerPoint，在【开始】选项卡的【幻灯片】选项组中单击【版式】按钮，在弹出的下拉列表中选择【标题和内容】选项，所设置的幻灯片版式如图 2.39 所示。

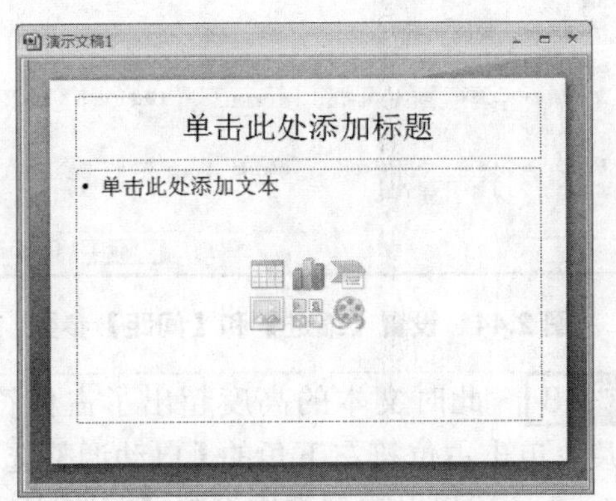


图 2.39　设置幻灯片版式

**步骤 2**　选择【设计】选项卡，在【主题】选项组中选择【跋涉】主题为该幻灯片课件的主题，如图 2.40 所示。

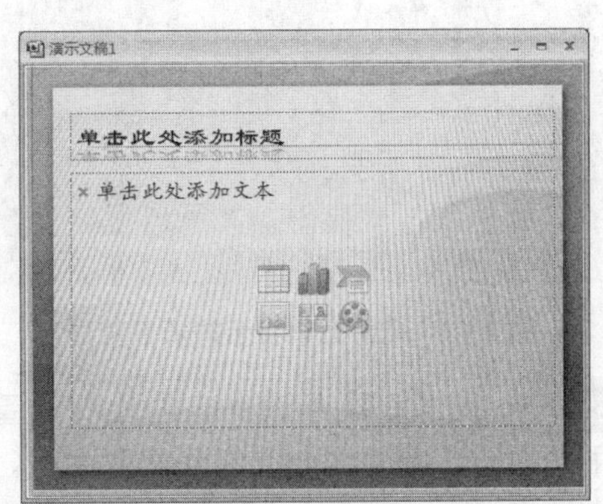


图 2.40　设置幻灯片主题

**步骤 3**　单击标题占位符后，输入课文标题“小石潭记”，并在【开始】选项卡的【段落】选项组中单击按钮，使标题居中对齐，如图 2.41 所示。

**步骤 4**　单击内容占位符后输入课文内容，如图 2.42 所示。

**步骤 5**　这样，便完成了课文的标题和内容的输入。下面将对这两部分内容进行格式设置。首先设置内容文本的项目符号和编号，即选中内容文本，在【开始】选项卡的【段落】选项组中单击【项目符号】按钮右侧的倒三角按钮，在弹出的下拉列表中选择项目符号样式为“无”，以取消默认显示的项目符号，效果如图 2.43 所示。

**步骤 6**　在【开始】选项卡的【段落】选项组中单击右下角的按钮，在打开的【段落】对话框中设置文本的缩进格式和间距。在【缩进和间距】选项卡中，将【缩进】选项组中的【文本之前】设置为“0 厘米”，将【特殊格式】设置为“首行缩进”，将【度量值】设置为“1.5 厘米”；将【间距】选项组中的【行距】设置为“单倍行距”；单击【确定】按钮，如图 2.44 所示。

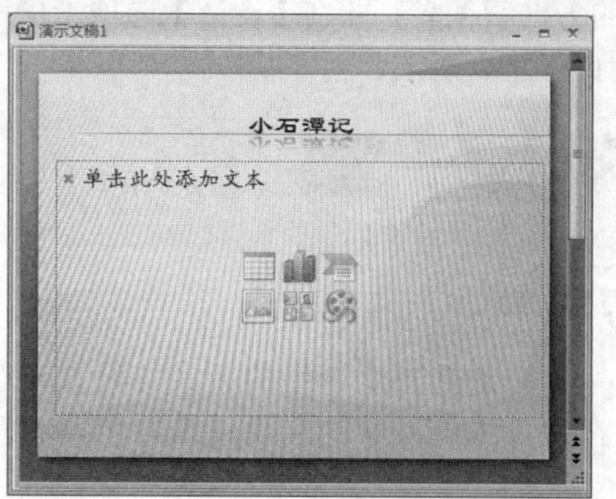


图 2.41　在标题占位符中输入课文标题

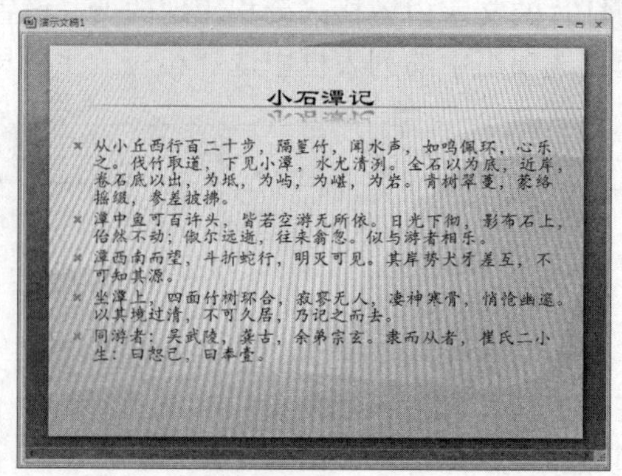


图 2.42　在内容占位符中输入课文内容

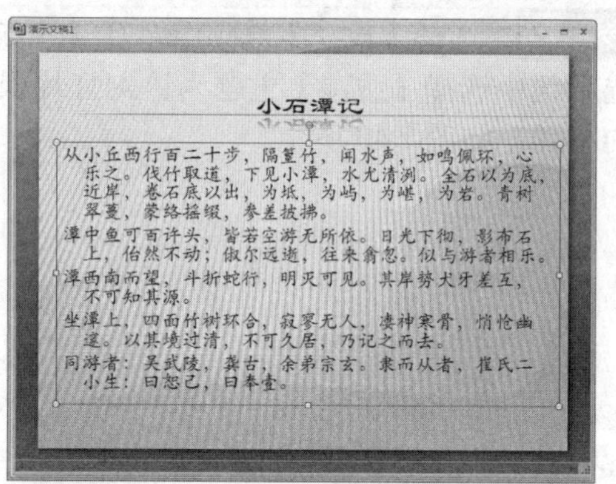


图 2.43　取消默认显示的项目符号

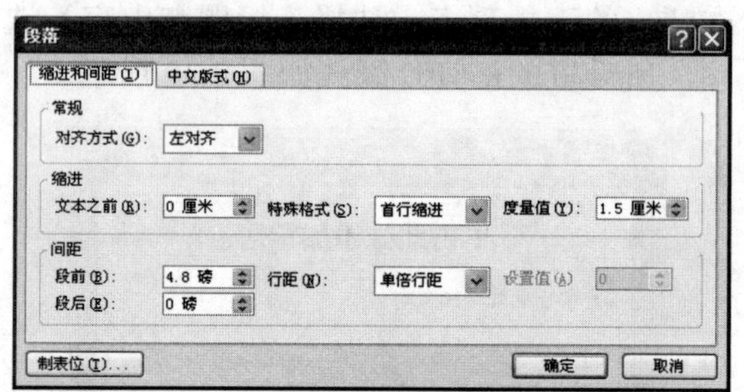


图 2.44　设置【缩进】和【间距】参数

步骤 7　为了在展示课件时能让观众看清其中的内容，需要将文字字号设置大些。即选中内容文本，在【开始】选项卡的【字体】选项组中设置字体为“华文楷体(正文)”，设置字号为“28”，效果如图 2.45 所示。

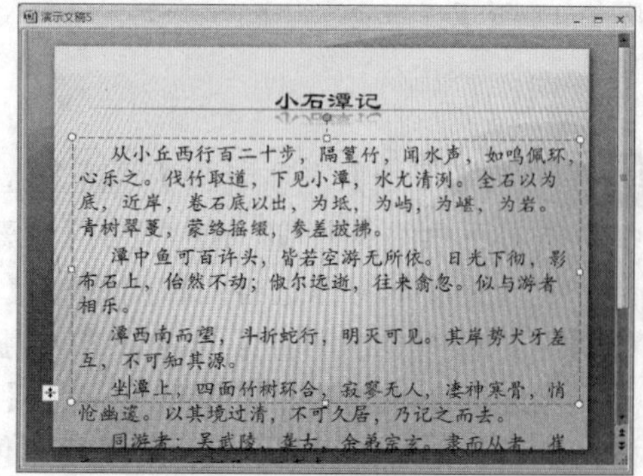


图 2.45　设置字体

步骤 8　此时文本的高度超出了占位符的高度，单击占位符左下角的【自动调整选项】图标，在弹出的列表中选择【将文本拆分到两个幻灯片】选项，如图 2.46 所示。

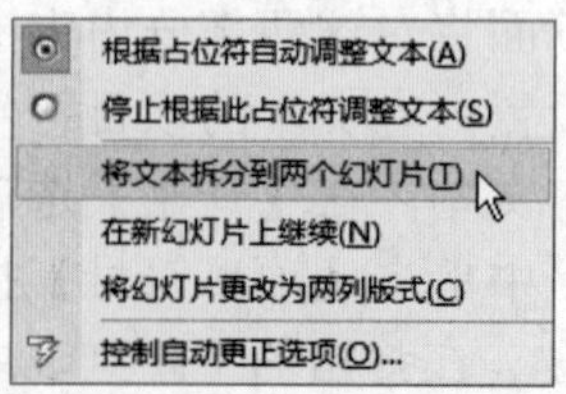


图 2.46　单击【自动调整选项】图标后弹出的列表

**步骤 9**　这样，内容文本就被拆分到两个幻灯片中，如图 2.47 所示。

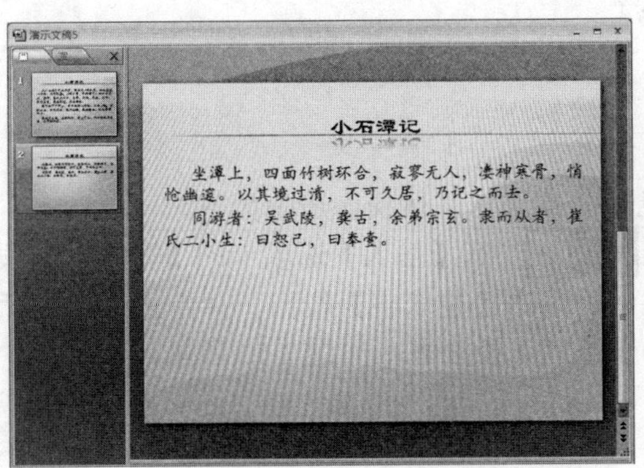


图 2.47　文本内容被拆分到两个幻灯片中

**步骤 10**　分别在这两个幻灯片中按住 Ctrl 键并拖动鼠标选中要学的字，例如“篁”、“坻”、“屿”、“嵁”等，然后在【开始】选项卡的【字体】选项组中单击【字体颜色】按钮右侧的倒三角按钮，在弹出的下拉列表中选择红色，将要学习的生字设置为红色，效果如图 2.48 所示。

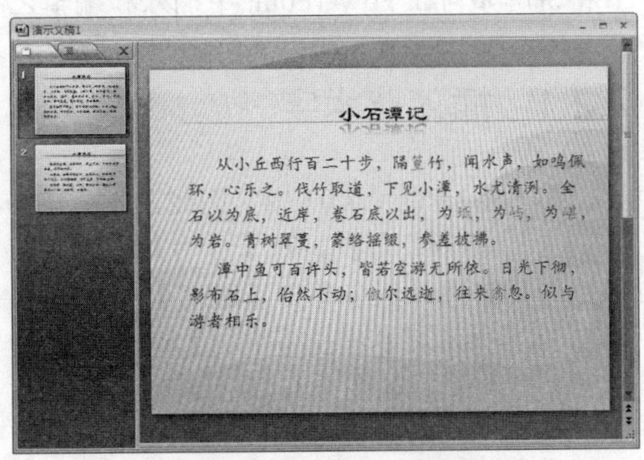


图 2.48　设置生字的颜色

**步骤 11**　对生字颜色设置完成之后，接下来设置词语的下划线。按住 Ctrl 键并拖动鼠标选中要学习的词语，例如“清洌”、“摇缀”、“披拂”、“寂寥”等，在【开始】选项卡的【字体】选项组中单击 U 按钮，为这些词语添加下划线，如图 2.49 所示。

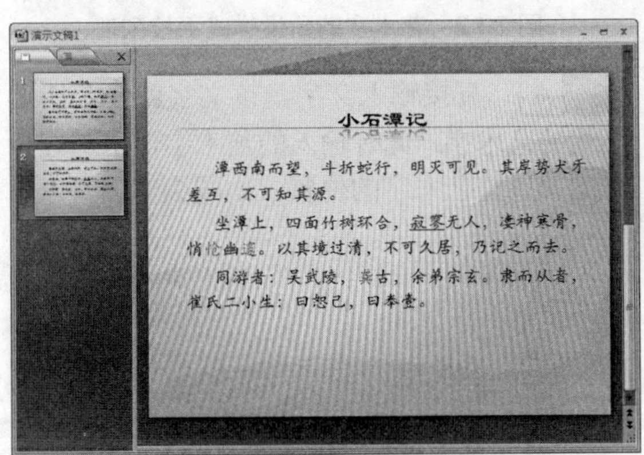


图 2.49　为要学词语添加下划线

**步骤 12**　至此，该课件制作完成，按 F5 键放映幻灯片，效果如图 2.50 所示。

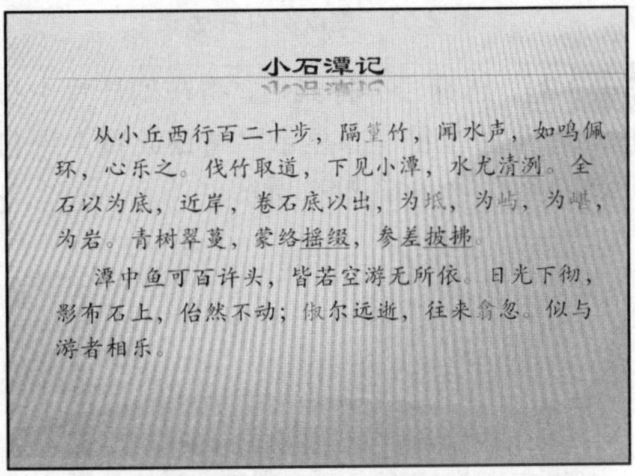

图 2.50　课件制作效果

**步骤 13**　放映过程中按键盘上的 Esc 键即可切换回到编辑界面，单击 PowerPoint 中左上角的保存按钮，弹出【保存】对话框，为课件命名并选择保存位置后即可将课件保存。

# 2.2 制作艺术字

在 PowerPoint 中可以将一些文字设置为很漂亮的特殊效果。有了这些特效文字，整个演示文稿都显得活泼生动，富有很强的吸引力。这些特效文字即艺术字。艺术字是一种文字样式库，在 PowerPoint 中应用广泛。PowerPoint 软件提供了多种形式的艺术字样式。本节将讲解如何在 PowerPoint 中插入和编辑艺术字。

## 2.2.1 插入艺术字

在 PowerPoint 2007 中，创建艺术字的方法比较简单，具体操作步骤如下。

步骤 1 打开幻灯片，在【开始】选项卡的【幻灯片】选项组中单击【版式】按钮，在弹出的下拉列表中选择【空白】选项，所设置的幻灯片版式如图 2.51 所示。

图 2.51 更改幻灯片版式

步骤 2 在【插入】选项卡的【文本】选项组中单击【艺术字】按钮，弹出艺术字的预设样式下拉列表，如图 2.52 所示。

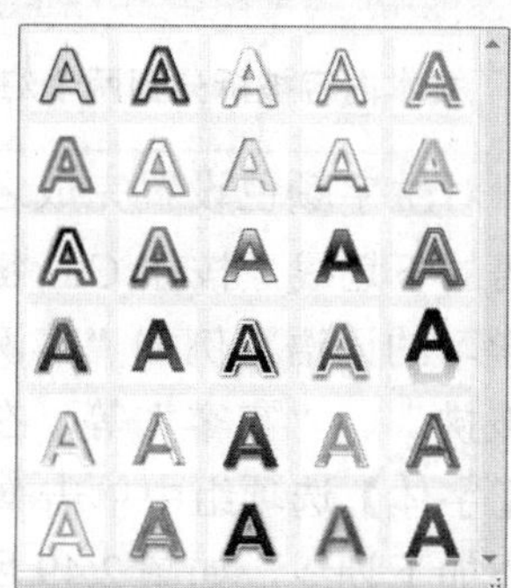

图 2.52 艺术字的预设样式下拉列表

步骤 3 选择一个样式后，将在幻灯片中央出现一个占位符，并显示“请在此键入您自己的内容”，如图 2.53 所示。

图 2.53 插入的艺术字占位符

步骤 4 直接输入文字，该文字就会是所选样式的艺术字，此时输入的艺术字位于幻灯片左侧，调整艺术字的位置，如图 2.54 所示。

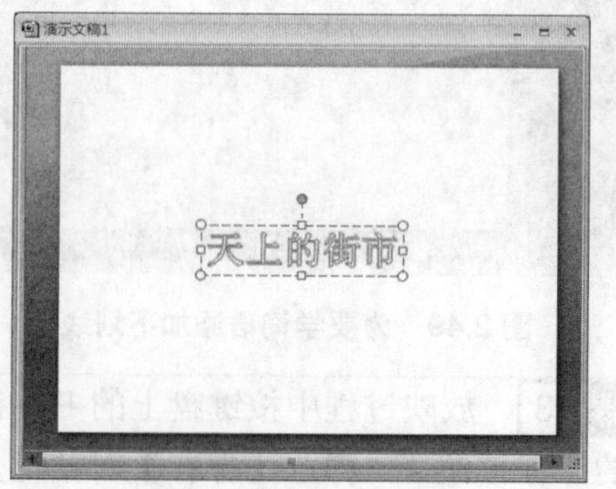


图 2.54 输入的艺术字

用户还可以根据需要将文本框等对象中的文本设置为艺术字。即选择要设置艺术字样式的文字，在【绘图工具】下的【格式】选项卡的【艺术字样式】选项组中，单击【其他】按钮，在弹出的预设艺术字的下拉列表中选择所需的艺术字样式即可。例如，将现有文字设置为艺术字样式后的效果如图 2.55 所示。

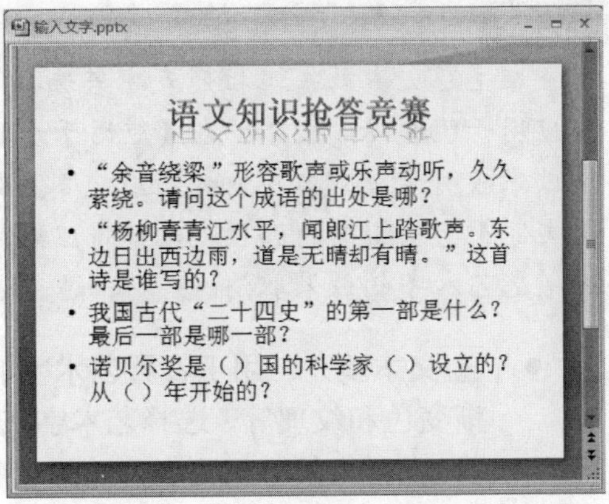

输入文字.pptx
语文知识抢答竞赛
“余音绕梁”形容歌声或乐声动听，久久萦绕。请问这个成语的出处是哪？
“杨柳青青江水平，闻郎江上踏歌声。东边日出西边雨，道是无晴却有晴。”这首诗是谁写的？
我国古代“二十四史”的第一部是什么？最后一部是哪一部？
诺贝尔奖是（）国的科学家（）设立的？从（）年开始的？

图 2.55　将文字设置为艺术字样式

## 2.2.2　编辑艺术字

【艺术字样式】选项组有多种预设效果，从中选择相应选项可以制作出立体字、发光字、水晶字等多种专业的文字效果。插入艺术字后可以对艺术字进行编辑，执行插入艺术字命令后，功能区会自动切换到【格式】选项卡，如图 2.56 所示。

Abc
Abc
Abc
形状填充
形状轮廓
形状效果
置于顶层
置于底层
选择窗格
对齐
组合
旋转
4.08 厘米
21.59 厘米
插入形状
形状样式
艺术字样式
排列
大小

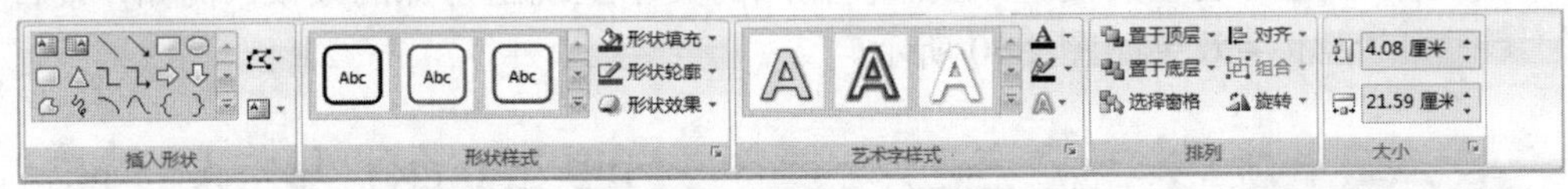

图 2.56　【格式】选项卡

**提　示**

在幻灯片中激活占位符或插入文本框后即会出现【格式】选项卡，在此选项卡中可以插入形状、设置形状样式、设置艺术字样式、设置排列方式和文本大小。

【艺术字样式】选项组类似【形状样式】选项组，它包括两部分内容：左侧为选择预设的文字外观样式，右侧为自定义文本样式，包括文本填充、文本轮廓和文本效果。

- 外观样式：用于为艺术字设置外观样式。选择艺术字或文本后，在【格式】选项卡的【艺术字样式】选项组中单击左侧列表框中的按钮，将弹出外观样式下拉列表，如图 2.57 所示。从中选择一种样式即可更改为所选样式。例如，设置外观样式后的艺术字效果如图 2.58 所示。

应用于所选文字
应用于形状中的所有文字
清除艺术字(C)

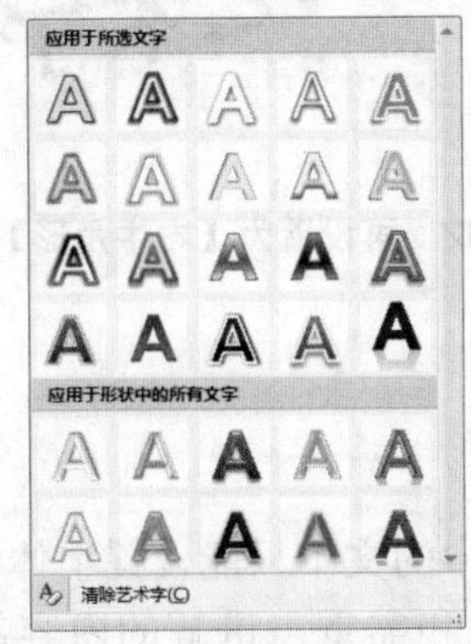

图 2.57　外观样式下拉列表

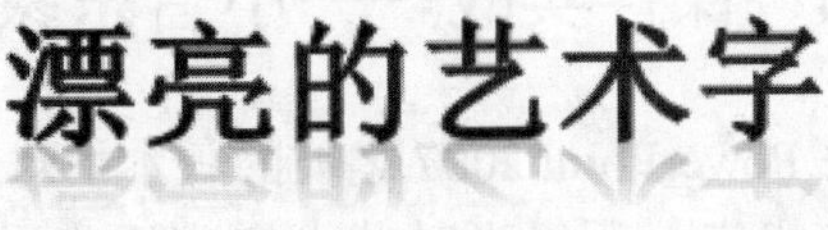

漂亮的艺术字

图 2.58　设置外观样式后的艺术字效果

**提 示**

在主题文本效果下拉列表中若选择【应用于所选文字】选项组中的选项，则只将该效果应用于已选择的文本；在【应用于形状中的所有文字】选项组中选择相应选项，可将文本效果应用于该文本框内的所有文本。如选择文本框中的所有文本后，再选择【应用于所选文字】选项组中的选项，也可将该效果应用于所有文本。选择【清除艺术字】选项则可将所选艺术字的效果取消。

- 文本填充：用于设置艺术字的填充内容，包括单一颜色、电脑中保存的图片、渐变色和纹理等。选择艺术字或文本后，单击【文本填充】按钮右侧的倒三角按钮，在弹出的下拉列表中选择相应选项即可设置文本填充的艺术字效果，如图 2.59 所示。
- 文本轮廓：用于在艺术字的边缘加一圈边线。用户可根据需要设置轮廓线的颜色、线型和粗细等。选择艺术字或文本后，单击【文本轮廓】按钮右侧的倒三角按钮，在弹出的下拉列表中选择相应选项即可设置文本轮廓。而且用户可对同一文本进行颜色和线型的设置，从而使输入的文本呈现出特殊的效果。例如，设置文本轮廓的艺术字效果如图 2.60 所示。

漂亮的艺术字

图 2.59 设置文本填充的艺术字效果

漂亮的艺术字

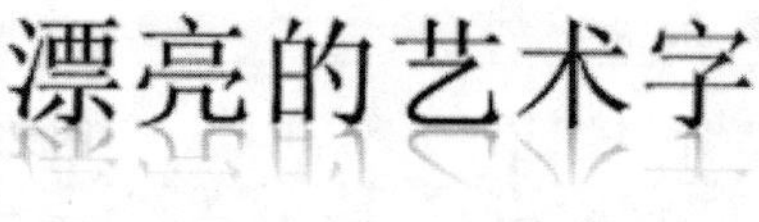

图 2.60 设置文本轮廓的艺术字效果

- 文本效果：设置文本特殊效果与设置文本框特殊效果类似，即为艺术字设置阴影、倒影、发光和立体效果等，只是预设的文本特殊效果中多了一项【转换】效果。在【转换】子菜单中列出了多种文本的排列效果。而且为文本设置转换效果后再设置三维等效果后，可使效果更加真实。图 2.61 所示为设置成【三维旋转】子菜单中【透视】选项组的【左向对比透视】效果，图 2.62 所示为再设置成【转换】子菜单中【弯曲】选项组的【右牛角形】的效果。

漂亮的艺术字

图 2.61 设置为【左向对比透视】效果

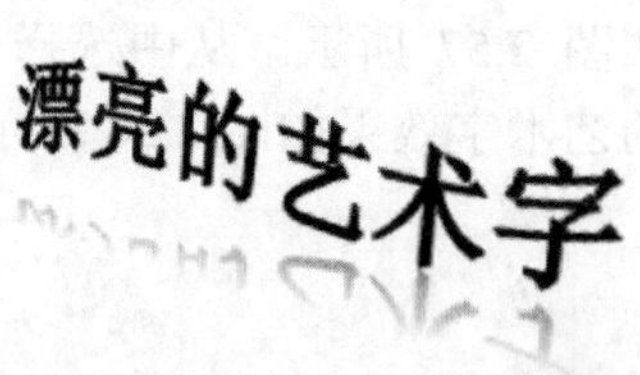

漂亮的艺术字

图 2.62 再设置为【右牛角形】效果

### 2.2.3 课件实战——小音乐家扬科

在 PowerPoint 2007 之前的版本中对文本框和占位符中的文本只能设置字体格式，不能设置艺术字，所以当时艺术字广泛应用于幻灯片的标题和需重点讲解的内容部分。而在 PowerPoint 2007 中，可以插入艺术字，也可以将文本框和占位符中的文本设置为艺术字，使用起来更加方便。下面制作一个语文课件，将课文标题设置为比较绚丽的艺术字样式，将课文内容设置为与之和谐搭配的艺术字样式，使整个课件富有色彩，给观看者一种赏心悦目的感觉。

这个课件是一个美化的文字类课件，通过制作该课件可以掌握如何在 PowerPoint 中制作艺术字的方法，并能够制作一个漂亮、美观的文字类课件。

**步骤 1**　打开 PowerPoint 2007，在【开始】选项卡的【幻灯片】选项组中单击【版式】按钮，在弹出的下拉列表中选择【标题和内容】选项，所设置的幻灯片版式如图 2.63 所示。

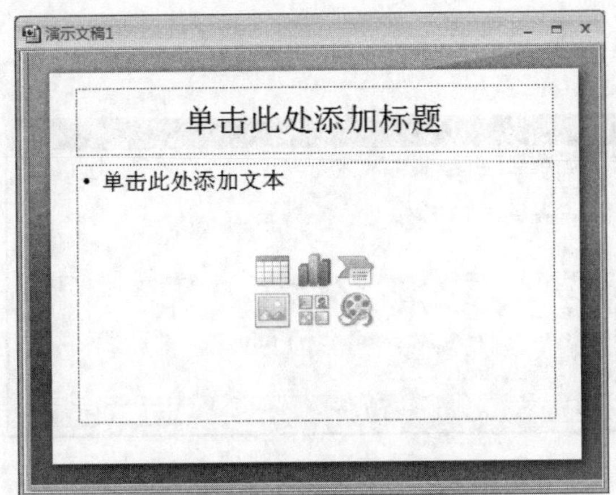


图 2.63　设置幻灯片版式为【标题和内容】

**步骤 2**　在【设计】选项卡的【主题】选项组中选择【夏至】主题作为该幻灯片课件的主题，效果如图 2.64 所示。

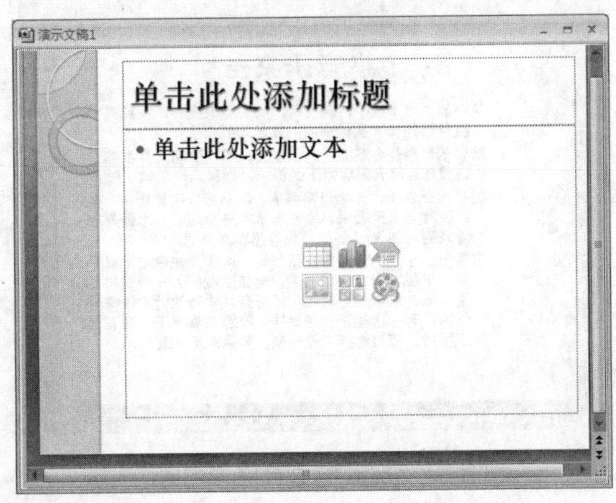


图 2.64　设置幻灯片主题为【夏至】

**步骤 3**　单击标题占位符后，输入课文标题“小音乐家扬科”，并在【开始】选项卡的【段落】选项组中单击按钮，使标题居中对齐，如图 2.65 所示。

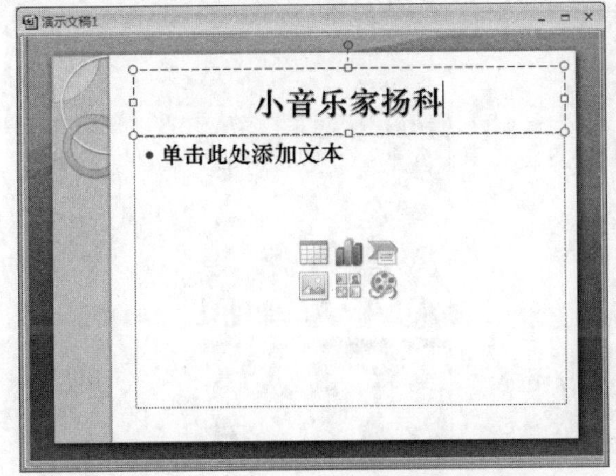


图 2.65　输入课文标题并使其居中对齐

**步骤 4**　单击内容占位符后，输入部分课文内容，如图 2.66 所示。

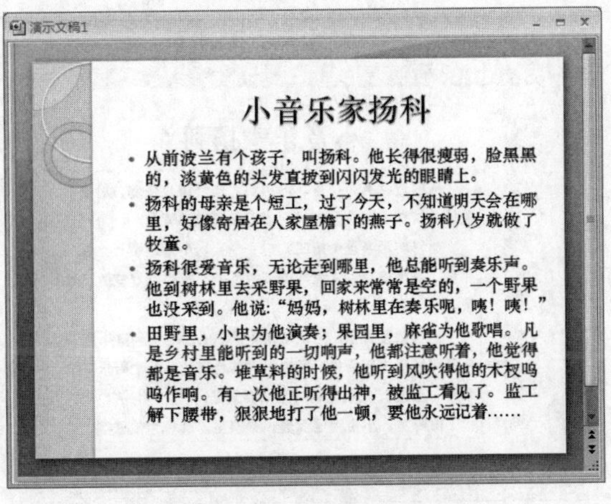


图 2.66　输入部分课文内容

**步骤5** 这样，课文的标题和内容就输入完成了。下面对这两部分内容进行格式设置。首先设置内容文本的项目符号和编号，即选中内容文本，在【开始】选项卡的【段落】选项组中单击【项目符号】按钮右侧的倒三角按钮，在弹出的下拉列表中选择“无”选项，效果如图 2.67 所示。

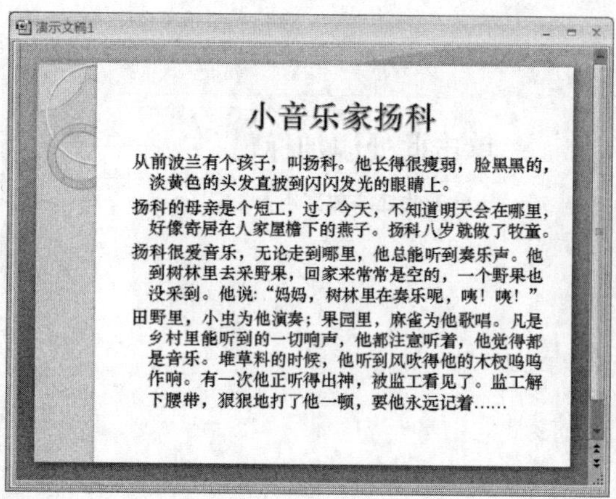


图 2.67 设置项目符号为“无”

**步骤6** 在【开始】选项卡的【段落】选项组中单击右下角的按钮，在打开的【段落】对话框中设置文本的缩进格式和间距。在【缩进和间距】选项卡中将【缩进】选项组中的【文本之前】设置为“0 厘米”，将【特殊格式】设置为“首行缩进”，将【度量值】设置为“1.5 厘米”；在【间距】选项组中将【行距】设置为“1.5 倍行距”；单击【确定】按钮，如图 2.68 所示。

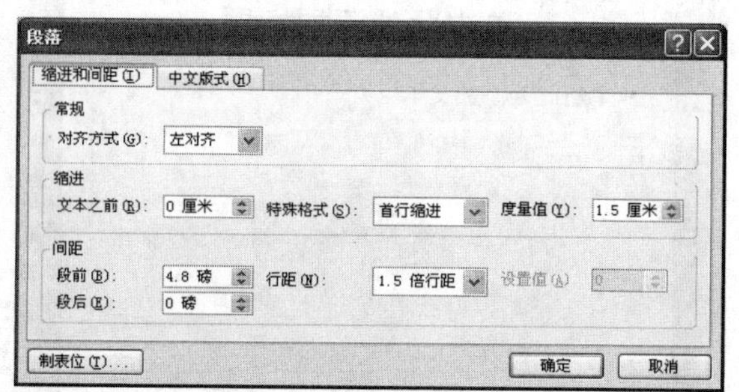


图 2.68 设置正文缩进和间距

**步骤7** 段落格式设置完成之后的效果如图 2.69 所示。

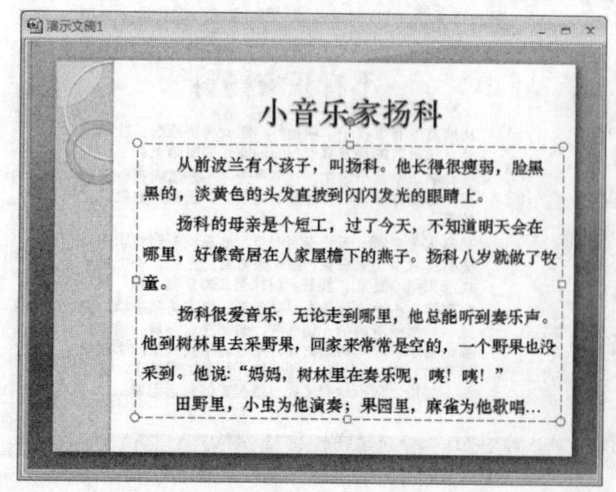


图 2.69 设置段落格式后的效果

**步骤8** 接下来设置标题和内容文本的艺术字样式。选中标题文本，选择【绘图工具】下的【格式】选项卡，从中单击【艺术字样式】选项组左侧列表框中的按钮，在弹出的外观样式下拉列表中选择一种艺术字样式，如图 2.70 所示。

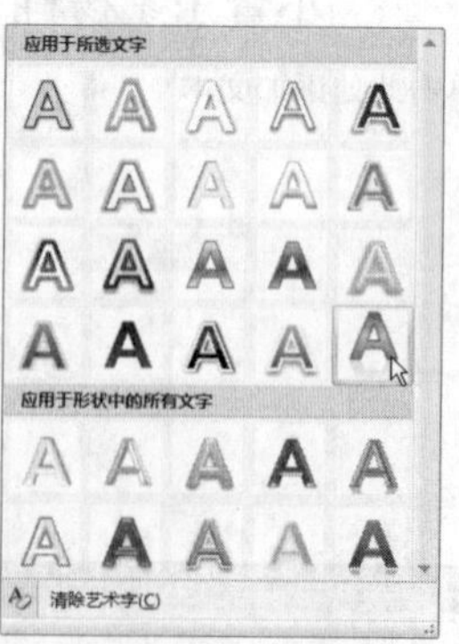


图 2.70 选择一种艺术字样式

**步骤 9**　单击【文本效果】按钮，在弹出的下拉菜单中，选择【转换】子菜单中的【弯曲】选项组中的【两端远】选项，如图 2.71 所示。

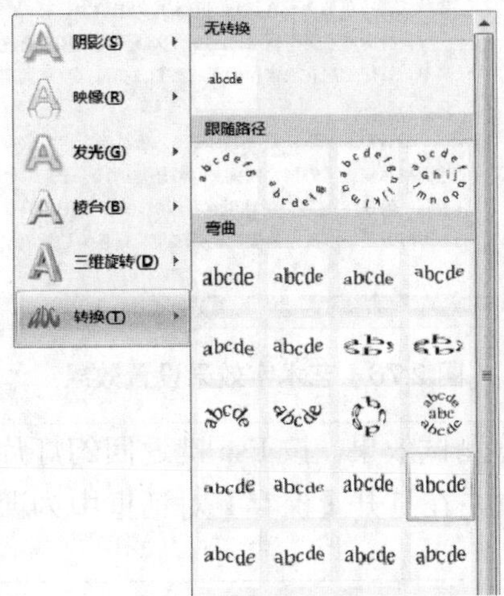


图 2.71　选择转换效果

**步骤 10**　对该标题文本设置艺术字样式后的效果如图 2.72 所示。

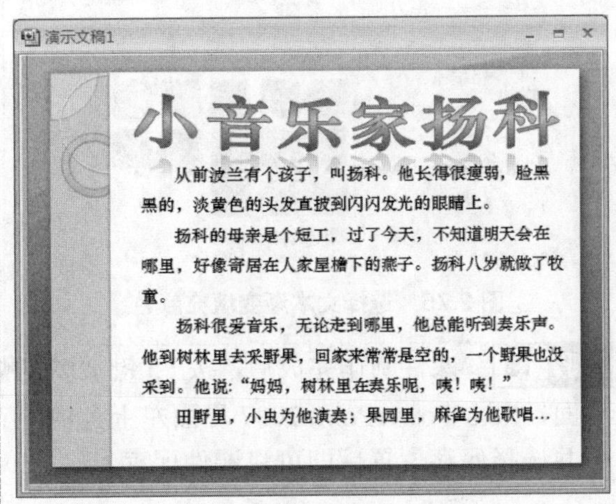


图 2.72　设置艺术字样式后的标题效果

**步骤 11**　在对艺术字设置"转换"效果后，某些"转换"效果会使原来的文字放大，可以拖动艺术字周边的控制点来改变艺术字的大小，效果如图 2.73 所示。

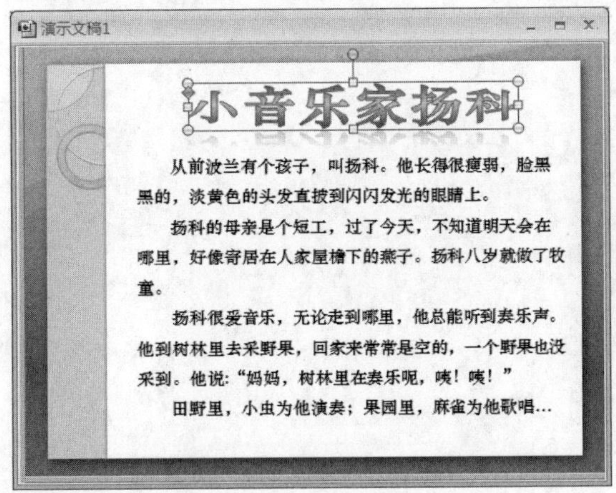


图 2.73　改变艺术字大小

**步骤 12**　接下来设置内容文本的艺术字样式。选择内容文本，在【艺术字样式】选项组中单击【文本填充】按钮，在弹出的下拉列表中选择深绿色，如图 2.74 所示。

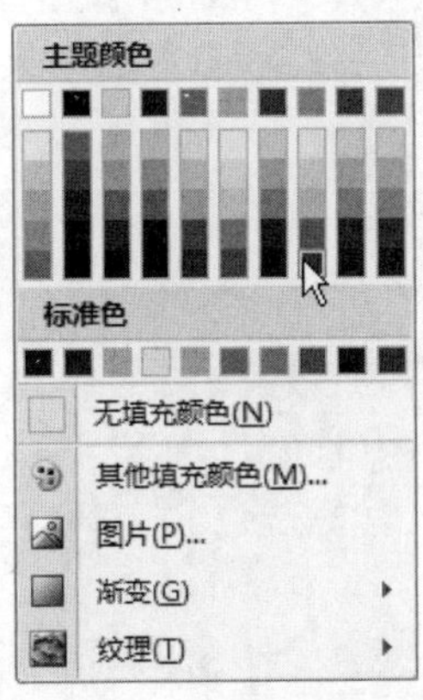


图 2.74　选择文本填充颜色

**步骤 13**　再次单击【文本填充】按钮，在弹出的下拉列表中的【渐变】子菜单中，选择【深色变体】选项组中的深绿色渐变，如图 2.75 所示。

**步骤 14**　这样就为标题文本和内容文本分别设置了艺术字样式，效果如图 2.76 所示。

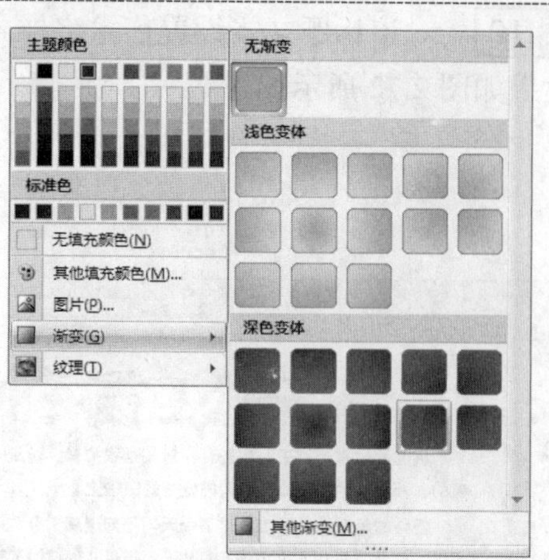


图 2.75 选择文本渐变填充颜色

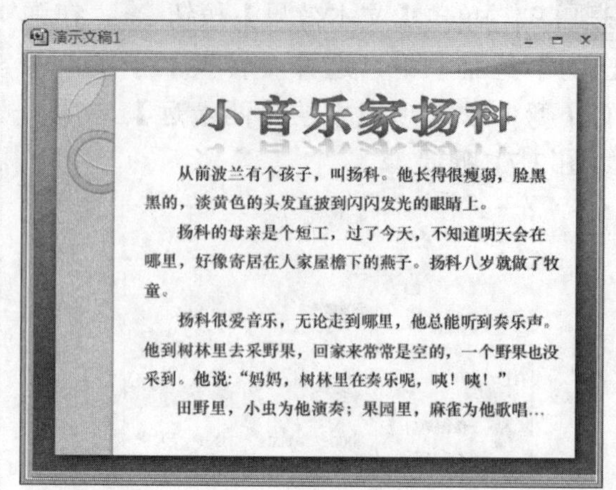


图 2.76 艺术字效果设置效果

步骤 15 课件制作完成后，按 F5 键放映幻灯片观看测试效果。按 Esc 键返回幻灯片编辑界面，单击 PowerPoint 2007 界面左上角的保存按钮，在打开【保存】对话框中为课件命名并选择保存位置后即可将课件保存。

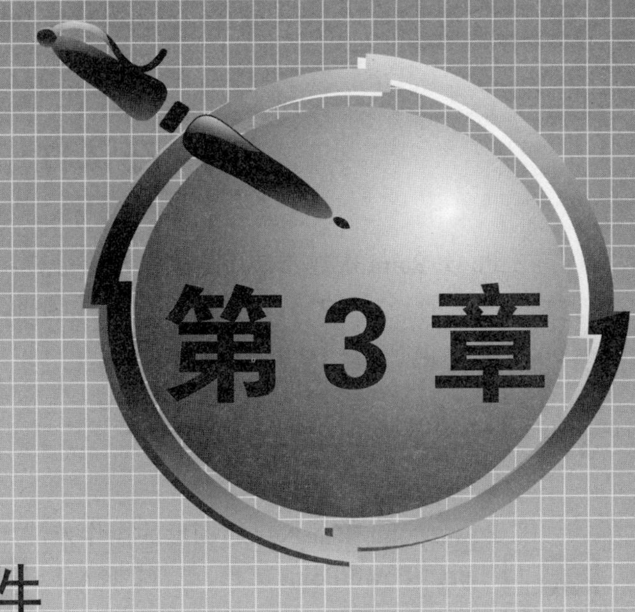


# 制作图形图像课件

在课件的制作过程中，我们有时候需要为课件添加各种形状、图像，从而使制作的课件更加美观，充分发挥计算机辅助教学的特长。本章着重介绍为 PowerPoint 插入图形、图像，以及对它们进行编辑的操作方法。

## 本章内容主要包括：

- 在课件中加入自选图形。
- 在课件中加入剪贴画。
- 在课件中加入外部图片。

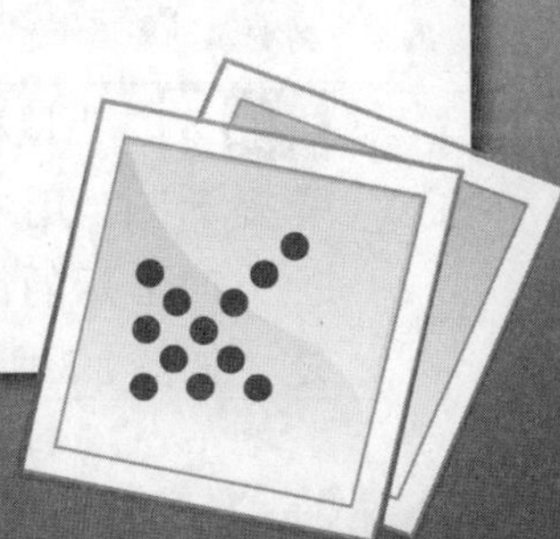

# 3.1 在课件中加入图形

在 PowerPoint 中经常使用自选图形来创建图形，可以将自选图形(比如直线、椭圆、立方体、流程图符号、横幅或者任意形状的自由曲线)插入在一个文档里，然后再进行自定义编辑。

## 3.1.1 插入自选图形

在 PowerPoint 中插入自选图形的操作方法如下。

**步骤 1** 新建 PowerPoint 文档，选择【插入】选项卡，如图 3.1 所示。

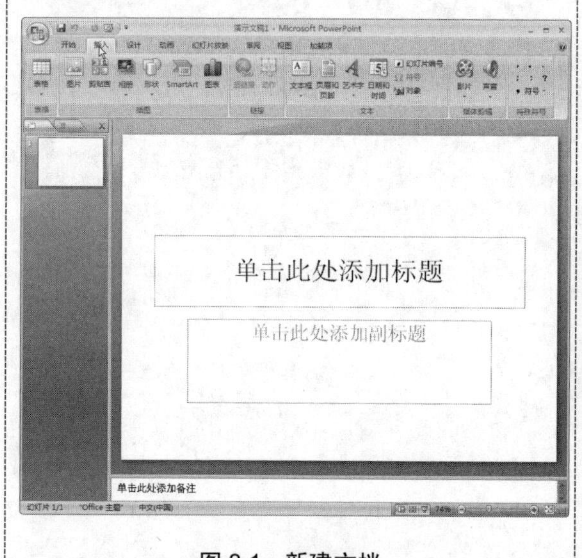


图 3.1 新建文档

**步骤 2** 在【插入】选项卡中单击【插图】选项组中的【形状】按钮，弹出下拉列表，如图 3.2 所示。

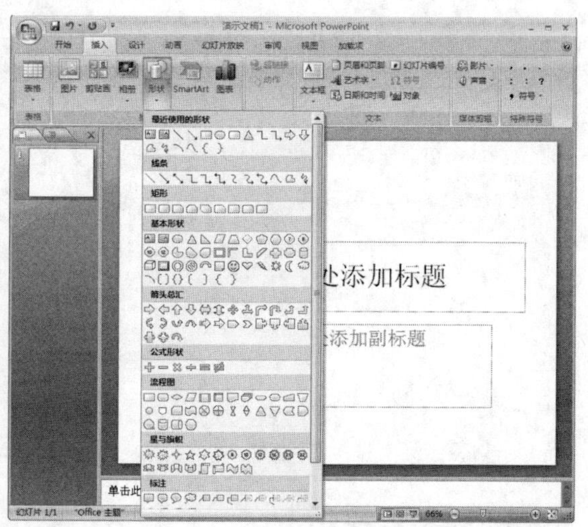

图 3.2 单击【形状】按钮后弹出的下拉列表

**注 意**

自选图形还可以通过【开始】选项卡的【绘图】选项组中的自选图形工具和【形状】按钮打开下拉列表进行插入。

**步骤 3** 当鼠标指针停放在按钮上时，“屏幕提示”(当用户将鼠标指针悬停在某个对象上方时显示的简短说明)会显示该形状的描述，如图 3.3 所示。

**步骤 4** 单击想要插入的特定形状按钮，然后单击想要在文档中显示图形的位置，就会插入一个标准大小的自选图形，如图 3.4 所示。

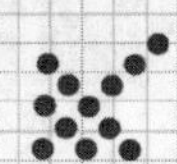

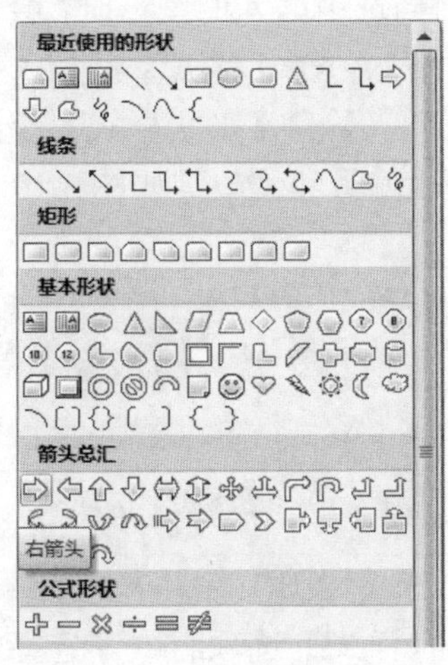

图 3.3　显示自选图形名称

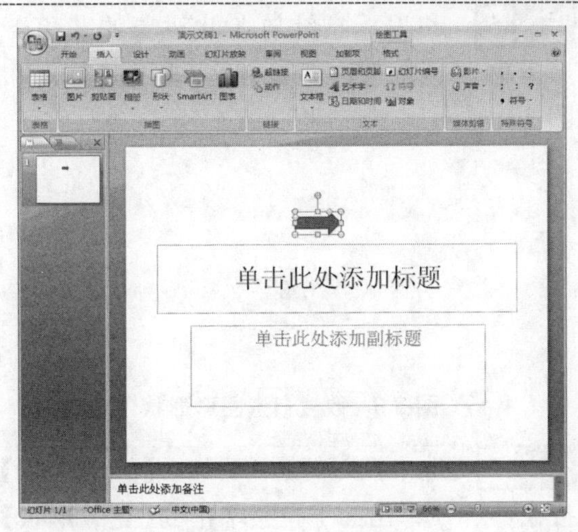

图 3.4　插入自选图形

## 3.1.2　编辑自选图形

插入自选图形后，需要对自选图形进行编辑。编辑自选图形的操作方法如下。

**步骤 1**　单击对象将插入的自选图形选中，对象周围会显示一些控制点，调整相应控制点可以对自选图形进行编辑，如图 3.5 所示。

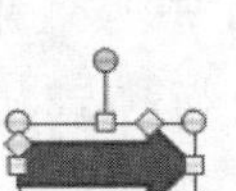

图 3.5　显示自选图形的控制点

**步骤 2**　要更改图形对象的尺寸，将鼠标移动到对象右下角的圆形控点上并拖动，如图 3.6 所示。

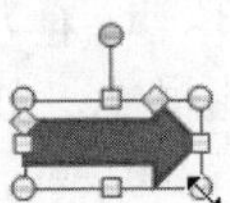

图 3.6　改变自选图形尺寸

**步骤 3**　要旋转图形对象，可拖动绿色的圆形旋转控制点，如图 3.7 所示。

图 3.7　旋转自选图形

**步骤 4**　将鼠标指针放在此对象上方，当指针变成四向箭头的形状时，可以将对象拖动到所需的位置，如图 3.8 所示。

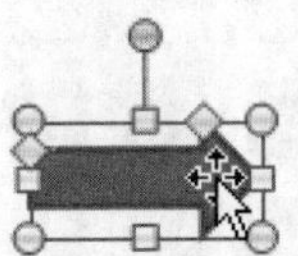

图 3.8　移动自选图形

**注 意**

当选中对象时，通过按向上键、向下键、向左键或向右键，可以移动此对象，其好处是可以精确地控制移动方向和移动量。

若要复制对象，则在拖动对象时按住 Ctrl 键即可。

**步骤 5** 将鼠标指针放在此对象的黄色菱形上时，可以对对象的形状进行调整，如图 3.9 所示。

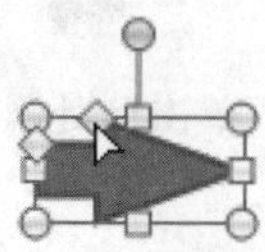

图 3.9 改变自选图形形状

**步骤 6** 当选中插入的图形时，会在功能选项卡区域增加一个【格式】选项卡，其中包含【插入形状】和【形状样式】等组，可以对图形进行编辑和修改，如图 3.10 所示。

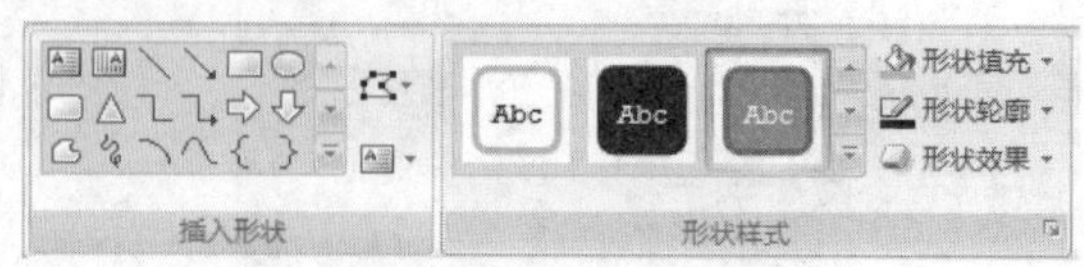


图 3.10 【格式】选项卡

**步骤 7** 选中插入的图形，单击【编辑形状】按钮，在弹出的下拉菜单中的【更改形状】子菜单中选择相应选项，可以替换选中的图形，效果如图 3.11 所示。

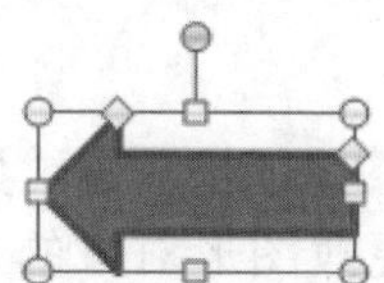

图 3.11 替换自选图形

**步骤 8** 在【绘图工具】下的【格式】选项卡的【形状样式】选项组中，选择软件自带的一些形状样式，可以方便地生成与样式一样的自选图形，如图 3.12 所示。

图 3.12 自选图形的形状样式

**步骤 9** 单击按钮，在弹出的下拉列表中可以选择其他图形样式，如图 3.13 所示。

图 3.13 图形样式的下拉菜单

**步骤 10** 选择【中等效果-强调颜色 4】选项，图形就变成与样式相同的类型了，如图 3.14 所示。

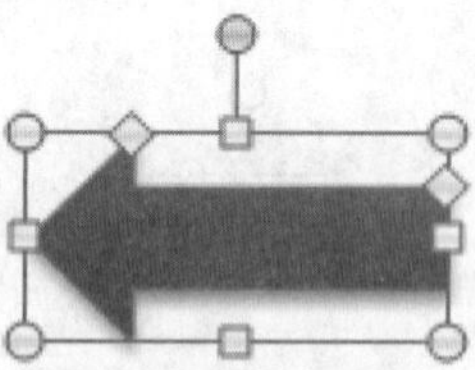

图 3.14 【中等效果-强调颜色 4】样式的效果

**步骤 11** 分别单击【形状填充】按钮和【形状轮廓】按钮，可以在弹出的下拉列表中对对象的“填充颜色”、“线条颜色”、“线条粗细”等进行设置，如图 3.15 所示。

**步骤 12** 设置【形状填充】，设置主题颜色为“红色”，设置线条颜色为“黑色”，粗细为“6 磅”，效果如图 3.16 所示。

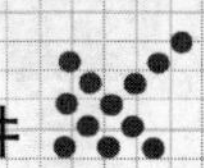

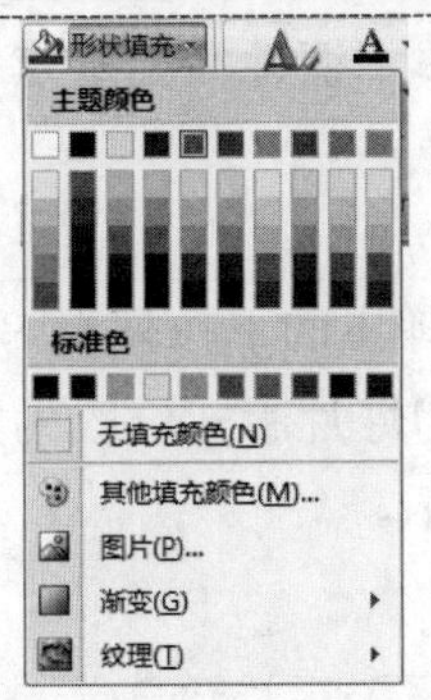


图 3.15　【形状填充】下拉列表

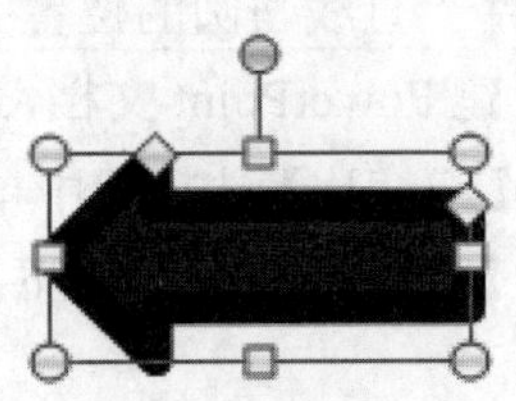

图 3.16　设置【形状填充】

步骤 13　单击【形状效果】按钮，在弹出的下拉菜单中可以对对象的形状进行设置，如图 3.17 所示。

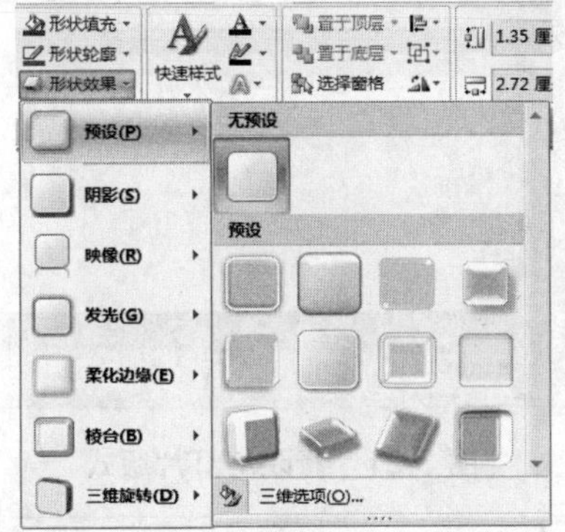


图 3.17　【形状效果】下拉菜单

步骤 14　设置图形的形状效果为【映像】|【映像变体】|【半映像，接触】，效果如图 3.18 所示。

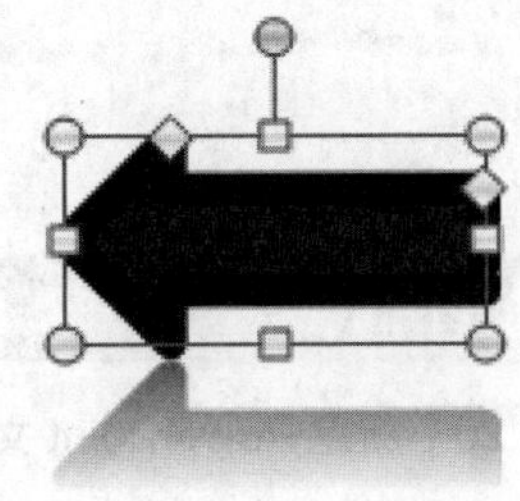

图 3.18　设置【形状效果】

### 3.1.3　课件实战——直线与圆的位置关系

直线与圆的位置关系是几何课程中的重要知识点。利用 PowerPoint 可以绘制出直线和圆形的位置关系，从而辅助教学，大大提高教学质量。演示文稿效果如图 3.19 所示。

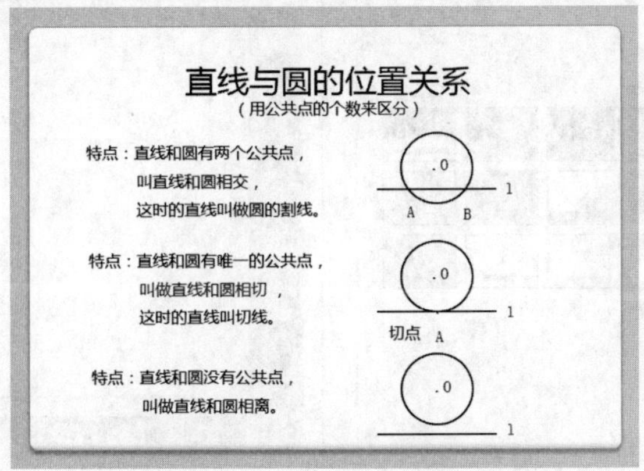


图 3.19　直线与圆的位置关系

本节着重介绍利用自选图形绘制几何图形的方法，制作本课件需要重点掌握的内容是在单张幻灯片中插入和编辑自选图形。

制作课件“直线与圆的位置关系”的操作方法如下。

**步骤 1** 新建 PowerPoint 文档，选择【开始】选项卡，在【幻灯片】选项组中单击【版式】按钮，弹出【Office 主题】的下拉列表，如图 3.20 所示。

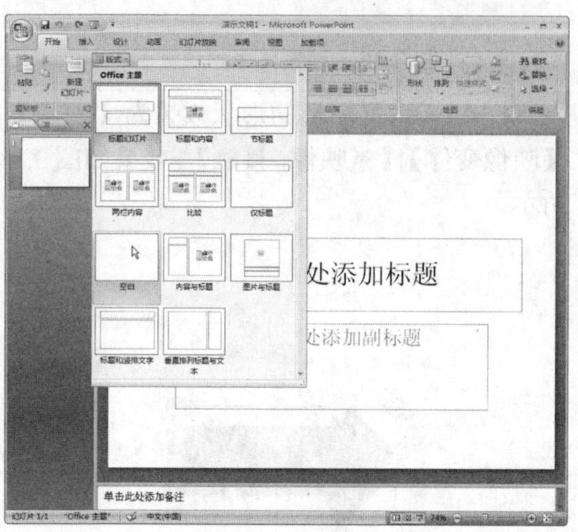


图 3.20 新建 PowerPoint 文档

**步骤 2** 在弹出的下拉列表中选择【空白】选项，以将幻灯片版式修改为空白幻灯片，如图 3.21 所示。

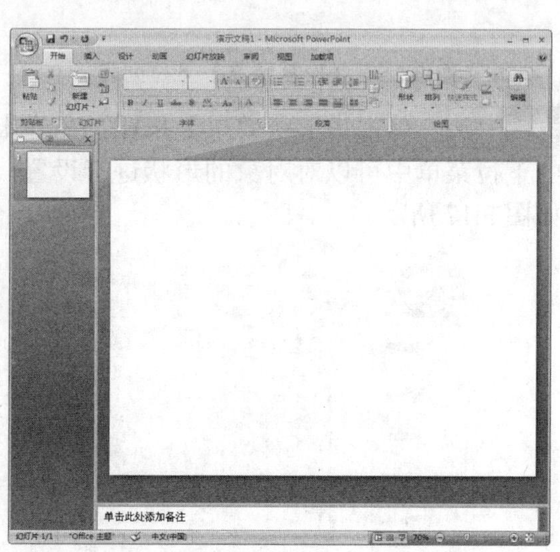


图 3.21 修改幻灯片版式

**步骤 3** 选择【设计】选项卡，在【主题】选项组中单击【其他主题】按钮，弹出的下拉列表如图 3.22 所示。

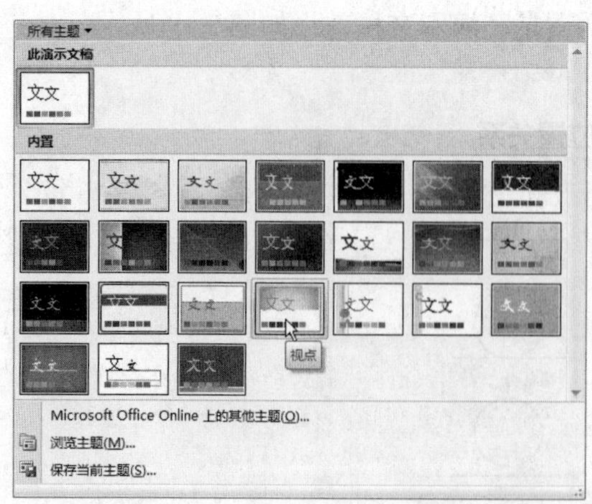


图 3.22 弹出的与主题相关的下拉列表

**步骤 4** 从中选择【视点】主题以改变文稿的背景，如图 3.23 所示。

图 3.23 选择【视点】主题

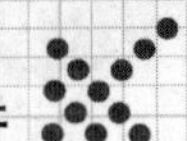

**提　示**

若要设置其他类型的背景样式，单击【背景】选项组右下角的斜箭头按钮，在打开的“设置背景格式”对话框中即可对背景样式进行设置，如图 3.24 所示。

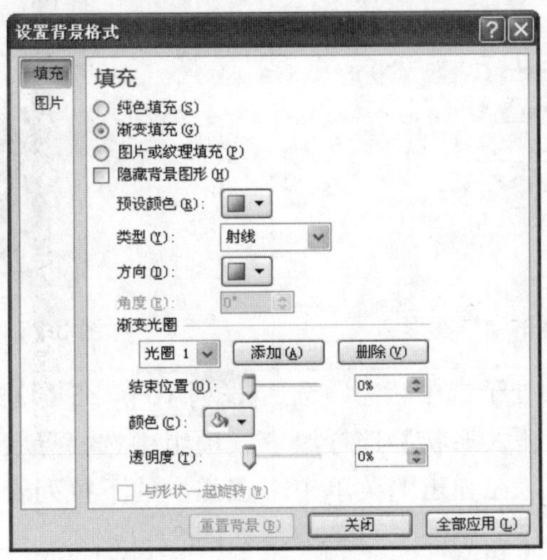


图 3.24　【设置背景格式】对话框

**步骤 5**　选择【插入】选项卡，通过单击【文本】选项组中的【文本框】下方的倒三角按钮，在弹出的下拉菜单中选择【横排文本框】选项，在空白幻灯片上分别插入 4 个横排文本框。分别在文本框中输入相应的文字内容，如图 3.25 所示。

**步骤 6**　设置字体为“宋体”，标题字号为“36”，其他字号为“18”，并调整文本框的位置和大小，如图 3.26 所示。

图 3.25　插入文本

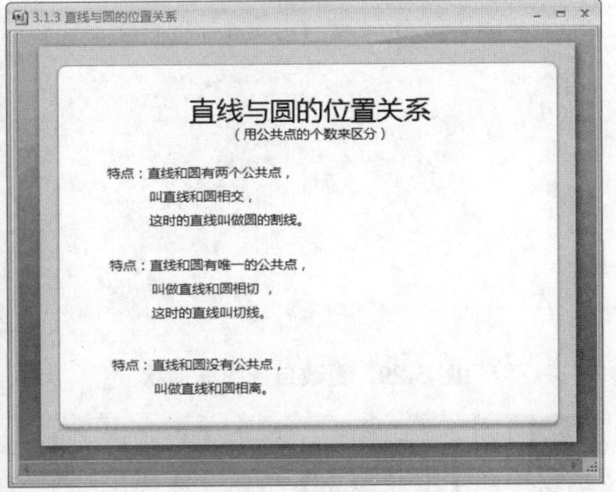


图 3.26　调整文本

**步骤 7**　在【插入】选项卡的【插图】选项组中单击【形状】按钮。在弹出的下拉列表

**步骤 8**　按住键盘上的 Shift 键不放，在幻灯片上拖动鼠标后，得到一个带十字格的正

中选择【流程图】|【流程图：或者】选项，如图 3.27 所示。

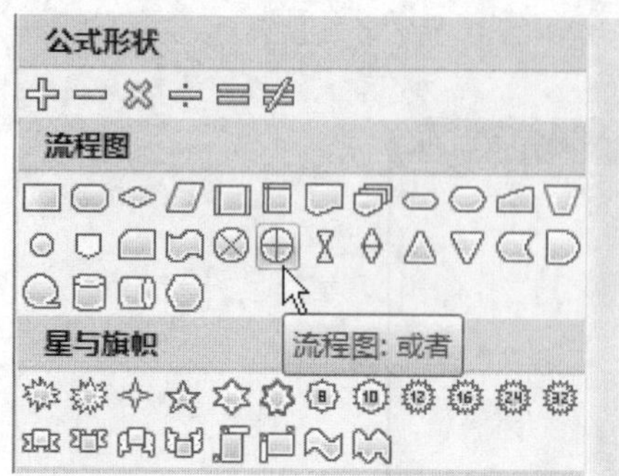


图 3.27　选择要插入的自选图形

圆，如图 3.28 所示。

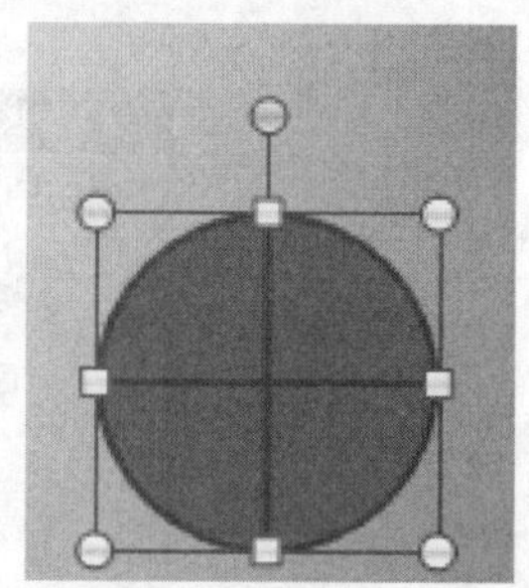

图 3.28　插入的自选图形

**步骤 9**　单击圆形，使其处于选中状态。选择【格式】选项卡，在【插入形状】选项组中单击【编辑形状】按钮，在弹出的菜单中选择【更改形状】选项，在弹出的子菜单中选择【基本形状】中的圆形，如图 3.29 所示。

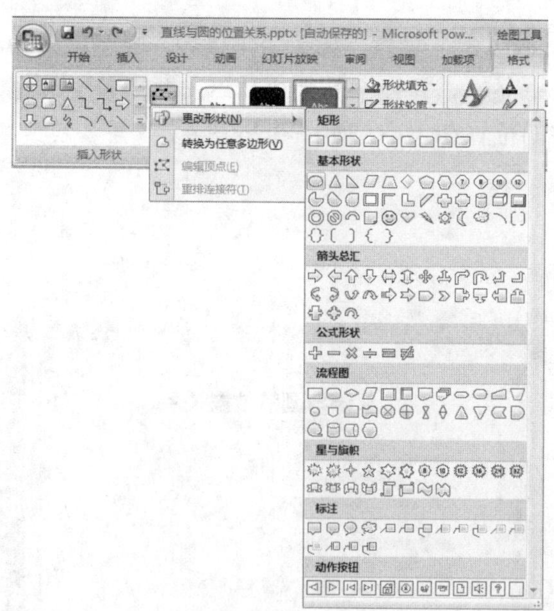


图 3.29　更改自选图形形状

**步骤 10**　在【格式】选项卡的【形状样式】选项组中选择形状外观样式，单击按钮，在弹出的下拉列表中选择深色轮廓的样式，如图 3.30 所示。

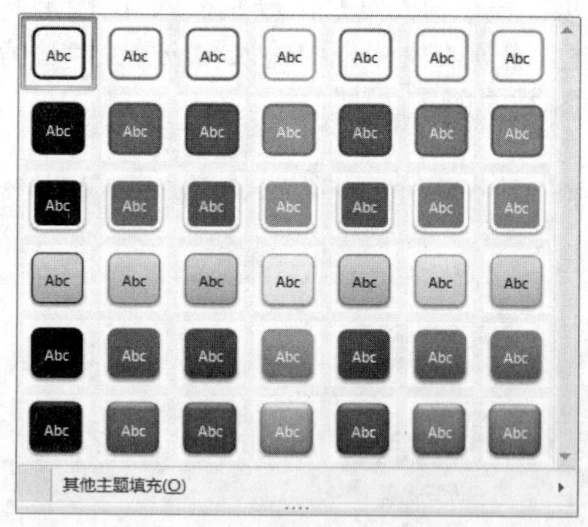


图 3.30　设置形状样式

**步骤 11**　选中图形，单击【形状样式】选项组中的【形状填充】按钮，在弹出的下拉列表中选择【无填充颜色】选项。单击【形状样式】选项组中的【形状轮廓】按钮，在弹出的下拉列表中设置形状轮廓为“黑色”，如图 3.31 所示。

**步骤 12**　在【绘图工具】下的【格式】选项卡的【大小】选项组中，分别在【高度】和【宽度】文本框中输入“3 厘米”，使圆形直径设置为 3 厘米，如图 3.32 所示。

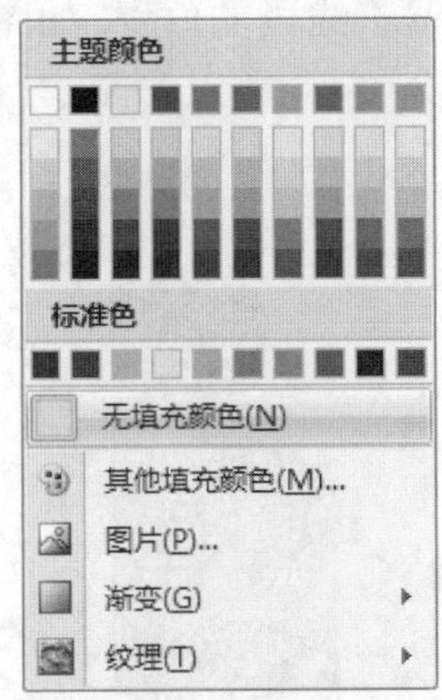


图 3.31　设置形状填充和形状轮廓

**步骤 13**　用同样的方法再绘制两个圆形，如图 3.33 所示。

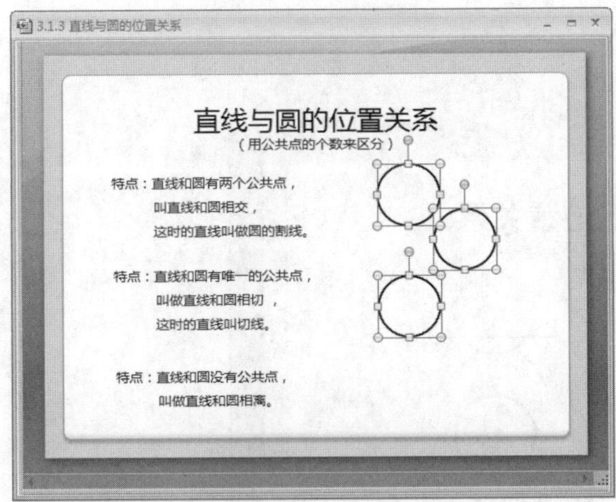


图 3.33　绘制另外两个圆形

**步骤 15**　选择【绘图】选项组中的【直线】工具，按住 Shift 键不放，在幻灯片上拖动鼠标，绘制水平线段，如图 3.35 所示。

图 3.35　绘制线段

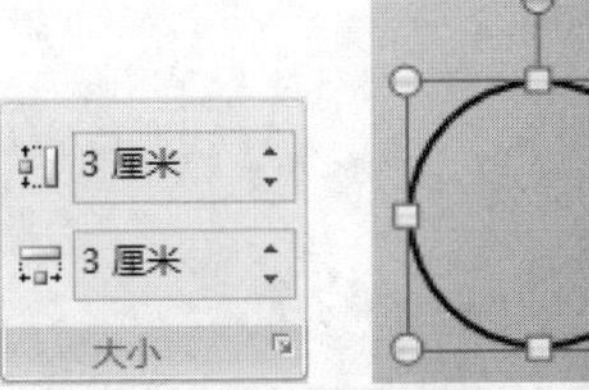


图 3.32　设置图形大小

**步骤 14**　选中三个圆形，在【开始】选项卡的【绘图】选项组中单击【排列】按钮，在下拉菜单中设置对齐方式，设置三个圆形在文档中的位置，如图 3.34 所示。

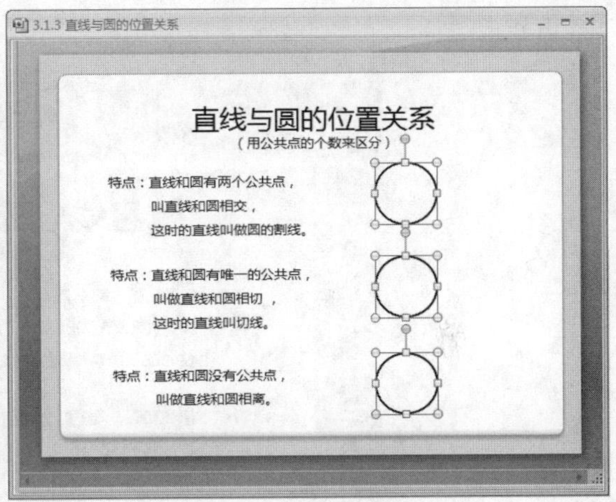


图 3.34　对齐自选图形

**步骤 16**　单击线段，使其处于选中状态，通过设置自选图形的格式，将线段的粗细设置为 2 磅，长度设置为 5 厘米，如图 3.36 所示。

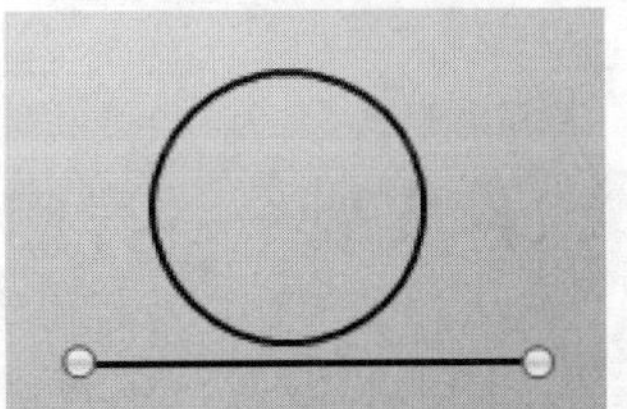

图 3.36　设置线段属性

步骤 17 右击线段，通过快捷菜单中的“复制”、“粘贴”命令，复制两个同样的线段，如图 3.37 所示。

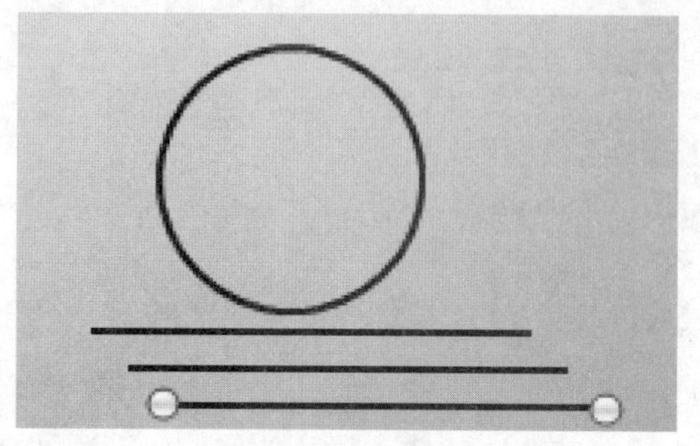

图 3.37 复制线段

步骤 18 调整线段的位置，如图 3.38 所示。

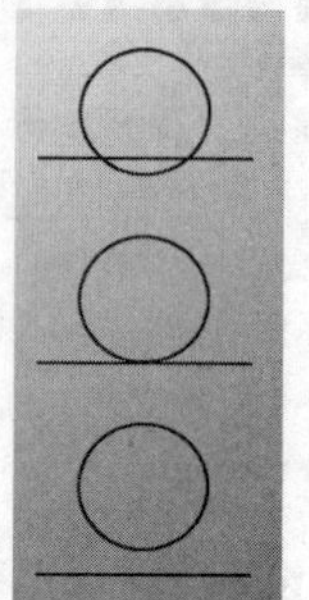

图 3.38 调整线段位置

步骤 19 在【插入】选项卡的【文本】选项组中，单击【文本框】按钮下方的倒三角按钮，在弹出的下拉菜单中选择【横排文本框】命令，分别插入 9 个水平文本框，并在文本框中输入解释文本和标记圆的字母。设置字体为宋体，字号为 36，调整位置和大小，如图 3.39 所示。

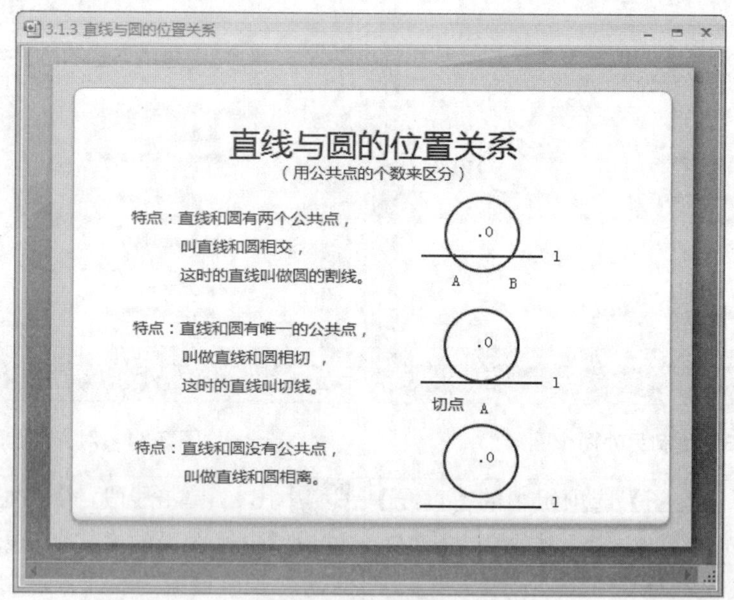


图 3.39 完成效果

## 3.1.4 课件实战——异面直线所成角的计算

通过插入图形和线段，可直观地将异面直线间成角这个知识点图形化展现出来，效果如图 3.40 和图 3.41 所示。

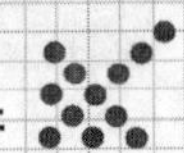

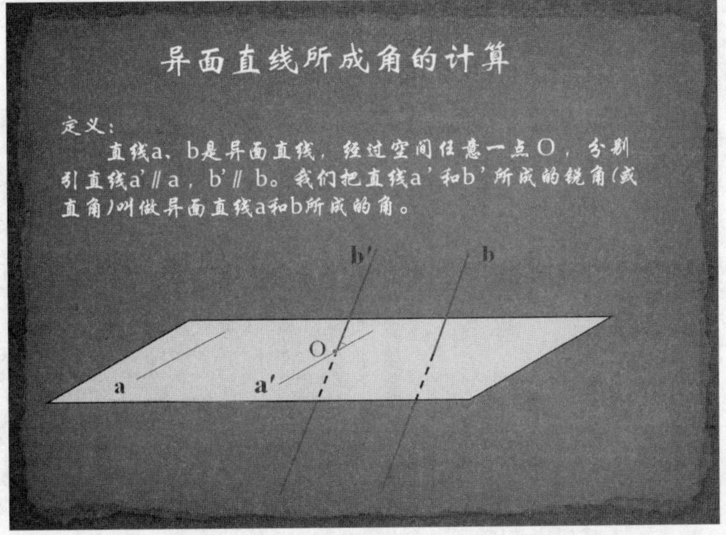


图 3.40　异面直线所成角的计算(一)

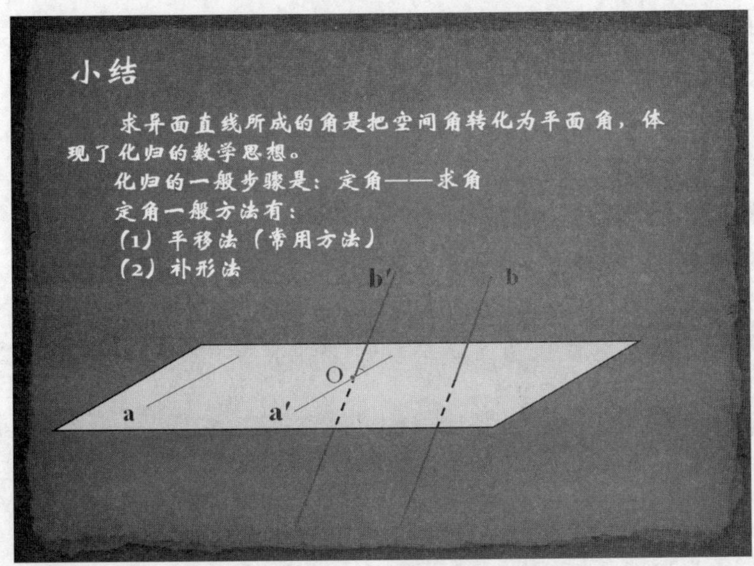


图 3.41　异面直线所成角的计算(二)

本节着重讲解通过对自选图形的属性设置、自选图形的逐步添加，直观地展示异面直线间成角的知识点。制作本课件需要重点掌握的内容是在多张幻灯片插入自选图形和编辑自选图形以及多种形状组合的应用。

制作“异面直线间成角”课件的操作方法如下。

**步骤 1**　新建 PowerPoint 文档。在【开始】选项卡的【幻灯片】选项组中单击【版式】按钮，弹出【Office 主题】的下拉菜单，从中选择【空白】选项，将幻灯片版式修改为空白幻灯片，如图 3.42 所示。

**步骤 2**　将新建 PowerPoint 文档保存为“3.1.4 异面直线所成角的计算”。在【设计】选项卡的【主题】选项组中选择【纸张】主题，设置演示文稿的主题，如图 3.43 所示。

图 3.42 新建 PowerPoint 文档

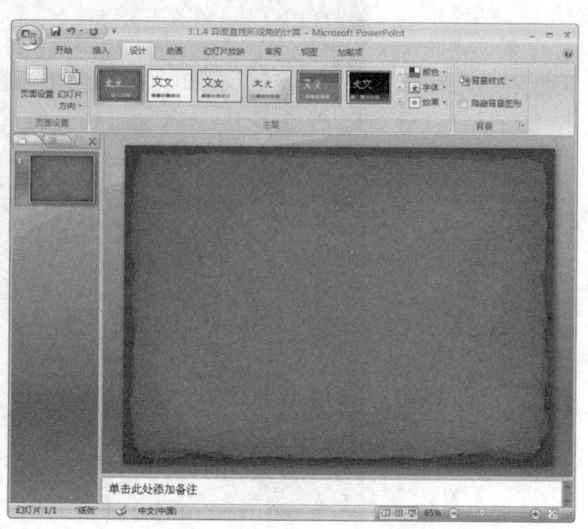


图 3.43 设置【纸张】主题

**步骤 3** 在【插入】选项卡的【文本】选项组中单击【文本框】按钮下方的倒三角按钮，在弹出的下拉菜单中选择【横排文本框】命令，在空白幻灯片上分别插入两个水平文本框，并在文本框中输入幻灯片的文字部分，如图 3.44 所示。

**步骤 4** 设置标题字体为“宋体”，字号为“36”，正文字体为“宋体”，字号为“24”，并调整文本框的位置，如图 3.45 所示。

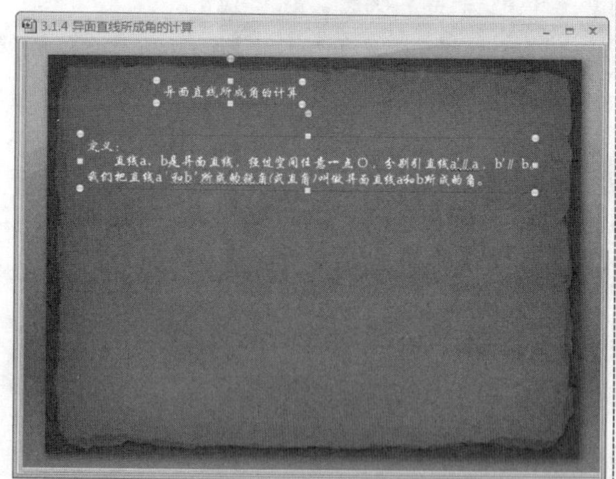


图 3.44 输入文本

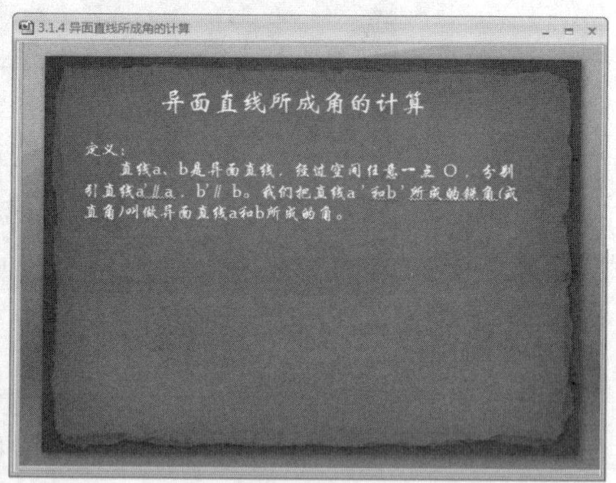


图 3.45 设置文本属性

**步骤 5** 在【插入】选项卡的【插图】选项组中单击【形状】按钮，在弹出的下拉菜单中选择【基本形状】选项组中的【平行四边形】选项，如图 3.46 所示。

**步骤 6** 在幻灯片上拖动鼠标，得到一个平行四边形，拖动 8 个白色控制点中的一个以改变平行四边形的长宽，拖动黄色控制点以改变平行四边形的形状，如图 3.47 所示。

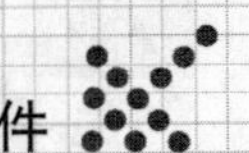

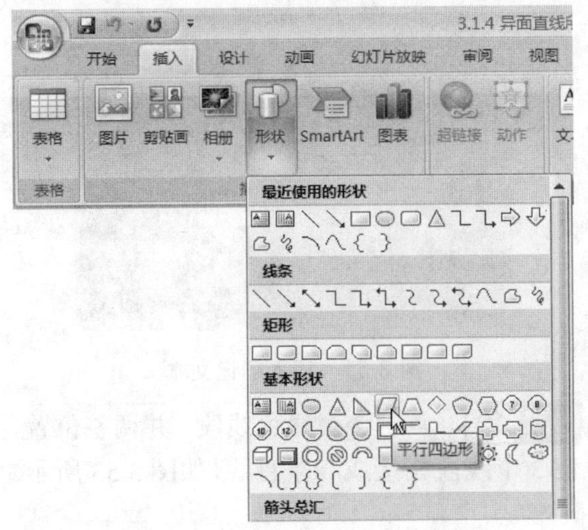


图 3.46　选择插入自选图形

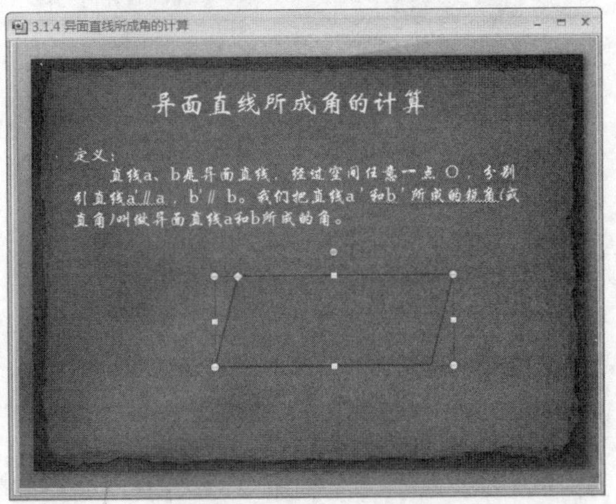


图 3.47　修改平行四边形

**步骤 7**　选中绘制的平行四边形，在【绘图工具】下选择【格式】选项卡，在【形状样式】选项组中单击【形状填充】按钮，在弹出的下拉菜单中设置填充为“茶色”，如图 3.48 所示。

**步骤 8**　在【形状样式】选项组中单击【形状轮廓】按钮，在弹出的下拉菜单中设置线条色为“黑色”，粗细为“1 磅”，效果如图 3.49 所示。

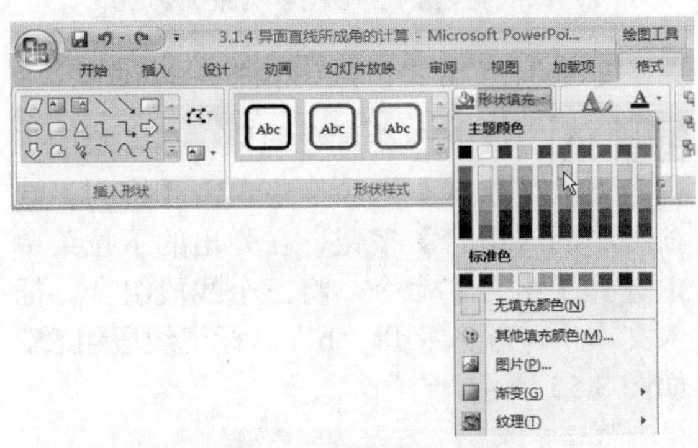


图 3.48　设置自选图形的填充颜色

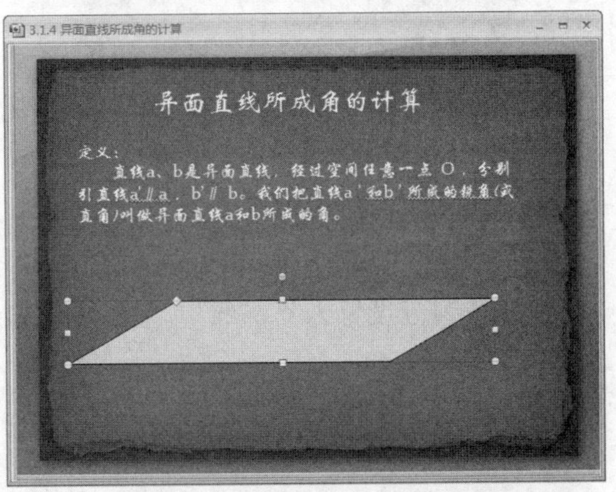


图 3.49　设置自选图形的形状轮廓属性

**步骤 9**　在【插入】选项卡的【插图】选项组中单击【形状】按钮。在弹出的下拉菜单中选择【直线】选项，在幻灯片的平行四边形上拖动鼠标，绘制线段，设置线条颜色为“紫色”，并调整位置，如图 3.50 所示。

**步骤 10**　插入文本框，在文本框中输入字母“a”，用以标记直线，设置文本为“红色”，文本框格式为“无线条颜色”，“无填充颜色”，并调整到如图 3.51 所示的位置。

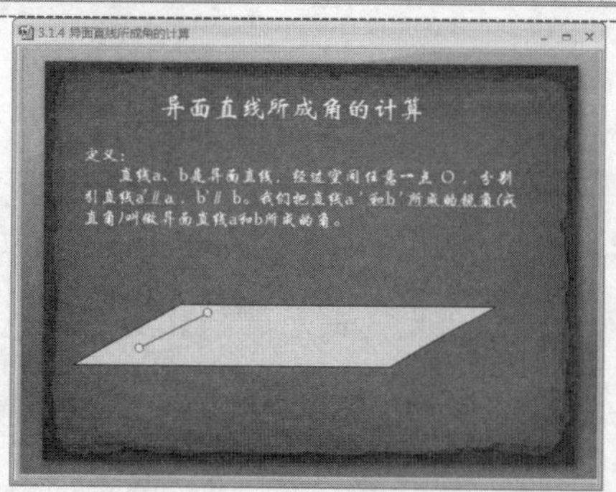


图 3.50　插入紫色线段

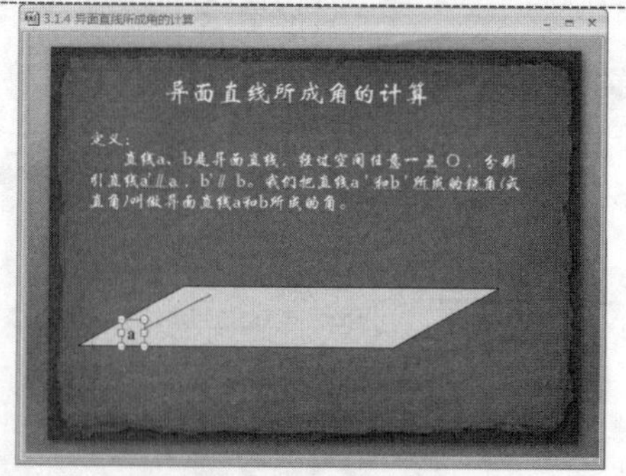


图 3.51　插入标记文本

**步骤 11**　在【插入】选项卡的【插图】选项组中单击【形状】按钮。在下拉菜单中选择【直线】选项，绘制第 2 条线段，调整线条颜色为“绿色”，并调整到如图 3.52 所示的位置。

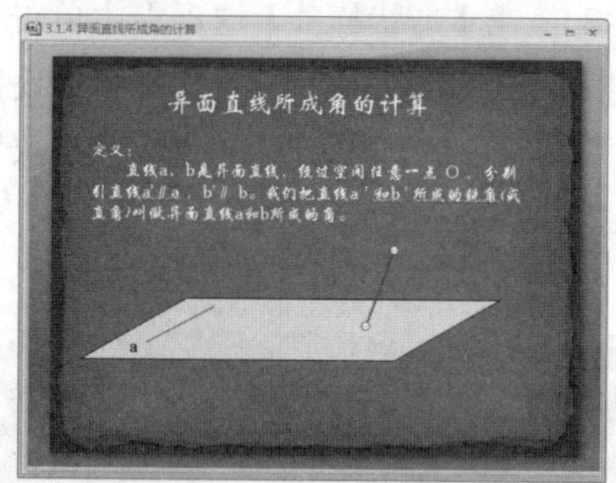


图 3.52　插入绿色线段

**步骤 12**　复制 2 个绿色线段，并调整位置，使 3 个线段相接成一条直线，如图 3.53 所示。

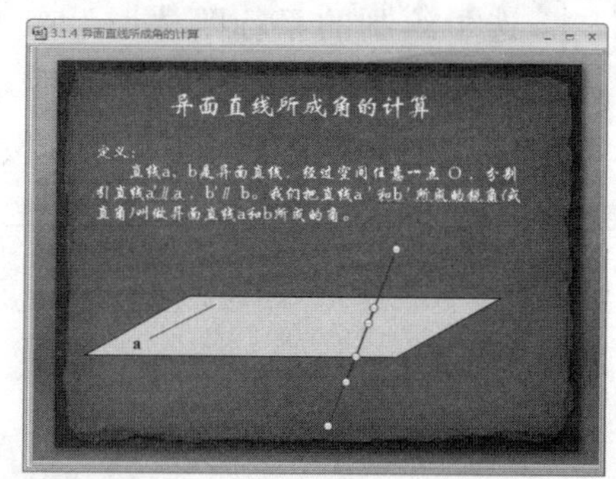


图 3.53　复制 2 个绿色线段并调整其位置

**步骤 13**　选中中间的线段，设置自选图形格式，将线段设置为“虚线”，并调整长度，设置线条颜色设置为“深绿”，如图 3.54 所示。

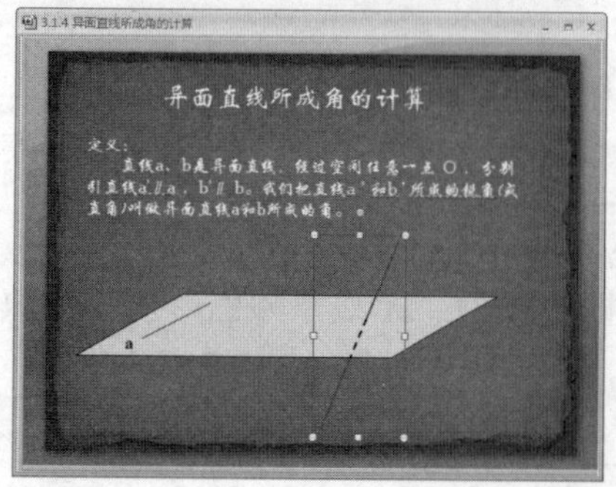


图 3.54　修改线段属性

**步骤 14**　选中 3 个绿色线段，在【绘图工具】下的【格式】选项卡中单击【排列】选项组中的【组合】按钮，在弹出的下拉菜单中选择【组合】命令，将三个线段组合。插入文本框，输入字母“b”，标记线段组合，如图 3.55 所示。

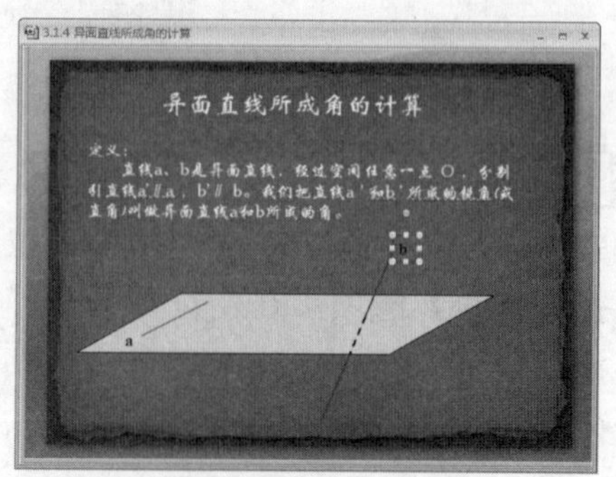


图 3.55　输入标记文本

**步骤 15**　复制线段“a”。插入文本框，从中输入字母“a'”，标记所复制的线段，并调整其位置，如图 3.56 所示。

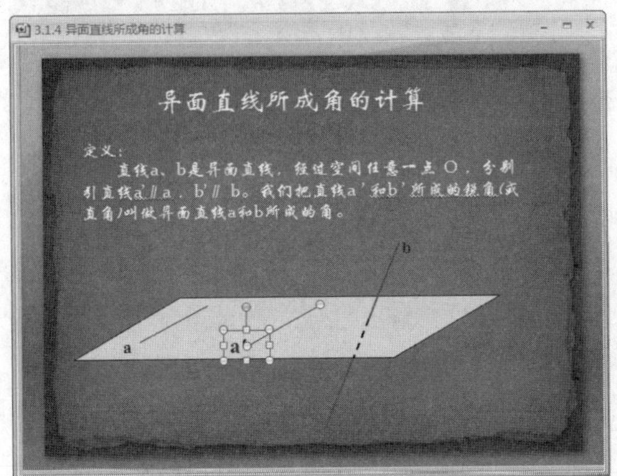


图 3.56　复制线段并标示“a'”

**步骤 16**　复制绿色线段的组合，插入文本框，输入字母“b'”，标记所复制的线段，并调整其位置，如图 3.57 所示。

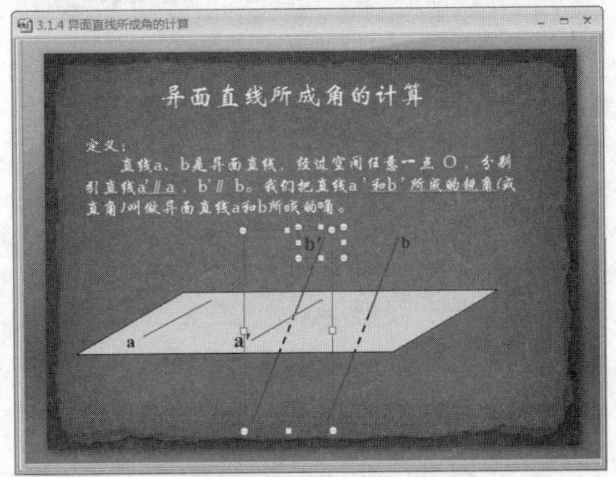


图 3.57　复制线段组并标示“b'”

**步骤 17**　插入文本框，输入“O”并调整其位置，以标记相交点，如图 3.58 所示。

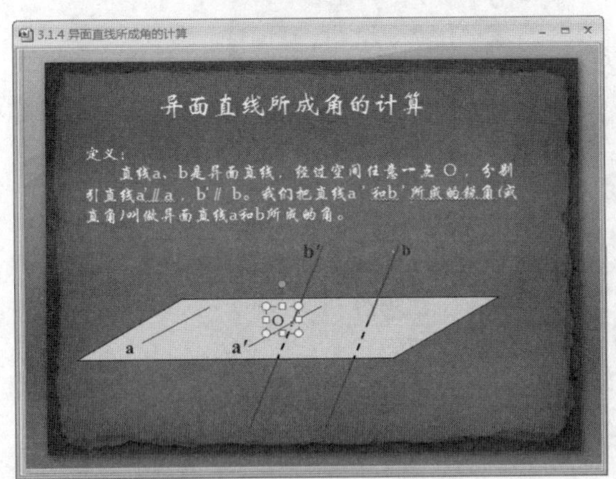


图 3.58　输入相交点标记文本

**步骤 18**　此步骤制作第 2 张幻灯片。在【开始】选项卡的【幻灯片】选项组中单击【新建幻灯片】旁的倒三角按钮，在弹出的下拉菜单中选择【复制所选幻灯片】命令，演示文稿中将复制一个与当前幻灯片相同的幻灯片，如图 3.59 所示。

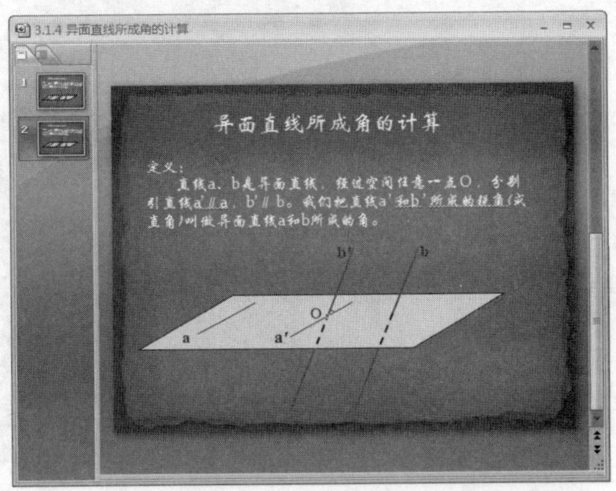


图 3.59　复制幻灯片

**步骤 19**　删除第 2 张幻灯片中的文字部分，如图 3.60 所示。

**步骤 20**　在第 2 张幻灯片上分别插入 2 个水平文本框，从中输入幻灯片的文字部分，设置字体为“宋体”，标题字号为“36”，正文字号为“24”，并调整文本框的位置和大小，如图 3.61 所示。

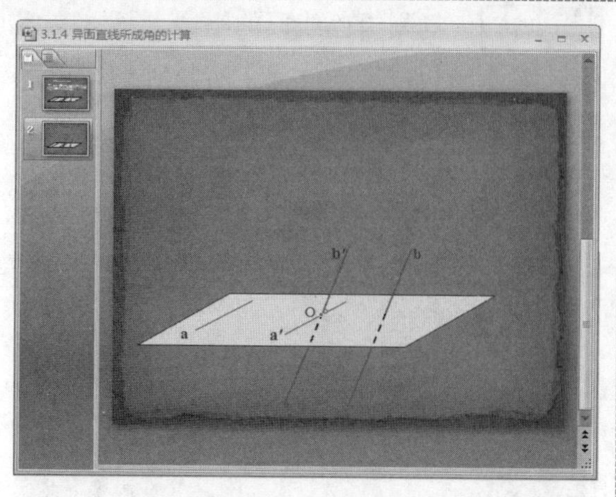


图 3.60 删除文本

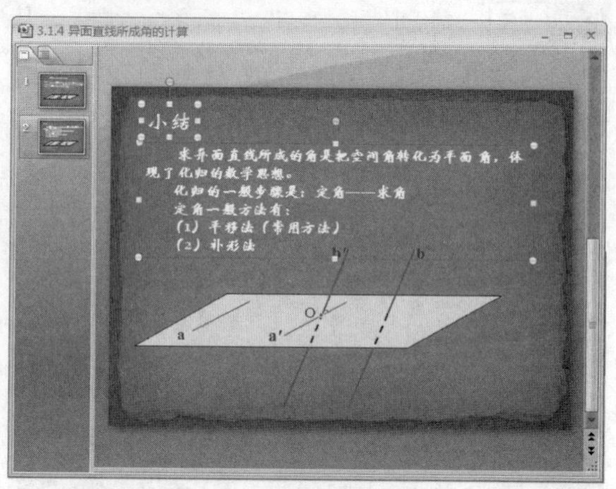


图 3.61 重新输入文本

## 3.1.5 课件实战——氧气制取实验图

氧气制取实验是一个重要的知识点，其中用到了许多实验用具。通过 PPT 课件可以将这些用具制作出来，并按照实验的要求摆放在一起。在多媒体教学时，可让学生直观地了解实验，效果如图 3.62 所示。

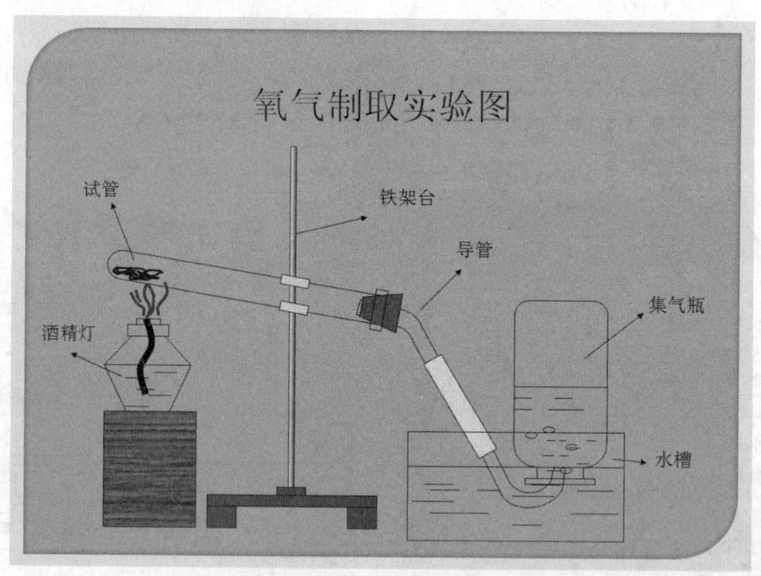


图 3.62 氧气制取实验图

本节着重讲解多种自选图形组合的应用，从而制作复杂的仪器和图形，应重点掌握多种复杂图形共同使用的方法。

制作“氧气制取实验图”课件的操作方法如下。

**步骤 1** 新建 PowerPoint 文档并保存为“3.1.5 氧气制取实验图”。在【开始】选项

**步骤 2** 在【设计】选项卡的【主题】选项组中选择【沉稳】主题，设置演示文稿的主

卡的【幻灯片】选项组中单击【版式】按钮，在弹出的【Office 主题】下拉菜单中选择【空白】选项，将幻灯片版式修改为空白幻灯片，如图 3.63 所示。

图 3.63　新建 PowerPoint 文档

题，如图 3.64 所示。

图 3.64　设置演示文稿的主题

**步骤 3**　在【插入】选项卡的【文本】选项组中单击【文本框】按钮下方的倒三角按钮，从弹出的下拉菜单中选择【横排文本框】命令，在空白幻灯片中插入水平文本框。在文本框中输入幻灯片的文字部分，设置字体为“宋体”，字号为“36”，并调整文本框的位置和大小，如图 3.65 所示。

图 3.65　输入文本

**步骤 4**　在【插入】选项卡的【插图】选项组中单击【形状】按钮。在弹出的下拉菜单中选择【矩形】工具，绘制铁架台上的铁杆，如图 3.66 所示。

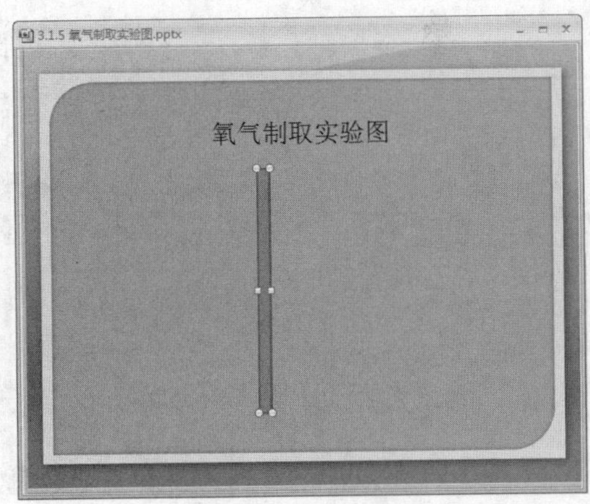


图 3.66　插入矩形

**步骤 5**　选中铁杆，在【绘图工具】下的【格式】选项卡的【形状样式】选项组中单击【形状填充】按钮，在弹出的下拉菜单中设置填充为“黑色”，然后设置渐变为“线性向右”，

**步骤 6**　在【绘图工具】下的【格式】选项卡的【大小】选项组中，将高度设置为“12 厘米”，宽度设置为“0.2 厘米”，并调整其位置，如图 3.68 所示。

将填充颜色设置为灰色向黑色过渡的渐变色，并将线条设置为“1 磅”，颜色为“黑色”，如图 3.67 所示。

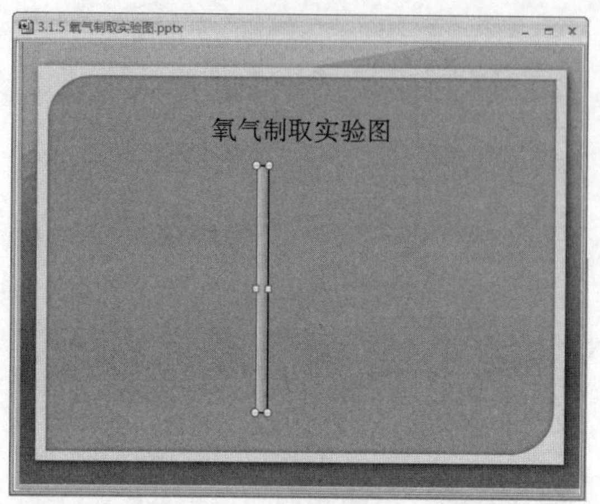


图 3.67 设置图形的属性

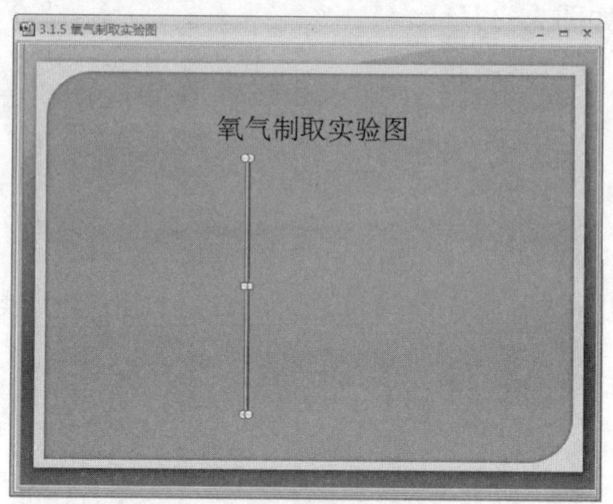


图 3.68 修改图形大小

**步骤 7** 在【插入】选项卡的【插图】选项组中单击【形状】按钮。在弹出的下拉菜单中选择【矩形】工具，绘制多个矩形，组成铁架台台座，填充颜色为“褐色”，线条为“黑色”、“1 磅”，并调整其位置，如图 3.69 所示。

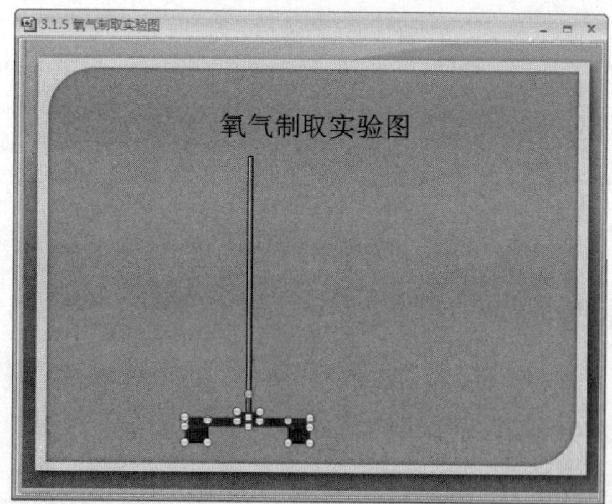


图 3.69 绘制铁架台座

**步骤 8** 选中铁架台和铁杆，在【绘图工具】下的【格式】选项卡的【排列】选项组中单击【组合】按钮，在弹出的下拉菜单中选择【组合】命令，将选中的图形组合，制作好铁架台，如图 3.70 所示。

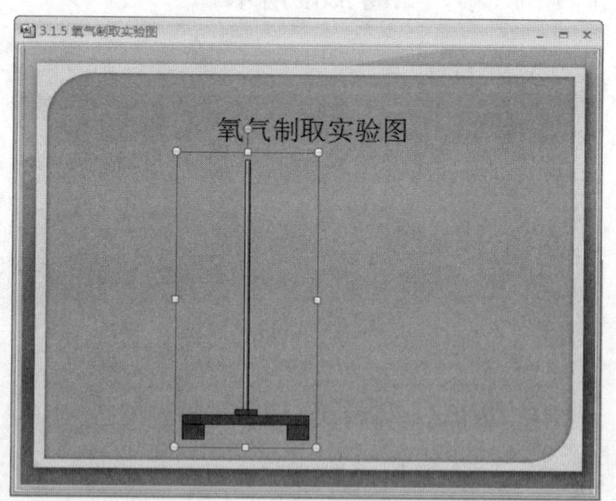


图 3.70 组合铁架台和铁杆

**步骤 9** 在【插入】选项卡的【插图】选项组中单击【形状】按钮。在弹出的下拉菜单中选择【梯形】工具，绘制一个梯形，填充

**步骤 10** 复制一个梯形，并选中复制的梯形，在【格式】选项卡的【排列】选项组中单击【旋转】按钮，在弹出的下拉菜单中选

颜色为“无填充颜色”，如图 3.71 所示。

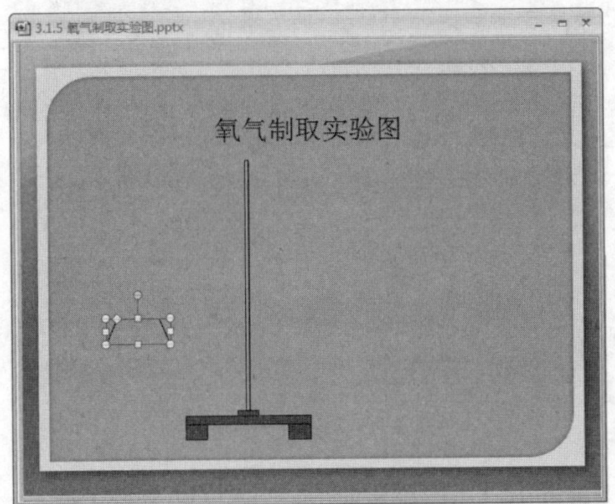


图 3.71　插入梯形

择【垂直翻转】命令，将选中的梯形翻转，如图 3.72 所示。

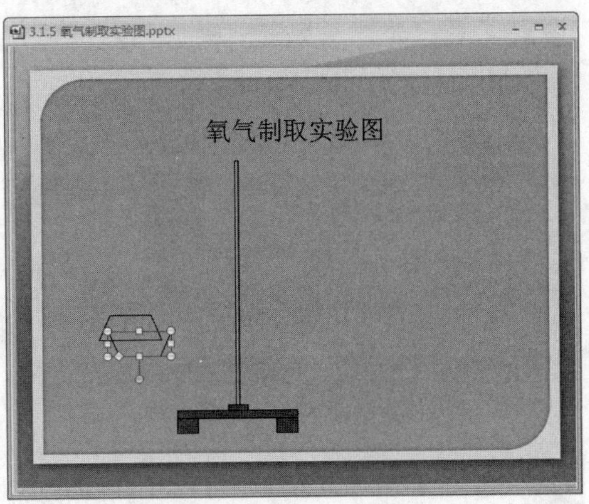


图 3.72　复制并翻转梯形

**步骤 11**　用鼠标拖放垂直翻转后的梯形的黄色控制点，改变梯形的梯度，并调整其位置，如图 3.73 所示。

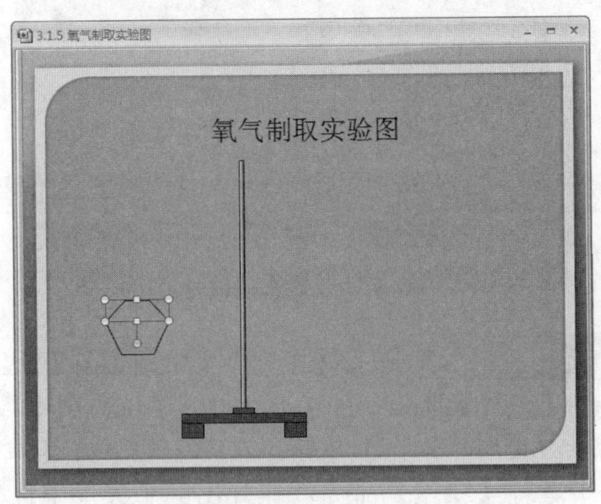


图 3.73　调整梯形

**步骤 12**　在【绘图工具】的【格式】选项卡的【插入形状】选项组中选择【矩形】工具，绘制两个矩形作为酒精灯口，填充效果为无填充色，并调整其位置，如图 3.74 所示。

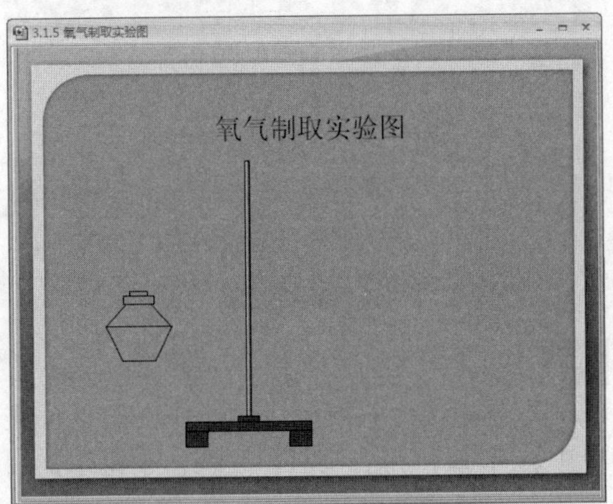


图 3.74　绘制酒精灯口

**步骤 13**　在【插入】选项卡的【插图】选项组中单击【形状】按钮。在弹出的下拉菜单中选择【曲线】工具，拖动鼠标绘制多个曲线，组成火焰，如图 3.75 所示。

**步骤 14**　选中所有构成火焰的线条，设置线条宽度为“2.25 磅”，线条颜色为“红色”，并将线条组合，如图 3.76 所示。

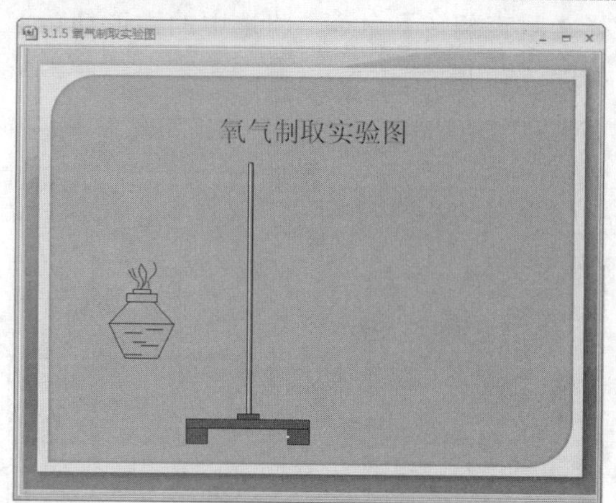


图 3.75 绘制火焰

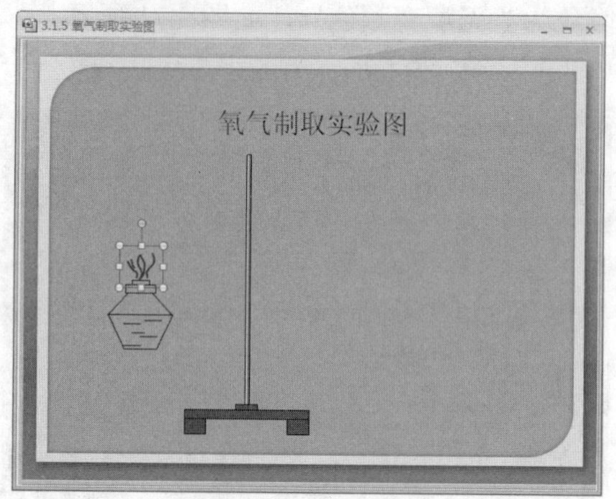


图 3.76 设置火焰属性

**步骤 15** 利用【曲线】工具绘制酒精灯灯芯的线条，将线条宽度设置为“6 磅”，将线条颜色设置为“黑色”，如图 3.77 所示。

**步骤 16** 移动绘制的酒精灯的基本图形，组成酒精灯，并将其组合，如图 3.78 所示。

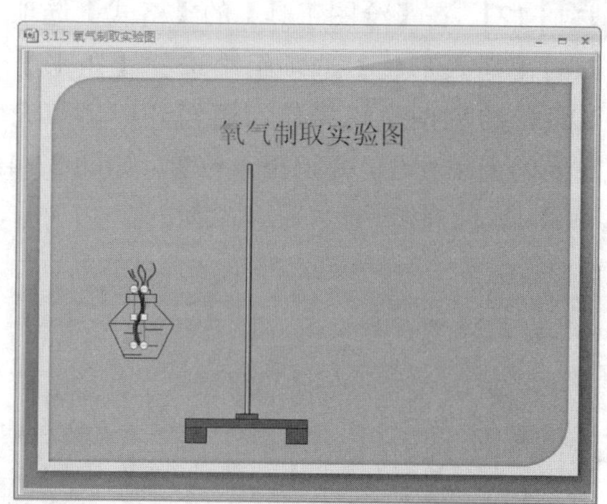


图 3.77 绘制酒精灯灯芯的线条

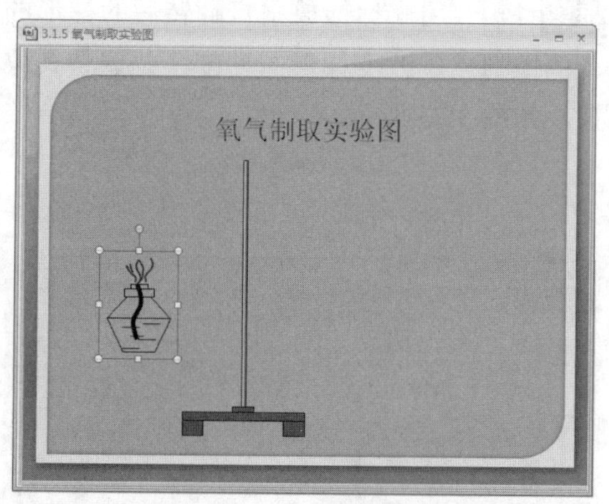


图 3.78 组合酒精灯

**步骤 17** 在【插入】选项卡的【插图】选项组中单击【形状】按钮。在弹出的下拉菜单中选择 【矩形】工具，绘制一个矩形，如图 3.79 所示。

**步骤 18** 选中该矩形，在【绘图工具】下的【格式】选项卡的【形状样式】选项组中，单击【形状填充】按钮，在弹出的下拉菜单中选择【纹理】命令，在弹出的子菜单中选择木纹纹理。并调整线条颜色为“黑色”、粗细为“1 磅”，绘制完成酒精灯台座，如图 3.80 所示。

**步骤 19** 绘制玻璃试管。选择【圆角矩形】工具，绘制一个圆角矩形，设置高度为“1 厘米”，宽度为“10 厘米”，将填充颜色设置为无填充色，如图 3.81 所示。

**步骤 20** 利用【梯形】工具绘制橡皮塞，利用【矩形工具】绘制试管口和试管夹，利用【线条】工具绘制高锰酸钾，调整其位置并将其组合在一起，如图 3.82 所示。

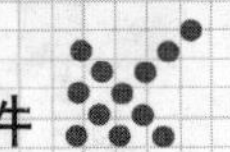

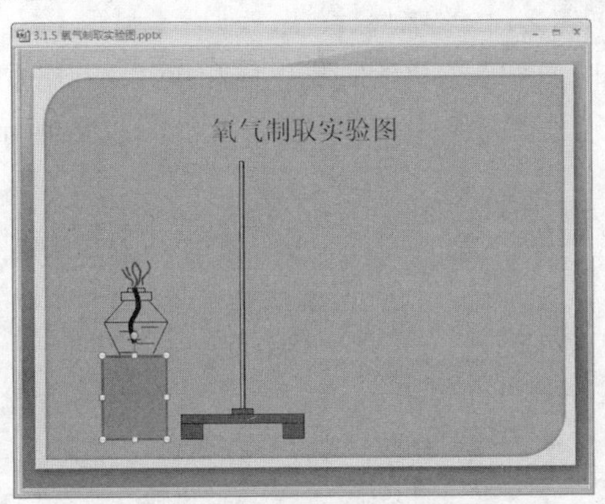


图 3.79　绘制矩形

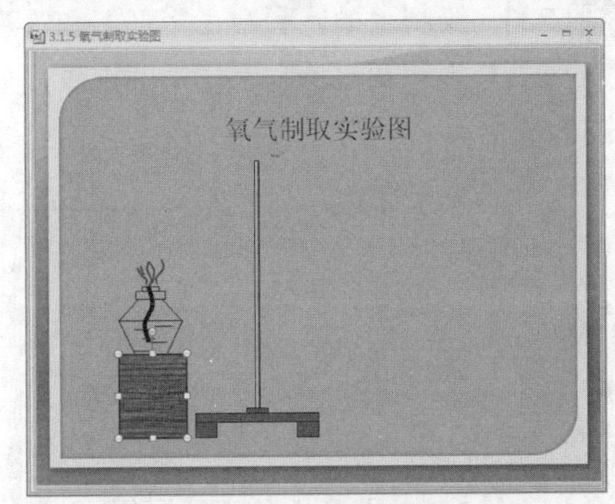


图 3.80　绘制酒精灯台座

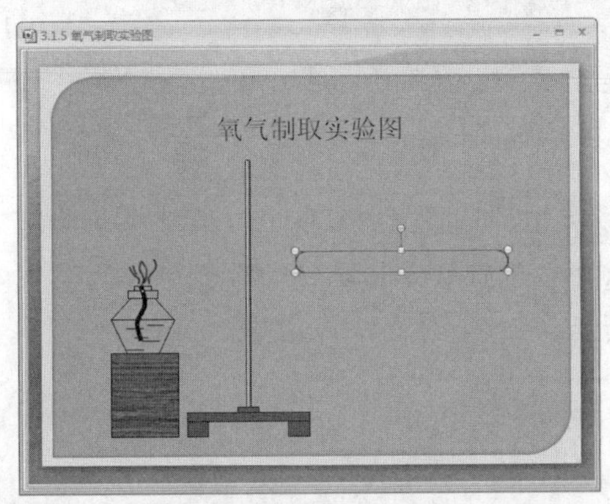


图 3.81　绘制玻璃试管

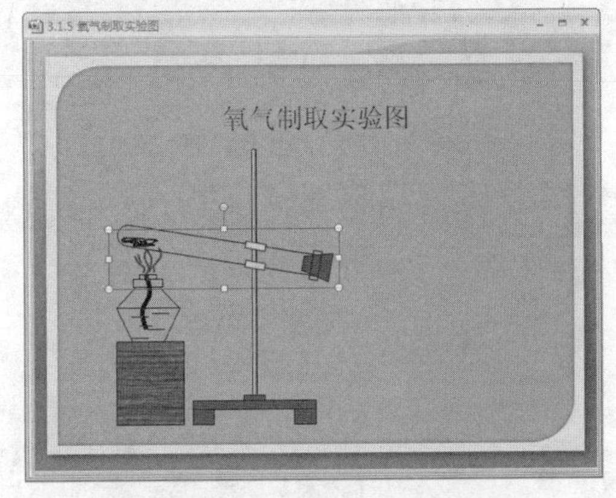


图 3.82　绘制并组合成完整试管

**步骤 21**　利用【弧形】工具绘制玻璃管转弯处，利用【直线】工具绘制玻璃试管的直管部分，调整其位置并将其组合在一起，如图 3.83 所示。

**步骤 22**　绘制软管，利用【矩形】工具绘制矩形，并调整颜色和位置，连接两个玻璃软导管，如图 3.84 所示。

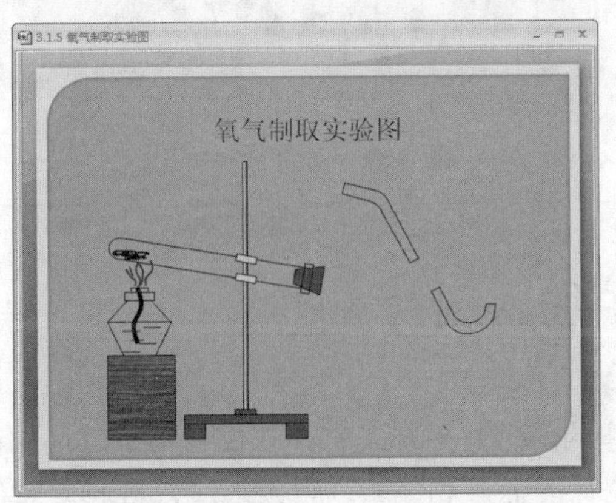


图 3.83　绘制并组合两个玻璃导管

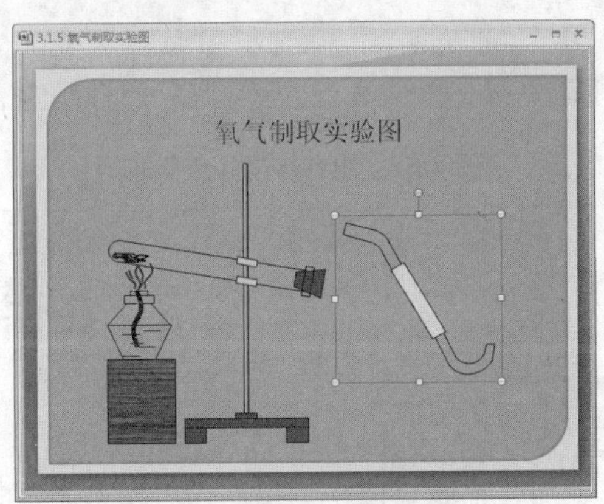


图 3.84　绘制软管

**步骤 23** 绘制水槽，利用【矩形】和【直线】工具分别绘制水槽和水槽中的水纹，如图 3.85 所示。

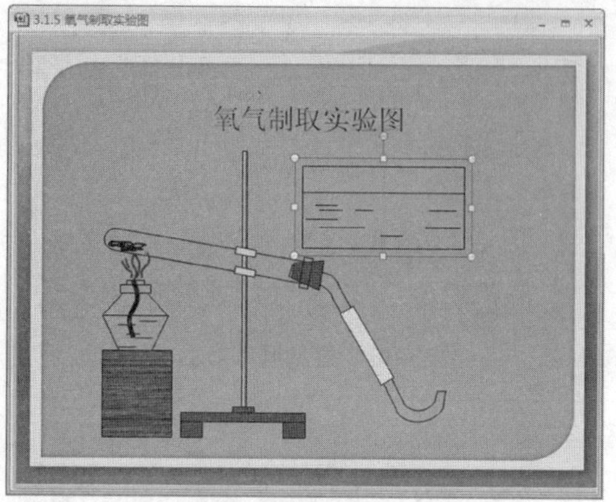


图 3.85 绘制水槽及内部水纹

**步骤 24** 绘制积气瓶，利用【弧形】工具和【直线】工具绘制集气瓶和水纹，利用【矩形】工具绘制集气瓶的瓶口，如图 3.86 所示。

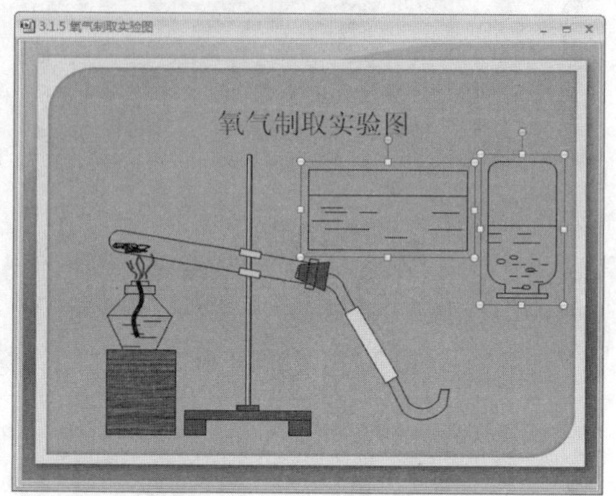


图 3.86 绘制积气瓶

**步骤 25** 分别组合水槽和集气瓶，并调整它们的位置，如图 3.87 所示。

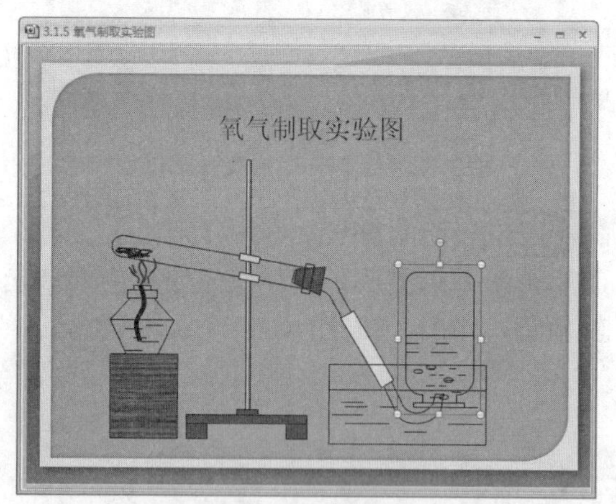


图 3.87 组合水槽和集气瓶

**步骤 26** 添加文本标记，调整叠放次序，这样氧气制取实验图就制作好了，如图 3.88 所示。

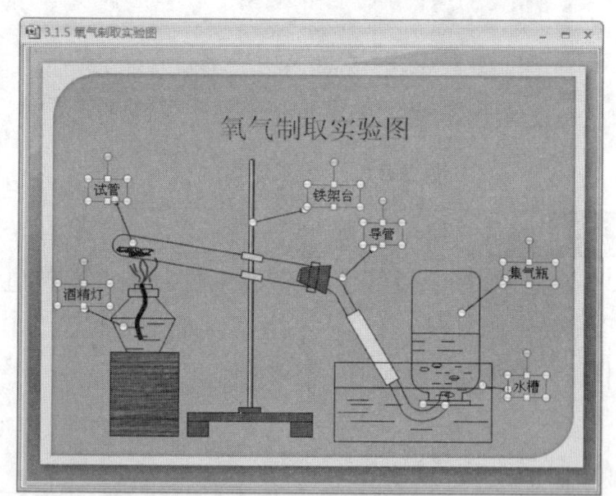


图 3.88 添加文本标记

## 3.2 在课件中加入图片

在 PowerPoint 中可以通过插入图片，使制作的幻灯片更加丰富，在讲解知识时使知识点更加直观地呈现在学生面前。本节主要讲解图片的插入和编辑，以及对图片各种效果的添加和应用。

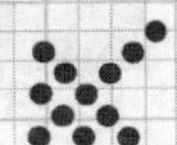

## 3.2.1　插入剪贴画

若在 PowerPoint 中加入漂亮的图片，可以通过插入剪贴画来实现。插入剪贴画的操作方法如下。

**步骤 1**　在【插入】选项卡的【插图】选项组中单击【剪贴画】按钮，会在右边出现【剪贴画】任务窗格。在【搜索文字】文本框中输入需要插入的剪贴画的关键词，单击【搜索】按钮，下面就会出现关于这个关键词的图片，以“车”为例，如图 3.89 所示。

图 3.89　【剪贴画】任务窗格

**步骤 2**　在【剪贴画】任务窗格中单击选择一幅合适的图片，这时编辑工作区中就会出现所选择的图片，如图 3.90 所示。

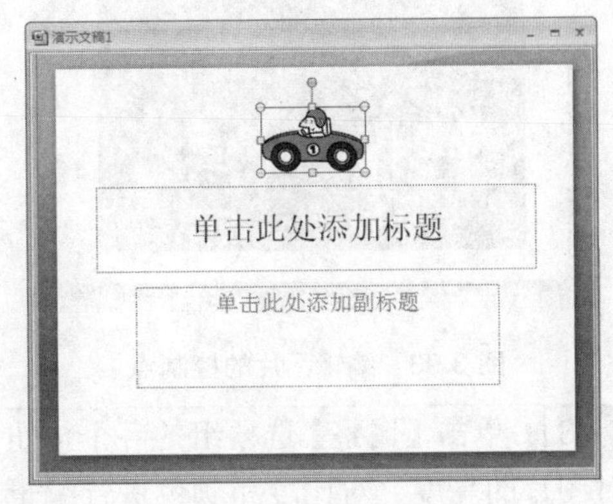


图 3.90　插入剪贴画

## 3.2.2　插入外部图片

若在 PowerPoint 中加入漂亮的图片，还可以通过插入外部的图片来实现。插入外部图片的操作方法如下。

**步骤 1**　打开 PowerPoint，在【插入】选项卡的【插图】选项组中单击【图片】按钮，打开【插入图片】对话框，如图 3.91 所示。

图 3.91　【插入图片】对话框

**步骤 2**　在打开的对话框中选择相应的图片文件，单击【插入】按钮，就可将图片插入到编辑工作区中，如图 3.92 所示。

图 3.92　插入外部图片

### 3.2.3 编辑图片

插入图片后，紧接着需要对图片进行编辑。编辑图片的操作方法如下。

**步骤 1** 单击图片将其选中，图片周围会显示一些控制点。可以拖动控制点对图片进行大小、旋转、移动的编辑，具体方法与编辑自选图形相同，如图 3.93 所示。

图 3.93 编辑图片的控制点

**步骤 2** 当选中插入的图形时，会在功能选项卡区域增加一个【格式】选项卡，其中包含【调整】和【图片样式】等选项组，从中可以对图形进行编辑和修改，如图 3.94 所示。

图 3.94 【格式】选项卡

**步骤 3** 单击【调整】选项组的各个按钮可以对图片的亮度、对比度和颜色进行编辑。以【重新着色】为例，单击【重新着色】按钮，会弹出下拉菜单，如图 3.95 所示。

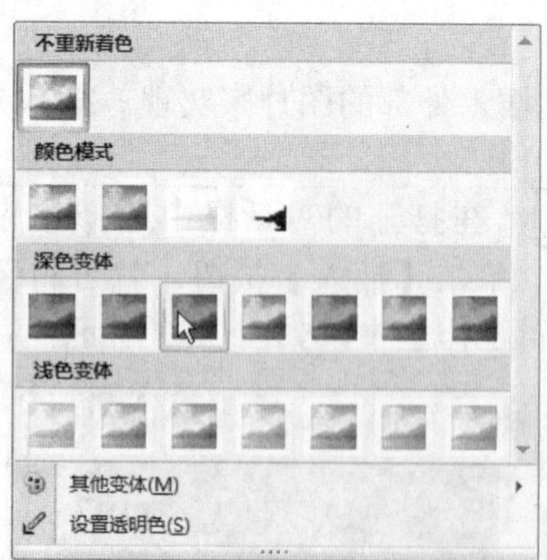


图 3.95 【重新着色】下拉菜单

**步骤 4** 在下拉菜单中单击选择需要的选项，图片就会转变为示例图片的样式，如图 3.96 所示。

图 3.96 调整图片【重新着色】

**步骤 5** 单击【压缩图片】按钮，在打开的【压缩图片】对话框中可以对图片进行压缩，如图 3.97 所示。

**步骤 6** 在【调整】选项组中单击【更改图片】按钮，会打开【插入图片】对话框，从中可以选择另一张图片替换当前选中的图片，如图 3.98 所示。

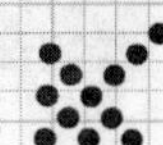

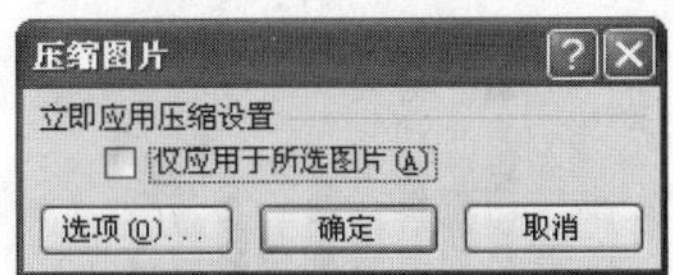


图 3.97　【压缩图片】对话框

图 3.98　【插入图片】对话框

**步骤 7**　单击【重设图片】按钮后会将图片还原成插入时的状态，取消对图片的所有编辑，如图 3.99 所示。

图 3.99　重设图片

**步骤 8**　在【图片样式】选项组中，可以选择左侧的预设样式，对图片样式进行快速编辑，或单击其右侧的按钮，从弹出的下拉菜单中选择其他预设样式，如图 3.100 所示。

图 3.100　【图片样式】选项组中的下拉菜单

**步骤 9**　从中选择【双框架，黑色】样式选项，图片效果如图 3.101 所示。

图 3.101　设置图片样式

**步骤 10**　单击【图片形状】按钮，在弹出的下拉菜单中可以设置图片形状样式，如图 3.102 所示。

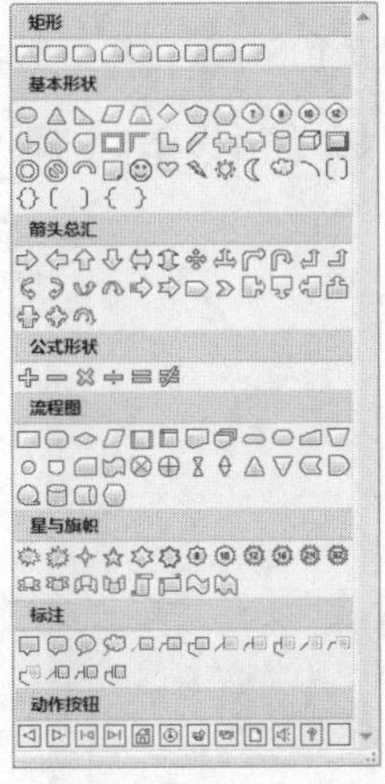


图 3.102　单击【图片形状】按钮后弹出的下拉菜单

**步骤 11** 在【基本形状】选项组中选择【等腰三角形】形状，图片效果如图 3.103 所示。

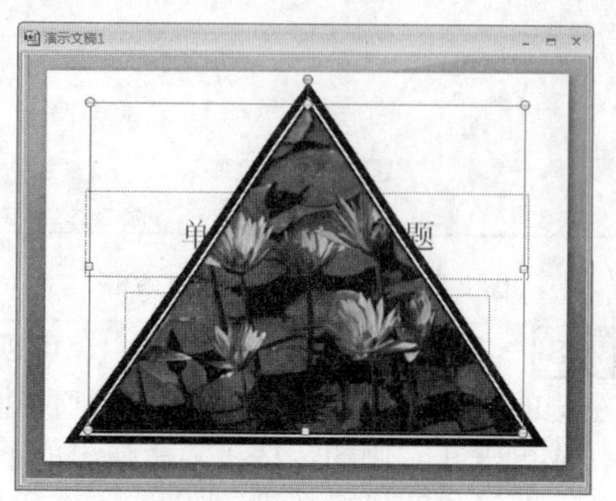

图 3.103 设置图片形状

**步骤 12** 单击【图片轮廓】按钮，在弹出的下拉菜单中可以设置图片轮廓的颜色、粗细等，如图 3.104 所示。

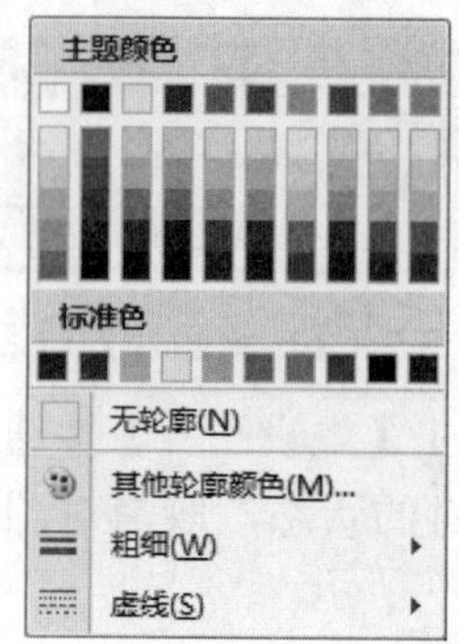


图 3.104 单击【图片轮廓】按钮后弹出的下拉菜单

**步骤 13** 选择"红色"的轮廓颜色，图片效果如图 3.105 所示。

图 3.105 改变轮廓颜色

**步骤 14** 单击【图片效果】按钮，在弹出的下拉菜单中可以设置图片的特殊效果，如图 3.106 所示。

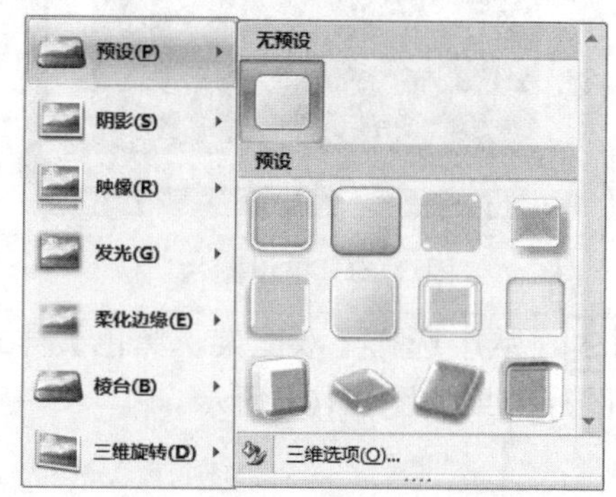


图 3.106 单击【图片效果】按钮后弹出的下拉菜单

**步骤 15** 选择【预设】|【预设 9】的图片效果，如图 3.107 所示。

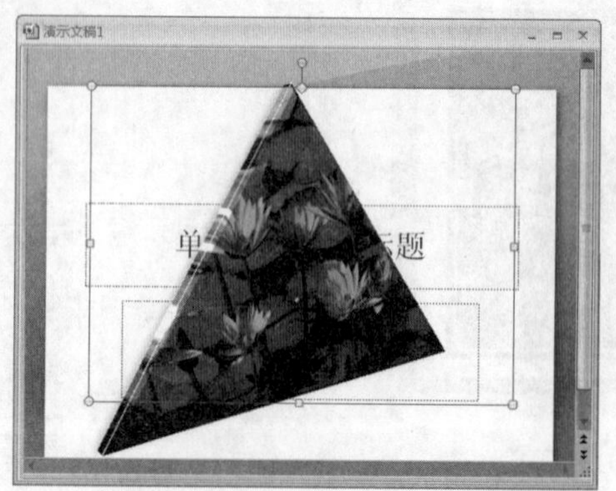

图 3.107 【预设 9】的图片效果

## 3.2.4　课件实战——美丽的张家界

《美丽的张家界》是一篇关于张家界的文章。在制作课件的时候，如能向学生展示一些关于张家界的图片，可以帮助学生通过图片对张家界的美丽风光有更好的感性认识，有助于学生对课文的理解，效果如图 3.108 所示。

图 3.108　美丽的张家界

本节着重讲解通过对图片的属性设置，合理安排图片的位置和图片的显示方式，使课件以一种图文结合的方式显示。本课件要掌握的重点知识是静态图片的属性设置。

制作“美丽的张家界”课件的操作方法如下。

**步骤 1**　收集关于张家界的图片文件，并存放在文件夹中，如图 3.109 所示。

图 3.109　收集关于张家界的图片文件

**步骤 2**　新建“美丽的张家界”文档，选择空白幻灯片版式，选择【流畅】主题，如图 3.110 所示。

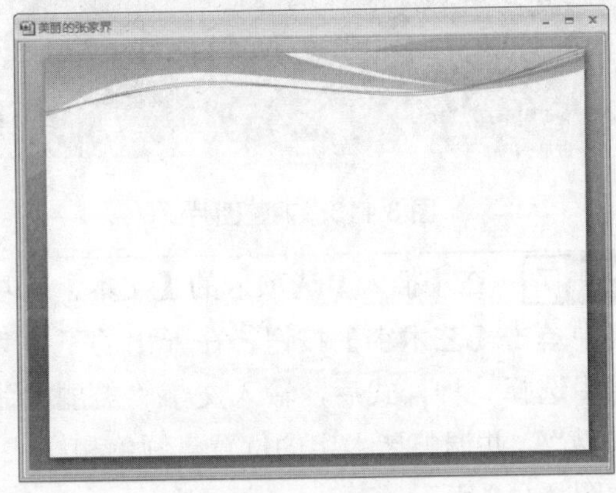


图 3.110　新建文档

**步骤3** 在【插入】选项卡的【插图】选项组中单击【图片】选项，打开【插入图片】对话框，如图 3.111 所示。

图 3.111 【插入图片】对话框

**步骤4** 插入图片“美丽的张家界-1”(文件路径：配套光盘\素材\第 3 章\3.2\美丽的张家界-1.jpg)，如图 3.112 所示。

图 3.112 插入图片“美丽的张家界-1”

**步骤5** 调整所插入图片的大小和位置，如图 3.113 所示。

图 3.113 调整图片

**步骤6** 选中图片，在【格式】选项卡的【调整】选项组中单击【重新着色】按钮，在弹出的下拉菜单中选择【冲蚀】效果，如图 3.114 所示。

图 3.114 设置图片重新着色

**步骤7** 在【插入】选项卡的【文本】选项组中单击【艺术字】按钮，在弹出的下拉列表中选择一种样式后，输入文字“美丽的张家界”，并调整艺术字的位置、颜色和样式，如图 3.115 所示。

**步骤8** 插入文本框，并输入相应的文本，调整字号、字体，以及文本框的填充颜色和轮廓颜色，如图 3.116 所示。

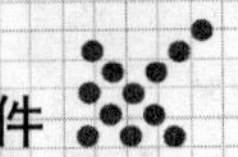

图 3.115　插入艺术字

图 3.116　输入文本并将其调整

步骤 9　在【开始】选项卡的【幻灯片】选项组中单击【新建幻灯片】按钮下方的倒三角按钮，在弹出的下拉菜单中选择【空白】选项，插入幻灯片。重复本操作，使本演示文稿中共有 5 张幻灯片。幻灯片浏览视图如图 3.117 所示。

图 3.117　插入幻灯片

步骤 10　回到普通视图中，选择演示文稿的第 2 张幻灯片，使之成为当前幻灯片。插入图片 “美丽的张家界-2” (文件路径：配套光盘\素材\第 3 章\3.2\美丽的张家界-2.jpg)，如图 3.118 所示。

图 3.118　插入图片 “美丽的张家界-2”

步骤 11　选中图片，在【格式】选项卡的【调整】选项组中单击【重新着色】按钮，在弹出的下拉菜单中选择【褐色】效果，并调整插入图片的亮度、对比度、大小和位置，制作成老照片的色彩感觉，如图 3.119 所示。

步骤 12　插入文本框，输入正文文本，并调整文本格式，如图 3.120 所示。

图 3.119 调整图片格式

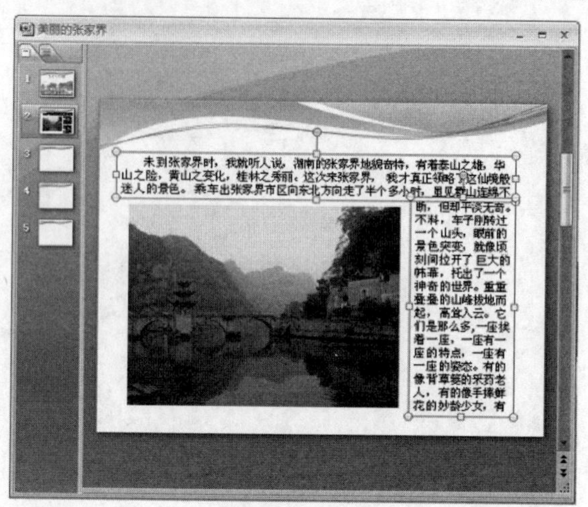


图 3.120 输入第二张幻灯片的正文文本

**步骤 13** 选择演示文稿的第 3 张幻灯片，使之成为当前幻灯片。插入图片“美丽的张家界-3”、“美丽的张家界-4”、“美丽的张家界-5”(文件路径：配套光盘\素材\第 3 章\3.2\美丽的张家界-3.jpg、美丽的张家界-4.jpg、美丽的张家界-5.jpg)，如图 3.121 所示。

**步骤 14** 选中 3 张图片，在【格式】选项卡的【排列】选项组中单击【对齐】按钮，在弹出的下拉菜单中选择【上下居中】和【横向分布】命令，使三张图片对齐，如图 3.122 所示。

图 3.121 插入三张图片

图 3.122 对齐三张图片

**步骤 15** 插入文本框，输入正文文本，并调整文本格式，如图 3.123 所示。

**步骤 16** 选择演示文稿的第 4 张幻灯片，使之成为当前幻灯片。插入图片“美丽的张家界-6” (文件路径：配套光盘\素材\第 3 章\3.2\美丽的张家界-6.jpg)，如图 3.124 所示。

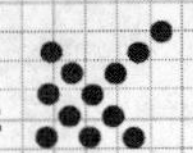

图 3.123　输入第三张幻灯片的正文文本

图 3.124　插入图片“美丽的张家界-6”

步骤 17　选中图片，在【格式】选项卡的【图片样式】选项组中选择【棱台透视】选项，如图 3.125 所示。

图 3.125　设置图片样式为【棱台透视】

步骤 18　插入文本框，输入正文文本，并调整文本格式，如图 3.126 所示。

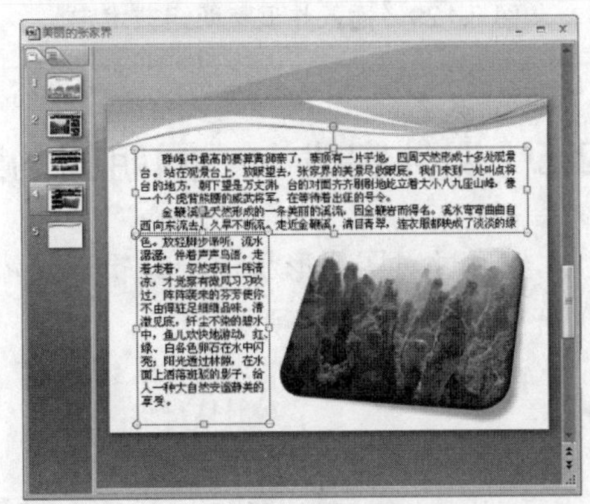

图 3.126　输入第四张幻灯片的正文文本

步骤 19　选择演示文稿的第 5 张幻灯片，使之成为当前幻灯片。插入图片“美丽的张家界-7”(文件路径：配套光盘\素材\第 3 章\3.2\美丽的张家界-7.jpg)，如图 3.127 所示。

图 3.127　插入图片“美丽的张家界-7”

步骤 20　选中图片，在【格式】选项卡的【图片样式】选项组中选择【金属椭圆】选项，如图 3.128 所示。

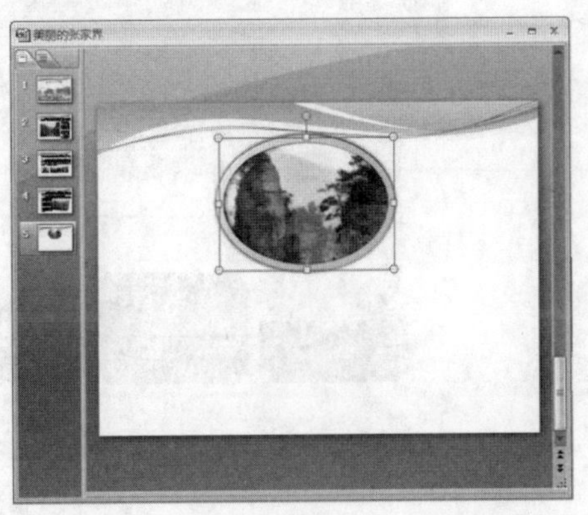

图 3.128　设置图片样式为“金属椭圆”

步骤 21 插入两组艺术字，并调整文本艺术字的格式，如图 3.129 所示。

图 3.129 插入并调整两组艺术字

步骤 22 插入文本框，输入正文文本，并调整文本格式，效果如图 3.130 所示。

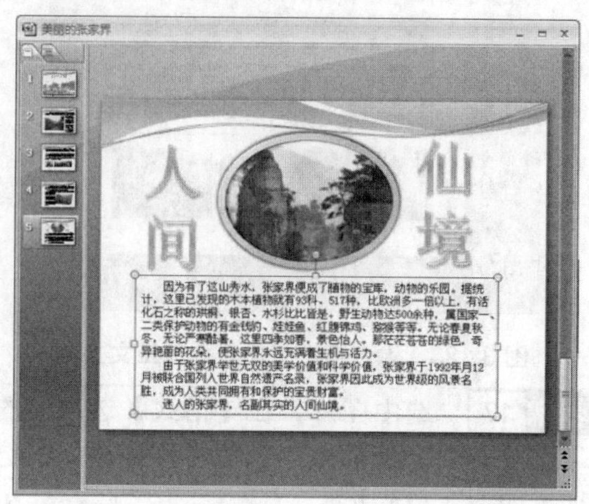


图 3.130 输入第五张幻灯片的正文文本

## 3.2.5 课件实战——圆明园的毁灭

本例通过对图片形状进行编辑以及添加一些效果，从而把课文要表达的含义很直观地表现出来，如图 3.131 所示。

图 3.131 圆明园的毁灭

本节着重讲解通过对图片的属性设置，安排图片以不规则图形方式显示，使课件更加重点突出。本课件需要掌握的重点知识是图片以不规则图形方式显示的属性设置。

制作“圆明园的毁灭”课件的操作方法如下。

**步骤 1**　收集关于圆明园的图片文件，并存放在文件夹中，如图 3.132 所示。

图 3.132　收集关于圆明园的图片文件

**步骤 2**　新建“圆明园的毁灭”文档，选择空白幻灯片版式，选择【流畅】主题，如图 3.133 所示。

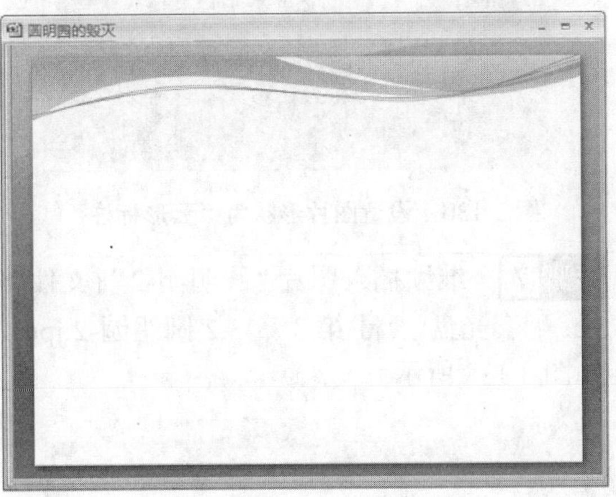


图 3.133　新建圆明园相关文档

**步骤 3**　在【插入】选项卡的【插图】选项组中单击【图片】按钮，在打开的【插入图片】对话框中选择存放圆明园图片的文件夹，如图 3.134 所示。

图 3.134　【插入图片】对话框

**步骤 4**　选中图片“圆明园-1”（文件路径：配套光盘\素材\第 3 章\3.2\圆明园-1.jpg)，单击【插入】按钮，插入的图片如图 3.135 所示。

图 3.135　插入图片“圆明园-1”

**步骤 5**　选中图片，在【格式】选项卡的【图片样式】选项组中单击【图片形状】按钮，在弹出的下拉菜单中选择【云形标注】效果，如图 3.136 所示。

**步骤 6**　选中图片，调整云形标注外形的格式形状，并调整图片大小，如图 3.137 所示。

图 3.136 设置图片形状为“云形标注”

图 3.137 调整云形图片大小

步骤 7 继续插入图片“圆明园-2”(文件路径: 配套光盘\素材\第 3 章\3.2\圆明园-2.jpg)，如图 3.138 所示。

图 3.138 插入图片“圆明园-2”

步骤 8 选中图片，在【格式】选项卡的【图片样式】选项组中选择【棱台亚光，白色】选项，如图 3.139 所示。

图 3.139 设置图片样式为【棱台亚光，白色】

步骤 9 在【格式】选项卡的【图片样式】选项组中单击【图片形状】按钮，在弹出的下拉菜单中选择【双波形】效果，如图 3.140 所示。

图 3.140 设置图片形状为【双波形】

步骤 10 插入艺术字和文本部分，并调整其格式和位置，如图 3.141 所示。

图 3.141 插入艺术字和文本部分

**步骤 11**　在【开始】选项卡的【幻灯片】选项组中单击【新建幻灯片】按钮旁的倒三角按钮，在弹出的下拉菜单中选择【空白】选项，插入幻灯片，并插入图片“圆明园-3”(文件路径：配套光盘\素材\第 3 章\3.2\圆明园-3.jpg)，如图 3.142 所示。

图 3.142　插入图片“圆明园-3”

**步骤 12**　选中图片，在【格式】选项卡的【图片样式】选项组中选择【金属椭圆】选项，并调整其位置和大小，如图 3.143 所示。

图 3.143　设置圆明园图片样式为【金属椭圆】

**步骤 13**　继续插入图片“圆明园-4”、“圆明园-5”(文件路径：配套光盘\素材\第 3 章\3.2\圆明园-4.jpg、圆明园-5.jpg)，并调整其位置和大小，如图 3.144 所示。

图 3.144　插入图片“圆明园-4”和“圆明园-5”

**步骤 14**　选中图片，在【格式】选项卡的【图片样式】选项组中选择【棱台亚光，白色】选项，如图 3.145 所示。

图 3.145　设置圆明园图片样式为【棱台亚光，白色】

**步骤 15**　在【格式】选项卡的【图片样式】选项组中单击【图片形状】按钮，在弹出的下拉菜单中选择【圆角矩形标注】效果，并进行调整，如图 3.146 所示。

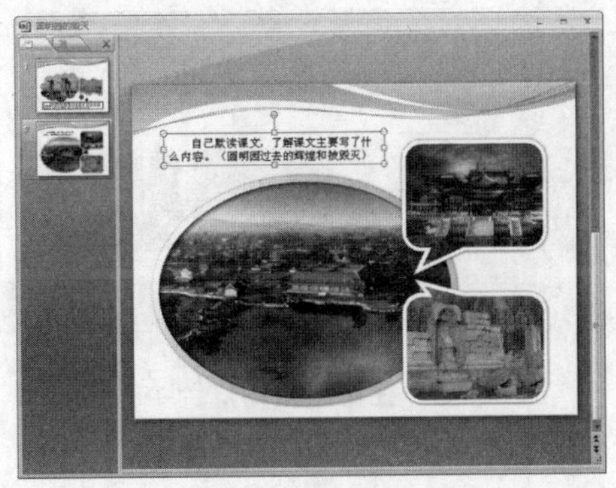

图 3.146　设置图片形状为【圆角矩形标注】

步骤 16　在【开始】选项卡的【幻灯片】选项组中单击【新建幻灯片】按钮旁的倒三角按钮，在弹出的下拉菜单中选择【空白】选项，插入幻灯片。并插入图片“圆明园-6”、“圆明园-7”、“圆明园-8”(文件路径：配套光盘\素材\第 3 章\3.2\圆明园-6.jpg、圆明园-7.jpg、圆明园-8.jpg)，如图 3.147 所示。

图 3.147　插入三张圆明园图片

步骤 17　选中 3 张图片，在【格式】选项卡的【图片样式】选项组中单击【图片形状】按钮，在弹出的下拉菜单中选择【缺角矩形】效果，将其对齐并调整位置，如图 3.148 所示。

图 3.148　设置图片形状并将其对齐

步骤 18　插入文本框，输入文本部分，并调整格式和位置，如图 3.149 所示。

图 3.149　在第三张幻灯片中输入圆明园相关文本

步骤 19　在【开始】选项卡的【幻灯片】选项组中单击【新建幻灯片】按钮旁的倒三角按钮，在弹出的下拉菜单中选择【空白】选项，插入幻灯片。并插入图片“圆明园-9”(文件路径：配套光盘\素材\第 3 章\3.2\圆明园-9.jpg)，如图 3.150 所示。

图 3.150　插入图片“圆明园-9”

**步骤 20**　选中图片，在【格式】选项卡的【图片样式】选项组中单击【图片效果】按钮，在弹出的下拉菜单中选择【棱台】|【圆】效果，并进行调整，如图 3.151 所示。

图 3.151　设置图片效果

**步骤 21**　插入文本框，输入文本部分，调整其格式和位置，如图 3.152 所示。

图 3.152　在第四张幻灯片中输入圆明园相关文本

**步骤 22**　这样幻灯片就制作完成了，效果如图 3.153 所示。

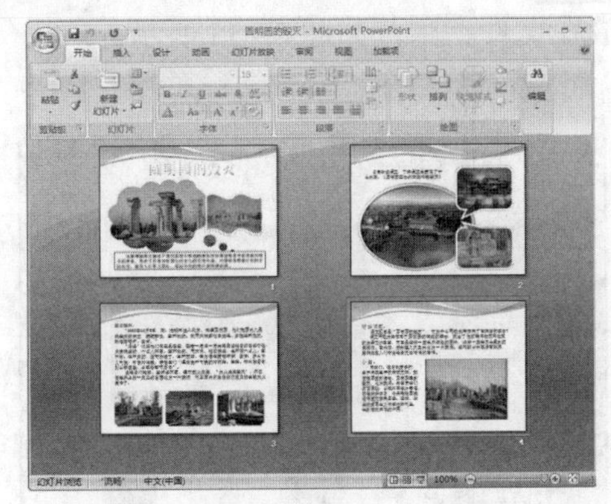

图 3.153　完成的幻灯片效果

## 3.2.6　课件实战——春天的畅想

《春天的畅想》这个实例通过插入 gif 动画图片，更好地体现了春天的感觉，如图 3.154 所示。

图 3.154　春天的畅想

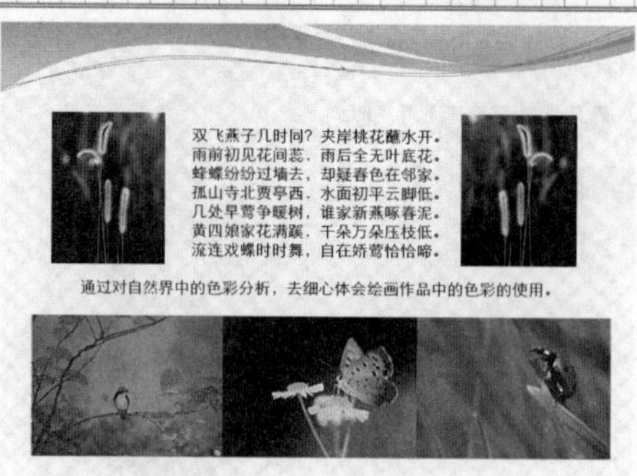


图 3.154　春天的畅想(续)

本节着重讲解通过插入 gif 动画图片并设置其属性制作动画效果的图文课件。本课件需要掌握的重点知识是如何为课件添加动态的图片文件和动态文件的属性设置。

制作“春天的畅想”课件的操作方法如下。

**步骤 1**　收集关于春天的 gif 图片文件，并存放在文件夹中，如图 3.155 所示。

图 3.155　收集春天相关的图片

**步骤 2**　新建“春天的畅想”文档，选择空白幻灯片版式，选择【流畅】主题，如图 3.156 所示。

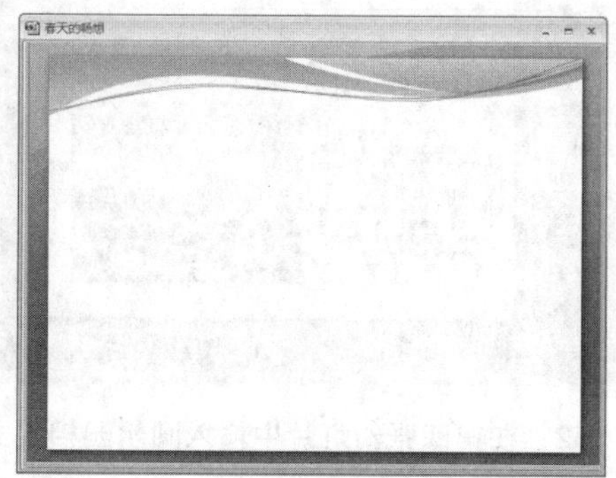

图 3.156　新建“春天的畅想”文档

**步骤 3**　在【插入】选项卡的【文本】选项组中单击【艺术字】按钮，在弹出的下拉菜单中选择一种样式后，输入文字“春天的畅想”，并调整其位置、颜色和样式，如图 3.157 所示。

图 3.157　插入艺术字“春天的畅想”

**步骤 4**　插入图片“春天的畅想-1” (文件路径：配套光盘\素材\第 3 章\3.2\春天的畅想-1.jpg)，如图 3.158 所示。

图 3.158　插入图片“春天的畅想-1”

**步骤 5**　选中图片，在【格式】选项卡的【图片样式】选项组中单击【图片形状】按钮，在弹出的下拉菜单中选择【波形】效果，如图 3.159 所示。

图 3.159　设置图片形状为“波形”

**步骤 6**　选中图片，在【格式】选项卡的【图片样式】选项组中单击【图片效果】按钮，在弹出的下拉菜单中选择【棱台】|【松散嵌入】效果，如图 3.160 所示。

图 3.160　设置图片效果为“松散嵌入”

**步骤 7**　调整图片的大小和位置，如图 3.161 所示。

图 3.161　调整图片的大小和位置

**步骤 8**　在【开始】选项卡的【幻灯片】选项组中单击【新建幻灯片】按钮旁的倒三角按钮，在弹出的下拉菜单中选择【空白】选项，插入幻灯片，并插入图片“春天的畅想-2”(文件路径：配套光盘\素材\第 3 章\3.2\春天的畅想-2.jpg)，如图 3.162 所示。

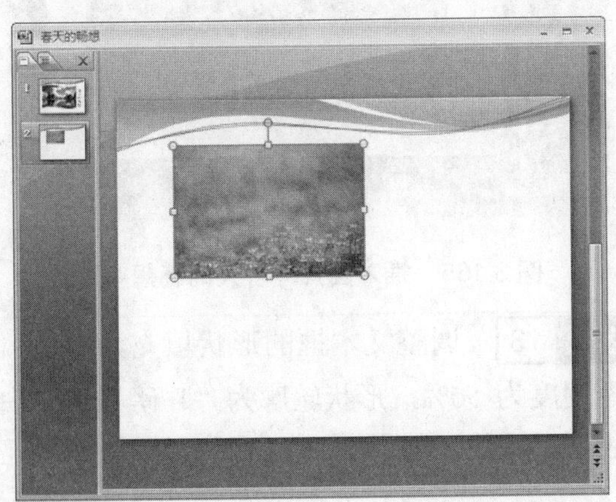

图 3.162　插入图片“春天的畅想-2”

**步骤 9**　选中图片“春天的畅想-2”，在【格式】选项卡的【图片样式】选项组中单击【图片形状】按钮，在弹出的下拉菜单中选择【圆角矩形】效果，如图 3.163 所示。

**步骤 10**　调整图片的大小，如图 3.164 所示。

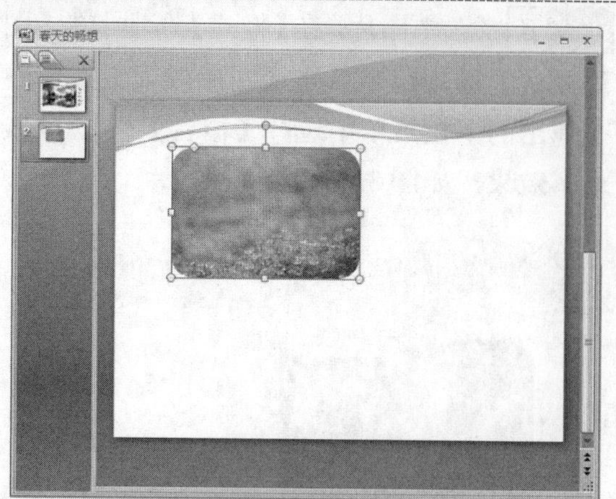

图 3.163 设置图片形状为【圆角矩形】

图 3.164 调整图片的大小

**步骤 11** 插入图片“春天的畅想-3”（文件路径：配套光盘\素材\第 3 章\3.2\春天的畅想-3.jpg），并调整其位置和大小，如图 3.165 所示。

**步骤 12** 插入文本框，输入文本，并调整其位置，如图 3.166 所示。

图 3.165 插入图片“春天的畅想-3”

图 3.166 输入文本并调整其位置

**步骤 13** 调整文本框的形状填充为白色，透明度为 50%，形状轮廓为“1 磅”、“白色”的虚线，如图 3.167 所示。

**步骤 14** 在【开始】选项卡的【幻灯片】选项组中单击【新建幻灯片】按钮旁的倒三角按钮，在弹出的下拉菜单中选择【空白】选项，插入幻灯片，并插入图片“春天的畅想-4”(文件路径：配套光盘\素材\第 3 章\3.2\春天的畅想-4.jpg)，如图 3.168 所示。

**步骤 15** 复制图片“春天的畅想-4”，并水平翻转图片，调整其位置，如图 3.169 所示。

**步骤 16** 插入文本框，输入文本，如图 3.170 所示。

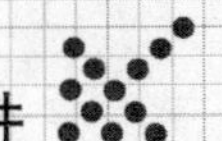

图 3.167　调整文本框属性

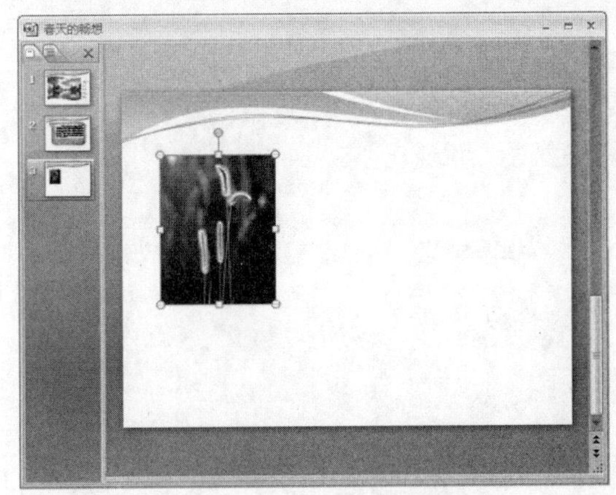


图 3.168　插入图片“春天的畅想-4”

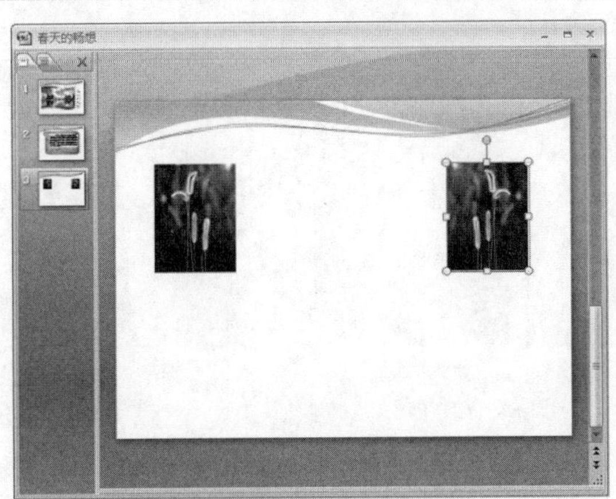


图 3.169　复制并翻转图片

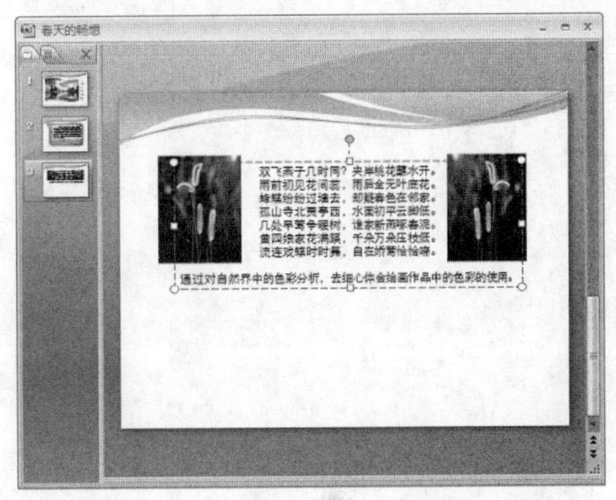


图 3.170　插入文本框并输入文本

**步骤 17**　继续插入图片“春天的畅想-5”(文件路径：配套光盘\素材\第 3 章\3.2\春天的畅想-5.jpg)，如图 3.171 所示。

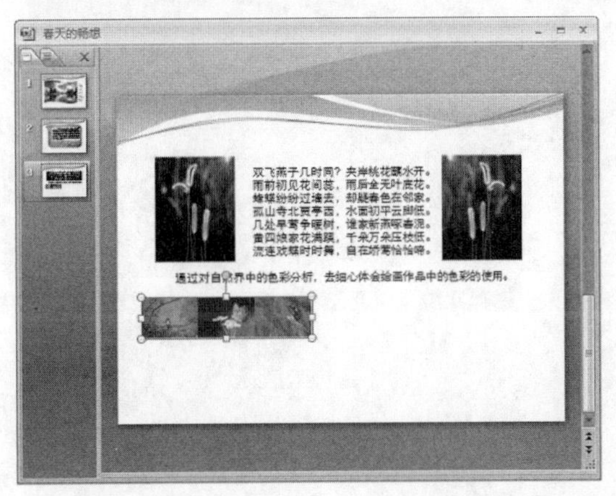


图 3.171　插入图片“春天的畅想-5”

**步骤 18**　调整图片的大小，完成幻灯片的制作，如图 3.172 所示。

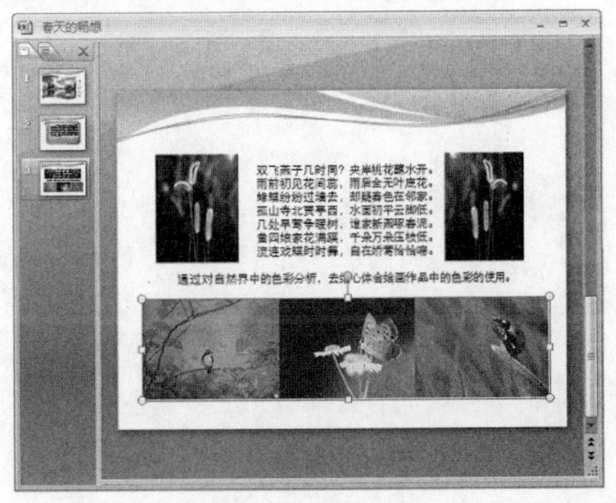


图 3.172　幻灯片效果

# 制作影音课件

利用多媒体 CAI 课件辅助教学自然离不开动画、影像和声音。在理科课件中，介绍某些抽象的原理、简述一些量之间的关系或是展示一个事物的发展过程，经常用动画来表现；在文科课件中，诗歌散文、英语口语等文科课件，讲究声情并茂，也经常要用动画或影像来表现。在 PowerPoint 中可以添加动画、视频、声音、Flash 动画等，并且可以根据课件设计的需要，对声像的播放进行多种控制，实现多媒体辅助教学功能。

## 本章内容主要包括：

- 在课件中添加声音的方法。
- 在课件中添加视频的方法。
- 在课件中添加 Flash 动画的方法。

# 4.1 在课件中加入声音

在 PowerPoint 中可以直接加入 WAV、MID 格式的声音，也可以直接播放 CD、录制旁白。对于其他格式的声音，可以先使用有关工具软件将其转换文件格式，然后再插入幻灯片，也可以插入有关的声音播放器来播放。PowerPoint 还可以对直接插入幻灯片的声音进行播放控制，如段落选取、循环播放、播放顺序、播放时机的设置等。

## 4.1.1 插入声音文件

### 1. 插入文件中的声音

插入文件中的声音是经常使用的插入声音方式，它是将通过从网络中下载、录制等方式准备好的声音文件插入演示文稿。

插入文件中的声音的操作步骤如下。

**步骤 1** 选择要添加声音的幻灯片。

**步骤 2** 在【插入】选项卡的【媒体剪辑】选项组中，单击【声音】按钮下方的倒三角按钮，如图 4.1 所示。

图 4.1 单击【声音】按钮下方的倒三角按钮

**步骤 3** 在弹出的下拉菜单中选择【文件中的声音】命令，如图 4.2 所示。找到包含所需文件的文件夹，然后双击要添加的声音文件。

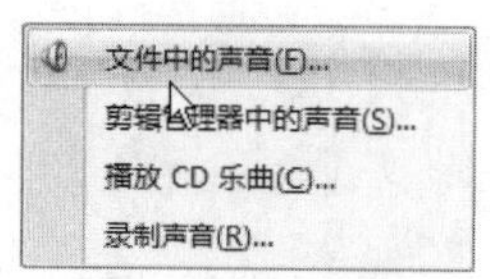


图 4.2 选择【文件中的声音】命令

**步骤 4** 此时打开一个对话框，如果需要播放该幻灯片时自动播放这个声音，就单击【自动】按钮；如果需要在特定时间播放声音，就单击【在单击时】按钮，如图 4.3 所示。

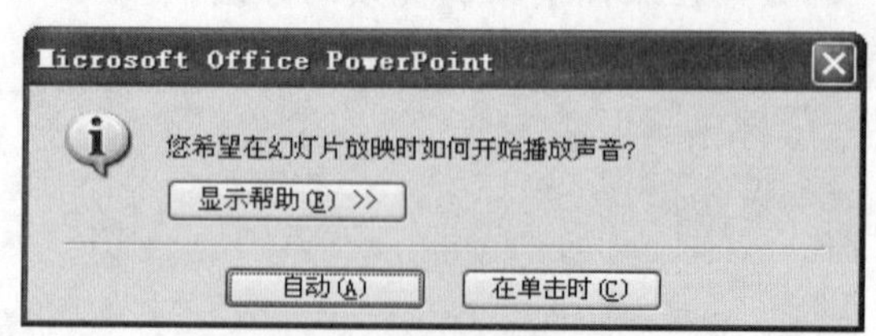


图 4.3 设置何时播放声音

**步骤 5** 单击【自动】按钮后就将声音插入到幻灯片中。在幻灯片上插入声音后，将显示一个表示所插入的声音文件的图标，如图 4.4 所示。

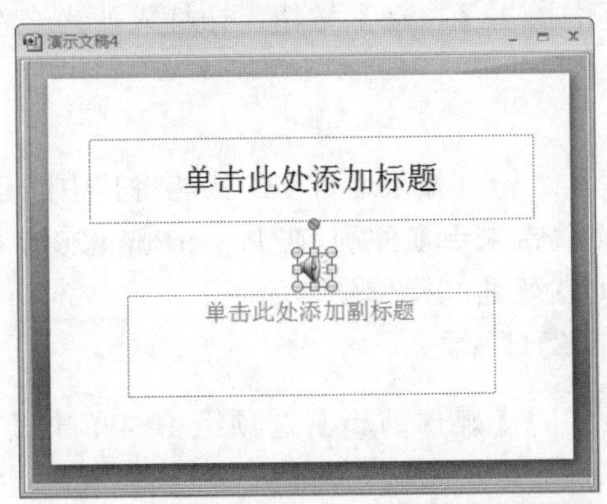


图 4.4　插入声音后幻灯片中的声音图标

**步骤 6**　单击幻灯片中的声音图标，在【声音工具】下的【选项】选项卡的【播放】选项组中，单击【预览】按钮即可试听这个声音，如图 4.5 所示。

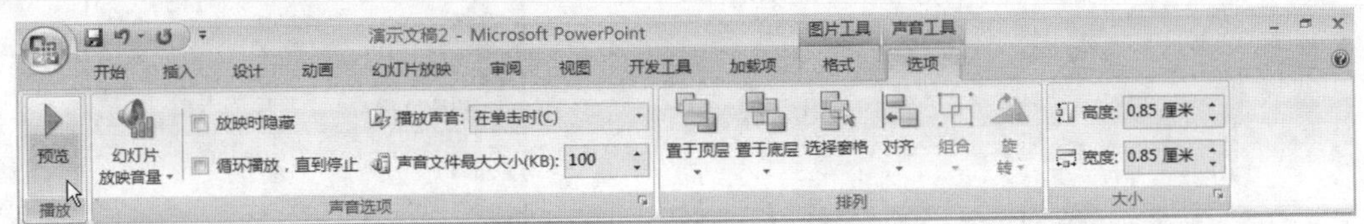


图 4.5　单击“预览”按钮

**提　示**

也可以直接双击声音图标试听声音。

### 2. 插入剪辑管理器中的声音

除了可以插入文件中的声音外，也可以通过剪辑管理器插入声音。剪辑管理器中提供了系统自带的几种声音文件，可以将其插入演示文稿中。

插入剪辑管理器中的声音的操作步骤如下。

**步骤 1**　选择要添加声音的幻灯片。

**步骤 2**　在【插入】选项卡的【媒体剪辑】选项组中，单击【声音】按钮下方的倒三角按钮。

**步骤 3**　在弹出的下拉菜单中选择【剪辑管理器中的声音】命令，如图 4.6 所示。

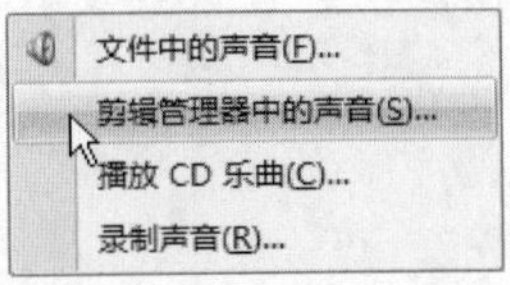

文件中的声音(F)...
剪辑管理器中的声音(S)...
播放 CD 乐曲(C)...
录制声音(R)...

图 4.6　选择【剪辑管理器中的声音】命令

**步骤 4**　在打开的【剪贴画】窗格中单击 Claps Cheers 图标，如图 4.7 所示。

图 4.7　选择【剪贴画】窗格中的声音

**步骤 5** 在打开的对话框中单击【自动】按钮，让插入的声音在放映幻灯片时自动播放。

### 3. 播放 CD 乐曲

CD 是听音乐的常用工具之一，如果通过 CD 就能将其中的音乐直接插入演示文稿中，那么将为制作多媒体演示文稿带来更多便利。在 PowerPoint 2007 中这种方法是能够实现的。

在 PowerPoint 中播放 CD 乐曲的操作步骤如下。

**步骤 1** 选择要添加声音的幻灯片。

**步骤 2** 在【插入】选项卡的【媒体剪辑】选项组中，单击【声音】按钮下方的倒三角按钮。

**步骤 3** 在弹出的下拉菜单中选择【播放 CD 乐曲】命令，如图 4.8 所示。

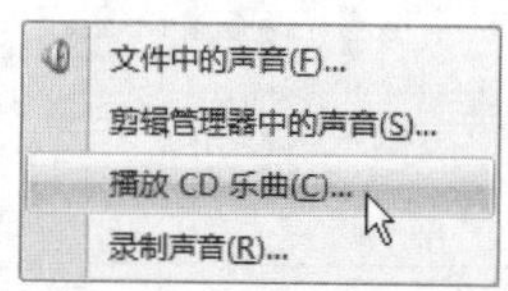


图 4.8 选择【播放 CD 乐曲】命令

**步骤 4** 此时打开【插入 CD 乐曲】对话框，如图 4.9 所示。

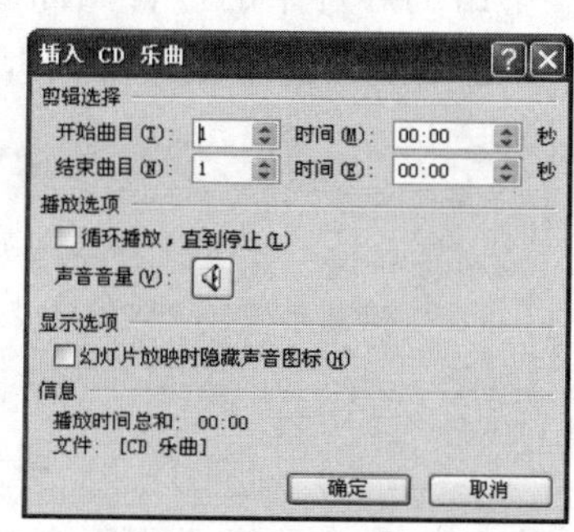


图 4.9 【插入 CD 乐曲】对话框

**步骤 5** 在【剪辑选择】选项组中，可以设置插入幻灯片中的 CD 音乐开始曲目至结束曲目或开始时间至结束时间，从而控制插入音乐的时间，如图 4.10 所示。

图 4.10 【剪辑选择】选项组

**步骤 6** 在【播放选项】选项组中，可以设置插入的音乐是否循环播放，此项适用于音乐较短而演示文稿较长的场合。单击图标按钮🔈，在弹出的下拉菜单中可调整声音大小，如图 4.11 所示。

图 4.11 【播放选项】选项组

**注 意**

在幻灯片中插入 CD 音乐后，音乐文件并不会被真正添加到幻灯片中，所以在放映幻灯片时应将 CD 光盘一直放置在光盘驱动器中，供演示文稿调用，否则就没有所需的声音效果。

### 4. 插入录制的声音

在演示文稿中不仅可以插入既有的各种声音文件，还可以现场录制声音，如幻灯片的

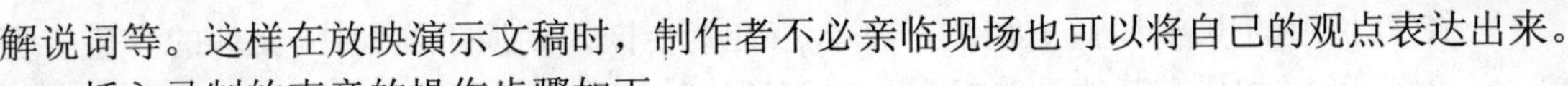



解说词等。这样在放映演示文稿时，制作者不必亲临现场也可以将自己的观点表达出来。

插入录制的声音的操作步骤如下。

**步骤 1** 选择要添加声音的幻灯片。

**步骤 2** 在【插入】选项卡的【媒体剪辑】选项组中，单击【声音】按钮下方的倒三角按钮。

**步骤 3** 在弹出的下拉菜单中选择【录制声音】命令，如图 4.12 所示。

图 4.12 选择【录制声音】命令

**步骤 4** 在打开的【录音】对话框的【名称】文本框中输入“旁白”，如图 4.13 所示。

图 4.13 为录制的声音命名

**步骤 5** 单击按钮开始录音，录制完成后单击按钮，如图 4.14 所示。

图 4.14 开始录音

**步骤 6** 单击按钮可以播放声音，单击【确定】按钮完成录制，如图 4.15 所示。此时录制的声音就会插入到幻灯片中。

图 4.15 完成录制

### 4.1.2 设置声音属性

单击声音图标，选择【声音工具】下的【选项】选项卡，出现功能区界面，如图 4.16 所示。

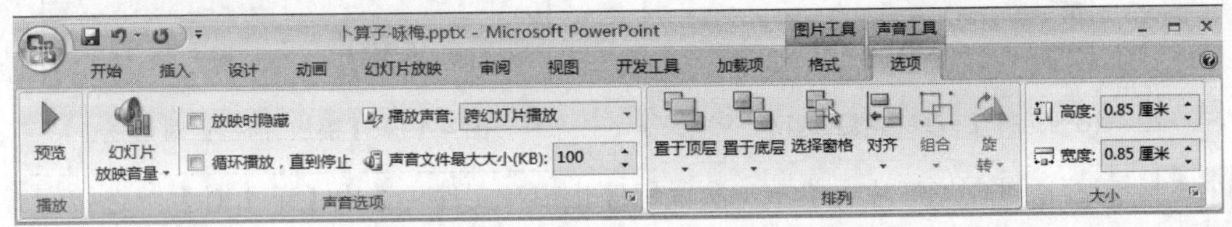


图 4.16 设置声音属性的功能区界面

设置声音属性的功能介绍如下。

- 【放映时隐藏】复选框：选中此复选框后播放时不显示声音图标。
- 【循环播放，直到停止】复选框：选中此复选框后声音可以循环播放。
- 【播放声音】下拉列表：【自动】——播放幻灯片时自动播放声音。【在单击时】——播放幻灯片时，单击时才播放声音。【跨幻灯片播放】——声音可以在多个幻灯片中播放。
- 【声音文件最大大小】：可调节内嵌声音文件的大小。默认是 100KB，如果插入

幻灯片中的声音小于 100KB，那么声音就会嵌入到演示文稿中(文件的容量会变大)，这时如果在其他计算机上放映幻灯片时只需要把演示文稿复制过去即可。如果声音文件大于 100KB，在其他计算机上放映幻灯片时要把声音文件同演示文稿一同复制，并放在同一目录。

插入声音以后可以设置何时或以什么方式停止声音播放，其操作步骤如下。

**步骤 1** 单击声音图标。

**步骤 2** 在【动画】选项卡的【动画】组中单击【自定义动画】按钮，如图 4.17 所示。

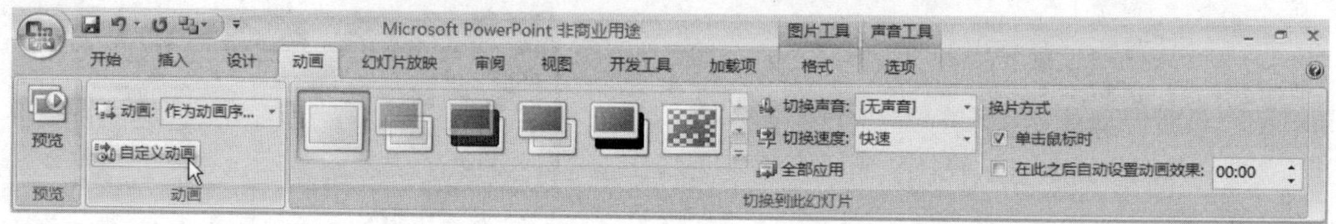


图 4.17 单击【自定义动画】按钮

**步骤 3** 此时在界面右侧出现【自定义动画】窗格，插入的声音会显示在其中，单击声音右边的下拉按钮，从弹出的下拉列表中选择【效果选项】选项，如图 4.18 所示。

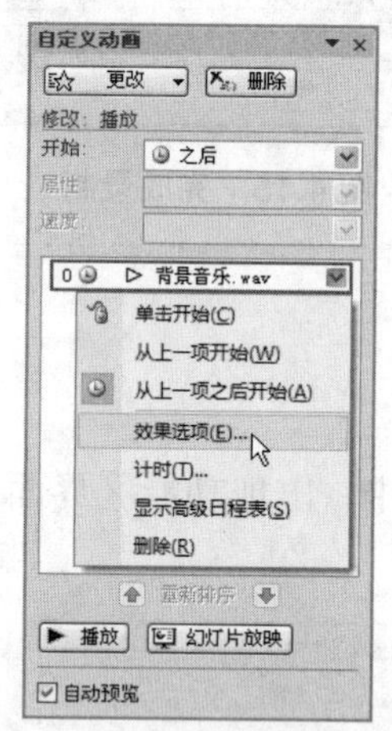


图 4.18 选择【效果选项】选项

**步骤 4** 此时打开【播放 声音】对话框，如图 4.19 所示。

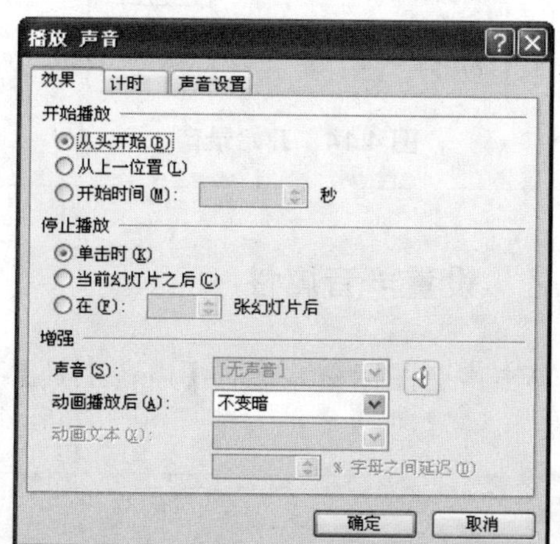


图 4.19 【播放 声音】对话框

**步骤 5** 若要通过在幻灯片上单击一次鼠标停止声音文件，选中【单击时】单选按钮。若要在此幻灯片之后停止声音文件，选中【当前幻灯片之后】单选按钮。若要为若干幻灯片播放声音文件，选中【在……张幻灯片后】单选按钮，然后设置播放该声音文件的幻灯片的总数。

### 4.1.3 课件实战——卜算子·咏梅

本节将制作一个关于一首诗——《卜算子·咏梅》的课件，课件中的第一张幻灯片将

这首诗展现出来，并伴有朗读，如图 4.20 所示。课件的第二张幻灯片是关于这首诗的文学常识和简析，并伴有背景音乐，如图 4.21 所示。

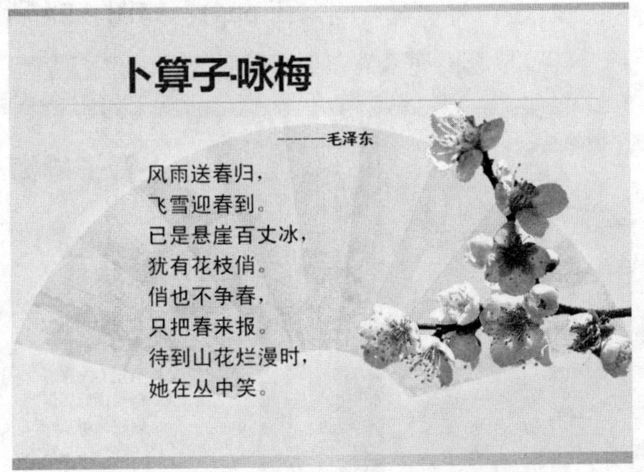


图 4.20　卜算子・咏梅课件运行效果(一)

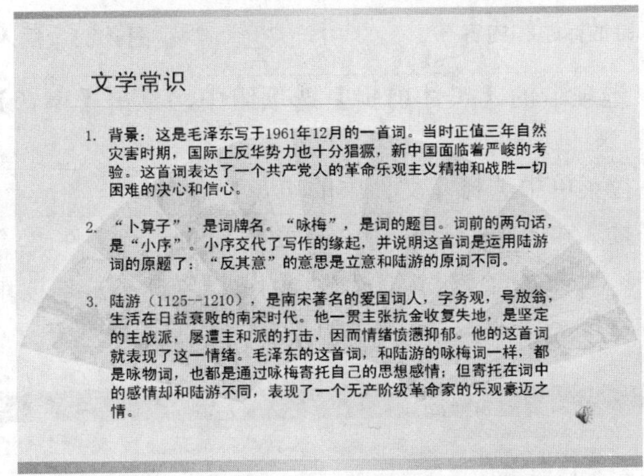


图 4.21　卜算子・咏梅课件运行效果(二)

本课件需要重点掌握的内容有：在 PowerPoint 中插入声音的方法，设置 PowerPoint 中声音属性的方法。

制作“卜算子・咏梅”课件的操作方法如下。

**步骤 1**　新建一个空白演示文稿“卜算子・咏梅”。

**步骤 2**　在【设计】选项卡的【主题】选项组中，右击【暗香扑面】选项，在弹出的快捷菜单中选择【应用于所有幻灯片】命令，如图 4.22 所示。

图 4.22　为课件设置主题样式

步骤3 在幻灯片的左侧输入诗的标题和内容，并调整文本的位置和属性，如图4.23所示。

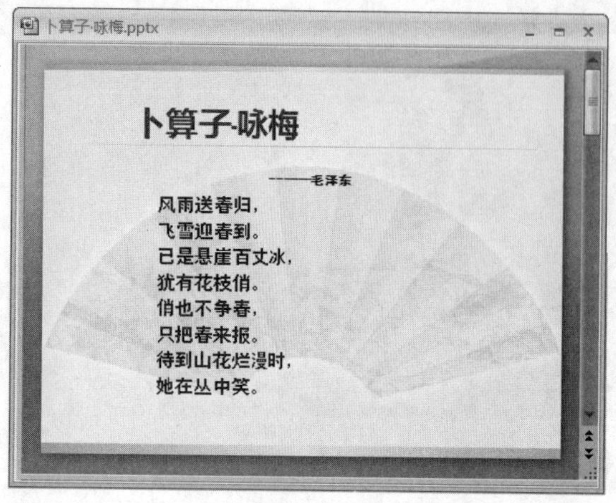


图4.23　输入诗的标题和内容

步骤4 在幻灯片的右侧插入一张梅花图片(文件路径：配套光盘\素材\第4章\梅花.png)，如图4.24所示。

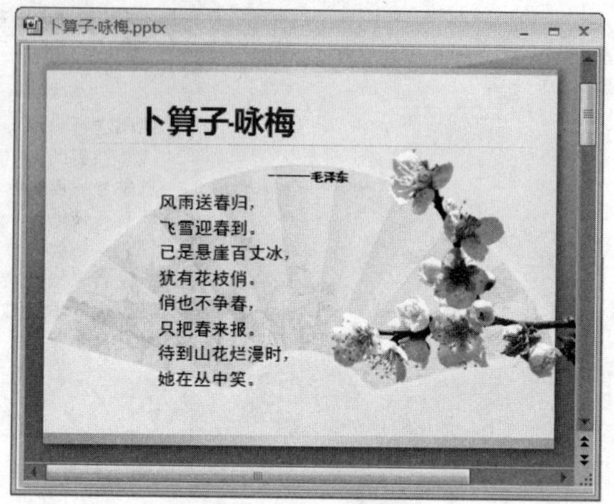


图4.24　插入梅花图片

步骤5 在【插入】选项卡的【媒体剪辑】选项组中，单击【声音】按钮下方的倒三角按钮。

步骤6 在弹出的下拉菜单中选择【文件中的声音】命令。

步骤7 在打开的【插入声音】对话框中选择要插入的声音文件“《卜算子 咏梅》诵读录音.wav”(文件路径：配套光盘\素材\第4章\《卜算子 咏梅》诵读录音.wav)，如图4.25所示。

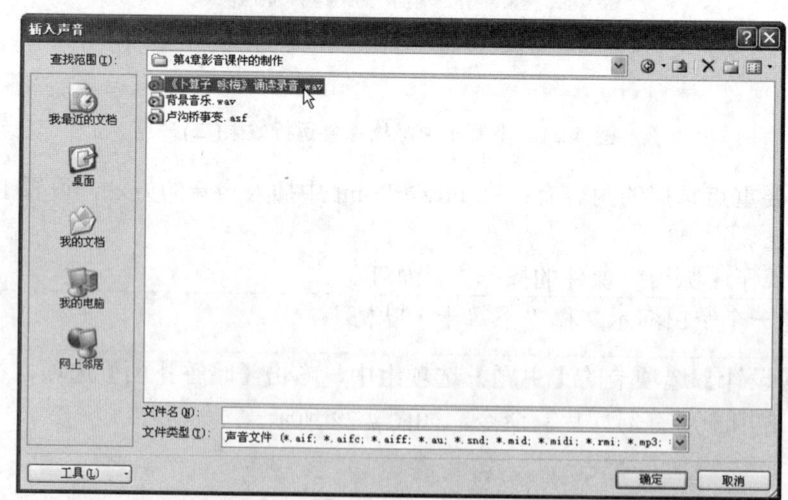


图4.25　选择要插入的声音文件

步骤8 单击【确定】按钮，打开一个对话框，从中设置何时开始播放声音，有【自动】和【在单击时】两个按钮，如图4.26所示。

步骤9 单击【自动】按钮，声音便插入幻灯片中。插入声音后，幻灯片中将显示一个表示插入声音文件的图标，如图4.27所示。

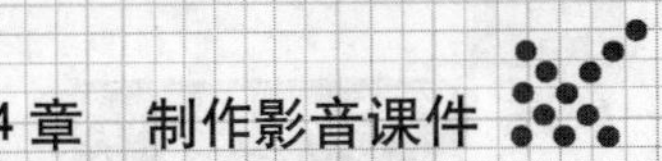

图 4.26　设置何时播放声音

图 4.27　插入的声音文件图标

**步骤 10**　单击声音图标，在【声音工具】下的【选项】选项卡的【声音选项】选项组中，单击【幻灯片放映音量】按钮，在弹出的下拉菜单中选择【低】命令，如图 4.28 所示。

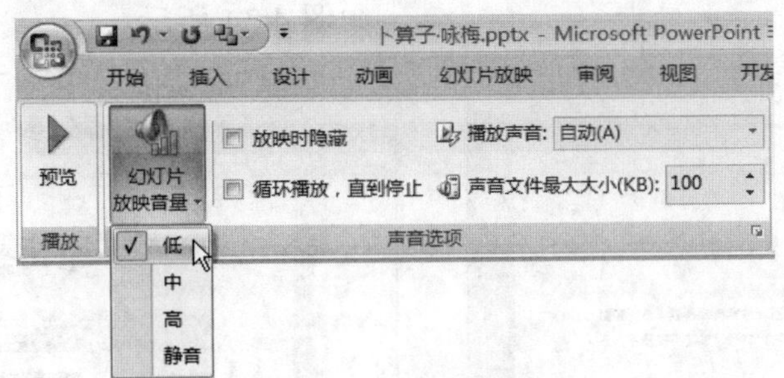


图 4.28　调低音量

**步骤 11**　选中【放映时隐藏】复选框，这样放映幻灯片时就不会显示声音图标了，如图 4.29 所示。

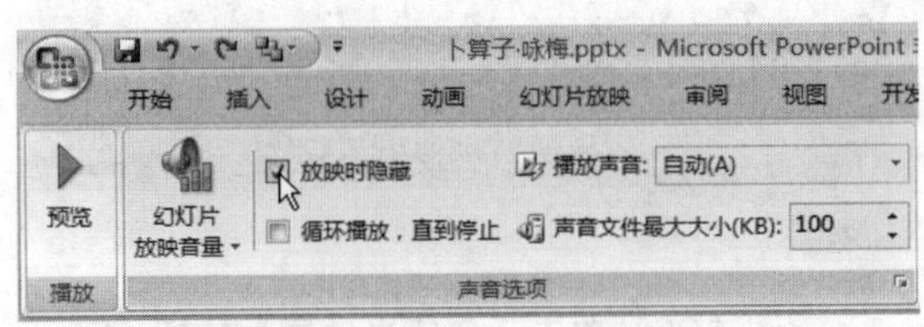


图 4.29　隐藏声音图标

**步骤 12**　插入一张幻灯片，输入关于这首诗的文学常识，如图 4.30 所示。

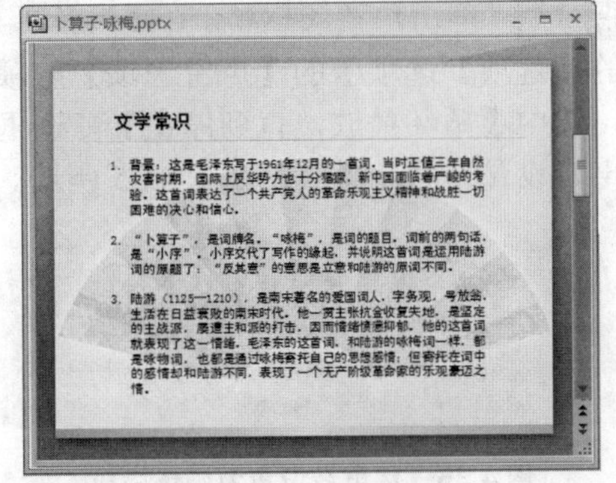


图 4.30　输入文学常识

**步骤 13**　插入一张幻灯片，输入对这首诗上阕的分析，如图 4.31 所示。

**步骤 14**　插入一张幻灯片，输入对这首诗下阕的分析，如图 4.32 所示。

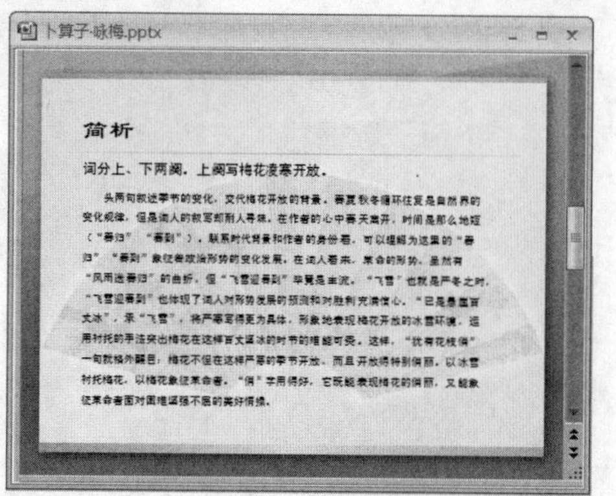


图 4.31 上阕简析

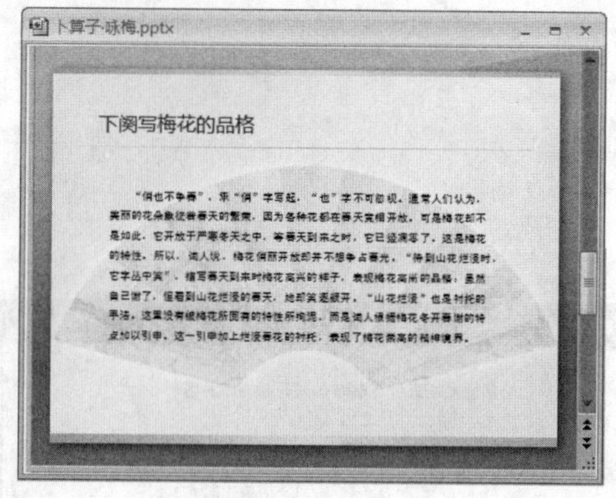


图 4.32 下阕简析

**步骤 15** 插入一张幻灯片，输入对这首诗的总结文字，如图 4.33 所示。

**步骤 16** 选择第二张幻灯片，插入声音“背景音乐”(文件路径：配套光盘\素材\第 4 章\背景音乐)，将声音图标放在右下角，如图 4.34 所示。

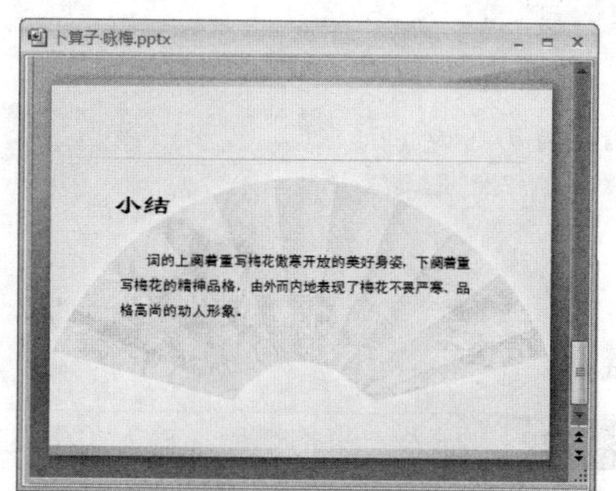


图 4.33 输入总结文字

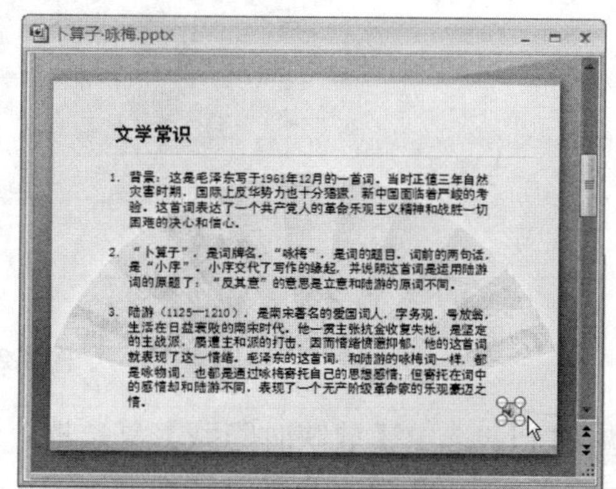


图 4.34 插入背景音乐

**步骤 17** 单击声音图标，在【声音工具】下的【选项】选项卡的【声音选项】选项组中，选中【循环播放，直到停止】复选框，将声音设置为循环播放，如图 4.35 所示。

**步骤 18** 在【动画】选项卡的【动画】选项组中单击【自定义动画】按钮，如图 4.36 所示。

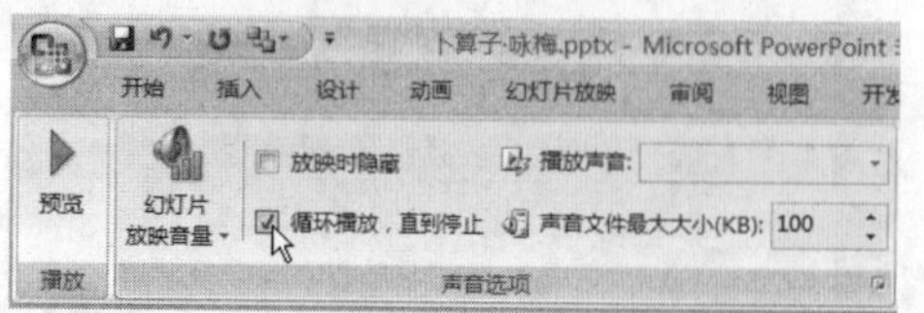


图 4.35 将声音设置为循环播放

图 4.36 单击【自定义动画】按钮

**步骤 19** 弹出【自定义动画】窗格，单击选定声音右边的下拉按钮，从弹出的下拉列表中选择【效果选项】选项，如图 4.37 所示。

**步骤 20** 此时打开【播放 声音】对话框，如图 4.38 所示。

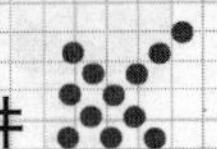

图 4.37　从下拉列表中选择【效果选项】选项

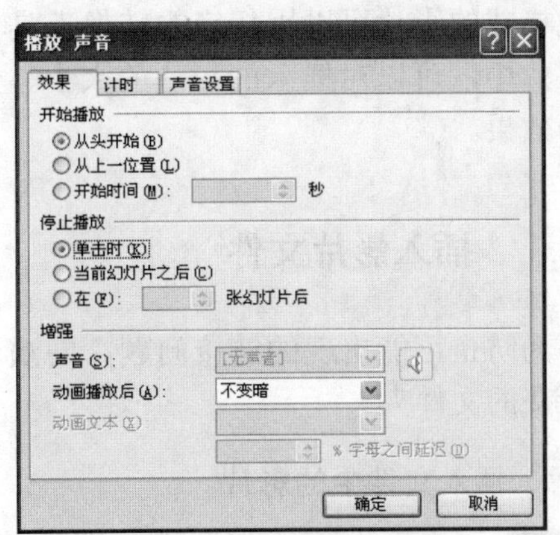


图 4.38　【播放 声音】对话框

**步骤 21**　选择【效果】选项卡，选中【停止播放】选项组中的【在……张幻灯片后】单选按钮，然后在微调框中输入要播放该声音的幻灯片张数“3”，则背景音乐会在放映 3 张幻灯片后停止播放，如图 4.39 所示。

**步骤 22**　单击【确定】按钮，声音设置完毕。放映幻灯片，声音“《卜算子·咏梅》诵读录音”自动播放，且不显示图标，声音“背景音乐”自动循环播放，放映 3 张幻灯片后停止播放，如图 4.40 所示。

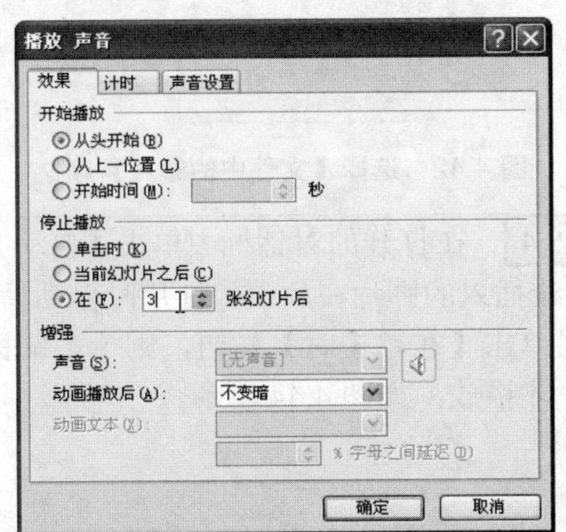


图 4.39　设置在放映 3 张幻灯片后停止播放声音

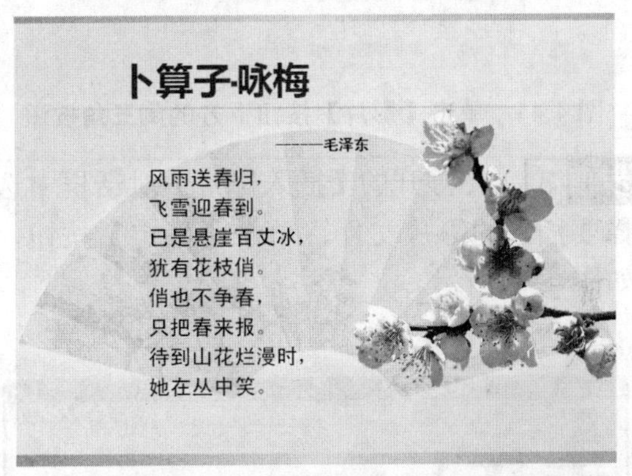


图 4.40　“卜算子·咏梅”幻灯片效果

**提 示**

本例中插入的两个声音都大于 100KB，所以没有嵌入到演示文稿中。如果要将声音嵌入到演示文稿中，可以增大【声音文件最大大小】的数值。方法为，选择一个已经插入的声音，在【选项】选项卡的【声音选项】选项组中设置这个数值。

## 4.2　在课件中加入影片

PowerPoint 的演示文稿中能直接插入 avi、mpeg、mpg、wmv、asf 等格式的影片，对于

其他格式的影片可以用相应的转换工具先转换成以上格式后再插入幻灯片。在 PowerPoint 幻灯片中，可以对插入的影片的大小、位置、播放方式进行设置，还可以设置插入影片的出场效果。

### 4.2.1 插入影片文件

为防止可能出现的链接问题，向演示文稿添加影片之前，最好先将影片复制到演示文稿所在的文件夹。

#### 1. 插入文件中的影片

步骤 1 单击要添加影片的幻灯片。在【插入】选项卡的【媒体剪辑】选项组中，单击【影片】按钮下方的倒三角按钮，如图 4.41 所示。

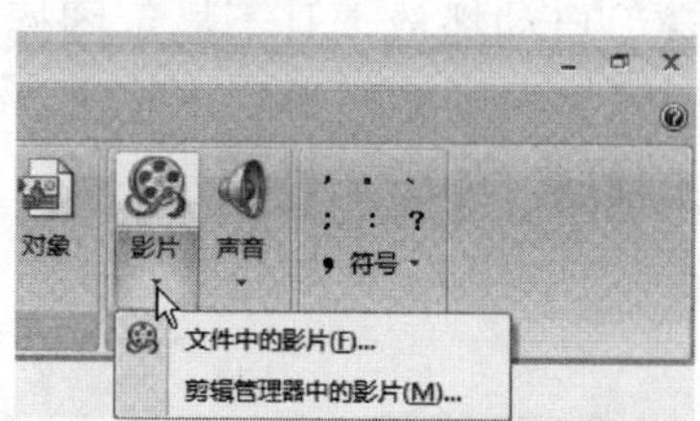


图 4.41 单击【影片】按钮下方的倒三角按钮

步骤 2 在弹出的下拉菜单中选择【文件中的影片】命令，如图 4.42 所示。

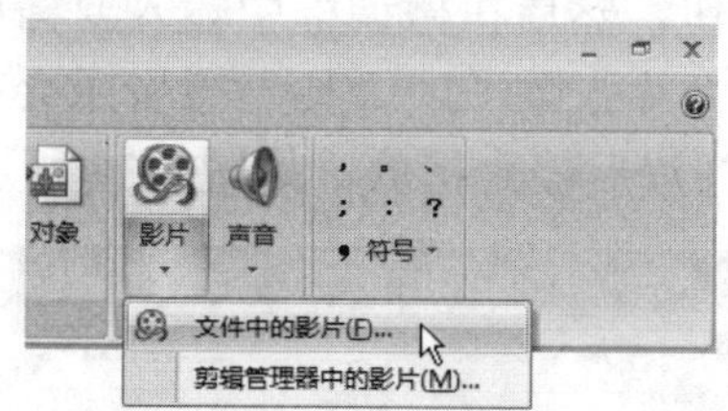


图 4.42 选择【文件中的影片】命令

步骤 3 在打开的【插入影片】对话框中选择要插入的影片文件，单击【确定】按钮，如图 4.43 所示。

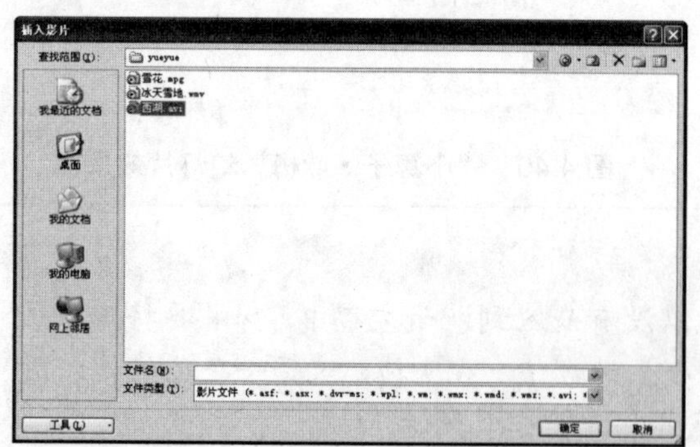


图 4.43 选择要插入的影片

步骤 4 在打开的对话框中单击【自动】按钮，让插入的影片在放映幻灯片时自动播放。如果单击【在单击时】按钮，则单击鼠标后影片才播放，如图 4.44 所示。

图 4.44 设置何时播放影片

#### 2. 插入剪辑管理器中的影片

步骤 1 单击要添加影片的幻灯片。在【插入】选项卡的【媒体剪辑】选项组中，单击

步骤 2 在弹出的下拉菜单中选择【剪辑管理器中的影片】命令，如图 4.46 所示。

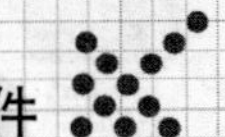

【影片】按钮下方的倒三角按钮，如图 4.45 所示。

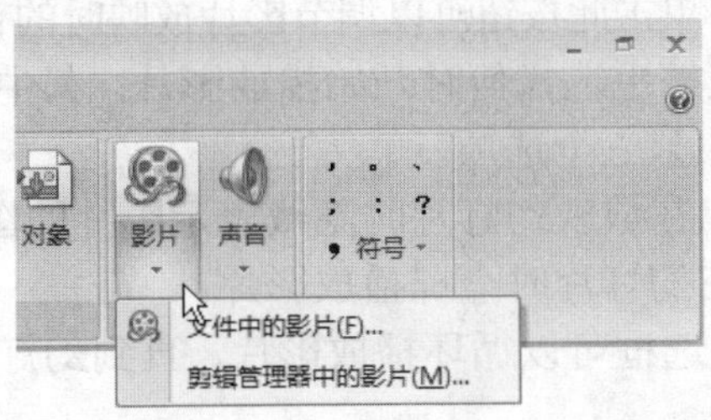


图 4.45　单击【影片】按钮下方的倒三角按钮

图 4.46　选择【剪辑管理器中的影片】命令

**步骤 3**　打开【剪贴画】窗格，在【结果类型】列表框中查看【影片】格式，共有 7 种影片格式。其中动态 GIF 也被归类在影片中，可以选中相应复选框进行格式的选择以求精确查找，如图 4.47 所示。

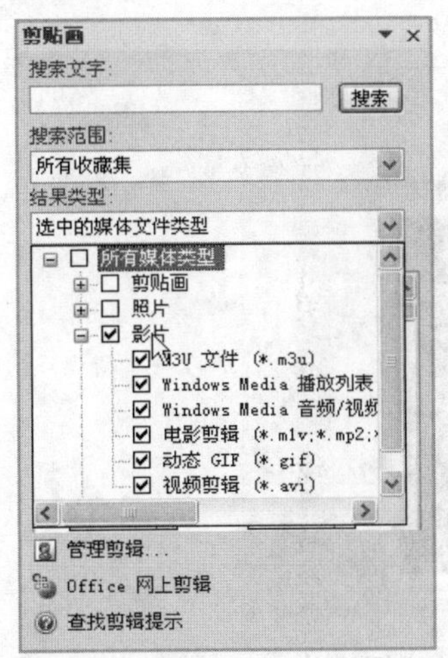


图 4.47　选择要插入的影片格式

**步骤 4**　查找结果如图 4.54 所示，双击适当的“影片”或者将其拖动到演示文稿中即可，如图 4.48 所示。

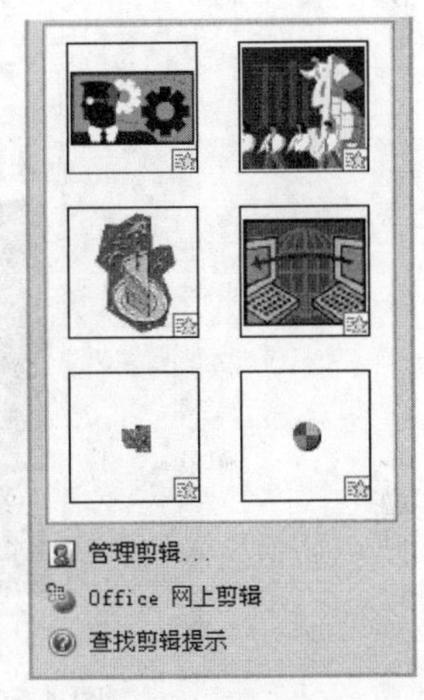


图 4.48　剪辑管理器中的影片

## 4.2.2　设置影片文件

影片插入到幻灯片后，可以对影片进行设置。选择插入的影片，选择【影片工具】下的【选项】选项卡，出现设置影片属性的功能区界面，如图 4.49 所示。

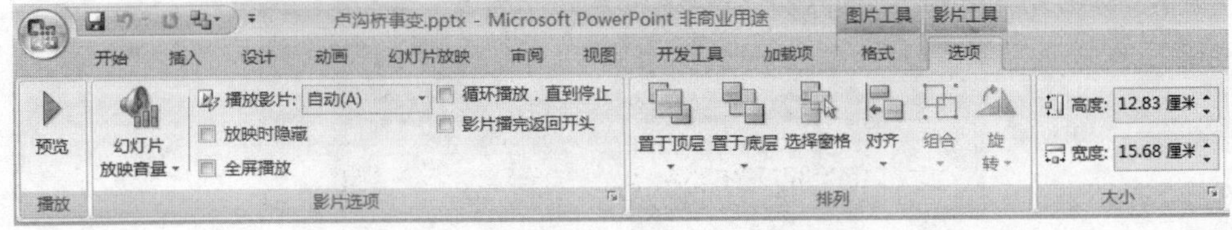


图 4.49　设置影片属性的功能区界面

用于设置影片属性的功能参数介绍如下。

- 【预览】按钮：单击此按钮，可以预览影片。
- 【幻灯片放映音量】按钮：如果影片有声音，单击此按钮可以调节影片放映时的音量。
- 【播放影片】下拉列表框：可从该下拉列表框中选择何时开始播放影片，其中包括【自动】、【在单击时】和【跨幻灯片播放】三个选项。
- 【放映时隐藏】复选框：选择该复选框可以在放映幻灯片时隐藏表示影片的图标。
- 【全屏播放】复选框：选择该复选框可以在幻灯片时全屏播放影片。
- 【循环播放，直到停止】复选框：选择该复选框可以循环播放影片，直到幻灯片停止放映。
- 【影片播完返回开头】复选框：选择该复选框可以让影片播放完后返回开头。

## 4.2.3 课件实战——卢沟桥事变

本节将制作一个介绍卢沟桥事变的课件。课件的开始通过一个视频介绍卢沟桥事变发生时的情境，如图 4.50 所示。后面两张幻灯片分别介绍卢沟桥事变发生后国内的反应和卢沟桥事变的影响，如图 4.51 所示。

图 4.50 播放卢沟桥事变视频的幻灯片

**卢沟桥事变发生后国内的反应：**

日军挑起卢沟桥事变后，在全国引起强烈反响。卢沟桥事变的第二天，中国共产党中央委员会就通电全国，呼吁：“全中国的同胞们，平津危急！华北危急！中华民族危急！只有全民族实行抗战，才是我们的出路！”并且提出了“不让日本帝国主义占领中国寸土！”“为保卫国土流最后一滴血！”的响亮口号。蒋介石提出了“不屈服，不扩大”和“不求战，必抗战”的方针。蒋介石曾致电宋哲元、秦德纯（第29军副军长兼北平市市长）等人“宛平城应固守勿退”，“卢沟桥、长辛店万不可失守”。

卢沟桥事变发生后，中国共产党立即通电全国，号召全民族抗战。蒋介石也于7月17日发表了关于解决卢沟桥事变的谈话。卢沟桥事变揭开了全国性的抗日战争的序幕。

图 4.51 介绍卢沟桥事变影响的幻灯片

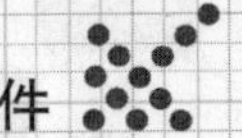

本课件需要重点掌握的内容有：在 PowerPoint 中插入影片的方法，设置影片播放属性的方法。

制作“卢沟桥事变”课件的操作方法如下。

**步骤 1**　新建一个空白演示文稿。

**步骤 2**　在【设计】选项卡的【主题】选项组中右击【龙腾四海】选项，在弹出的下拉菜单中选择【应用于所有幻灯片】命令，效果如图 4.52 所示为应用“龙腾四海”主题后的幻灯片。

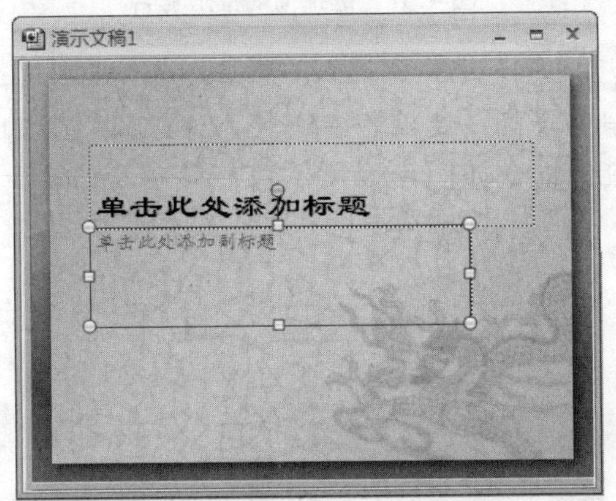


图 4.52　应用主题“龙腾四海”

**步骤 3**　将方稿保存为“卢沟桥事变.pptx”。输入课件的标题“卢沟桥事变”和卢沟桥事变发生的时间“1937 年 7 月 7 日”，如图 4.53 所示。

图 4.53　输入标题

**步骤 4**　选择要添加影片的幻灯片。在【插入】选项卡的【媒体剪辑】选项组中，单击【影片】按钮下方的倒三角按钮，如图 4.54 所示。

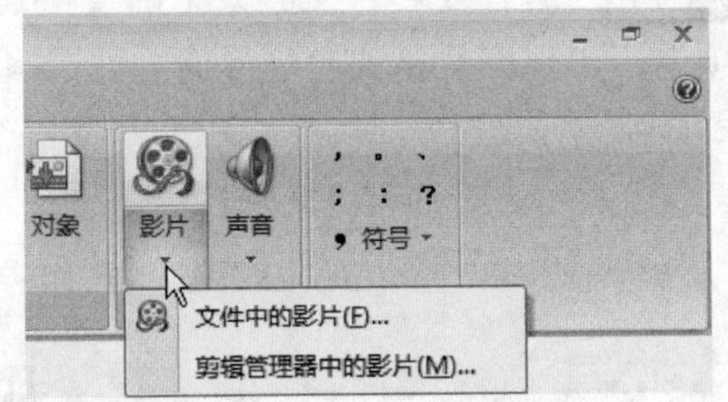


图 4.54　单击【影片】按钮下方的倒三角按钮

**步骤 5**　在弹出的下拉菜单中选择【文件中的影片】命令，如图 4.55 所示。

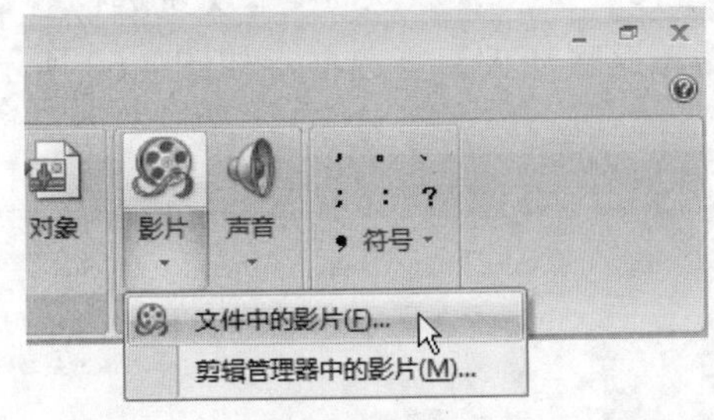


图 4.55　选择【文件中的影片】命令

**步骤 6**　在打开的【插入影片】对话框中选择要插入的影片文件“卢沟桥事变.asf”(文件路径：配套光盘\素材\第 4 章\卢沟桥事变.asf)，单击【确定】按钮，如图 4.56 所示。

**步骤 7**　在打开的对话框中单击【自动】按钮，让插入的影片在放映幻灯片时自动播放，如图 4.57 所示。

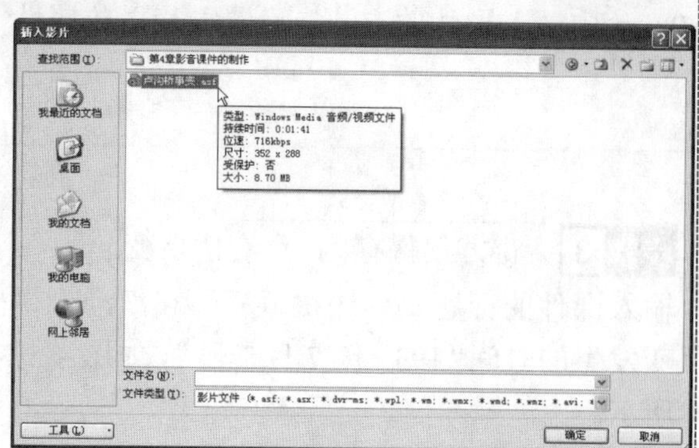


图 4.56　选择文件中的影片

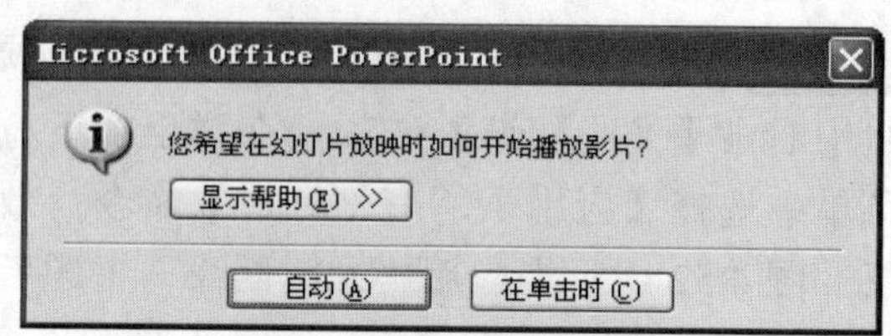


图 4.57　选择何时播放影片

步骤 8　此时影片被插入到幻灯片中，调整影片的大小和位置，如图 4.58 所示。

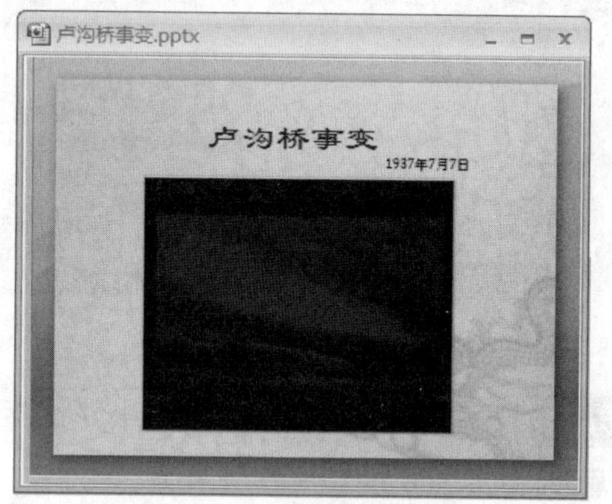


图 4.58　插入幻灯片中的影片

步骤 9　选择已插入的影片，选择【影片工具】下的【选项】选项卡，出现影片选项功能界面，如图 4.59 所示。

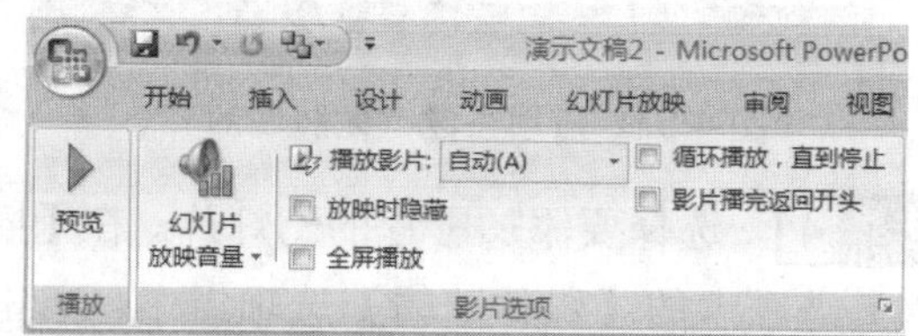


图 4.59　影片选项功能界面

步骤 10　选中【放映时隐藏】复选框和【影片播完返回开头】复选框，如图 4.60 所示。

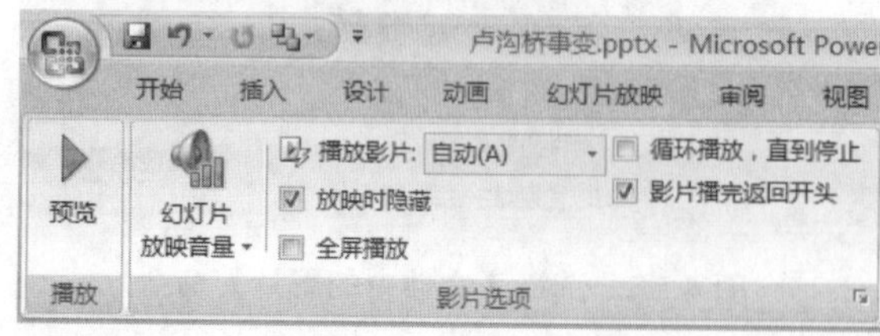


图 4.60　设置影片选项

步骤 11　选择【影片工具】下的【格式】选项卡，出现影片格式功能界面，如图 4.61 所示。

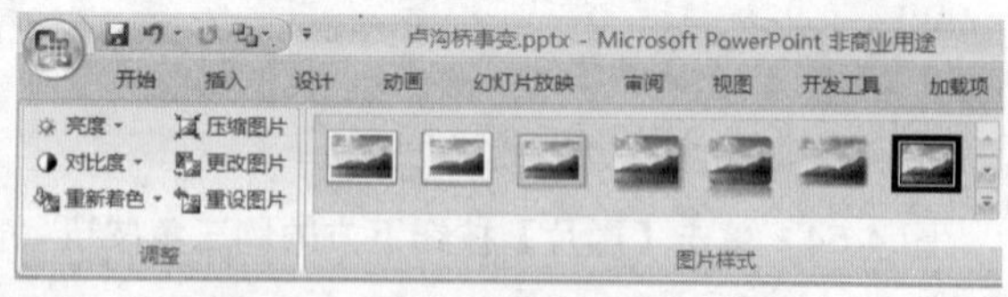


图 4.61　影片格式功能界面

步骤 12　在【图片样式】选项组中选择【棱台亚光】边框样式，如图 4.62 所示。

步骤 13　插入两张幻灯片，并输入相应的文字，制作后两张幻灯片，介绍卢沟桥事变的影响，如图 4.63 所示。

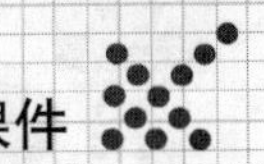

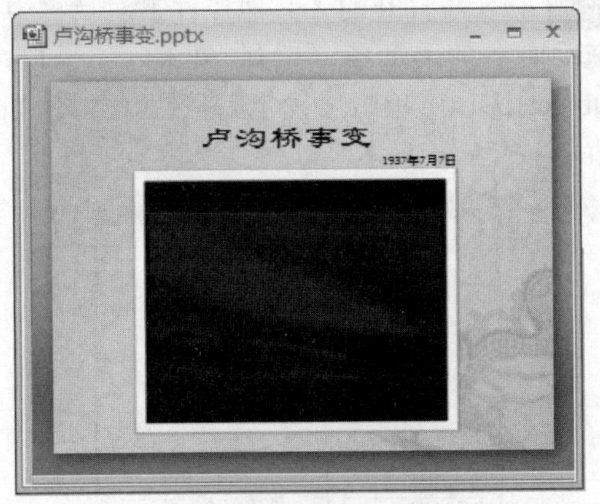


图 4.62　为影片加边框

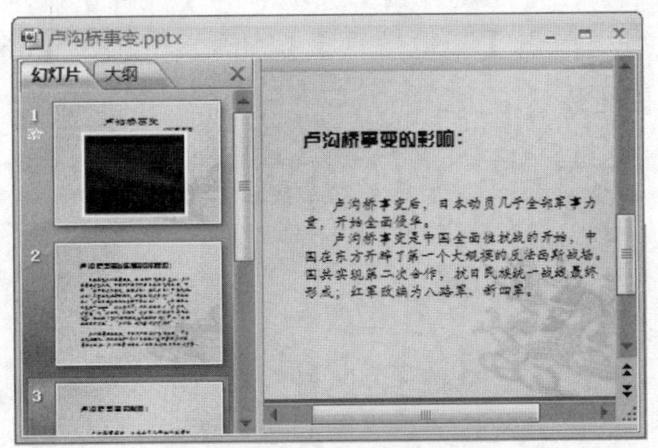


图 4.63　制作后两张幻灯片

# 4.3　在课件中加入 Flash 动画

在 PowerPoint 中可以插入 Flash 动画，本节将介绍利用控件在幻灯片插入 Flash 动画的方法。

## 4.3.1　插入 Flash 动画文件

**步骤 1**　打开幻灯片，单击【开发工具】选项卡。如果没有该选项卡，单击【Office 按钮】，然后单击【PowerPoint 选项】按钮，如图 4.64 所示。

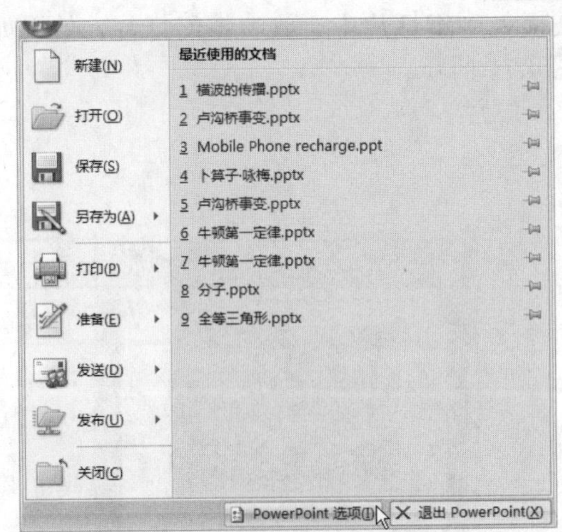


图 4.64　单击【PowerPoint　选项】按钮

**步骤 2**　选择【常用】选项，在【PowerPoint 首选使用选项】选项组中选中【在功能区显示“开发工具”选项卡】复选框，单击【确定】按钮，如图 4.65 所示。

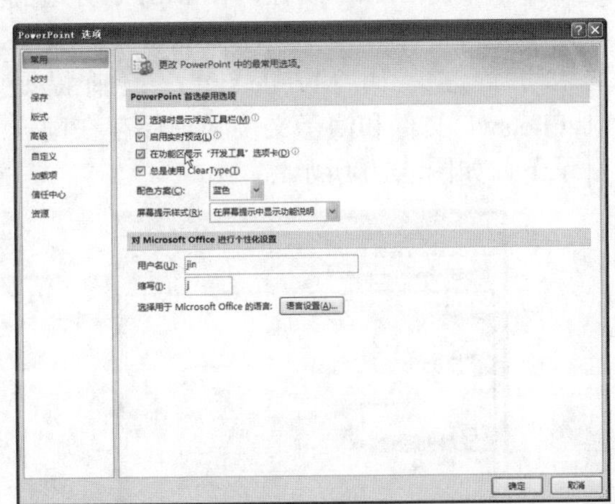


图 4.65　选中【在功能区显示“开发工具”选项卡】复选框

**步骤3** 此时【开发工具】选项卡就显示出来。在【开发工具】选项卡的【控件】选项组中单击【其他控件】按钮，如图 4.66 所示。

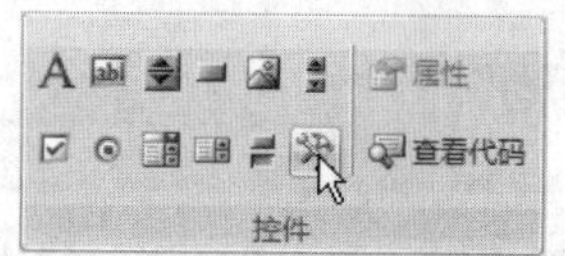


图 4.66 单击【其他控件】按钮

**步骤4** 在打开的【其他控件】对话框中，拖动右侧的滚动条，选择 Shockwave Flash Object 选项，单击【确定】按钮，如图 4.67 所示。

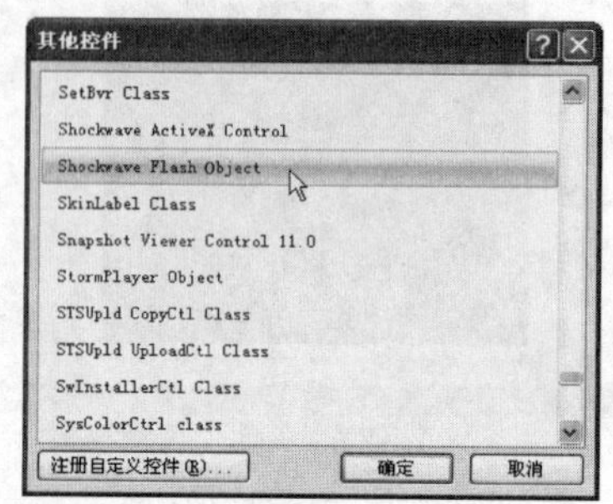


图 4.67 【其他控件】对话框

**步骤5** 此时鼠标指针变成“＋”字形，在演示文稿中拖动出一个矩形框来放置 Flash 动画，如图 4.68 所示。

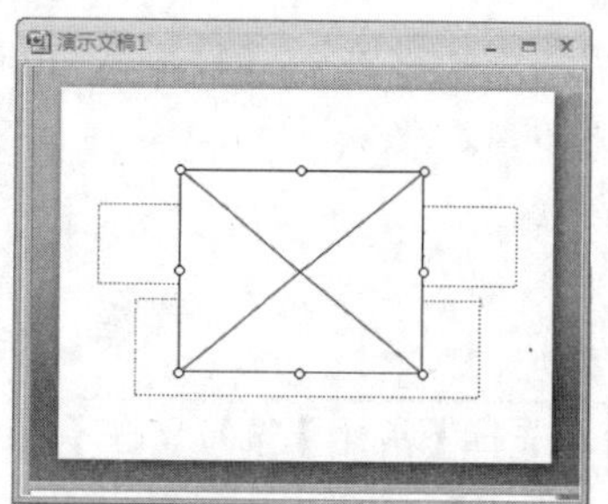


图 4.68 绘制矩形框

**步骤6** 右击已经制作好的控件 Shockwave Flash Object，在弹出的快捷菜单中选择【属性】命令，如图 4.69 所示。

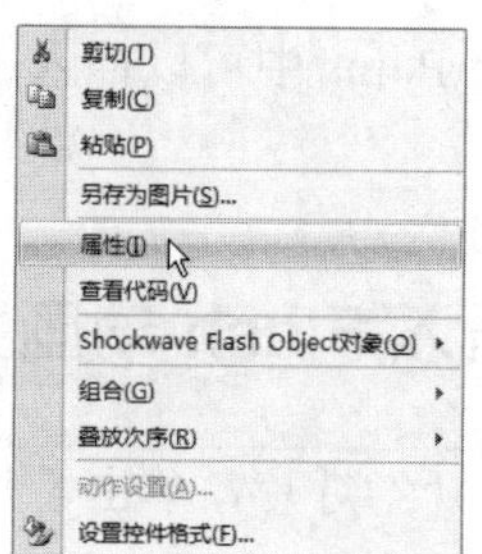


图 4.69 选择【属性】命令

**步骤7** 弹出【属性】面板，在【按字母序】选项卡中单击 Movie 属性，在 Movie 旁边的空白单元格中，输入要播放的 Flash 文件文件名和扩展名，如 MyFile.swf，但前提是 MyFile.swf 文件和演示文稿必须保存在同一目录下，如图 4.70 所示。

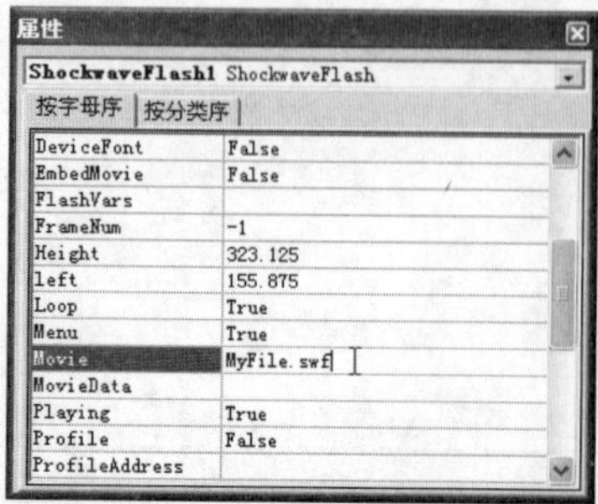


图 4.70 输入 Flash 的路径及文件名

**步骤8** 关闭【属性】面板，Flash 文件就被插入到幻灯片中。放映该幻灯片，效果如图 4.71 所示。

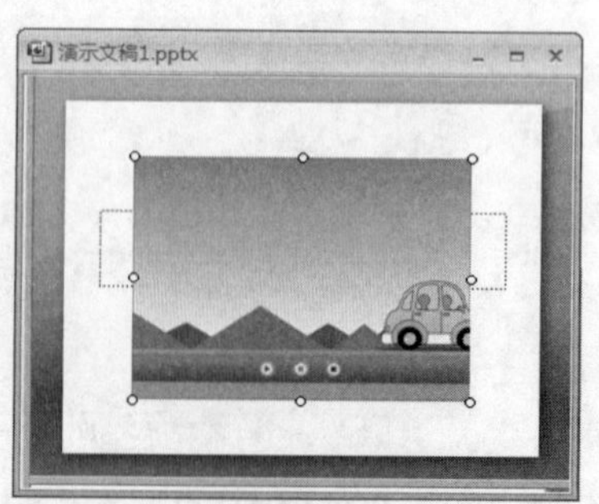


图 4.71 插入到幻灯片中的 Flash

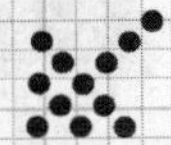

**注 意**

如果 Flash 文件和演示文稿保存在同一目录中，Movie 属性后只需要填写 Flash 的文件名和扩展名。如果不在同一目录中，则需要填写 Flash 的完整路径和文件名。建议将 Flash 文件和演示文稿保存在同一目录，并且 Flash 文件名最好不要用中文。

## 4.3.2　设置插入的 Flash 属性

插入 Flash 动画文件后，可对其属性进行设置。

右击已经插入的 Flash，从弹出的快捷菜单中选择【属性】命令，打开【属性】面板，如图 4.72 所示。

属性

ShockwaveFlash1 ShockwaveFlash

按字母序 | 按分类序

| BackgroundColor | -1 |
|---|---|
| Base | |
| BGColor | |
| DeviceFont | False |
| EmbedMovie | False |
| FlashVars | |
| FrameNum | -1 |
| Height | 336.5 |
| left | 104.875 |
| Loop | True |
| Menu | True |
| Movie | try.swf |
| MovieData | |
| Playing | True |
| Profile | False |

图 4.72　【属性】面板

下面介绍两种常用的属性。

(1) 放映幻灯片时自动播放 Flash 文件。若要在放映幻灯片时自动播放 Flash 文件，则将 Playing 属性设置为 True。

(2) 将 Flash 嵌入到演示文稿中。若要将 Flash 嵌入到演示文稿中，则将 EmbedMovie 属性设置为 True，并在 Movie 属性后填写 Flash 文件的文件名，且 Flash 文件名不要用中文。这样，演示文稿在其他计算机放映时不必再连同 Flash 文件一起复制过去。

## 4.3.3　课件实战——横波的传播

本课件将介绍横波的传播。其中，质点的振动如何带动相邻质点的振动，以及横波中，各质点振动方向总与波的传播方向垂直难以理解。横波的传播过程如果用 PowerPoint 表现出来比较困难，而 Flash 有动画和交互方面的优势，如果在 PowerPoint 中插入 Flash，可以形象地表现出横波的产生及传播的全过程。

课件开始通过一个 Flash 演示横波的传播的过程，并可以调节横波传播的频率、振幅和波长，如图 4.73 所示。

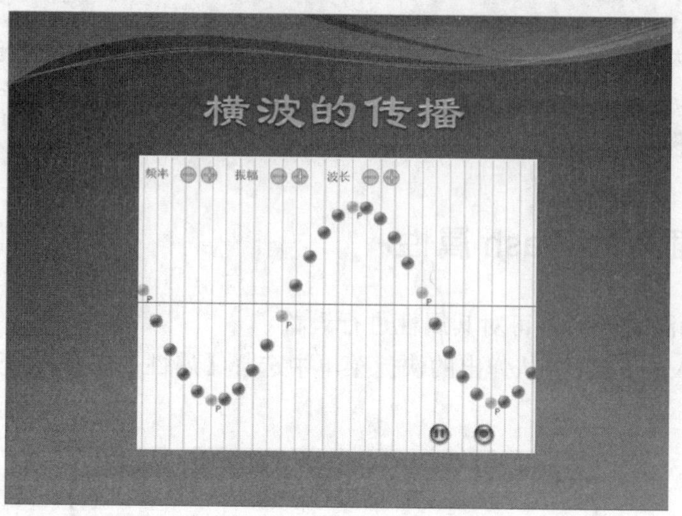


图 4.73　横波的传播规律幻灯片预览

本课件需要重点掌握的内容是在 PowerPoint 插入 Flash 的方法。

制作“横波的传播”课件的操作方法如下。

**步骤 1**　新建一个空白演示文稿，在【设计】选项卡的【主题】选项组中选择【流畅】选项，在右侧的【颜色】下拉列表中选择【市镇】选项，在弹出的快捷菜单中选择【应用于所有幻灯片】命令，如图 4.74 所示。

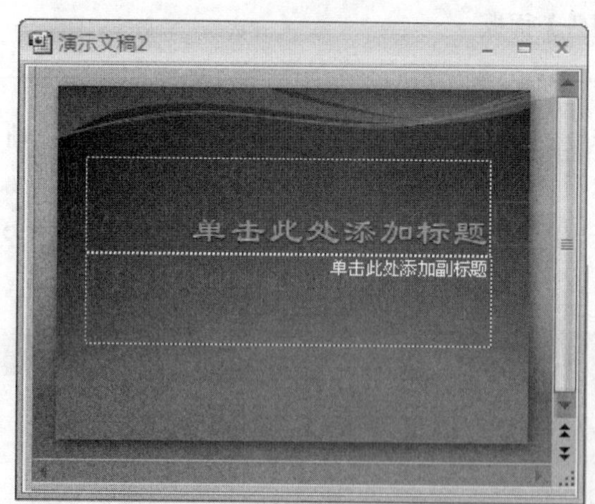


图 4.74　设置课件的主题

**步骤 2**　将文稿保存为“横波的传播.pptx”。给课件添加标题“横波的传播”，如图 4.75 所示。

图 4.75　输入标题“横波的传播”

**步骤 3**　在【开发工具】选项卡的【控件】选项组中，单击【其他控件】按钮，如图 4.76 所示。

**步骤 4**　在打开的【其他控件】对话框中，拖动右侧的滚动条，选择 Shockwave Flash Object 选项，单击【确定】按钮，如图 4.77 所示。

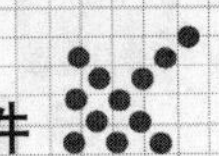

图 4.76　单击【其他控件】按钮

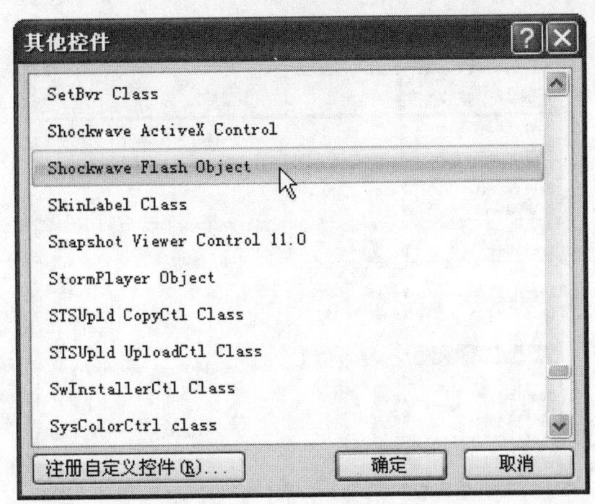


图 4.77　选择 Shockwave Flash Object 选项

**步骤 5**　鼠标指针变成“＋”字形，在演示文稿中拖动出一个矩形框(控件)，如图 4.78 所示。

**步骤 6**　右击已经制作好的控件 Shockwave Flash Object，在弹出的快捷菜单中选择【属性】命令，打开【属性】面板，如图 4.79 所示。

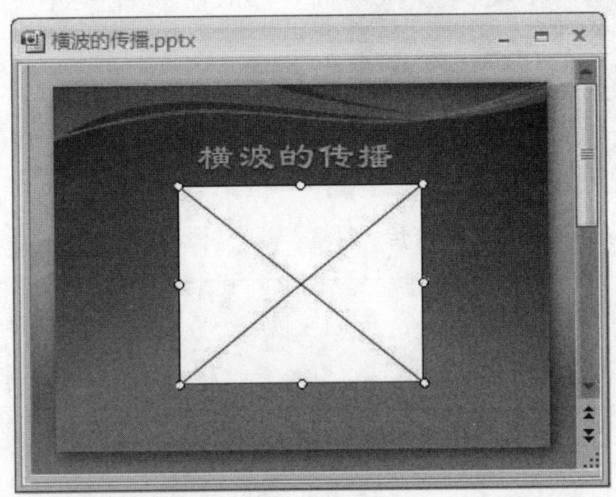


图 4.78　绘制控件

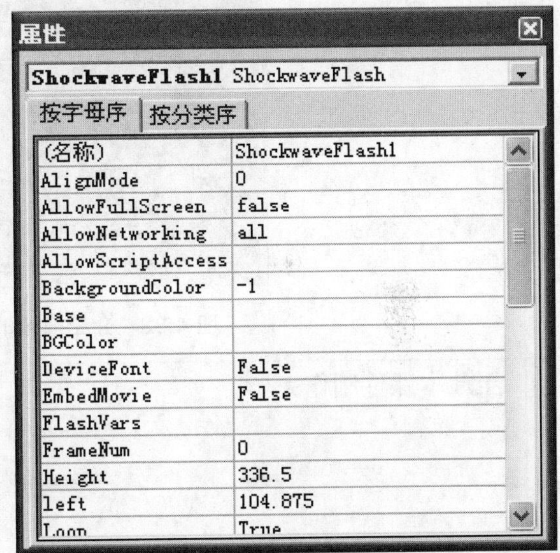


图 4.79　【属性】面板

**步骤 7**　在 Movie 属性旁边的空白单元格中输入 Flash 文件的文件名(包括扩展名且 Flash 文件要与演示文稿保存在同一目录中)“hengbo.swf”(文件路径：配套光盘\素材\第 4 章\hengbo.swf)，如图 4.80 所示。

**步骤 8**　关闭【属性】面板，预览幻灯片后，插入的 Flash 会显示在幻灯片中，如图 4.81 所示。

**步骤 9**　插入一张幻灯片，输入关于横波的形成和横波的特点的文字，如图 4.82 所示。

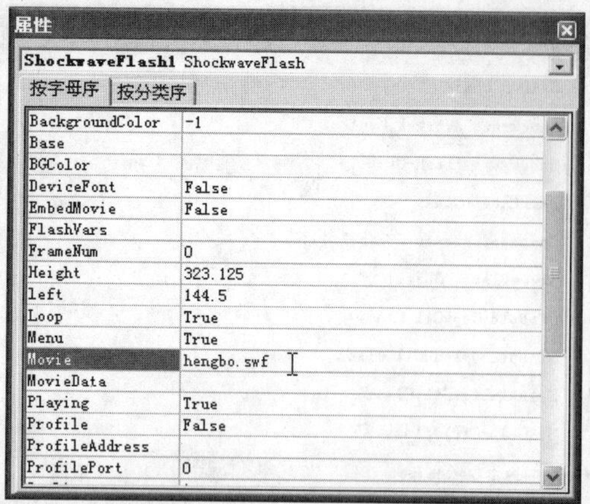


图 4.80　输入 Flash 的文件名

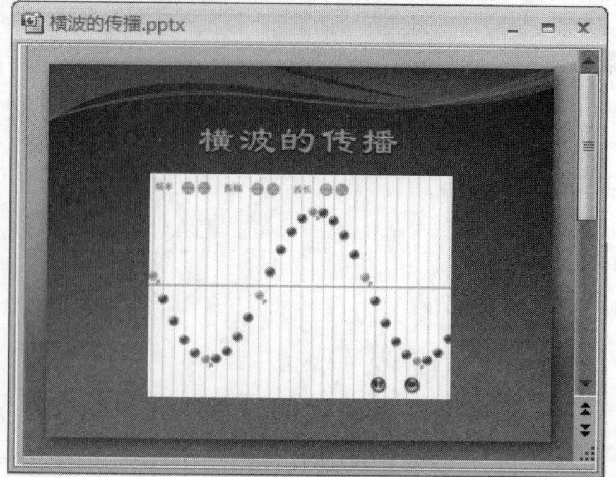


图 4.81　插入幻灯片中的 Flash

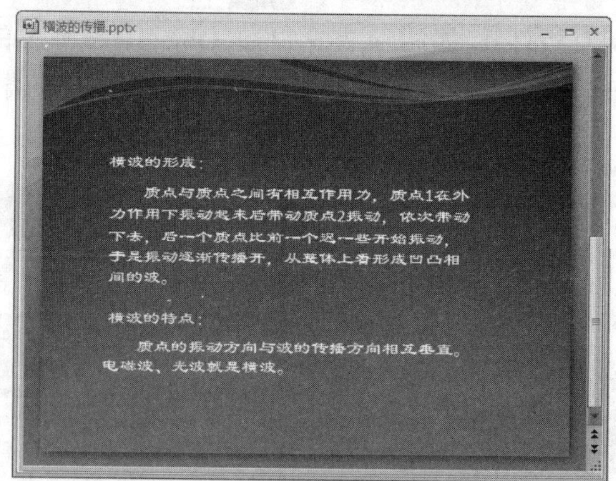


图 4.82　介绍横波的形成和特点的幻灯片

至此本课件制作完毕。

# 在课件中加入表格和图表

在教学环节中，有时会需要展示大量的文字或数据，通过对这些文字或数据的对比，得出结论，而表格和图表是展现这些数据的最佳载体。

利用表格呈现数据，比用文字去描述更加清晰和直接；表格的行、列、单元格的布局，使得数据具有更强的对比性；Microsoft PowerPoint 提供了强大的表格制作和设计功能，使得在 PPT 课件中插入的表格更加美观、更具艺术性。

图表相对于表格来说，以图形的方式呈现出的数据会显得更加直观。Microsoft PowerPoint 同样提供了强大的图表设计功能，能够方便快捷地插入各种样式的图表。

SmartArt 是 Microsoft PowerPoint 提供的智能图形工具。用户可以根据需要，选择不同的 SmartArt 图形类型进行编辑，生成漂亮的图形。本章的第三部分将利用 SmartArt 制作知识结构图。

## 本章内容主要包括：

- 为课件插入表格。
- 编辑和美化表格。
- 为课件插入图表。
- 利用 SmartArt 制作知识结构图。

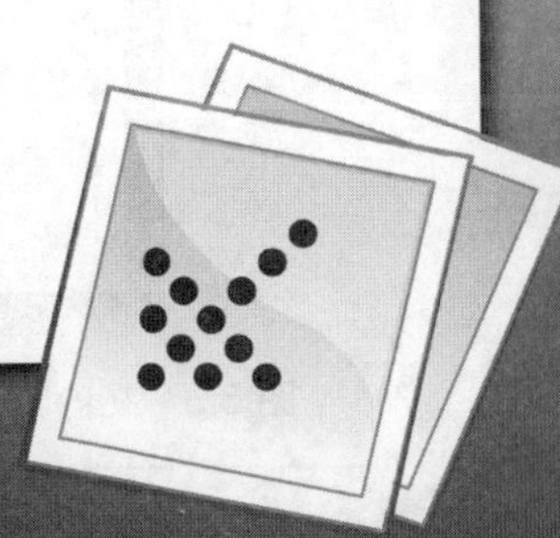

# 5.1 使 用 表 格

表格在 PPT 课件制作中扮演着重要的角色，因为它能将数据有条不紊地呈现出来。表格化的文本或数据可以使展现的内容一目了然。

## 5.1.1 插入表格

### 1. 直接插入表格

直接插入表格的操作方法如下。

步骤 1 新建一个空白演示文稿，在【开始】选项卡的【幻灯片】选项组中单击【新建幻灯片】按钮下方的倒三角按钮，如图 5.1 所示。

图 5.1 单击【新建幻灯片】按钮下方的倒三角按钮

步骤 2 在弹出的【Office 主题】菜单中选择【标题和内容】选项，如图 5.2 所示。

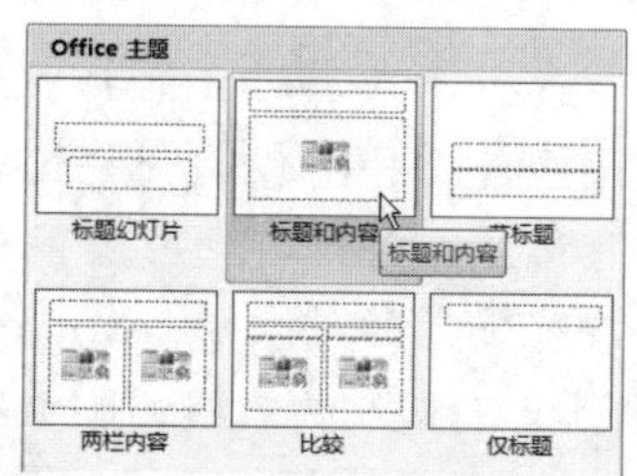


图 5.2 选择【标题和内容】选项

**注 意**

在选择 Office 主题时，凡是包括“内容占位符”的版式，都可以按步骤继续操作。

步骤 3 在新建演示文稿中的占位符中单击【插入表格】按钮，如图 5.3 所示。

图 5.3 在内容占位符中单击【插入表格】按钮

步骤 4 在打开的【插入表格】对话框中，输入表格的列数和行数，单击【确定】按钮即可插入表格，如图 5.4 所示。

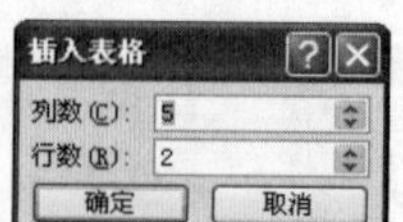


图 5.4 【插入表格】对话框

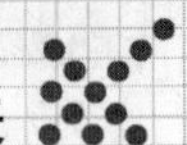

**提 示**

在【插入】选项卡的【表格】选项组中，单击【表格】按钮，在弹出的下拉菜单中选择【插入表格】命令也会弹出【插入表格】对话框。另外，在该菜单中可以看到一个可以快捷插入表格的区域。在此区域用鼠标拖动出对应表格的范围后单击鼠标，就会快速地插入一个新的表格，如图 5.5 所示。

**步骤 5**　插入后的表格如图 5.6 所示。

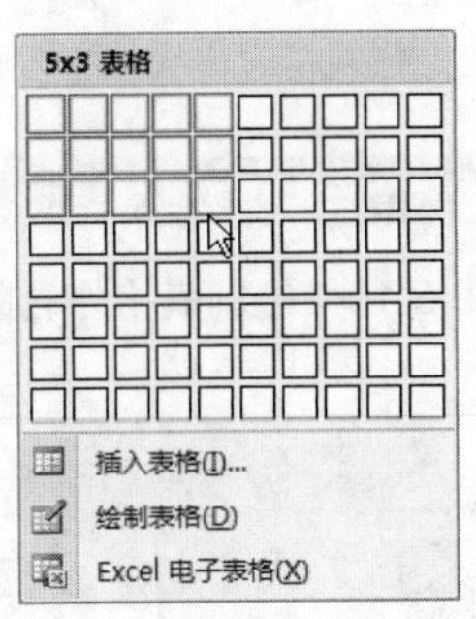


图 5.5　快捷直观地插入表格

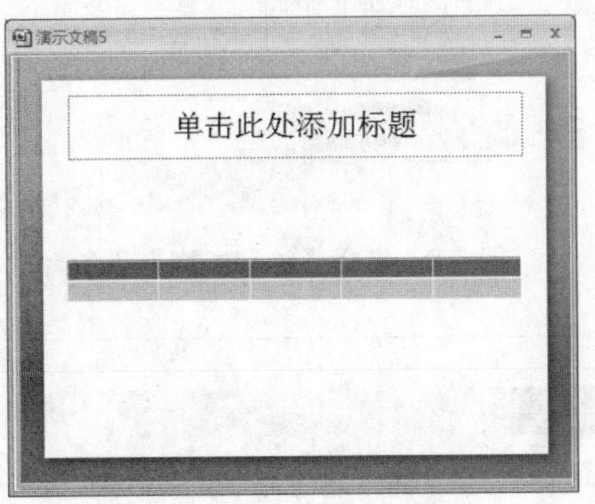


图 5.6　插入的表格

## 2. 绘制表格

Microsoft PowerPoint 2007 中提供了更加直观的添加表格的方法，即绘制表格，具体操作方法如下。

**步骤 1**　新建一个空白演示文稿，在【幻灯片】窗格的幻灯片缩略图上右击鼠标，弹出的快捷菜单如图 5.7 所示。

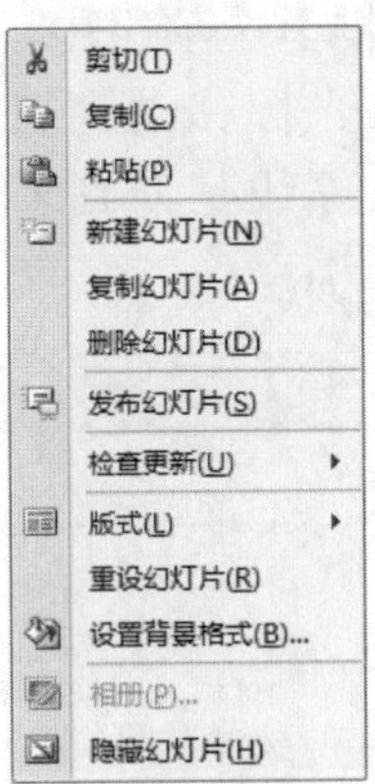


图 5.7　右击幻灯片缩略图后弹出的快捷菜单

**步骤 2**　将鼠标停放在【版式】命令上，在弹出的【Office 主题】子菜单中选择【空白】选项更改当前幻灯片的版式，如图 5.8 所示。

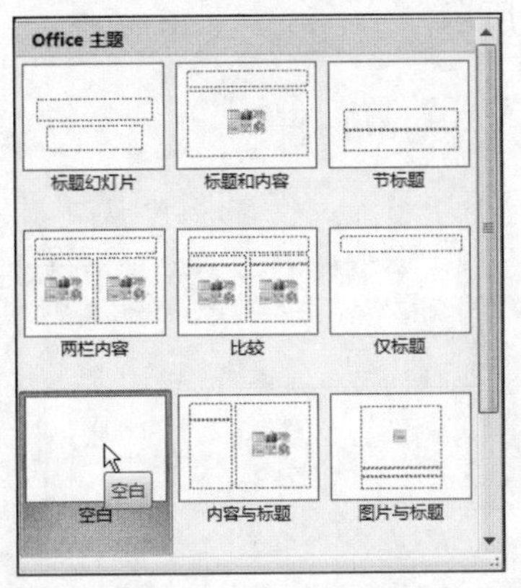


图 5.8　弹出的【Office 主题】子菜单

**注 意**

若更改幻灯片的版式，首先需要选中要更改版式的幻灯片。

**步骤 3** 在【插入】选项卡的【表格】选项组中单击【表格】按钮，在弹出的下拉菜单中选择【绘制表格】命令，如图 5.9 所示。

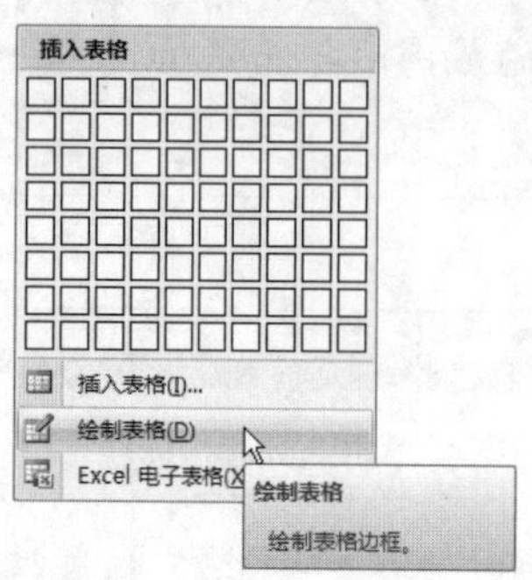


图 5.9 选择【绘制表格】命令

**步骤 4** 此时光标会变成笔的形状，在窗口中拖动鼠标，就会绘制出表格的外轮廓，如图 5.10 所示。

图 5.10 绘制表格外轮廓

**提 示**

这时，Microsoft PowerPoint 2007 的标题栏上会出现【表格工具】标签（包含【设计】和【布局】两个选项卡），而功能区也会切换到【设计】选项卡，如图 5.11 所示。

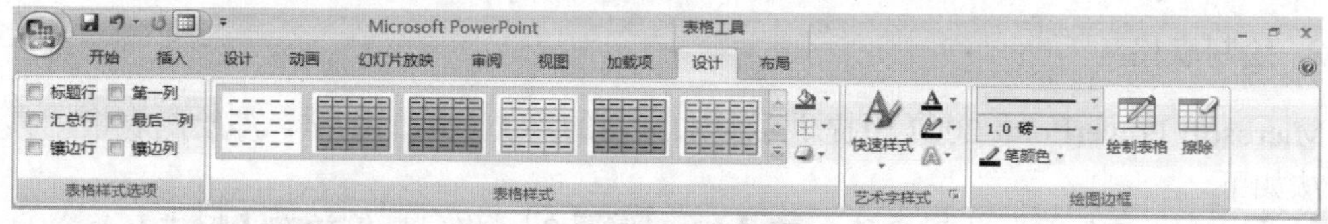


图 5.11 【设计】选项卡

**步骤 5** 这时的表格只有一个单元格，如图 5.12 所示。

图 5.12 绘制好的表格外轮廓

**步骤 6** 在【表格工具】下的【设计】选项卡的【绘图边框】选项组中，单击【绘制表格】按钮，将光标移动到表格内部，横向拖曳鼠标直至虚线延伸到表格外边框，如图 5.13 所示。

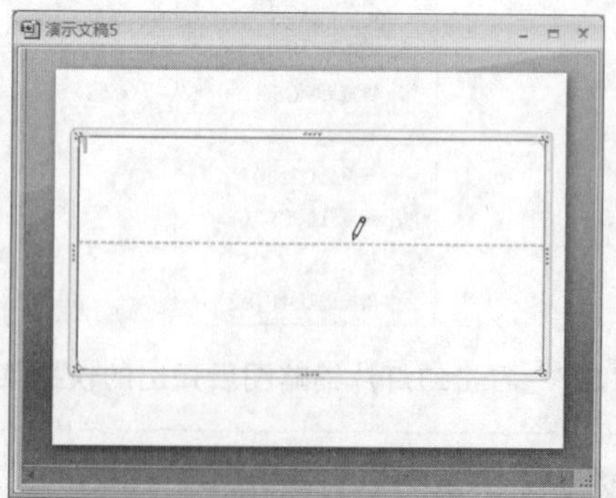


图 5.13 在表格内部绘制横线分割表格

**步骤 7**　这样，表格就被绘制成两行一列的样式，如图 5.14 所示。

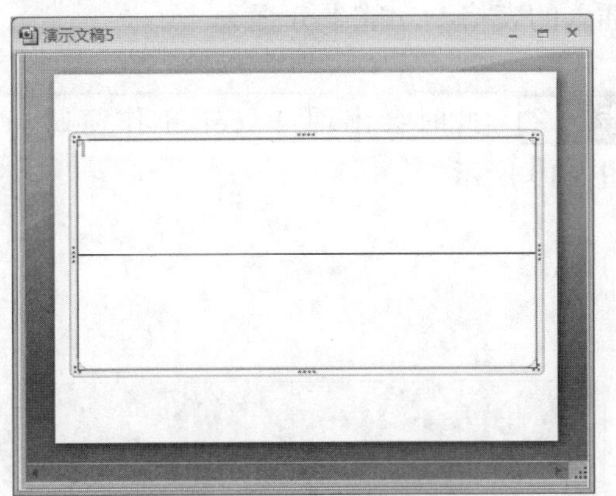


图 5.14　表格被拆分成两行一列

**步骤 8**　利用同样的操作方法绘制竖线和斜线对表格进行布局，完成的表格如图 5.15 所示。

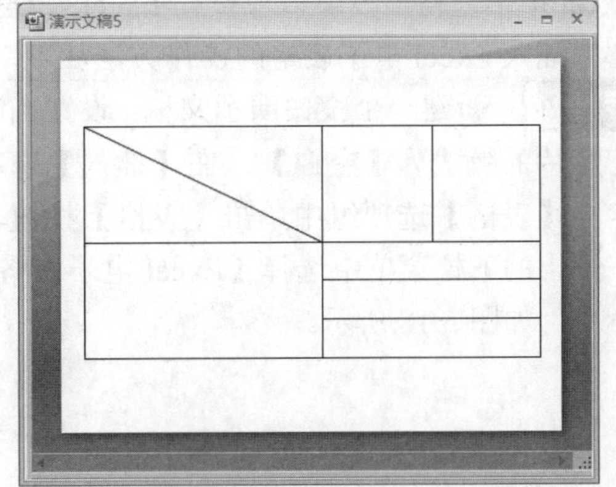


图 5.15　绘制完成的表格

**注 意**

为表格绘制框线时，首先要选中表格，不然会绘制出一个新的表格。选中表格的方法有很多，比较常用的一种是将光标置于表格内任意单元格中，右击鼠标，在弹出的快捷菜单中选择【选择表格】命令。另外，绘制表格工具操作有一定的技巧性，需要多加练习，起笔时远离外边框会增加操作的成功率。

**步骤 9**　表格绘制完成后，需要再一次单击【绘制表格】按钮，取消鼠标光标的绘制表格状态，如图 5.16 所示。

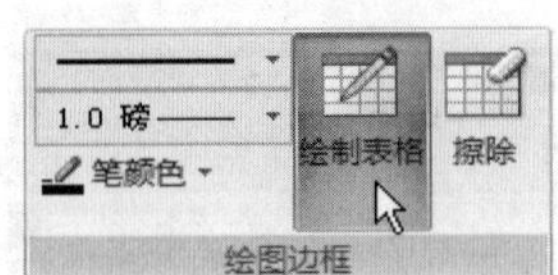


图 5.16　单击【绘制表格】按钮结束绘制

**步骤 10**　如果发现表格绘制错误，可以单击【绘制表格】按钮旁边的【擦除】按钮，将光标移动到想要擦除的框线上，单击鼠标就可以擦除框线，如图 5.17 所示。

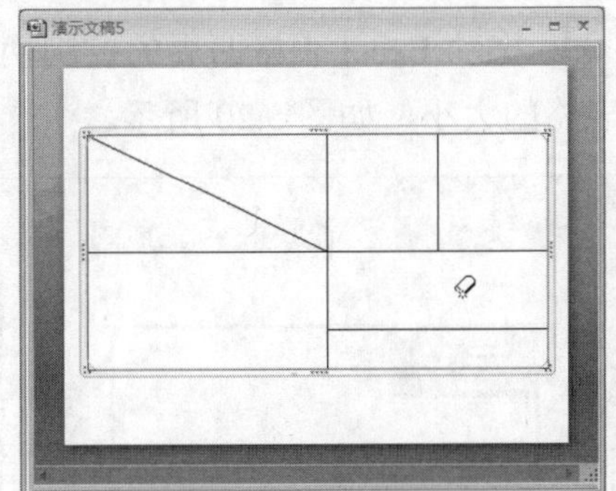


图 5.17　擦除表格框线

**提 示**

绘制表格操作或擦除操作结束后，可以再一次单击对应的按钮取消绘制或擦除状态，也可以按键盘上的 Esc 键取消。

### 3. 插入 Excel 电子表格

PowerPoint 中提供了一个很方便的插入表格的功能，就是插入 Excel 电子表格。插入 Excel 电子表格后，可以像操作 Excel 一样操作插入的表格，功能十分强大。

插入 Excel 电子表格的操作方法如下。

**步骤 1** 新建一个空白演示文稿，设置当前幻灯片的版式为【空白】，在【插入】选项卡的【表格】选项组中单击【表格】按钮，在弹出的下拉菜单中选择【Excel 电子表格】命令，如图 5.18 所示。

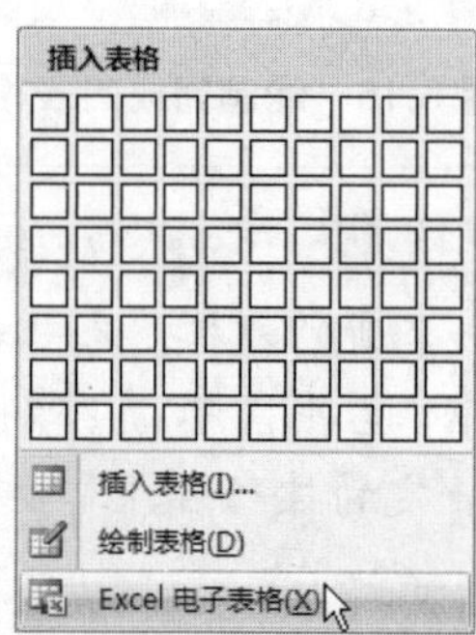


图 5.18 选择【Excel 电子表格】命令

**步骤 2** 此时会出现 Excel 工作窗口，如图 5.19 所示。

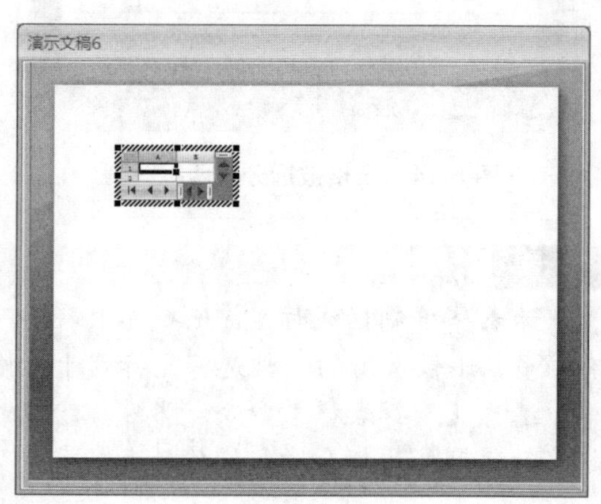


图 5.19 插入的 Excel 电子表格

**注 意**

在选择 Office 主题时，选择具有“内容占位符”的版式都可以按以下步骤操作。

**步骤 3** 拖动 Excel 表格四周的控制柄可以调整表格的大小，如图 5.20 所示。

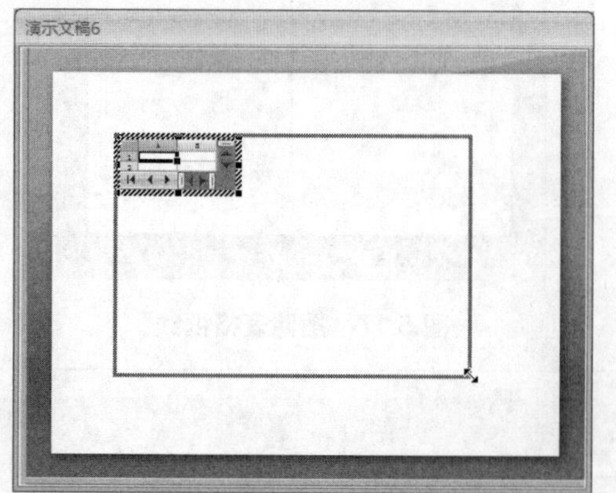


图 5.20 调整 Excel 表格的大小

**步骤 4** 在表格中输入数据，如图 5.21 所示。

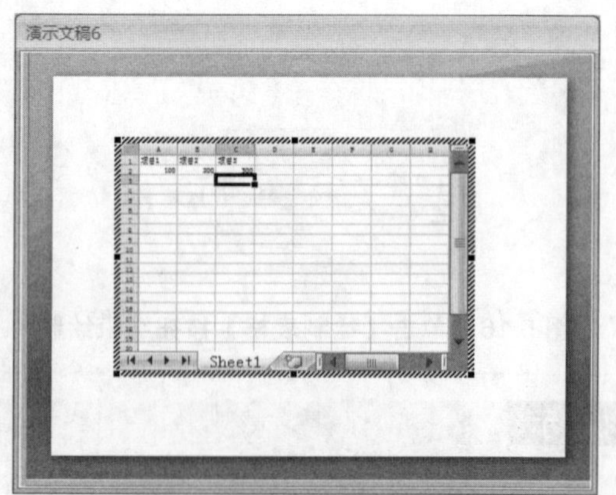


图 5.21 在表格中输入数据

步骤 5　输入完数据后，用鼠标单击表格外任意一处或按键盘上的 Esc 键，完成 Excel 表格的添加，如图 5.22 所示。

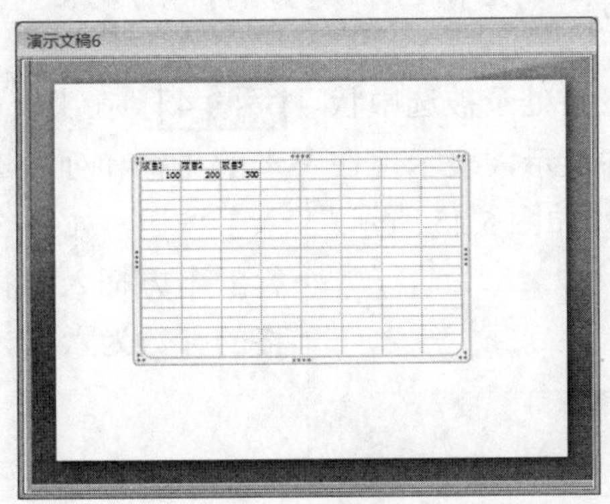


图 5.22　插入的 Excel 表格

## 5.1.2　编辑表格

插入表格后，紧接着需要对表格进行编辑，使表格能够更好地适应数据内容。对表格的编辑主要分为插入(删除)行(列)、拆分(合并)单元格、调整表格(单元格)的大小和调整表格内容的布局等操作。

编辑表格的工具，可以在功能区中找到。编辑表格前首先要选中表格，这时标题栏上就会出现【表格工具】标签，其下又分成两个部分，即【布局】和【设计】。本节中的操作可以通过【布局】选项卡中的功能区实现。

### 1. 插入(删除)行(列)

下面按步骤编辑表格，制作一个日历，学习编辑表格的相关操作。首先讲解的是如何在已有的表格中插入(删除)行(列)。

步骤 1　打开“表格实例 1.pptx”文档(文件路径：配套光盘\源文件\第 5 章\第 1 节\表格实例 1.pptx)，如图 5.23 所示。

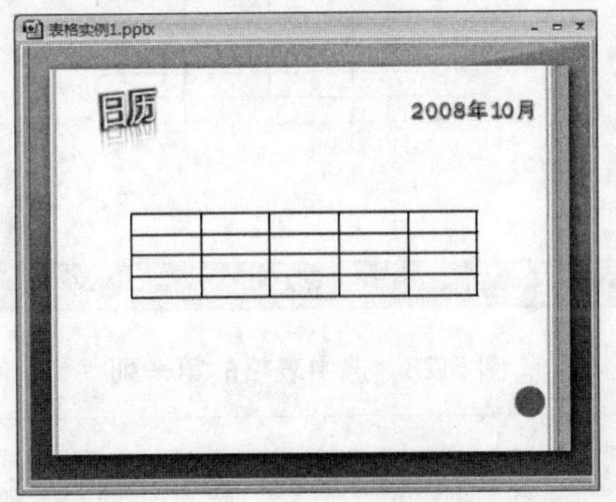


图 5.23　打开“表格实例 1.pptx”文档

步骤 2　下面将要执行选择表格行的操作。将光标移动至表格第一行的左侧，直至光标变成指向右侧的黑色箭头，如图 5.24 所示。

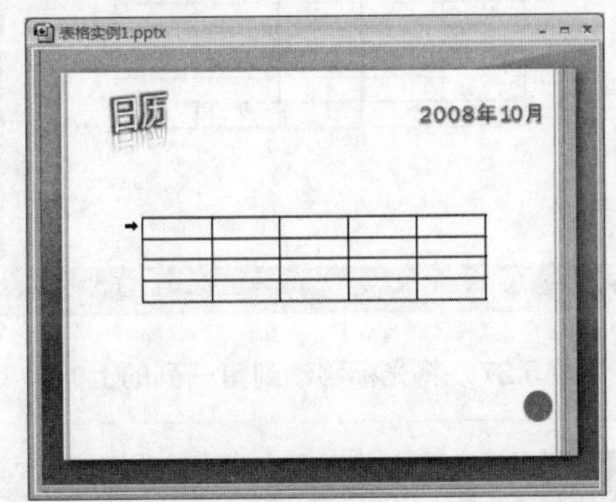


图 5.24　将光标移动到第一行的左侧

**注 意**

将光标移动到表格第一行的右侧也可以实现同样的效果。

**步骤 3** 单击鼠标，此时表格处于被选中状态，表格第一行以反白状态显示，表示现在可以对表格第一行进行编辑，如图 5.25 所示。

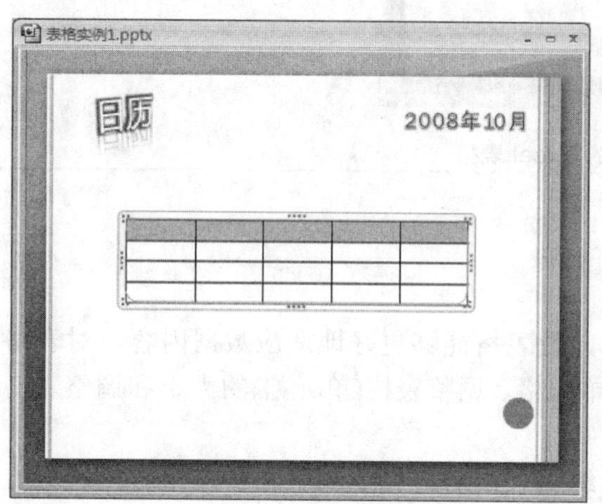


图 5.25 选中表格的第一行

**步骤 4** 在【表格工具】下的【布局】选项卡的【行和列】选项组中，单击【在上方插入】按钮，如图 5.26 所示。此时就会在选中行的上方插入一行。执行同样操作，直至表格的行数为六行。

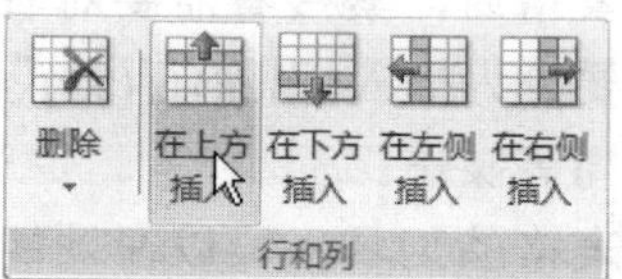


图 5.26 单击【在上方插入】按钮

**步骤 5** 将光标移动到表格第一列的上方，如图 5.27 所示。

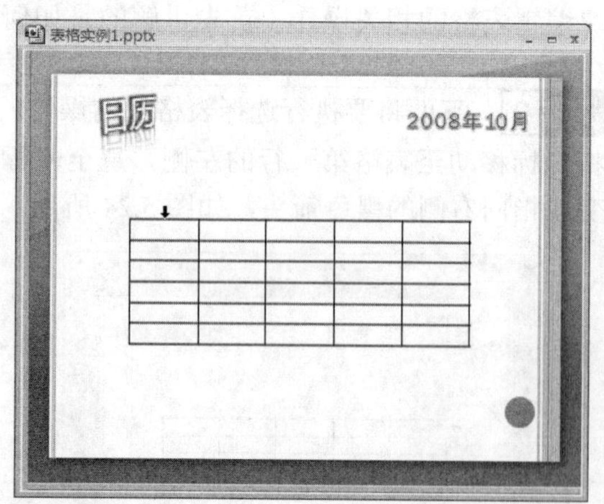


图 5.27 将光标移动到第一列的上方

**步骤 6** 单击鼠标选中表格的第一列，如图 5.28 所示。

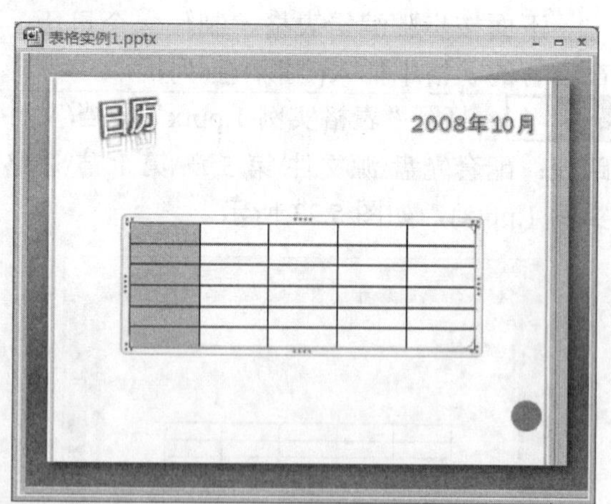


图 5.28 选中表格的第一列

**注 意**

将光标移动到表格第一列的下侧也可以实现同样的效果。

步骤 7 在【布局】选项卡的【行和列】选项组中，单击【在左侧插入】按钮，如图 5.29 所示。此时就会在选中列的左侧插入一列。执行同样的操作，直至表格的列数为七列。

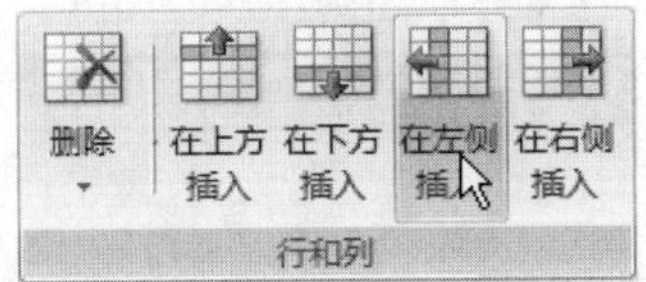


图 5.29 单击【在左侧插入】按钮

步骤 8 这样一个六行七列的表格就制作完成了，如图 5.30 所示。

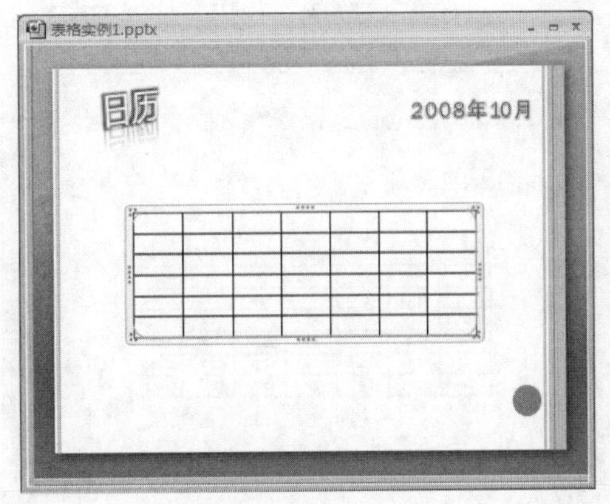


图 5.30 制作好的表格

**注 意**

如果不小心多插入了一行或一列，可以在【行和列】选项组中单击【删除】按钮，在弹出的下拉菜单中选择【删除行】或【删除列】命令将多余的行或列删除，如图 5.31 所示。

**提 示**

选中行或列后右击鼠标，在弹出的快捷菜单中可以找到【插入】、【删除行】和【删除列】命令。通过执行这些命令，同样可以实现插入行/列，删除行/列的操作，如图 5.32 所示。

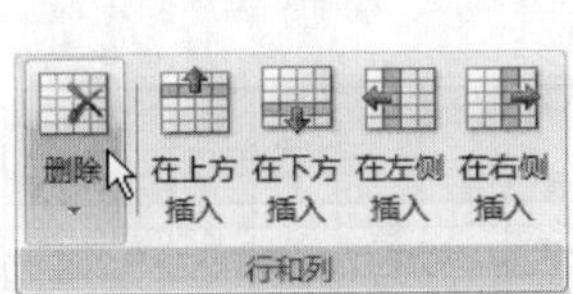


图 5.31 单击【删除】按钮

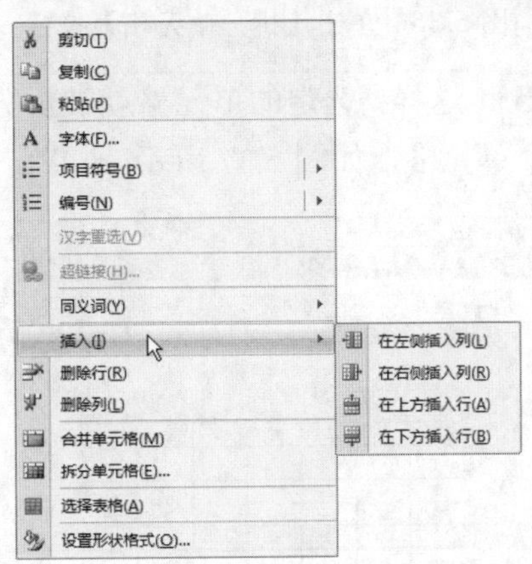


图 5.32 利用右键菜单编辑表格

### 2. 拆分(合并)单元格

有时一些比较特殊的单元格需要占据多个单元格的位置，这就需要合并单元格来实现。

相对地，拆分单元格的操作也是常用的表格操作之一。

**步骤 1** 在上面制作好的表格的基础上继续操作。打开表格实例 2.pptx(文件路径：配套光盘\源文件\第 5 章\第 1 节\表格实例 2.pptx)，从中填入数据，如图 5.33 所示。

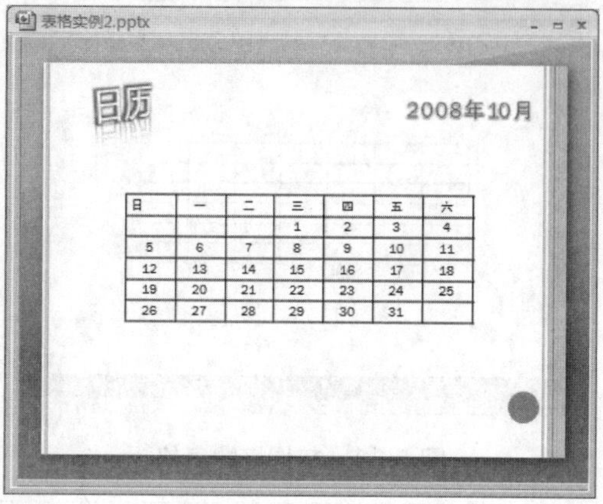

图 5.33 为表格添加数据

**步骤 2** 将光标置于第二行第四列的单元格中，如图 5.34 所示。

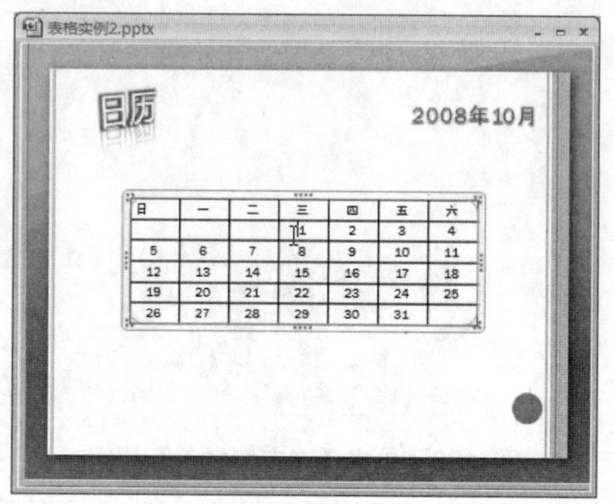


图 5.34 将光标置于单元格中

**步骤 3** 在【布局】选项卡的【合并】选项组中单击【拆分单元格】按钮，如图 5.35 所示。

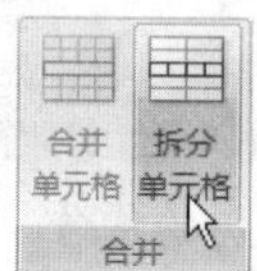


图 5.35 单击【拆分单元格】按钮

**步骤 4** 在打开的【拆分单元格】对话框中，设置【列数】为 1，【行数】为 2，单击【确定】按钮，如图 5.36 所示。

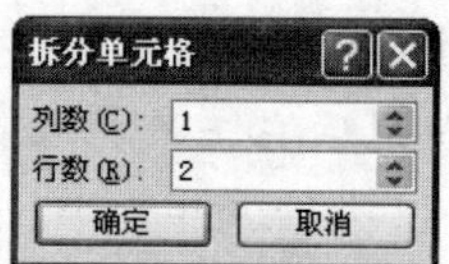


图 5.36 【拆分单元格】对话框

**步骤 5** 这样，选定的单元格就被拆分成上下两个单元格，如图 5.37 所示。

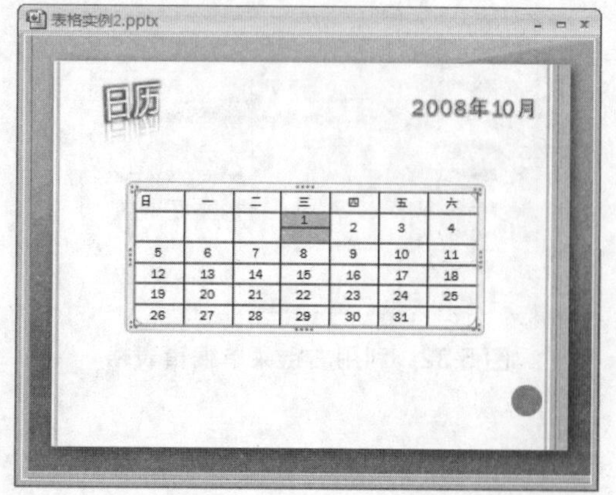


图 5.37 拆分好的单元格

**步骤 6** 将所有填写有日期的单元格拆分成上下两部分，如图 5.38 所示。

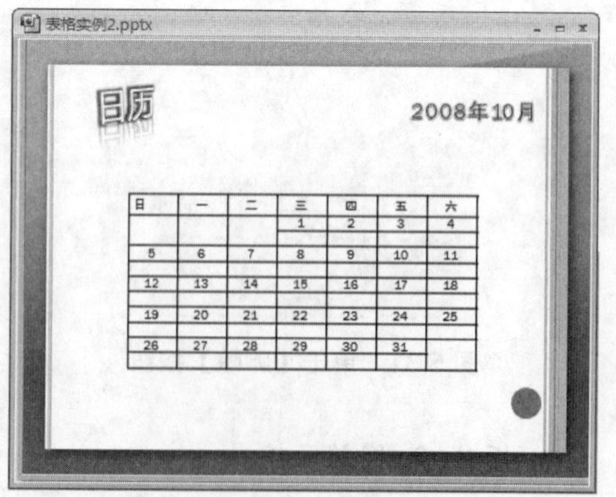


图 5.38 单元格拆分后的表格

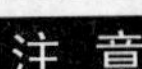

**注意**

拆分单元格操作可以同时拆分多个单元格，只要先将需要拆分的单元格复选就可以了。复选单元格的方法为，将光标置于起始单元格内部，然后按下鼠标并拖动即可。

**步骤 7**　在每个填写日期的单元格下方，输入对应的节日或节气，如图 5.39 所示。

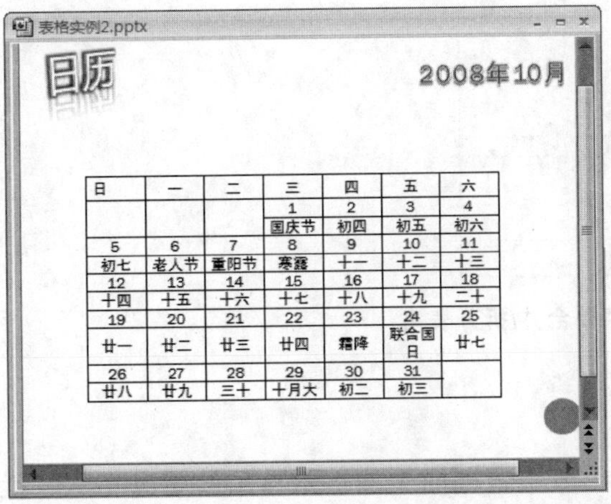

图 5.39　输入节日或节气

**步骤 8**　选中第二行前三个单元格，如图 5.40 所示。

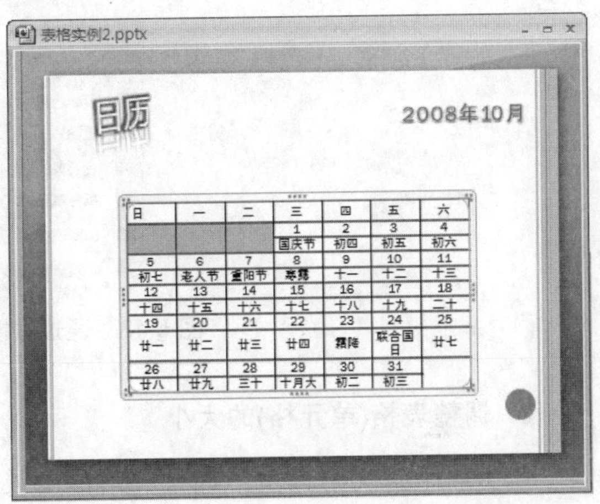


图 5.40　选中第二行前三个单元格

**步骤 9**　在【布局】选项卡的【合并】选项组中，单击【合并单元格】按钮，如图 5.41 所示。这样就将被选中的单元格合并了起来。

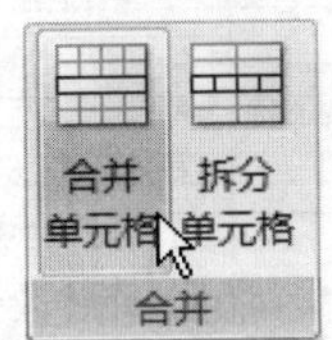


图 5.41　单击【合并单元格】按钮

**步骤 10**　执行合并单元格操作后的表格如图 5.42 所示。

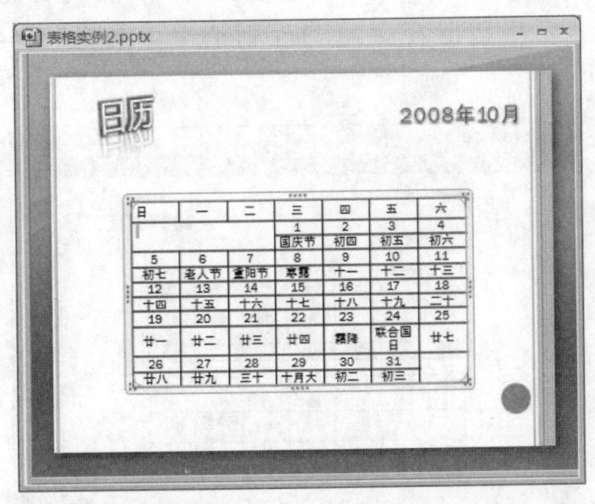


图 5.42　单元格合并后的表格

**提示**

选中要合并或要拆分的单元格后，右击鼠标，在弹出的快捷菜单中可以找到【合并单元格】和【拆分单元格】命令。通过这两个命令，同样可以实现合并/拆分单元格的操作，如图 5.43 所示。

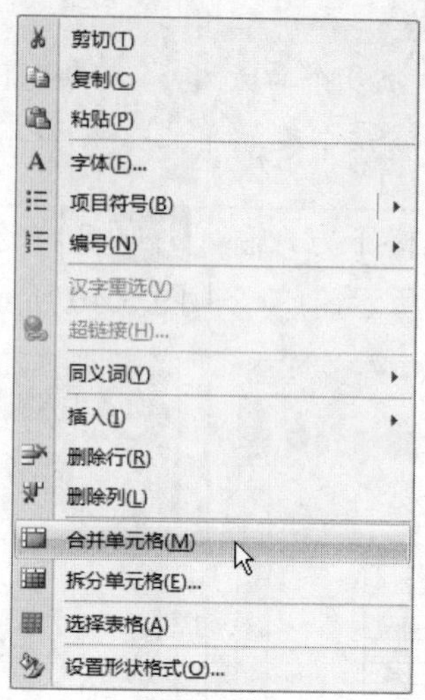


图 5.43 通过右键菜单合并/拆分表格

### 3. 调整表格(单元格)的大小

在表格中输入数据后，偶尔会出现内容超出表格范围而无法正常显示的情况。这时就需要调整表格或单元格的大小。下面来学习如何调整表格或单元格的大小，具体操作方法如下。

**步骤 1** 这里打开表格实例 3.pptx(文件路径：配套光盘\源文件\第 5 章\第 1 节\表格实例 3.pptx)继续操作。选中表格后，将光标置于表格边框左上角的控制柄上，如图 5.44 所示。

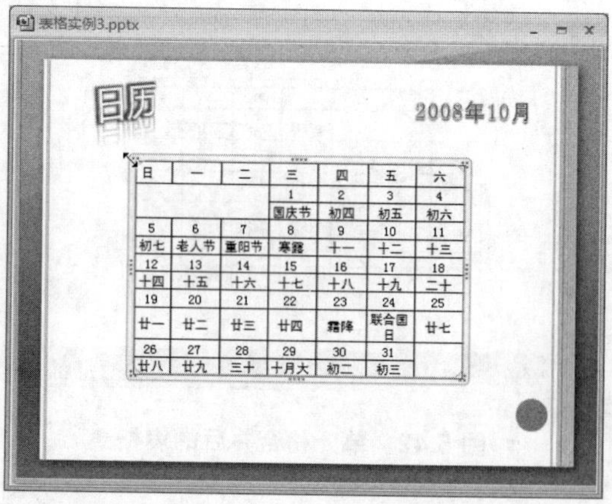

图 5.44 将光标移动到表格的控制柄上

**步骤 2** 拖动鼠标，调整划出的方形范围，如图 5.45 所示。

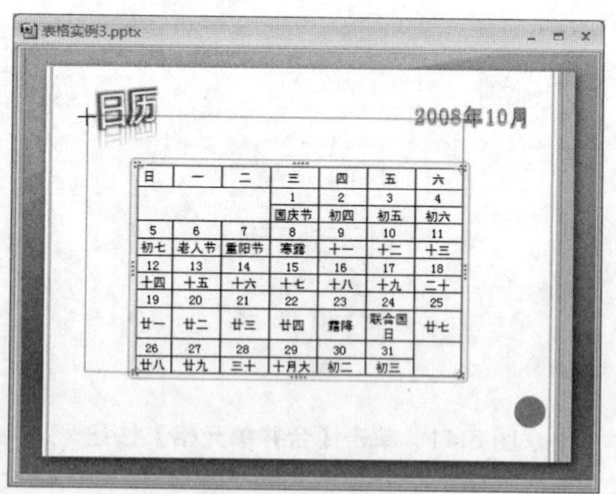


图 5.45 拖动鼠标放大表格

**步骤 3** 释放鼠标，表格大小会被随之调整，如图 5.46 所示。

**步骤 4** 在【布局】选项卡的【表格尺寸】选项组中输入数值，精确定义表格的尺寸，如图 5.47 所示。

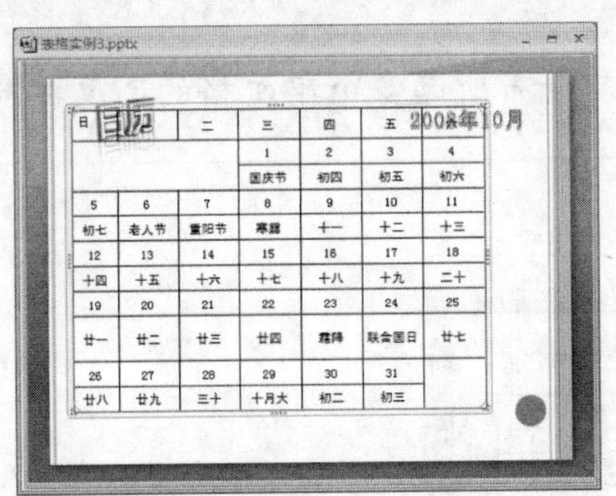


图 5.46　拖动鼠标调整表格大小后的效果

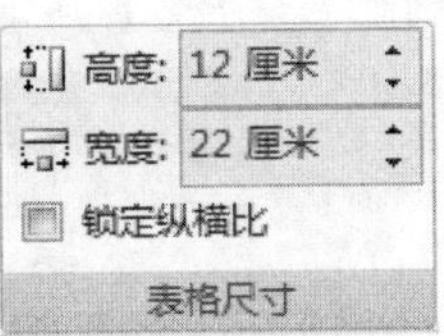


图 5.47　【表格尺寸】选项组

**注 意**

若选中【锁定纵横比】复选框，会锁定纵横比。这时若再调整表格的高度或宽度，另外一个值会按照比例变化。

**步骤 5**　精确调整大小后的表格如图 5.48 所示。

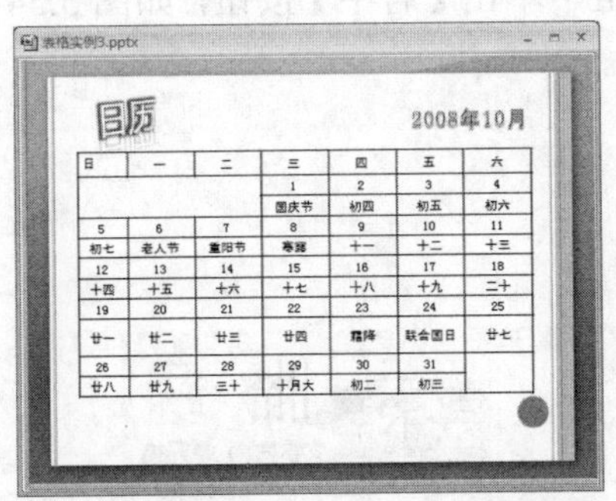


图 5.48　精确调整大小后的表格

**步骤 6**　选中表格的第一行，在【布局】选项卡的【单元格大小】选项组中，调整【高度】和【宽度】的数值，改变表头的大小，如图 5.49 所示。

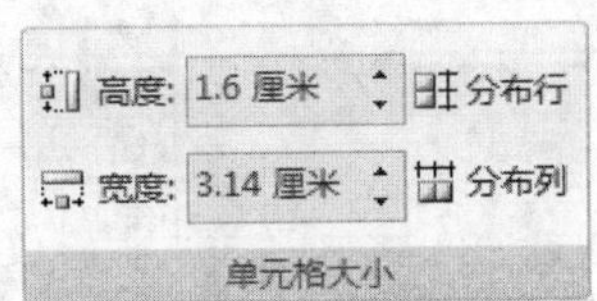


图 5.49　调整数值改变表头大小

**步骤 7**　选中除第一行外的所有单元格，如图 5.50 所示。

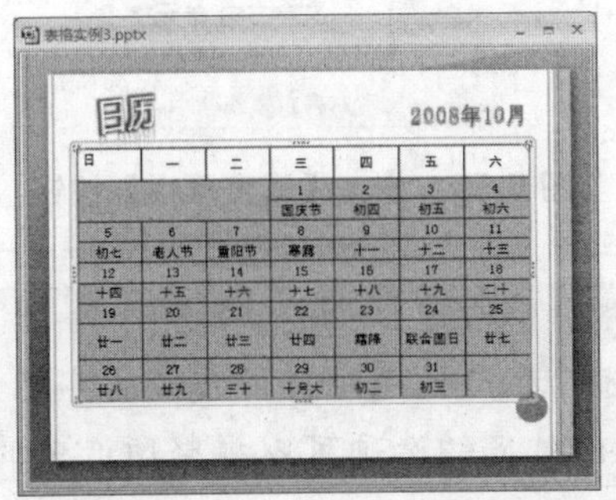


图 5.50　选中除第一行外的所有单元格

**步骤 8**　在【布局】选项卡的【单元格大小】选项组中，单击【分布行】按钮，使选中的单元格均匀分布高度，如图 5.51 所示。

图 5.51　单击【分布行】按钮

**注 意**

【分布行】按钮和【分布列】按钮分别用来均匀分布所选多个单元格的高度和宽度。

**步骤9** 调整后的表格如图 5.52 所示。

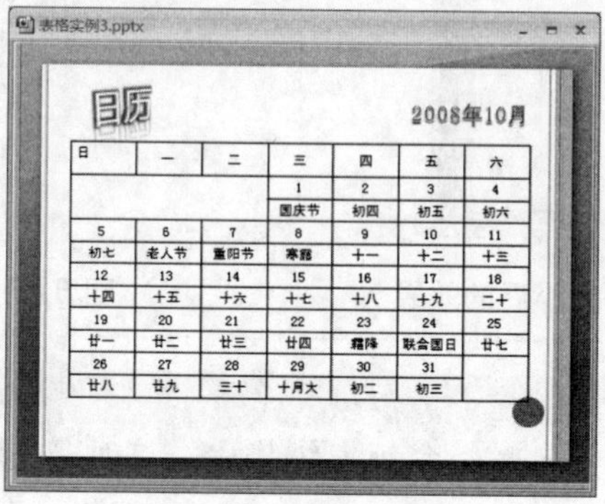

图 5.52 调整表格大小后的效果

### 4. 调整表格内容的布局

**步骤1** 选中所有的单元格，如图 5.53 所示。

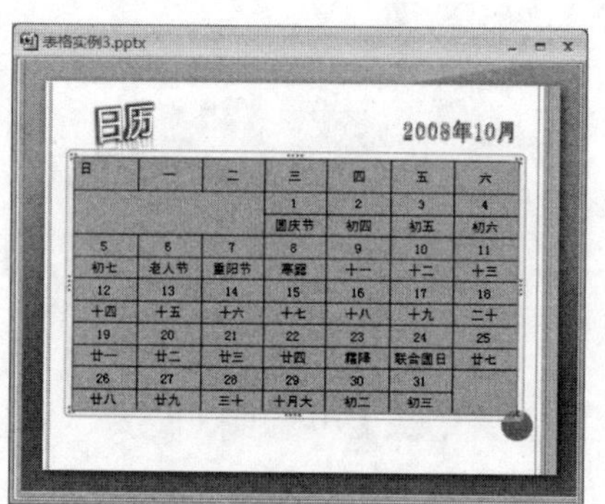


图 5.53 选中所有的单元格

**步骤2** 在【布局】选项卡的【对齐方式】选项组中单击【居中】按钮，如图 5.54 所示。

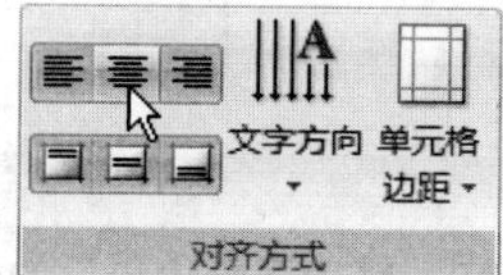


图 5.54 单击【居中】按钮

**步骤3** 调整单元格内容居中后，单击【垂直居中】按钮，使单元格内容垂直居中，如图 5.55 所示。

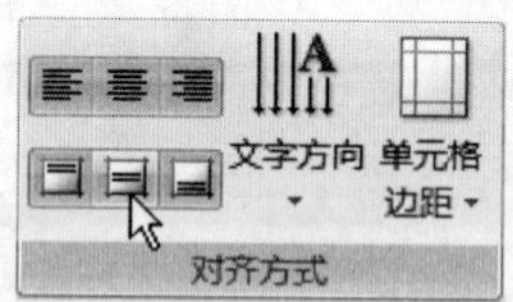


图 5.55 单击【垂直居中】按钮

**注 意**

单击【文字方向】按钮后，在弹出的下拉菜单中选择相应的选项可以更改文字的方向。单击【单元格边距】按钮后，在弹出的下拉菜单中选择对应的选项可以调整所选中的单元格的边距。

## 5.1.3　美化表格

【表格工具】下的【设计】选项卡中包含设计表格样式、设计艺术字样式以及设计表格框线等功能。下面一一学习美化表格的操作方法。

### 1. 添加表格样式

表格样式是 PowerPoint 内置的若干表格的样式，就好比 Windows 中的主题。通过添加表格样式，可以很快捷地为表格换一套“新衣服”，大大节省了开发时间，提高了工作效率。下面逐步为表格添加样式。

**注 意**

在【表格样式】选项组中，可以通过几种操作来美化表格。一是为表格选择预设的样式，这样可以快捷地为表格套用合适的样式；二是为表格添加底纹；三是为表格设计框线；四是为表格添加各种效果(浮雕、阴影等)。

**步骤 1**　打开“表格实例 4.pptx”(文件路径：配套光盘\源文件\第 5 章\第 1 节\表格实例 4.pptx)文档，选中表格，如图 5.56 所示。

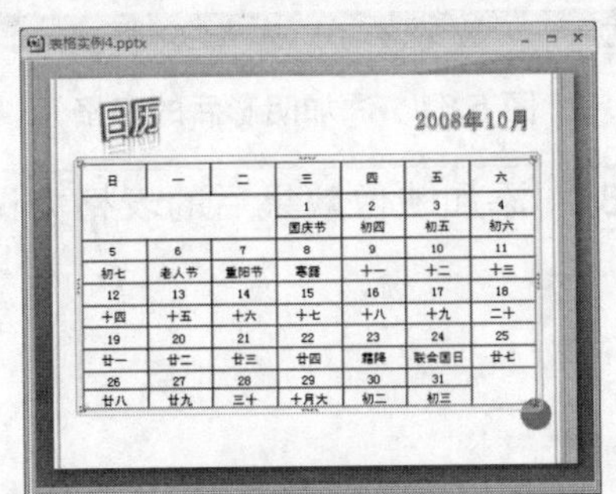


图 5.56　打开“表格实例 4.pptx”文档

**步骤 2**　在【表格工具】下的【设计】选项卡中找到【表格样式】选项组，如图 5.57 所示。

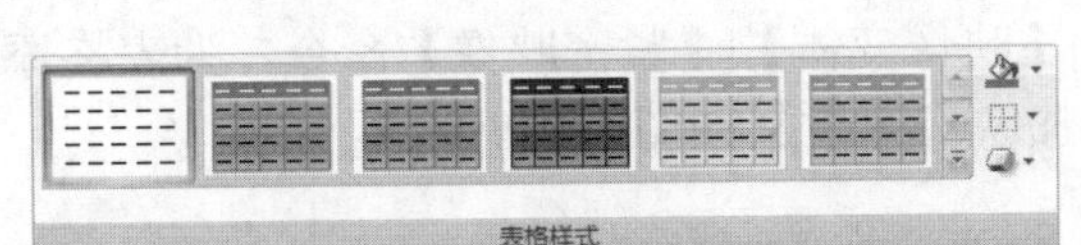


图 5.57　【表格样式】选项组

**步骤 3**　单击▼按钮，在弹出的主题样式菜单中列出了所有的表格样式，如图 5.58 所示。

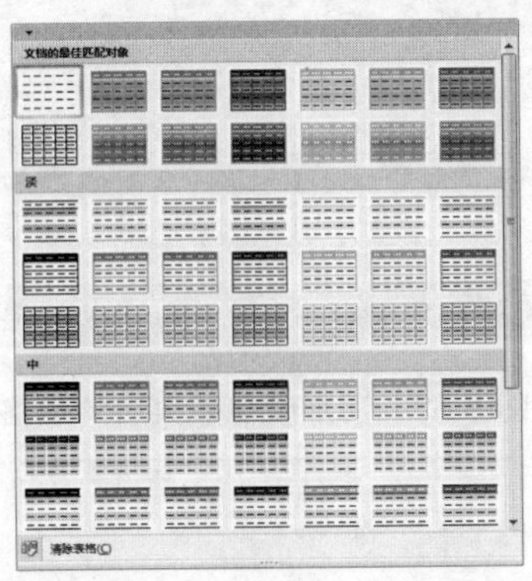

图 5.58　可供选择的表格样式

**步骤 4**　选中一个适合的表格样式，套用样式后的表格如图 5.59 所示。

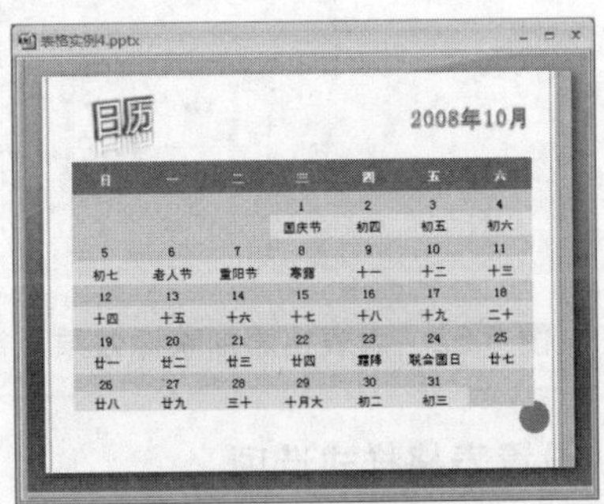


图 5.59　应用表格样式

**提 示**

主题样式菜单中把所有预设的表格样式分成了几个部分。其中不但包括为表格设计的最佳匹配样式，而且还根据色彩的对比把样式分成了浅、中、深三个部分。在制作表格时可以选择最适合的样式。

**步骤 5** 在【表格样式】选项组中单击【效果】按钮，在弹出的下拉菜单中列出了可以为表格添加的效果，比如阴影、映像等，如图 5.60 所示。

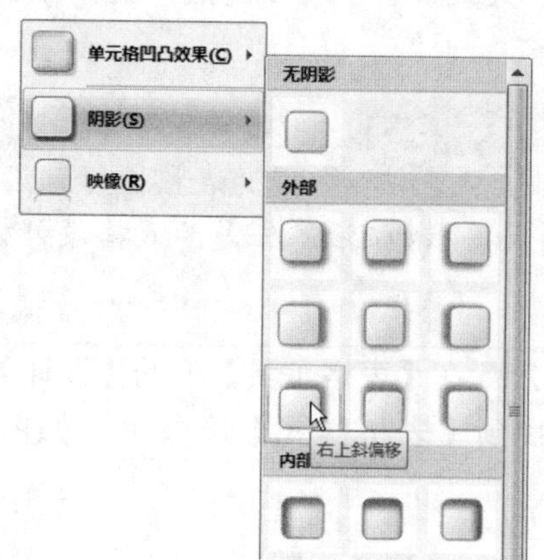


图 5.60 为表格添加阴影效果

**步骤 6** 选择【阴影】|【外部】|【右上斜偏移】效果为表格添加阴影效果，使其更加立体，如图 5.61 所示。

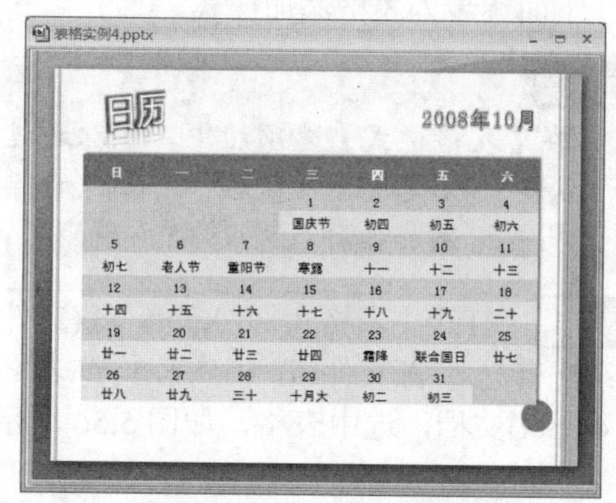


图 5.61 添加阴影后的表格

**步骤 7** 在【表格样式】选项组中单击【效果】按钮，在弹出的下拉菜单中选择【映像】|【映像变体】|【紧密映像】命令，为表格添加映像效果，如图 5.62 所示。

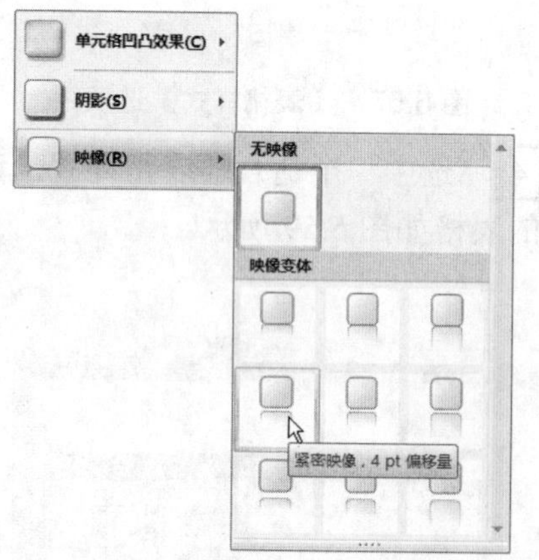


图 5.62 为表格添加映像效果

**步骤 8** 添加映像效果后的表格如图 5.63 所示。

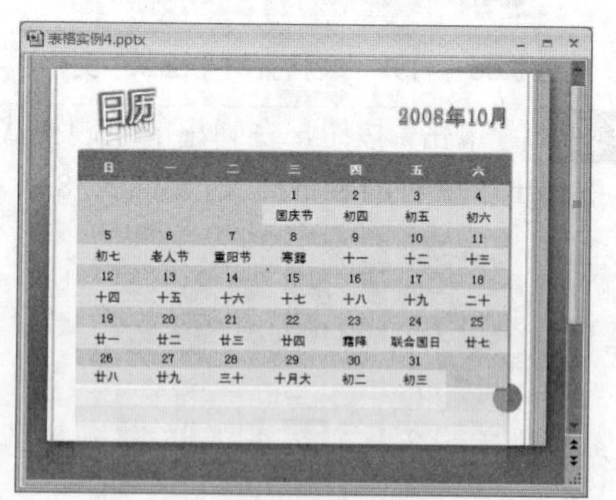


图 5.63 添加映像效果后的表格

### 2. 设置表格样式选项

为表格添加样式后，可以通过调整【设计】选项卡的【表格样式选项】选项组中的参

数来重点突出表格中的部分内容。【表格样式选项】选项组中的可调整项目如图 5.64 所示。

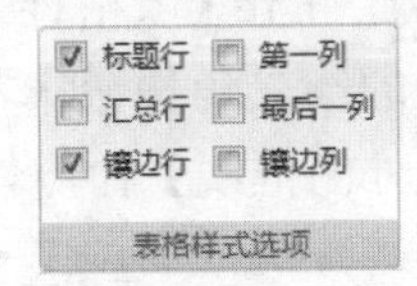


图 5.64 【表格样式选项】选项组

每一种表格样式都对应了【表格样式选项】选项组中相同的 6 个选项。但是根据样式的不同，表现效果也不相同，具体的强调效果由所选择的表格样式决定。比如有的表格样式选择强调标题行会为表格标题行添加不同颜色的底纹，有的表格样式则是将标题行的内容加粗显示等。

### 3. 设置表格框线

在设计表格过程中，为表格设计框线是很重要的环节，甚至直接影响到表格的内容展示。下面来介绍设置表格框线的具体操作步骤。

**步骤 1** 打开“表格实例 5.pptx” (文件路径：配套光盘\源文件\第 5 章\第 1 节\表格实例 5.pptx)文档，选中表格，如图 5.65 所示。

图 5.65 打开“表格实例 5.pptx”文档

**步骤 2** 在【表格工具】下的【设计】选项卡中找到【绘图边框】选项组，如图 5.66 所示。

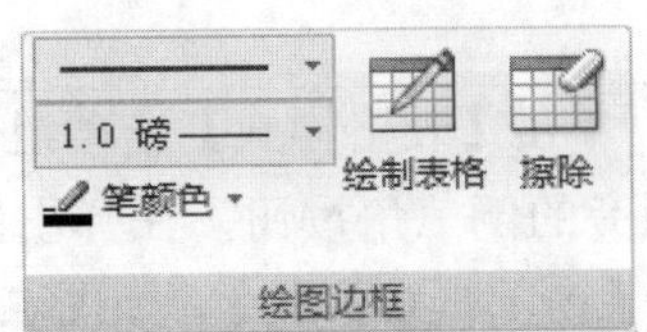


图 5.66 【绘图边框】选项组

**注 意**

【绘图边框】选项组可以分为两部分内容，左侧的三个下拉菜单可以为框线选择线型、粗细和颜色，右侧则是本节上面已经介绍过的绘制表格与擦除工具。为表格设计框线的方法是，先为框线指定参数(线型、粗细和颜色)，然后单击【表格样式】选项组的【边框】按钮旁边的倒三角按钮，在弹出的下拉菜单中选择要将指定好的参数套用到哪条框线上(外边框、内边框等)。

**步骤 3** 调整【绘图边框】选项组中的线条属性，如图 5.67 所示。

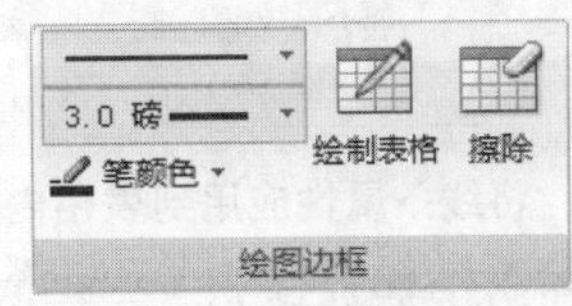


图 5.67 调整线条属性

步骤4 单击【表格样式】选项组中【边框】按钮旁的倒三角按钮，在弹出的下拉菜单中选择【外侧框线】命令，如图5.68所示。

图5.68 将设置好的线条属性应用到外侧框线

步骤5 这样，表格的外侧框线就被加深并加粗了，如图5.69所示。

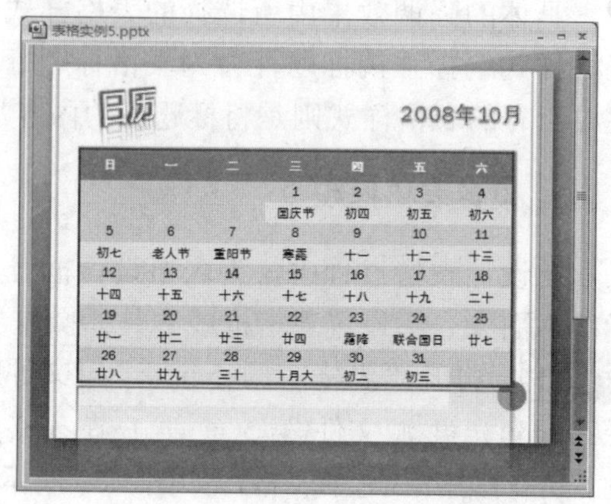


图5.69 调整后的表格外侧框线

步骤6 下面将为表格设计内部框线，将笔画粗细设置为1.0磅，更改笔颜色为浅灰色，如图5.70所示。

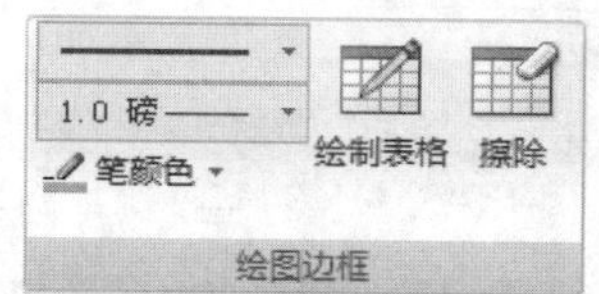


图5.70 设置内部框线的线条属性

步骤7 单击【表格样式】选项组中的【边框】按钮旁的倒三角按钮，在弹出的下拉菜单中选择【内部框线】命令，如图5.71所示。

图5.71 将线条属性应用到表格内部框线

步骤8 这样，表格的内部框线就被设置为较细的浅灰色线型，如图5.72所示。

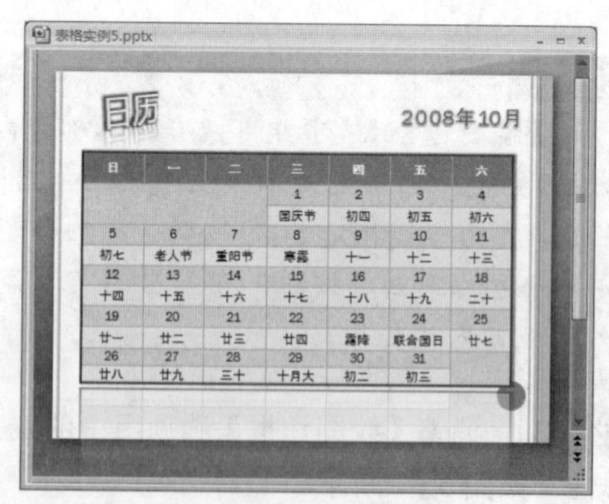


图5.72 设置内部框线后的表格

步骤9 利用上面的操作，还可以为选中的单元格(单个或多个)设计框线。将光标置于要

步骤10 在【绘图边框】选项组中设置线型，再单击【表格样式】选项组中的【边框】

修改框线的单元格内部(更改多个单元格框线则需要将这些单元格全部选中)，如图 5.73 所示。

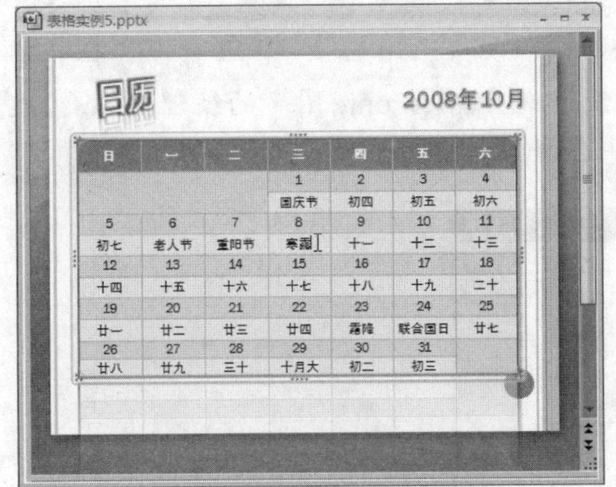


图 5.73　将光标置于单元格内部

按钮旁的倒三角按钮，在弹出的下拉菜单中选择需要修改的框线即可。这里修改了日历中节气所在单元格的框线，如图 5.74 所示。

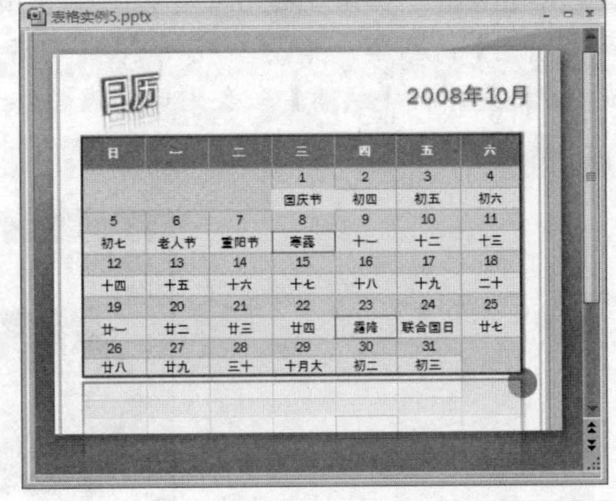


图 5.74　为节气所在单元格添加蓝色边框

4．为表格添加底纹

为表格添加底纹是美化表格重要的一环。下面继续制作表格，学习如何为表格添加底纹。

**步骤 1**　打开"表格实例 6.pptx"(文件路径：配套光盘\源文件\第 5 章\第 1 节\表格实例 6.pptx)文档，选中表格，如图 5.75 所示。

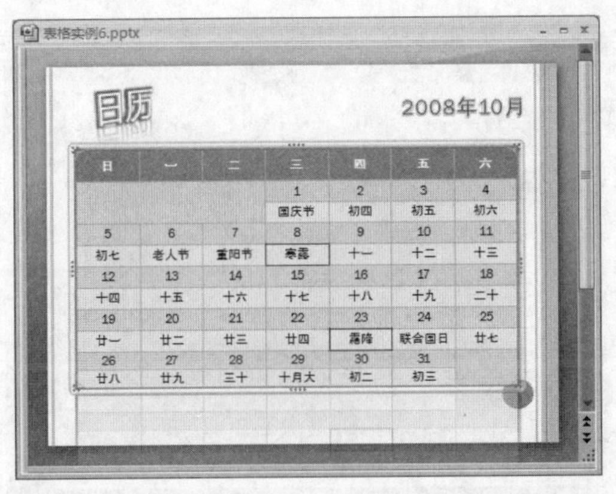


图 5.75　打开"表格实例 6.pptx"文档

**步骤 2**　在【表格工具】下的【设计】选项卡的【表格样式】选项组中，单击【底纹】按钮旁的倒三角按钮，弹出的下拉菜单如图 5.76 所示。

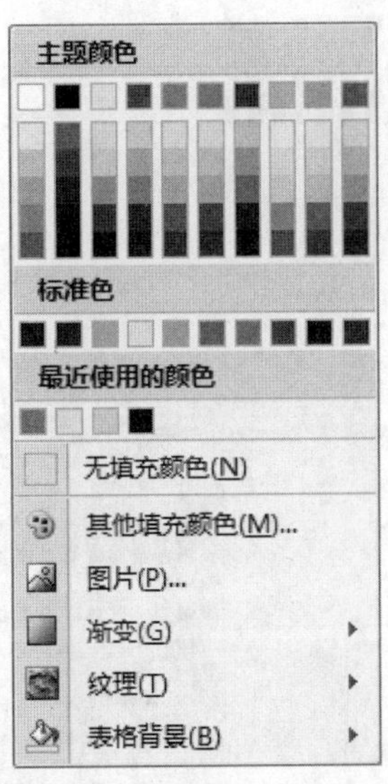


图 5.76　用于调整表格底纹的菜单

**注 意**

底纹菜单中的选项可以分为以下几个部分。其中【主题颜色】、【标准色】和【最近使用的颜色】栏中的选项用于为表格添加颜色填充。【无填充颜色】命令用于取消所选单元格的颜色填充。如果上述栏目中没有想要填充的颜色，可以选择【其他填充颜色】命令打开【颜色】对话框，如图 5.77 所示。【图片】命令用于为表格添加一幅图片作为表格的填充。【渐变】和【纹理】命令用于为表格添加渐变色或 PowerPoint 附带的纹理图像。【表格背景】命令的用法较难理解，在下面的步骤中会详细讲解。

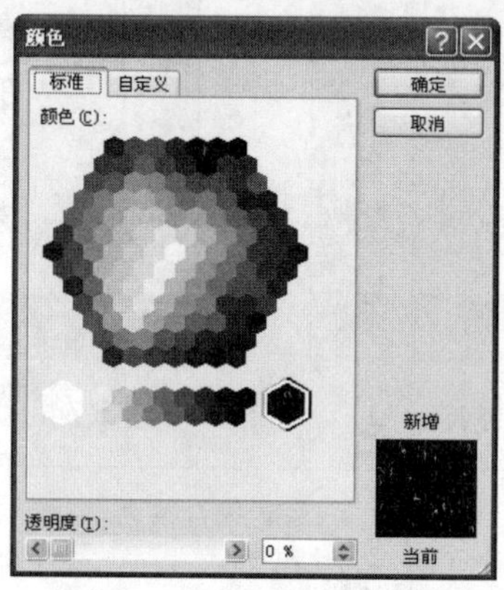


图 5.77 【颜色】对话框

**步骤 3** 将鼠标停放在【表格背景】命令上，在弹出的子菜单中选择【图片】命令，如图 5.78 所示。

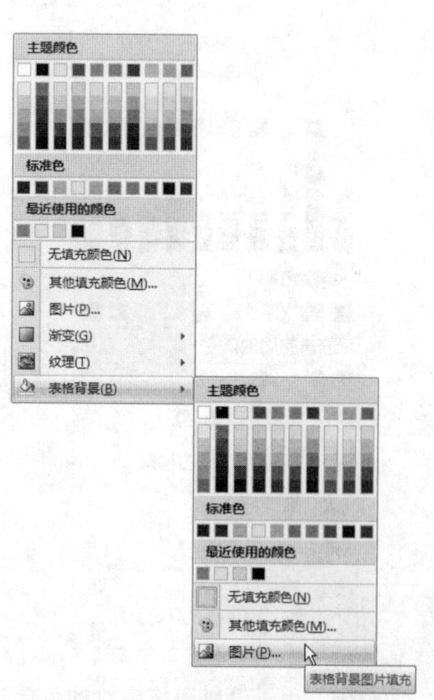


图 5.78 【表格背景】子菜单

**步骤 4** 在打开的【插入图片】对话框中选择“表格背景.jpg”文档(文件路径：配套光盘素材\第 5 章\表格背景.jpg)，单击【插入】按钮，如图 5.79 所示。

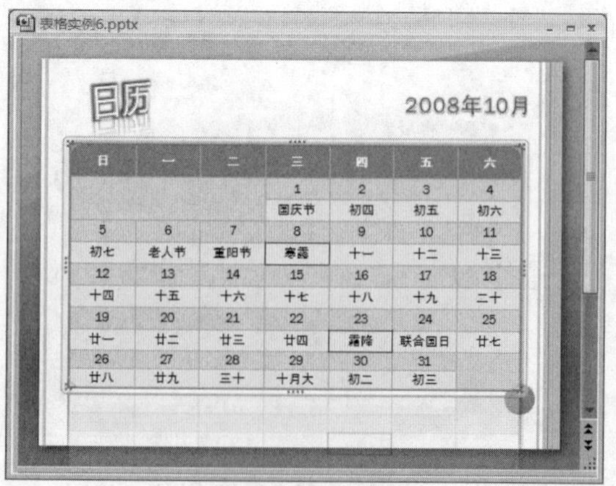


图 5.79 表格添加表格背景后的效果

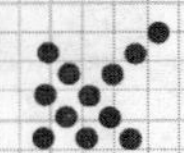

**注 意**

细心的读者会看出问题，这里设置“表格背景.jpg”图片为表格背景后，表格好像并没有发生变化。其实背景图已经成功插入了，可是为什么看不到效果呢？原因在于现在的表格有不透明的“前景色”把表格背景挡住了。

**步骤 5**　选中表格的第一行，单击【底纹】按钮旁的倒三角按钮，在弹出的下拉菜单中选择【其他填充颜色】命令。在打开的【颜色】对话框中设置【透明度】为“50%”，单击【确定】按钮，如图 5.80 所示。

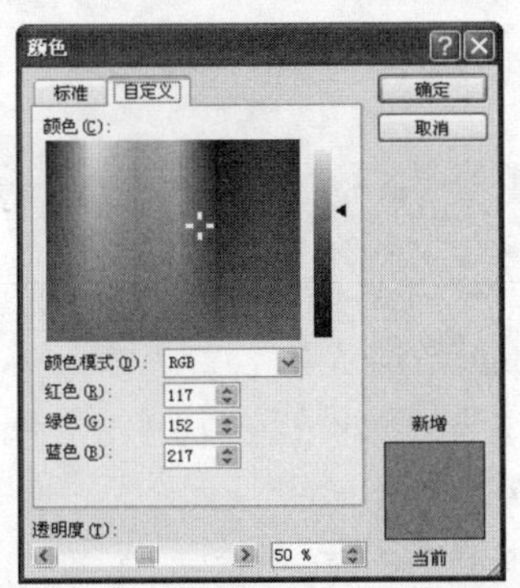


图 5.80　设置【透明度】为 50%

**步骤 6**　这样，表格的第一行就变成了半透明的蓝色，表格背景就显露出来了，如图 5.81 所示。

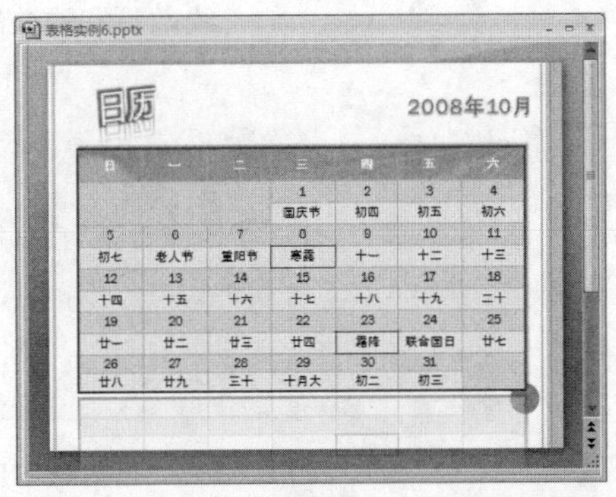


图 5.81　第一行更改填充颜色后的表格

**注 意**

当利用【其他填充颜色】命令为单元格设置填充色时，当前单元格已有的颜色会被 PowerPoint 拾取，方便进行更改。如果选取了多个单元格，且这些单元格的填充色一样，那么填充色也会被 PowerPoint 拾取。

**步骤 7**　继续更改剩余单元格的填充色为半透明，最后完成的表格如图 5.82 所示。

图 5.82　修改填充色为半透明后的表格

**注 意**

设置【透明度】时需要注意，透明度的数值越大，颜色越透明。

## 5.1.4 课件实战——多边形的内角与内角和

本章前面的内容中讲解了如何在 PowerPoint 课件中插入表格，下面利用所学的知识制作一个“多边形的内角与内角和”数学课件。制作完成的课件效果如图 5.83 所示。

将多边形不相邻的两个顶点相连，这条线段叫做多边形的对角线。

通过下面的列表，找到多边形的对角线数目和边数的对应规律。

| 边数 | 3 | 4 | 5 | 6 | n |
| --- | --- | --- | --- | --- | --- |
| 对角线数 | 0 | 2 | 5 | 9 | $\frac{n(n-3)}{2}$ |

图 5.83 “多边形的内角与内角和”课件运行画面(一)

课件通过列举三角形、四边形……(边数逐渐增加)的对角线数，归纳出多边形对角线和边数的关系，并利用对角线将多边形分割成多个三角形。接着通过求三角形的内角和得出多边形内角和的值，如图 5.84 所示。

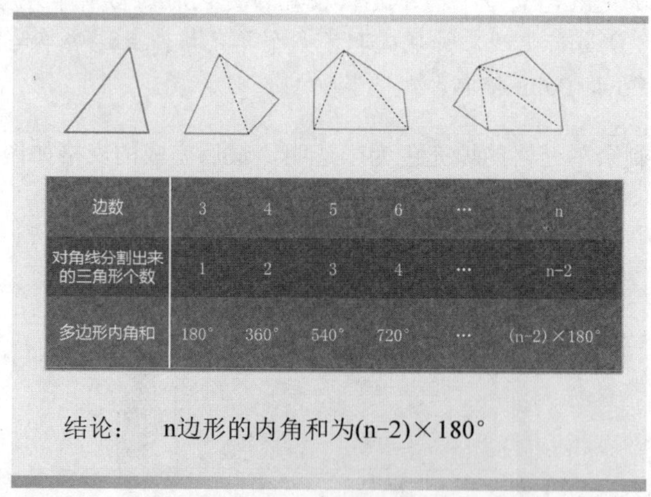

| 边数 | 3 | 4 | 5 | 6 | … | n |
| --- | --- | --- | --- | --- | --- | --- |
| 对角线分割出来的三角形个数 | 1 | 2 | 3 | 4 | … | n-2 |
| 多边形内角和 | 180° | 360° | 540° | 720° | … | (n-2)×180° |



图 5.84 “多边形的内角与内角和”课件运行画面(二)

本课件通过列举多边形随着边数增加逐渐增加的内角和，推理归纳出了多边形内角和和边数的关系。通过本例的制作，可以学习到如何在 PowerPoint 中插入表格、编辑表格和美化表格。其中如何布局表格和对表格的美化是本例的重点。

制作“多边形的内角与内角和”课件的操作方法如下。

步骤 1　新建一个空白演示文稿，将文稿保存为“多边形的内角与内角和.pptx”，如图 5.85 所示。

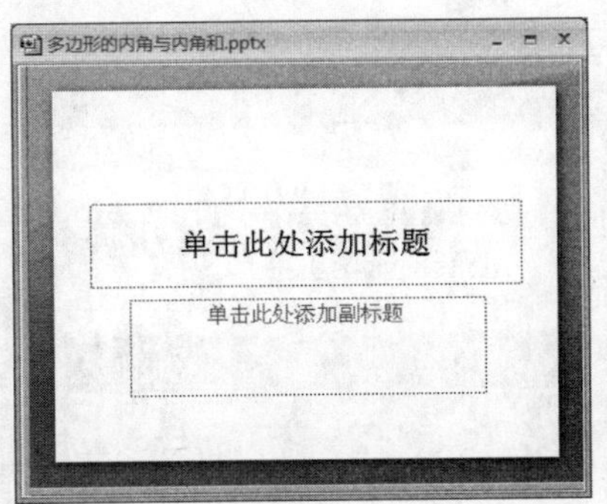


图 5.85　新建一个空白演示文稿

步骤 2　在【设计】选项卡的【主题】选项组中选择一个主题，如图 5.86 所示。

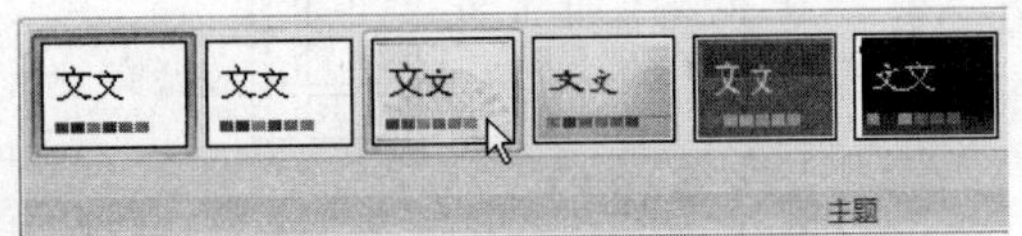


图 5.86　为幻灯片添加主题

步骤 3　在标题占位符中输入课件名称，如图 5.87 所示。

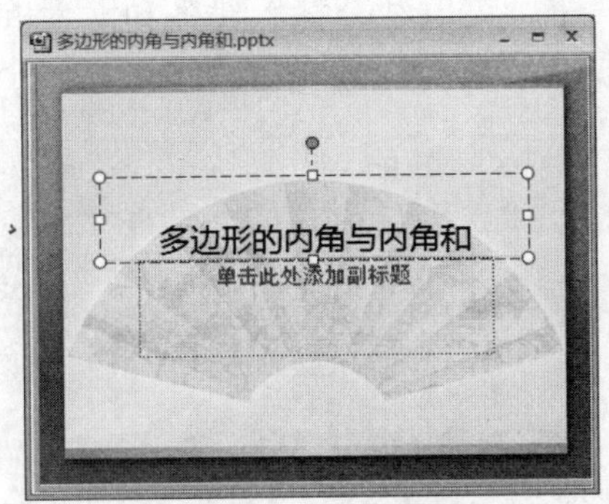


图 5.87　输入课件名称

步骤 4　在幻灯片窗格中右击鼠标，在弹出的快捷菜单中选择【新建幻灯片】命令，为演示文稿插入新的幻灯片，如图 5.88 所示。

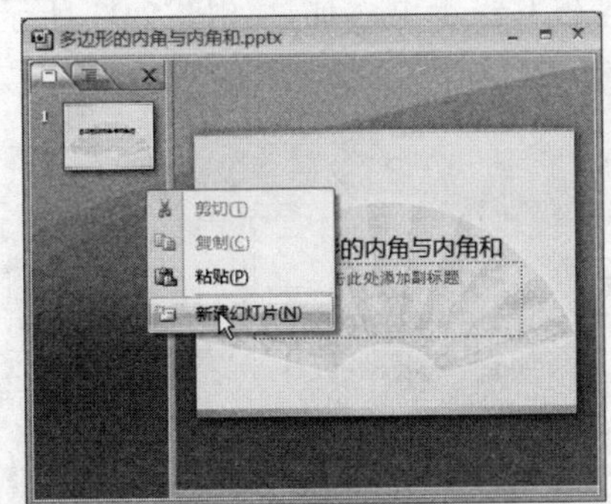


图 5.88　新建一个幻灯片

步骤 5　在幻灯片窗格中选中刚刚插入的幻灯片，右击鼠标，在弹出的快捷菜单中选择【版式】|【空白】命令。设置好版式的幻灯片如图 5.89 所示。

图 5.89　调整幻灯片的版式为“空白”

步骤 6　插入文本框，并输入文字，如图 5.90 所示。

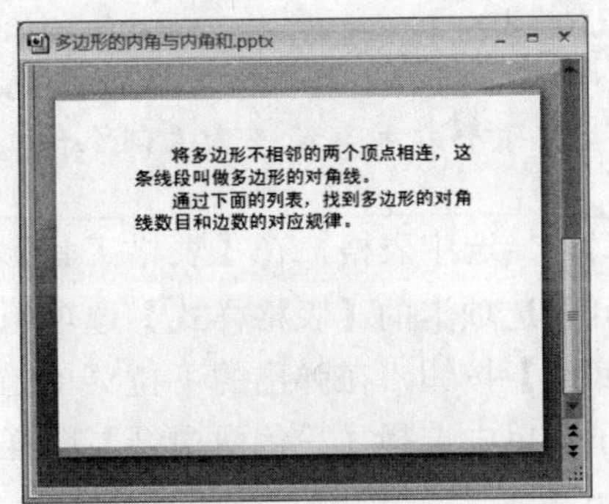


图 5.90　插入文本框并输入文字

**步骤 7** 在【插入】选项卡的【表格】选项组中单击【表格】按钮，在弹出的下拉菜单中选定表格的行列数，如图 5.91 所示。

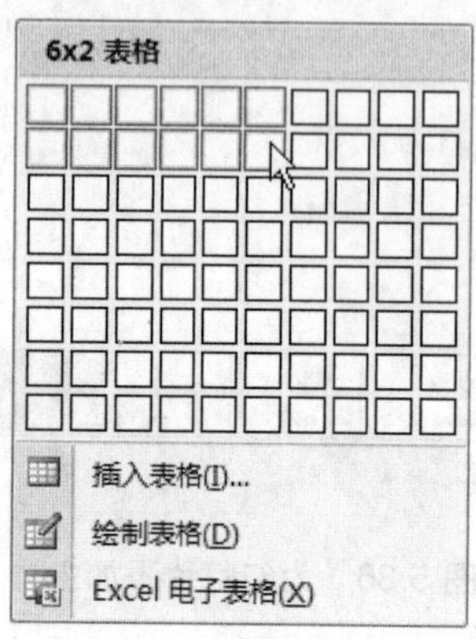


图 5.91　选定表格的行列数

**步骤 8** 插入表格后，通过表格四周的控制柄调整表格的大小，并将表格移动到合适的位置，如图 5.92 所示。

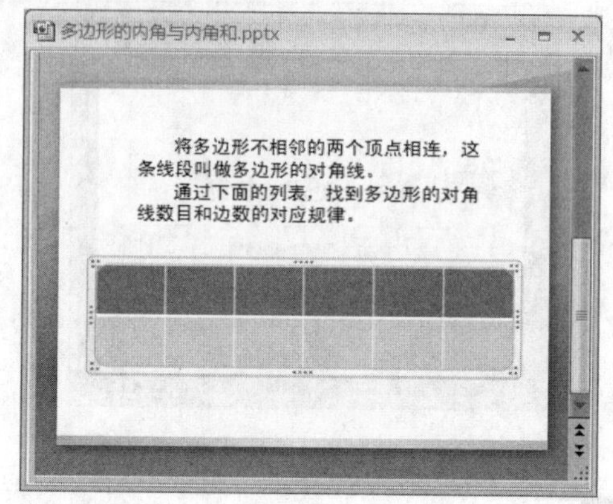


图 5.92　调整表格的大小和位置

**步骤 9** 为表格添加数据，最后一个单元格的内容在下一步再添加，如图 5.93 所示。

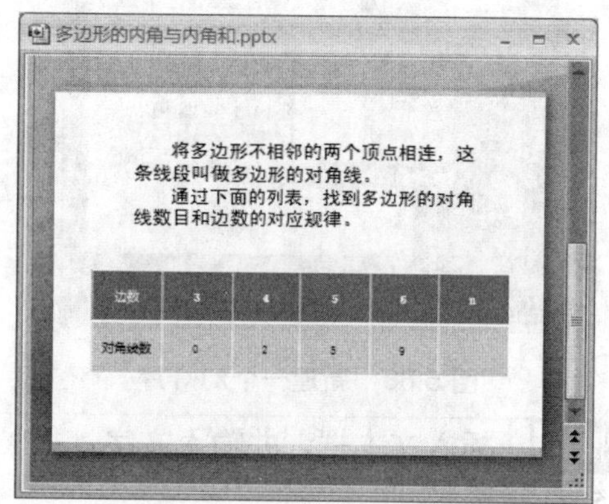


图 5.93　为表格输入数据

**步骤 10** 最后一个单元格中是一个分数形式的式子，可以结合插入线条和文本框的方法实现，如图 5.94 所示。

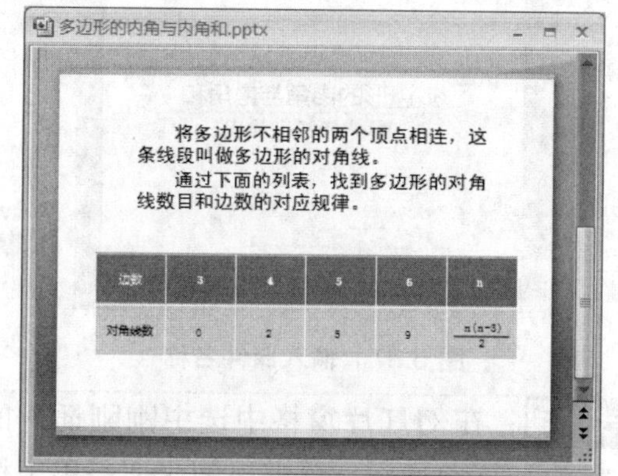


图 5.94　为最后一个单元格添加内容

**提　示**

在 PowerPoint 中插入分式或其他数学公式，可以利用公式编辑器实现。公式编辑器的相关知识会在本书第六章专门介绍。

**步骤 11** 选中表格，在【表格工具】下的【设计】选项卡的【表格样式】选项组中单击【底纹】按钮，在弹出的下拉菜单的【纹理】子菜单中选择【粉色面巾纸】图样，如图 5.95 所示。

**步骤 12** 这样就将表格的底纹修改为【粉色面巾纸】样式，如图 5.96 所示。

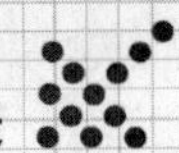

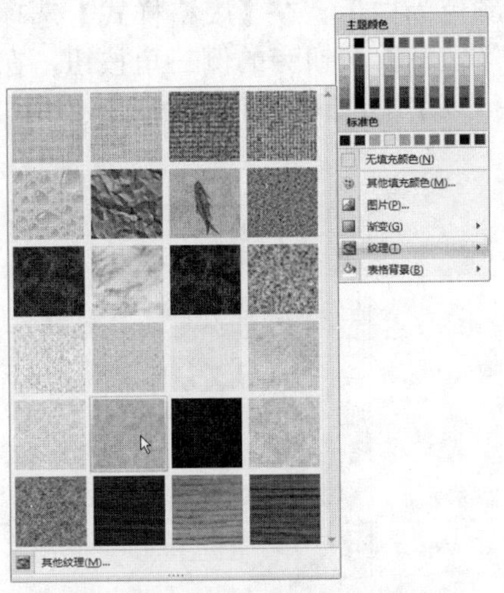


图 5.95　为表格添加纹理底纹

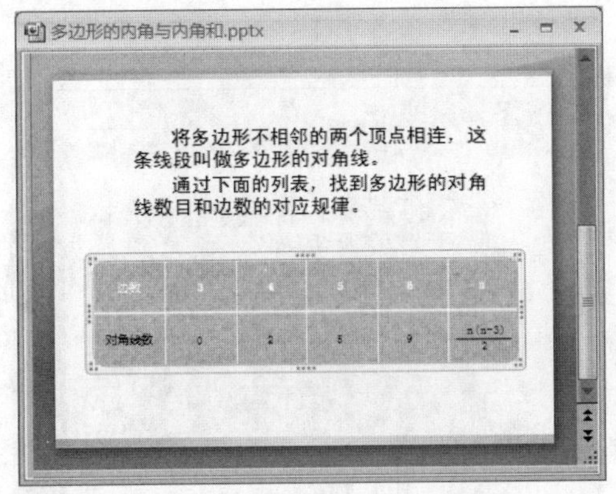


图 5.96　添加底纹后的表格

**步骤 13**　选中表格的第二行，单击【底纹】按钮旁的倒三角按钮，在弹出的下拉菜单中选择【纹理】|【其他纹理】命令，如图 5.97 所示。

**步骤 14**　在打开的【设置形状格式】对话框的【填充】页面中选中【图片或纹理填充】单选按钮，将【透明度】设置为 40%，单击【关闭】按钮，如图 5.98 所示。

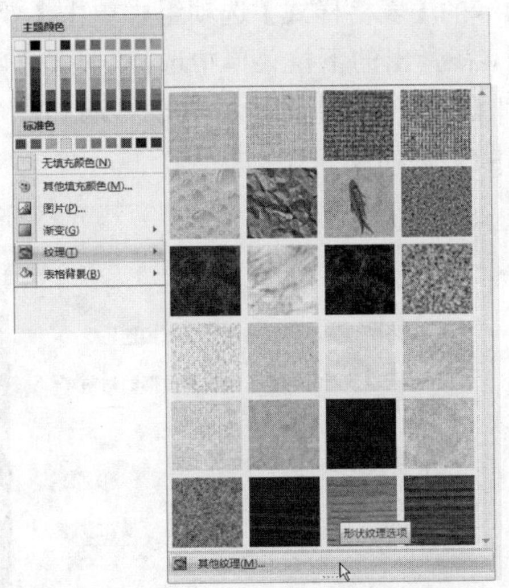


图 5.97　选择【其他纹理】命令

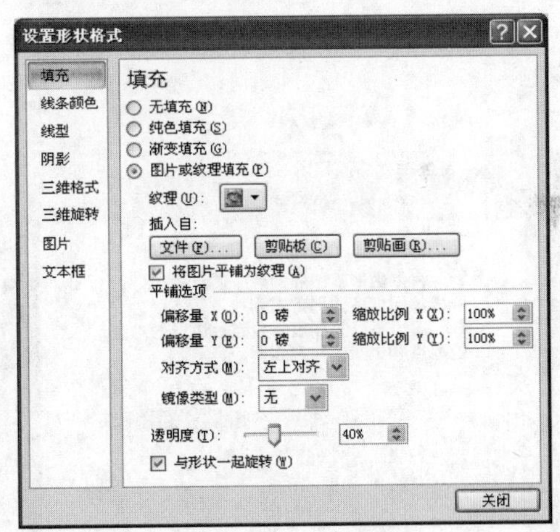


图 5.98　【设置形状格式】对话框

**提　示**

通过【填充】页面可以自定义纹理，如果在预设的纹理中没有满意的纹理图案，可以在这里编辑和设计新的纹理。

**步骤 15**　此时，表格的两行间产生了对比，更便于比较，如图 5.99 所示。

**步骤 16**　下面设计表格的框线。选中表格的第一列，在【表格工具】|【设计】选项卡的【绘图边框】选项组中设置线条粗细为 3

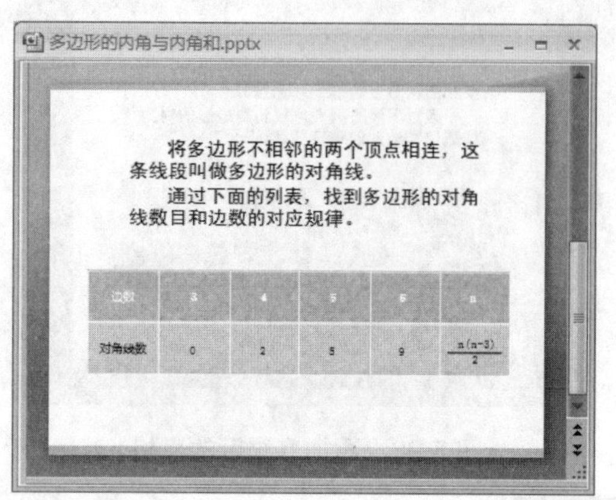


图 5.99　两行单元格底纹的不同

磅，颜色为白色。在【表格样式】选项组中单击【边框】按钮旁的倒三角按钮，在弹出的下拉菜单中选择【右框线】命令，如图 5.100 所示。

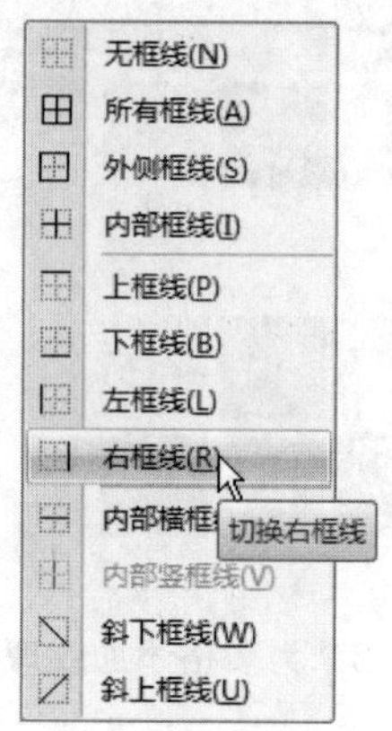


图 5.100　为第一列设置右框线

**步骤 17**　这样，一根粗的白色框线就把表头和内容分割开了，更利于阅读，如图 5.101 所示。

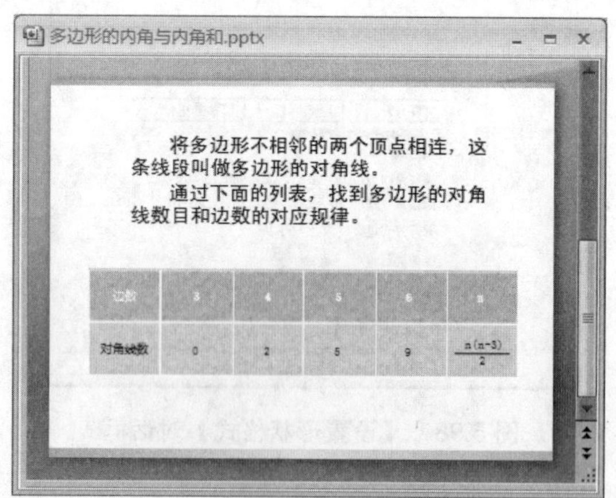


图 5.101　加粗后的框线

**步骤 18**　调整表格中文字的字体、颜色和大小，使其统一。在【表格工具】|【设计】选项卡的【表格样式】选项组中单击【效果】按钮，在弹出的下拉菜单中选择【阴影】|【外部】|【向右偏移】命令，为表格添加一个合适的阴影，如图 5.102 所示。

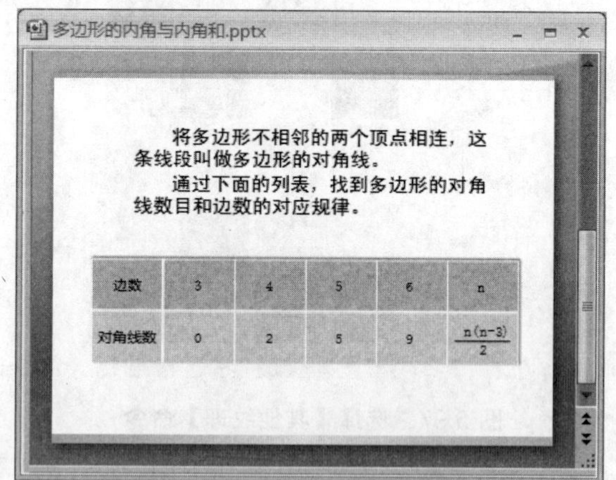


图 5.102　为表格添加阴影

**步骤 19**　插入一个新的幻灯片，利用前面章节学习过的制作图形及输入文本的知识，制作本章幻灯片，如图 5.103 所示。

**步骤 20**　插入一个新的幻灯片，插入图形，在画面的上方制作四个多边形。插入文本，内容为多边形内角和的求和公式，如图 5.104 所示。

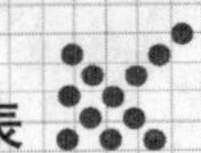

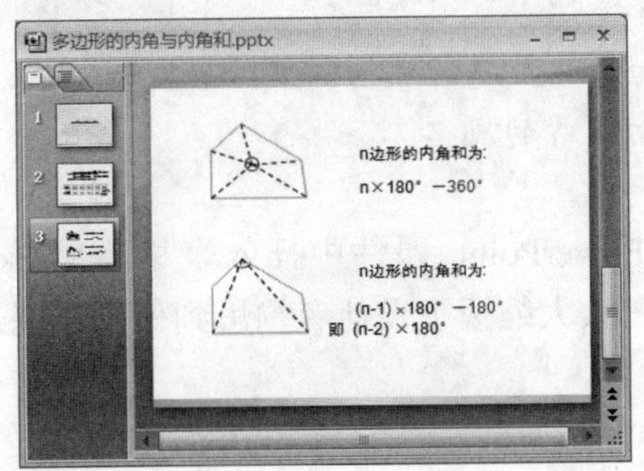


图 5.103　制作幻灯片

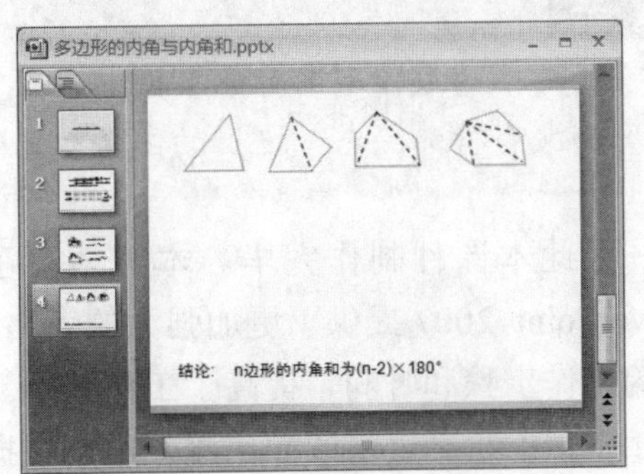


图 5.104　新建幻灯片并插入内容

**步骤 21**　在【插入】选项卡的【表格】选项组中单击【表格】按钮，在弹出的下拉菜单中选择【插入表格】命令。在打开的【插入表格】对话框中，设置列数和行数分别为 7 和 3，单击【确定】按钮，如图 5.105 所示。

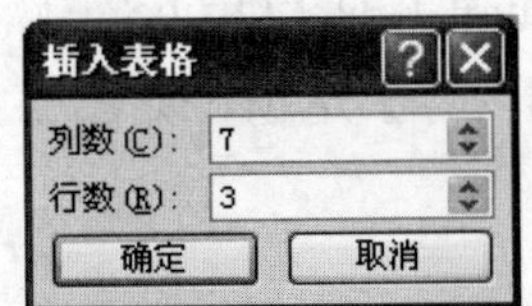


图 5.105　插入 7 列 3 行的表格

**步骤 22**　调整表格和单元格的大小，并在表格中输入数据，如图 5.106 所示。

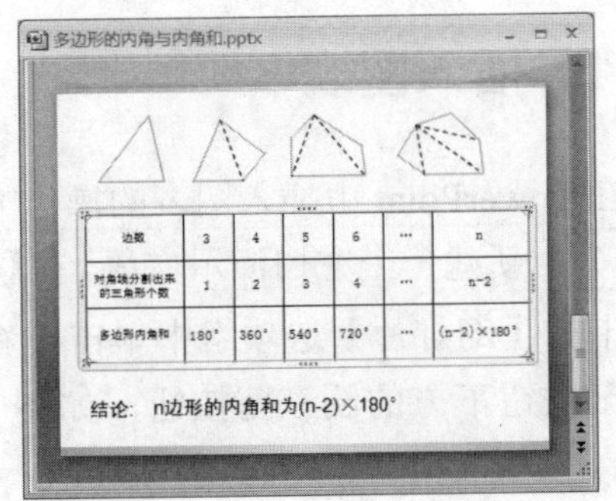


图 5.106　调整表格大小并输入数据

**步骤 23**　选中表格，在【表格工具】|【设计】选项卡的【表格样式】选项组中单击▼按钮。在弹出的下拉菜单中的【文档的最佳匹配对象】栏选择一个主题，如图 5.107 所示。

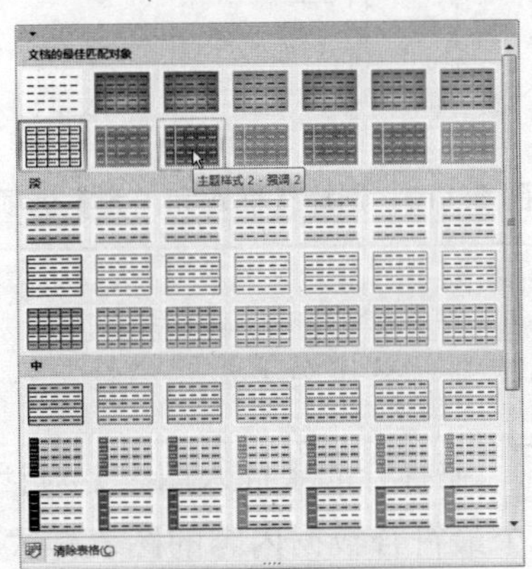


图 5.107　为表格添加最佳匹配的主题

**步骤 24**　添加主题后的表格如图 5.108 所示。

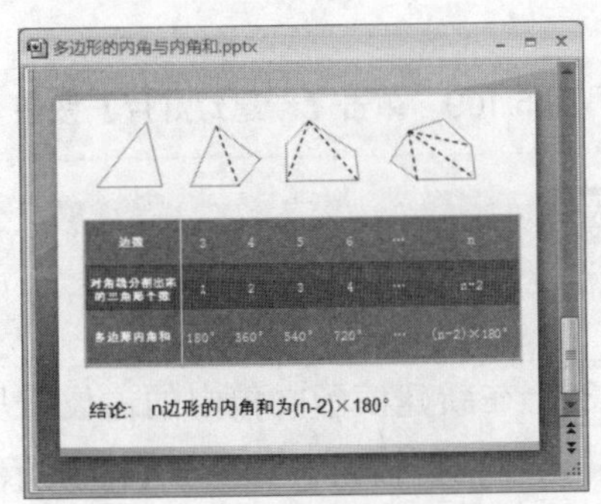


图 5.108　添加主题后的表格

**提 示**

【文档的最佳匹配对象】栏中列出了最符合幻灯片主题的表格样式。一般情况下，如果用户没有特殊要求，这里的主题效果比较符合幻灯片的风格。

至此本课件制作完毕。本节学习了如何在 PowerPoint 课件中插入表格。Microsoft PowerPoint 2007 提供了更加强大的表格制作工具，大大缩短了设计者构思到效果实现过程中的操作步骤和时间，提高了工作效率。

本章中绘制表格的操作比较难于掌握，需要多加练习。

## 5.2 使用图表

如果需要将数据以图像化显现出来，可以使用图表。图表化表格的表现力更强、更直观。

### 5.2.1 插入图表

在 PowerPoint 中插入图表的操作方法如下。

**步骤1** 新建一个空白演示文稿，在【开始】选项卡的【幻灯片】选项组中单击【新建幻灯片】按钮下方的倒三角按钮，如图 5.109 所示。

图 5.109 单击【新建幻灯片】按钮

**步骤2** 在弹出的【Office 主题】菜单中选择【标题和内容】选项，如图 5.110 所示。

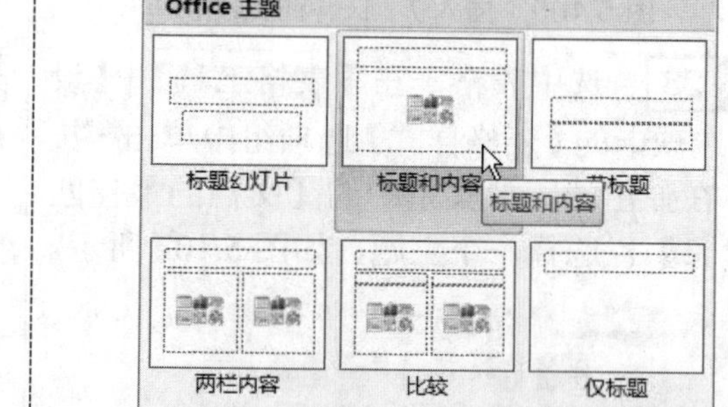


图 5.110 选择【标题和内容】选项

**注 意**

在选择 Office 主题时，选择具有内容占位符的版式都可以按以下步骤操作。

**步骤3** 在新建演示文稿中的占位符里，单击【插入图表】按钮，如图 5.111 所示。

**步骤4** 在打开的【插入图表】对话框中，选择一个最符合数据内容的图表样式，单击【确定】按钮，如图 5.112 所示。

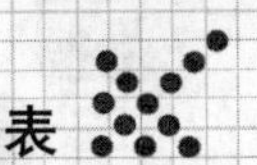

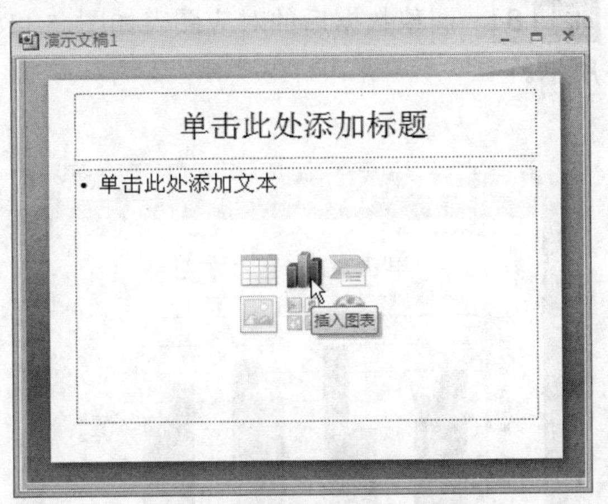


图 5.111　单击【插入图表】按钮

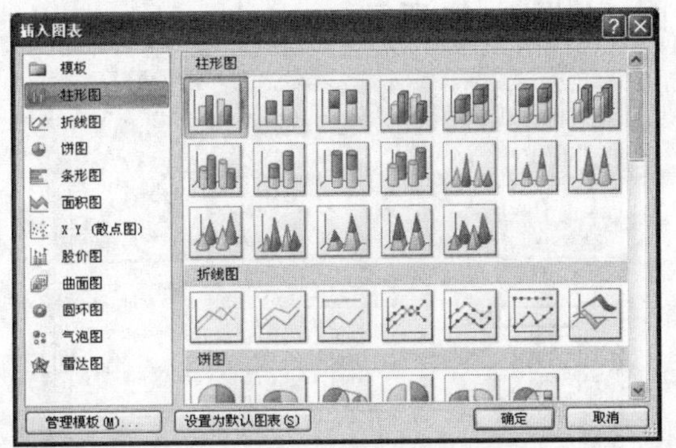


图 5.112　【插入图表】对话框

**提 示**

PowerPoint 将所有图表根据表现数据的类别分成了若干类，比如柱形图、折线图等。在插入图表时，需要仔细考虑所要表现的数据，然后再选定最适合的图表。

**注 意**

在【插入】选项卡的【插图】选项组中单击【图表】按钮也可以插入图表。

**步骤 5**　这时会弹出 Excel 窗口，从中对图表的数据进行编辑，如图 5.113 所示。

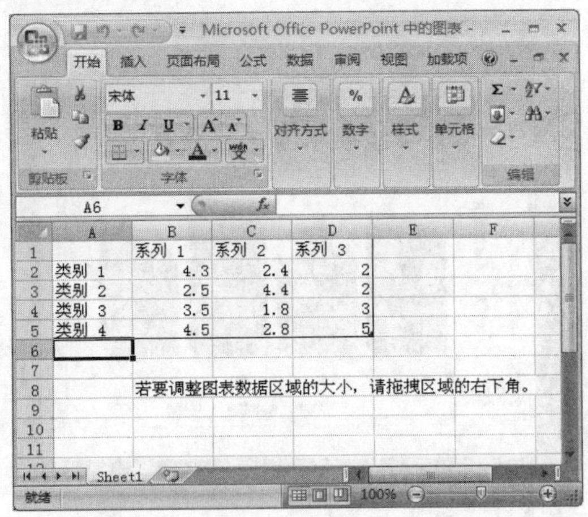


图 5.113　在 Excel 中编辑数据

**步骤 6**　此时对应 PowerPoint 演示文稿内的图表如图 5.114 所示。

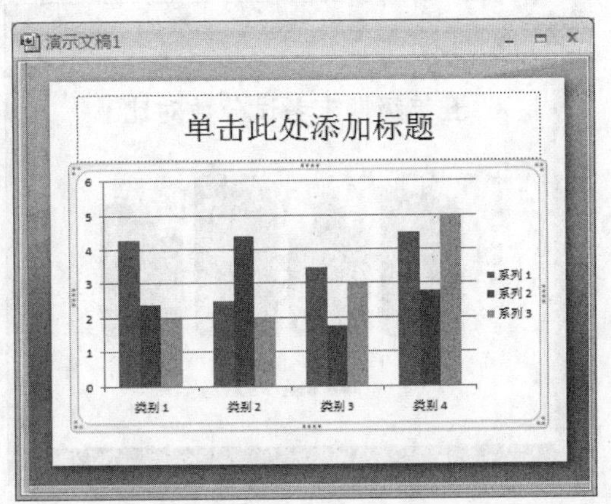


图 5.114　对应 Excel 数据的图表

**提 示**

通过对 Excel 数据和 PowerPoint 图表的对比，可以清楚地看出表格的数据与图表的对应关系。比如此时如果删除 Excel 中的“系列 3”列，那么对应 PowerPoint 中的每一类别都会减少一个柱形。

**步骤 7** 修改 Excel 中的数据。用鼠标拖动蓝色框线的右下角，可以增减数据的取值范围，如图 5.115 所示。

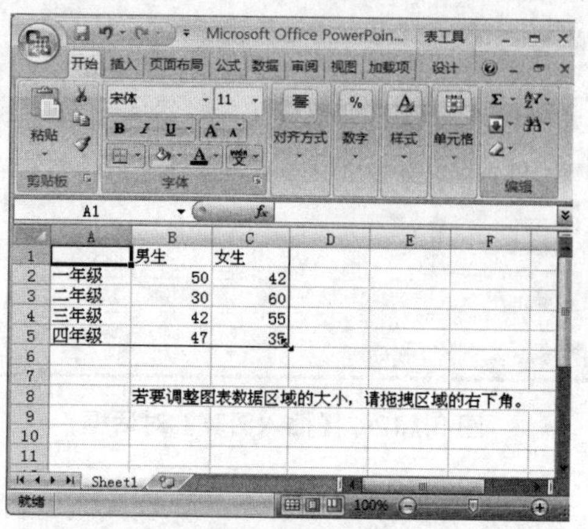


图 5.115 调整图表数据的取值范围

**步骤 8** 调整数据后的对应图表如图 5.116 所示。

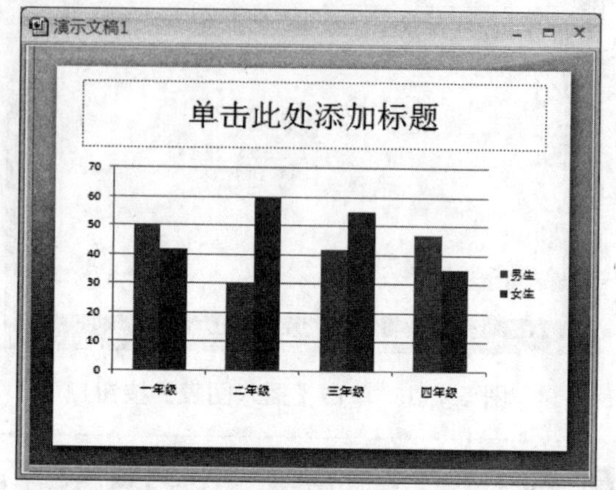


图 5.116 数据调整后的对应图表

## 5.2.2 编辑和美化图表

插入图表后，紧接着需要美化图表。下面逐步学习美化图表的操作方法。

**步骤 1** 打开“图表实例 1.pptx”文档(文件路径：配套光盘\源文件\第 5 章\第 2 节\图表实例 1.pptx)，如图 5.117 所示。

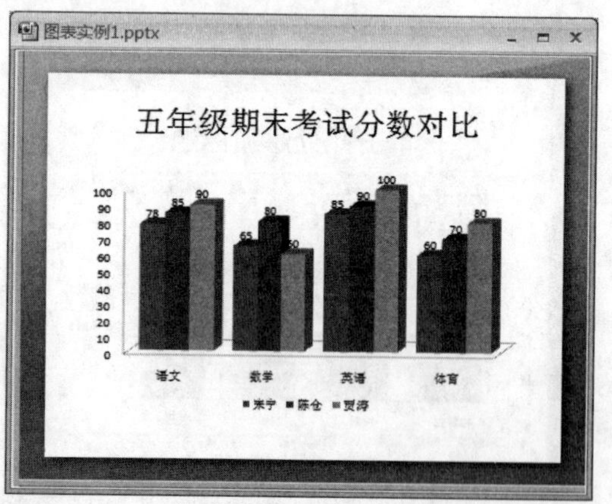


图 5.117 打开“图表实例 1.pptx”文档

**步骤 2** 选中图表，如图 5.118 所示。

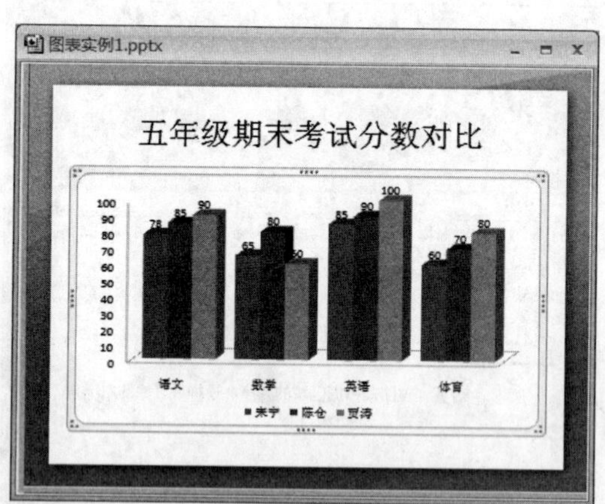


图 5.118 选中图表

**注 意**

因为图表中的元素有很多，有时候难以选中想要选取的部分。这时可以在【表格工具】|【布局】选项卡中找到【当前所选内容】选项组，通过【图表区】下拉列表选择想要选取的部分，如图 5.119 所示。

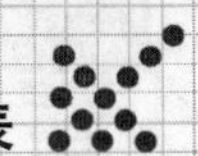

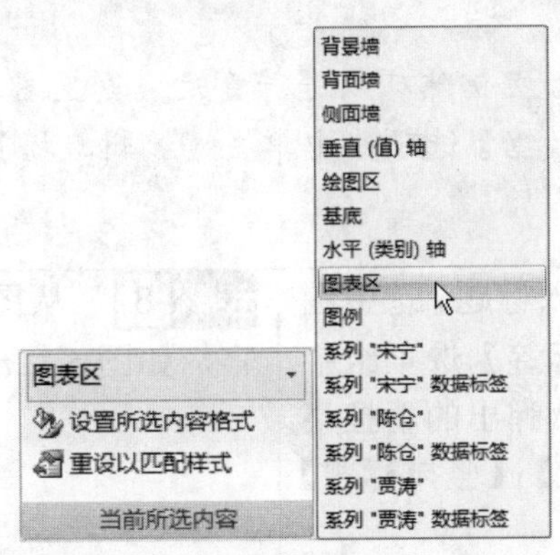


图 5.119　【图表区】下拉列表

**步骤 3**　选中图表后，在【图表工具】|【设计】选项卡中找到【图表布局】选项组，如图 5.120 所示。

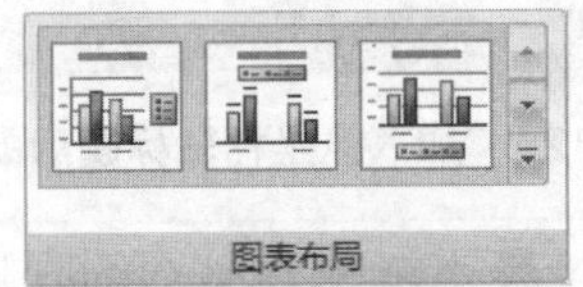


图 5.120　【图表布局】选项组

**步骤 4**　单击按钮，在弹出的下拉菜单中选择一个合适的布局，如图 5.121 所示。

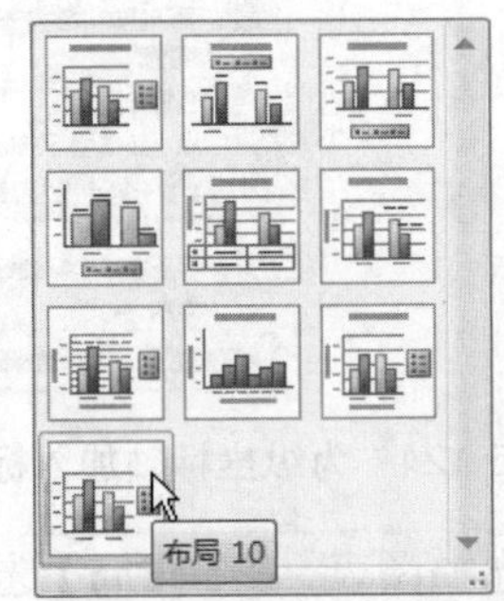


图 5.121　选择一个合适的布局

**步骤 5**　更改布局后的图表如图 5.122 所示。

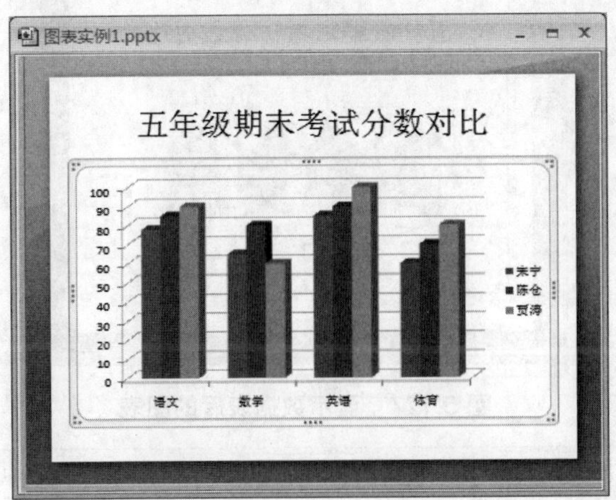


图 5.122　更改布局后的图表

**步骤 6**　在【设计】选项卡的【图表样式】选项组中选择一个加入了背景的样式，如图 5.123 所示。

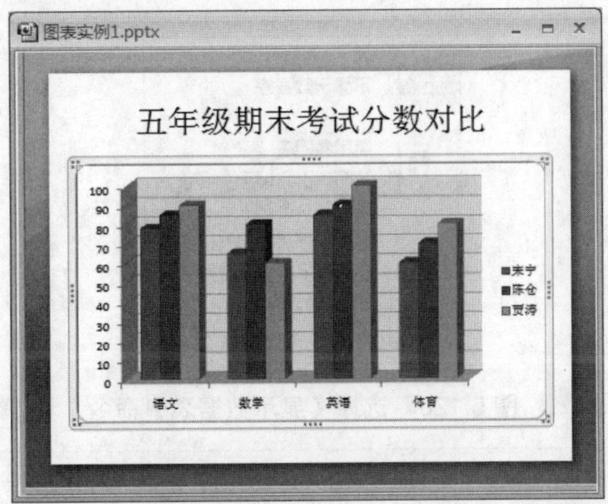


图 5.123　为图表加入背景

**提 示**

添加图表后，图表内的数据仍然可以进行更改。更改图表数据时，首先要选中图表，然后在【设计】选项卡的【数据】选项组中单击【编辑数据】按钮，从打开的Excel窗口即可更改数据。

**步骤7** 下面为纵坐标轴加入标题。选中图表，在【布局】选项卡的【标签】选项组中单击【坐标轴标题】按钮，从弹出的下拉菜单中选择【主要纵坐标轴标题】|【竖排标题】命令，如图5.124所示。

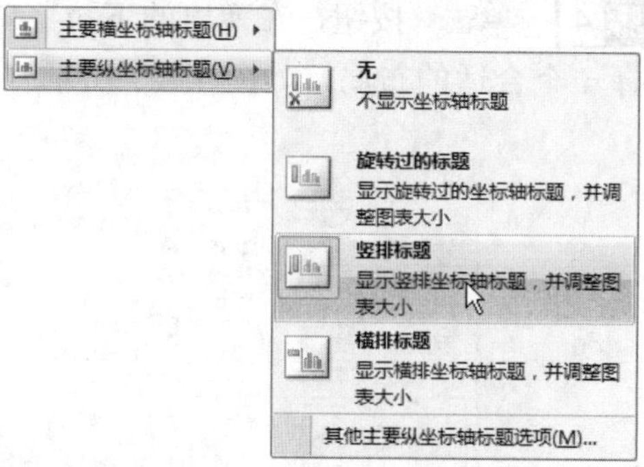

图5.124 为纵坐标轴加入标题

**步骤8** 从图表中更改纵坐标轴标题的内容，如图5.125所示。

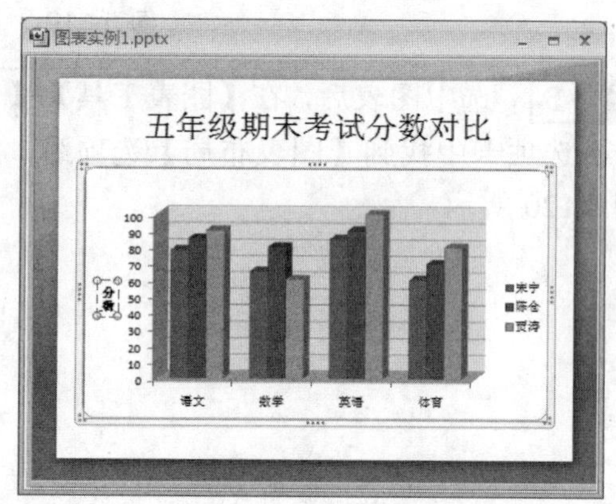


图5.125 加入纵坐标轴标题后的图表

**步骤9** 选中图表，在【布局】选项卡的【标签】选项组中单击【数据表】按钮，在弹出的下拉菜单中选择【显示数据表】命令，如图5.126所示。

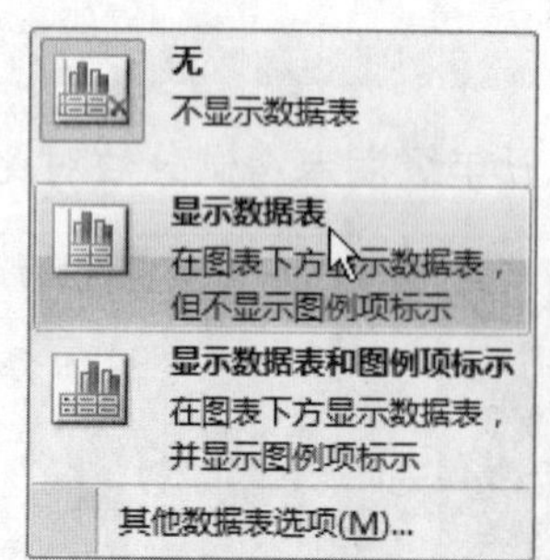


图5.126 选择【显示数据表】命令

**步骤10** 显示数据表后的图表如图5.127所示。

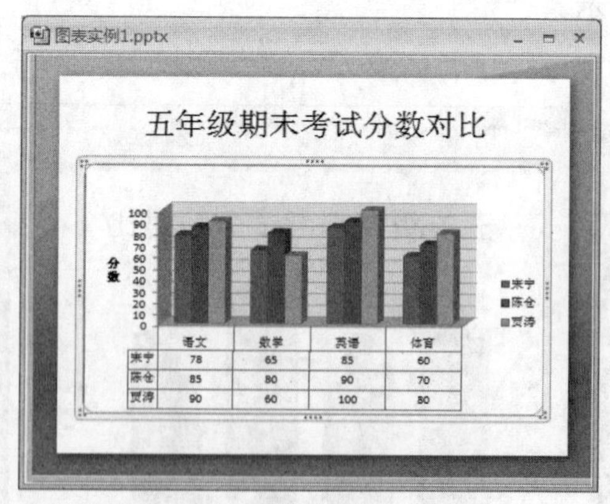


图5.127 显示数据表后的图表

相对于编辑表格来说，对于图表的编辑更加简单易学。因为PowerPoint提供的图表种类繁多，而每种图表间的差别也很大，所以对于每种图表的编辑会有差别，但是编辑方法是一致的。

## 5.2.3　课件实战——空气是由什么组成的

下面将利用所学的图表方面的知识来制作“空气是由什么组成的”课件。制作完成的课件效果如图 5.128 所示。

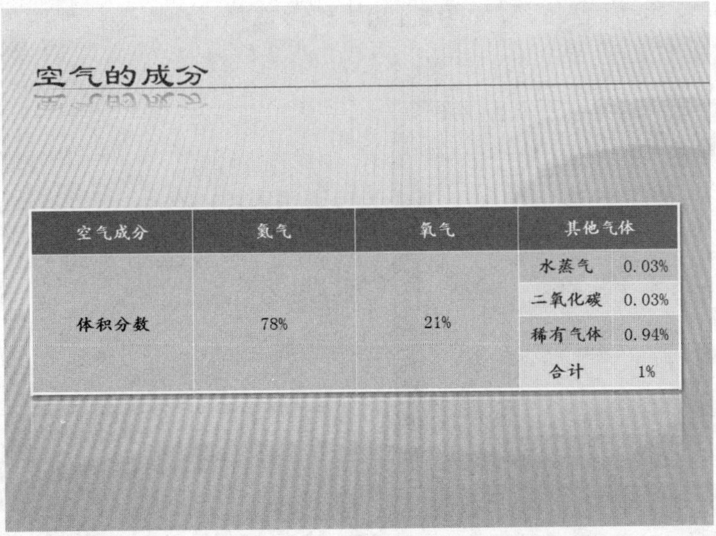

空气的成分

| 空气成分 | 氮气 | 氧气 | 其他气体 | |
|---|---|---|---|---|
| 体积分数 | 78% | 21% | 水蒸气 | 0.03% |
| | | | 二氧化碳 | 0.03% |
| | | | 稀有气体 | 0.94% |
| | | | 合计 | 1% |

图 5.128　“空气是由什么组成的”课件运行画面(一)

本课件首先利用表格罗列了空气中各种气体所占体积分数，然后通过表格的方式更加直观地展现出来。在课件的最后，通过 PowerPoint 提供的复合饼图展现了空气中体积分数很小的几种气体。这种表现形式更直观地体现了水蒸气、二氧化碳和稀有气体在空气中的含量，如图 5.129 所示。

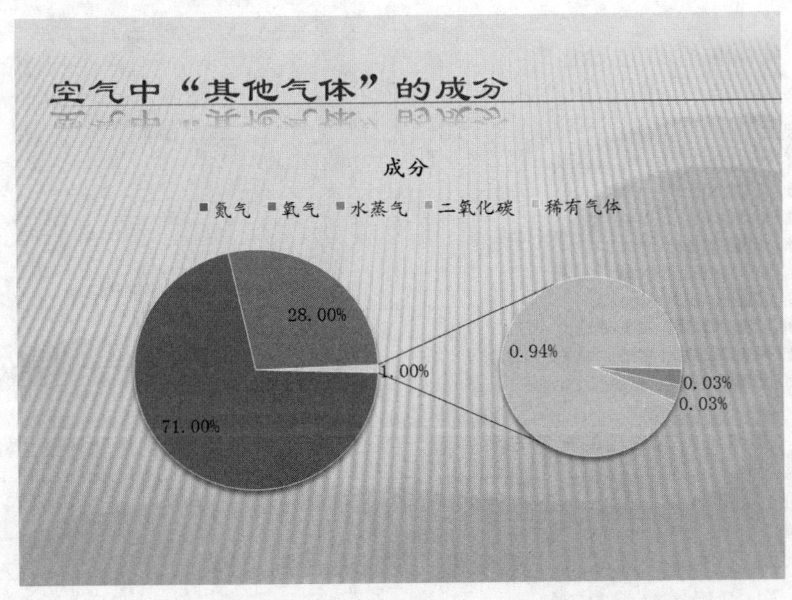


图 5.129　“空气是由什么组成的”课件运行画面(二)

通过本例的学习，应能够掌握如何在PowerPoint中使用图表，其中包括插入图表和编辑图表两部分。另外，针对于不同的内容选择合适的图表也是一个难点，需要在制作过程中总结经验。

制作“空气是由什么组成的”课件的操作方法如下。

步骤 1 新建一个空白演示文稿，将文稿保存为“空气是由什么组成的.pptx”，如图5.130所示。

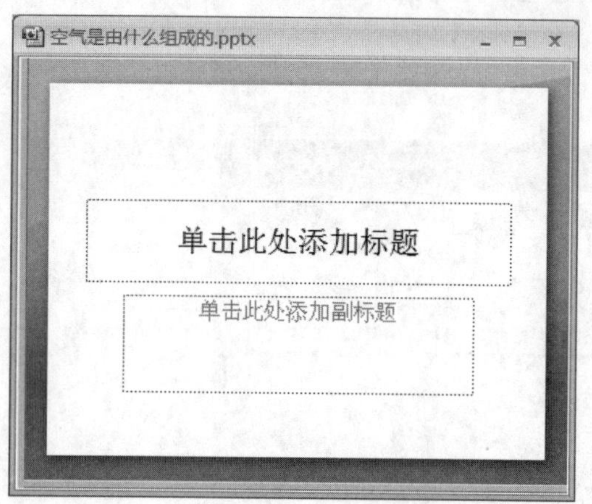


图 5.130 新建一个空白演示文稿

步骤 2 在【设计】选项卡的【主题】选项组中选择一个主题，如图5.131所示。

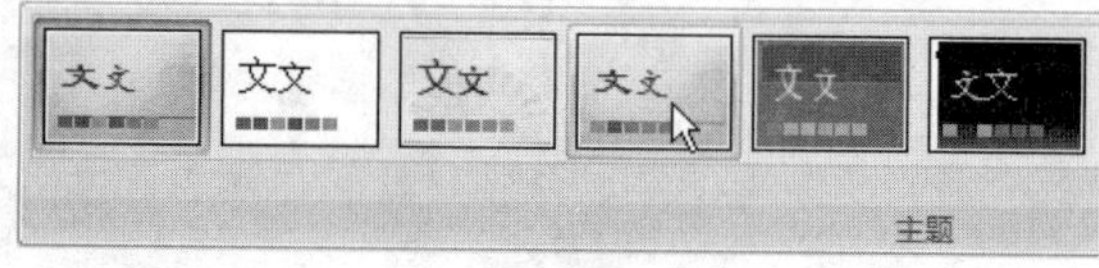


图 5.131 为幻灯片添加主题

步骤 3 在【主题】选项组中单击【颜色】按钮，在弹出的下拉菜单中选择Office选项，为主题更改配色方案，如图5.132所示。

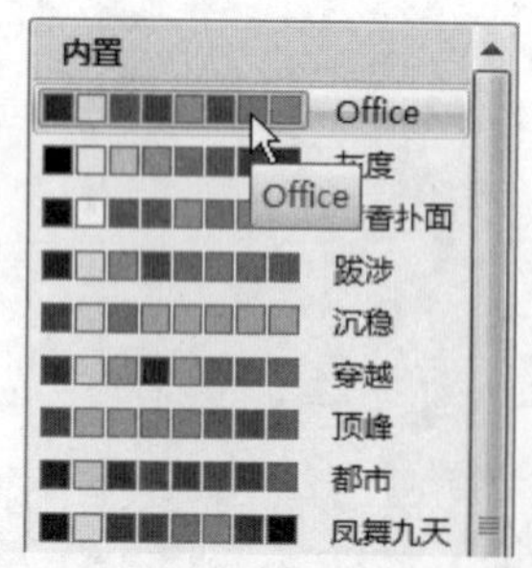


图 5.132 更改幻灯片主题的配色方案

步骤 4 更改配色方案后，为课件输入标题，如图5.133所示。

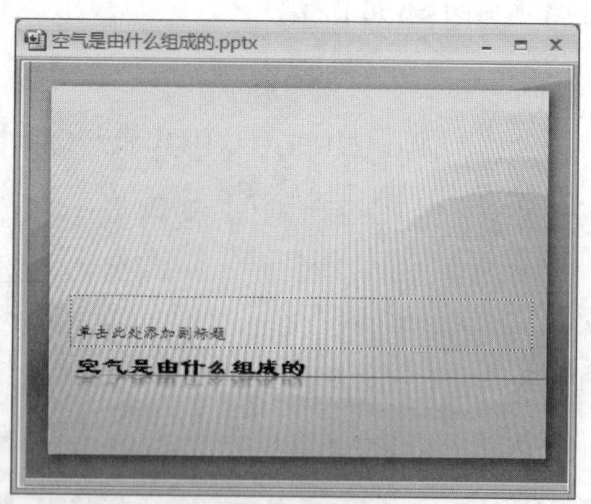


图 5.133 为课件添加标题

**提 示**

这里更改配色方案是为了将主题颜色调得朴素一点，使之更好地衬托将要插入的图表内容。

**步骤 5**　插入一个新的幻灯片，输入标题“空气的成分”，如图 5.134 所示。

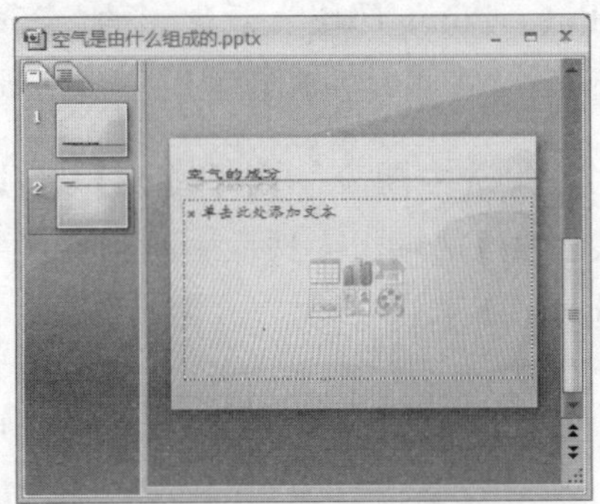


图 5.134　插入一个新的幻灯片并输入标题

**步骤 6**　利用所学的表格知识，制作空气中各种气体成分所占体积分数的表格，如图 5.135 所示。

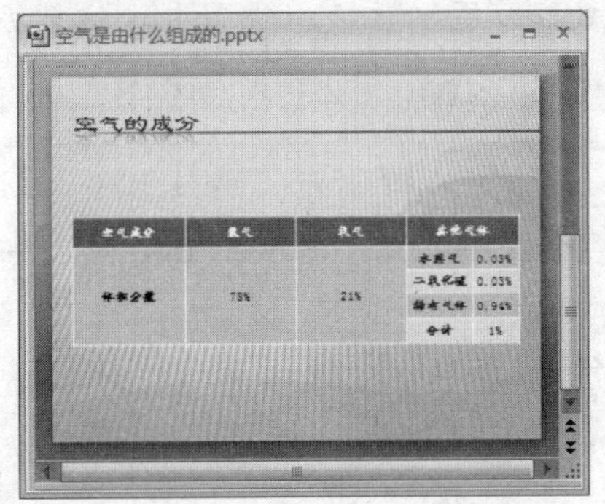


图 5.135　制作气体成分表格

**步骤 7**　为表格添加阴影和映像效果，如图 5.136 所示。

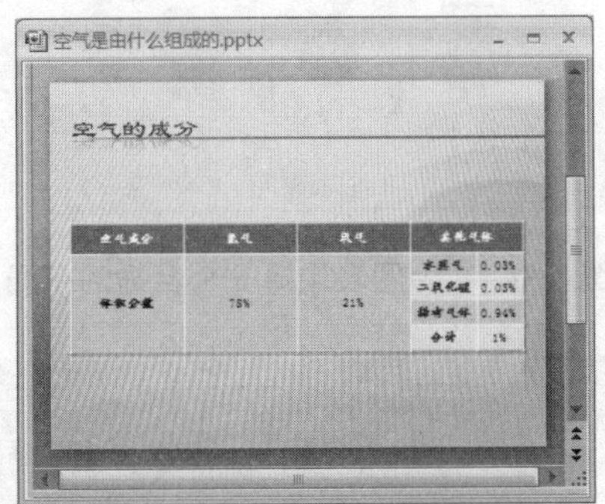


图 5.136　为表格添加阴影和映像效果

**步骤 8**　插入一个新的幻灯片，输入标题。在内容占位符中单击【插入图表】按钮，如图 5.137 所示。

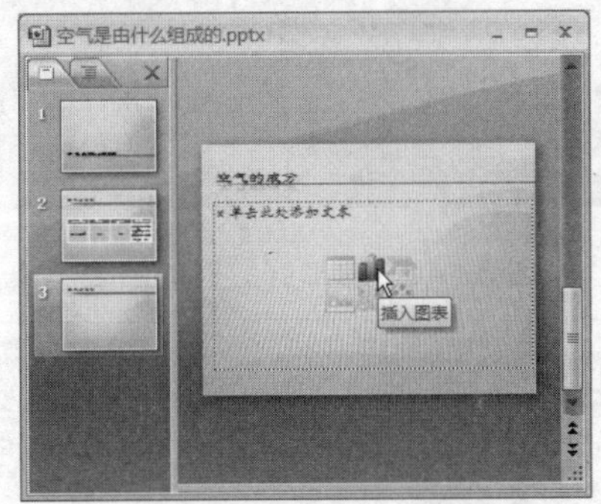


图 5.137　新建幻灯片并插入图表

**步骤 9**　在打开的【插入图表】对话框中选择【饼图】选项，单击【确定】按钮，如图 5.138 所示。

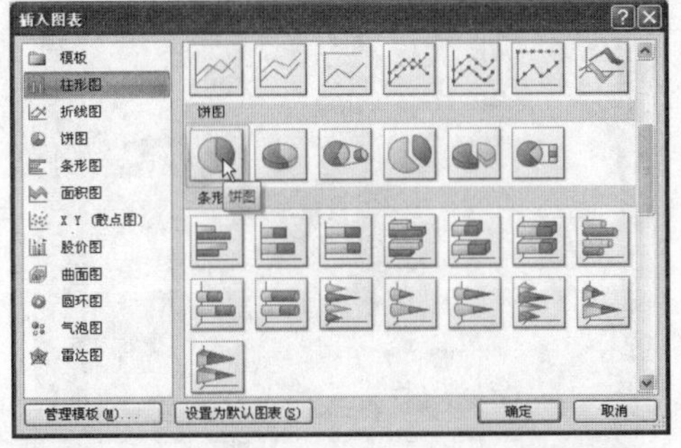


图 5.138　在【插入图表】对话框中选择【饼图】选项

**步骤 10**　在打开的 Excel 窗口中为图表输入数据，如图 5.139 所示。

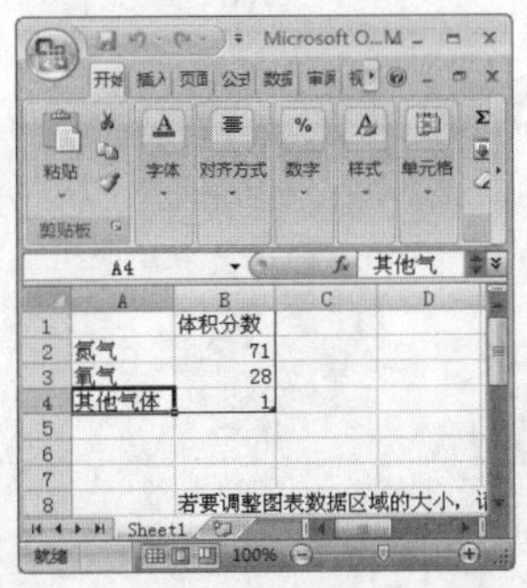


图 5.139　为图表输入数据

**提 示**

针对各种不同种类的图表，其数据有意义的范围是不一样的。比如上面所选择的饼图只能容纳一列数据，如果在“体积分数”右侧再添加一列数据，就是无效的数据。即使将选定数据范围的蓝色框线圈中这些数据，也不会对 PowerPoint 的图表产生影响。有效数据的范围由其所属的图表类型决定。

**步骤 11** 输入数据后，关闭 Excel 窗口。此时数据就添加到了 PowerPoint 图表中，如图 5.140 所示。

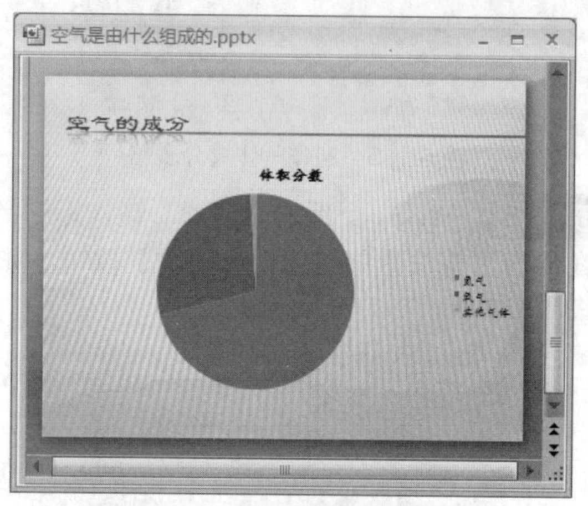


图 5.140 添加好数据的图表

**步骤 12** 选中图表，在【设计】选项卡的【图表布局】选项组中选取一个适合的布局，如图 5.141 所示。

图 5.141 为图表选择一个合适的布局

**注 意**

不同的图表布局应用在不同的情况中。若修改表格布局，会改变图表中的标题、图例、数据标签等的显示位置。

**步骤 13** 修改图表布局后的图表如图 5.142 所示。

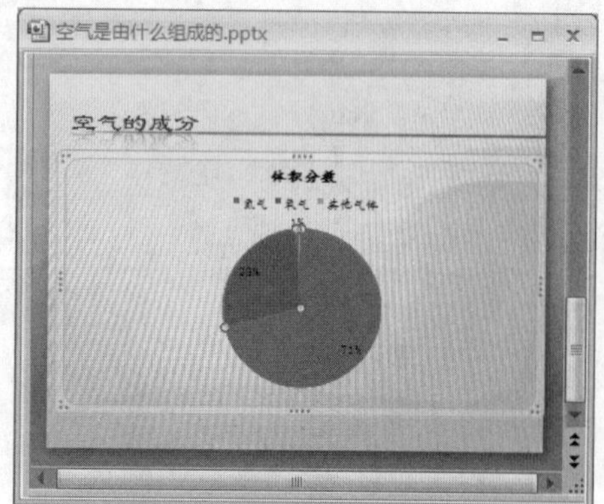


图 5.142 修改布局后的图表

**步骤 14** 在【图表样式】选项组中选择一个理想背景的样式，如图 5.143 所示。

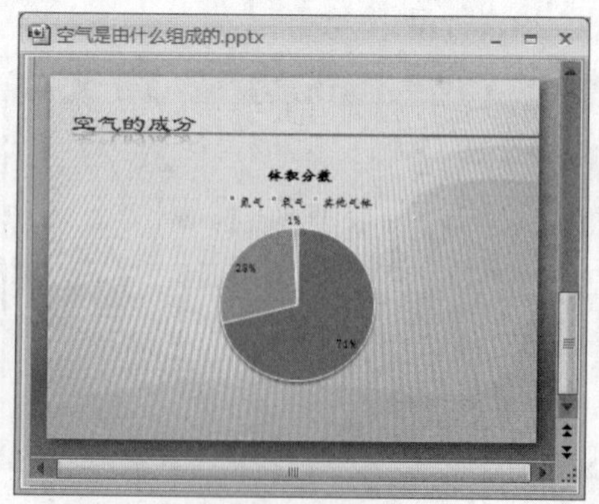


图 5.143 更改图表的样式

**步骤 15**　插入一个新的幻灯片，在标题占位符中输入本张幻灯片的标题，如图 5.144 所示。

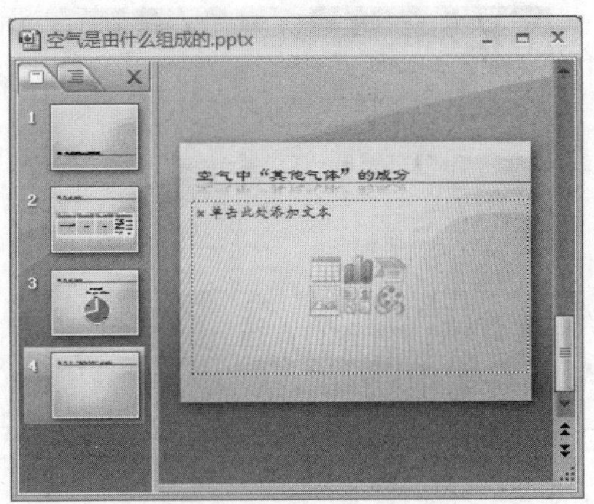


图 5.144　插入一个新的幻灯片

**步骤 16**　单击内容占位符中的【插入图表】按钮。在打开的【插入图表】对话框中选择【复合饼图】选项，单击【确定】按钮，如图 5.145 所示。

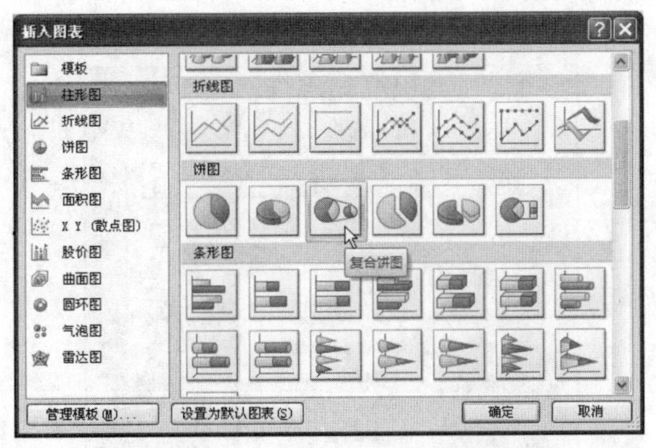


图 5.145　在【插入图表】对话框中选择【复合饼图】选项

**步骤 17**　在打开的 Excel 窗口中按照顺序输入数据，这里需要将水蒸气、二氧化碳和稀有气体三项数据放在下面，如图 5.146 所示。

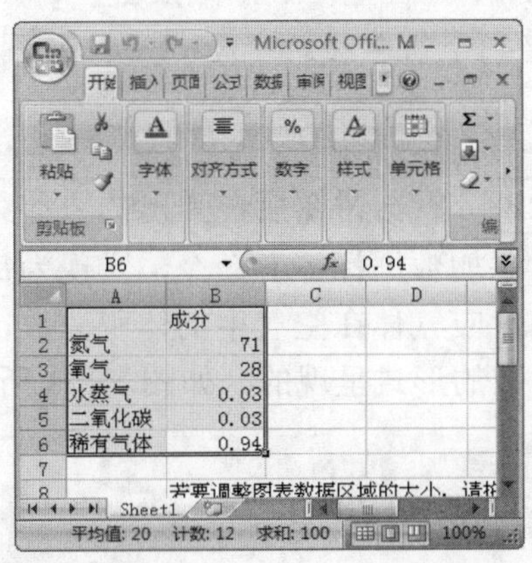


图 5.146　在 Excel 中输入数据

**步骤 18**　关闭 Excel 窗口，此时就插入了一个复合图表，但是现在和实际想要实现的效果有所偏差，如图 5.147 所示。

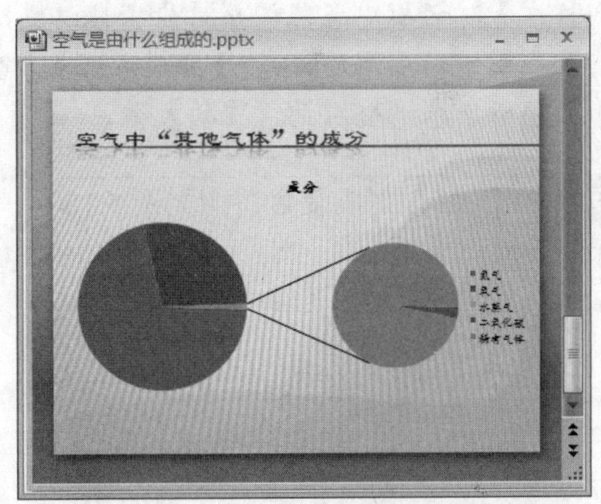


图 5.147　对应 Excel 中数据的复合饼图

**注 意**

刚刚插入的复合饼图，将氮气、氧气和水蒸气显示在了左侧大饼图中，将二氧化碳和稀有气体作为大饼图的“其他”项显示在了小饼图中，很明显这不是想要实现的效果。复合饼图默认将 Excel 中的后两项作为小饼图的显示内容，剩余项目作为大饼图的显示内容。

**步骤 19** 右击饼图或数据标签，在弹出的快捷菜单中选择【设置数据系列格式】命令，如图 5.148 所示。

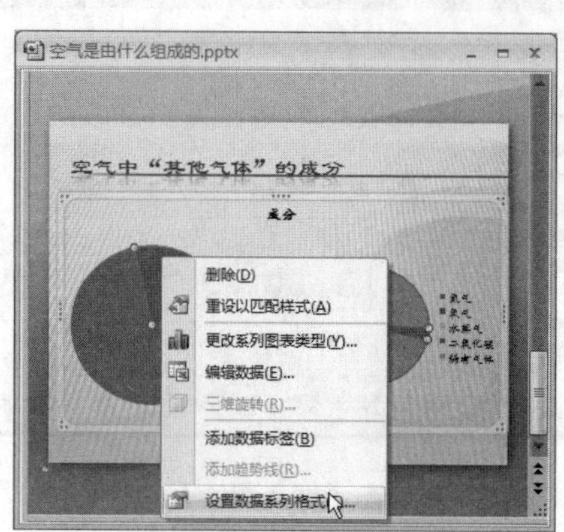


图 5.148 选择【设置数据系列格式】命令

**步骤 20** 在打开的【设置数据系列格式】对话框中找到【第二绘图区包含最后一个】微调框，修改这里的数字就能更改在小饼图中显示的数据项数，如图 5.149 所示。

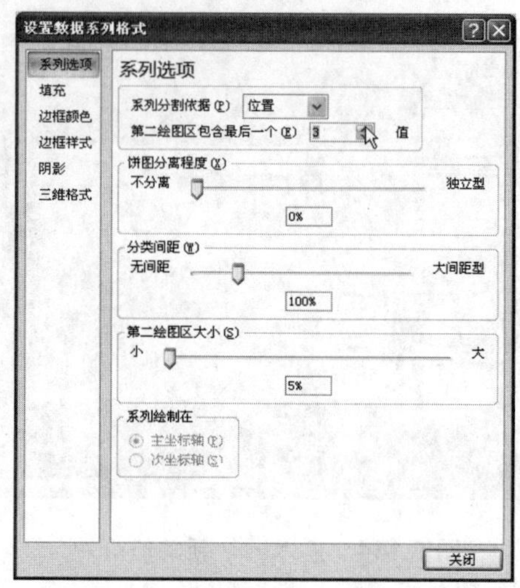


图 5.149 调整两个饼图各自包含的数据

**提 示**

如果饼图或数据标签难以选中，可以先选中图表，然后在【图表工具】|【布局】选项卡的【当前所选内容】选项组中通过下拉列表框选择对应内容。另外，在【设置数据系列格式】对话框中还能调整对应项目以更改图表的显示细节。【饼图分离程度】参数用于更改饼图中扇形间的距离；【分类间距】参数用于调整两个饼图间的距离；【第二绘图区大小】参数用来调整右侧饼图的大小。

**步骤 21** 修改好的复合饼图如图 5.150 所示。

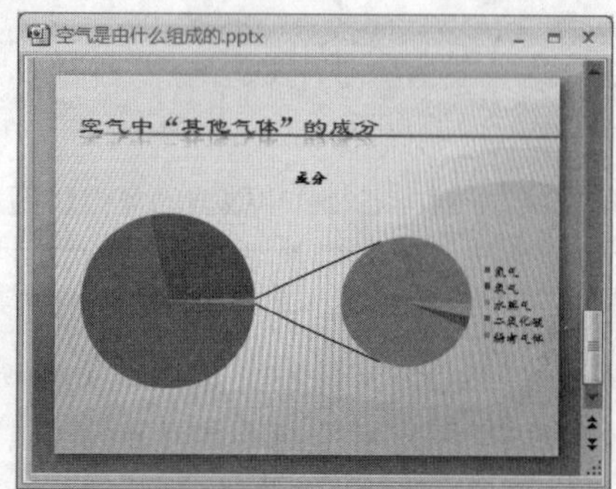


图 5.150 修改好的复合饼图

**步骤 22** 右击饼图后在弹出的快捷菜单中选择【添加数据标签】命令，实现为每个扇形添加对应气体在空气中的体积分数，这里是以小数的形式呈现的，如图 5.151 所示。

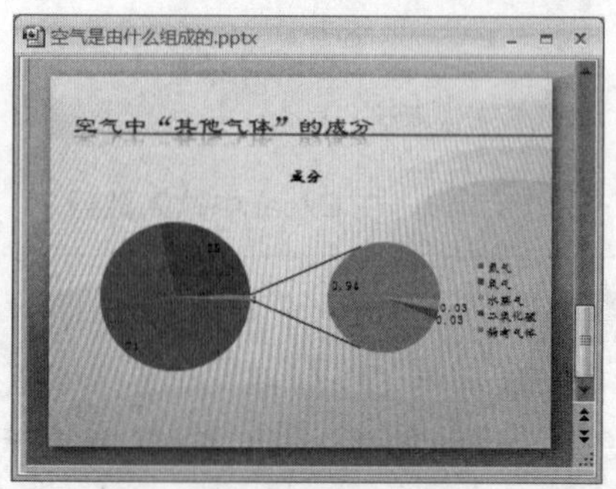


图 5.151 为图表添加数据标签

**步骤 23**　要将数据标签更改为分数形式，需要右击数据标签(或饼图)，在弹出的快捷菜单中选择【设置数据标签格式】命令，在弹出的【设置数据标签格式】对话框中选中【百分比】复选框，如图 5.152 所示。

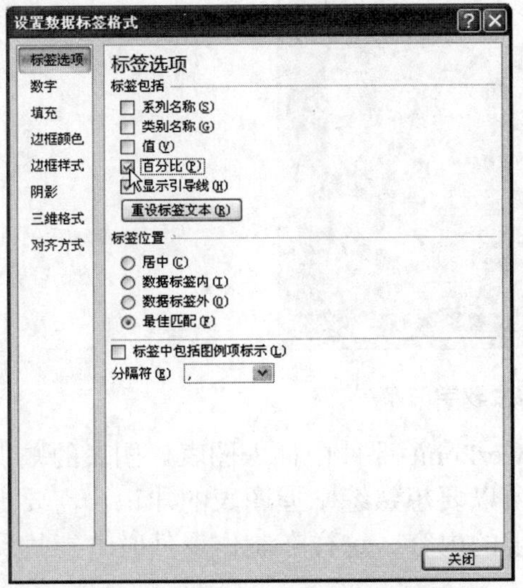


图 5.152　选中【百分比】复选框

**步骤 24**　切换到【数字】页面，在类别列表框中选中【百分比】选项，设置为期望显示的百分比格式，如图 5.153 所示。

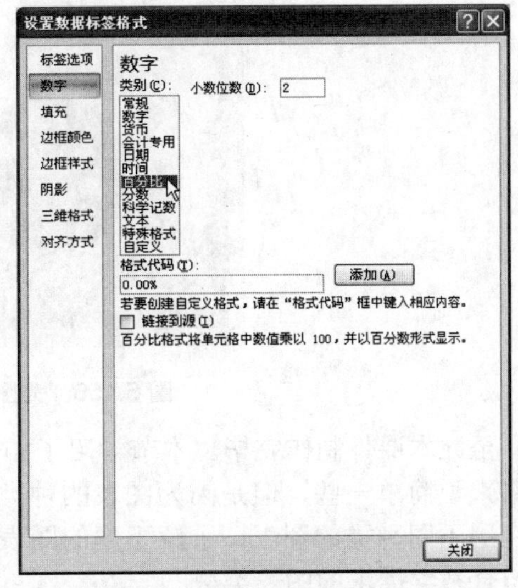


图 5.153　设置期望显示的百分比格式

**提　示**

在【设置数据标签格式】对话框的【标签选项】页面的【标签包括】选项中，可以复选标签显示的内容。比如本例中可以让标签同时显示气体名称和气体所占体积分数。

**步骤 25**　修改数据标签后的图表如图 5.154 所示。

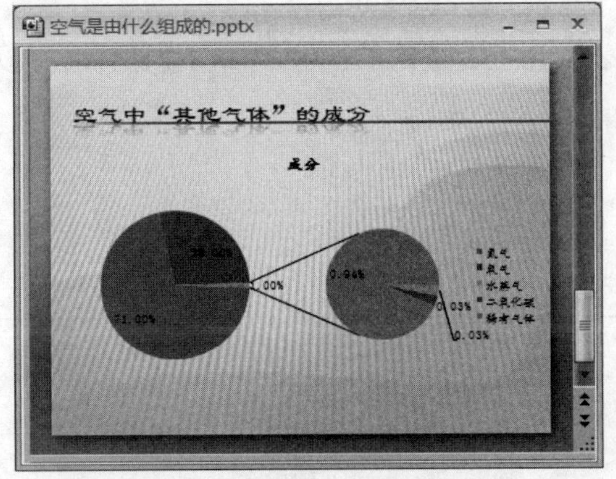


图 5.154　修改数据标签后的图表

**步骤 26**　为图表添加一个样式，使其与上面步骤中插入的图表保持一致，如图 5.155 所示。

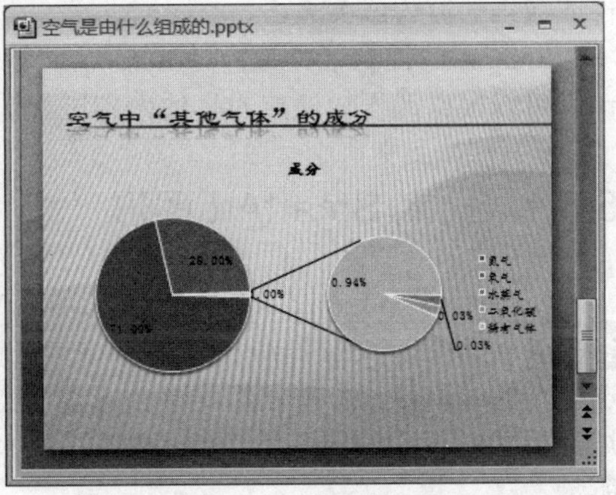


图 5.155　为图表添加样式

**提 示**

图表插入完成后，可以根据教学需求或个人喜好选择布局，如图 5.156 所示。

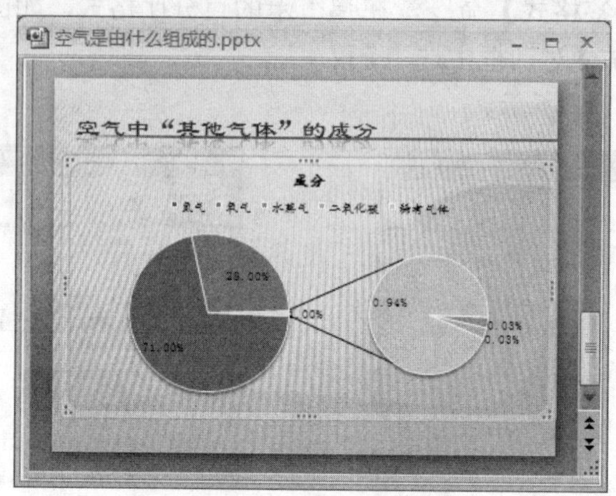


图 5.156　为图表选择适合教学的布局

至此本课件制作完毕。本节学习了如何在 PowerPoint 课件中插入图表。图表的知识较表格来说简单一些，但是因为图表的种类繁多，所以要想熟练掌握图表的知识，需要更多地应用不同种类的图表，了解不同的图表擅长呈现的内容。这样在制作课件时才能找到更加符合教学需求的图表类型。

# 5.3　使用 SmartArt 图形

在 PowerPoint 课件创作过程中，流畅的构思和烦琐的操作实践往往令人烦恼。在以往的幻灯片制作中，设计者如果要实现精美的图形效果，往往无法专注于内容，而是要花费大量时间进行以下操作：使各个形状大小相同并且适当对齐；使文字正确显示；手动设置形状的格式以符合文档的总体样式。Microsoft PowerPoint 2007 提供了强大的智能化图形工具，仅仅通过点击鼠标和输入数据就能制作出精美的图形。这些图形可以很清晰地展现事件或数据的流程或关系。

SmartArt 提供了大量的图形布局，比如列表、流程、层次结构等。在创作课件时，设计者可以根据课程知识点的具体内容进行选择。

## 5.3.1　插入 SmartArt 图形

在 PowerPoint 中插入 SmartArt 图形的操作方法如下。

**步骤 1**　新建一个空白演示文稿，在【开始】选项卡的【幻灯片】选项组中单击【新建幻灯片】按钮下方的倒三角按钮，如图 5.157 所示。

图 5.157　单击【新建幻灯片】按钮

步骤 2　在弹出的【Office 主题】菜单中选择【标题和内容】选项，如图 5.158 所示。

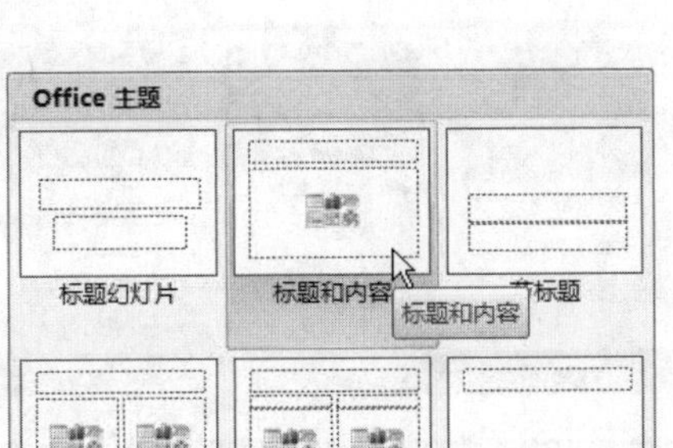


图 5.158　选择【标题和内容】选项

步骤 3　在新建的演示文稿的占位符中单击【插入 SmartArt 图形】按钮，如图 5.159 所示。

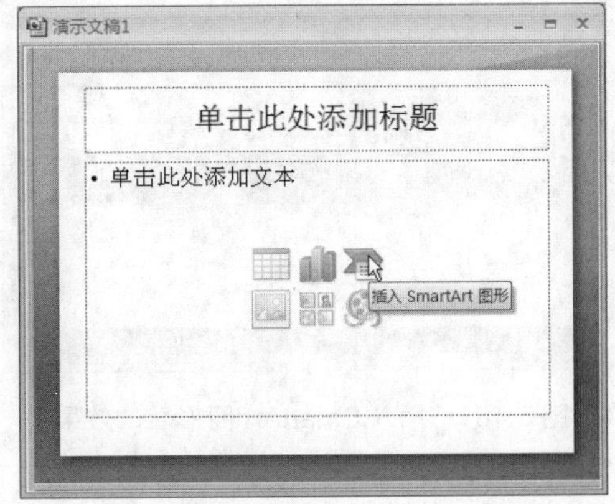


图 5.159　单击【插入 SmartArt 图形】按钮

步骤 4　在打开的【选择 SmartArt 图形】对话框中，选择【流程】页面中的【连续块状流程】选项，单击【确定】按钮，如图 5.160 所示。

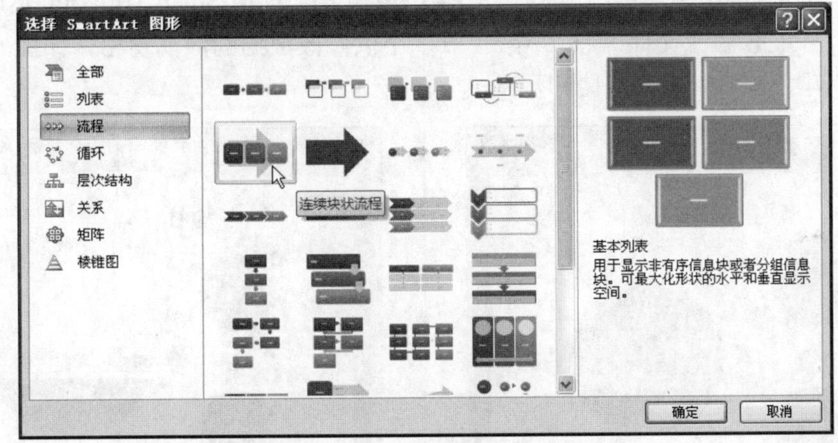


图 5.160　选择【连续块状流程】选项

**提　示**

PowerPoint 将所有 SmartArt 图形按照数据关系的不同分成了若干类。每一类的 SmartArt 图形擅长展现的数据或事件各不相同。

**注　意**

在【插入】选项卡的【插图】选项组中单击 SmartArt 按钮也可以插入 SmartArt 图形。

步骤 5　这时幻灯片中就插入了一个流程图。同时，有一个浮动窗格供用户输入内容，如图 5.161 所示。

步骤 6　在浮动窗格中输入内容，将早晨起床后的行为添加到流程图中，如图 5.162 所示。

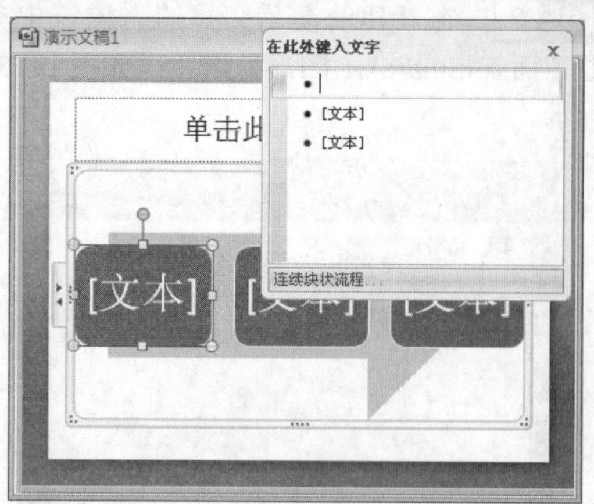

图 5.161 插入 SmartArt 图形后的效果

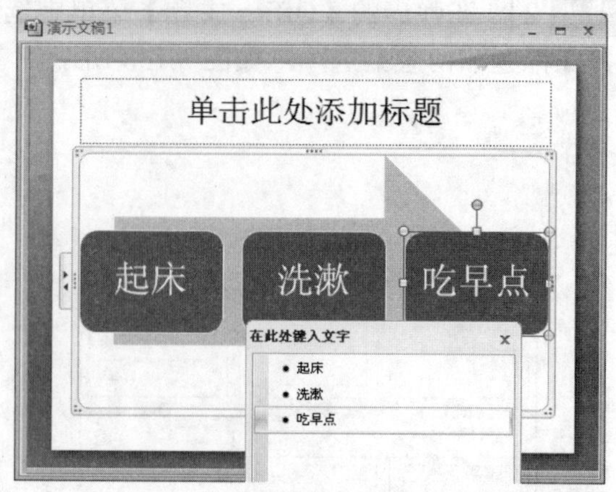

图 5.162 在 SmartArt 图形中输入内容

## 5.3.2 编辑和美化 SmartArt 图形

下面逐步美化所插入的 SmartArt 图形，具体操作方法如下。

**步骤 1** 打开“SmartArt 实例 1.pptx”文档(文件路径：配套光盘\源文件\第 5 章\第 3 节\SmartArt 实例 1.pptx)，如图 5.163 所示。

**步骤 2** 选中 SmartArt 图形，这时会弹出一个供修改数据的浮动窗格，如图 5.164 所示。

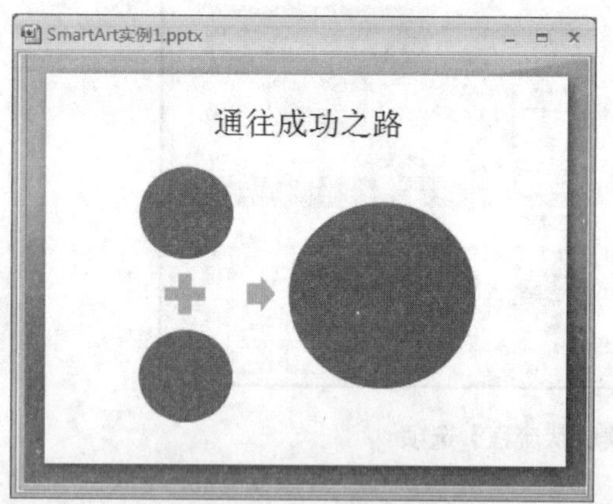

图 5.163 打开“SmartArt 实例 1.pptx”文档

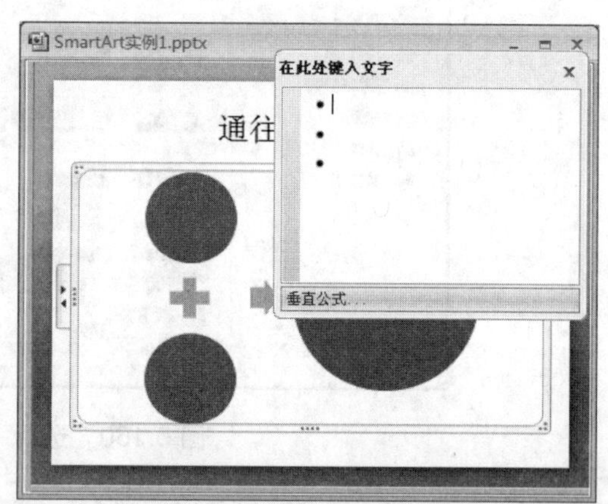

图 5.164 选中 SmartArt 图形

**注 意**

将光标置于浮动窗格中的不同位置，就会选中相应的 SmartArt 图形部分。同样地，选中 SmartArt 图形的不同部分，浮动窗格中的光标也会相应地改变位置。

**提 示**

选中 SmartArt 图形后，图形的左侧控制柄处会出现按钮，单击这个按钮可以显示或隐藏用来输入内容的浮动窗格。

**步骤 3**　在浮动窗格中输入数据，可以看到 SmartArt 图形上出现了相应的数据，如图 5.165 所示。

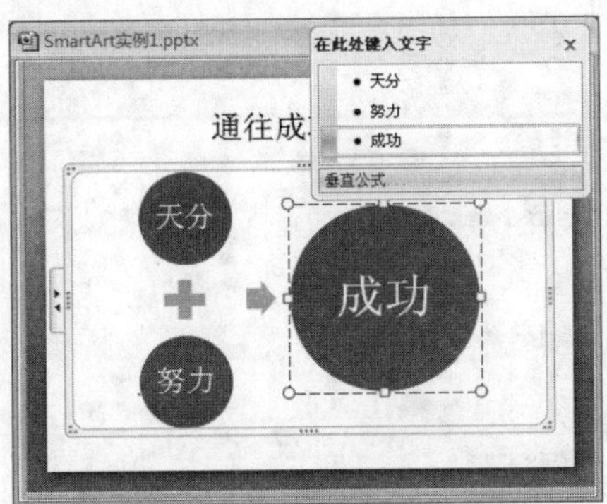


图 5.165　为 SmartArt 图形输入数据

**步骤 4**　选中一个图形，如图 5.166 所示。

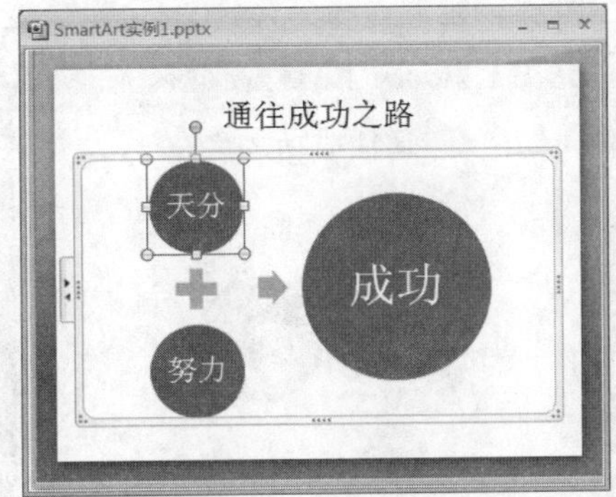


图 5.166　选中一个图形

**注 意**

可以随意改变浮动窗格位置和大小。改变其位置可以通过拖动窗格标题栏实现，改变其大小可以通过拖动边框或四个角来实现。

**步骤 5**　在【SmartArt 工具】|【设计】选项卡的【创建图形】选项组中，单击【添加形状】按钮下方的倒三角按钮，在弹出的下拉菜单中选择【在后面添加形状】命令，如图 5.167 所示。

图 5.167　为 SmartArt 图形添加一个形状

**步骤 6**　这样，就在选定图形的后面添加了一个形状，如图 5.168 所示。

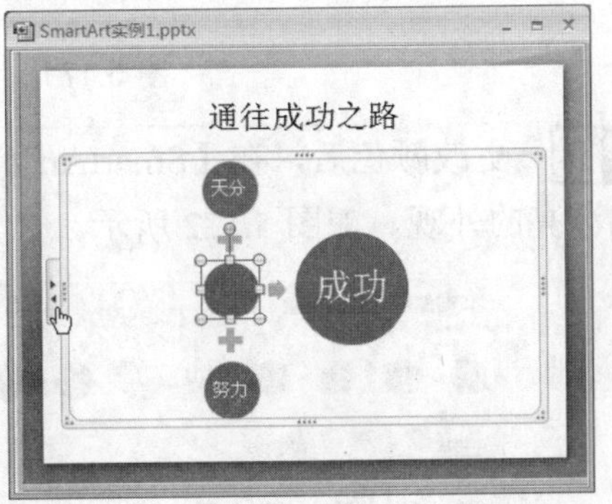


图 5.168　添加形状后的 SmartArt 图形

**提 示**

若要删除形状，只需要选中要删除的形状，然后按键盘上的 Delete 键即可。当图形被删除后，计算机会自动调整 SmartArt 图形为最适合的布局。

**步骤 7**　为新插入的图形添加内容，如图 5.169 所示。

**步骤 8**　在【SmartArt 工具】|【设计】选项卡的【SmartArt 样式】选项组中，单击【更

改颜色】按钮，在弹出的下拉菜单中选择一个适合内容的配色方案，如图 5.170 所示。

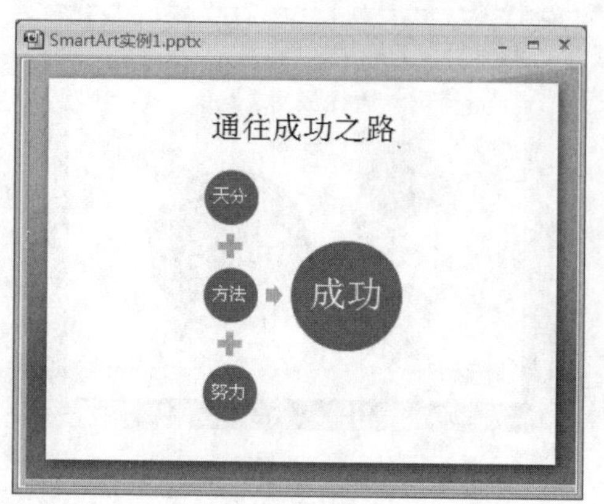


图 5.169 为新插入的图形添加内容

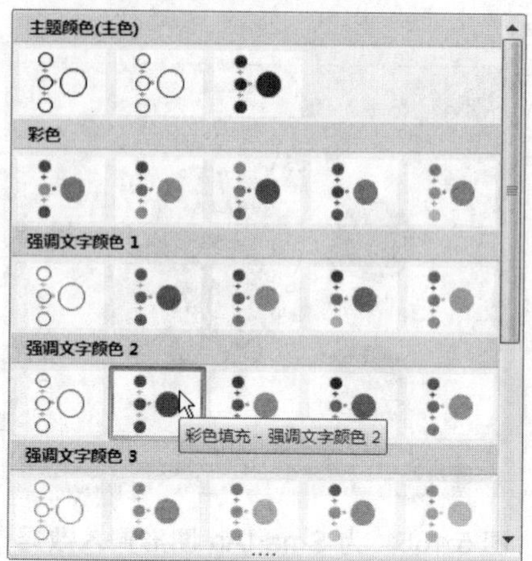


图 5.170 为 SmartArt 图形选择配色方案

**注 意**

添加一种 SmartArt 图形后，如果发现不是预期想要实现的效果，可以进行调整而不必重新制作。方法为：首先选中 SmartArt 图形，然后在【SmartArt 工具】|【设计】选项卡的【布局】选项组中，重新选择想要更换的布局即可，如图 5.171 所示。

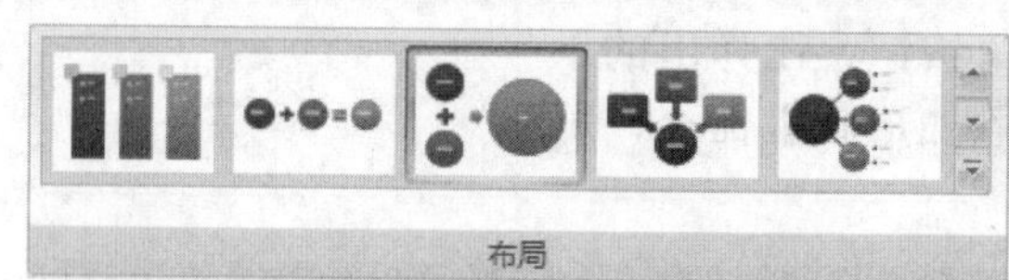


图 5.171 更改 SmartArt 图形的布局

**步骤 9** 更改颜色后，在【SmartArt 样式】选项组中可以更改图形样式，为图形设计一个更加漂亮的外观，如图 5.172 所示。

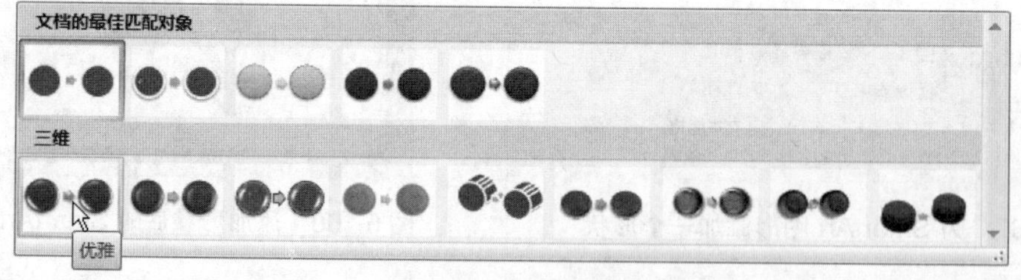


图 5.172 更改 SmartArt 图形的样式

**步骤 10** 加入了【优雅】样式的 SmartArt 图形如图 5.173 所示。

**步骤 11** 选中写有“天分”的图形，切换到【SmartArt 工具】|【格式】选项卡，在【形状】选项组中单击【减小】按钮，直至“天分”被缩小到一定程度，如图 5.174 所示。

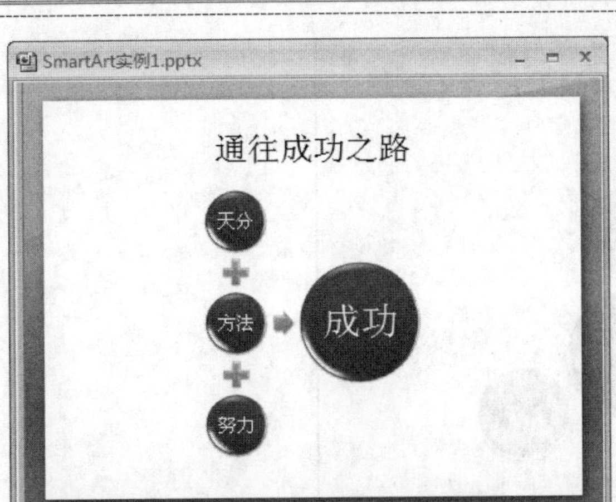


图 5.173　更改样式后的 SmartArt 图形

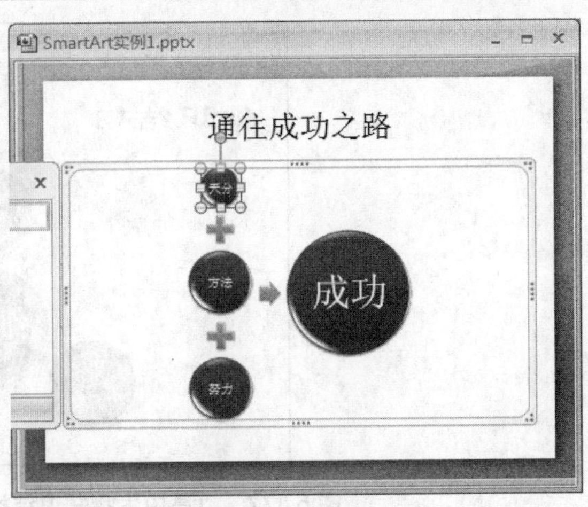


图 5.174　缩小图形

步骤 12　选中“方法”和“努力”图形，在【形状】选项组中单击【增大】按钮，放大这两个图形，如图 5.175 所示。

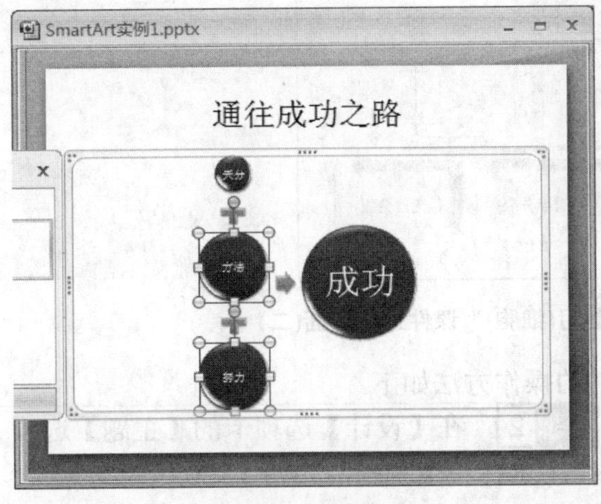


图 5.175　放大图形

步骤 13　调整图形中文字的大小，并为文字添加艺术字样式，效果如图 5.176 所示。

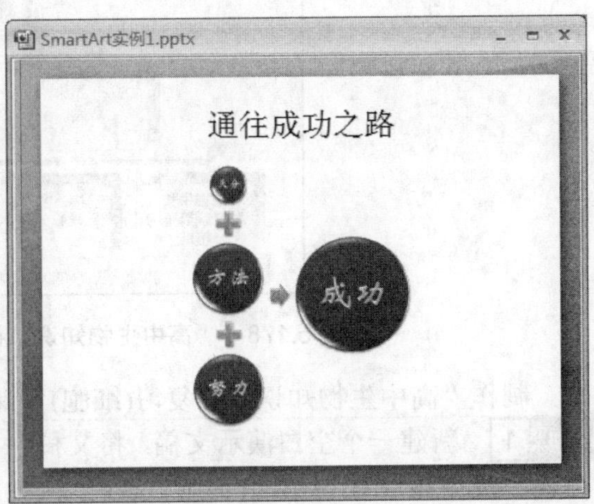


图 5.176　调整完成后的 SmartArt 图形

### 5.3.3　课件实战——高中生物知识结构复习(细胞)

下面利用 SmartArt 图形来制作“高中生物知识结构复习(细胞)”课件。课件的第一部分插入了【基本射线图】来表现围绕“细胞”展开的知识点，如图 5.177 所示。

课件后面的几部分，通过插入 SmartArt 图形展开了“细胞的结构”、“细胞的增殖”和“分化、癌变与衰老”三部分内容的复习，如图 5.178 所示。

通过本课件的制作，能够对 SmartArt 图形工具有一个整体的认识。SmartArt 图形涉及的种类繁多，在一个课件中不可能全部应用到。课件中使用了四个常用的 SmartArt 图形，并通过这 4 个 SmartArt 图形的添加，讲解了 SmartArt 图形的基本使用方法。

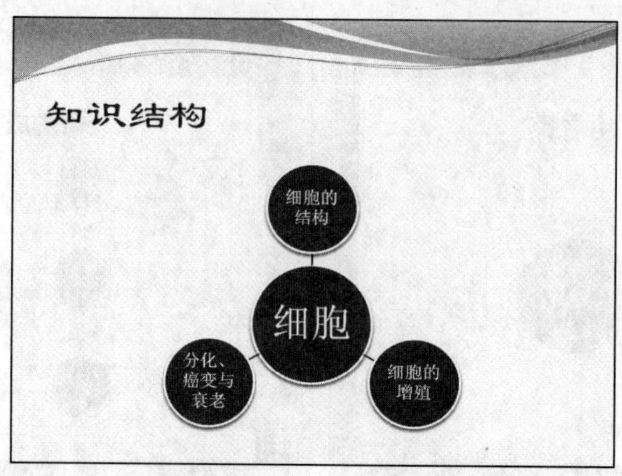


图 5.177 “高中生物知识结构复习(细胞)”课件运行画面(一)

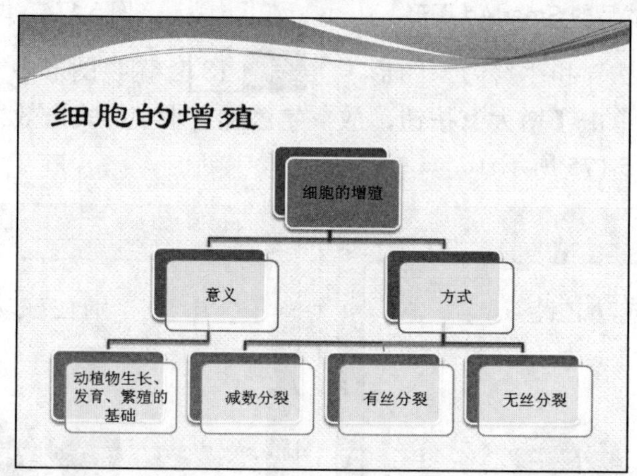


图 5.178 “高中生物知识结构复习(细胞)”课件运行画面(二)

制作“高中生物知识结构复习(细胞)”课件的操作方法如下。

**步骤 1** 新建一个空白演示文稿，将文稿保存为“高中生物知识结构(细胞).pptx”，如图 5.179 所示。

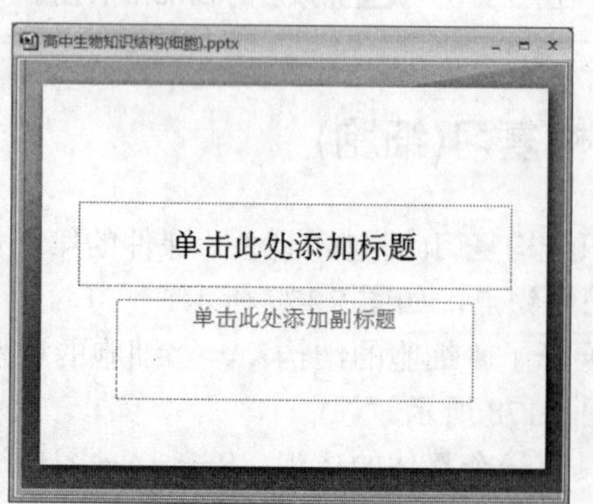


图 5.179 新建一个空白演示文稿

**步骤 2** 在【设计】选项卡的【主题】选项组中选择一个主题，如图 5.180 所示。

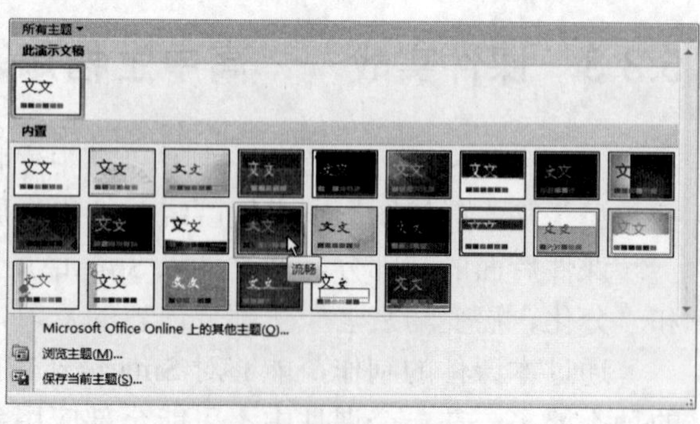


图 5.180 为幻灯片添加主题

步骤 3　输入幻灯片的标题，如图 5.181 所示。

图 5.181　输入幻灯片的标题

步骤 4　插入一个新的幻灯片，输入标题。在内容占位符中单击【插入 SmartArt 图形】按钮，如图 5.182 所示。

图 5.182　插入新的幻灯片

步骤 5　在打开的【选择 SmartArt 图形】对话框中选择【基本射线图】选项，单击【确定】按钮插入 SmartArt 图形，如图 5.183 所示。

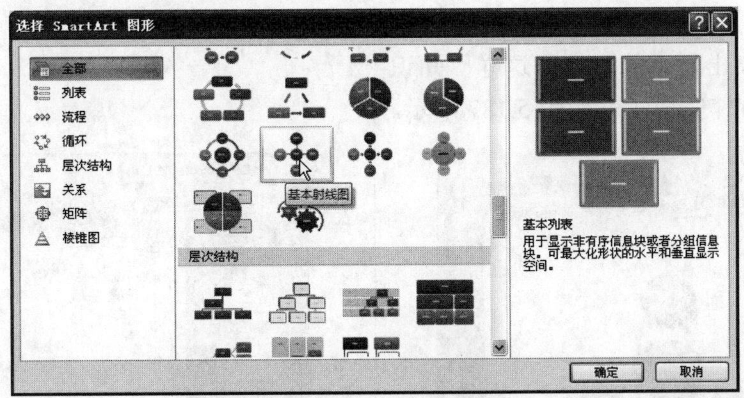


图 5.183　选择一种 SmartArt 图形

步骤 6　为插入的基本射线图输入内容。此时基本射线图四周有四个图形，这里需要删除一个，如图 5.184 所示。

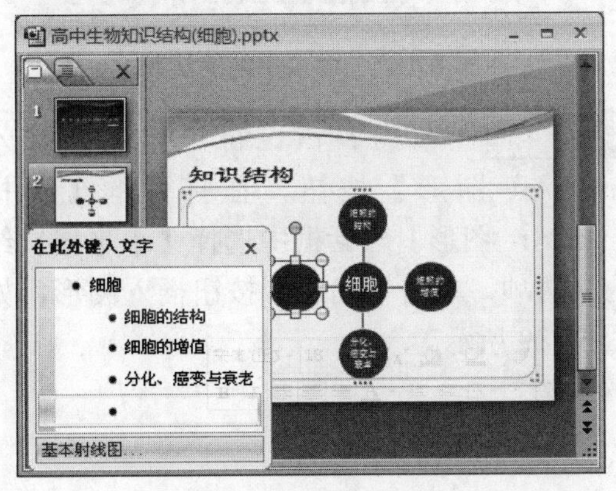


图 5.184　为图形添加内容

步骤 7　删除一个图形后，PowerPoint 会自动调整到最合适的 SmartArt 布局，如图 5.185 所示。

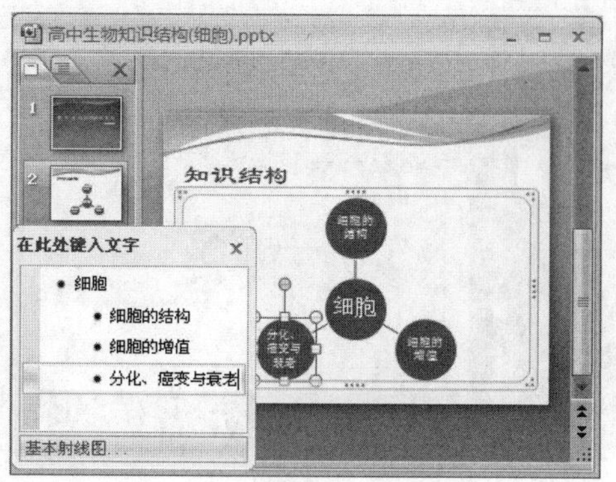


图 5.185　删除一个形状

步骤 8　在【SmartArt 工具】|【设计】选项卡的【SmartArt 样式】选项组中，选择一个合适的样式使图形看起来更加立体，如图 5.186 所示。

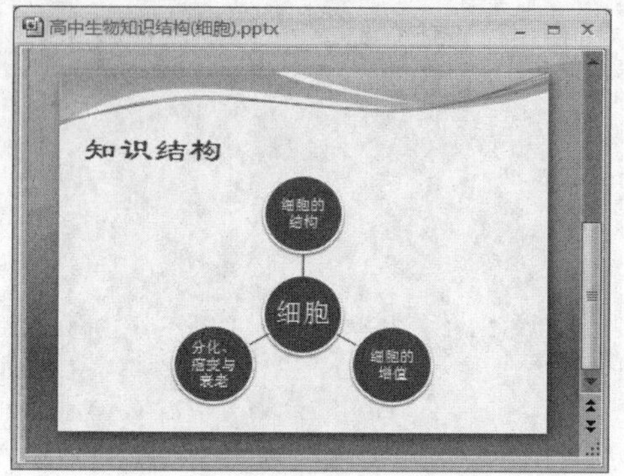


图 5.186　为 SmartArt 图形添加样式

步骤 9　选中知识结构图中的“细胞”图形。在【SmartArt 工具】|【格式】选项卡的【形状】选项组中，单击【增大】按钮放大“细胞”图形达到突出显示的目的。这样“知识结构”部分就制作完成了，如图 5.187 所示。

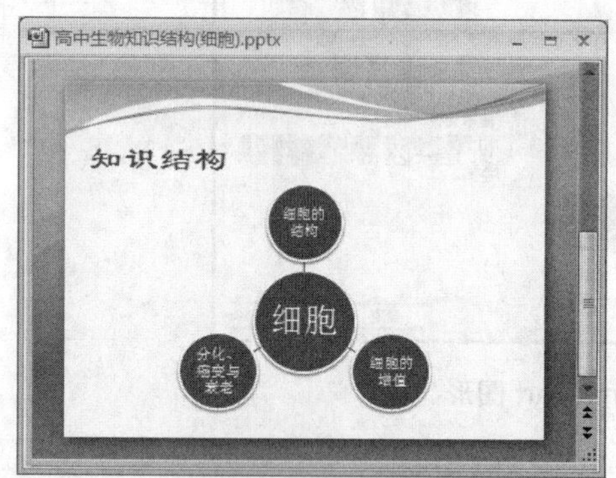


图 5.187　增大中间的形状

步骤 10　下面制作“细胞的结构”部分的知识结构图。插入一个新的幻灯片，添加标题，如图 5.188 所示。

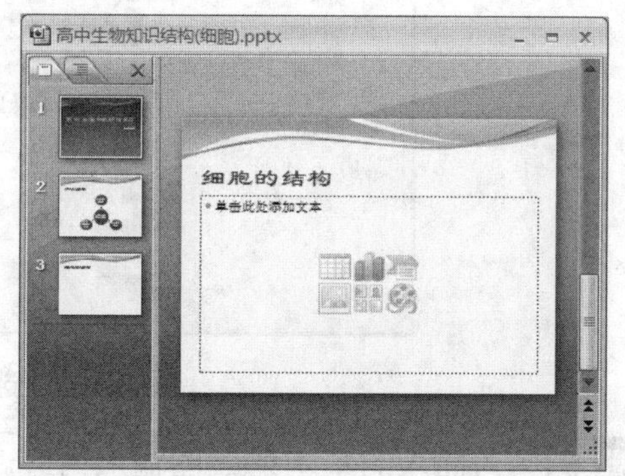


图 5.188　插入一个新幻灯片

步骤 11　在内容占位符里单击【插入 SmartArt 图形】按钮，在打开的【选择 SmartArt 图形】对话框中选择【水平层次结构】选项，单击【确定】按钮插入图形，如图 5.189 所示。

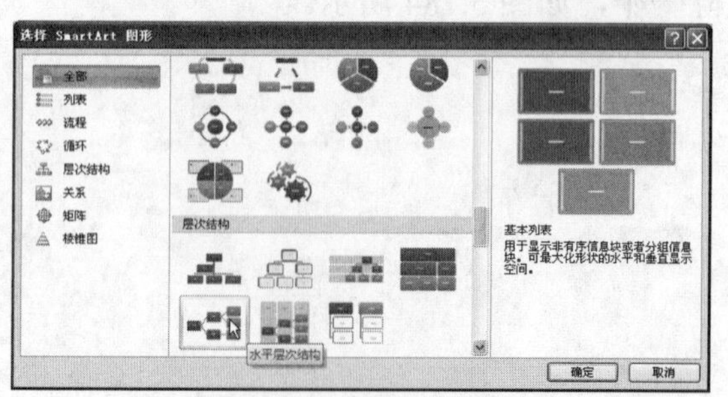


图 5.189　选择【水平层次结构】选项

**步骤 12**　因为本部分在第二层上会分出四项内容，而刚刚插入的【水平层次结构】图只有两项，所以需要再插入两项来补足。首先选中第二层最上方的图形，如图 5.190 所示。

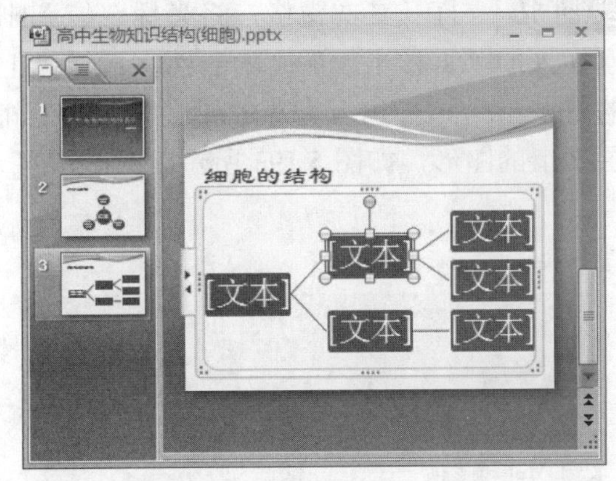


图 5.190　选中形状

**步骤 13**　在【SmartArt 工具】|【设计】选项卡的【创建图形】选项组中，单击【添加形状】按钮下方的倒三角按钮，在弹出的下拉菜单中选择【在后面添加形状】命令，如图 5.191 所示。

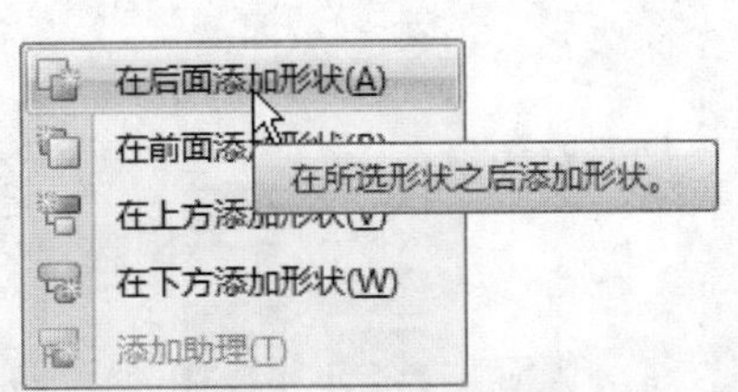


图 5.191　在选中的形状后面添加形状

**步骤 14**　这样就在刚才选中的图形下方插入了一个形状，为已经插入完成的形状添加内容，如图 5.192 所示。

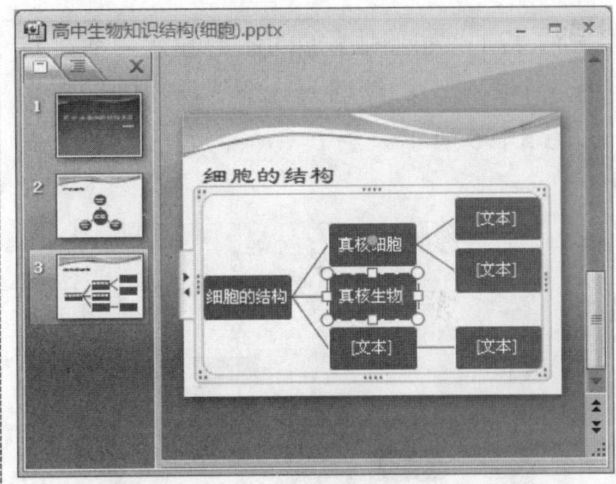


图 5.192　插入形状后的 SmartArt 图形

**提 示**

【添加形状】按钮分为两部分，单击上面的图标按钮部分会直接按照上一次插入图形的位置添加图形。单击下面的倒三角按钮部分会弹出下拉菜单，供设计者选择在期望的位置插入图形。

**注 意**

在【水平层次结构】图形中，执行【在后面添加形状】和【在前面添加形状】操作后会为选中图形在同一层次添加新的形状。【在上方添加形状】和【在下方添加形状】则是为选中图形在上一层次或下一层次添加形状。

**步骤 15** 打开文本窗格，将光标定位到刚刚插入的“真核生物”文本后面，按键盘上的 Enter 键，这样也可为选中图形插入一个同层次上的图形，如图 5.193 所示。

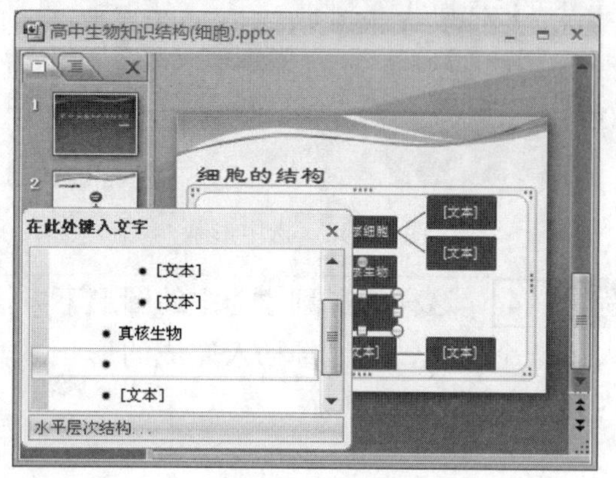


图 5.193 利用【文本窗格】增加形状

**步骤 16** 为刚刚插入的图形输入数据。现在知识结构图第二层次的内容就制作完成了。选中“真核细胞”图形，在【创建图形】选项组中单击【添加形状】按钮下方的倒三角按钮，在弹出的下拉菜单中选择【在下方添加形状】命令，如图 5.194 所示。

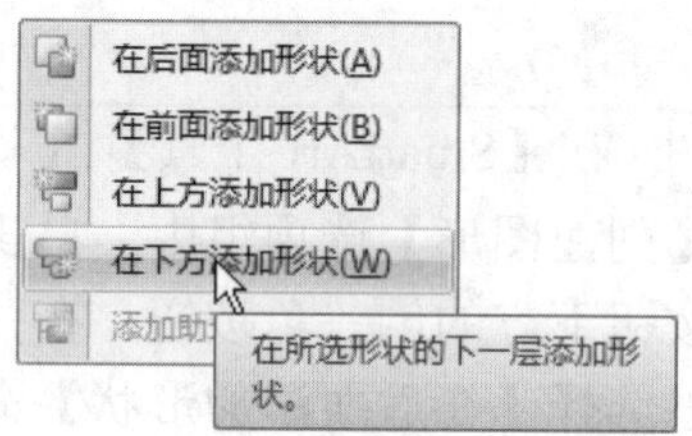


图 5.194 在“真核细胞”图形下方插入形状

**步骤 17** 为刚刚添加的图形输入内容，选中这个图形，继续插入一个同层次的图形，如图 5.195 所示。

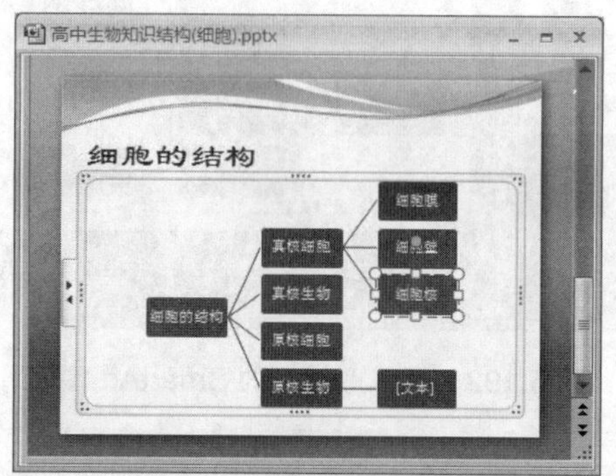


图 5.195 为 SmartArt 图形输入内容

**步骤 18** 为新的图形添加内容，这样“真核细胞”包含的四部分内容也添加完成了。接下来选择“原核生物”形状下的多余图形，如图 5.196 所示。

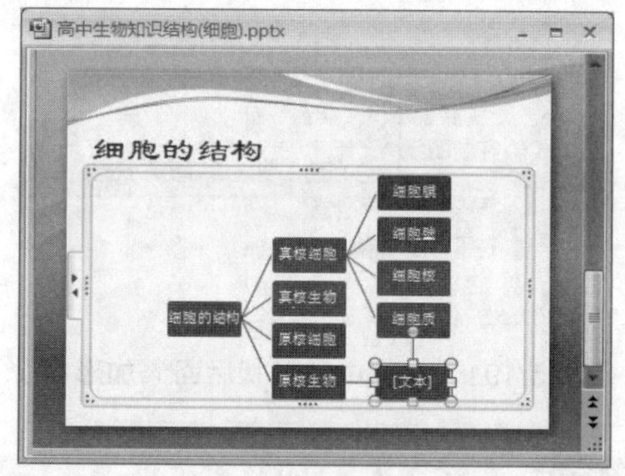


图 5.196 选择多余形状

**注 意**

在创作过程中，当发现图形的层次结构发生错误后，可以先选中需要调节的图形，然后切换到【SmartArt 工具】|【设计】选项卡，在【创建图形】选项组中利用【升级】和【降级】按钮修改。另外，通过文本窗格也能进行层级结构的修改。方法为：将光标定位在需要修改的项上，然后按下键盘上的 Tab 键或退格键，就会实现层次下移或上移的效果，如图 5.197 所示。

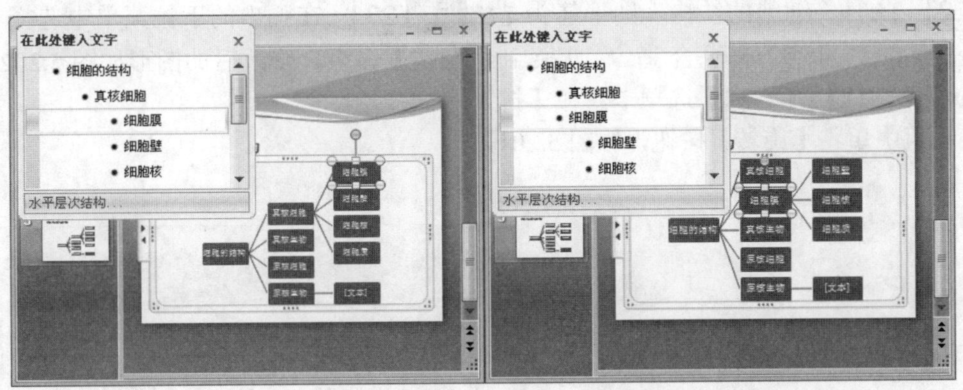


图 5.197　利用【文本窗格】修改 SmartArt 图形的层次

**步骤 19**　删除选中的图形。选中整个 SmartArt 图形，在【SmartArt 工具】|【设计】选项卡的【SmartArt 样式】选项组中设置颜色和样式，使整个图形更加美观大方，如图 5.198 所示。

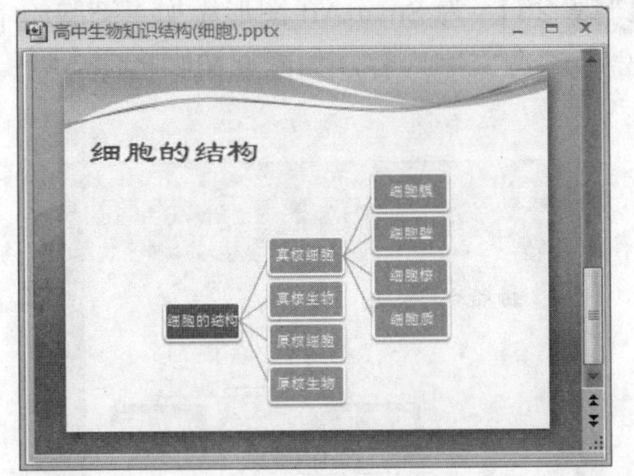


图 5.198　为 SmartArt 图形添加样式

**步骤 20**　为了凸显“细胞的结构”图形，下面将为其更改一个形状。选中“细胞的结构”图形，切换到【SmartArt 工具】|【格式】选项卡，在【形状】选项组中单击【更改形状】按钮，如图 5.199 所示。

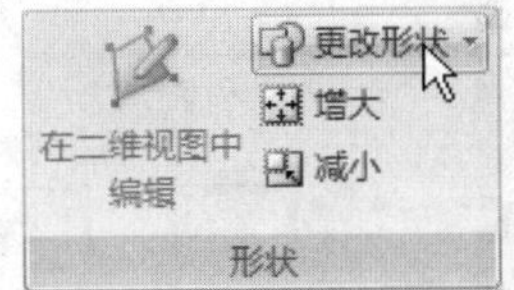


图 5.199　单击【更改形状】按钮

**步骤 21**　在弹出的下拉菜单中选择⬡形状。更改形状后的 SmartArt 图形如图 5.200 所示。

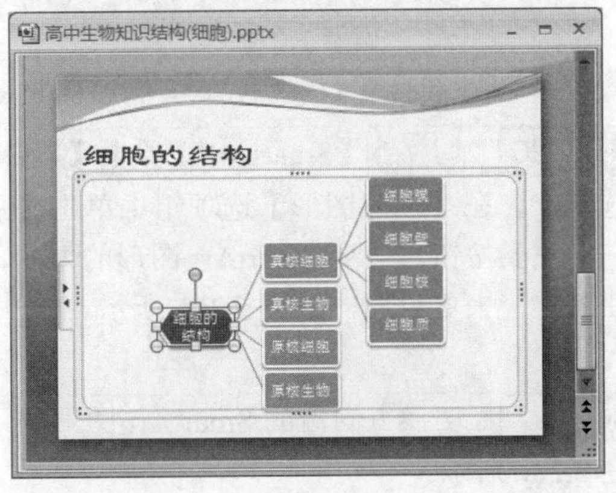


图 5.200　替换“细胞的结构”的形状

**步骤 22** 此时“细胞的结构”图形箭头是朝向左面的，很明显不合适。切换到【SmartArt 工具】|【格式】选项卡，在【排列】选项组中单击【旋转】按钮，如图 5.201 所示。

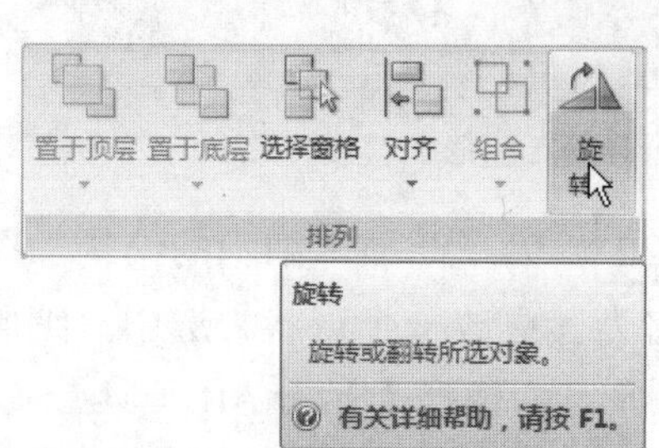


图 5.201 单击【旋转】按钮

**步骤 23** 在弹出的下拉菜单中选择【水平翻转】命令，修改后的图形如图 5.202 所示。

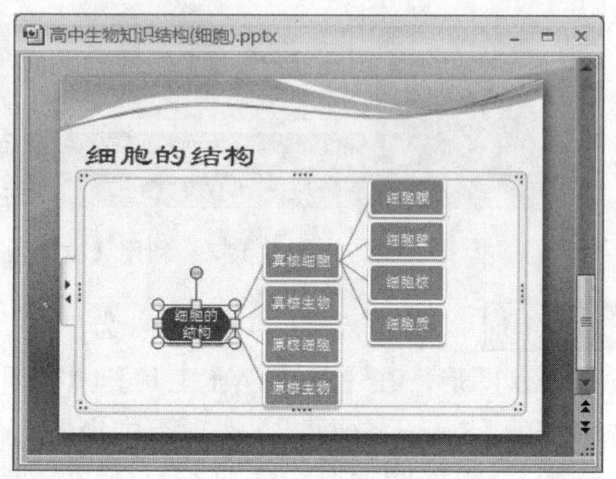


图 5.202 更改“细胞的结构”形状的方向

**步骤 24** 插入一个新的幻灯片，输入本部分的标题。插入一个新的【层次结构】SmartArt 图形，如图 5.203 所示。

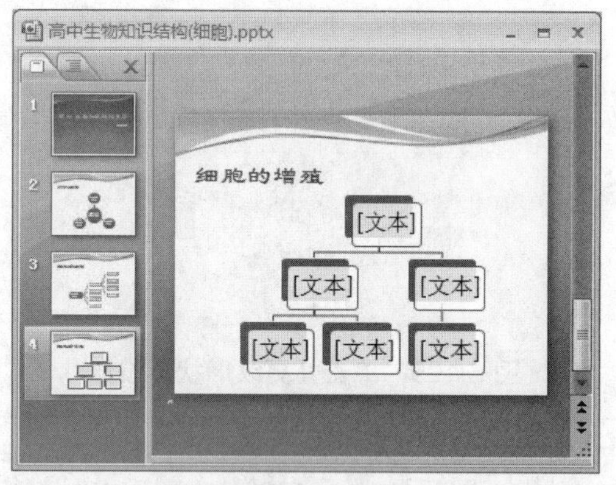


图 5.203 新建幻灯片并插入 SmartArt 图形

**步骤 25** 为 SmartArt 图形添加“细胞的增殖”部分文字内容，如图 5.204 所示。

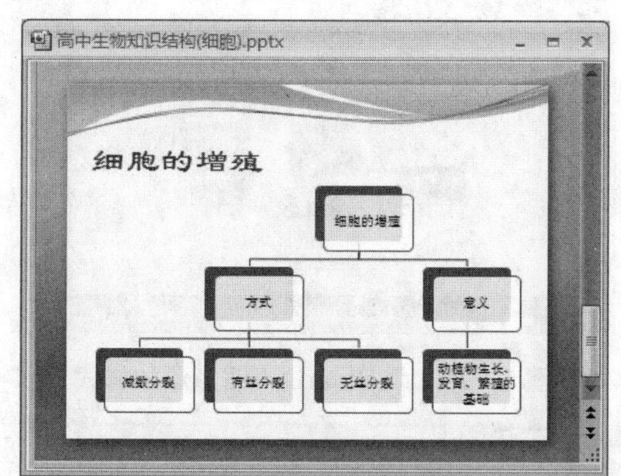


图 5.204 为 SmartArt 图形添加内容

**步骤 26** 切换到【SmartArt 工具】|【设计】选项卡，在【创建图形】选项组中单击【从右向左】按钮，改变 SmartArt 图形的方向，使其看起来更舒服，如图 5.205 所示。

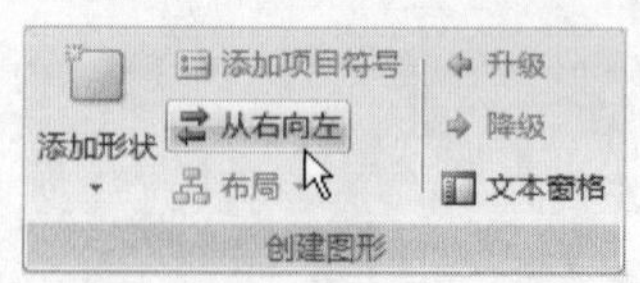


图 5.205 单击【从右向左】按钮

**步骤 27** 切换方向后的 SmartArt 图形如图 5.206 所示。

**步骤 28** 继续修改 SmartArt 图形中各项的位置。选中“细胞的增殖”图形，拖动到画面的中央位置，如图 5.207 所示。

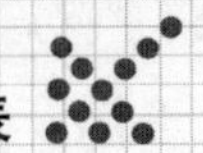

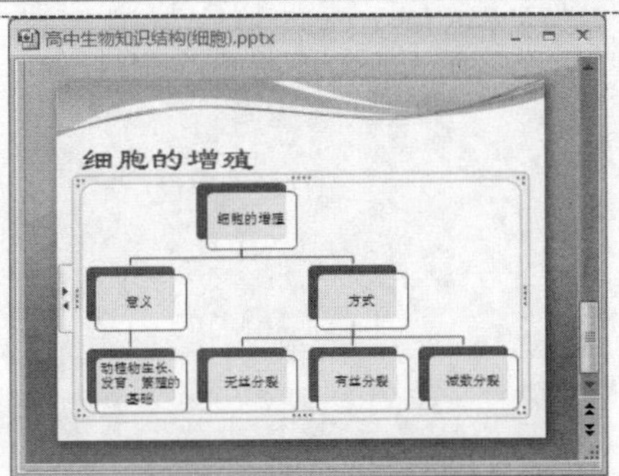


图 5.206　更改 SmartArt 图形的方向

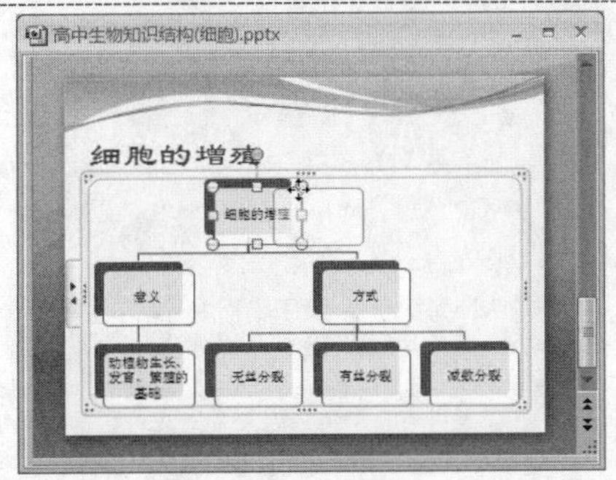


图 5.207　移动 SmartArt 图形中形状的位置

**步骤 29**　按照同样的方法调整其余图形的位置，直到整个画面看起来美观大方为止，如图 5.208 所示。

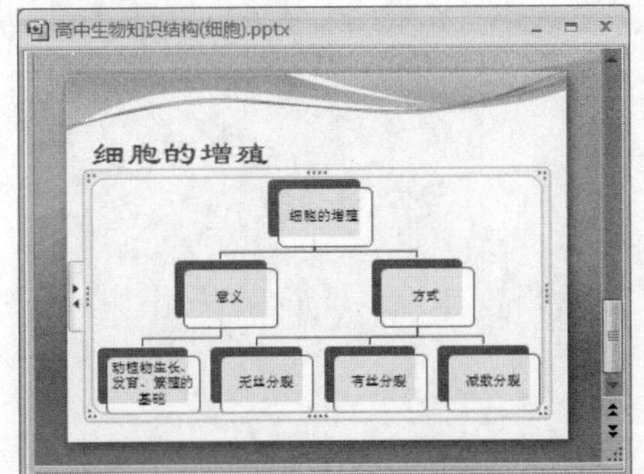


图 5.208　调整所有形状的位置

**步骤 30**　选中整个 SmartArt 图形，为其添加一个样式，使其和背景主题色调一致，如图 5.209 所示。

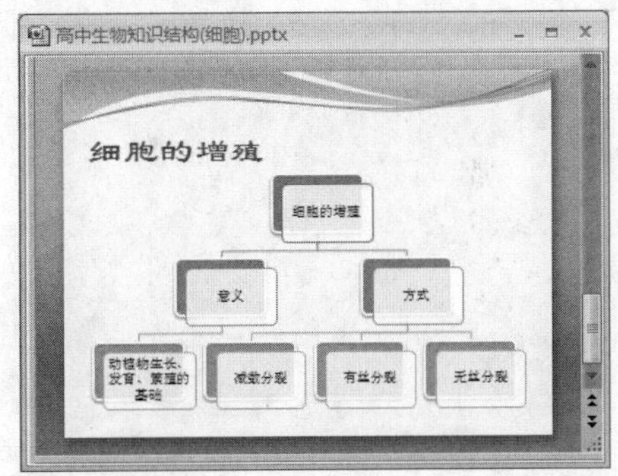


图 5.209　为 SmartArt 图形添加样式

**注 意**

在调整 SmartArt 图形中各小图形的位置时，连接各个项目的线条会自动调整。

**步骤 31**　选中“细胞的增殖”图形，在【SmartArt 工具】|【格式】选项卡中，通过【形状样式】选项组更改图形样式。以同样的方法更改所有线条的样式，如图 5.210 所示。

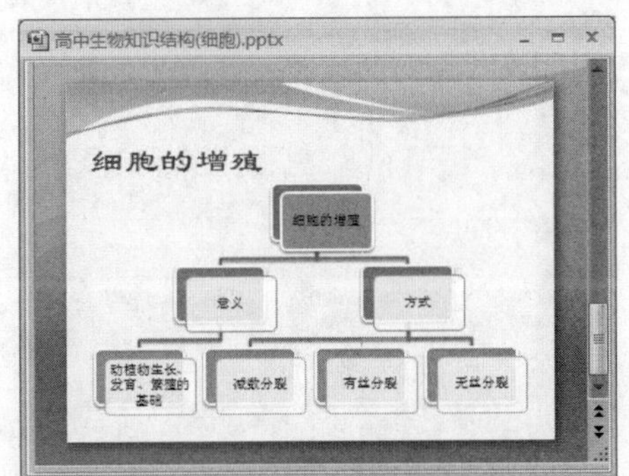


图 5.210　更改一个形状及所有线条的样式

**步骤 32**　继续制作“分化、癌变与衰老”部分的内容，制作方法和上面雷同，不再赘述，如图 5.211 所示。

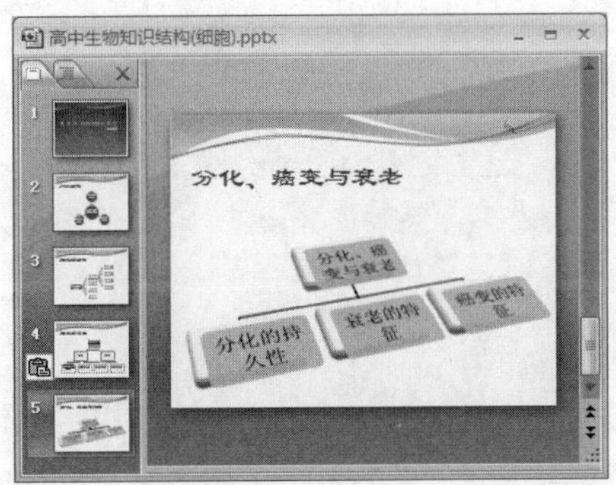


图 5.211　“分化、癌变与衰老”幻灯片

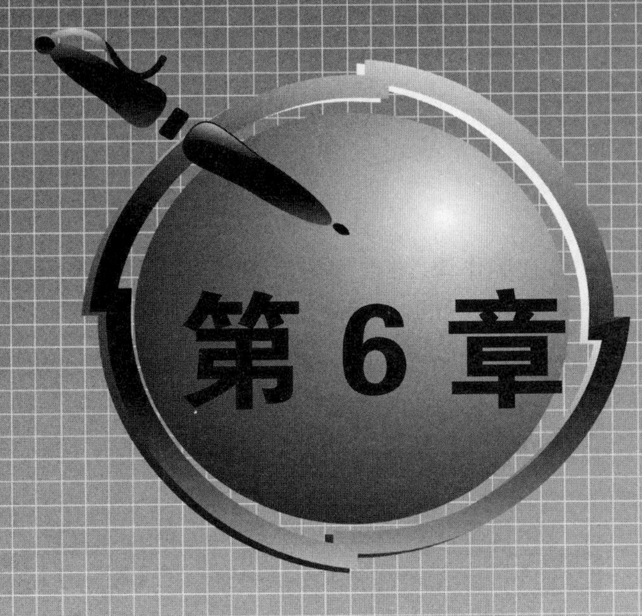


# 使用公式编辑器

在教学环节中，尤其是数学教学，经常会使用到大量的公式，虽说PPT的功能很强大，但编辑公式的效果却很不佳。为了弥补这一不足，在Office工具中包含了一个专门用于编辑公式的程序——公式编辑器，PPT可以直接调用它。用该程序编辑公式，能收到事半功倍的效果。

在公式编辑器中有两层按钮，上层是10类符号按钮，利用它们可以插入150多个数学符号；下层是9类模板按钮，利用它们可以插入120种样板。样板中有一些插槽，供公式中字符的插入。

本章将使用公式编辑器制作数学课件，从而展现公式编辑器的方便之处。

## 本章内容主要包括：

- 打开公式编辑器。
- 使用公式编辑器插入公式。
- 使用公式编辑器编辑公式。
- 在实例中使用公式编辑器插入公式。

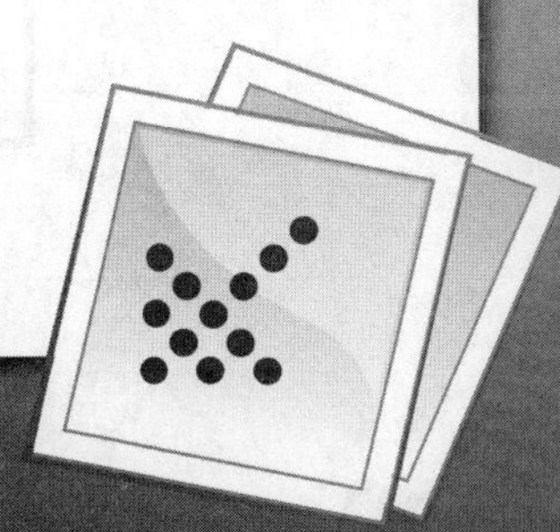

# 6.1 公式编辑器

在制作课件的过程中，避免不了要用到公式，PPT 中也可以通过公式编辑器来添加公式。使用公式编辑器可实现“所见即所得”的工作模式，可以很方便地添加或移除符号、表达式等(只需要简单地用鼠标拖进拖出即可)，也可以很方便地对公式进行修改。

## 6.1.1 打开公式编辑器

在使用公式编辑器插入公式之前，先介绍一下如何打开它。

步骤 1 新建一个空白演示文稿，在【插入】选项卡上的【文本】选项组中单击【对象】按钮，如图 6.1 所示。

图 6.1 单击【对象】按钮

步骤 2 在弹出的【插入对象】对话框中选择【Microsoft 公式 3.0】选项，然后单击【确定】按钮，如图 6.2 所示。

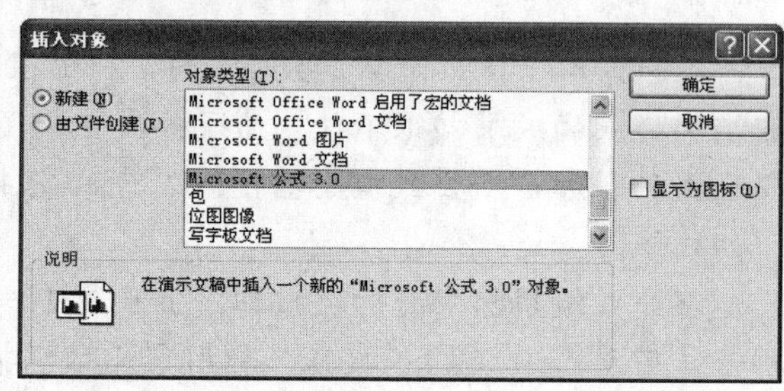


图 6.2 选择【Microsoft 公式 3.0】选项

步骤 3 此时便打开了公式编辑器，如图 6.3 所示。

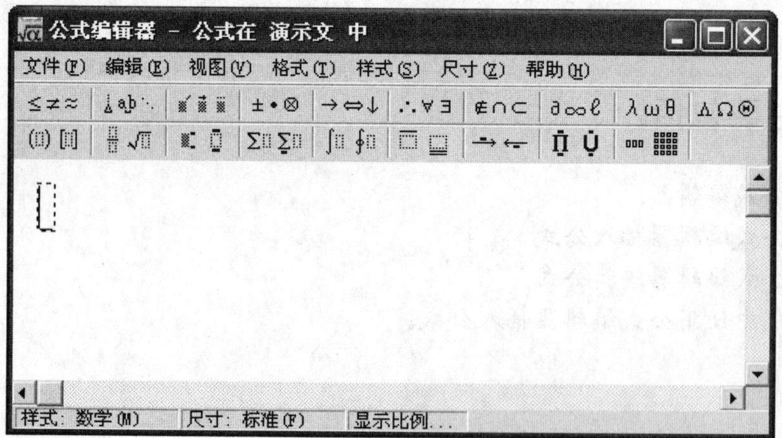


图 6.3 公式编辑器

### 6.1.2　公式编辑器界面

下面介绍一下公式编辑器的界面，如图 6.4 所示。

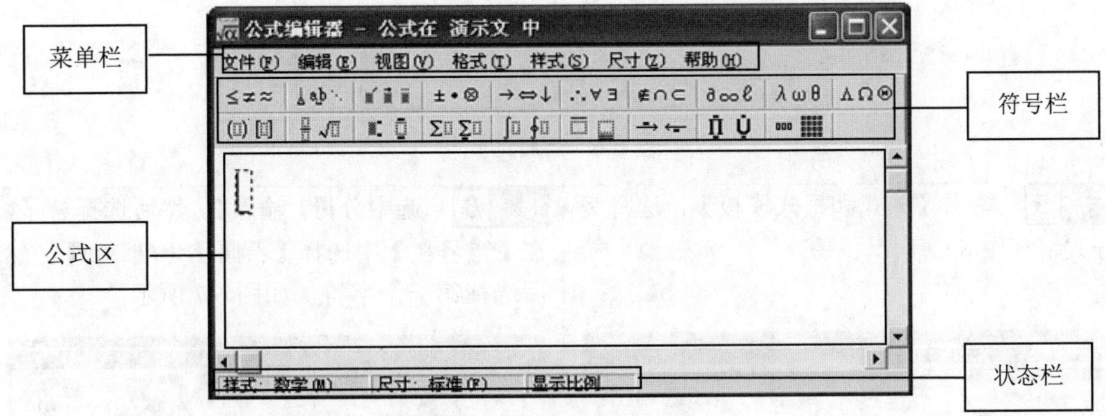


图 6.4　公式编辑器界面

- 菜单栏：可以用于设置所添加公式的属性。
- 符号栏：可以用于添加各种不同的公式符号。
- 公式区：是编辑公式的地方。
- 状态栏：用来显示当前状态。

## 6.2　使用公式编辑器

下面使用公式编辑器添加一个简单的公式，并在 PPT 中更改公式的颜色，另外还会介绍公式编辑器的一些快捷用法。

### 6.2.1　添加公式

使用公式编辑器添加如下三角函数公式。

$$\tan\frac{\alpha}{2}=\pm\sqrt{\frac{1-\cos\alpha}{1+\cos\alpha}}$$

**步骤 1**　新建一个空白演示文稿，在【插入】选项卡上的【文本】选项组中单击【对象】按钮。

**步骤 2**　在弹出的【插入对象】对话框中选择【Microsoft 公式 3.0】选项，然后单击【确定】按钮。

**步骤 3**　此时打开的公式编辑器如图 6.3 所示。

**步骤 4**　输入 tan，如图 6.5 所示。

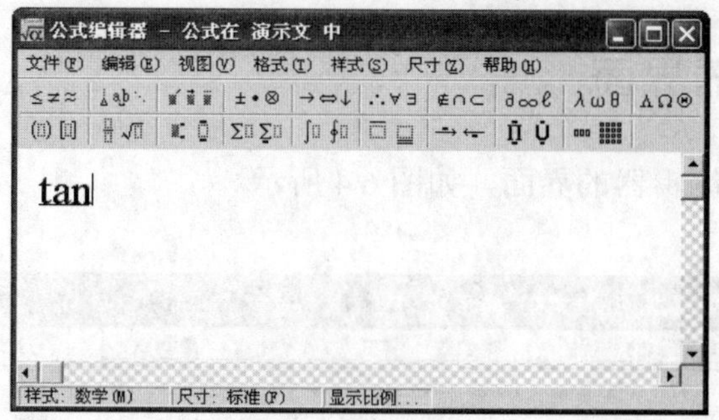

图 6.5　添加文字

步骤 5　单击【分式和根式模板】，选择竖分式，如图 6.6 所示。

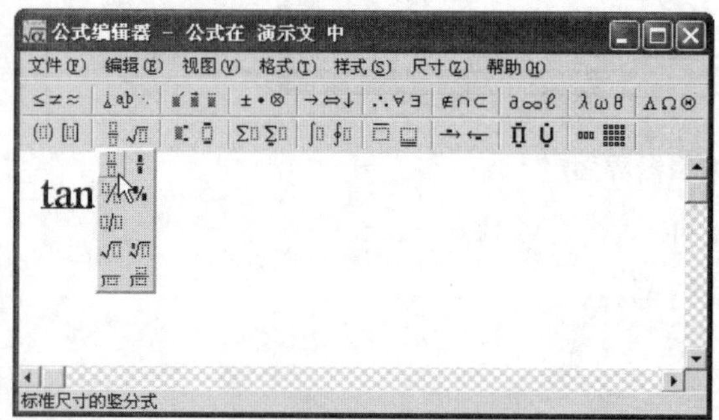

图 6.6　添加分式

步骤 6　选中分母，输入 2，然后选择分子，在【符号栏】中选择【希腊字母(小写)】，然后选择第一个字符，如图 6.7 所示。

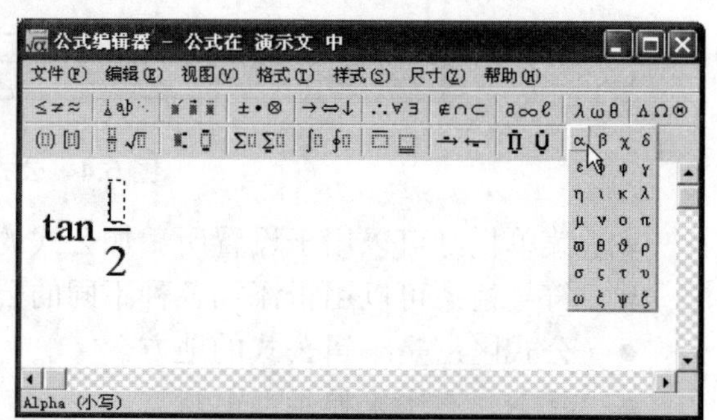

图 6.7　添加字符

步骤 7　选择公式的最右侧(或者按键盘上的“→”键)，让光标移动到分式的右侧，如图 6.8 所示。

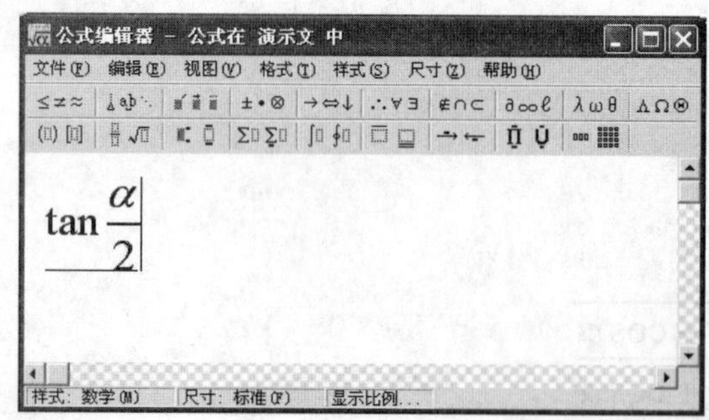

图 6.8　移动光标

步骤 8　输入“=”，然后在【符号栏】中选择运算符号，选择如图 6.9 所示的符号。

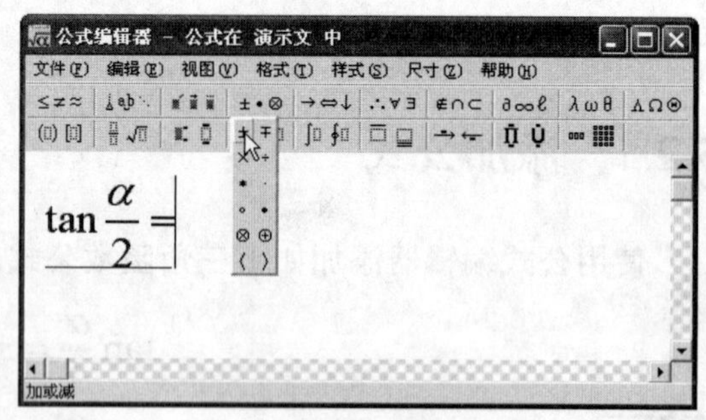

图 6.9　添加符号

步骤 9　在【符号栏】中选择【分式和根式模板】，选择平方根符号，如图 6.10 所示。

步骤 10　在【符号栏】中选择【分式和根式模板】，选择竖分式，如图 6.11 所示。

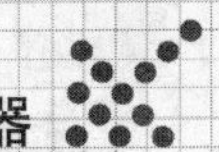

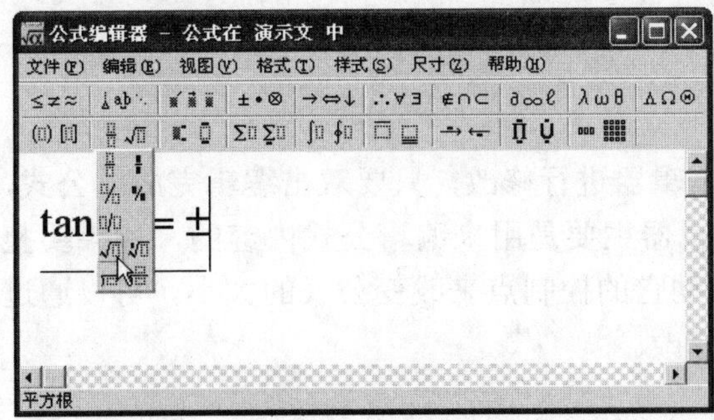

图 6.10　添加根号

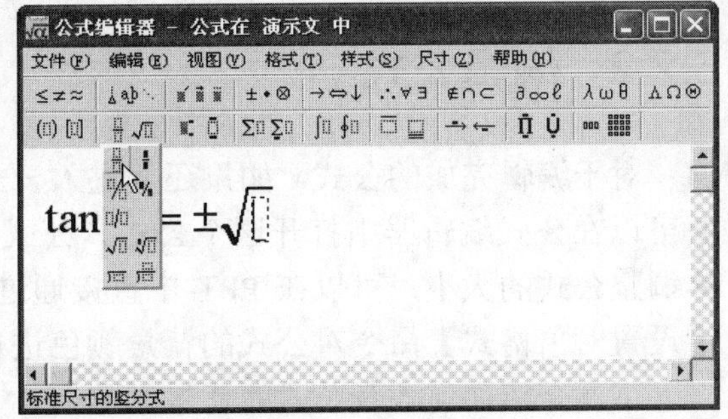

图 6.11　添加分式

步骤 11　选中分子，输入 1−cos，然后选择【希腊字母(小写)】，选择第一个字符，如图 6.12 所示。

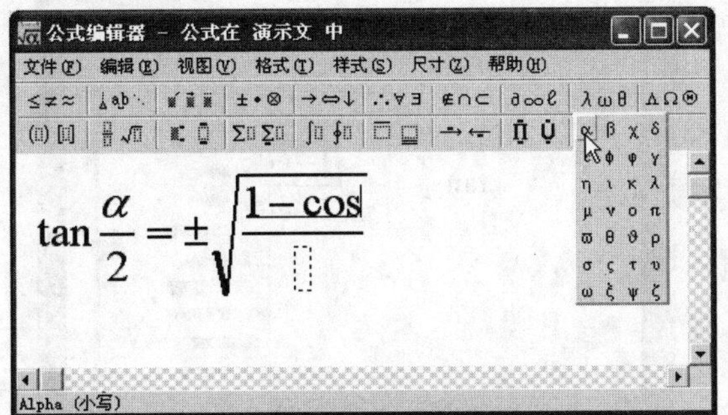

图 6.12　添加字符

步骤 12　选中分母，输入 1+cos，然后选择【希腊字母(小写)】，选择第一个字符，如图 6.13 所示。

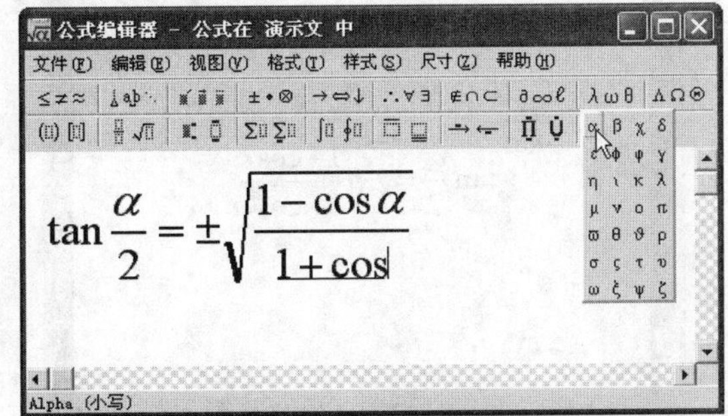

图 6.13　添加字符

步骤 13　至此公式输入完成，如图 6.14 所示。

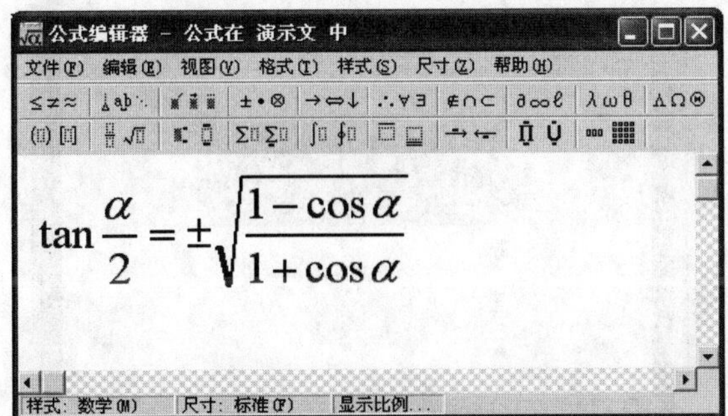

图 6.14　完整的公式

步骤 14　在菜单栏中选择【文件】|【退出并返回到演示文】命令，公式便输入到了演示文稿中，如图 6.15 所示。

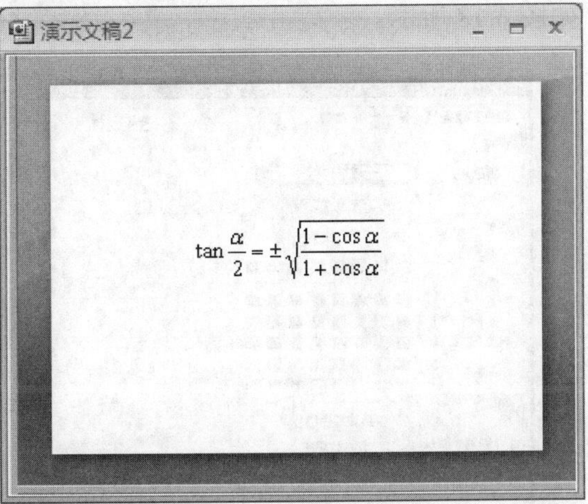

图 6.15　幻灯片中的内容

## 6.2.2 编辑公式

对于编辑完成的公式，如果还要进入公式编辑器进行修改，只要双击编辑完成的公式，便可以在公式编辑器中打开这个公式。公式编辑器主要是用来编辑公式内容的，如果要整体调整公式的大小，可以在 PPT 中直接通过拖动它的控制点来改变公式的大小。可以通过【设置对象格式】命令对公式的背景颜色进行修改。

下面介绍如何改变公式的背景颜色。

**步骤 1** 打开“公式.pptx”(文件路径：配套光盘\源文件\第 6 章\公式.pptx)文件，选中公式，如图 6.16 所示。

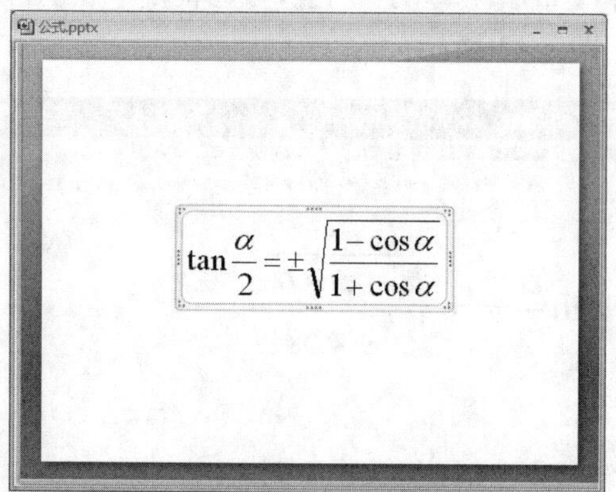

图 6.16 选中公式

**步骤 2** 在公式上右击，在弹出菜单中选择【设置对象格式】命令，如图 6.17 所示。

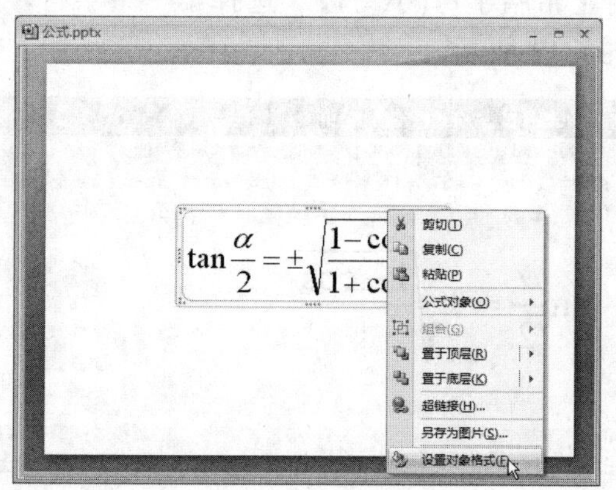

图 6.17 选择【设置对象格式】命令

**步骤 3** 在弹出的【设置对象格式】对话框中，选择【颜色和线条】选项卡；单击【无填充颜色】按钮，然后选择一个背景颜色，如图 6.18 所示。

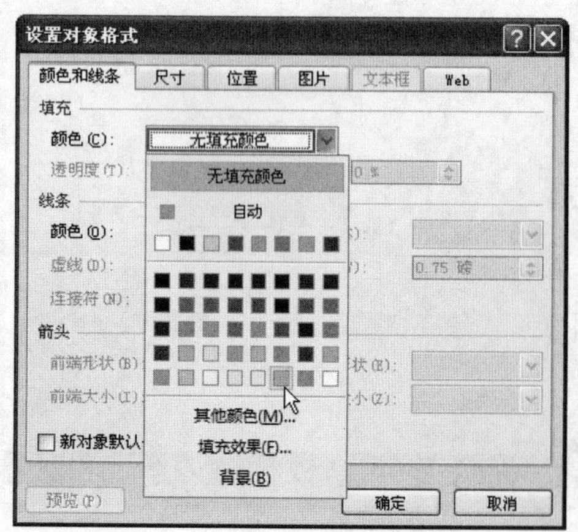

图 6.18 更改背景颜色

**步骤 4** 单击【确定】按钮，公式的背景颜色便改变了，如图 6.19 所示。

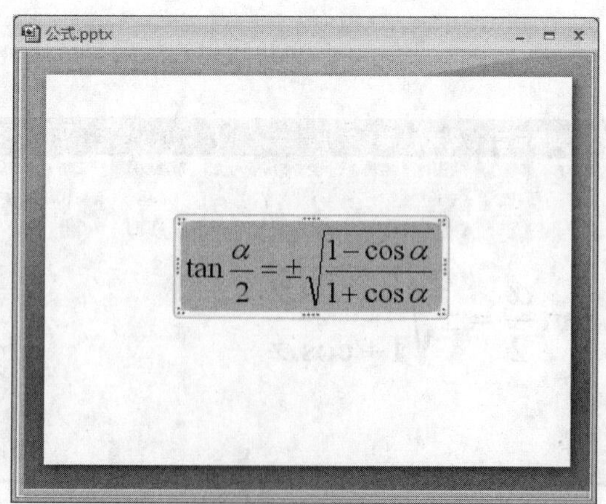

图 6.19 更改背景颜色后的幻灯片内容

● 改变公式颜色：在公式编辑器内部是不能改变公式颜色的。在 PPT 中，可以通过【设置对象格式】命令对公式的颜色进行修改，此功能在 Word 中不能实现。

下面介绍如何在 PPT 中改变公式颜色。

**步骤 1** 打开“公式.pptx”文件，选中公式。

**步骤 2** 在公式上右击，在弹出的快捷菜单中选择【设置对象格式】命令。

**步骤 3** 在弹出的【设置对象格式】对话框中，选择【图片】选项卡；单击【重新着色】按钮，如图 6.20 所示。

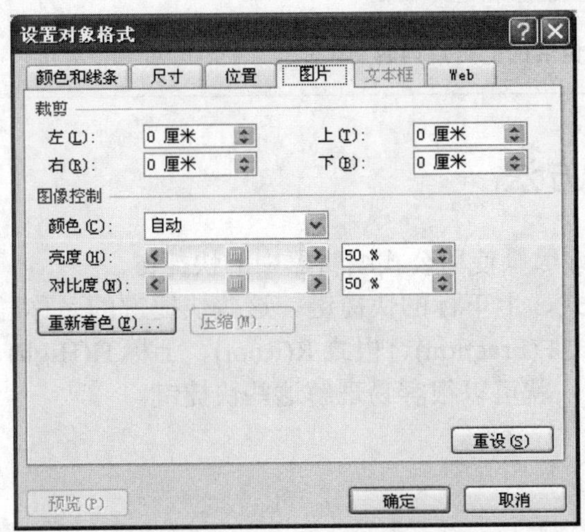


图 6.20　单击【重新着色】按钮

**步骤 4** 在弹出的【图片重新着色】对话框中，单击【更改为】下面的第一个下拉列表框，选择【其他颜色】选项，如图 6.21 所示。

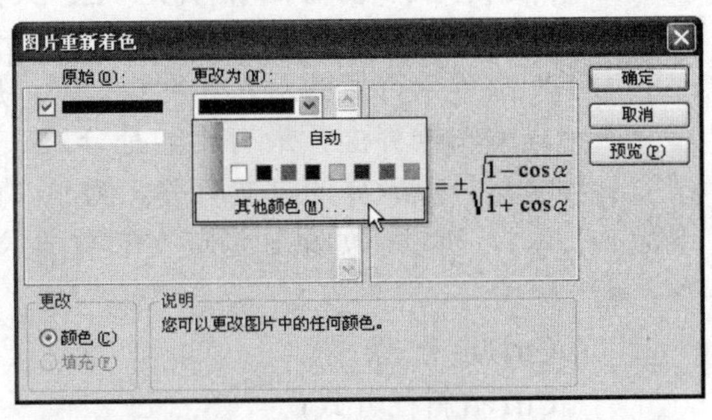


图 6.21　选择【其他颜色】选项

**步骤 5** 在弹出的【颜色】对话框中，选择红色，如图 6.22 所示，单击【确定】按钮。

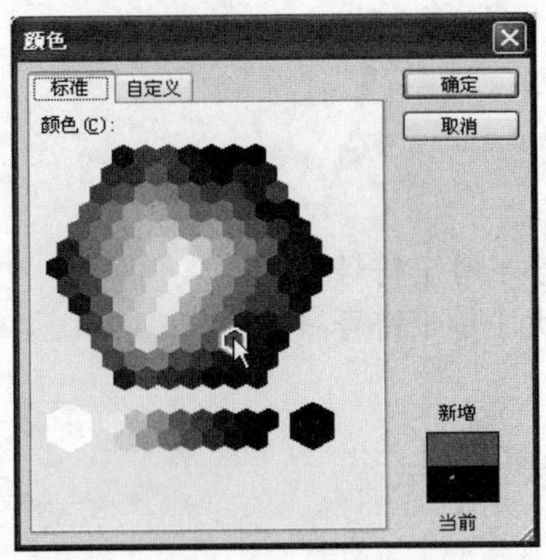


图 6.22　选择红色

**步骤 6** 此时【图片重新着色】对话框中的公式已经变为红色，如图 6.23 所示。

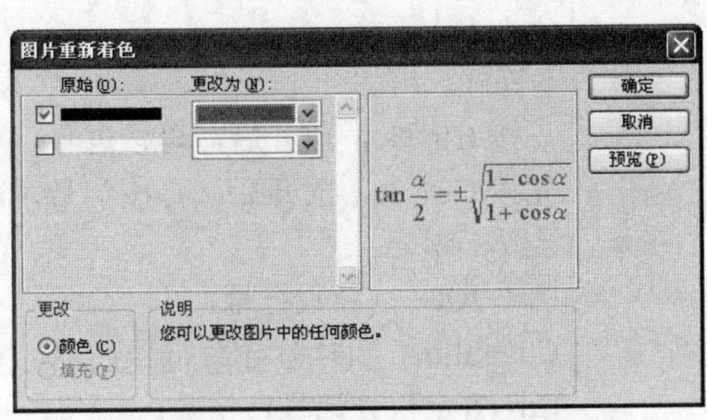


图 6.23　【图片重新着色】对话框

**步骤 7** 单击【确定】按钮，在【设置对象格式】对话框中单击【确定】按钮，公式的颜色便变成了红色，如图 6.24 所示。

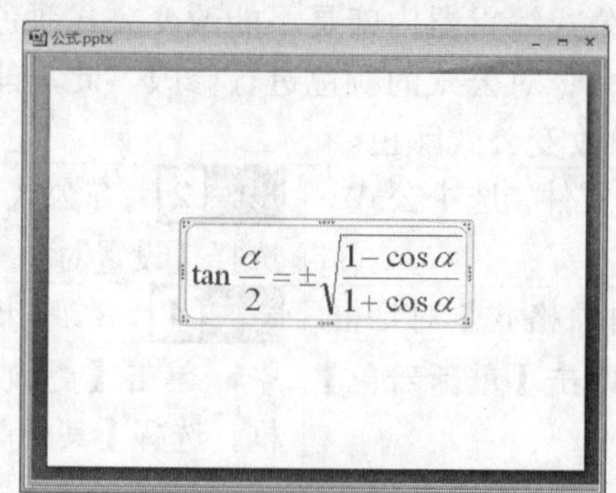


图 6.24 改变公式颜色后的幻灯片内容

### 6.2.3 使用公式编辑器的一些快捷方法

为了加快数学符号的录入速度和效率，应该尽量使用公式编辑器中的快捷键。

在公式编辑器界面，最有用的是分式、根式、上下标的快捷键。这些快捷键的名称与相应的数学符号或运算的英文有关。例如，分式 F(Fraction)、根式 R(Root)、上标 H(High)、下标 L(Low)。所以，如果知道英文的数学术语，就可以很容易理解这些快捷键。

- 分式。

  Ctrl+F(分式)

  Ctrl+/(斜杠分式)

- 根式。

  Ctrl+R(根式)

  先按 Ctrl+T，放开后，再按 N(n 次根式)。

- 上、下标。

  Ctrl+H(上标)

  Ctrl+L(下标)

  Ctrl+J(上下标)

- 不等式。

  先按 Ctrl+K，放开后，再按逗号，就得到小于等于符号≤。

  先按 Ctrl+K，放开后，再按句号，就得到大于等于符号≥。

- 导数、积分。

  Ctrl+Alt+′ (导数符号)

  Ctrl+Shift+″ (二阶导数符号)

  Ctrl+I(定积分记号)

- 希腊字母。

  先按 Ctrl+G，放开后，再按英语字母，可得到相应的小写希腊字母；如果再按“Shift+字母”，可得到相应的大写希腊字母。

  例如，先按 Ctrl+G，放开后，再按 A，得到小写希腊字母 α 。

  又如，先按 Ctrl+G，放开后，再按 Shift+S，得到大写希腊字母 Σ 。

# 6.3　课件实战——半角公式的应用

下面制作一个简单的数学课件“半角公式的应用”，通过课件的实际制作更加深刻地了解公式编辑器的使用方法。

## 6.3.1　课件预览

课件分为三张幻灯片，第一张为课件的标题，第二张为半角公式，第三张为由半角公式拓展出来的万能公式。课件标题如图 6.25 所示。

课件第二张为半角公式，如图 6.26 所示。

课件第三张为由半角公式拓展出来的万能公式，如图 6.27 所示。

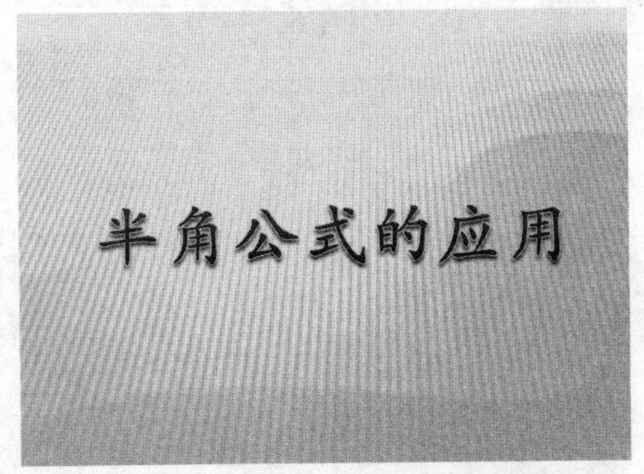

半角公式的应用

图 6.25　课件标题

半角公式：
$\sin\frac{\alpha}{2}=\pm\sqrt{\frac{1-\cos\alpha}{2}}(S\frac{\alpha}{2})$
$\cos\frac{\alpha}{2}=\pm\sqrt{\frac{1+\cos\alpha}{2}}(C\frac{\alpha}{2})$
$\tan\frac{\alpha}{2}=\pm\sqrt{\frac{1-\cos\alpha}{1+\cos\alpha}}(T\frac{\alpha}{2})$

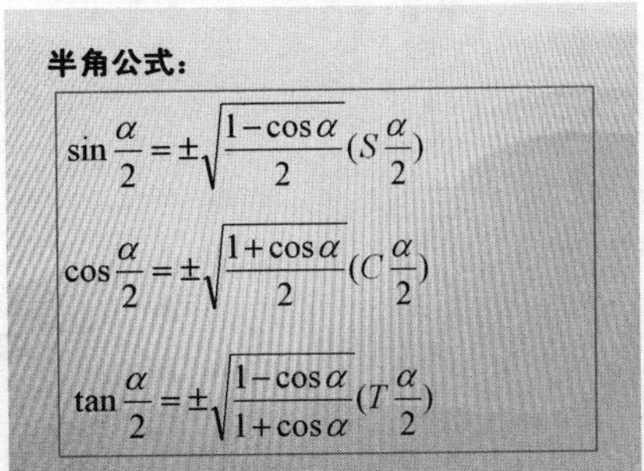

图 6.26　半角公式

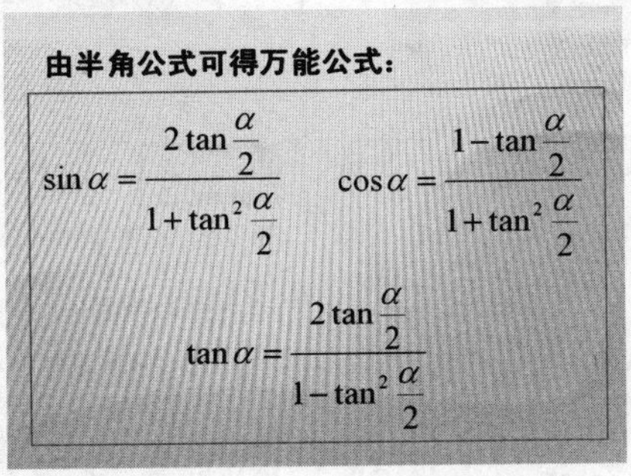

由半角公式可得万能公式：
$\sin\alpha=\frac{2\tan\frac{\alpha}{2}}{1+\tan^2\frac{\alpha}{2}}$
$\cos\alpha=\frac{1-\tan\frac{\alpha}{2}}{1+\tan^2\frac{\alpha}{2}}$
$\tan\alpha=\frac{2\tan\frac{\alpha}{2}}{1-\tan^2\frac{\alpha}{2}}$

图 6.27　万能公式

## 6.3.2　制作课件

制作“半角公式的应用”课件的方法如下。

**步骤 1**　新建空白演示文稿，在【设计】选项卡中，选择名为【跋涉】的主题，如图 6.28 所示。

**步骤 2**　在幻灯片上右击，选择【版式】|【空白】选项，如图 6.29 所示。

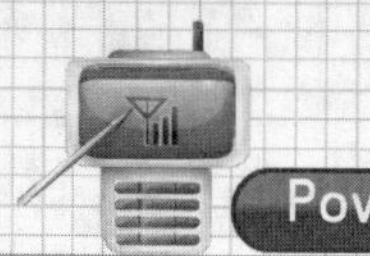



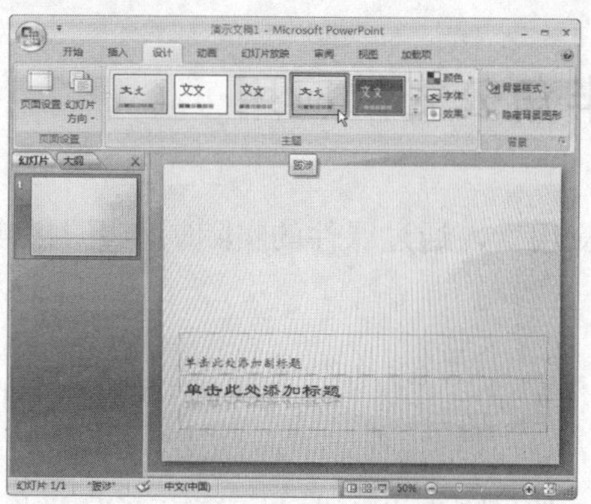

图 6.28 更改主题

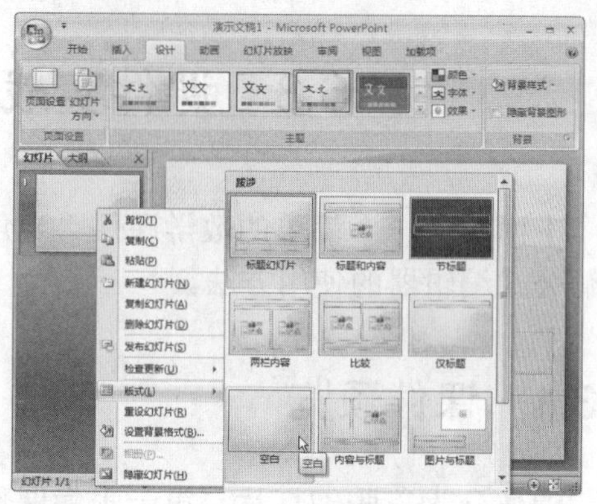

图 6.29 更改样式

步骤 3 选择【插入】选项卡，单击【艺术字】按钮，选择如图 6.30 所示的艺术字样式。

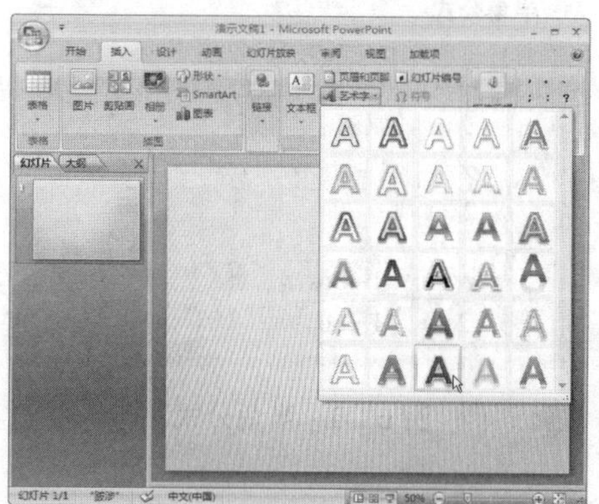

图 6.30 添加艺术字

步骤 4 在文本框内输入“半角公式的应用”，将文字的字体设置为“华文楷体”，字号设置为 60，如图 6.31 所示。

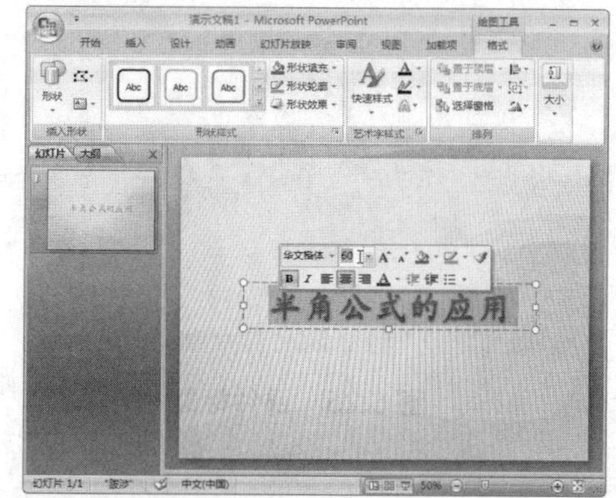

图 6.31 编辑艺术字内容

步骤 5 新建幻灯片，添加一个横向的文本框和一个矩形线条，如图 6.32 所示。

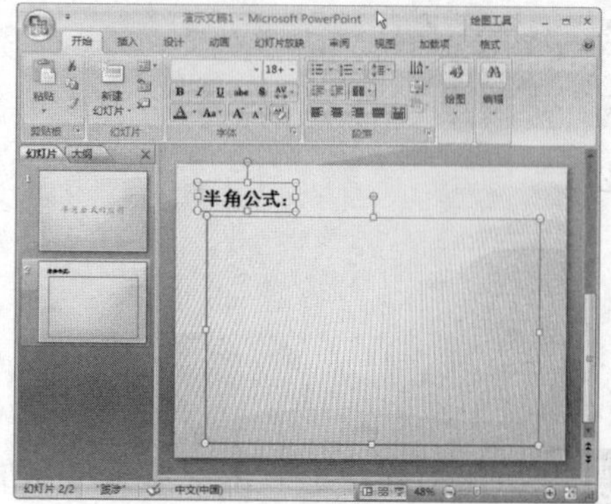

图 6.32 幻灯片内容

步骤 6 选择【插入】选项卡，单击【对象】按钮。在弹出的【插入对象】对话框中选择【Microsoft 公式 3.0】选项，如图 6.33 所示。

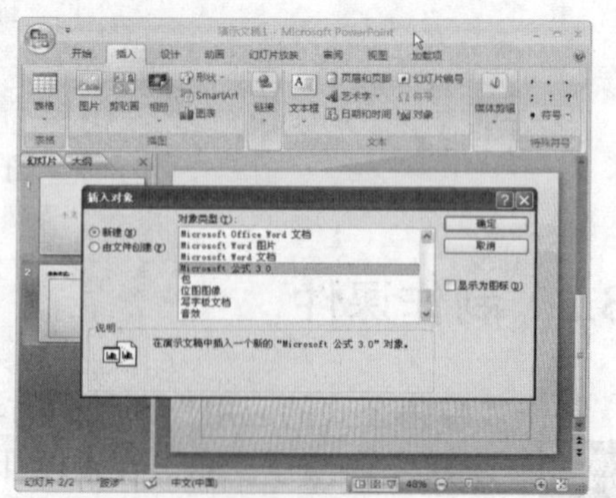

图 6.33 选择【Microsoft 公式 3.0】选项

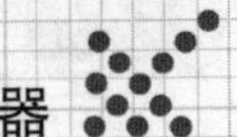

**步骤 7** 在弹出的公式编辑器中，输入“sin”，如图 6.34 所示。

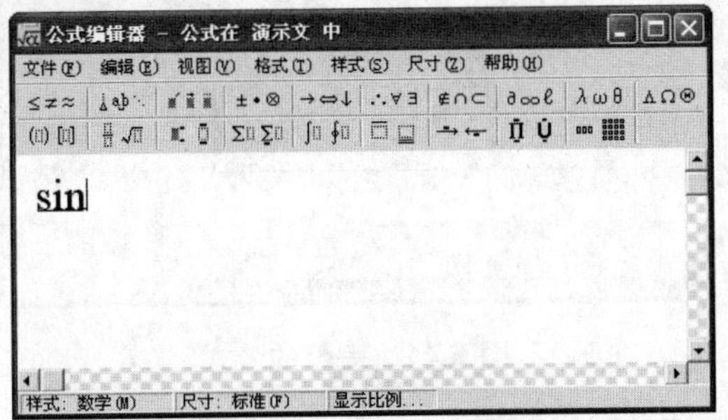


图 6.34 添加文字

**步骤 8** 按 Ctrl+F 快捷键，插入分式，如图 6.35 所示。

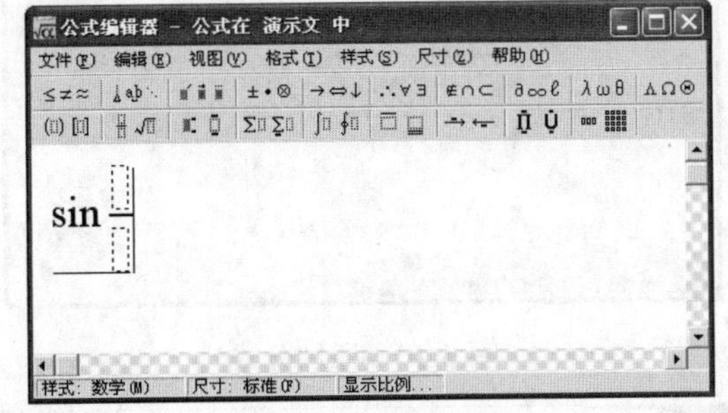


图 6.35 添加分式

**步骤 9** 在分母位置输入 2，然后选择分子，按 Ctrl+G 快捷键，然后按 A 键，如图 6.36 所示。

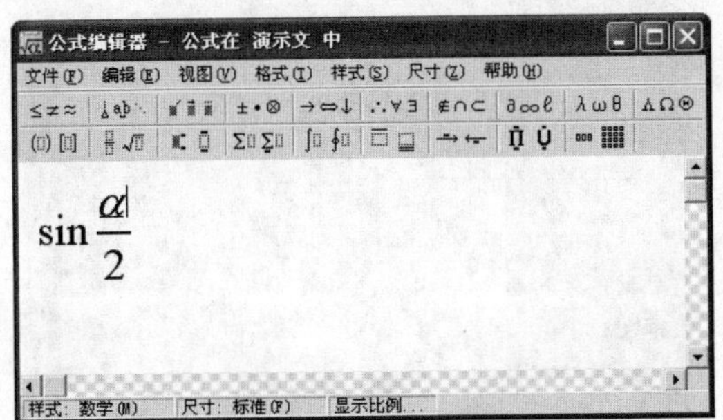


图 6.36 添加字符

**步骤 10** 继续输入“=”，然后单击【运算符号】，选择其中的“±”，如图 6.37 所示。

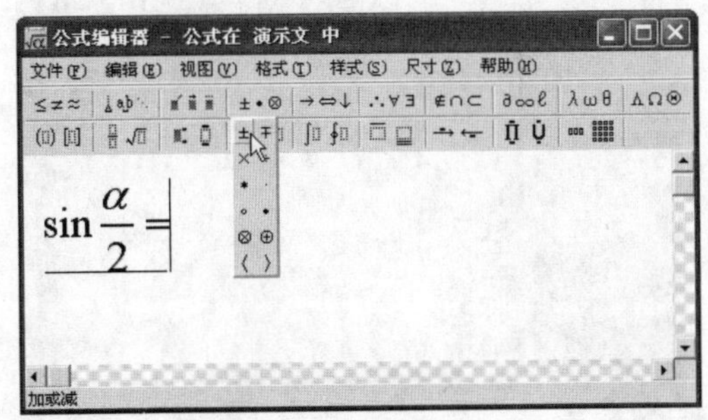


图 6.37 添加符号

**步骤 11** 按 Ctrl+R 快捷键，插入平方根符号，然后按 Ctrl+F 快捷键，在根号内添加分式，如图 6.38 所示。

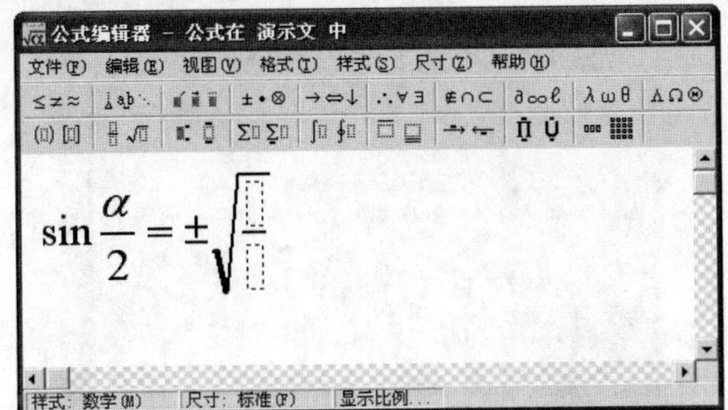


图 6.38 添加根号和分式

**步骤 12** 在分母位置输入 2，在分子位置输入 1-cos，然后输入 $\alpha$ (按 Ctrl+G 快捷键，然后按 A)，如图 6.39 所示。

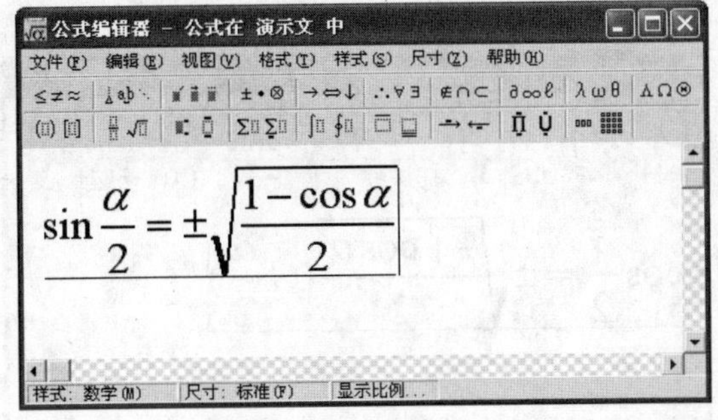


图 6.39 添加字符

**步骤 13** 继续输入“(S”，然后按 Ctrl+F 快捷键，输入分式，如图 6.40 所示。

**步骤 14** 在分母位置输入 2，然后选择分子位置，输入 $\alpha$ (按 Ctrl+G 快捷键，然后按 A)，然后输入“)”，如图 6.41 所示。

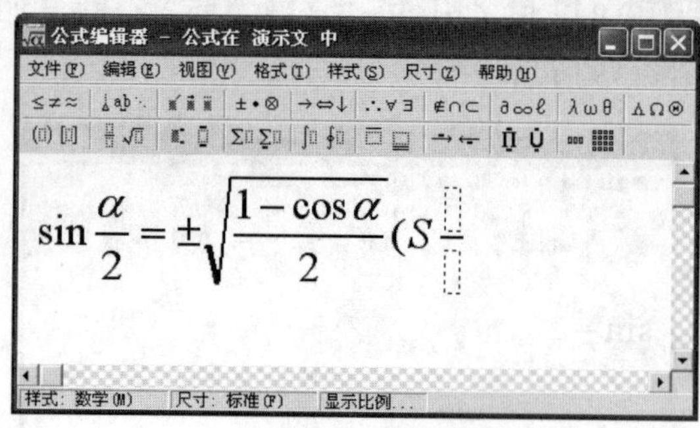
图 6.40　添加分式

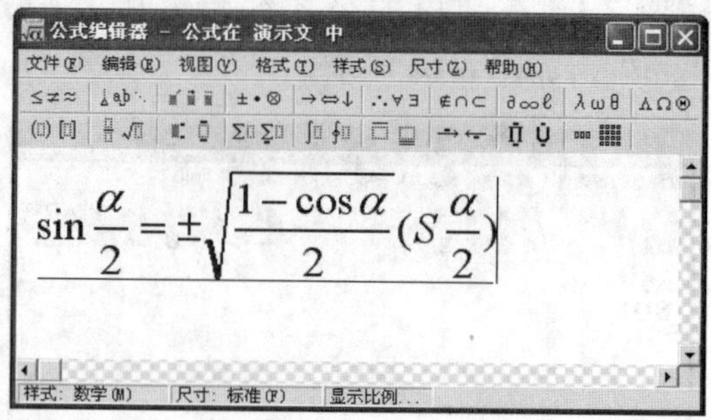
图 6.41　完整的公式

**步骤 15**　关闭公式编辑器，调整幻灯片内公式的大小和位置，如图 6.42 所示。

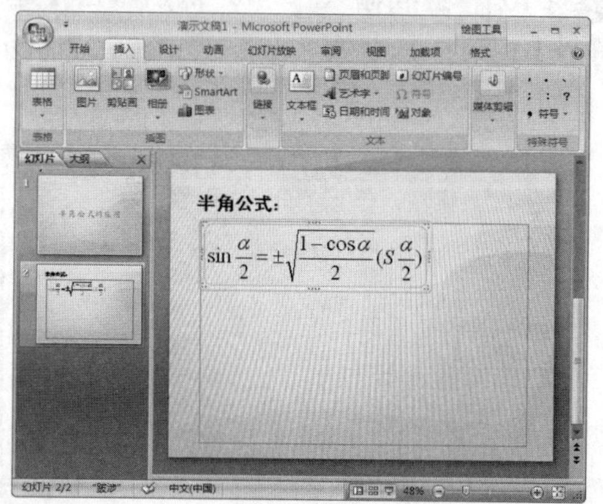
图 6.42　调整公式的大小和位置

**步骤 16**　复制刚刚输入的公式，粘贴到幻灯片内，调整到如图 6.43 所示的位置。

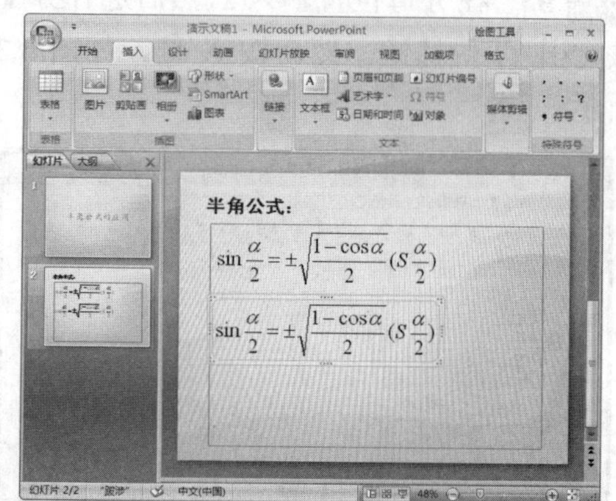
图 6.43　复制公式

**步骤 17**　双击刚粘贴的公式，在公式编辑器内修改公式内容，如图 6.44 所示。

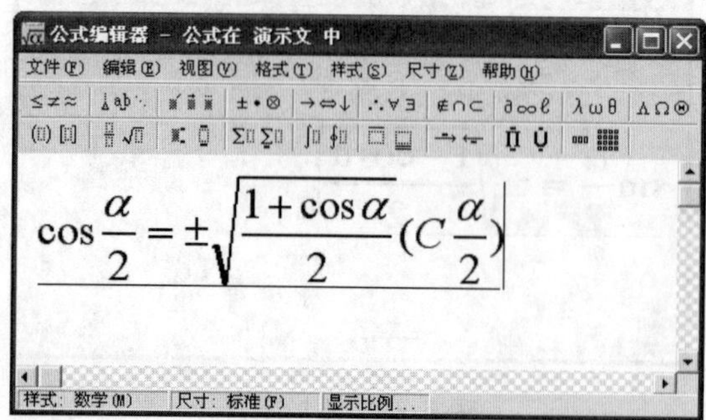
图 6.44　修改公式内容

**步骤 18**　关闭公式编辑器，幻灯片的内容如图 6.45 所示。

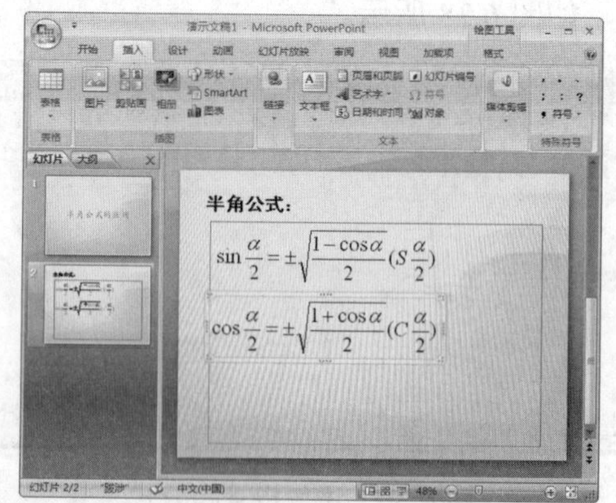
图 6.45　幻灯片内容

**步骤 19**　再粘贴一个公式，将公式调整到如图 6.46 所示的位置。

**步骤 20**　双击刚粘贴的公式，在公式编辑器内修改公式内容，如图 6.47 所示。

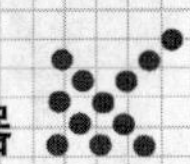

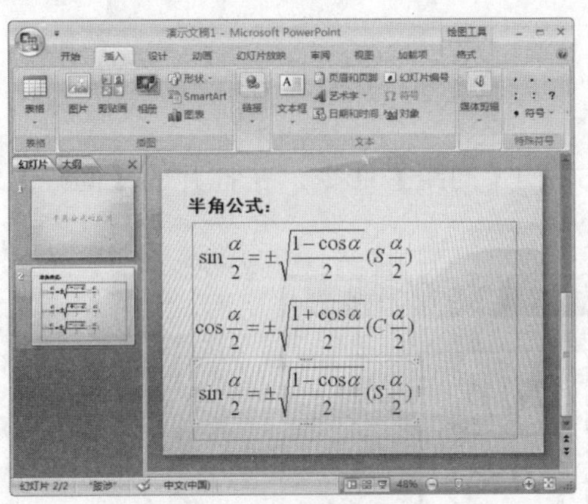


图 6.46　复制公式

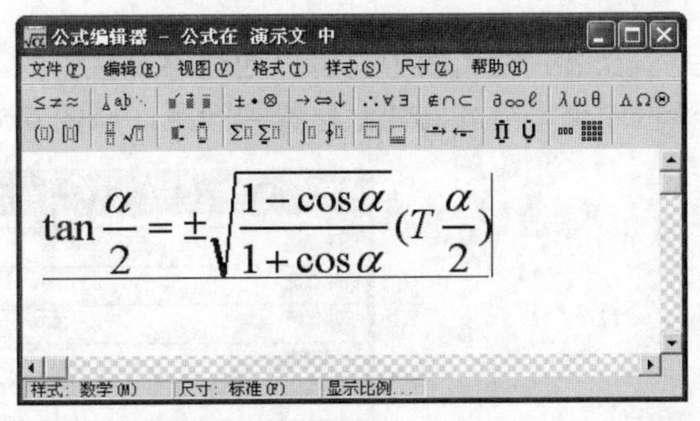


图 6.47　修改公式内容

**步骤 21**　至此，课件的第二张幻灯片制作完成，如图 6.48 所示。

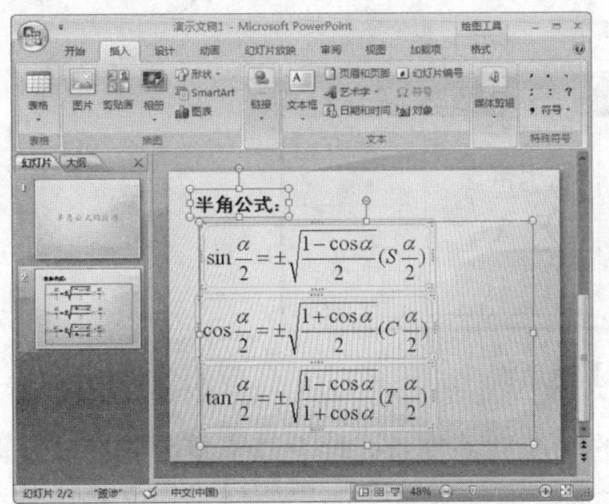


图 6.48　幻灯片内容

**步骤 22**　新建幻灯片，添加一个横向的文本框和一个矩形线条，如图 6.49 所示。

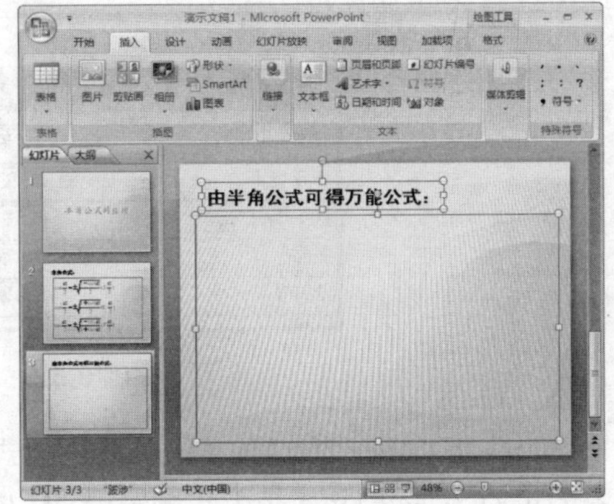


图 6.49　添加内容

**步骤 23**　使用与第二张幻灯片类似的方法输入 3 个公式，如图 6.50 所示。至此课件制作完成。

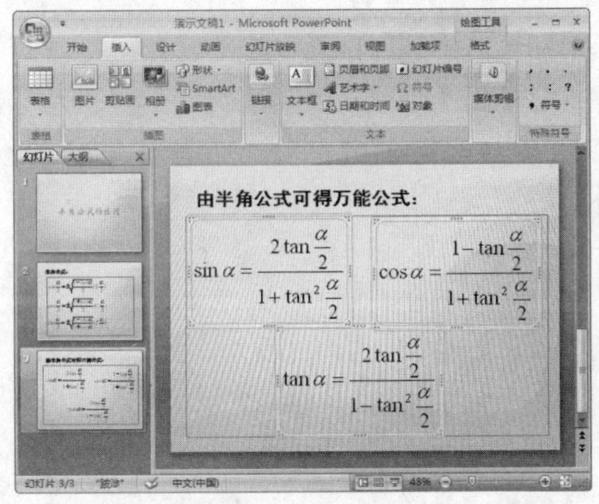


图 6.50　添加公式

### 6.3.3 拓展与提高

在公式编辑器中，可以通过菜单栏中的【格式】|【间距】命令，在打开的【间距】对话框中调整公式的任意位置的间距，如图 6.51 所示。

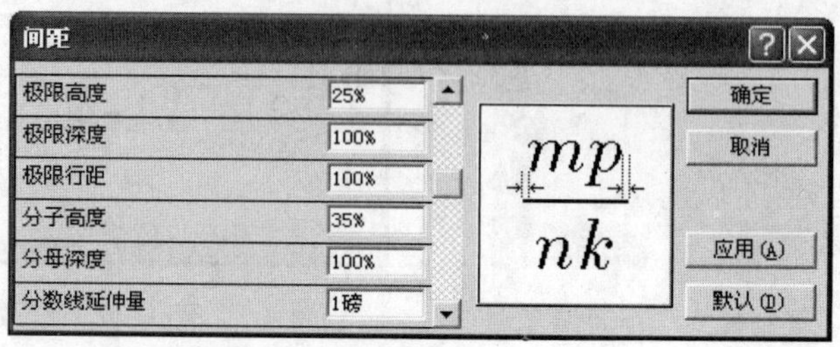


图 6.51 【间距】对话框

在公式编辑器中，可以通过菜单栏中的【尺寸】|【定义】命令，在打开的【尺寸】对话框中调整公式的任意位置的字号，如图 6.52 所示。

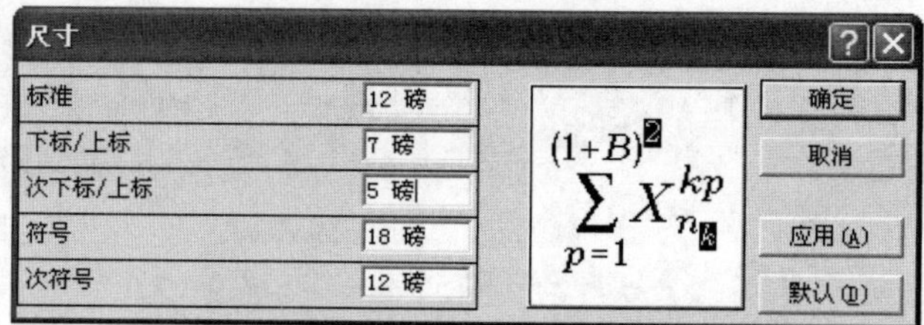


图 6.52 【尺寸】对话框

Microsoft Office 2007 的 Microsoft 公式 3.0 的功能并不完善，对于过于复杂的公式还是束手无策的。MathType 是公式编辑器的功能强大而全面的版本。如果要经常在文档中编排各种复杂的数学、化学公式，则 MathType 是非常合适的选择。MathType 与公式编辑器一样简单易学，而且其额外的功能可以使工作更快捷，文档更美观。

# 为课件添加动画效果

PowerPoint 在课件的制作过程中，不仅能在其中输入文本，插入图片、图标等对象，还可以为这些对象设置动画效果，增强课件的交互性、生动性，从而使生硬、呆板的课件变得生动、活泼起来。本章着重介绍为幻灯片中的对象设置动画效果的各种方法。

本章主要讲解怎样为幻灯片中的对象设置进入动画效果、强调动画效果、退出动画效果和动作路径动画效果，以及怎样修改设置好的动画效果。

## 本章内容主要包括：

- 为对象添加进入动画效果。
- 为对象添加强调动画效果。
- 为对象添加退出动画效果。
- 为对象添加动作路径动画效果。
- 编辑添加的动画效果。

## 7.1 为对象添加动画效果

在 PowerPoint 中动画效果主要分为进入动画效果、强调动画效果、退出动画效果和动作路径动画效果 4 类。其中，进入动画效果在播放时是由“不可见到可见”的；相对应地，退出动画效果在播放时是由“可见到不可见”的；强调动画效果和动作路径动画效果在播放时则始终处于“可见”状态。

### 7.1.1 为对象快速设置动画

在课件的制作过程中，可为各对象依次设置动画。如果对设置动画的方法不太了解，可使用几种常用的预设动画效果快速进行设置。

为对象快速设置动画的操作方法如下。

**步骤 1** 新建一张空白幻灯片，保存为“动画效果”。在标题文本框中输入“动画效果”，如图 7.1 所示。

动画效果

图 7.1 标题文本

**步骤 2** 选中标题，选择【动画】选项卡，在【动画】选项组中的【动画】下拉列表框中选择【擦除】选项，如图 7.2 所示。

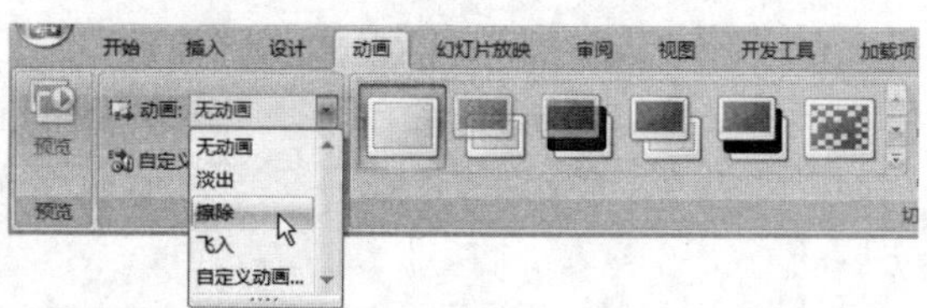


图 7.2 选择【擦除】选项

**步骤 3** 选择【插入】选项卡，然后在【文本】选项组中选择【文本框】|【横排文本框】命令，在幻灯片上插入水平文本框，输入“预设动画效果”，并设置文字的大小和字体，如图 7.3 所示。

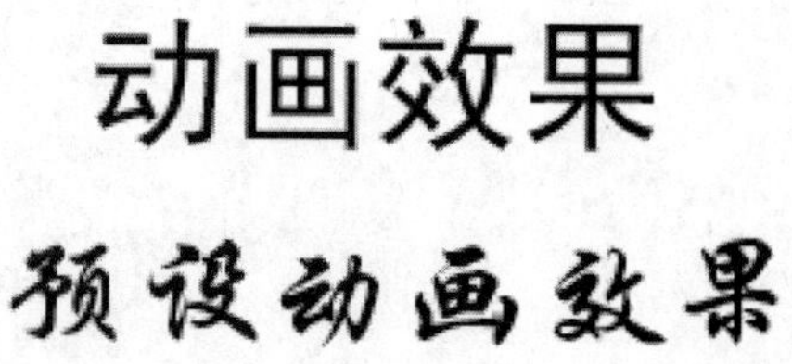

动画效果

预设动画效果

图 7.3 插入文本

**步骤 4** 在【动画】选项卡的【动画】选项组中的【动画】下拉列表框中，选择【飞入】选项组中的【整批发送】选项，如图 7.4 所示。

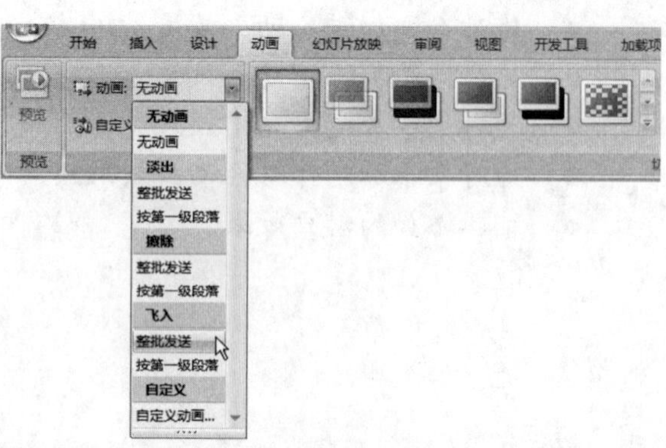


图 7.4 为文本设置动画效果

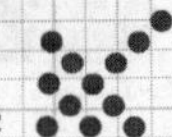

**注 意**

在为对象选择动画效果时，系统将自动放映设置的动画效果，从而方便用户决定是否选用该动画。相对于标题文本，预设动画效果有 3 种动画效果：淡出、擦除、飞入，单击可直接添加。相对于内容文本及其他对象，预设了 3 种动画效果的不同设置，可根据需要选择，非常方便。

## 7.1.2　进入动画效果

预设动画只有 3 种动画效果，如果不能满足课件制作的需要，可以在【动画】选项组中单击【自定义动画】按钮，或在【动画】下拉列表框中选择【自定义动画】选项，打开【自定义动画】窗格，为对象添加丰富的动画效果。下面将实际操作进入动画效果的制作过程。

进入动画是指为对象设置动画后，放映幻灯片时对象最初不在幻灯片中，而是以设定的方式进入幻灯片，最终显示在相应的位置。

设置进入动画的操作方法如下。

**步骤 1**　在 7.1.1 节的幻灯片上制作。在【插入】选项卡的【文本】选项组中选择【文本框】|【横排文本框】命令，在幻灯片上插入水平文本框，输入“进入动画效果”，并设置文字的大小和字体，如图 7.5 所示。

动画效果

预设动画效果

进入动画效果

图 7.5　输入“进入动画效果”

**步骤 2**　选中“进入动画效果”文本，选择【动画】选项卡，在【动画】选项组中单击【自定义动画】按钮，打开【自定义动画】窗格。如图 7.6 所示。此时【自定义动画】窗格中显示出前面添加的动画效果。

自定义动画

添加效果　删除

修改效果

开始：

属性：

速度：

1 标题 1：动画效果

2 预设动画效果

重新排序

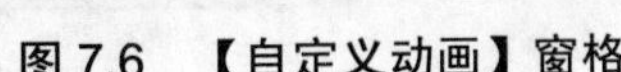

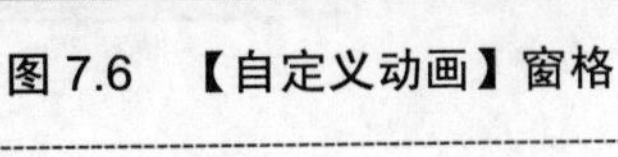


图 7.6　【自定义动画】窗格

**步骤3** 在幻灯片编辑区中选择“进入动画效果”文本，然后单击【自定义动画】窗格中的【添加效果】按钮，在弹出的下列列表中选择【进入】|【菱形】动画效果，如图 7.7 所示。

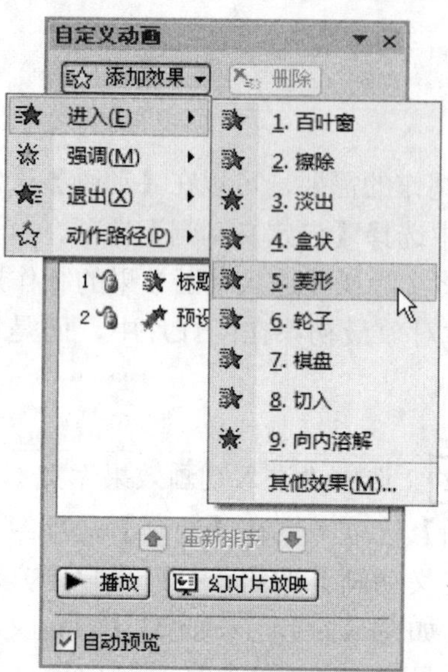


图 7.7 选择【菱形】动画效果

**步骤4** 选择动画效果以后，在【自定义动画】窗格中显示了添加的一个动画效果，如图 7.8 所示。单击【自定义动画】窗格左下角的【播放】按钮，可以预览动画。

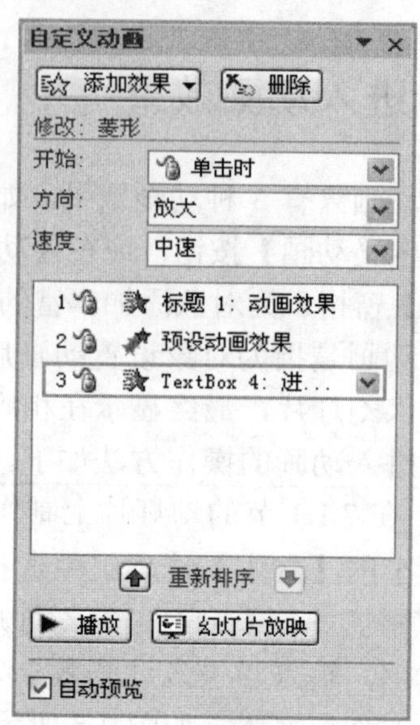


图 7.8 动画效果添加完成

**注 意**

在幻灯片编辑区中，如果为多个对象添加了动画效果，那么编辑区中添加了动画的对象就会自动添加上编号，表示动画播放的先后顺序，如图 7.9 所示。

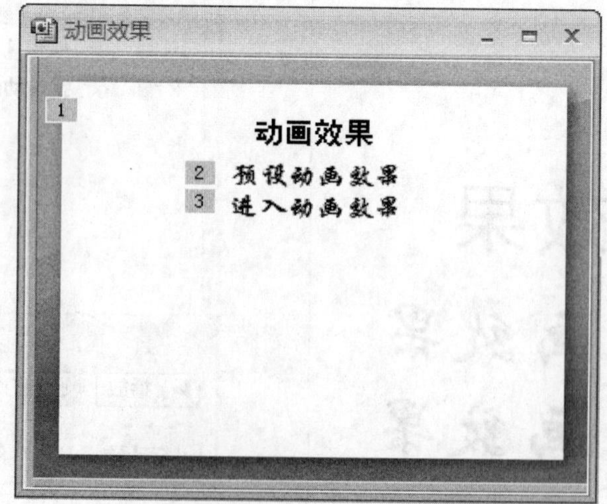


图 7.9 带有编号的对象

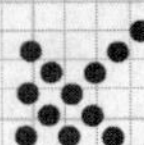

**提 示**

如果想获得更多的进入效果动画，可以选择【进入】|【其他效果】命令，打开【添加进入效果】对话框，如图 7.10 所示。在这个对话框中提供了更多的进入效果可以选择。进入效果的动画类型有基本型、细微型、温和型和华丽型 4 种，每种类型下又有不同的效果。与此对应，退出效果的类型和具体效果也是相同的。

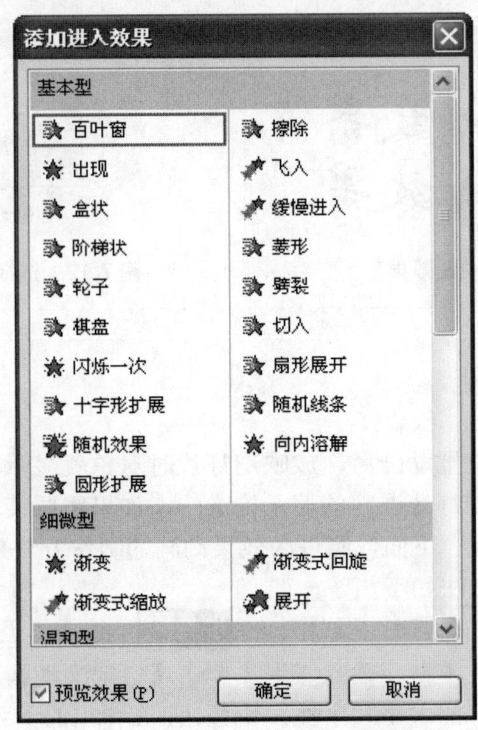


图 7.10　【添加进入效果】对话框

## 7.1.3　强调动画效果

强调动画是指为对象设置动画后，放映幻灯片时对象就显示在幻灯片中，然后以设定方式强调对象，以便引起注意。强调动画效果主要用于对重点内容进行设置。在制作幻灯片课件时，如果需要强调某一个对象就可以用强调动画来进行设置，让这个对象相对于其他对象更醒目。强调动画的制作方法和进入效果动画的制作方法类似。

设置强调动画的操作方法如下。

**步骤 1**　继续在 7.1.2 节的幻灯片上制作。同样插入水平文本框，输入“强调动画效果”，并设置文字的大小和字体，如图 7.11 所示。

**步骤 2**　选中“强调动画效果”文本，然后单击【自定义动画】窗格中的【添加效果】按钮，在弹出的下列列表中选择【强调】|【陀螺旋】动画效果，如图 7.12 所示。

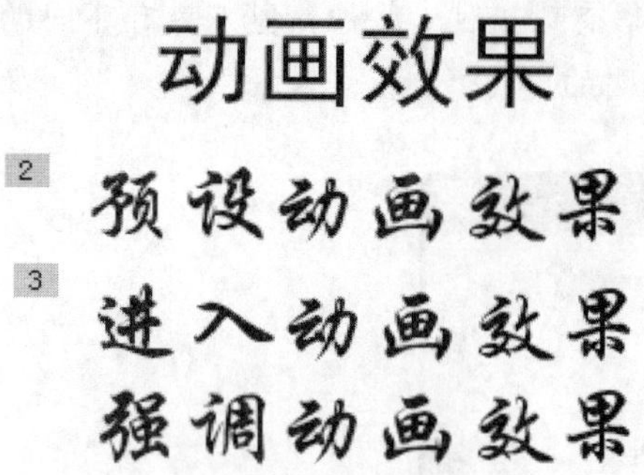

动画效果

2 预设动画效果

3 进入动画效果

强调动画效果

图 7.11 输入“强调动画效果”

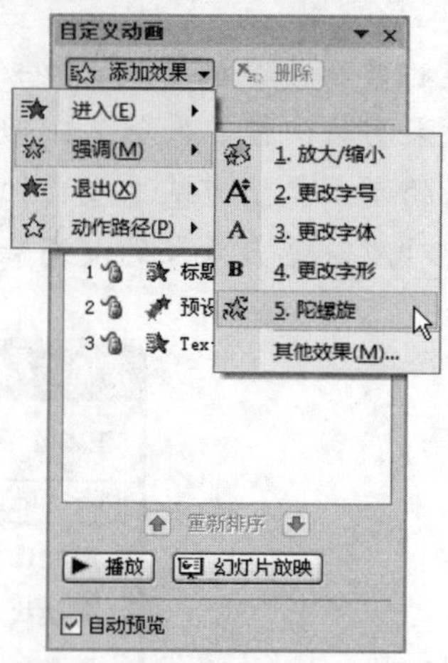


图 7.12 选择【陀螺旋】动画效果

## 7.1.4 退出动画效果

退出动画是指为对象设置动画后，放映幻灯片时对象就显示在幻灯片中，然后以设定方式从幻灯片中消失。在幻灯片课件的演示构成中，如果需要某个对象退出幻灯片，就可以通过定义退出动画来实现。下面依照进入效果动画的制作方法来制作退出动画效果。

设置退出动画的操作方法如下。

**步骤 1** 继续在 7.1.3 节的幻灯片上制作。同样在幻灯片上插入水平文本框，输入“退出动画效果”，并设置文字的大小和字体，如图 7.13 所示。

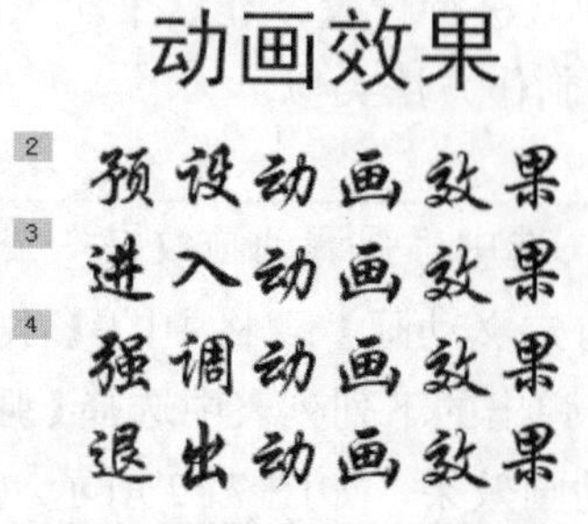

**步骤 2** 选中“退出动画效果”文本，然后单击【自定义动画】窗格中的【添加效果】按钮，在弹出的下列列表中选择【退出】|【盒状】动画效果，如图 7.14 所示。

动画效果

2 预设动画效果

3 进入动画效果

4 强调动画效果

退出动画效果

图 7.13 输入“退出动画效果”

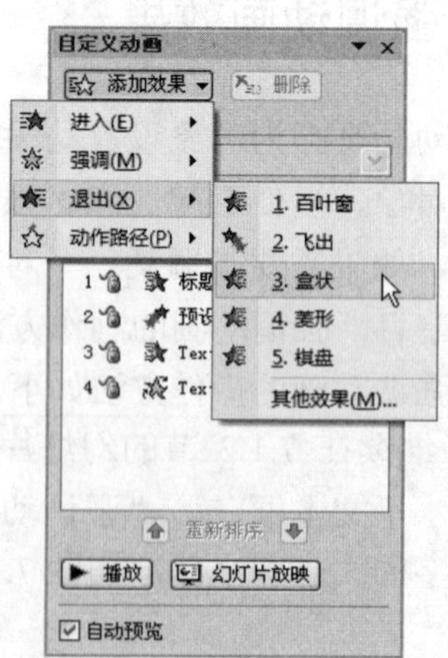


图 7.14 选择【盒状】动画效果

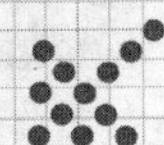

**注 意**

在【自定义动画】窗格中，进入效果、强调效果和退出效果三种动画在窗格中的图标显示的颜色是不同的。进入效果是绿色，强调效果是黄色，退出效果是红色。这样方便在制作课件时辨认为动画设置了哪种动画效果。

动作路径动画是指为对象设置动画后，放映幻灯片时对象将沿着设置的路径进入幻灯片的相应位置。选择【绘制自定义路径】选项，还可以自行定制路径。利用动作路径动画效果，可以在制作的课件中添加更丰富的动画效果。下面通过对一张图片添加动作路径动画，介绍动作路径动画的制作方法。

设置动作路径动画的操作方法如下。

**步骤 1** 继续在上一节的幻灯片上制作。在【插入】选项卡中的【插图】选项组中选择【剪贴画】命令，利用【剪贴画】窗格插入一张剪贴画，如图 7.15 所示。

图 7.15　插入剪贴画

**步骤 2** 在幻灯片编辑区中选中剪贴画，然后单击【自定义动画】窗格中的【添加效果】按钮，在弹出的下列列表中选择【动作路径】|【绘制自定义路径】|【自由曲线】命令，如图 7.16 所示。

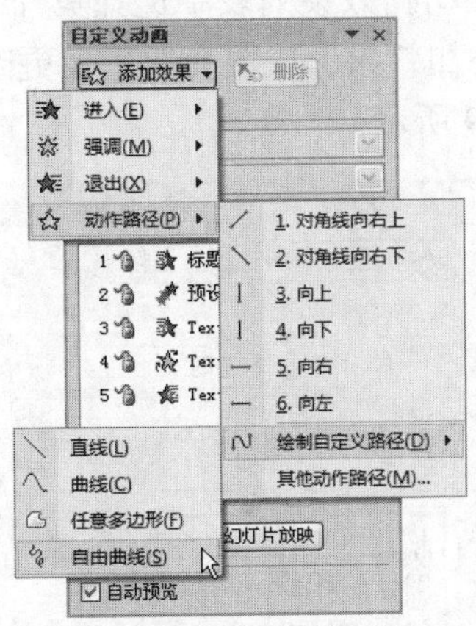


图 7.16　选择【自由曲线】命令

**步骤 3** 此时鼠标指针变为✎形状。按住鼠标左键不放，拖动鼠标绘制对象的运动轨迹，到达合适的位置释放鼠标左键，如图 7.17 所示。

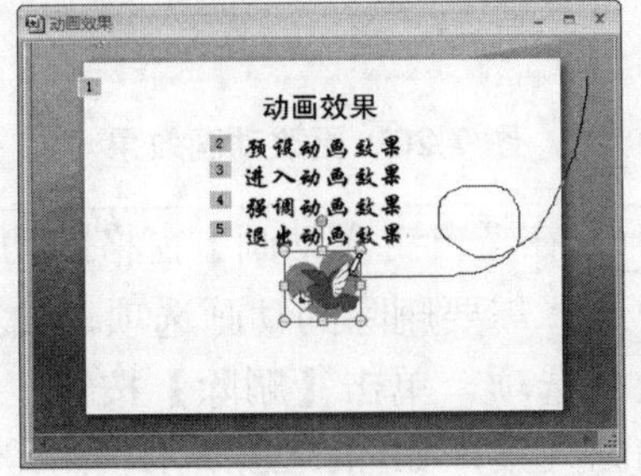


图 7.17　绘制自由曲线

**步骤 4** 把剪贴画移至幻灯片舞台外。如果需要改变路径，右击动画路径，选择【编辑顶点】命令，路径上就会出现许多节点，如图 7.18 所示，拖动节点改变路径即可。

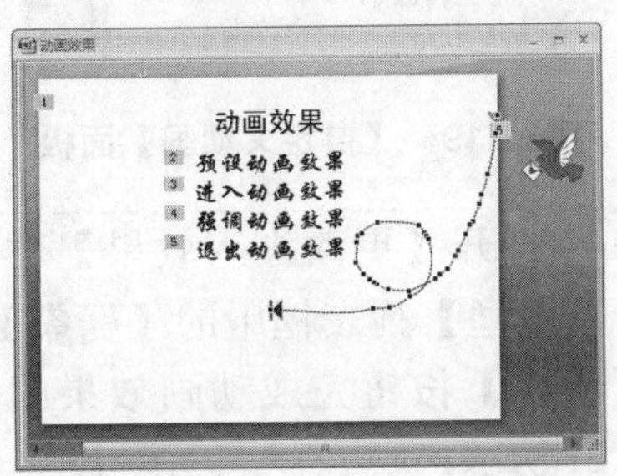


图 7.18　编辑自由曲线

# 7.2 编辑添加的动画效果

为对象添加动画效果后，有时候根据需要，要对这些动画效果进行编辑，如更改或删除动画，修改动画的播放效果，修改动画的播放顺序，对动画进行高级设置等。

## 7.2.1 更改或删除动画

更改动画效果，就是因为对已经添加的动画不满意，修改为其他动画。除了更改动画，还可以删除动画，但删除动画并不会删除对象本身。

更改或删除动画的操作方法如下。

**步骤 1** 打开“动画效果”演示文稿，单击【自定义动画】按钮，打开【自定义动画】窗格。在动画效果列表中选择第 1 个选项，此时【添加效果】按钮变成了【更改】按钮，如图 7.19 所示。

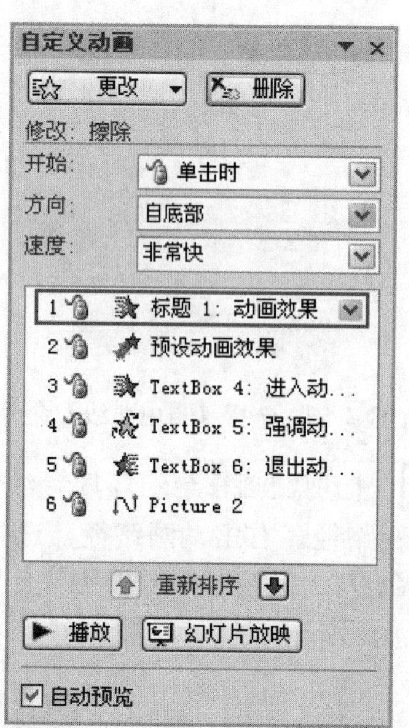


图 7.19 【自定义动画】面板

**步骤 2** 单击【更改】按钮，在弹出的下拉列表中选择【进入】|【其他效果】命令，如图 7.20 所示。

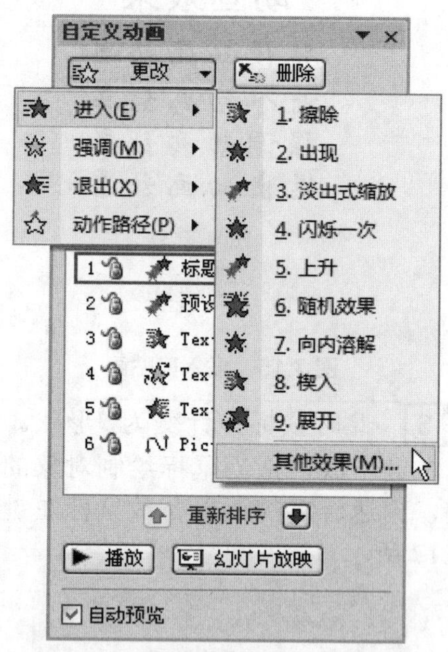


图 7.20 更改动画效果

**步骤 3** 打开【更改进入效果】对话框，选择【基本型】列表框中的【劈裂】选项，单击【确定】按钮完成动画效果的更改，如图 7.21 所示。

**步骤 4** 在【自定义动画】窗格的动画效果列表中选择需要删除的动画选项，如第 2 个动画效果选项，单击【删除】按钮，即可删除该动画效果，如图 7.22 所示。

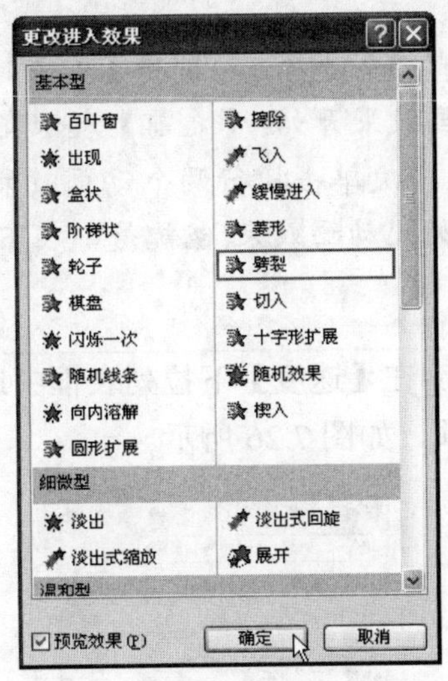


图 7.21　【更改进入效果】对话框

图 7.22　删除动画效果

## 7.2.2　修改动画的播放效果

动画效果添加后，默认的动画播放是在上一个动画后播放，播放的速度也是固定的，如果对这些默认的动画效果不满意，可以在【自定义动画】窗格的【选项】栏中进行修改。

下面介绍如何修改 7.2.1 节制作的幻灯片，使第 3 个动画在上一个动画播放完后自动播放，无须单击，修改菱形为缩小，速度为快速。

**步骤 1**　打开“动画效果”演示文稿，单击【自定义动画】按钮，打开【自定义动画】窗格。在动画效果列表中选择第 3 个选项，如图 7.23 所示。

图 7.23　选择动画效果

**步骤 2**　在【开始】下拉列表框中选择【之后】选项，如图 7.24 所示。即在上一个动画播放完成后自动播放该动画，无须单击。

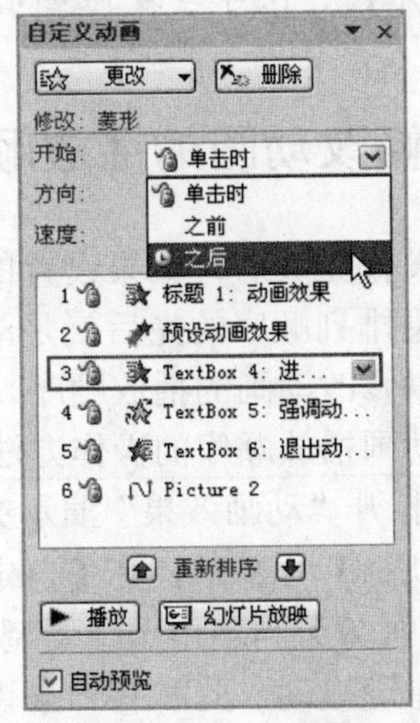


图 7.24　更改【开始】选项

**注 意**

在【自定义动画】窗格中，【开始】下拉列表框中有3个选项，分别是【单击时】、【之前】和【之后】。【单击时】表示在幻灯片上单击时动画效果开始；【之前】表示在列表中前一个动画效果开始的同时开始此动画效果(也就是，一次单击执行两个动画效果)；【之后】表示在列表中前一个动画效果完成播放后立即开始此动画效果(也就是，在下一个动画效果开始时不再需要单击)。

**步骤3** 在【方向】下拉列表框中选择【缩小】选项，如图7.25所示。

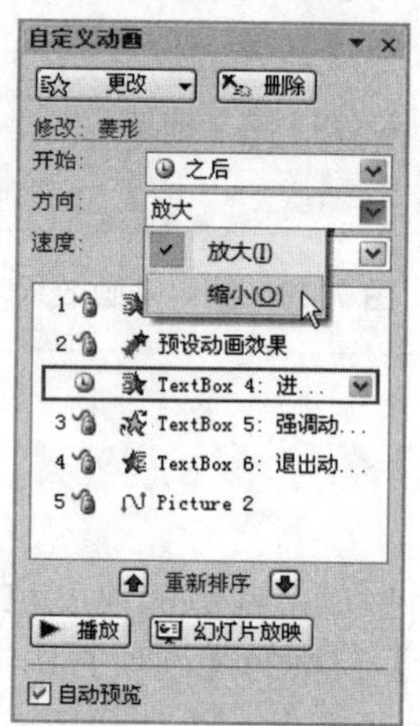


图7.25 更改【方向】选项

**步骤4** 在【速度】下拉列表框中选择【快速】选项，如图7.26所示。

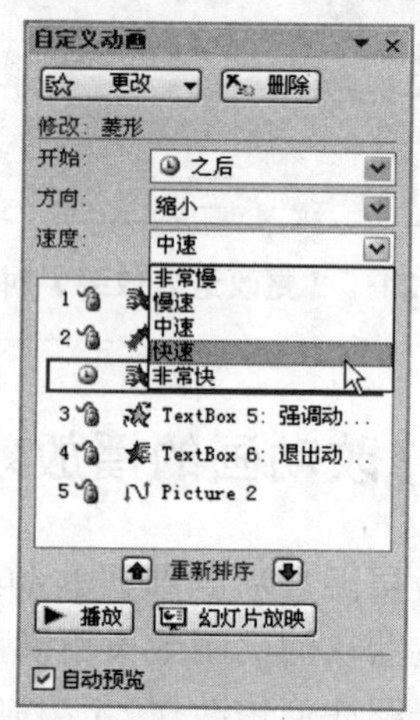


图7.26 更改【速度】选项

**提 示**

根据选择的动画不同，【方向】下拉列表框的名称和选项也有所不同。它主要是设置当前动画的属性，如变化的方向、方式等。选择某些动画时，该选项不可编辑。默认的播放速度也不同，但可在该下拉列表框中设置其他速度。

### 7.2.3 修改动画的播放顺序

动画设置完成后，如果设置的播放顺序效果不理想，应该进行调整。动画效果列表中各动画效果排列顺序的先后就是动画播放的先后顺序，只要调整动画效果列表中各项的顺序，就可以修改动画的播放顺序。

修改动画播放顺序的操作方法如下。

**步骤1** 打开“动画效果”演示文稿，单击【自定义动画】按钮，打开【自定义动画】窗格。在动画效果列表中选择要调整的选项，按住鼠标左键拖动，此时有一条黑色横线随之移动。当横线移动到需要的位置时，释放鼠标左键即可，如图7.27所示。

**步骤2** 还有一种方法可改变播放顺序。在动画效果列表中选择要调整的动画选项，通过单击列表下方重新排序按钮和移动该选项的位置，如图7.28所示。

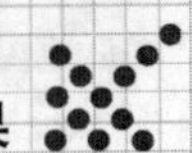

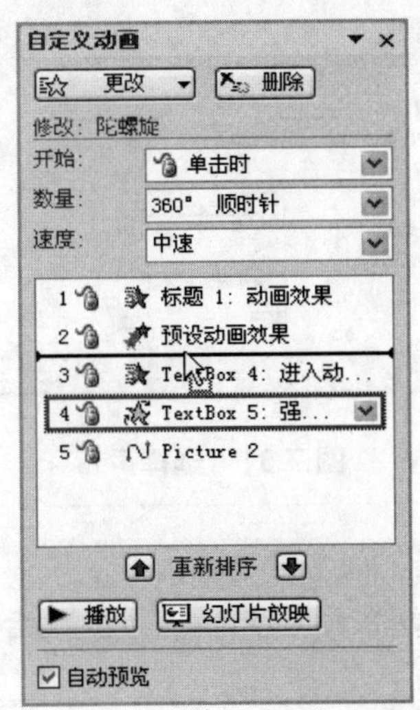


图 7.27　更改动画效果的播放顺序

图 7.28　重新排序

## 7.2.4　对动画进行高级设置

在【自定义动画】窗格中只能更改动画的部分效果，如果需要更改更多的选项，可以在动画对应的效果设置对话框中设置更多的选项。

对动画进行高级设置的操作方法如下。

**步骤 1**　打开“动画效果”演示文稿，单击【自定义动画】按钮，打开【自定义动画】窗格。在动画效果列表中选择第 1 个选项，右击，然后在弹出的菜单中选择【效果选项】命令，如图 7.29 所示，打开【擦除】效果设置选项对话框，如图 7.30 所示。

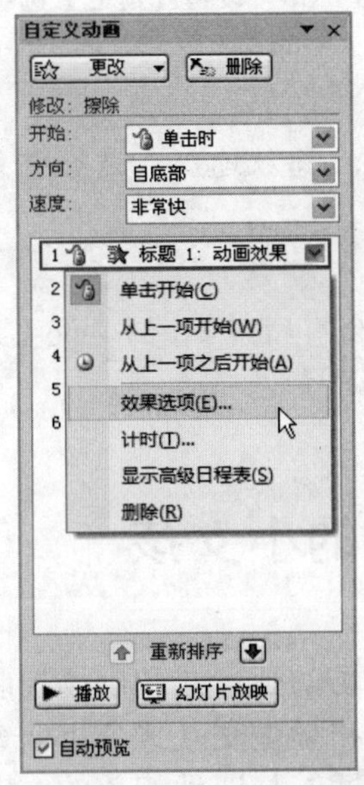


图 7.29　选择【效果选项】

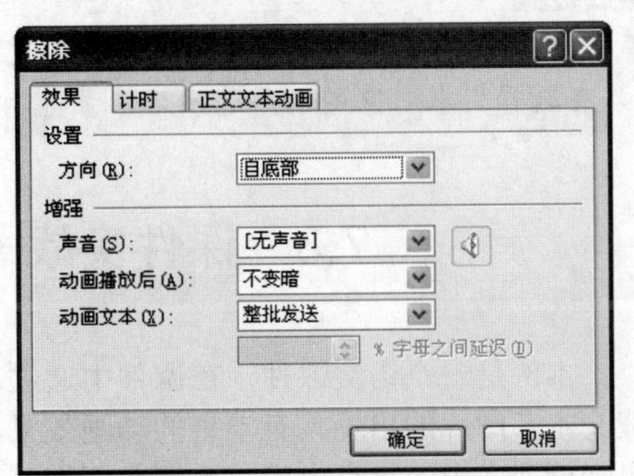


图 7.30　【擦除】对话框

**步骤 2** 在【声音】下拉列表框中选择【风铃】选项，为动画设置一个声音，如图 7.31 所示。

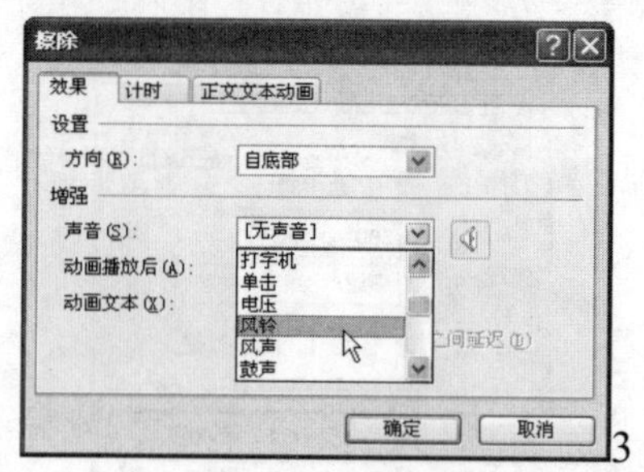


图 7.31 选择声音

**说 明**

【效果】选项卡主要用于设置所选动画方向、表现效果、声音和动画播放后的情况。

**步骤 3** 在【动画播放后】下拉列表框中选择【下次单击后隐藏】选项，在下次单击时即隐藏该文本对象，如图 7.32 所示。

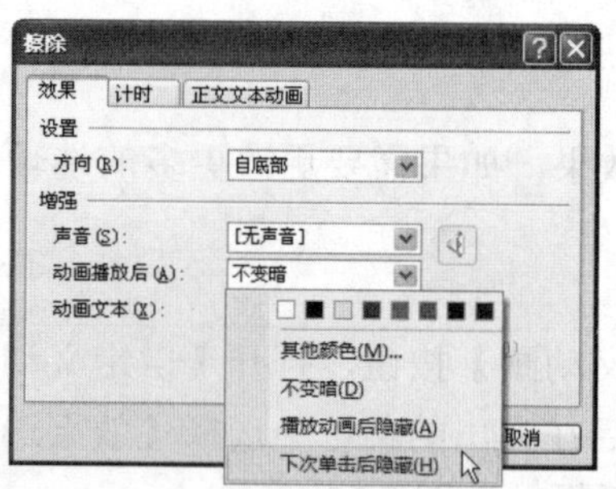


图 7.32 选择【下次单击后隐藏】选项

**步骤 4** 选择【计时】选项卡，在【延迟】微调框中输入 2，设置动画在单击 2 秒钟后播放，如图 7.33 所示。

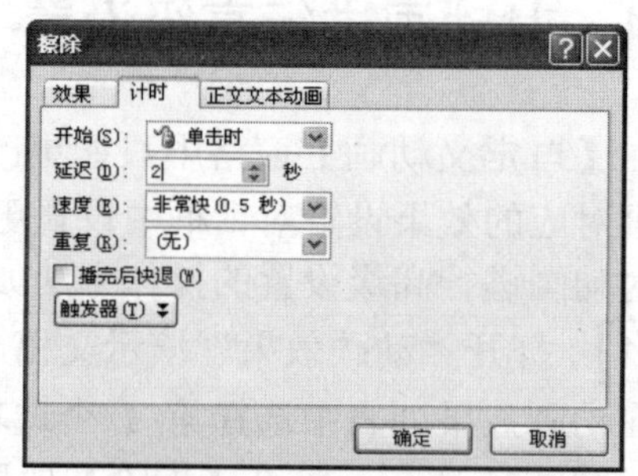


图 7.33 设置【延迟】选项

**说 明**

【计时】选项卡主要用于设置所选动画开始播放时间、播放速度、是否重复等。

**提 示**

选择的动画选项不同，打开的动画效果设置对话框也会有所差别，但其设置方法类似。只有选择文本对象的动画选项后，才能打开【正文文本动画】选项卡。

## 7.3 课件实战——卖火柴的小女孩

本例是一个语文课件，在课件中通过对文本、图片出场动画形式和出场控制的设置，使文本和图片的出场具有丰富的动画效果，这样便于教师和学生交互式分析研究课文，突出强调课文中的重点内容。本例在制作时，先在幻灯片上插入与课件相关的文字和图片，然后集中设置动画效果。

课件播放后，不用单击，课件的标题会以空翻的形式进入幻灯片，然后飞入“安徒生”，如图 7.34 所示。

图 7.34　课件的标题

第二张幻灯片是关于安徒生的介绍，图片和文本同时出现，同样不需要单击，如图 7.35 所示。

第三张幻灯片是关于小女孩每次擦燃火柴后，幻想、渴望与现实间的对比，每次单击飞入一组文本，填在表格中，如图 7.36 所示。

安徒生：是世界著名童话作家。他的童话和过去的一般童话不同，并不是民间传说的重述。他立足于现实生活，运用浪漫主义的手法，创作了168篇童话故事。在英国，他的作品是青少年教育的范本，同时，他也是属于全世界的。他的作品被译成80多种文字，是丹麦对世界文学最伟大的贡献。

图 7.35　安徒生简介

阅读课文联系课文内容填写表格

| 擦燃火柴次数 | 幻 想 | 渴 望 | 现 实 |
| --- | --- | --- | --- |
| 第一次 | 火 炉 | 温 暖 | 寒 冷 |
| 第二次 | 烤 鹅 | 食 物 | 饥 饿 |
| 第三次 | 圣诞树 | 欢 乐 | 孤 独 |
| 第四次 | 奶 奶 | [illegible] | 痛 苦 |
| 第五次 | [illegible] | [illegible] | [illegible] |

图 7.36　第三张幻灯片

第四、五和六张幻灯片是对课文深层次的思考和理解，播放到第四张时单击，两个红色的“曾经”覆盖原来的“曾经”，再次单击时以绘制的路径飞入一段文本，如图 7.37 所示。第五和六张幻灯片的样式与第四张大致相同，这里不再详细介绍。

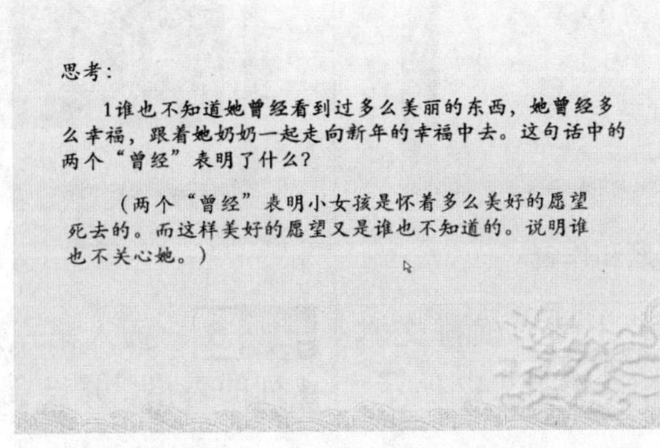


图 7.37　第四张幻灯片

制作这个课件，可以重点掌握进入动画和动作路径动画的设置，以及为动画效果进行高级设置。

制作“卖火柴的小女孩”课件的操作方法如下。

**步骤1** 新建一个空白演示文稿，将文稿保存为“卖火柴的小女孩.pptx”，如图 7.38 所示。

图 7.38　新建演示文稿

**步骤2** 选择【设计】选项卡，在【主题】选项组中选择【龙腾四海】，右击，在下拉菜单中选择【应用于所有幻灯片】选项，如图 7.39 所示。

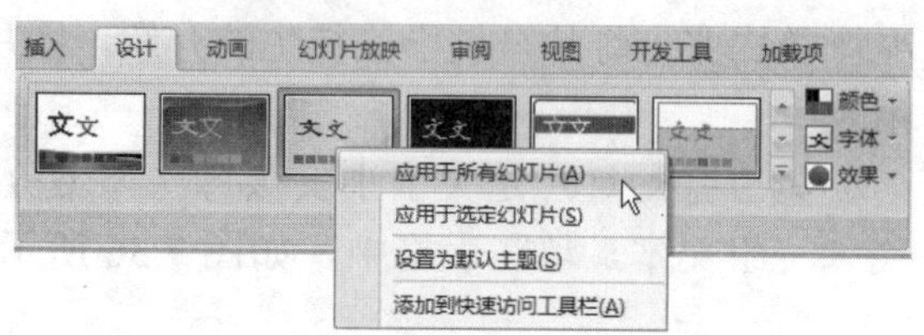


图 7.39　设置主题

**步骤3** 选择【插入】选项卡，然后在【文本】选项组中选择【文本框】|【横排文本框】命令，在幻灯片上插入两个横排文本框，输入课文的标题和作者，并为标题设置一个白色填充有倒影的格式，如图 7.40 所示。

图 7.40　输入标题和作者

**步骤4** 插入第二张幻灯片，选择【插入】选项卡，然后在【插图】选项组中选择【图片】命令，在幻灯片上插入事先准备好的安徒生的图片(文件路径：配套光盘\素材\第 7 章\安徒生.jpg)，并调整其大小与位置，如图 7.41 所示。

图 7.41　插入图片

**步骤5** 在第二张幻灯片上插入横排文本框，输入安徒生的简单介绍，如图 7.42 所示。

**步骤6** 插入第三张幻灯片，插入一个 6 行 4 列的表格，并设置其格式，如图 7.43 所示。

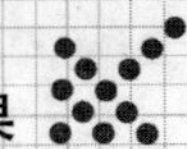

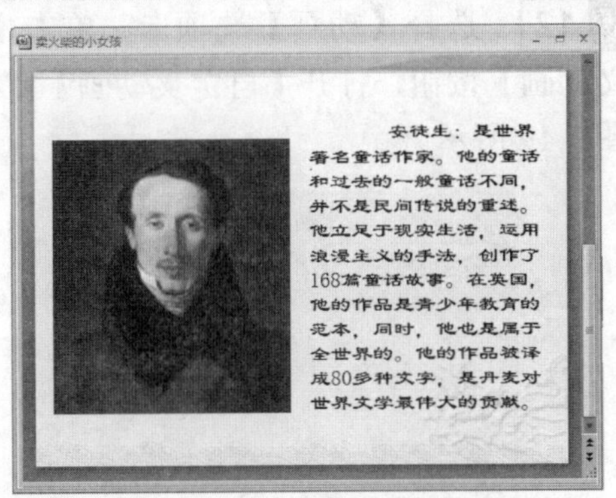


图 7.42　安徒生简介

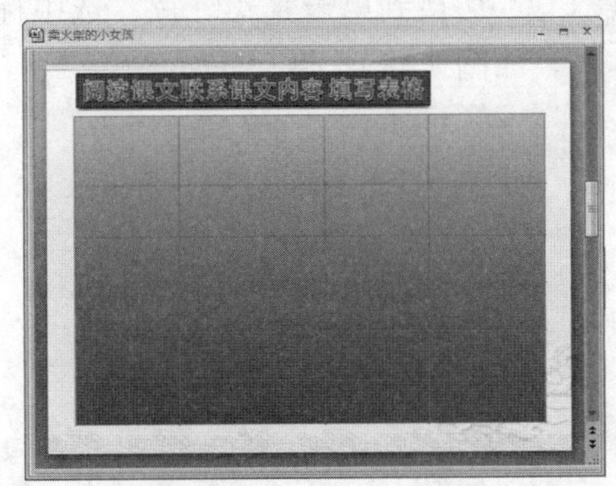


图 7.43　插入表格

**步骤 7**　在表格中输入小女孩擦燃火柴的次数，以及每次擦燃火柴后小女孩的幻想、渴望和现实的情况，如图 7.44 所示。

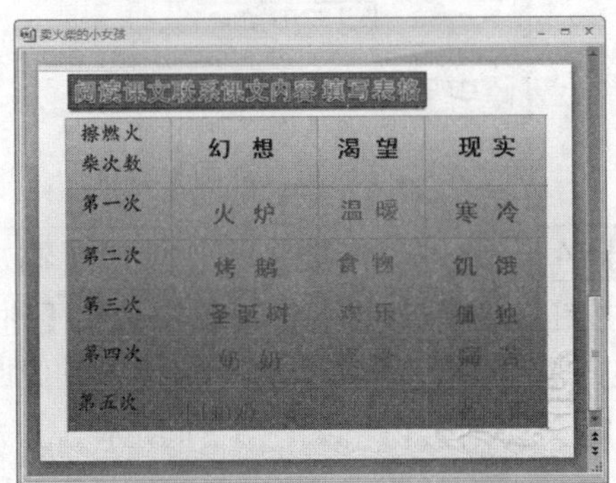


图 7.44　为表格输入文本

**步骤 8**　插入第四张幻灯片，在幻灯片上插入两个横排文本框，输入思考的问题 1 和答案。然后输入两个“曾经”，覆盖问题 1 中的这两个词，如图 7.45 所示。

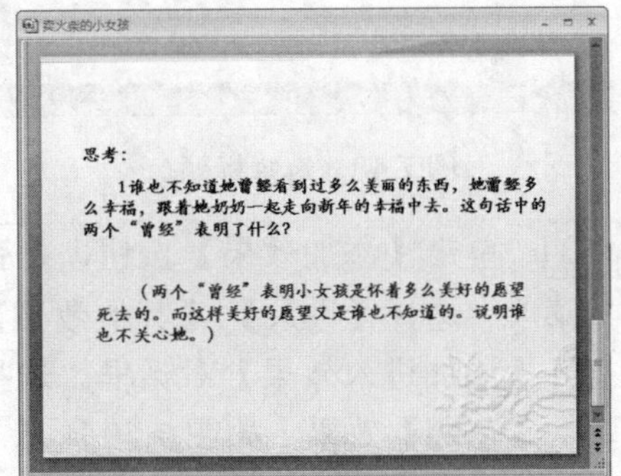


图 7.45　第四张幻灯片上的文本

**步骤 9**　插入第五张幻灯片，在幻灯片上插入 3 个横排文本框，输入思考的问题 2 和答案。答案为两段，分别在两个文本框中，并调整这两个文本框重叠在一起，如图 7.46 所示。

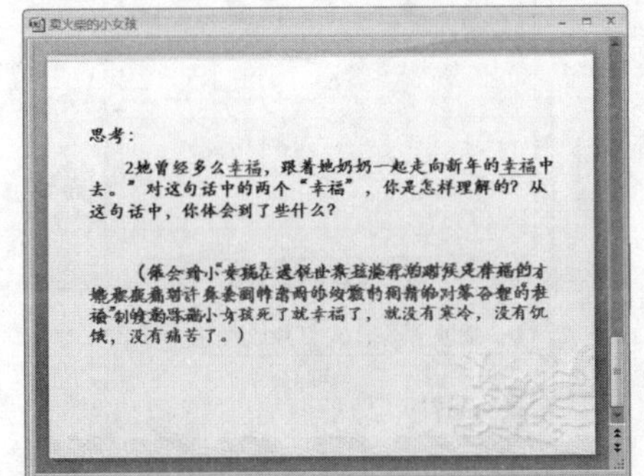


图 7.46　第五张幻灯片上的文本

**步骤 10**　插入第六张幻灯片，在幻灯片上插入两个横排文本框，输入文本，并设置其格式，如图 7.47 所示。

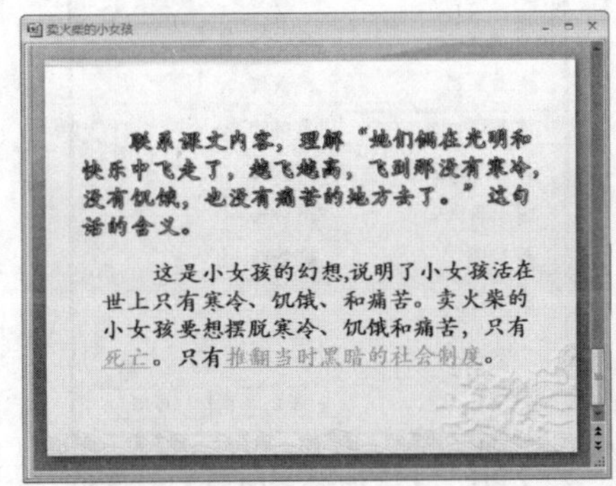


图 7.47　第六张幻灯片上的文本

步骤 11　切换到第一张幻灯片，选中标题文本框，如图 7.48 所示。

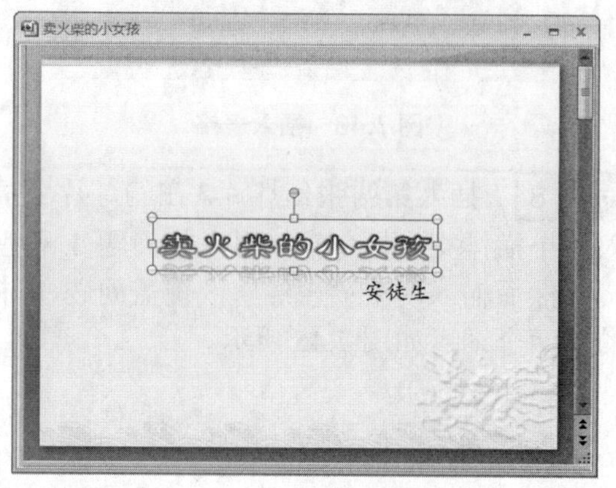


图 7.48　选择标题

步骤 12　选择【动画】选项卡，单击【自定义动画】按钮，打开【自定义动画】窗格，如图 7.49 所示。

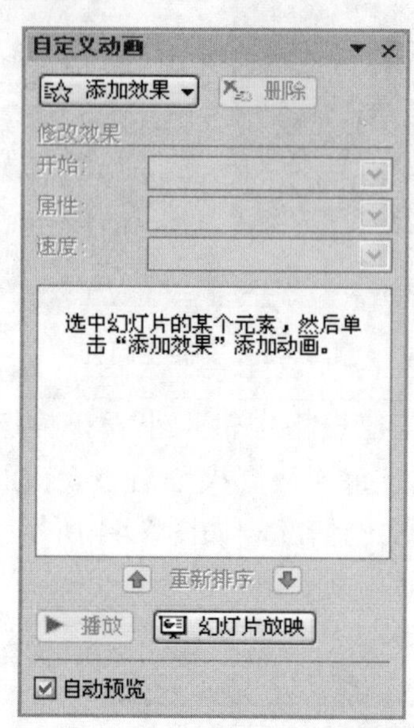


图 7.49　【自定义动画】窗格

步骤 13　单击【添加效果】按钮，在弹出的下拉菜单中选择【进入】|【其他效果】命令，打开【添加进入效果】对话框。选择华丽型中的【空翻】效果，如图 7.50 所示。

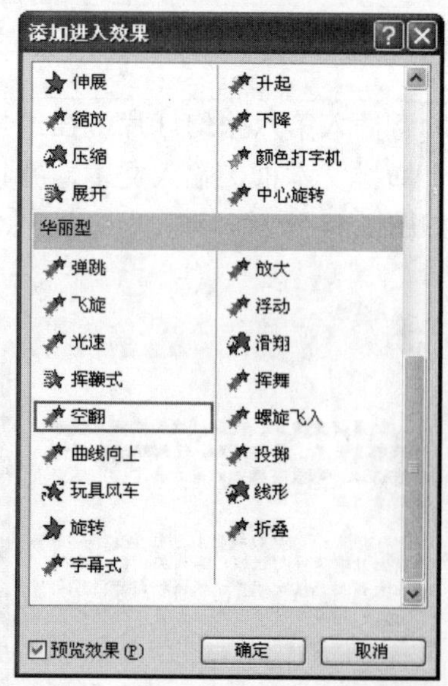


图 7.50　【添加进入效果】对话框

步骤 14　选中"安徒生"，单击【添加效果】按钮，在弹出的下拉菜单中选择【进入】|【飞入】命令，为其添加飞入效果。此时的【自定义动画】窗格如图 7.51 所示。

图 7.51　添加动画效果

**步骤 15**　选中课文标题，在【自定义动画】窗格中的【开始】下拉列表框中选择【之前】选项，然后为【安徒生】选择【之后】选项，使得在播放这张幻灯片时，两个文本自动先后以设置的动画效果出现，如图 7.52 所示。

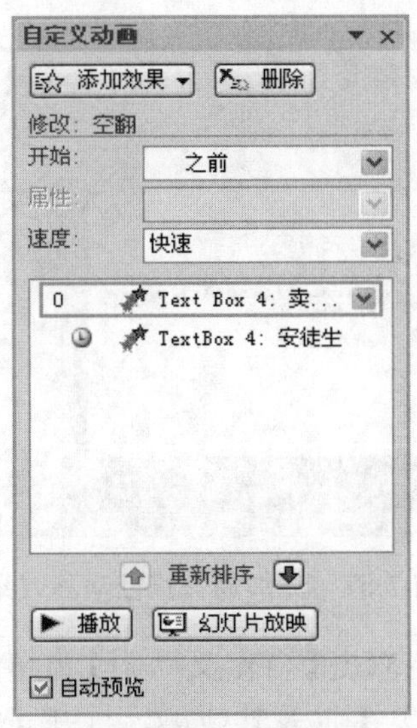


图 7.52　更改【开始】选项

**步骤 16**　选中第二张幻灯片，选择"安徒生"图片，单击【添加效果】按钮，在弹出的下拉菜单中选择【进入】|【其他效果】命令，打开【添加进入效果】对话框。选择【基本型】中的【棋盘】效果，如图 7.53 所示。

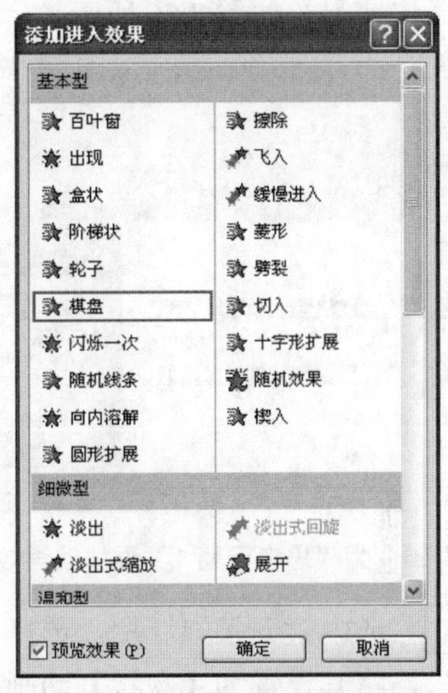


图 7.53　选择【棋盘】动画效果

**步骤 17**　选中第二张幻灯片中的文字部分文本框，单击【添加效果】按钮，在弹出的下拉菜单中选择【进入】|【其他效果】命令，打开【添加进入效果】对话框。选择基本型中的【向内溶解】效果，并调整这张幻灯片上的两个动画效果的开始时间全部为【之前】，使得在播放这张幻灯片时，两个动画效果同时出现，如图 7.54 所示。

图 7.54　设置第二张幻灯片的动画效果

**步骤 18**　选中第三张幻灯片，把其中的 5 组蓝色文本组成 5 组，然后按照前面的方法将 5 组文本全部设置为【飞入】动画效果。这样在播放这张幻灯片时，每单击一次就飞入一组文本并填在表格的空白处，如图 7.55 所示。

图 7.55　设置动画效果完成后的幻灯片

步骤 19 选中第四张幻灯片，选择“思考问题 1”，将其设置为【棋盘】动画效果。将两个“曾经”设置为【飞入】动画效果。更改第一个“曾经”速度为【快速】。更改第二个“曾经”的飞入方向为【自左侧】，速度为【快速】，如图 7.56 所示。

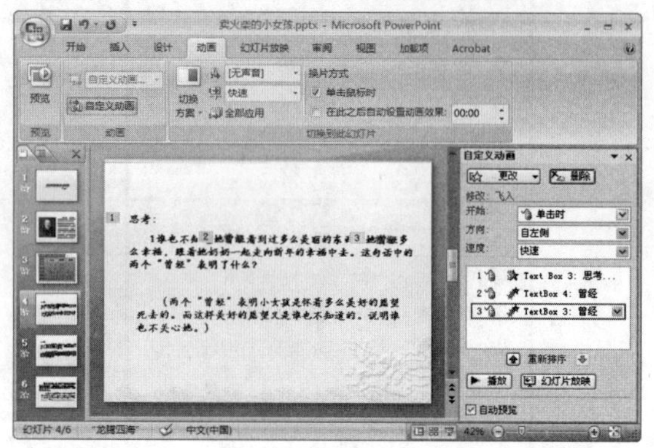

图 7.56 为“思考问题 1”添加动画效果

步骤 20 选中思考问题 1 的文本框，移至幻灯片的下方，在【动作路径】的下拉列表中选择【绘制自定义路径】|【曲线】命令，绘制一条曲线，使文本按绘制的路径进入幻灯片，如图 7.57 所示。

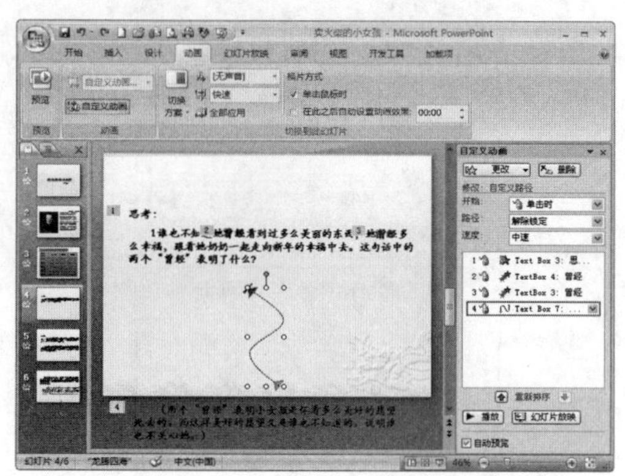

图 7.57 添加动作路径动画效果

步骤 21 选中第五张幻灯片，选择“思考问题 2”，将其设置为【盒状】动画效果。将回答的两段文本设置为【进入】栏中的【飞入】效果，如图 7.58 所示。

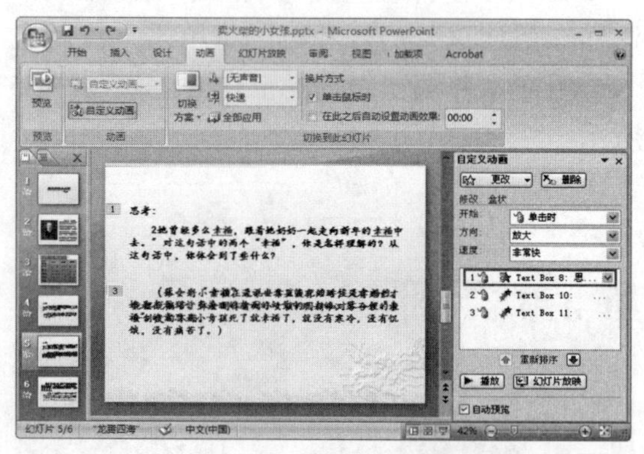

图 7.58 设置第五张幻灯片的动画效果

步骤 22 双击【自定义动画】窗格中的第二个动画效果【飞入】效果，打开【飞入】对话框。选择【效果】选项卡，在【动画播放后】下拉列表框中选择【下次单击后隐藏】选项，如图 7.59 所示。

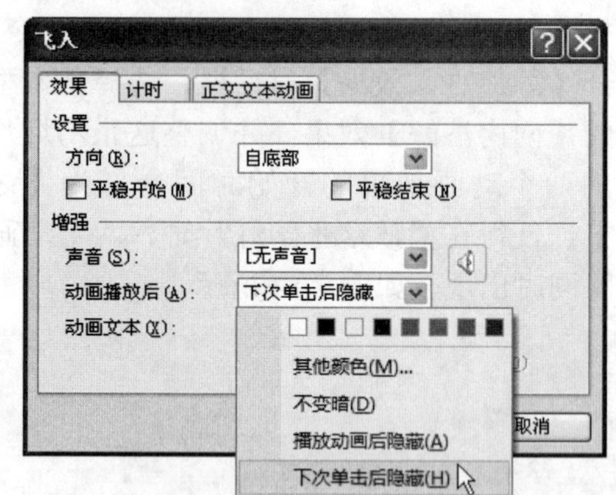


图 7.59 【飞入】对话框

步骤 23 选中第六张幻灯片，选择第二段文本，将其设置为挥鞭式动画效果，更改其速度为【快速】，如图 7.60 所示。

步骤 24 双击【自定义动画】窗格中的【挥鞭式】动画效果，打开【挥鞭式】对话框。选择【效果】选项卡，在【动画文本】下拉列表框中选择【按字/词】选项，如图 7.61 所示。

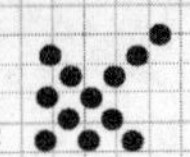

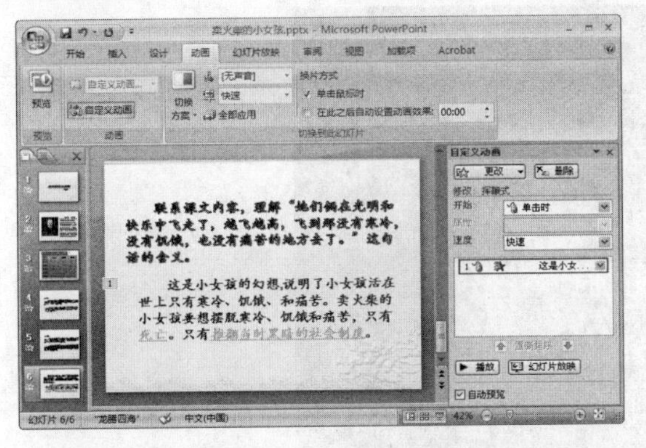

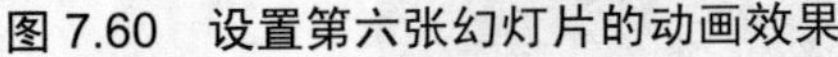

图 7.60　设置第六张幻灯片的动画效果

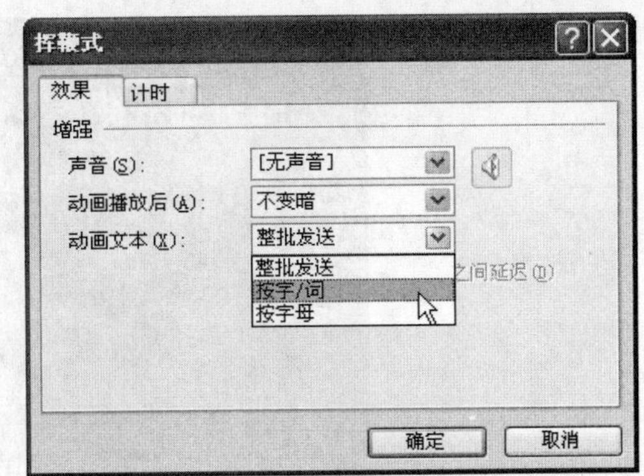


图 7.61　【效果】选项卡

至此本课件制作完毕，可以预览一下课件，看看动画效果是否满足课件的需求。如果有其他需要，可以继续为课件添加或更改动画效果。

## 7.4　课件实战——光的折射

在光的折射物理光学课件中，通过为光线添加动画效果，动态地显示光的传播，强调了光的传播过程，更有利于引导学生的学习。

本课件共两张幻灯片，运行后第一张幻灯片先出现标题、光的折射定义和绿色正方形上代表介质的矩形，单击后动态出现入射光线，然后每次单击分别出现标记入射光线、法线、折射光线和标记折射角弧线。第一张幻灯片效果如图 7.62 所示。

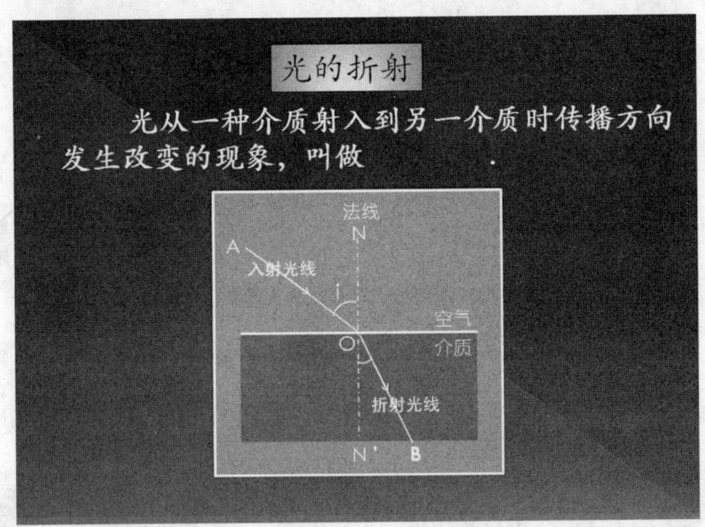


图 7.62　“光的折射”第一张幻灯片

第二张幻灯片内容为“光的折射规律”。每次单击出现一条规律，而且每条规律出现时都会有动画效果。第二张幻灯片效果如图 7.63 所示。

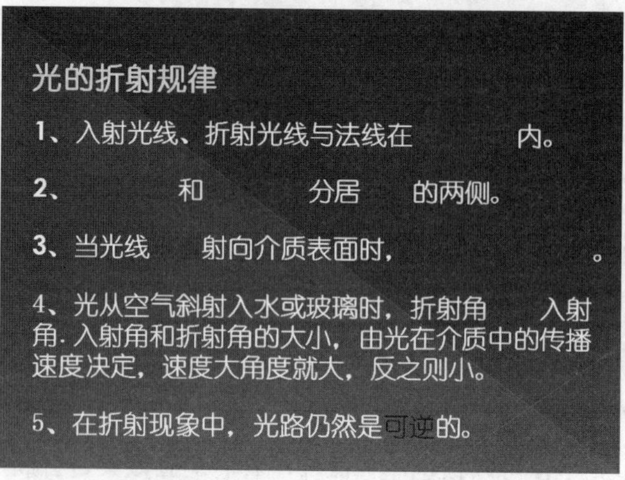


图 7.63 “光的折射”第二张幻灯片

制作这个课件可以重点掌握，利用设置动画效果增强课件的生动活泼性，使课件具有动画效果。

制作“光的折射”课件的操作方法如下。

**步骤 1** 新建一个空白演示文稿，将文稿保存为“光的折射.pptx”，如图 7.64 所示。

图 7.64 新建演示文稿

**步骤 2** 在【设计】选项卡上的【主题】选项组中选择【活力】主题，如图 7.65 所示。

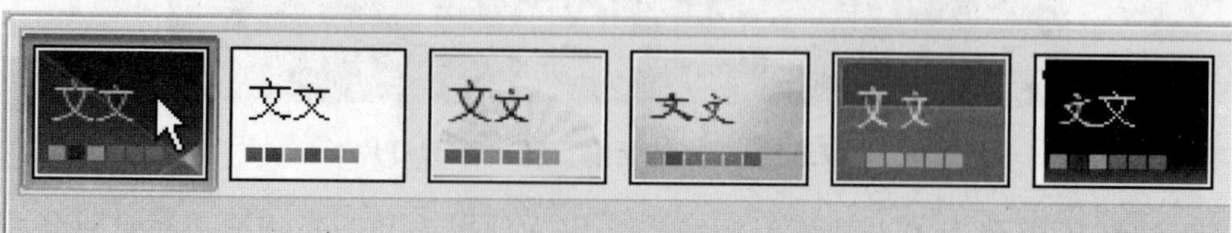

图 7.65 选择【活力】主题

**步骤 3**　在【主题】选项组中单击【颜色】按钮 颜色，选择 Office 选项，为主题更改配色方案，如图 7.66 所示。

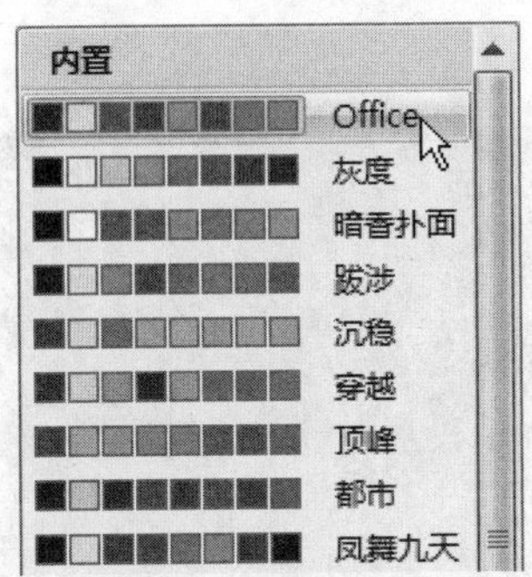


图 7.66　选择主体颜色

**步骤 4**　更改配色方案后，为课件输入标题和光的折射定义，设置文本的格式，如图 7.67 所示。

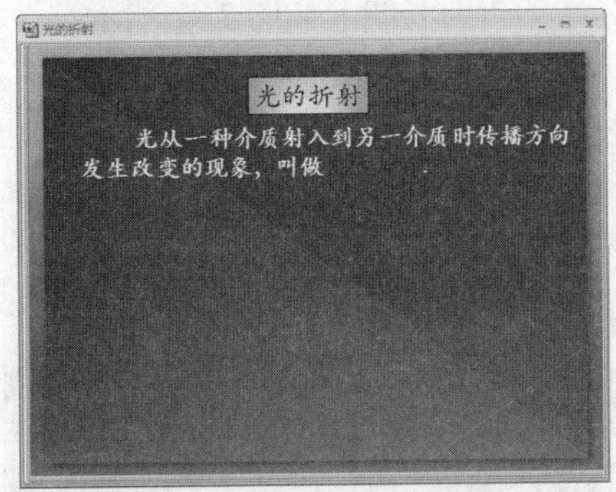


图 7.67　输入文本

**步骤 5**　在文本的下方，插入一个绿色的正方形，设置成白色的边框，如图 7.68 所示。

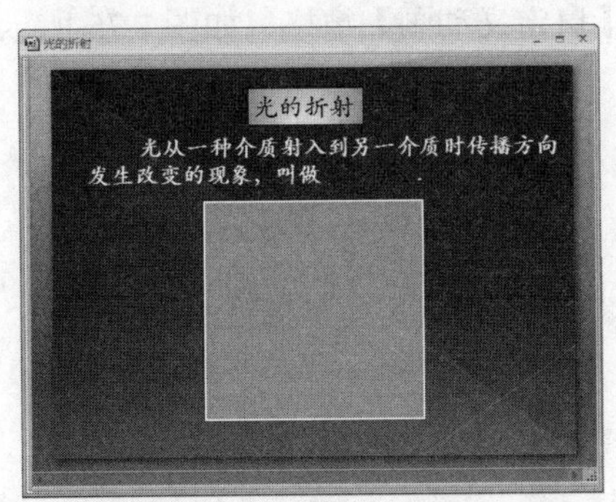


图 7.68　插入正方形

**步骤 6**　插入一个矩形表示介质，在介质上插入水平的白线分割开空气和介质，最后输入文本“空气”和“介质”，如图 7.69 所示。

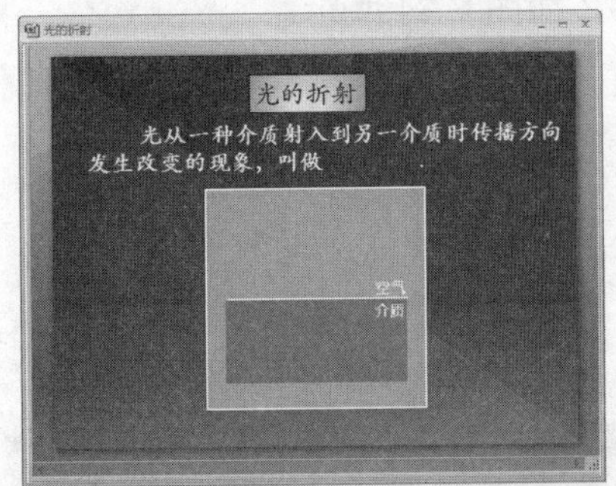


图 7.69　插入矩形和白色的线并输入文本

**步骤 7**　制作入射光线 AO，并将用于标注入射光线的文本 A 和 O 与入射光线组合，如图 7.70 所示。

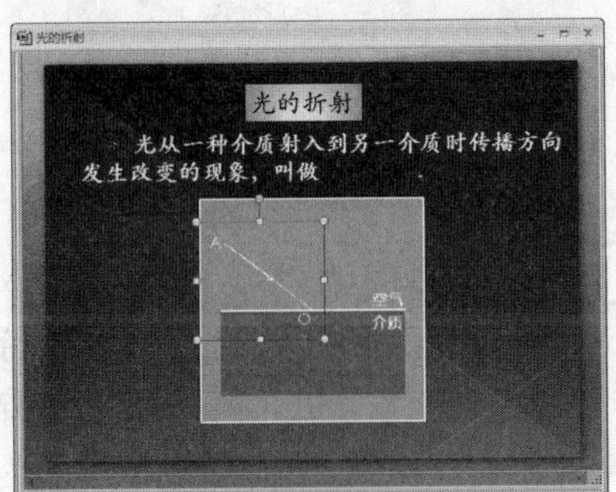


图 7.70　入射光线

**步骤 8**　采用同样的方法制作法线和折射光线，如图 7.71 所示。

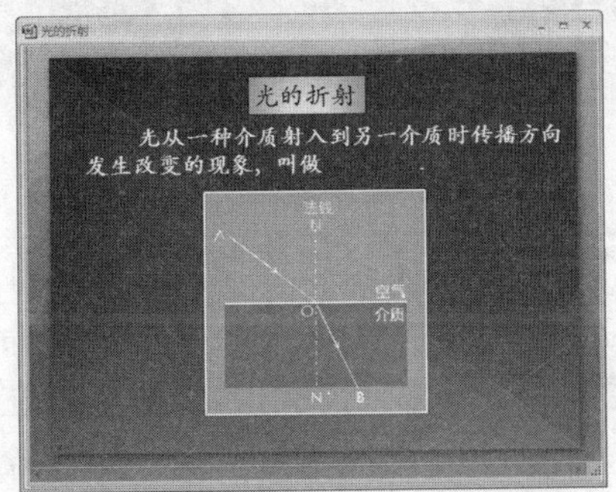


图 7.71　法线和折射光线

**步骤 9** 选择【插入】|【形状】|【弧形】命令，拖动鼠标绘制两条弧线，调整大小、方向，并放置到适当的位置，然后输入文本标记弧线、入射光线和折射光线，如图 7.72 所示。

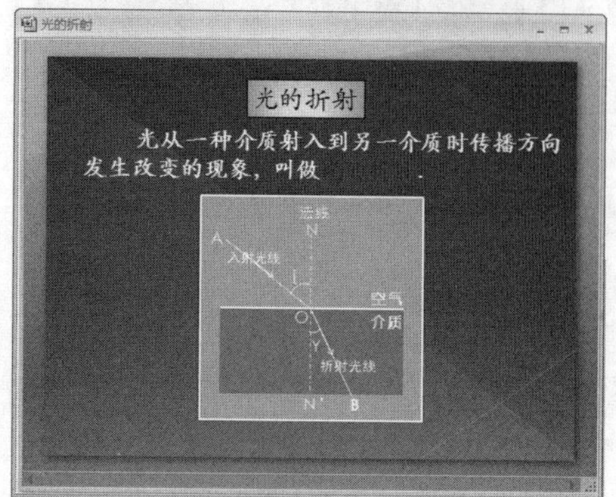


图 7.72 插入文本和弧度

**步骤 10** 插入一个新的幻灯片，输入光的折射 5 条规律，设置文本的格式，如图 7.73 所示。

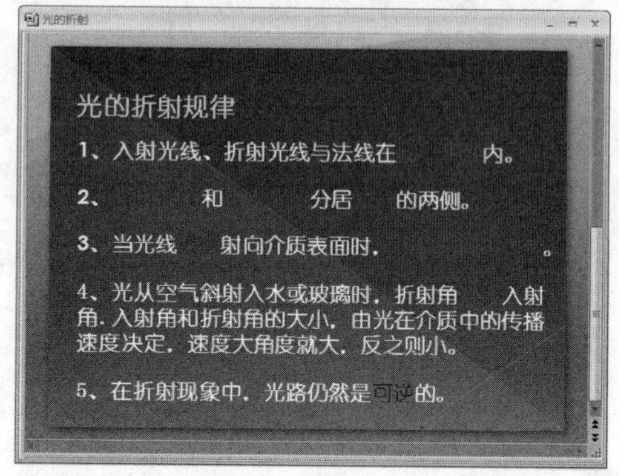


图 7.73 第二张幻灯片上的文本

**步骤 11** 选中第一张幻灯片，选择入射光线 AO，如图 7.74 所示。

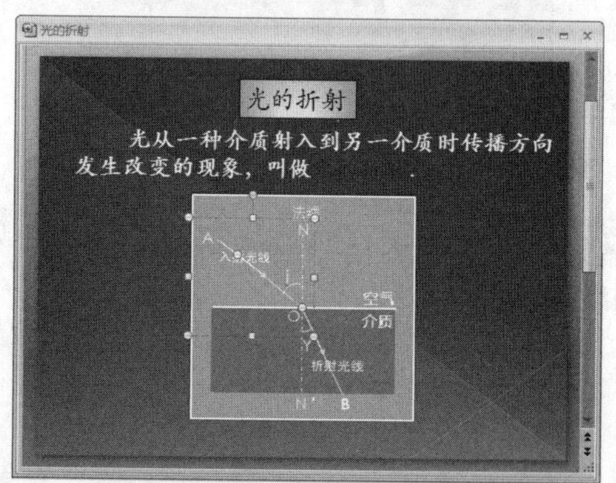


图 7.74 选择入射光线

**步骤 12** 选择【动画】|【自定义动画】命令，打开【自定义动画】窗格，如图 7.75 所示。

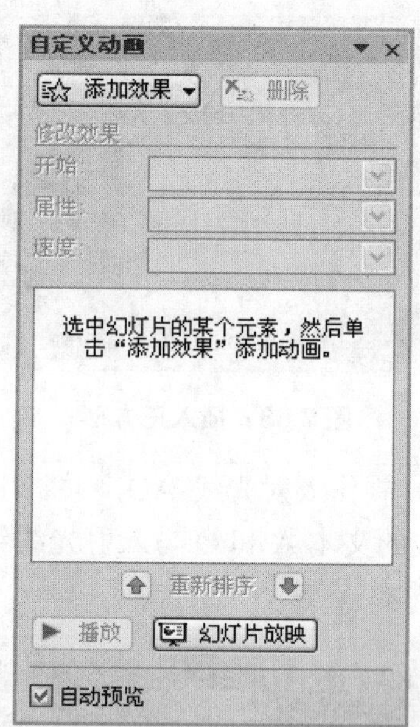


图 7.75 【自定义动画】窗格

**步骤 13** 单击【添加效果】按钮，在弹出的下拉菜单中选择【进入】|【擦除】命令，单击【方向】下拉列表框，选择【自左侧】选项，在擦除的过程中自左侧开始擦除，形成光线射入的效果。【自定义动画】窗格设置完成后如图 7.76 所示。

**步骤 14** 以同样的方法为文本“入射光线”、入射角弧度和法线组合设置擦除动画效果，“入射光线”和入射角弧度擦除方向为【自左侧】，法线组合的擦除方向为【自顶部】，如图 7.77 所示。

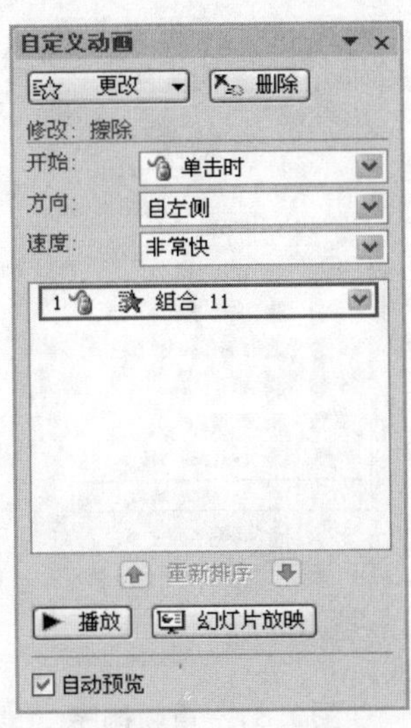


图 7.76　设置入射光线的动画效果

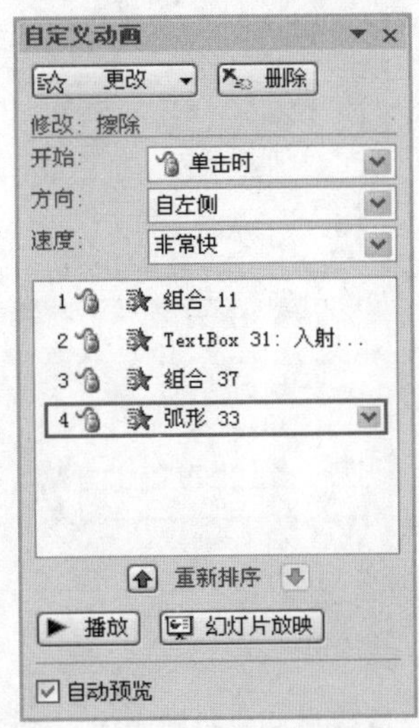


图 7.77　继续添加动画效果

**步骤 15**　选中入射角弧度的标记 i，然后单击【添加效果】按钮，在弹出的下拉菜单中选择【进入】|【切入】命令，单击【方向】下拉列表框，选择【自顶部】选项。设置完成后的【自定义动画】窗格如图 7.78 所示。

**步骤 16**　设置折射光线 OB 和折射角弧度为擦除动画效果，折射光线 OB 的擦除方向为【自顶部】，折射角弧度的擦除方向为【自左侧】，如图 7.79 所示。

图 7.78　设置 i 的动画效果

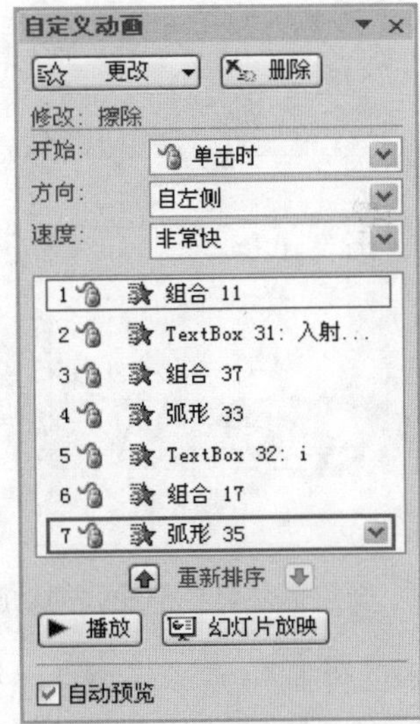


图 7.79　设置 OB 和折射角弧度的动画效果

**步骤 17**　同样为折射角弧度标记 Y 设置【切入】动画效果。然后选中“折射光线”文本，为其设置进入效果中的【折叠】动画效果，如图 7.80 所示。

**步骤 18**　选中【自定义动画】窗格中的最后一个动画效果(文本“折射光线”的【折叠】动画效果)，单击【重新排序】的向上移动按钮两次，使其播放顺序上升两个名次，如图 7.81 所示。

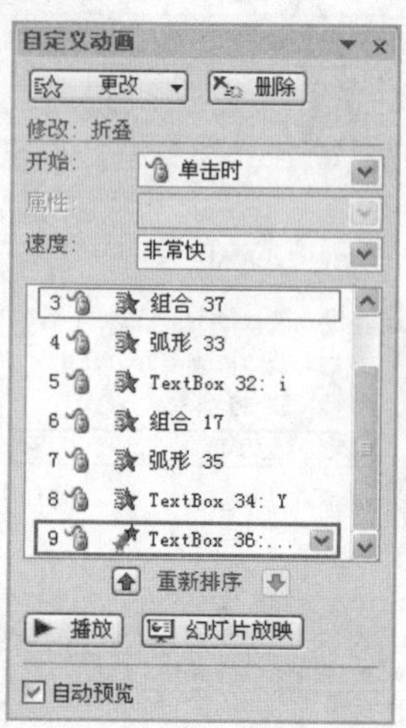


图 7.80　设置 Y 和“折射光线”的动画效果

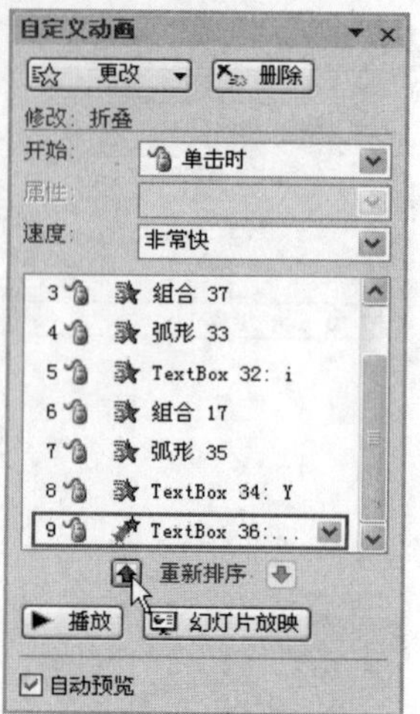


图 7.81　重新排序

**步骤 19**　选择第二张幻灯片，为光的折射前 3 条规律设置同样的动画效果。设置动画效果为进入效果中的【轮子】效果，辐射状为 4，速度为【非常快】，如图 7.82 所示。

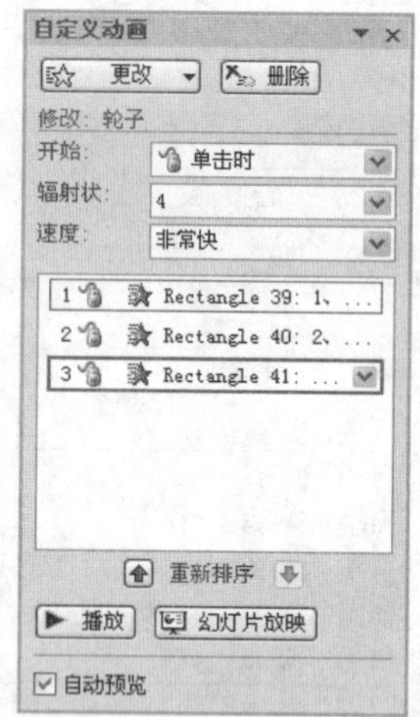


图 7.82　设置折射前 3 条规律的动画效果

**步骤 20**　为光的折射第 4、5 条规律设置同样的动画效果。设置动画效果为进入效果中的【棋盘】效果，方向为【跨越】，速度为【非常快】，如图 7.83 所示。

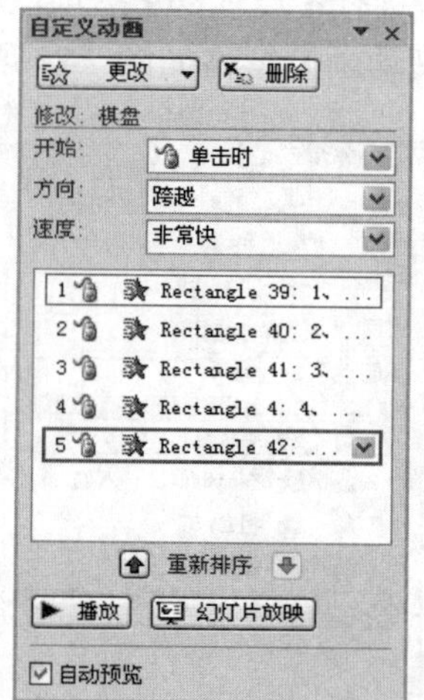


图 7.83　设置折射后 2 条规律的动画效果

至此本课件制作完毕。本章主要介绍了如何为 PPT 课件添加动画效果。在 PPT 中动画效果种类繁多，要想熟练掌握这些动画效果的应用，就需要更多地练习，以便了解不同的动画效果所适合的内容，这样在制作课件时才能找到更加符合教学要求的动画效果。

# 控制课件播放进程

第 7 章介绍了如何给幻灯片中的内容添加动画，两张幻灯片切换时也可以设置动画效果，还可以设置声音，使幻灯片看起来更活泼。

课件一般由播放者根据播放的实际情况决定是否通过单击或按键盘上的键，以播放下一个内容，这是一种简单的交互控制。

有时也需要根据情况有选择地播放幻灯片。要想实现这些较为复杂的交互控制，就要使用按钮，在按钮上设置超链接，通过单击按钮跳转到目标幻灯片。也可以通过超链接调用其他幻灯片。

## 本章内容主要包括：

- 给幻灯片添加切换效果。
- 向幻灯片切换效果添加声音。
- 更改或删除幻灯片之间的切换效果。
- 用链接的方法实现幻灯片之间的跳转。
- 调用其他幻灯片。

# 8.1 给幻灯片添加切换效果

幻灯片切换效果是在【幻灯片放映】视图中从一个幻灯片移到下一个幻灯片时出现的类似动画的效果。可以控制每个幻灯片切换效果的速度，还可以添加声音。

## 8.1.1 添加切换动画

添加切换动画的操作方法如下。

**步骤 1** 打开第 3 章中的课件“美丽的张家界”，在包含【大纲】和【幻灯片】选项卡的窗格中，选择【幻灯片】选项卡。选择第一张幻灯片的缩略图，如图 8.1 所示。

图 8.1 打开“美丽的张家界”课件

**步骤 2** 选择【动画】选项卡，在【切换到此幻灯片】选项组中，会发现有很多不同类型的幻灯片切换效果(不限于这些)。选择其中一种切换效果，应用到第一张幻灯片，如图 8.2 所示。

图 8.2 动画类型

**步骤 3** 若要查看更多的切换效果，可在【快速样式】列表中单击【其他】按钮，如图 8.3 所示。

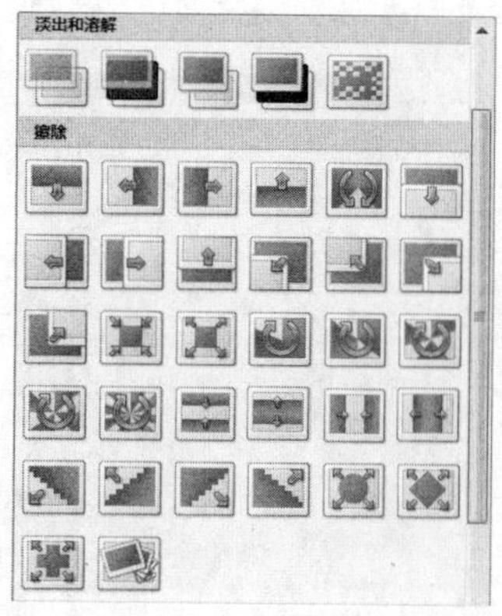


图 8.3 其他动画类型

**步骤 4** 可以为切换动画效果添加音效。单击 切换声音: 按钮后的下拉列表，为动画选择一种音效，如图 8.4 所示。

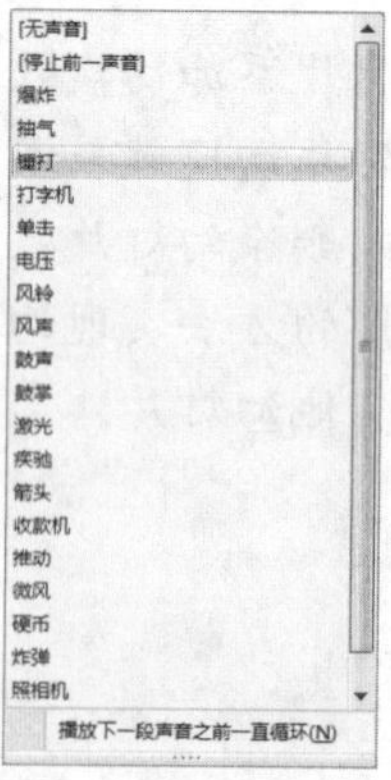


图 8.4 为动画添加音效

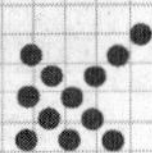

**提 示**

选择列表中的【其他声音】选项就会弹出【添加声音】对话框，可以从文件中选择一个声音。

**步骤 5**　若要设置幻灯片的切换速度，在【切换到此幻灯片】选项组中，单击 切换速度: 旁边的下拉列表框，然后选择所需的速度，如图 8.5 所示。

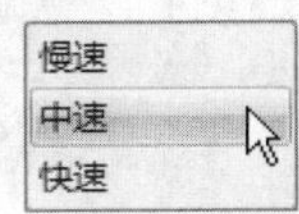


图 8.5　选择动画播放速度

**步骤 6**　若要将一种切换效果应用到演示文稿中所有幻灯片，在【切换到此幻灯片】选项组中，单击【全部应用】按钮，如图 8.6 所示。若要为演示文稿中的幻灯片添加不同的切换效果需重复以上步骤。

图 8.6　为动画添加音效

**步骤 7**　设置换片方式。换片方式默认是【单击鼠标时】，如果不需要单击时切换幻灯片，可以在【换片方式】选项组中取消选中【单击鼠标时】复选框，如图 8.7 所示。

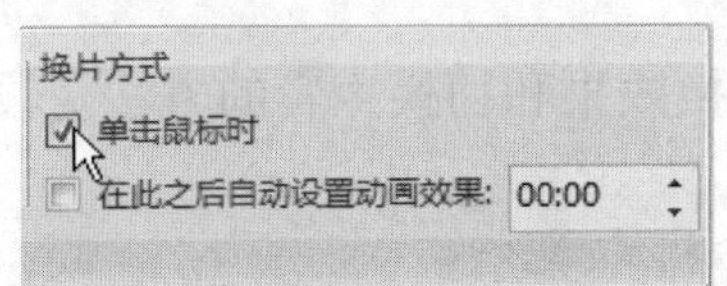


图 8.7　取消选中【单击鼠标时】复选框

**步骤 8**　若要在一段时间后切换幻灯片，可以选中【在此之后自动设置动画效果】复选框，在后面的微调框中输入自动切换幻灯片的时间，如图 8.8 所示。

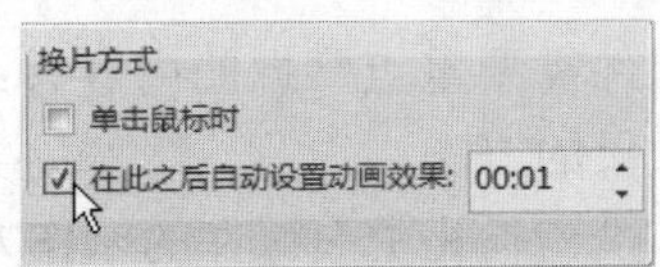


图 8.8　设置自动放映幻灯片

## 8.1.2　删除幻灯片的切换效果

选择一张已经添加切换效果的幻灯片，选择【动画】选项卡，在【切换到此幻灯片】选项组中，单击【无切换效果】按钮，如图 8.9 所示，这样即可删除幻灯片的切换效果。

图 8.9　单击【无切换效果】按钮

如果想把演示文稿中所有幻灯片的切换效果全部删除，单击【无切换效果】按钮后，再单击【全部应用】按钮即可。

## 8.1.3　课件实战——白杨礼赞

本节实战是为课文“白杨礼赞”制作一个课件，共有 5 张幻灯片，第一张是课件的标

题，第二张是作者介绍，第三到五张是总结白杨树的特点和对课文的分析。课件中要为幻灯片切换添加动画效果并添加音效。“白杨礼赞”课件的运行效果如图 8.10 所示。

图 8.10 “白杨礼赞”课件的运行效果

本课件需要重点掌握的内容有：给幻灯片添加切换效果和切换声音的方法，设置幻灯片切换效果的方法。

制作“白杨礼赞”课件的操作方法如下。

**步骤 1** 新建一个空白演示文稿，选择【设计】选项卡，在【主题】选项组中选择【纸张】，在右侧的【颜色】下拉列表框中选择【沉稳】选项，右击，选择【应用到所有幻灯片】命令，如图 8.11 所示。

图 8.11 新建幻灯片并设置主题

**步骤 2** 给课件添加标题“白杨礼赞”，并在标题下方输入文章的作者“——茅盾”，设置标题的格式，如图 8.12 所示。

图 8.12 添加标题

**步骤 3**　选择【开始】选项卡，单击【新建幻灯片】下的下拉按钮，选择【仅标题】模式，如图 8.13 所示，新建一张仅有标题的幻灯片。

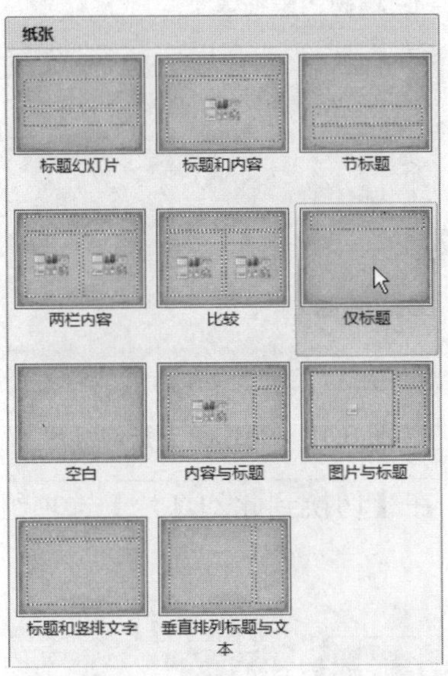


图 8.13　新建仅有标题幻灯片

**步骤 4**　给幻灯片添加标题“关于茅盾”，设置标题的格式，在左侧插入一张茅盾的照片(文件路径：配套光盘\素材\第 8 章\茅盾.jpg)，右侧输入介绍茅盾的文字，如图 8.14 所示。

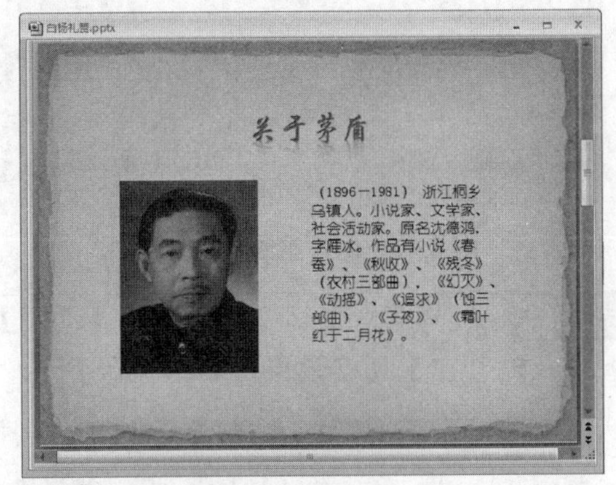


图 8.14　制作第二张幻灯片

**步骤 5**　选择【开始】选项卡，单击【新建幻灯片】下的下拉按钮，选择【空白】模式，如图 8.15 所示，新建一张空白幻灯片。

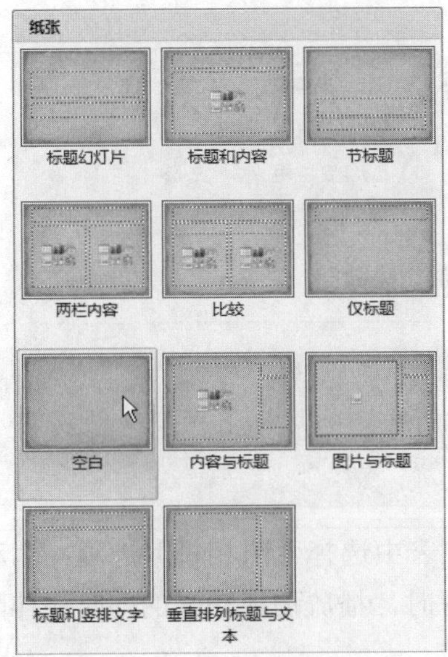


图 8.15　新建空白幻灯片

**步骤 6**　在空白幻灯片中，输入描写白杨树的外部形态与内在气质的文字，如图 8.16 所示。

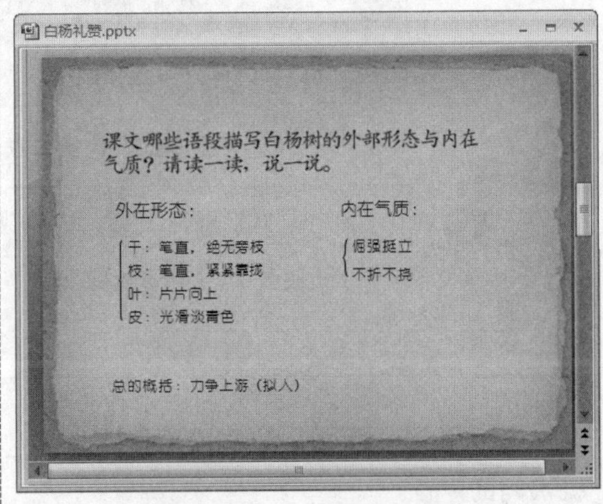


图 8.16　制作第三张幻灯片

步骤7 新建一张空白幻灯片，输入描写白杨树特点的文字，如图 8.17 所示。

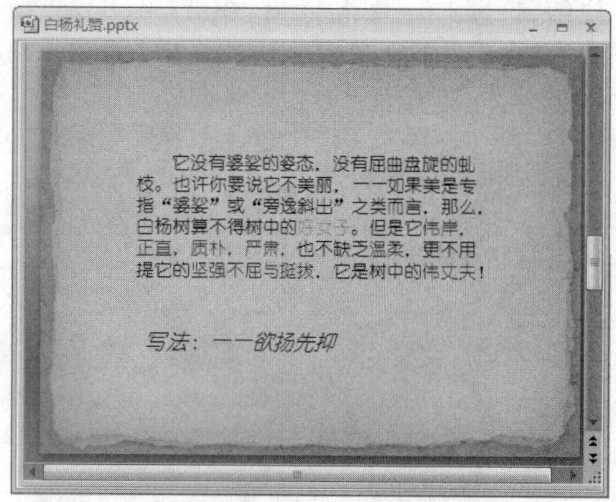


图 8.17 制作第四张幻灯片

步骤8 新建一张空白幻灯片，输入描写白杨树象征意义的文字，如图 8.18 所示。

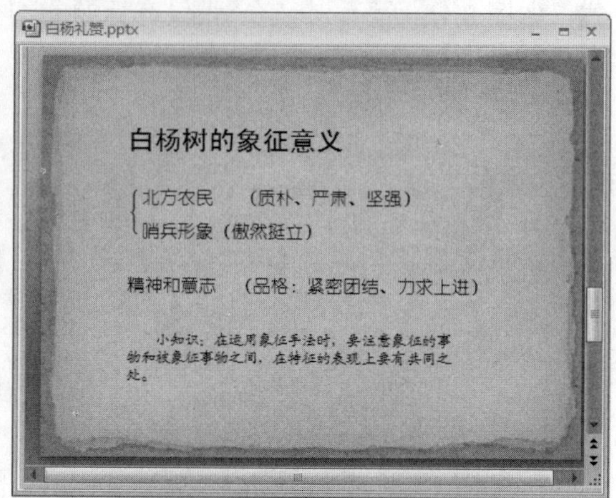


图 8.18 制作第五张幻灯片

步骤9 选择第一张幻灯片，选择【动画】选项卡，在【切换到此幻灯片】选项组中，选择【平滑淡出】切换效果，如图 8.19 所示。

图 8.19 为第一张幻灯片添加切换效果

步骤10 选择第二张幻灯片，单击切换效果旁边的▼或▼按钮，查看其他切换效果，选择【顺时针回旋，2 根轮辐】切换效果，如图 8.20 所示。

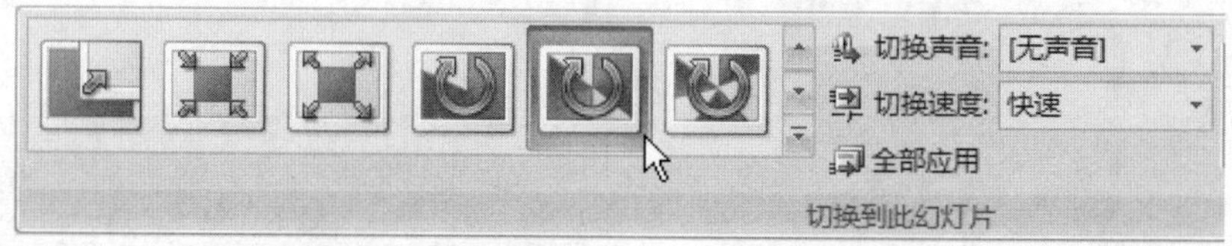


图 8.20 为第二张幻灯片添加切换效果

**提 示**

当鼠标指针划过某种切换效果时，就可以在当前所选的幻灯片上预览这种效果，此时可以选择一种自己喜欢的效果。

步骤11 单击 切换声音: 后的下拉按钮，从下拉列表中选择【照相机】选项，为动画添加音效，如图 8.21 所示。这样当切换到第二张幻灯片时，播放切换动画的同时还伴随照相机快门的声音。

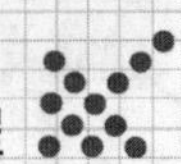

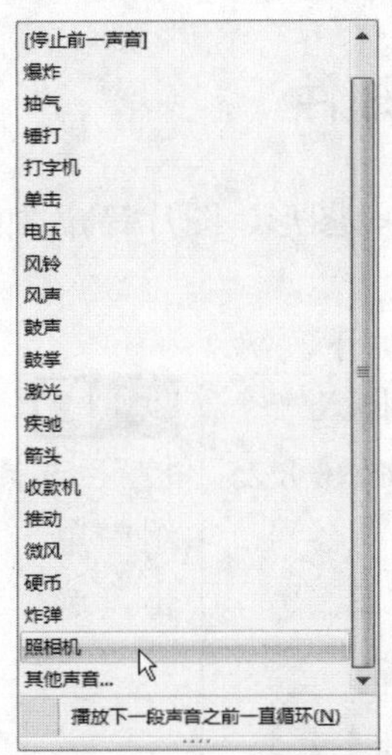


图 8.21　为第二张幻灯片切换音效

**步骤 12**　选择第三张幻灯片，选择【向右揭开】切换效果，将切换声音设置为【电压】，将切换速度设置为【中速】，如图 8.22 所示。

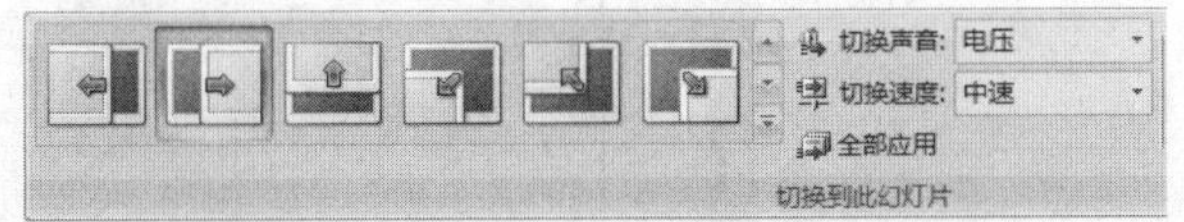


图 8.22　为第三张幻灯片添加切换效果

**步骤 13**　选择第四张幻灯片，选择【由内到外垂直分割】切换效果，将切换声音设置为【箭头】，将切换速度设置为【快速】，如图 8.23 所示。

图 8.23　为第四张幻灯片添加切换效果

**步骤 14**　选择第五张幻灯片，选择【向左上覆盖】切换效果，将切换声音设置为【疾驰】，将切换速度设置为【中速】，如图 8.24 所示。

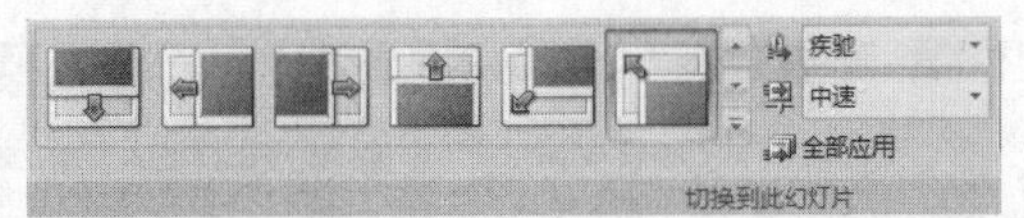


图 8.24　为第五张幻灯片添加切换效果

至此本课件制作完毕。

# 8.2　课件播放控制

在演示课件过程中，可以通过在按钮上添加超链接的方式链接到目标幻灯片，也可以调用其他幻灯片。幻灯片还可以链接外部文件。

### 8.2.1 链接到网页或电子邮件

可以为幻灯片中的内容(如文字、图形、图片等)添加超级链接，可以链接到指定的文件夹、文件、网页和电子邮件。

链接到网页、电子邮件的方法如下。

**步骤1** 新建一个空白演示文稿，插入一个文本框，输入“北京四中网校”，如图 8.25 所示。

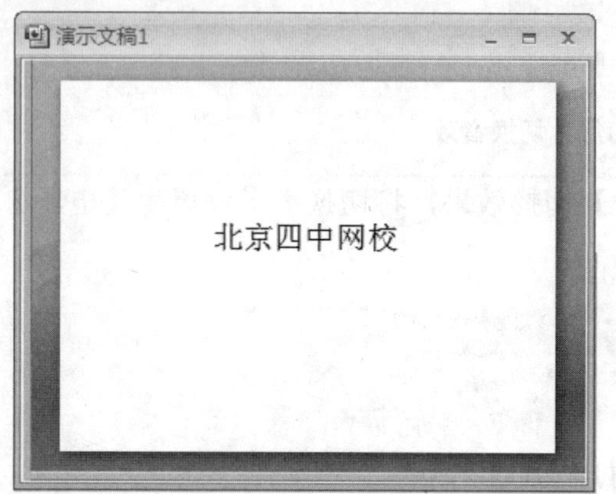


图 8.25 输入文字

**步骤2** 选择文本框中的文字“北京四中网校”，选择【插入】选项卡，在【链接】选项组中单击【超链接】，如图 8.26 所示，或右击，选择【超链接】命令。

图 8.26 选择【超链接】命令

**步骤3** 弹出【插入超链接】对话框，在左侧【链接到】选项组中单击【原有文件或网页】，如图 8.27 所示。

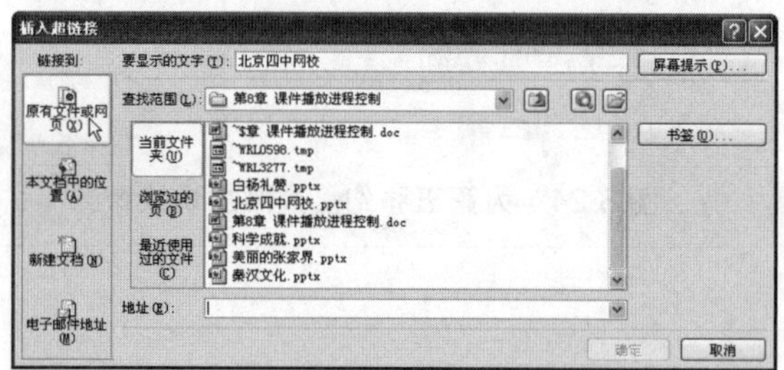

图 8.27 【插入超链接】对话框

**步骤4** 在【地址】下拉列表框中输入北京四中网校的网址 http://etiantian.com，如图 8.28 所示。

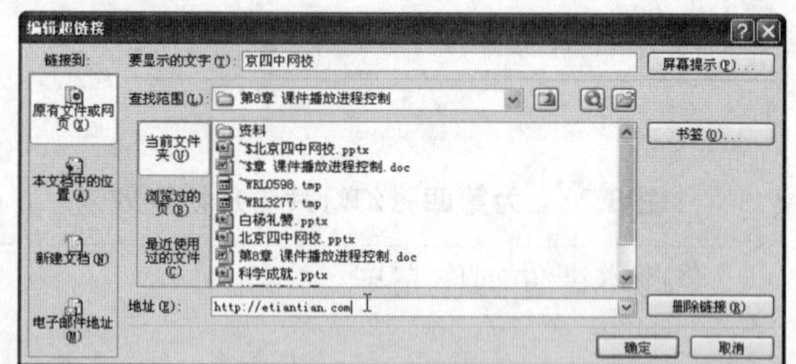

图 8.28 输入网址

**提 示**

可以单击【浏览过的页】链接到最近浏览过的页面。选择目录中的一个文件，在放映幻灯片时单击相应的文字，可以在另一个窗口中打开被链接的文件。建议被链接的文件放在与演示文稿相同的目录下，这样如果需要在其他电脑上放映幻灯片时只需把这个文件连同演示文稿一同复制到同一目录下就可以了。

**步骤 5**　插入链接后的文字变成了蓝色(链接后文字的颜色与幻灯片当前的主题有关)，并带有下划线，如图 8.29 所示。

图 8.29　插入链接后的文字

**步骤 6**　放映幻灯片，单击文字“北京四中网校”后就会打开北京四中网校的网站首页，如图 8.30 所示。

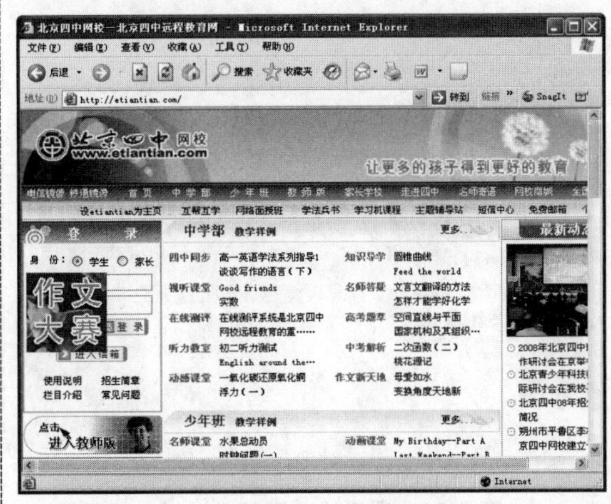

图 8.30　打开链接

**步骤 7**　在“北京四中网校”下方插入文本框，并输入“链接到邮箱”，如图 8.31 所示。

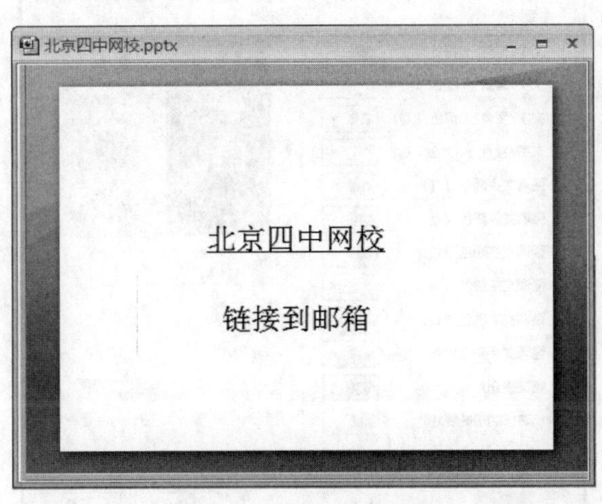


图 8.31　插入链接后的文字

**步骤 8**　选择文字“链接到邮箱”，选择【插入】选项卡，在【链接】选项组中单击【超链接】，或右击，选择【超链接】命令，如图 8.32 所示。

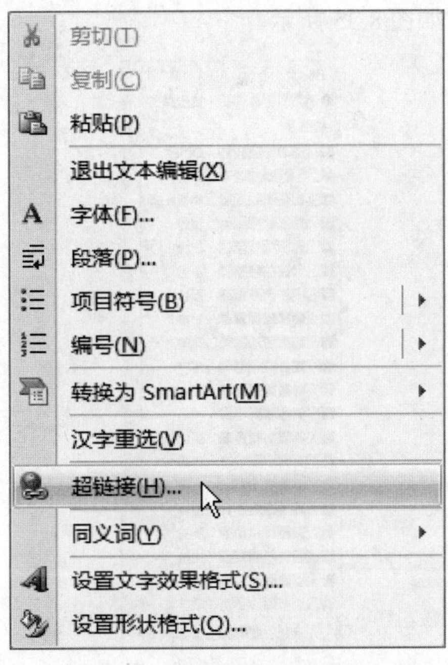


图 8.32　选择【超链接】命令

步骤 9 弹出【插入超链接】对话框，在【链接到】选项组中选择【电子邮件地址】，如图 8.33 所示。

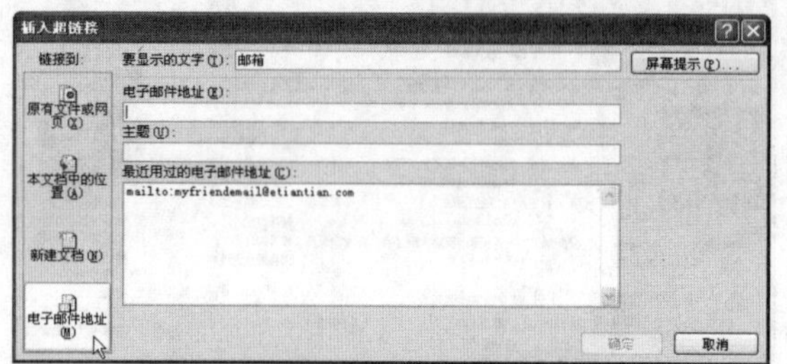

图 8.33 选择【电子邮件地址】

步骤 10 在【电子邮件地址】文本框中输入收信人的邮件地址，在【主题】文本框中输入邮件的主题。【最近用过的电子邮件地址】列表框中列出的是最近链接过的邮件地址，如果这里显示了一些用过的电子邮件地址，可以从这里选择一个。单击【确定】按钮，如图 8.34 所示。

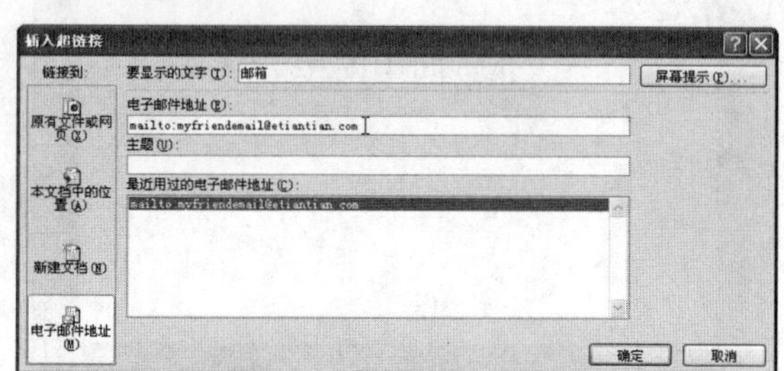

图 8.34 输入电子邮件地址

步骤 11 链接后的文字颜色是可以改变的。选择【设计】选项卡，在【主题】选项组中单击【颜色】下拉按钮。列表中有内置的主题颜色，选择不同主题颜色，链接文字的颜色也会不同。单击【新建主题颜色】按钮，如图 8.35 所示。

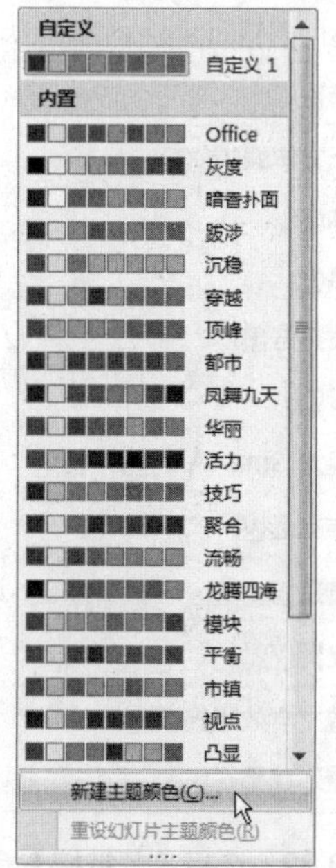

图 8.35 单击【新建主题颜色】按钮

步骤 12 弹出【新建主题颜色】对话框。单击【超链接】右侧的下拉按钮，从颜色板中选择红色作为链接文字的颜色，如图 8.36 所示。

图 8.36 自定义超链接的颜色

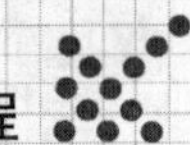

步骤 13　更改超链接文字颜色后的幻灯片如图 8.37 所示。

图 8.37　更改超链接文字颜色后的幻灯片

## 8.2.2　幻灯片之间的跳转

许多课件中会用到导航，单击文字或按钮后会跳转到指定的幻灯片。这种效果可以通过为对象插入超链接的方法实现。

为对象插入超链接的方法如下。

步骤 1　打开演示文稿“幻灯片之间的跳转 1”(文件路径：配套光盘\素材\第 8 章\幻灯片之间的跳转 1)，共有 4 张幻灯片，第一张的主题是“导航”，如图 8.38 所示。

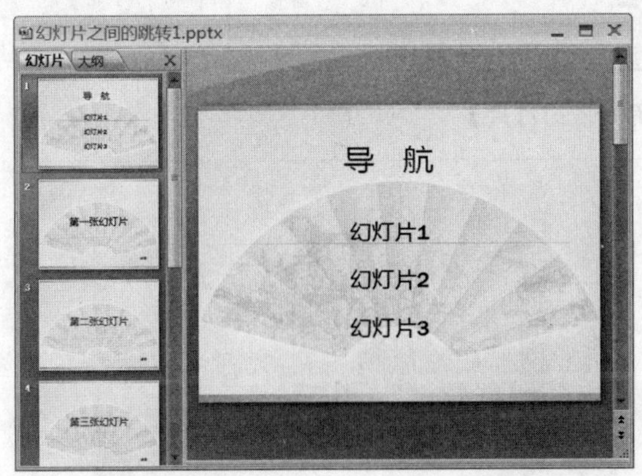


图 8.38　打开演示文稿“幻灯片之间的跳转 1”

步骤 2　其余 3 张幻灯片的标题分别为“第一张幻灯片”、“第二张幻灯片”、“第三张幻灯片”，每张幻灯片右下角都有“返回”文本，如图 8.39 所示。

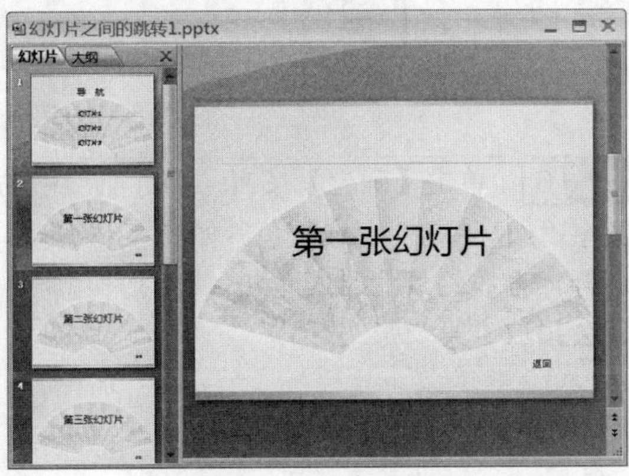


图 8.39　第一张幻灯片

**步骤 3** 选择幻灯片“导航”中的文字“幻灯片 1”，选择【插入】选项卡，在【链接】选项组中选择【超链接】命令，如图 8.40 所示。

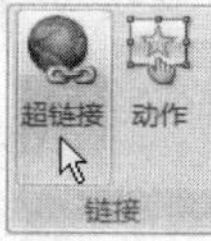


图 8.40 选择【超链接】命令

**步骤 4** 弹出【插入超链接】对话框，在【链接到】选项组中单击【本文档中的位置】，如图 8.41 所示。

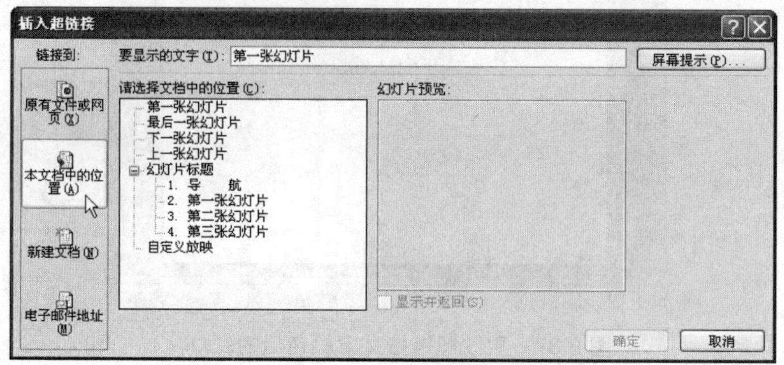


图 8.41 单击【本文档中的位置】

**步骤 5** 【请选择文档中的位置】列表框中的【幻灯片标题】是本文档的所有幻灯片的标题。选择【第一张幻灯片】，在右侧的【幻灯片预览】中可以预览该幻灯片，如图 8.42 所示。

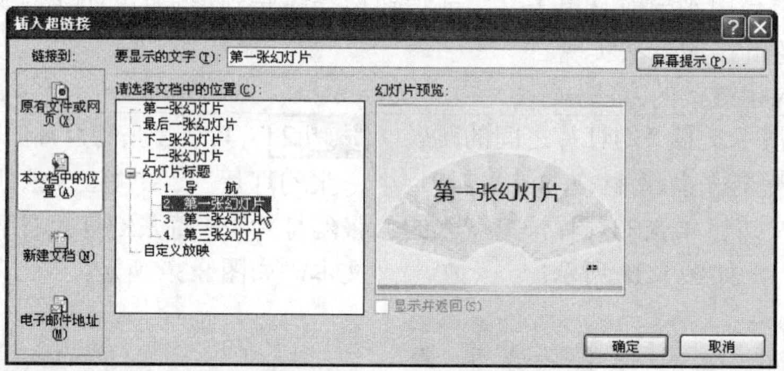


图 8.42 选择【第一张幻灯片】

**步骤 6** 单击【确定】按钮，“导航”中的文字“幻灯片 1”变成蓝色，如图 8.43 所示。这样，播放幻灯片时若单击“幻灯片 1”，就会播放“第一张幻灯片”。

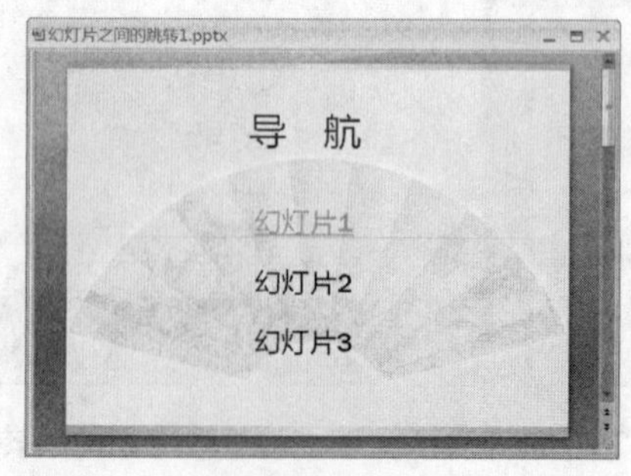


图 8.43 “幻灯片 1”创建超链接后

**步骤 7**　用同样的方法为“导航”中的文字“幻灯片 2”、“幻灯片 3”创建超链接，分别链接到“第二张幻灯片”和“第三张幻灯片”，如图 8.44 所示。

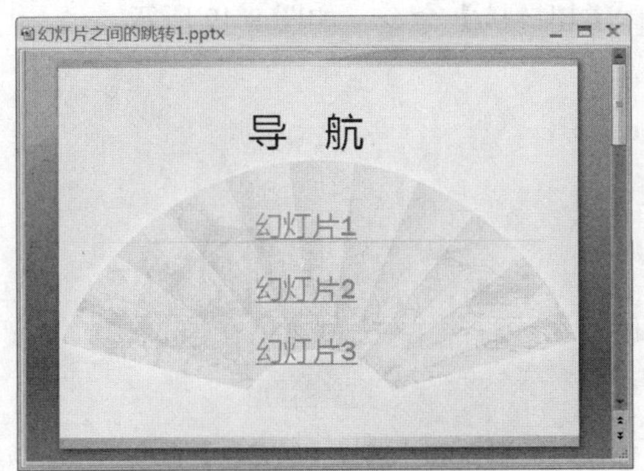


图 8.44　为其他文本创建超链接后

**步骤 8**　选择“第一张幻灯片”右下角的文字“返回”，选择【插入】选项卡，在【链接】选项组中单击【超链接】，在【插入超链接】对话框中选择【导航】，如图 8.45 所示。这样播放幻灯片时单击“返回”就会跳转到幻灯片“导航”。用同样的方法将其他幻灯片上的“返回”链接到“导航”幻灯片。

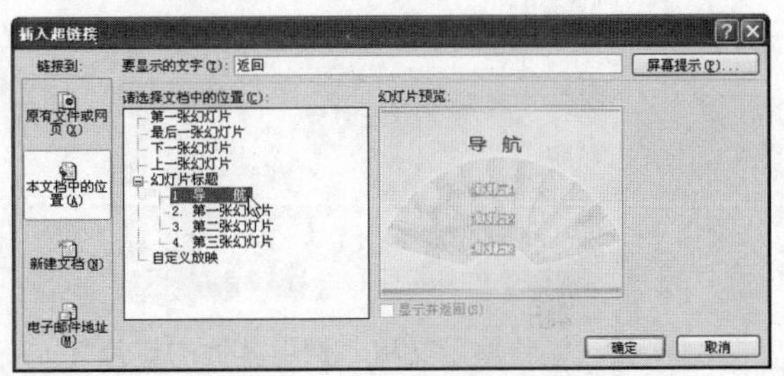


图 8.45　为文字“返回”创建超链接

**步骤 9**　选择“导航”中已经插入超链接的“幻灯片 1”，右击，选择【编辑超链接】命令，或选择【插入】选项卡，在【链接】选项组中单击【超链接】，弹出【编辑超链接】对话框，如图 8.46 所示。可以在该对话框中编辑超链接。

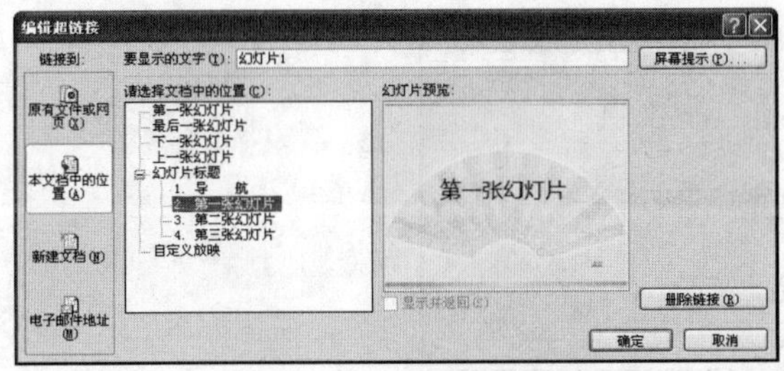


图 8.46　编辑超链接

**步骤 10**　选择“导航”中已经插入超链接的“幻灯片 2”，右击，选择【取消超链接】命令，或打开【编辑超链接】对话框后，单击【删除链接】按钮，可以删除该超链接，如图 8.47 所示。

图 8.47　删除超链接

## 8.2.3 调用其他幻灯片

PowerPoint 不仅能实现本文档中幻灯片之间的跳转，还能实现不同文档之间的跳转。调用其他幻灯片的方法如下。

步骤 1 新建一个演示文稿“调用其他幻灯片”，选择【设计】选项卡，在【主题】选项组中选择【暗香扑面】，在标题处输入“调用其他幻灯片”，如图 8.48 所示。

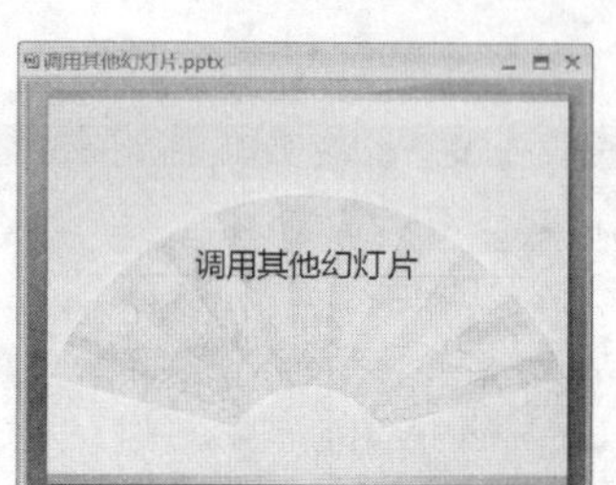


图 8.48 新建演示文稿“调用其他幻灯片”

步骤 2 选择文字“调用其他幻灯片”，选择【插入】选项卡，在【链接】选项组中选择【超链接】命令，如图 8.49 所示。

图 8.49 选择【超链接】命令

步骤 3 打开【插入超链接】对话框，单击【链接到】选项组中的【原有文件或网页】，单击【当前文件夹】，演示文稿所在的文件夹中的文件夹和文件都显示在列表中，如图 8.50 所示。

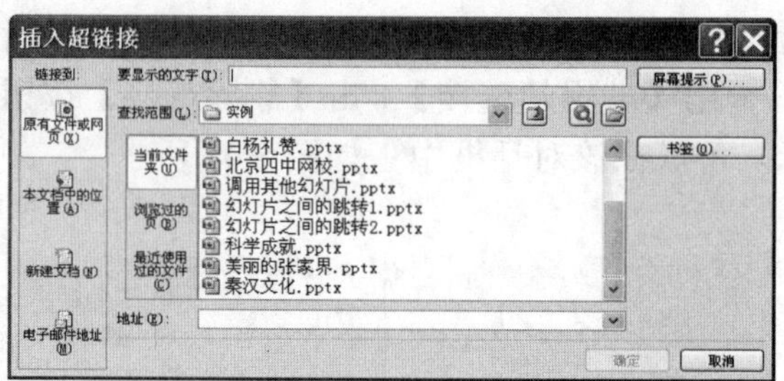


图 8.50 单击【当前文件夹】

步骤 4 选择要链接的演示文稿“幻灯片之间的跳转 1.pptx”，【地址】下拉列表框中会显示出该文件的文件名，如图 8.51 所示。

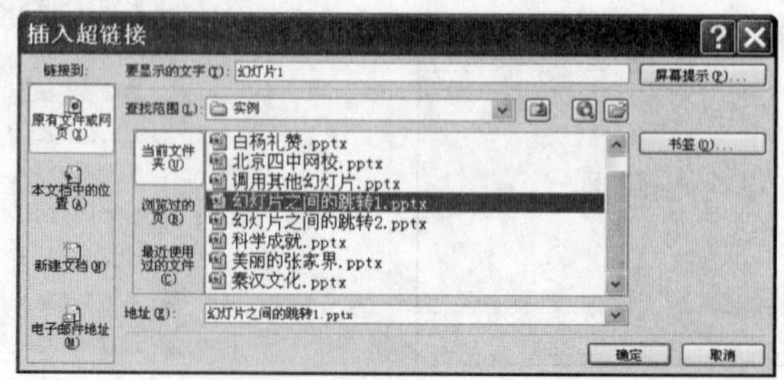


图 8.51 选择要调用的文件

**步骤 5**　单击【确定】按钮，“调用其他幻灯片”变成蓝色，带有下划线，放映幻灯片时单击这几个字就会放映“幻灯片之间的跳转 1.pptx”，如图 8.52 所示。

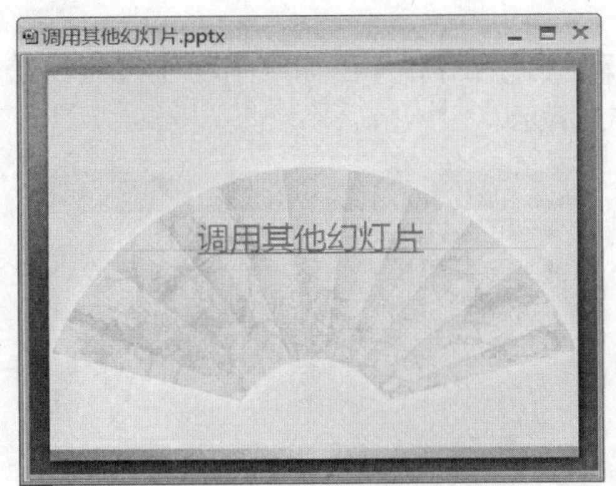


图 8.52　插入超链接后

**步骤 6**　打开演示文稿“幻灯片之间的跳转 1.pptx”，在第一张幻灯片右下角输入“返回”，用同样的方法为“返回”插入超链接，链接到“调用其他幻灯片.pptx”，这样两个幻灯片就实现了相互调用，如图 8.53 所示。

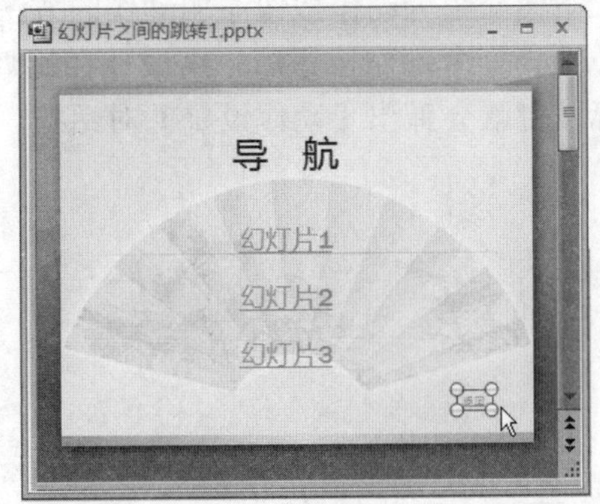


图 8.53　为“返回”插入超链接

## 8.2.4　为动作按钮添加动作

动作按钮是 PowerPoint 中自带的按钮。动作按钮分为两类：一种是根据按钮不同的类型(根据按钮上具有的不同图形进行区分)，自动添加相关的超级链接，不需要制作者参与；一种是添加动作按钮后需要制作者参与设置超链接才能发挥作用。

选择【插入】选项卡，在【插图】选项组中单击【形状】下拉按钮，在弹出的列表中找到【动作按钮】选项组，如图 8.54 所示。选择一个动作按钮后，用鼠标在幻灯片中拖动就会为幻灯片添加一个动作按钮。

在 PowerPoint 的动作按钮中有 11 个定制的按钮(最后一个自定义按钮除外)，下面从左到右介绍这些按钮。

- 【后退或前一项】：在演示文稿中单击此按钮将链接到当前幻灯片的前一张幻灯片。
- 【前进或后一项】：在演示文稿中单击此按钮将链接到当前幻灯片的后一张幻灯片。
- 【开始】：在演示文稿的任意幻灯片中单击此按钮将链接到第一张幻灯片。
- 【结束】：在演示文稿的任意幻灯片中单击此按钮将链接到最后一张幻灯片。
- 【第一张】：在演示文稿的任意幻灯片中单击此按钮将跳转到第一张幻灯片。功能与【开始】动作按钮相同。
- 【信息】：在演示文稿中链接说明文件，单击此按钮将会链接到一张带有本演示文稿的制作信息的幻灯片或程序，需要制作者参与设置。
- 【上一张】：该动作按钮与【后退或前一项】动作按钮不同，单击该按钮将返回到最近访问的幻灯片，不需要制作者参与。

- 【影片】：单击该动作按钮将播放指定的影片。需要制作者参与设置。
- 【文档】：单击该动作按钮将链接到指定的文档。需要制作者参与设置。
- 【声音】：单击该动作按钮将链接到指定的声音文件。需要制作者参与设置。
- 【帮助】：在演示文稿中链接帮助文件，单击此按钮将会链接到一张带有帮助说明的幻灯片或程序。需要制作者参与设置。

下面介绍为动作按钮添加动作的方法。

选择一个动作按钮后，用鼠标在幻灯片中拖动就会为幻灯片添加一个动作按钮，松开鼠标按键就会弹出【动作设置】对话框，如图 8.55 所示。

图 8.54 【动作按钮】选项组

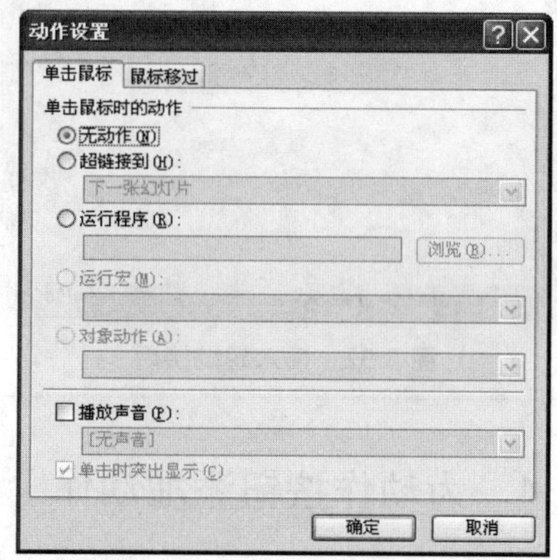


图 8.55 【动作设置】对话框

下面介绍【动作设置】对话框中的选项。

- 无动作：如果不想进行任何操作，则选中【无动作】单选按钮。
- 超链接到：要创建超链接，选中【超链接到】单选按钮，然后选择超链接的目标。单击下拉按钮，会弹出下拉列表，其中各选项的含义如下。
- 下一张幻灯片：跳转到下一张幻灯片。
- 上一张幻灯片：跳转到上一张幻灯片。
- 第一张幻灯片：跳转到第一张幻灯片。
- 最后一张幻灯片：跳转到最后一张幻灯片。
- 最近观看的幻灯片：跳转到最近观看的一张幻灯片。
- 结束放映：结束放映幻灯片。
- 自定义放映：打开【链接到自定义放映】对话框，如果设置了自定义放映，可以在这里选择一种自定义放映方式。
- 幻灯片：打开【超链接到幻灯片】对话框，选择一张要链接到的幻灯片。
- URL：打开【超链接到 URL】对话框，可在 URL 文本框中输入要链接到的 URL 地址。
- 其他 PowerPoint 演示文稿：打开【超链接到其他 PowerPoint 演示文稿】对话框，选择一个要链接到的 PowerPoint 演示文稿。
- 其他文件：打开【超链接到其他文件】对话框，选择一个要链接到的文件。

- 运行程序：选中【运行程序】单选按钮，单击【浏览】按钮，然后找到要运行的程序。
- 运行宏：选中【运行宏】单选按钮(当演示文稿包含宏时)，然后选择要运行的宏(关于宏的知识本书不作讲解)。
- 播放声音：选中【播放声音】复选框，然后选择要播放的声音。
- 单击时突出显示：选中【单击时突出显示】复选框后，单击链接对象时会有被按下的效果，动作按钮默认该项被选择并且不能更改。

并不是只有动作按钮才可以添加动作，其他对象，比如文字、图形等也可以添加动作。下面以“幻灯片之间的跳转”为例介绍为文字添加动作的方法。

步骤 1　打开演示文稿“幻灯片之间的跳转 2”(文件路径：配套光盘\素材\第 8 章\幻灯片之间的跳转 2)，如图 8.56 所示。

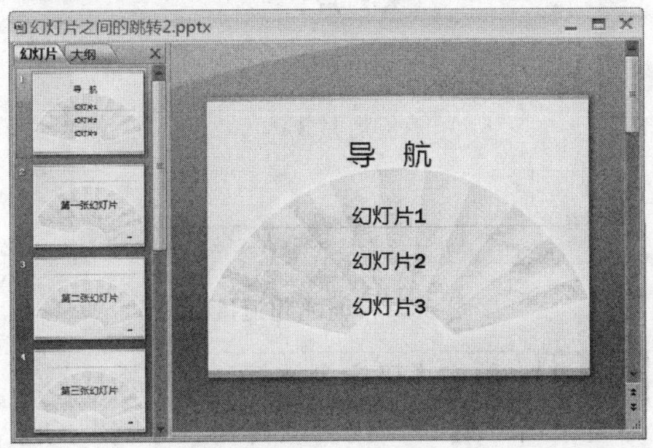


图 8.56　打开演示文稿“幻灯片之间的跳转 2”

步骤 2　选择幻灯片“导航”中的文字“幻灯片 1”，选择【插入】选项卡，在【链接】选项组中单击【动作】按钮，如图 8.57 所示。

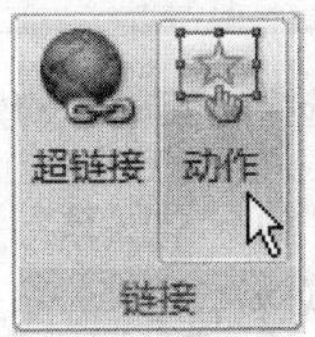


图 8.57　单击【动作】按钮

步骤 3　弹出【动作设置】对话框，选择【单击鼠标】选项卡，选中【超链接到】单选按钮，如图 8.58 所示。

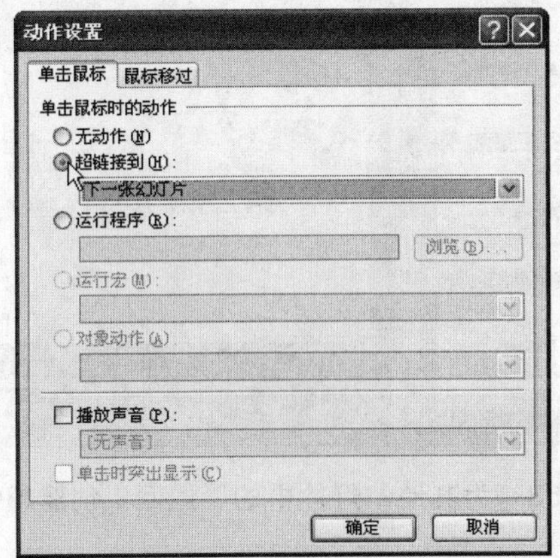


图 8.58　选中【超链接到】单选按钮

步骤 4　单击【超链接到】单选按钮下的下拉按钮，可以链接到【下一张幻灯片】、【上一张幻灯片】、【第一张幻灯片】、【最后一张幻灯片】等。选择【幻灯片】选项，如图 8.59 所示。

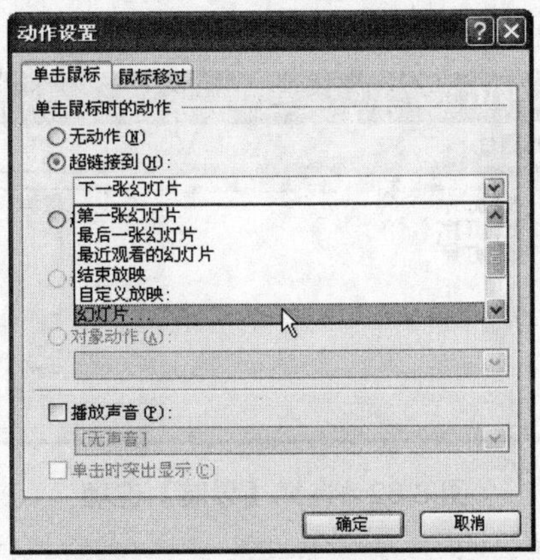


图 8.59　选择【幻灯片】选项

步骤5 弹出【超链接到幻灯片】对话框，该演示文稿中所有幻灯片的标题都显示在对话框中。选择【第一张幻灯片】选项，如图 8.60 所示。

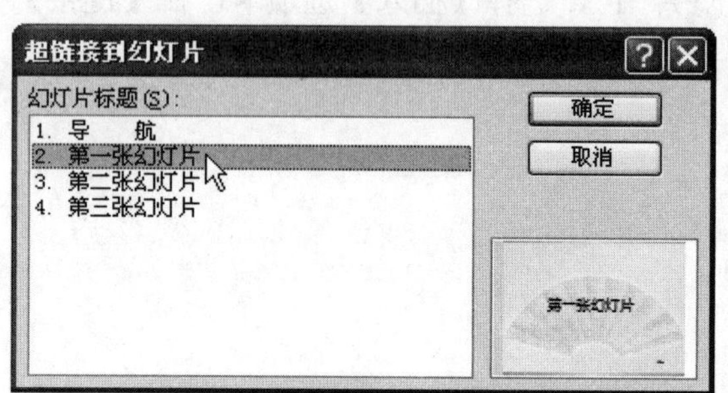


图 8.60 选择【第一张幻灯片】选项

步骤6 单击【确定】按钮，幻灯片“导航”中的“幻灯片 1”变成蓝色并带有下划线，这样放映幻灯片时单击 “幻灯片 1”就会播放“第一张幻灯片”。用同样的方法将“幻灯片 2”和“幻灯片 3”分别链接至“第二张幻灯片”和“第三张幻灯片”，如图 8.61 所示。

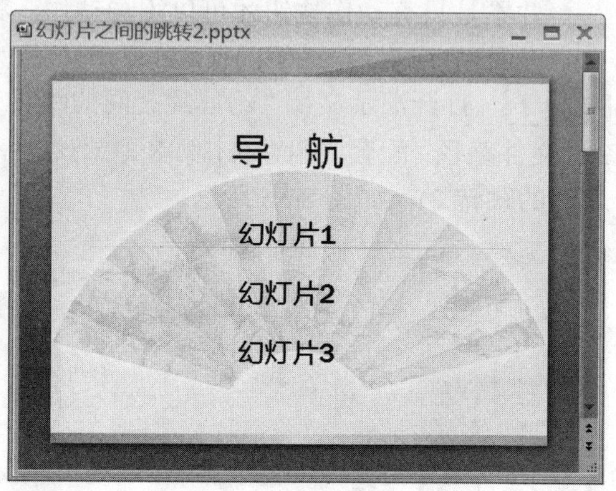


图 8.61 创建超链接后

步骤7 选择“第一张幻灯片”中的文字“返回”，选择【插入】选项卡，在【链接】选项组中单击【动作】。在弹出的【动作设置】对话框中，选择【单击鼠标】选项卡，选择【超链接到】单选按钮，单击下面的下拉按钮并选择【幻灯片】，弹出【超链接到幻灯片】对话框。选择【导航】选项，如图 8.62 所示。

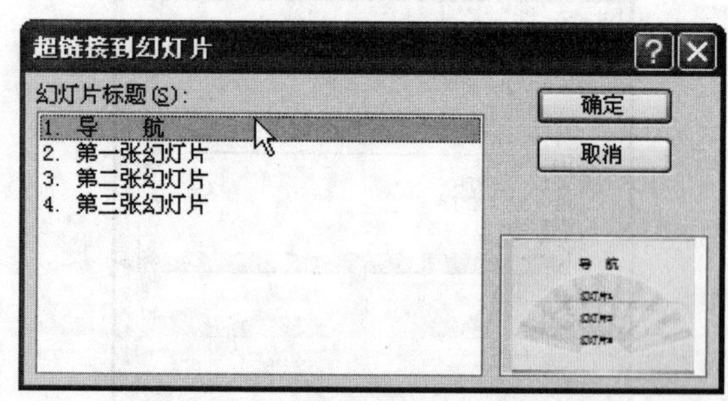


图 8.62 选择【导航】选项

步骤8 单击【确定】按钮，这样播放幻灯片时单击“返回”就会跳转到“导航”幻灯片。用同样的方法将其他幻灯片上的“返回”链接到“导航”幻灯片，如图 8.63 所示。

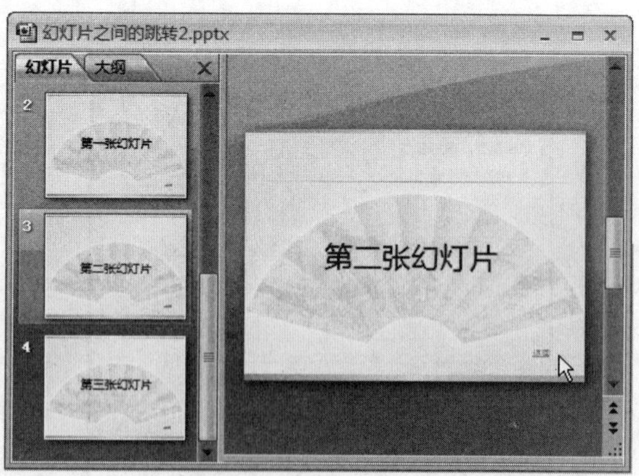


图 8.63 为其他幻灯片中的“返回”创建超链接

用这种方法可以实现与添加超链接相同的效果。

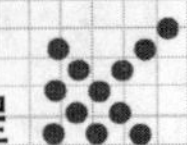

## 8.2.5　课件实战——秦汉文化

本例将介绍秦汉时期的文化和科学技术，图文并茂，结构清晰，演示课件时可以方便地控制演示文稿的播放进程，具有较强的灵活性和交互性。第一张幻灯片列有 5 项主要内容，如图 8.64 所示。

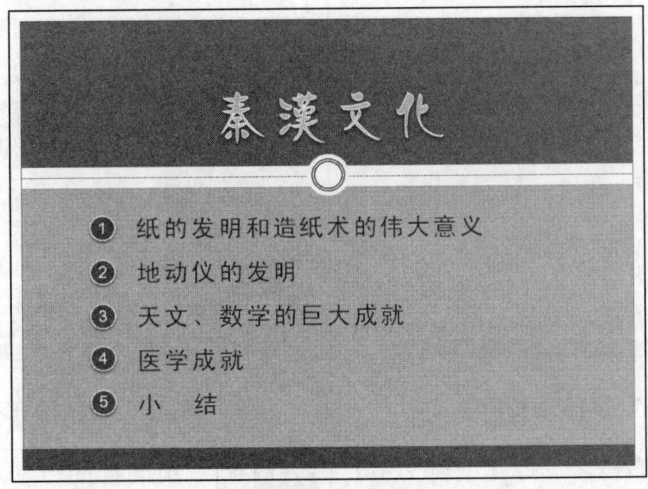


图 8.64　插入超链接后

单击每一项内容前的序号，可以跳转到详细介绍这一内容的幻灯片。

本课件需要重点掌握的内容有：实现幻灯片之间跳转的方法，调用其他幻灯片的方法。

下面主要介绍第一项“纸的发明和造纸术的伟大意义”(前 5 张幻灯片)的制作方法。

**步骤 1**　新建一个演示文稿，选择【设计】选项卡，在【主题】选项组中选择【市镇】，右击幻灯片空白区域，选择【版式】|【节标题】命令，如图 8.65 所示。

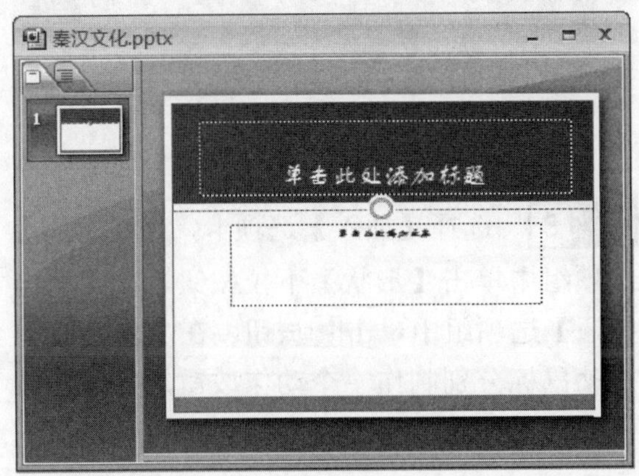


图 8.65　新建幻灯片

**步骤 2**　单击【主题】选项组中的【颜色】下拉按钮，选择【技巧】；单击【背景】选项组中的【背景样式】下拉按钮，选择【样式 10】，如图 8.66 所示。

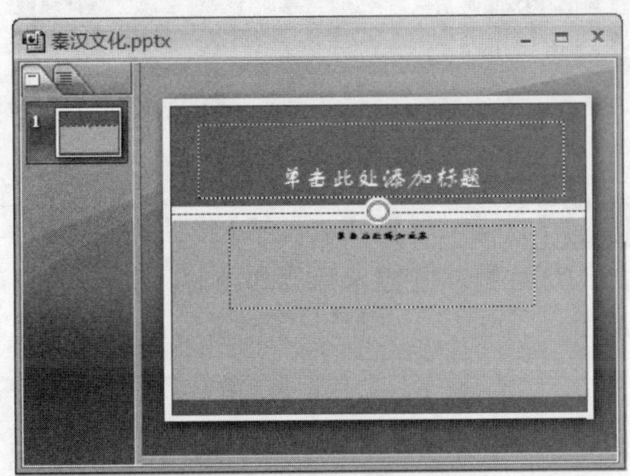


图 8.66　设置颜色的背景

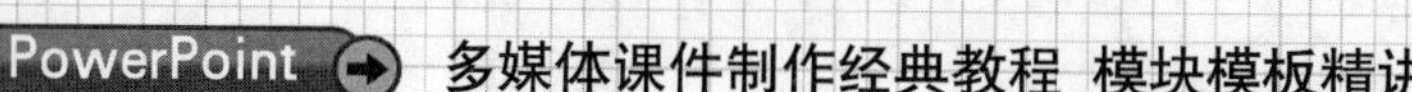


**步骤3** 在标题处输入“秦汉文化”，在内容中输入本课件的 5 个主要内容，如图 8.67 所示。

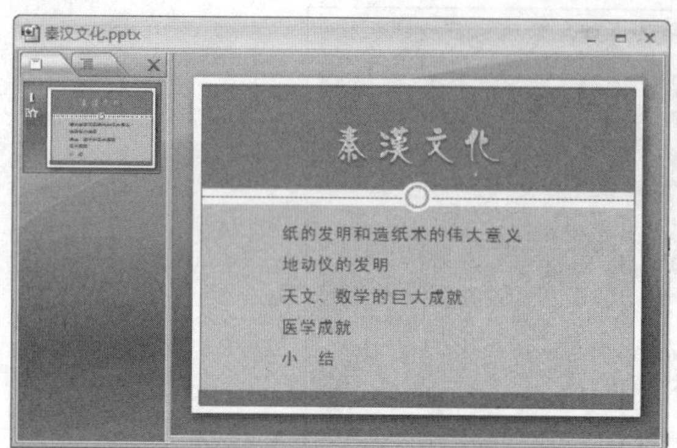


图 8.67　制作标题和主要内容

**步骤4** 选择【插入】选项卡，在【插图】选项组中单击【形状】下拉按钮，选择【椭圆】；在每个主要内容前拖动鼠标绘制一个圆形，选择【格式】选项卡，在【形状样式】选项组中为圆形选择【浅色 1 轮廓，彩色填充-强调颜色 6】样式，如图 8.68 所示。

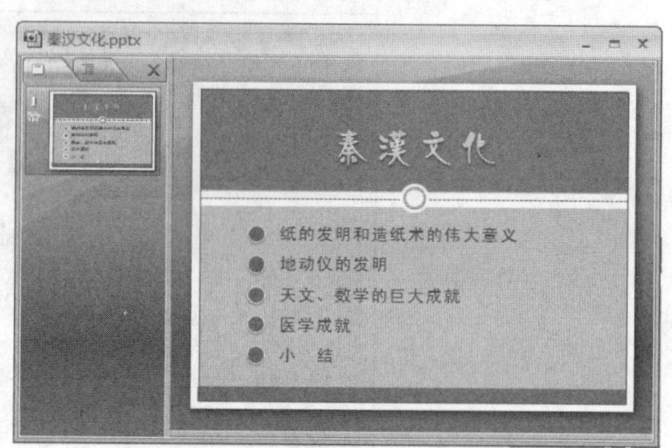


图 8.68　绘制圆形并设置样式

**步骤5** 在圆形上右击，选择【编辑文字】命令，在 5 个圆形上分别输入数字 1～5，如图 8.69 所示。

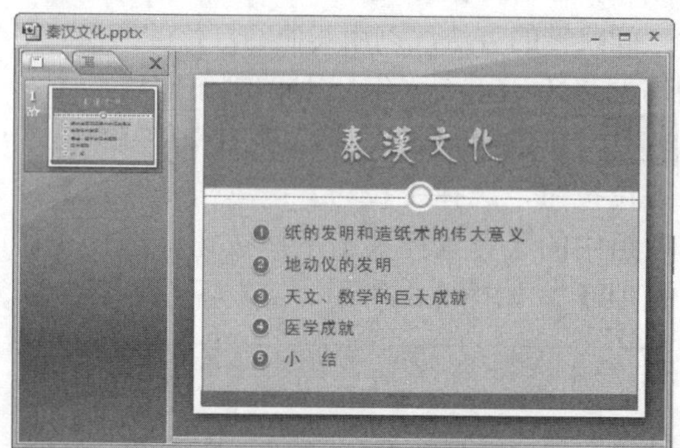


图 8.69　输入数字

**步骤6** 用同样的方法在右下角绘制一个圆角矩形并输入“退出”，用来作为结束幻灯片放映的按钮，如图 8.70 所示。

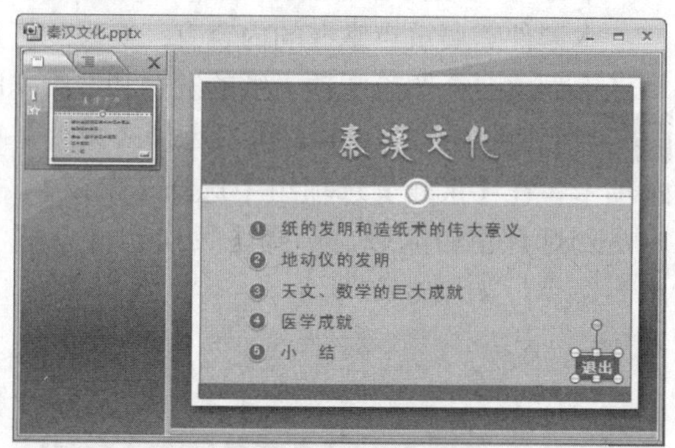


图 8.70　制作【退出】按钮

**步骤7** 单击【新建幻灯片】按钮，选择【标题幻灯片】，并输入标题和内容，如图 8.71 所示。

**步骤8** 选择【插入】选项卡，在【插图】选项组中单击【形状】下拉按钮，在【动作按钮】选项组中单击▷按钮，在 3 项内容前拖动鼠标分别制作一个动作按钮，并设置按钮的形状样式，如图 8.72 所示。

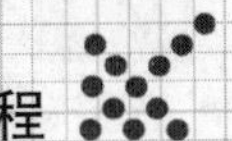

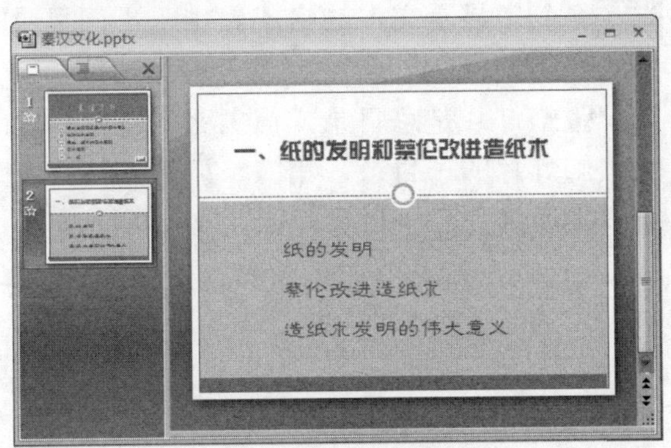


图 8.71　输入标题和内容

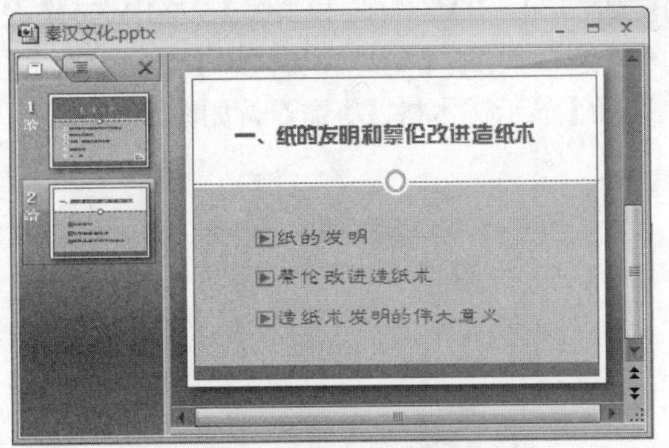


图 8.72　插入动作按钮

**步骤 9**　在右下角插入一个动作按钮，并设置该动作按钮的形状样式。这个按钮的作用是返回上一级目录，如图 8.73 所示。

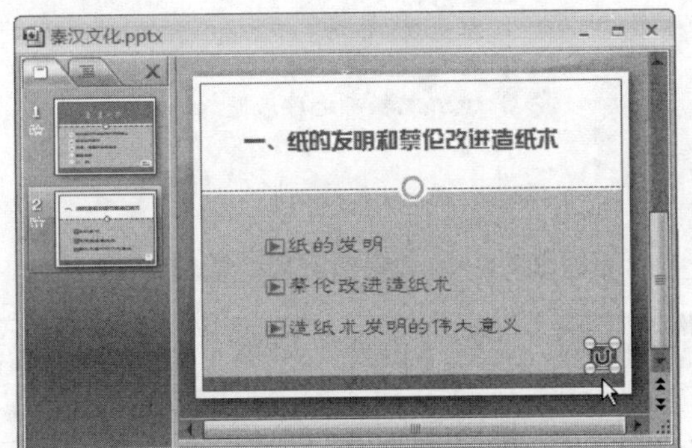


图 8.73　制作返回按钮

**步骤 10**　单击【新建幻灯片】按钮，选择【标题和内容】，输入标题和内容，并插入动作按钮，如图 8.74 所示。

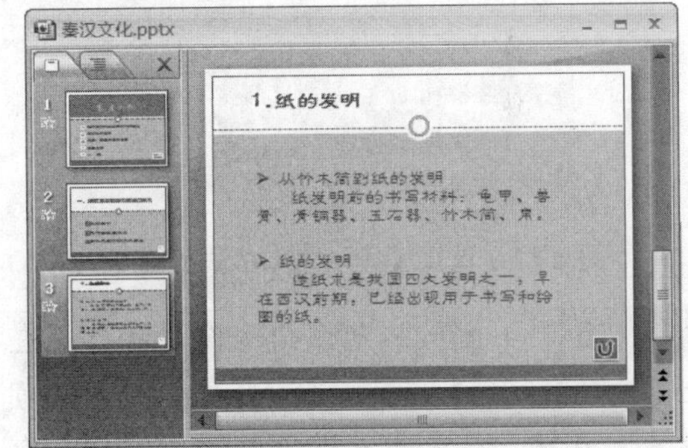


图 8.74　新建幻灯片并输入标题和内容

**步骤 11**　新建第四张幻灯片，输入标题和内容(其中蔡伦头像图片见：配套光盘\素材\第 8 章\蔡伦.jpg)，并插入动作按钮，如图 8.75 所示。

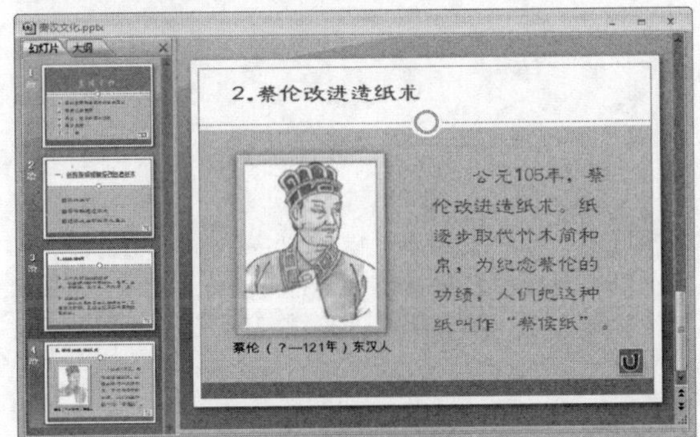


图 8.75　制作第四张幻灯片

**步骤 12**　新建第五张幻灯片，输入标题和内容，并插入动作按钮，如图 8.76 所示。

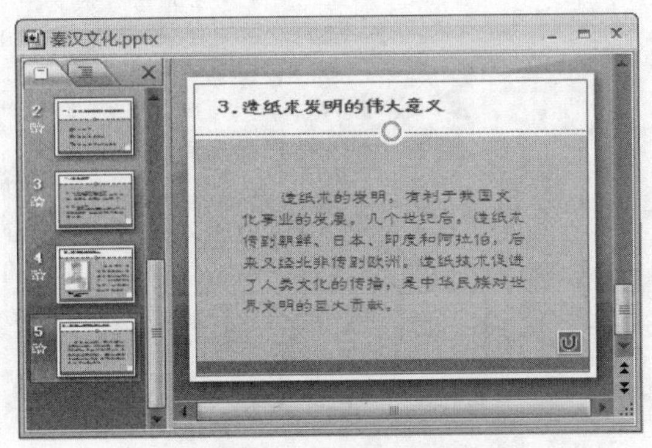


图 8.76　制作第五张幻灯片

步骤 13 在【幻灯片和大纲】窗格中选择【大纲】选项卡，在【幻灯片和大纲】窗格中右击，选择【显示文本格式】命令，如图 8.77 所示。

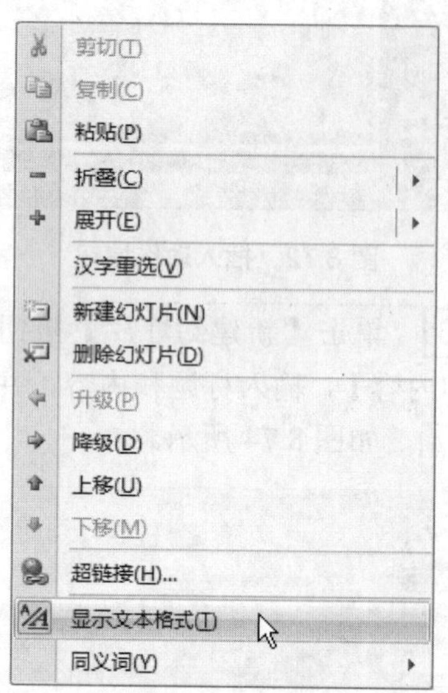


图 8.77 选择【显示文本格式】命令

步骤 14 显示文本的格式。由于不同目录用的是不同格式，所以可以看出知识结构，第一张幻灯片是总目录，第二张幻灯片是第一张幻灯片的子目录，第三、四张幻灯片是第二张幻灯片的子目录，如图 8.78 所示。

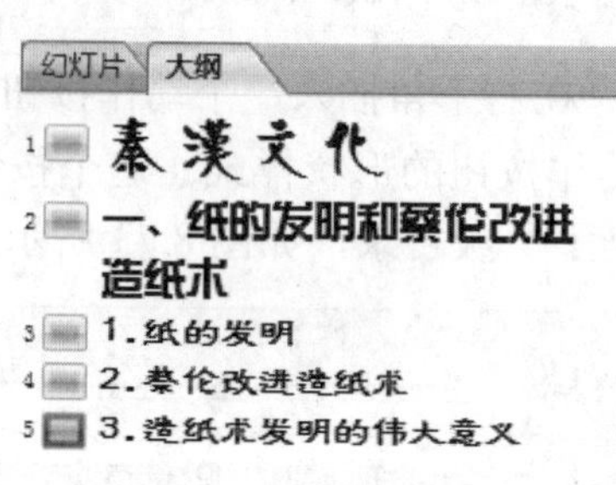


图 8.78 前五张幻灯片的知识结构

步骤 15 下面按照知识结构设置链接。在【幻灯片和大纲】窗格中选择【幻灯片】选项卡，单击第一张幻灯片的缩略图，选择写有数字 1 的圆形，如图 8.79 所示。

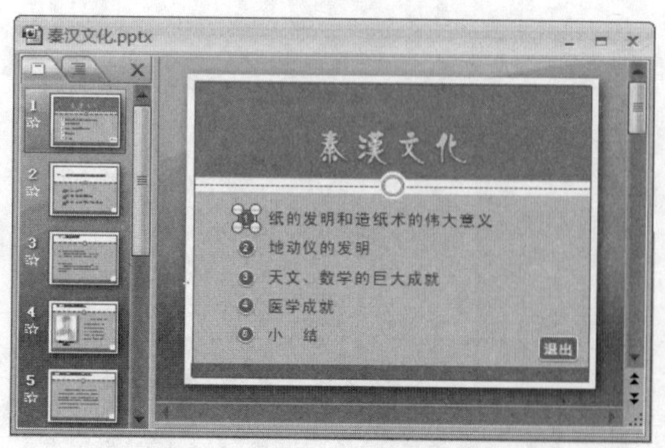


图 8.79 选择圆形

步骤 16 选择【插入】选项卡，在【链接】选项组中单击【动作】，弹出【动作设置】对话框，如图 8.80 所示。

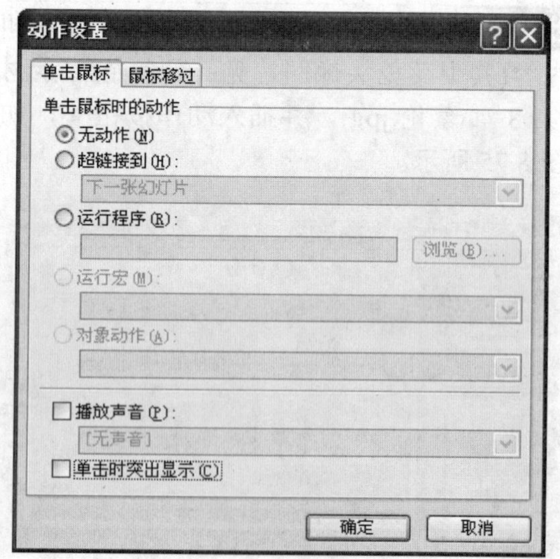


图 8.80 【动作设置】对话框

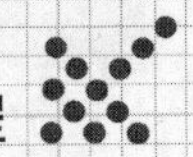

**步骤 17** 选择【单击鼠标】选项卡，选中【超链接到】单选按钮，单击其下拉按钮，从列表中选择【幻灯片】选项，如图 8.81 所示。

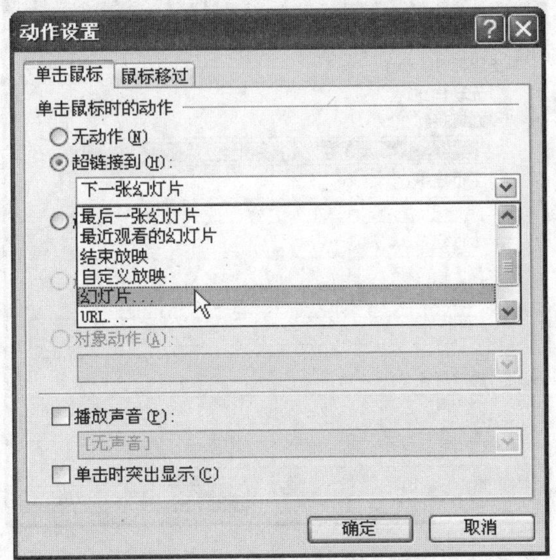


图 8.81　选择【幻灯片】选项

**步骤 18** 从弹出的【超链接到幻灯片】对话框中选择第二张幻灯片“2. 一、纸的发明和蔡伦改进造纸术”，单击【确定】按钮，如图 8.82 所示。

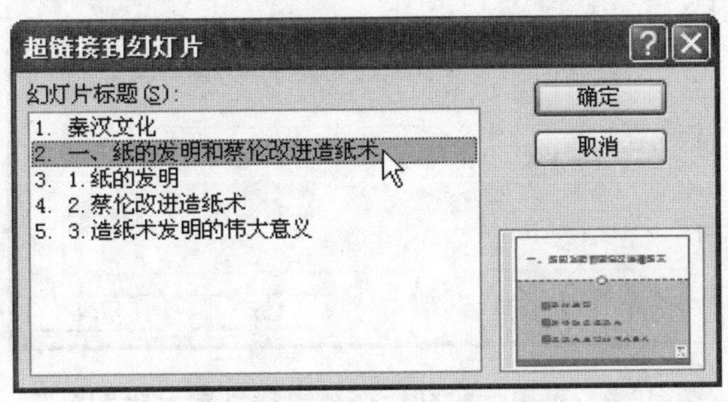


图 8.82　制作第五张幻灯片

**步骤 19** 选中【播放声音】复选框，单击其下拉按钮，从列表中选择【单击】选项，如图 8.83 所示。

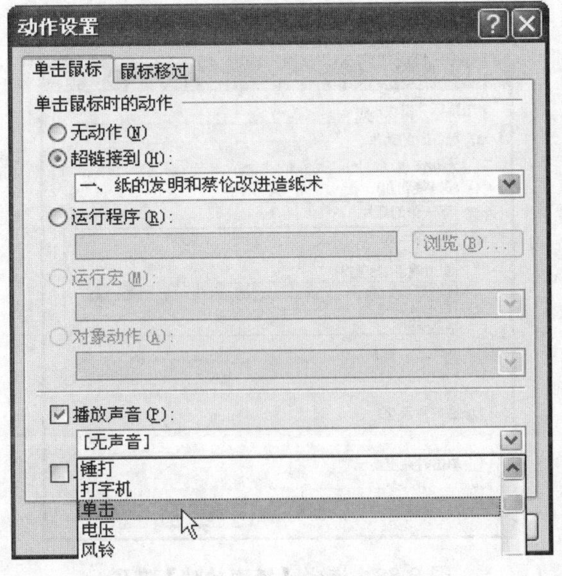


图 8.83　选择【单击】选项

**步骤 20** 选中【单击时突出显示】复选框，单击【确定】按钮，放映幻灯片时如果单击写有 1 的圆形就会播放第二张幻灯片，如图 8.84 所示。

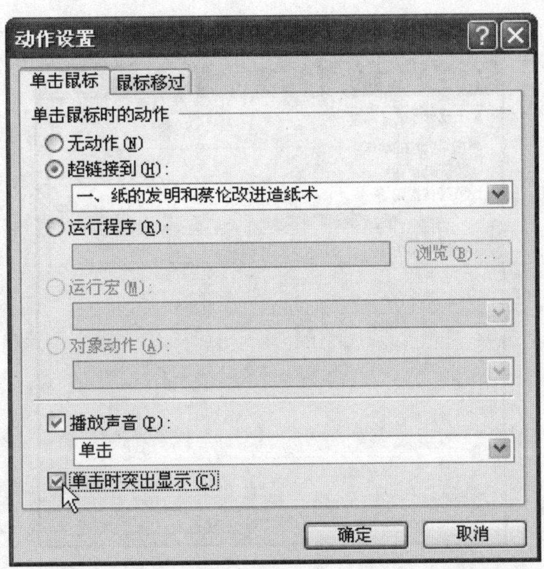


图 8.84　选中【单击时突出显示】复选框

**步骤 21** 选择第二张幻灯片中“纸的发明”前的动作按钮，用同样的方法将其超链接到第三张幻灯片“3.1.纸的发明”，如图 8.85 所示。

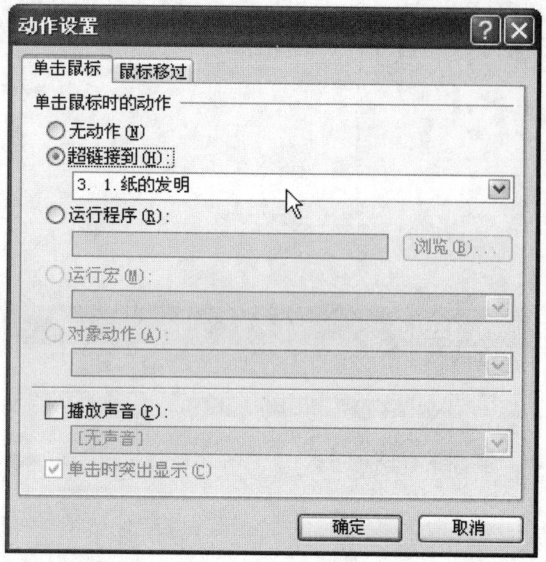


图 8.85 将第一个动作按钮链接到第三张幻灯片

**步骤 22** 选择“蔡伦改进造纸术”前的动作按钮，用上面的方法链接到第四张幻灯片“4.2.蔡伦改进造纸术”，如图 8.86 所示。

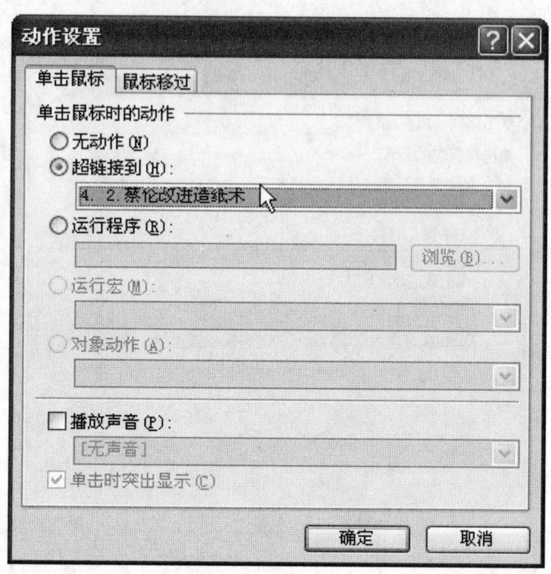


图 8.86 将第二个动作按钮链接到第四张幻灯片

**步骤 23** 选择“造纸术发明的伟大意义”前的动作按钮，超链接到第五张幻灯片“5.3.造纸术发明的伟大意义”，如图 8.87 所示。

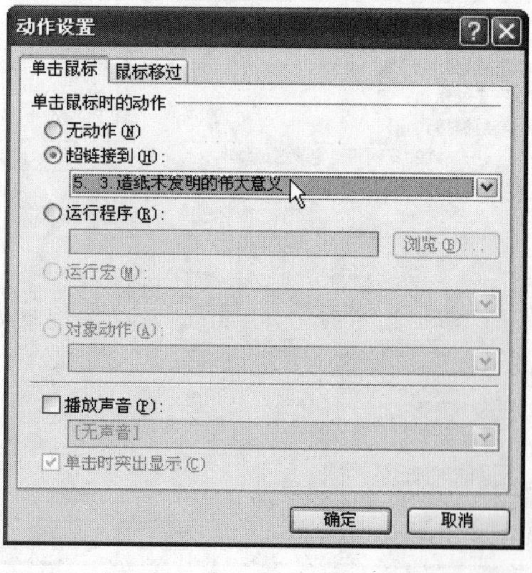

图 8.87 将第三个动作按钮链接到第五张幻灯片

**步骤 24** 选择第一张幻灯片中的“退出”按钮，选择【插入】选项卡，在【链接】选项组中单击【动作】，弹出【动作设置】对话框。选择【单击鼠标】选项卡，选中【超链接到】单选按钮，单击其下拉按钮，从列表中选择【结束放映】选项，如图 8.88 所示。

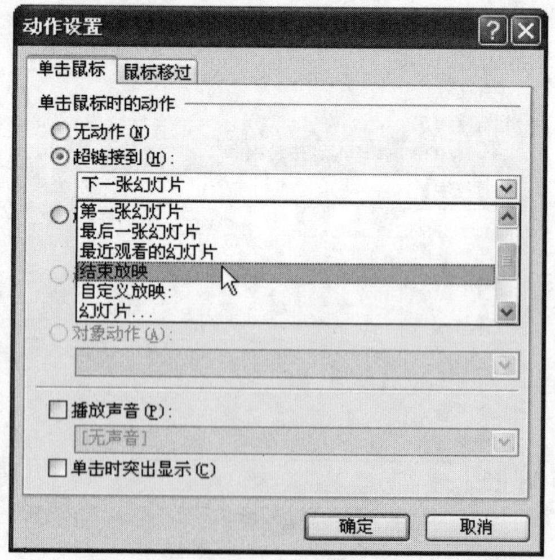


图 8.88 选择【结束放映】选项

**步骤 25**　选择第二张幻灯片右下角的【返回】按钮，将其链接到第一张幻灯片，如图 8.89 所示。

图 8.89　链接到第一张幻灯片

**步骤 26**　选择第三张幻灯片右下角的【返回】按钮，将其链接到第二张幻灯片，如图 8.90 所示。将第四张和第五张幻灯片中的【返回】按钮也链接到第二张幻灯片。至此，“秦汉文化”的第一部分就制作完成了。

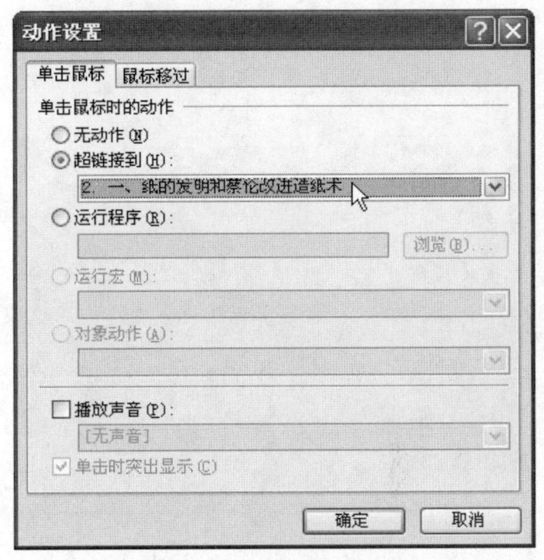


图 8.90　链接到第二张幻灯片

**步骤 27**　制作第六到第十七张幻灯片，如图 8.91 所示。按照以上方法为这些幻灯片添加链接。制作过程不再详细介绍。

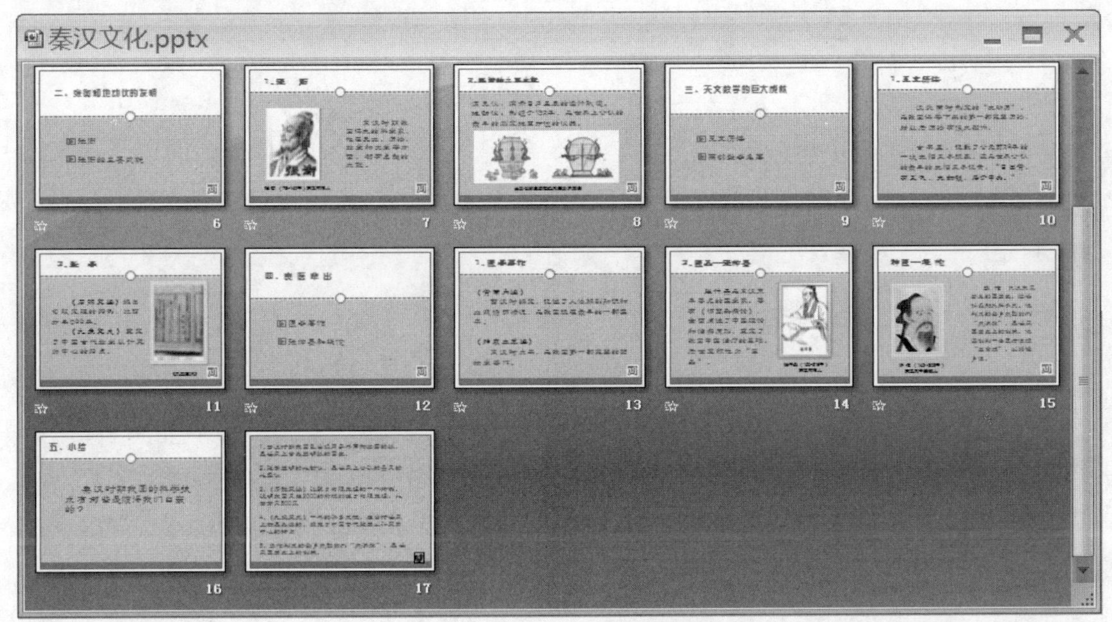


图 8.91　制作其他幻灯片

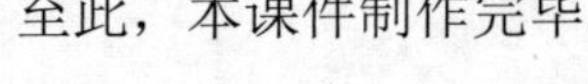
至此，本课件制作完毕。

# 第9章 为幻灯片设置统一风格

通过前面的学习，已经能够制作一般的幻灯片了，并且能够熟练地在幻灯片中使用文本、图片、表格和动画等。但如何才能让这些零散的幻灯片统一起来，形成一个幻灯片的风格呢？这就需要为幻灯片设置统一的风格，如让所有的幻灯片拥有相同的背景、页眉、页脚等。

让课件中的幻灯片拥有统一的风格，实现的方法很多，如为幻灯片设置统一的背景；为幻灯片设置统一的主题；添加固定的页眉、页脚；使用幻灯片母版等。

本章内容主要包括：

- 为幻灯片设置统一的背景。
- 为幻灯片设置统一的主题。
- 添加固定的页眉、页脚。
- 使用幻灯片母版。

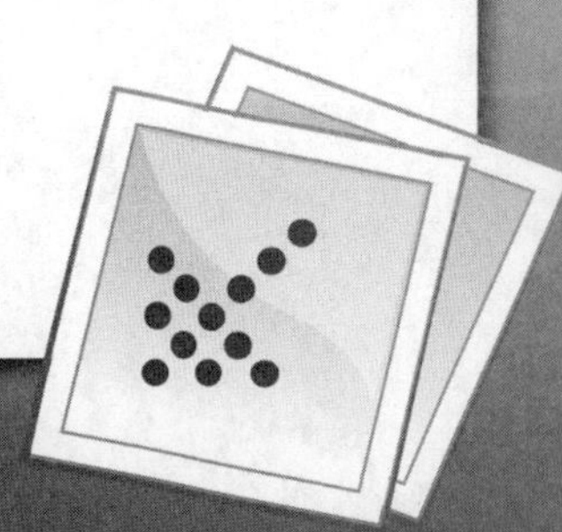

# 9.1 为幻灯片设置统一的背景

为幻灯片设置统一的背景，一般包括两方面的背景：一是颜色背景，二是图片背景。不管是设置什么背景，其方法类似，都是在【设计】选项卡的【背景】选项组中单击【背景】按钮，然后在打开的对话框中设置相应的背景。

下面介绍如何在“白杨礼赞.pptx”演示文稿的标题幻灯片中应用图片背景，然后在其他幻灯片中应用颜色背景。

**步骤1** 打开“白杨礼赞.pptx”，选择任意一张幻灯片，如第二张，如图 9.1 所示。

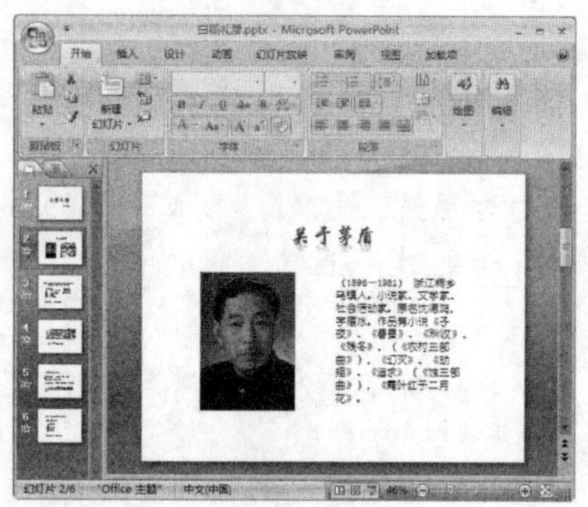


图 9.1 打开文档

**步骤2** 选择【设计】选项卡，单击【背景】选项组中的【背景样式】按钮，在弹出的下拉列表中选择【设置背景样式】选项，如图 9.2 所示。

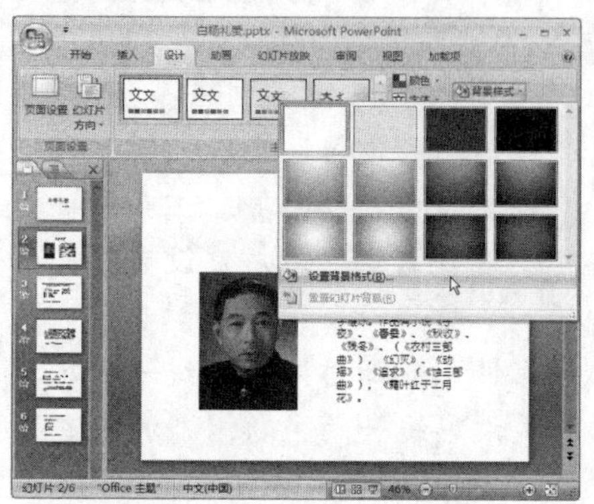


图 9.2 设置背景样式

**提 示**

在【背景样式】下拉列表框中选择一种背景方案图标后，可以快速地将该背景样式应用到演示文稿中的所有幻灯片。

**步骤3** 在弹出的【设置背景格式】对话框中，选中【渐变填充】单选按钮，如图 9.3 所示。

图 9.3 设置背景样式

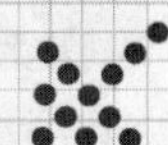

**提　示**

在幻灯片的空白位置右击，在弹出的快捷菜单中选择【设置背景格式】命令，也可以打开【设置背景格式】对话框。

**步骤 4**　在【预设颜色】后单击▣▾按钮，在弹出的下拉列表中选择【羊皮纸】选项，如图 9.4 所示。

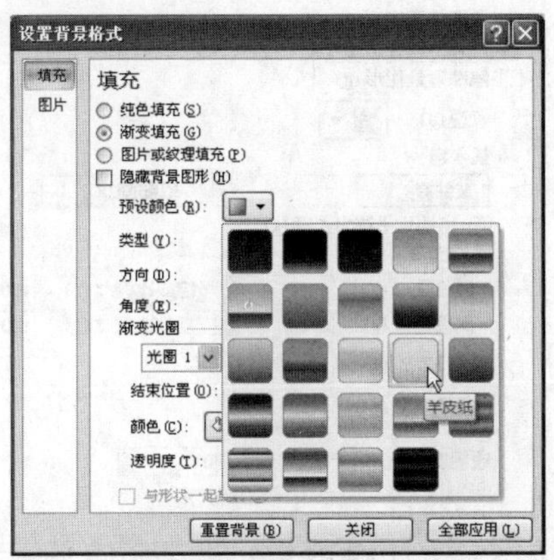

图 9.4　选择背景颜色

**步骤 5**　在【方向】后单击▣▾按钮，在弹出的下拉列表中选择【线性对角】选项，如图 9.5 所示。

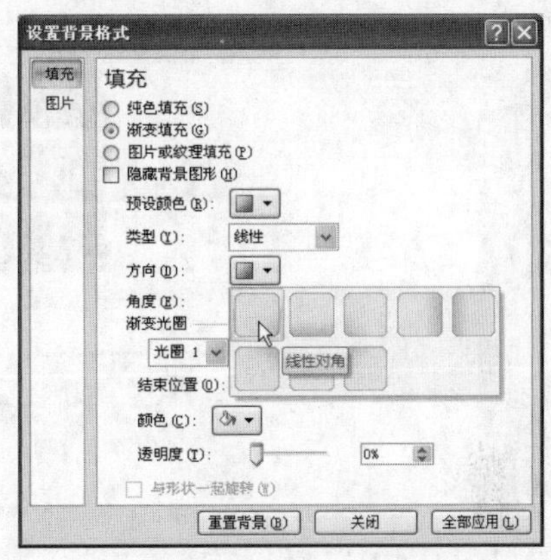

图 9.5　选择类型和颜色方向

**提　示**

此时，“白杨礼赞.pptx”演示文稿中的每张幻灯片的背景都变成了同样的颜色。下面为“白杨礼赞.pptx”演示文稿的标题幻灯片设置背景图片。

**步骤 6**　单击【全部应用】按钮，将背景颜色应用到整个演示文稿的每张幻灯片中，如图 9.6 所示。单击【关闭】按钮关闭【设置背景格式】对话框。

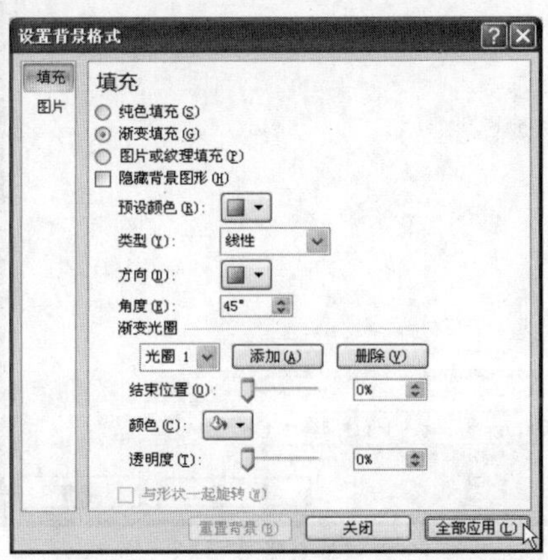

图 9.6　单击【全部应用】按钮

**步骤 7**　选择标题幻灯片，如图 9.7 所示。

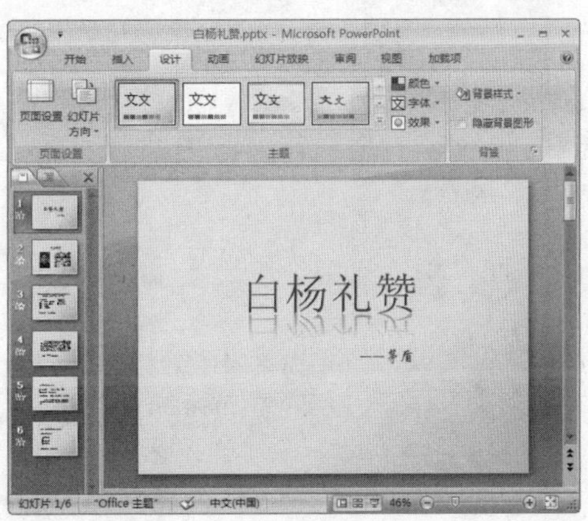


图 9.7　标题幻灯片

步骤 8　选择【设计】选项卡，单击【背景】选项组中的【背景样式】按钮，在弹出的下拉列表中选择【设置背景格式】选项，如图 9.8 所示。

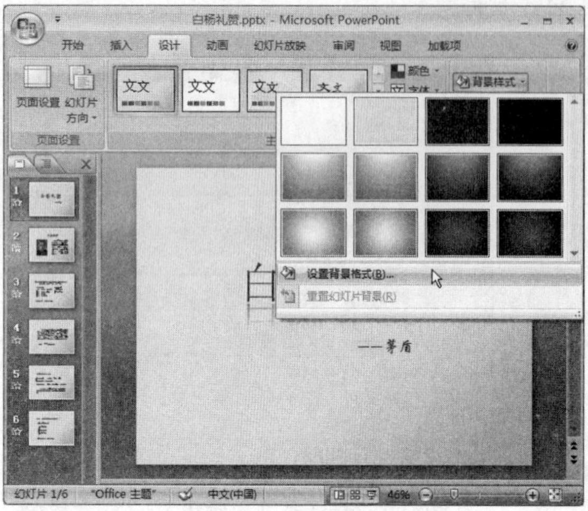

图 9.8　选择【设置背景格式】选项

步骤 9　在弹出的【设置背景格式】对话框中，选中【图片或纹理填充】单选按钮，如图 9.9 所示。

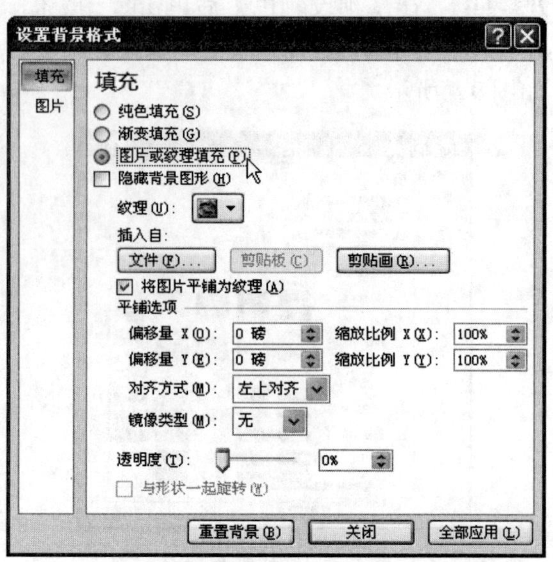


图 9.9　选中【图片或纹理填充】单选按钮

步骤 10　在【插入自】选项组中单击【文件】按钮。在弹出的【插入图片】对话框中，选择要插入的背景图片，如图 9.10 所示，单击【插入】按钮。

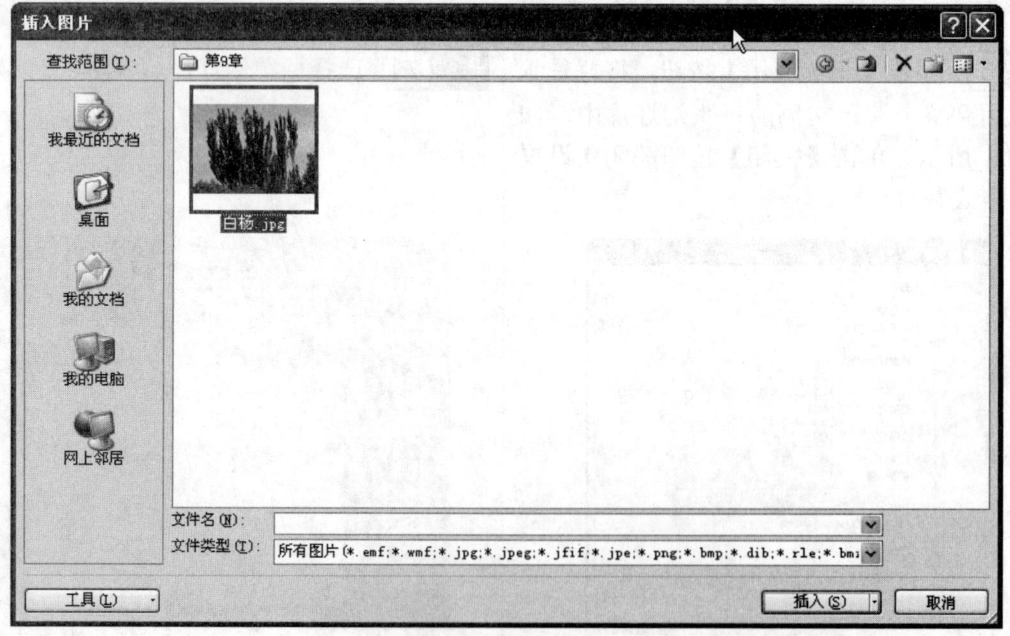


图 9.10　选择图片

步骤 11　返回【设置背景格式】对话框，拖动【透明度】后面的控制柄，将【透明度】设置为 70%，如图 9.11 所示。

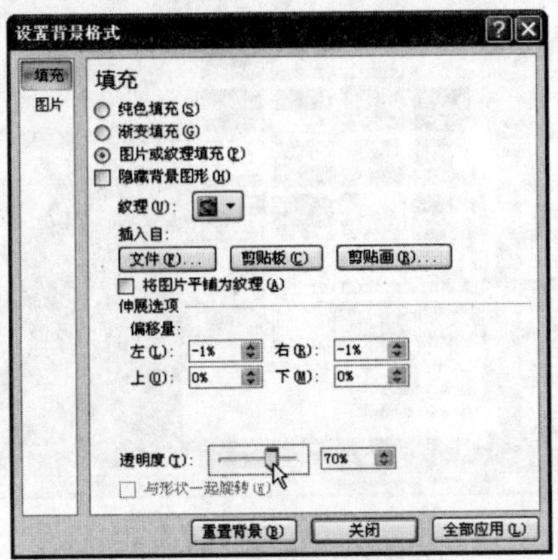

图 9.11　设置透明度

步骤 12　单击【关闭】按钮。此时标题页面中已经应用了这张背景图片，如图 9.12 所示。

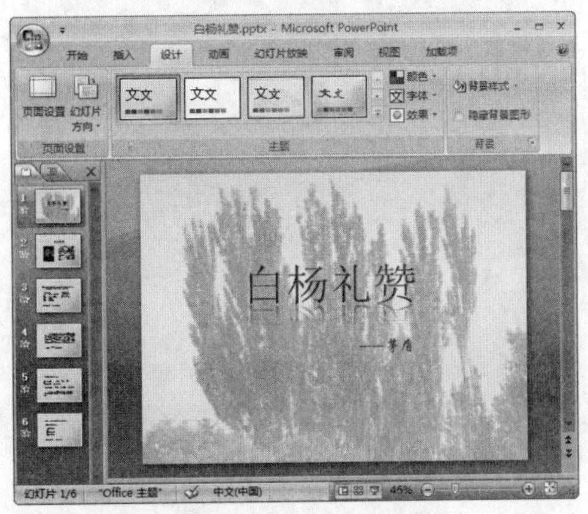

图 9.12　设置背景

**注 意**

在【设置背景格式】对话框中，设置背景后单击【全部应用】按钮可将该背景效果应用到演示文稿的所有幻灯片中；若不单击该按钮，则将该背景应用于当前幻灯片中。

## 9.2　为幻灯片设置统一的主题

使用 PowerPoint 提供的主题可以快速地为演示文稿设置相应的背景、颜色和字体等。其方法很简单，在【设计】选项卡的【主题】选项组的列表框中选择相应的主题即可。

下面介绍如何将“白杨礼赞.pptx”应用【纸张】主题方案，然后修改其主题颜色为【中性】，标题字体为【跋涉】。

步骤 1　打开“白杨礼赞.pptx”，选择第一张幻灯片，选择【设计】选项卡，如图 9.13 所示。

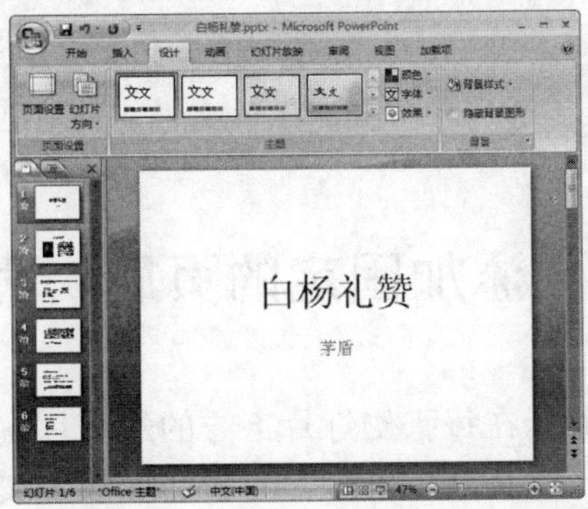

图 9.13　打开“白杨礼赞.pptx”

步骤2 在【设计】选项卡中单击按钮，如图 9.14 所示。

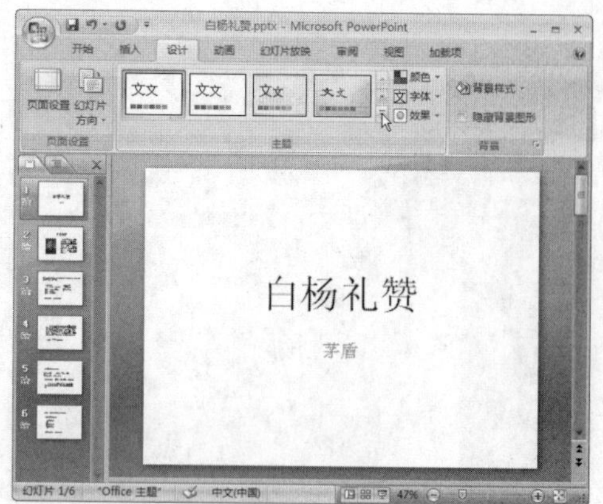

图 9.14 单击【其他】按钮

步骤3 在下拉菜单中选择【纸张】主题，如图 9.15 所示。

图 9.15 选择【纸张】主题

步骤4 单击【颜色】按钮，在下拉菜单中选择名为【中性】的颜色，如图 9.16 所示。

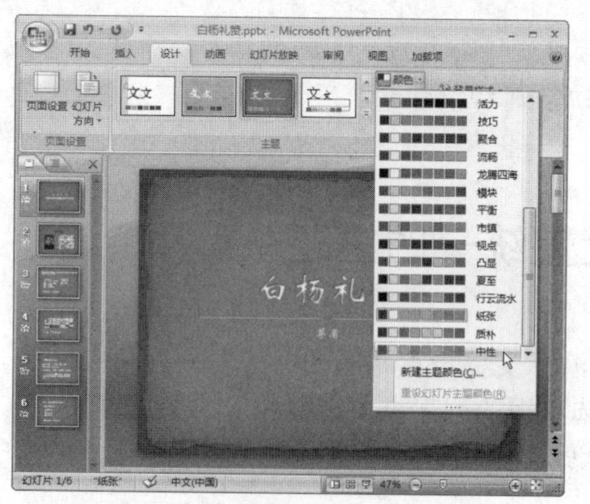

图 9.16 选择【中性】颜色

步骤5 单击【字体】按钮，在下拉菜单中选择名为【跋涉】的字体，如图 9.17 所示。

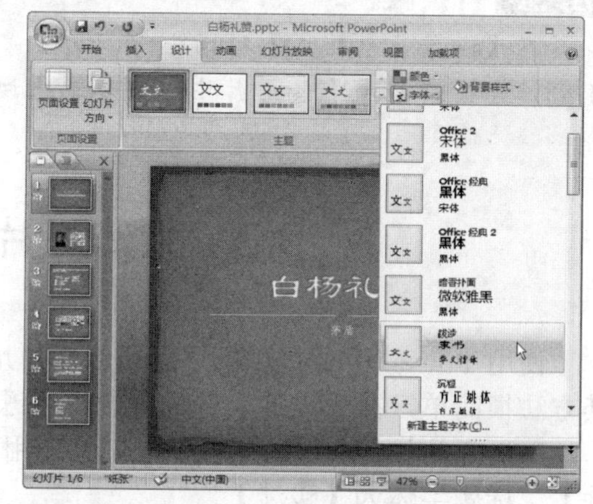

图 9.17 选择【跋涉】字体

**提 示**

除了 PowerPoint 内置的主题颜色和主题字体之外，还可以对它们进行自定义。

## 9.3 添加固定的页眉、页脚

页眉、页脚实际上就是显示在每张幻灯片下方的幻灯片编号、日期、演示文稿名称和公司名称等信息。只需添加一次页眉、页脚即可在当前演示文稿所有幻灯片的相应位置添加该内容。选择【插入】选项卡，单击【文本】选项组中的【页眉和页脚】按钮，然后在打开的对话框中设置页眉、页脚的内容，即可将该内容显示在幻灯片底部。

下面介绍如何为“白杨礼赞.pptx”添加文字“白杨礼赞”当做页脚。

**步骤 1** 打开“白杨礼赞.pptx”，选择第一张幻灯片；选择【插入】选项卡，单击【页眉和页脚】按钮，如图 9.18 所示。

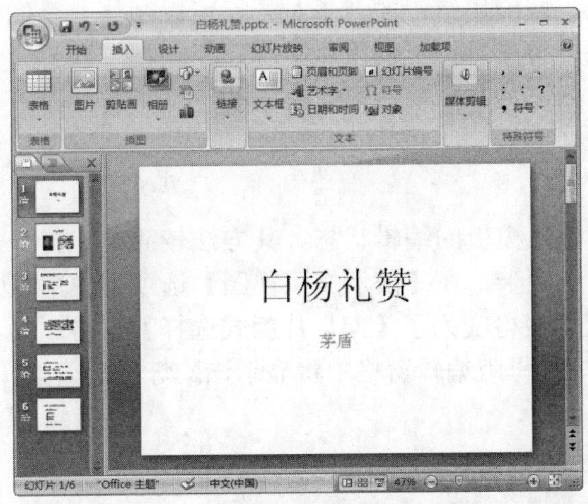

图 9.18 打开“白杨礼赞.pptx”

**步骤 2** 在【页眉和页脚】对话框中选中【页脚】复选框，在下面的文本框中输入“白杨礼赞”，选中【标题幻灯片中不显示】复选框，然后单击【全部应用】按钮，如图 9.19 所示。

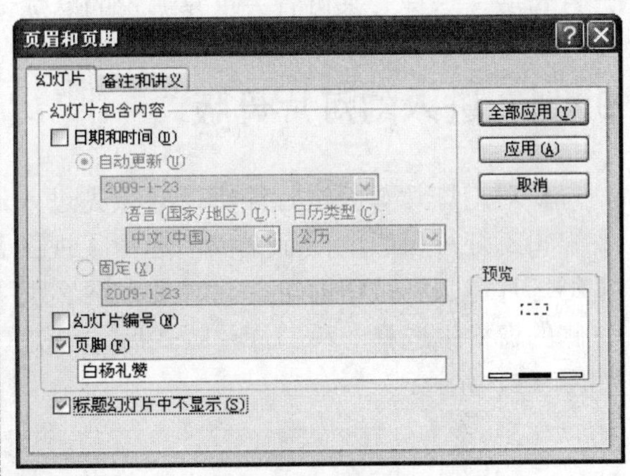


图 9.19 设置页脚

**步骤 3** 返回幻灯片，即可发现除标题幻灯片以外，其余各幻灯片的下方均添加了文字“白杨礼赞”，如图 9.20 所示。

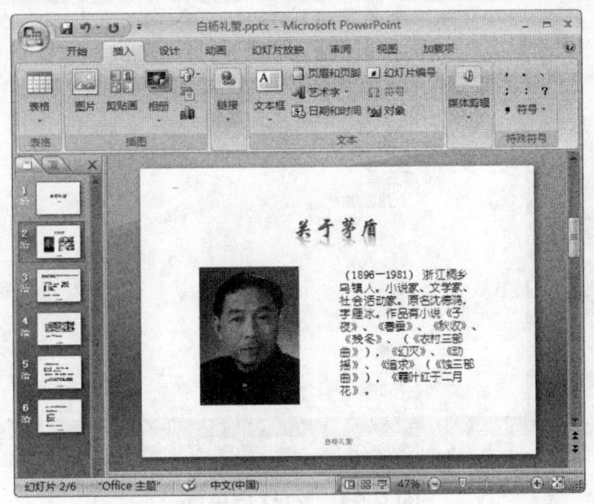

图 9.20 设置页脚

**提 示**

插入页眉、页脚后，如需要编辑其中的内容，可再次单击【页眉和页脚】按钮，然后在打开的【页眉和页脚】对话框中进行编辑，其操作方法与第一次设置页眉和页脚相同，如需修改页眉、页脚的字体、字号和颜色等效果，可选择相应的页眉、页脚文本，然后在【开始】选项卡中进行设置即可，其操作方法与设置普通文本的方法相同。

# 9.4 使用幻灯片母版

幻灯片母版中包含有每种幻灯片版式的设置区域，通过它可以快速设置统一的幻灯片风格。如果在所有幻灯片中都包含同一个标志，或应用统一的背景时，就可以制作一个幻灯片母版，这样一来可省去重复编辑的麻烦。

## 9.4.1 进入幻灯片母版

要对幻灯片母版进行编辑，必须先进入幻灯片模板的编辑状态。其方法较简单，打开要编辑幻灯片母版的演示文稿，选择【视图】选项卡，在【演示文稿视图】选项组中单击【幻灯片母版】按钮即可。此时【大纲/幻灯片】窗格变为了【幻灯片版式选择】窗格，在左侧的窗格中选择一种幻灯片版式后，右侧幻灯片母版编辑窗格中将显示该幻灯片的效果，如图 9.21 所示。

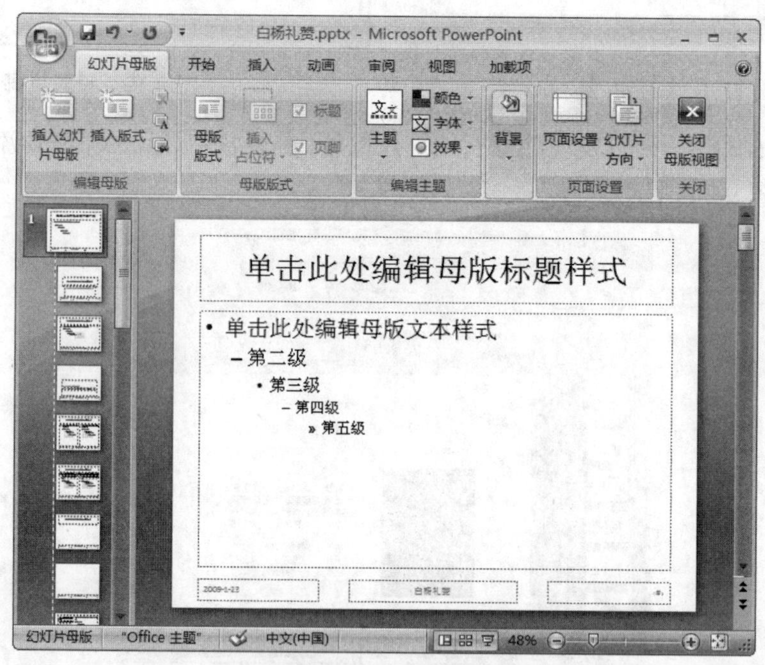


图 9.21 幻灯片母版

## 9.4.2 设置所有幻灯片母版

进入幻灯片母版后就可以对其样式进行设置了。其设置方法与设置普通幻灯片类似，主要包括设置背景样式，设置文本字体和添加图片等。

下面介绍如何在“白杨礼赞.pptx”中设置幻灯片母版的背景和文本字体。

**步骤 1**　打开“白杨礼赞.pptx”，进入幻灯片母版编辑状态，在【幻灯片版式选择】窗格中选择第一种幻灯片版式，如图 9.22 所示。

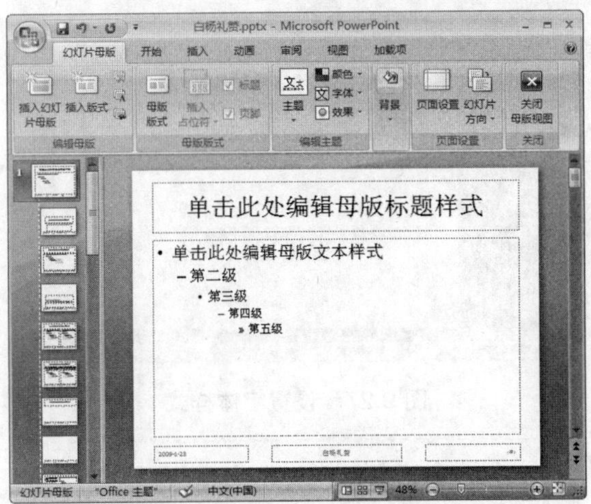


图 9.22　选择第一种幻灯片版式

**步骤 2**　单击【背景】选项组中的【背景样式】按钮，在弹出的下拉列表中选择【设置背景格式】选项，如图 9.23 所示。

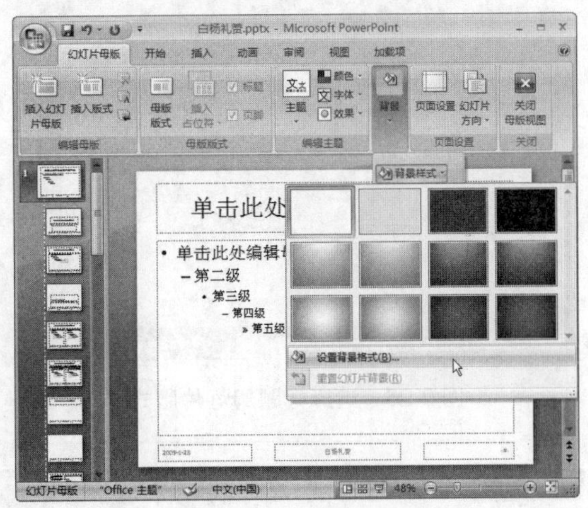


图 9.23　设置背景格式

**步骤 3**　打开【设置背景格式】对话框，选择【图片或纹理填充】单选按钮，单击【插入自】选项组中的【文件】按钮，如图 9.24 所示。

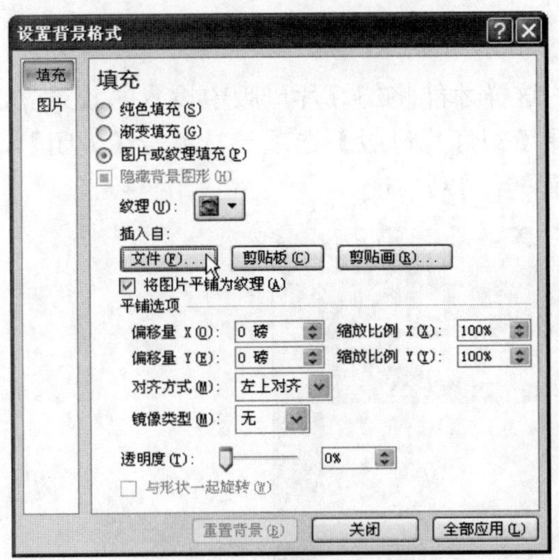


图 9.24　设置图片背景

**步骤 4**　打开【插入图片】对话框，选择图片(文件路径：配套光盘\素材\第 9 章\白杨.jpg)，将它设置为幻灯片背景，并将它的透明度设置为 70%，如图 9.25 所示。

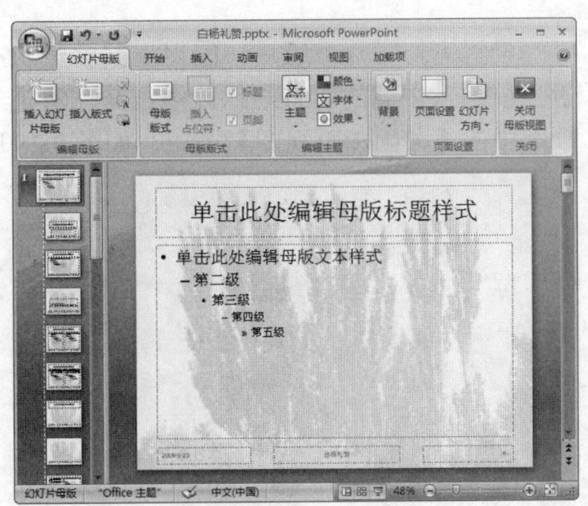


图 9.25　背景图片设置完成

**步骤 5**　选择第二种幻灯片版式(标题幻灯片版式)，如图 9.26 所示。

**步骤 6**　选择母版占位符中的文本，选择【开始】选项卡。将字体设置为【隶书】，颜色设置为橙色，字号设置为 48，样式设置为加粗，如图 9.27 所示。

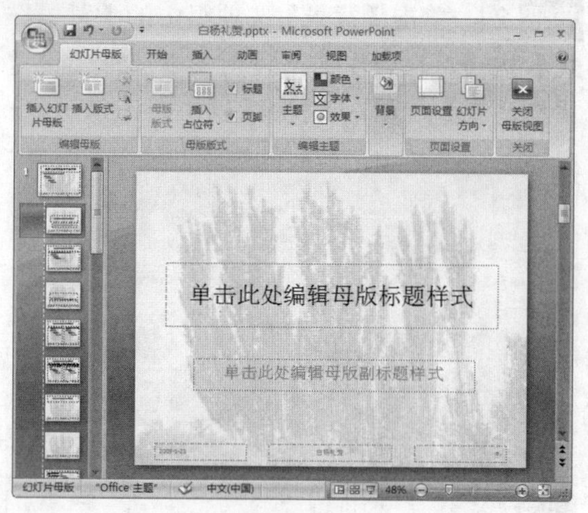


图 9.26　选择标题幻灯片版式

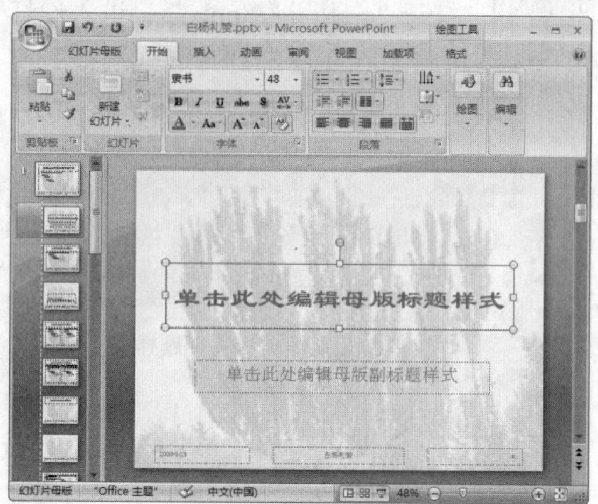


图 9.27　设置字体样式

**提 示**

如果默认的幻灯片版式不能满足需求，而该版式又是当前演示文稿经常使用的版式之一，可在幻灯片母版编辑状态下，单击【插入版式】按钮，然后在新建的幻灯片版式中单击【插入占位符】按钮，再在弹出的下拉列表中选择该版式所需的内容即可。以后在该演示文稿中选择幻灯片版式时，就可看到新设置的版式了。

## 9.4.3　退出幻灯片母版

设置完幻灯片母版后，应退出其编辑状态，这样才能将幻灯片母版中设置的效果应用于当前演示文稿的所有幻灯片中。其方法是选择【幻灯片母版】选项卡，单击【关闭】选项组中的【关闭母版视图】按钮，如图 9.28 所示。

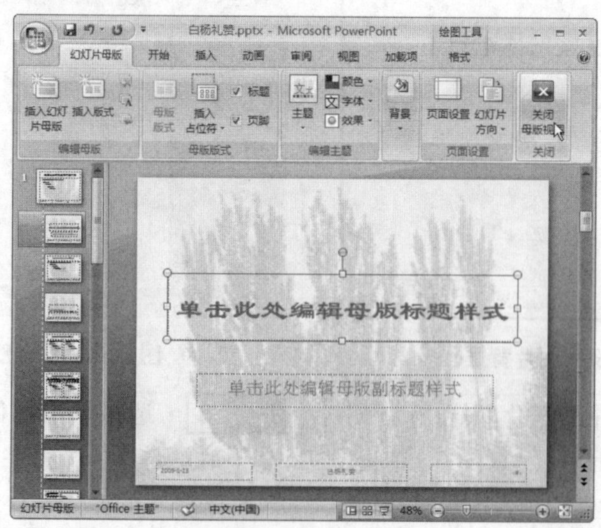


图 9.28　关闭母版视图

### 9.4.4　其他母版

在 PowerPoint 中除了幻灯片母版外，还包括讲义母版和备注母版。如果说幻灯片母版是用户设置幻灯片放映时的样式，那么讲义母版和备注母版就是设置幻灯片打印时的样式。讲义是为了方便演讲者在演讲时使用的纸稿，纸稿中显示了每张幻灯片的大致内容、要点等。讲义母版就是设置该内容在纸稿中的显示方式。备注是指演讲者在幻灯片下方输入的内容。

# 放映幻灯片

幻灯片的放映是幻灯片从设计、制作到最后呈现给用户的最后一个环节，它包括幻灯片放映之前的设置和放映过程的操作两部分。

幻灯片的放映设置部分，将介绍：幻灯片的放映方式的调整；如何自定义参与放映的幻灯片；为幻灯片放映添加旁白等内容。

操作放映过程部分，将介绍：在放映过程中对幻灯片添加标注；跳转到目标幻灯片等内容。

科学地调整幻灯片放映设置的细节，流畅熟练地进行放映操作，能够更加和谐与完美地表现幻灯片的内容，使设计者的意图更加清晰明了地传达给用户。

## 本章内容主要包括：

- 幻灯片的放映方式。
- 设置放映细节。
- 为幻灯片放映添加旁白。
- 使用排练计时功能自动放映幻灯片。
- 放映过程中的操作。

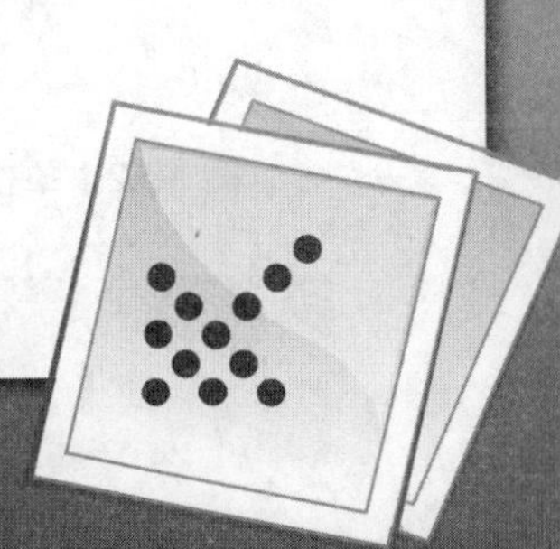

# 10.1 幻灯片放映之前的设置

在幻灯片放映之前，相应的设置是必要的。通过设置幻灯片放映的细节，可以更好地呈现幻灯片的内容。

## 10.1.1 放映幻灯片

PPT 提供了几种幻灯片的放映方式，使操作者可以方便地按照自己的意图放映幻灯片。这些幻灯片的放映方式，可以通过单击【幻灯片放映】选项卡中的按钮来实现，如图 10.1 所示。

图 10.1 【幻灯片放映】选项卡

本章通过放映前面章节制作好的课件“秦汉文化”(文件路径：配套光盘\源文件\第 8 章\秦汉文化.pptx)来讲解知识点。

- 从头开始放映。单击【从头开始】按钮，可以从演示文稿的第一张幻灯片开始放映。如果设置了自定义放映，会从自定义放映列表的第一张幻灯片开始放映。
- 从当前幻灯片开始放映。单击【从当前幻灯片开始】按钮，可以从当前选定的幻灯片开始放映。
- 隐藏幻灯片。单击【隐藏幻灯片】按钮，可以把当前幻灯片隐藏，在放映幻灯片时会跳过被隐藏的幻灯片。
- 自定义幻灯片放映。自定义幻灯片放映可以决定演示文稿中参与放映的幻灯片，以及这些幻灯片的播放顺序。

使用自定义幻灯片放映功能的方法如下。

步骤 1 切换到【幻灯片放映】选项卡，在【开始放映幻灯片】中单击【自定义幻灯片放映】按钮，如图 10.2 所示。

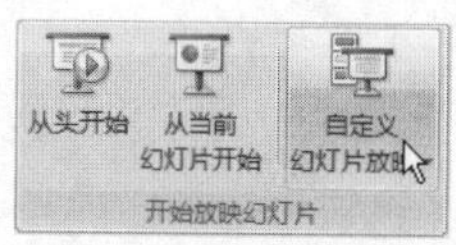


图 10.2 单击【自定义幻灯片放映】按钮

步骤 2 在弹出的菜单中，单击【自定义放映】按钮，如图 10.3 所示。

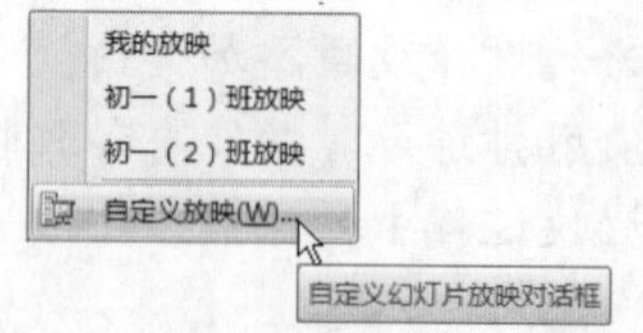


图 10.3 单击【自定义放映】按钮

**注 意**

单击【自定义放映】按钮后，弹出菜单的上面部分列出了已经设计好的自定义放映。

步骤 3　在弹出的【自定义放映】对话框中单击【新建】按钮，如图 10.4 所示。

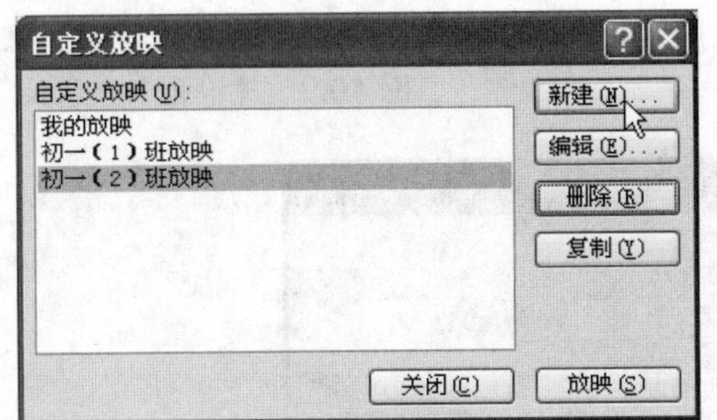

图 10.4　单击【新建】按钮

步骤 4　在弹出的【定义自定义放映】对话框中可以添加或删除参与放映的幻灯片，也可以更改幻灯片的放映顺序。首先在【幻灯片放映名称】文本框中输入一个放映名称，如图 10.5 所示。

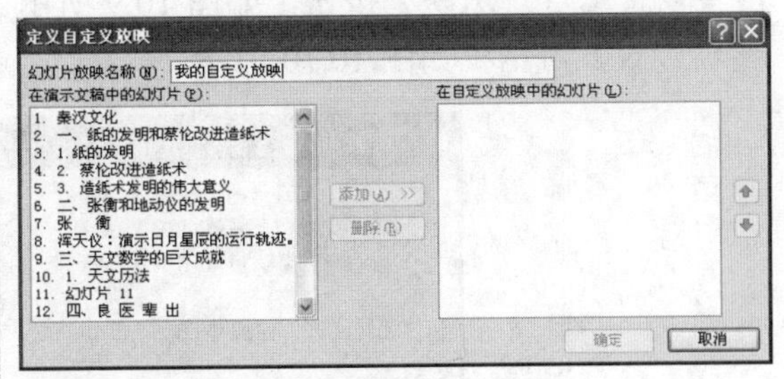

图 10.5　输入放映名称

步骤 5　在左侧列表框中选择想要参与播放的幻灯片，单击【添加】按钮，将这些幻灯片添加到自定义列表中，如图 10.6 所示。

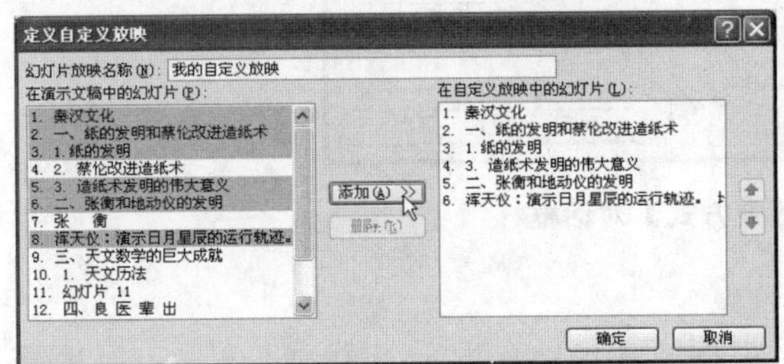

图 10.6　将参与放映的幻灯片添加到右侧列表框中

步骤 6　在右侧的列表框中，选中一项，通过单击 ⇧⇩ 按钮，可以调整幻灯片的播放顺序，如图 10.7 所示。

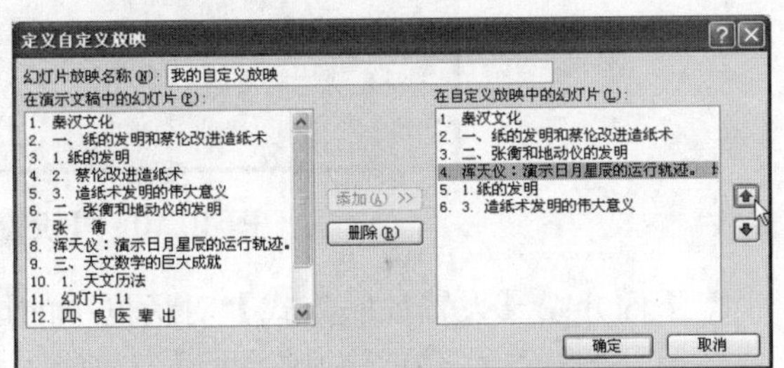

图 10.7　调整幻灯片的播放顺序

**注 意**

要同时选择多项，可以通过鼠标拖动实现，也可以按住 Ctrl 键后，通过单击实现。

步骤 7　调整幻灯片的播放顺序后，单击【确定】按钮，就建立了一个自定义放映。此时可以单击【放映】按钮直接放映幻灯片，也可以单击【关闭】按钮关闭【自定义放映】对话框，如图 10.8 所示。

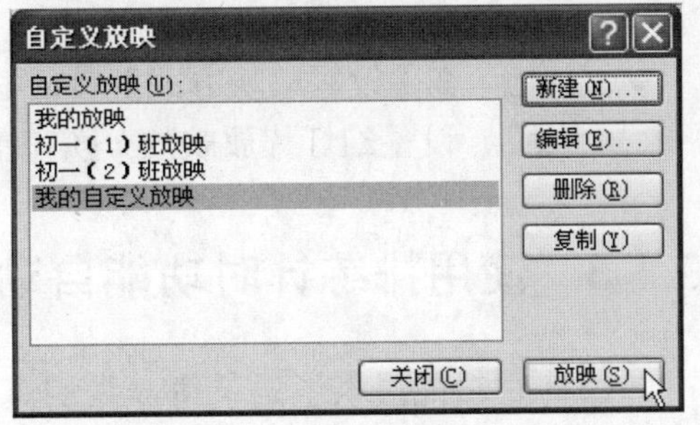

图 10.8　新建的放映列表

### 10.1.2 设置幻灯片的放映

在幻灯片放映之前，对幻灯片的放映做一些细致的设置，会让放映效果更加完美。

切换到【幻灯片放映】选项卡，在【设置】选项组中单击【设置幻灯片放映】按钮，如图 10.9 所示。弹出的【设置放映方式】对话框如图 10.10 所示。

图 10.9 【设置】选项组

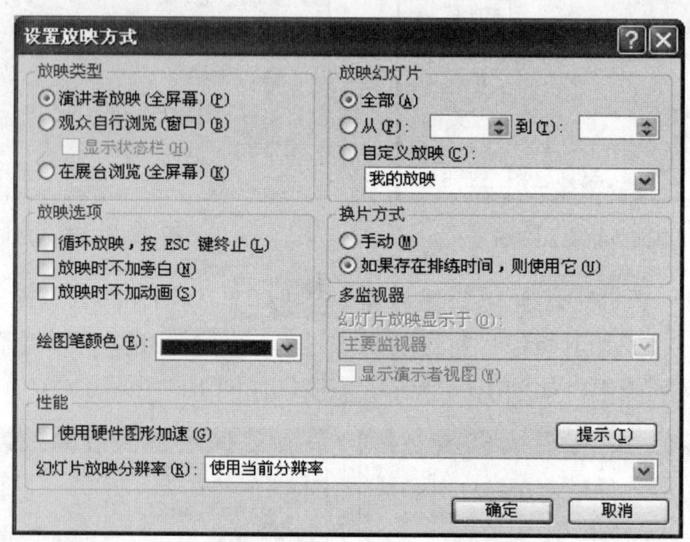


图 10.10 【设置放映方式】对话框

下面介绍【设置放映方式】对话框中的选项。

- 放映类型。在【放映类型】选项组中，根据放映场地和展示对象的不同，可以选择最适合的放映类型。
- 放映幻灯片。在【放映幻灯片】选项组中可以决定参与播放的幻灯片。除了简单的设置之外，还可以在选中【自定义放映】单选按钮后，选择已经设置好的自定义放映列表。
- 放映选项。在【放映选项】选项组中可以设置幻灯片的循环放映、放映时旁白和动画的开关、注释笔的颜色等。
- 其他。在【设置放映方式】对话框中还可以进行其他细节的设置，比如换片方式的调整、设置幻灯片放映的分辨率等。

### 10.1.3 使用排练计时功能自动放映幻灯片

排练计时功能提供了记录每一张幻灯片播放时间的功能。教师可以通过此功能掌握教学的节奏，也可以利用排练计时功能实现幻灯片的自动播放。使用排练计时功能放映幻灯片的操作如下。

**步骤 1**　切换到【幻灯片放映】选项卡，在【设置】选项组中单击【排练计时】按钮，如图 10.11 所示。

图 10.11　单击【排练计时】按钮

**步骤 2**　这时会切换到演示文稿的播放状态，在幻灯片的左上角会多出现一个【预演】控制条，如图 10.12 所示。

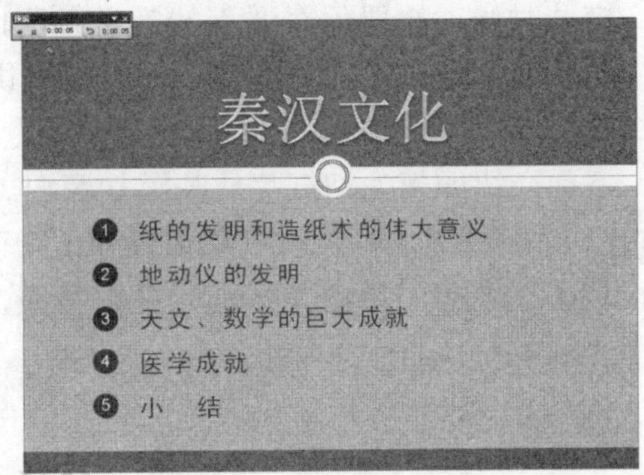


图 10.12　排练计时进行中

**步骤 3**　【预演】控制条的中间部分记录了当前幻灯片播放所用的时间，右侧记录了所有已播放幻灯片所用的总时间。感觉停留时间足够后，切换到下一张幻灯片，继续计时，如图 10.13 所示。

图 10.13　【预演】控制条

**步骤 4**　单击【预演】控制条上的关闭按钮 X，或按 Esc 键结束排练计时。此时会弹出提示对话框，从中选择是否保留新的幻灯片排练时间，如图 10.14 所示。

图 10.14　选择是否保留幻灯片的排练时间

**注　意**

在【预演】控制条中，单击按钮 ➡ 可切换到下一张幻灯片；单击按钮 ⏸ 可以暂停计时，再次单击该按钮继续计时；单击按钮 ↺ 可以重新对当前幻灯片计时。

**步骤 5**　这时对应每一张幻灯片的缩略图下方都会标示所用的排练时间，如图 10.15 所示。

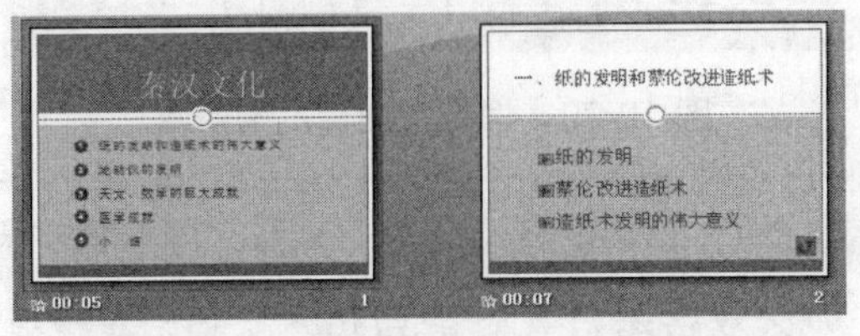


图 10.15　保留排练时间后的幻灯片

**步骤 6**　在【设置】选项组中，选中【使用排练计时】复选框后放映幻灯片，如图 10.16 所示，幻灯片就会按照排练计时记录的时间自动播放。

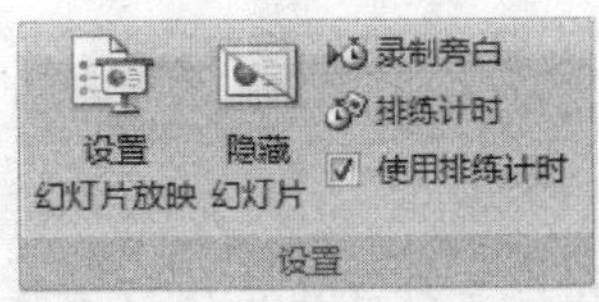


图 10.16　选中【使用排练计时】复选框

### 10.1.4 为幻灯片放映添加旁白

有些时候，需要保存课程的教学过程，便于教师课下总结归纳教学中出现的问题；或者演示文稿需要循环重复放映，同时配以讲解说明。这时可以通过 PowerPoint 提供的录制旁白功能实现。

下面介绍如何为幻灯片放映添加旁白。

步骤 1 切换到【幻灯片放映】选项卡，在【设置】选项组中单击【录制旁白】按钮，如图 10.17 所示。

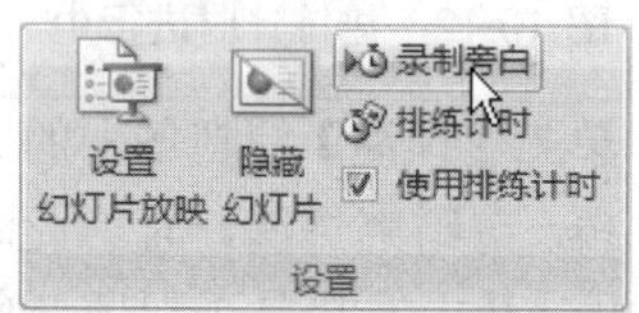


图 10.17 单击【录制旁白】按钮

步骤 2 在弹出的【录制旁白】对话框中，单击【确定】按钮就可以开始录制旁白了，如图 10.18 所示。

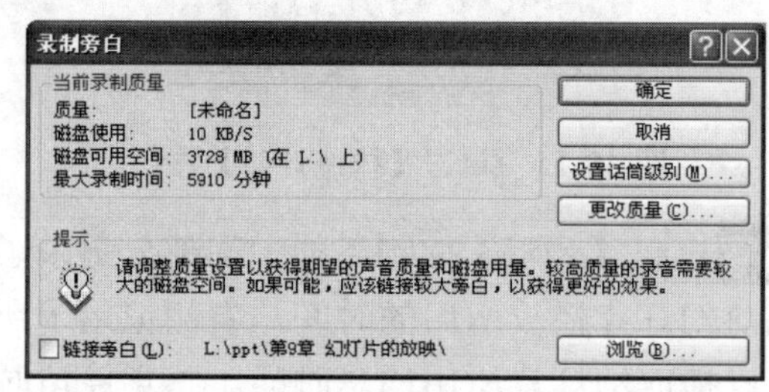


图 10.18 单击【确定】按钮开始录制旁白

**提 示**

在【录制旁白】对话框中，单击【设置话筒级别】按钮后，可以在 PPT 的引导下将话筒调整到最合适的状态；单击【更改质量】按钮，可以改变录制出的声音文件的质量参数。选中【链接旁白】复选框后，设置一个声音文件的存放路径，这样录制出的声音会作为独立文件保存，并不保存在 PPT 文件中。放映幻灯片时会以链接的方式使用声音旁白，方便管理和修改。

步骤 3 按 Esc 键停止录制旁白，在弹出的提示对话框中选择保存排练时间，如图 10.19 所示。

图 10.19 保存旁白

步骤 4 这时对应每一张幻灯片的缩略图，下方都会标示所录制旁白占用的时间，如图 10.20 所示。此时放映幻灯片会按照时间自动放映。

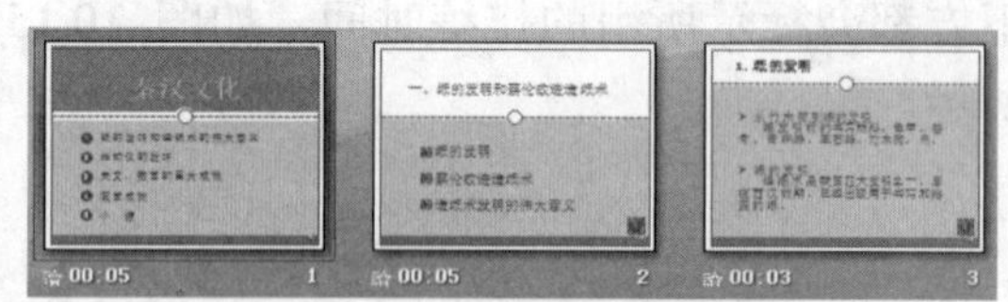


图 10.20 保存旁白后的幻灯片

**提 示**

如果在提示对话框中选择不保存排练时间，那么放映幻灯片时旁白仍然会播放，但是旁白结束后，幻灯片不会自动切换到下一张幻灯片继续放映。

## 10.2　放映过程中的操作

在幻灯片放映过程中，可以对幻灯片进行人为的控制，比如前进、后退或跳转等。便于演示者快速定位到想要放映的幻灯片。另外，还可以设置暂时将幻灯片显示为白屏或黑屏，以便于转移观众的注意力。通过选择不同笔触为幻灯片添加注释，能够强调幻灯片中某部分内容。

### 10.2.1　控制幻灯片的放映

幻灯片开始放映后，右击会弹出一个菜单，通过这个菜单可以实现对幻灯片的控制，如图 10.21 所示。

#### 1. 上一张、下一张

选择【上一张】或【下一张】命令会放映上一张或下一张幻灯片。

回到上一次放映的幻灯片

选择【上次查看过的】命令会放映最近一次放映过的幻灯片。此功能可以一直追溯到第一张幻灯片。当没有上次查看过的幻灯片可供放映时，此命令为灰色，不能选择。

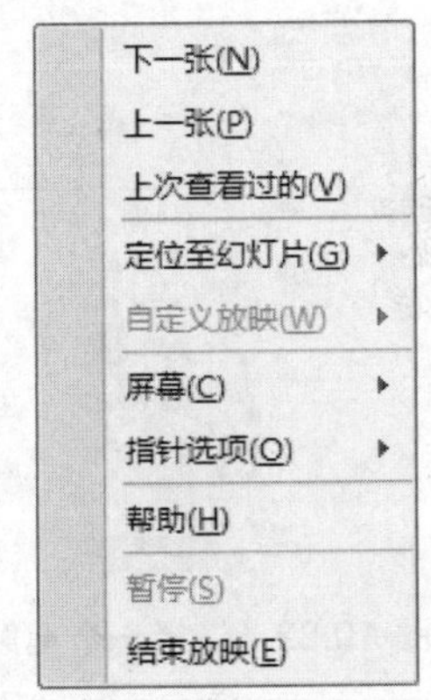


图 10.21　放映中右击后弹出的菜单

#### 2. 快速跳转到指定幻灯片放映

选择【定位至幻灯片】命令，展开的子菜单中列出了演示文稿中所有的可放映幻灯片。选择想要放映的幻灯片就可以放映。

#### 3. 使用自定义放映

选择【自定义放映】命令，展开的子菜单中列出了所有自定义的放映列表。选择相应命令可切换不同的幻灯片放映策略。如果没有设置自定义放映，那么此命令会显示为灰色，不能使用。

#### 4. 设置屏幕为黑屏、白屏

选择【屏幕】命令，然后选择【黑屏】或【白屏】命令后，屏幕会变为黑色或白色。

#### 5. 切换到其他程序

选择【屏幕】|【切换程序】命令后，操作系统的任务栏会被显示出来，以便于切换到其他演示文稿或程序。

## 10.2.2 为放映中的幻灯片添加墨迹注释

在幻灯片课件放映时，教师往往会需要在其中加入标注，或强调幻灯片中的内容。此时可以使用 PowerPoint 提供的墨迹注释工具来实现。

墨迹注释工具的使用方法如下。

**步骤 1** 在演示文稿开始放映后，右击，在弹出的菜单中选择【指针选项】|【毡尖笔】命令。这时鼠标指针会变成一个小点，表示笔触的形状，如图 10.22 所示。

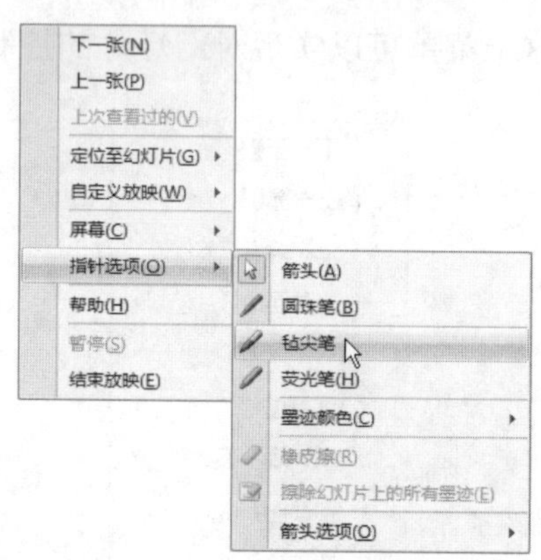


图 10.22 选择一个笔触

**步骤 2** 右击，在弹出的快捷菜单中选择【指针选项】|【墨迹颜色】命令，在【主题颜色】中选择一个合适的颜色，如图 10.23 所示。

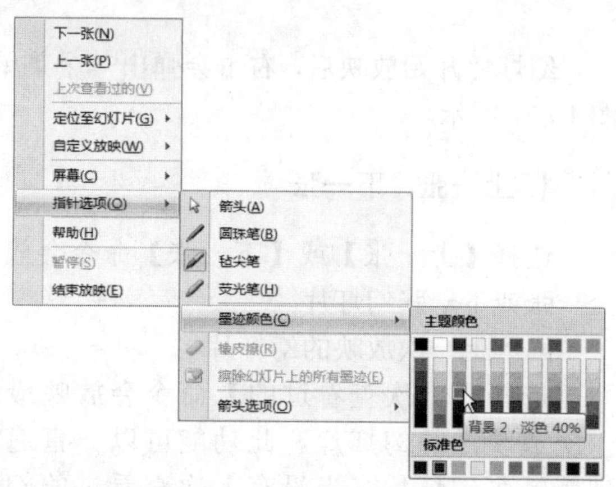


图 10.23 为笔触选择颜色

**步骤 3** 选择颜色后，在幻灯片上拖动鼠标指针，就会绘制出相应颜色的图形，如图 10.24 所示。

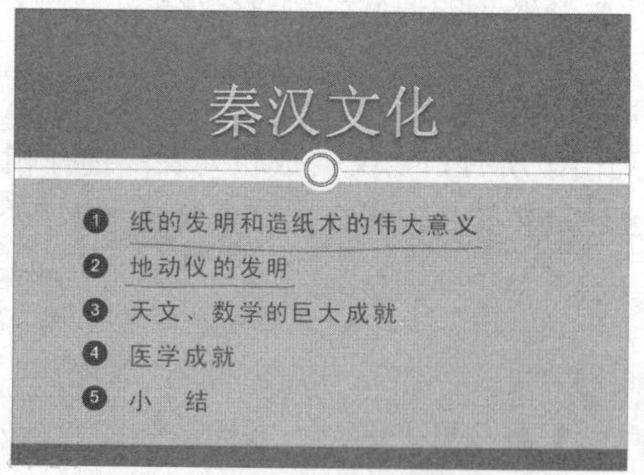


图 10.24 为幻灯片加入注释

**步骤 4** 选择其他两种笔触进行注释，如图 10.25 所示。

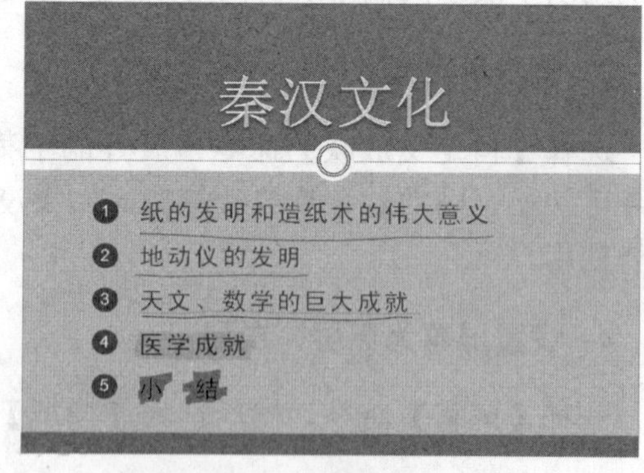


图 10.25 继续加入注释

**提 示**

使用荧光笔注释，绘制出的形状是半透明的。

**步骤 5**　要想擦除墨迹，可以选择【指针选项】|【橡皮擦】命令，如图 10.26 所示。

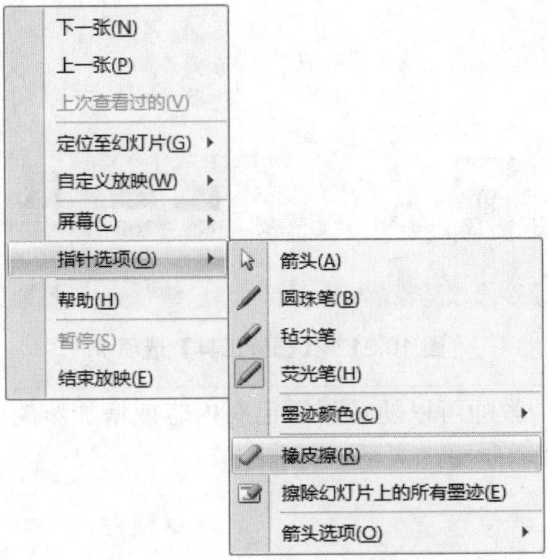

下一张(N)
上一张(P)
上次查看过的(V)
定位至幻灯片(G)
自定义放映(W)
屏幕(C)
指针选项(O)
帮助(H)
暂停(S)
结束放映(E)
箭头(A)
圆珠笔(B)
毡尖笔
荧光笔(H)
墨迹颜色(C)
橡皮擦(R)
擦除幻灯片上的所有墨迹(E)
箭头选项(O)

图 10.26　选择【橡皮擦】命令

**步骤 6**　这时鼠标指针会变成橡皮擦形状。移动指针到已有墨迹上单击或拖动，就会擦除墨迹，如图 10.27 所示。

秦汉文化
纸的发明和造纸术的伟大意义
地动仪的发明
天文、数学的巨大成就
医学成就
小　结

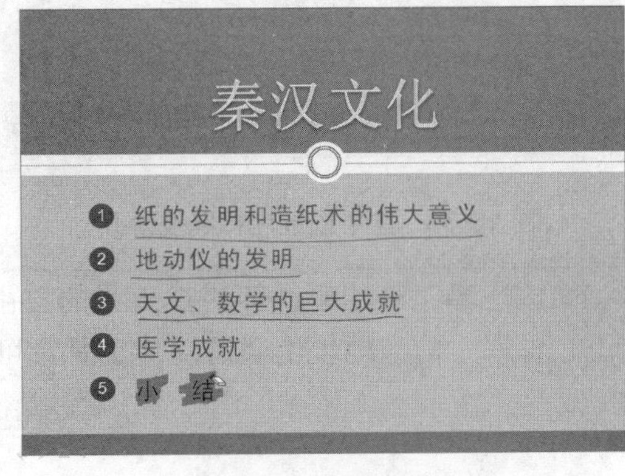

图 10.27　擦除墨迹

**提　示**

选择【指针选项】|【擦除幻灯片上的所有墨迹】命令，会一次性擦除所有的墨迹。

**步骤 7**　选择【屏幕】|【显示/隐藏墨迹标记】命令，可以显示或隐藏所有的墨迹标记，如图 10.28 所示。

下一张(N)
上一张(P)
上次查看过的(V)
定位至幻灯片(G)
自定义放映(W)
屏幕(C)
指针选项(O)
帮助(H)
暂停(S)
结束放映(E)
黑屏(B)
白屏(W)
显示/隐藏墨迹标记(A)
切换程序(P)

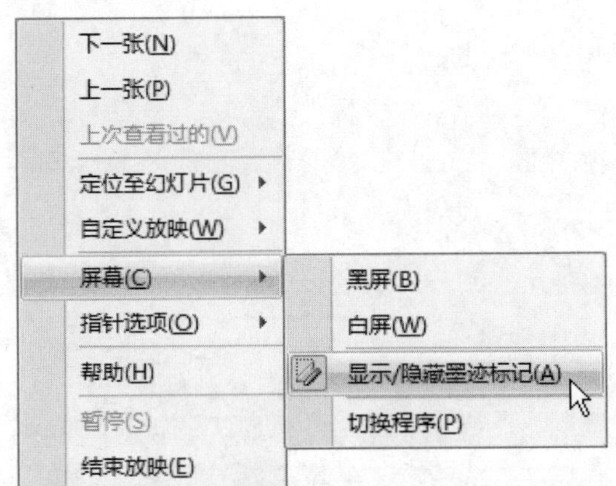

图 10.28　选择【显示/隐藏墨迹标记】命令

**步骤 8**　幻灯片结束放映时，如果有未擦除的墨迹注释，就会弹出提示对话框，询问是否保留墨迹注释，如图 10.29 所示。

Microsoft Office PowerPoint
是否保留墨迹注释?
保留(K)
放弃(D)

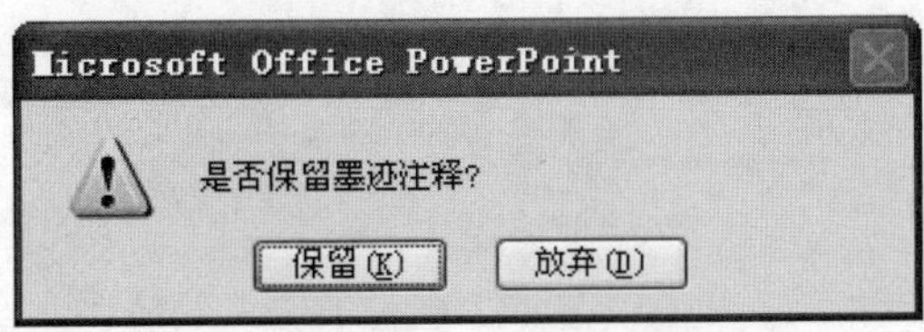

图 10.29　提示是否保留墨迹注释

**步骤 9**　保留墨迹注释后，可以在幻灯片的设计窗口中选中注释，并修改，如图 10.30 所示。

**步骤 10**　选中一个墨迹注释，功能区会切换到【墨迹工具】选项卡。在其中可以调整注释的颜色、粗细等属性，如图 10.31 所示。

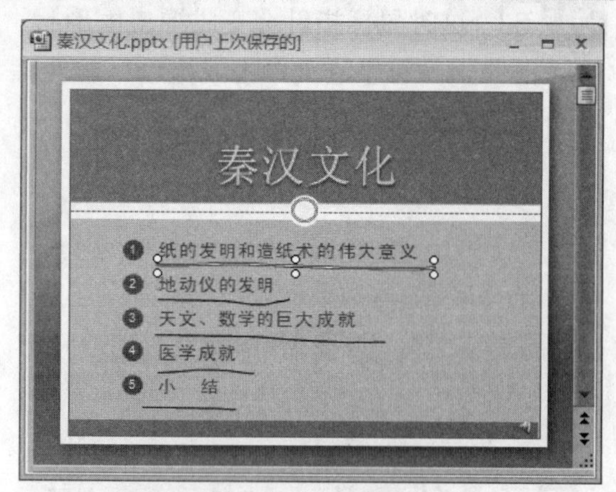


图 10.30 选中墨迹注释以便修改

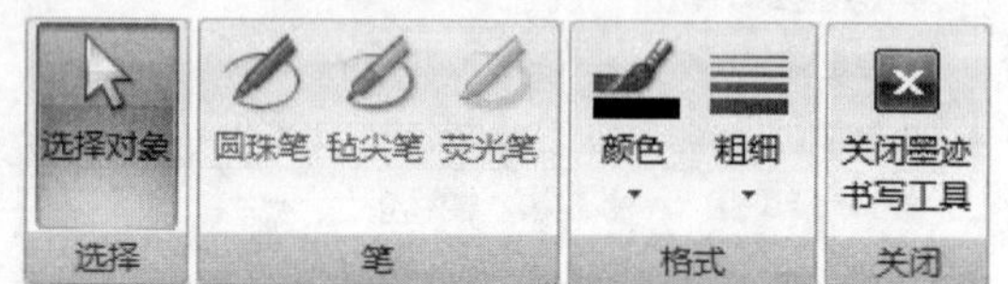


图 10.31 【墨迹工具】选项卡

墨迹注释工具给了教师讲授更大的自由度，教师可以随意强调已有内容或增加新的内容进行讲解。恰当地使用墨迹注释工具，可以使教学更加灵活。

# 制作英语课件

本章为小学英语课程 This Is My Day 制作配套的课件。通过学习本章内容，能够学习一个完整英语课件的制作过程。

课件中用到了前面章节中介绍的大部分知识，其中的重点是为各幻灯片添加导航。在制作课件时，对具体的操作步骤进行了较详细的讲解，也是对前面介绍的知识进行复习的过程。

本章内容主要包括：

- 英语课件的制作思路。
- 添加动画。
- 为幻灯片添加声音。
- 利用动作和超链接为课件添加导航。

# 11.1 教学思路

课件制作之前，需要明确教学目标。这样，课件才能以教学目标为指导思想达到更理想的教学效果。

本课的教学目标如下。

- 认识和熟悉本课中的短语和短句。其中包括 eat breakfast、do morning exercises、have English class、play sports、eat dinner、“When do you do morning exercises?”、“I usually do morning exercises at 8:30.”、“When do you play sports?”、“I usually play sports at 3:30.”。
- 会读其中的 5 个短语。
- 能够听懂和理解课本配套光盘中提供的小短文。

# 11.2 脚本设计

下面就要以教学思想为指导，针对课件的制作过程进行脚本设计。

## 11.2.1 课件构思

- 针对归纳的 3 条学习目标，课件分为 3 个部分来分别实现。
- 课件的第一部，学习短语时，搭配图片和声音同时呈现。短句的学习，通过两个小孩对话的方式呈现。这样能使学生加深记忆。
- 课件的第二部分让学生掌握读短语的能力，采用单击短语(文字或对应的按钮)发音朗读的方式实现。这样可以使学生在出现认读障碍时及时得到提示和指导。
- 课件的第三部分，训练学生的听力和理解能力。这部分要做成一个练习的形式。在播放录音的同时，给出 3 个不同的选项供学生选择，其中有一个正确选项。选对或选错要给出反馈。

## 11.2.2 课件框架

首先，根据课件的构思分析课件框架。课件总体可分成 4 个部分：引导页、学一学、读一读和练一练。课件的框架如图 11.1 所示。

- 引导页：引导页中包括课件的标题和课件的导航两部分内容。通过导航可以链接到学一学、读一读、练一练 3 部分。
- 学一学：学一学部分包含标题和内容两张幻灯片。本部分内容以演示为主，通过录音、图片和短语的展示，实现对内容的教学。

- 读一读：读一读部分包含标题和内容两张幻灯片。在内容部分中需要加入单击图形播放录音的交互。
- 练一练：练一练部分包含标题、内容和反馈三部分。在内容部分中需要添加交互，实现选择题。反馈部分包括正确反馈和错误反馈两张幻灯片。

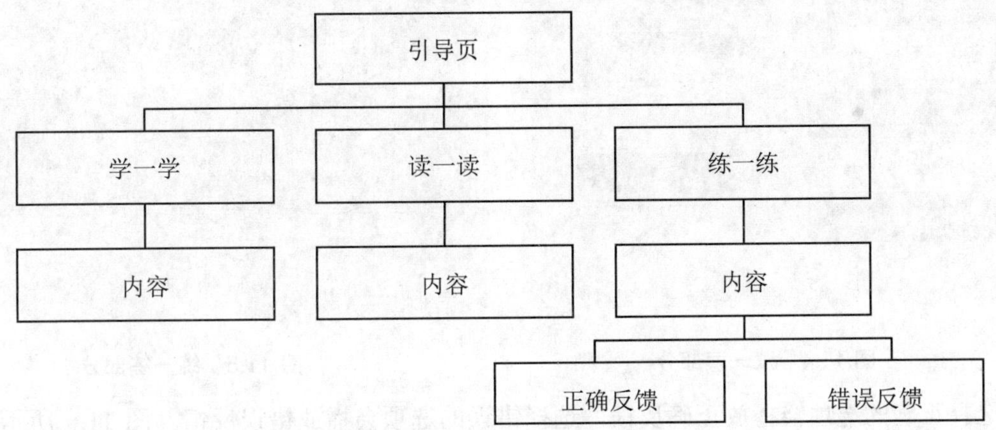


图 11.1　课件整体框架

## 11.3　课件实战——This Is My Day

首先预览课件效果。

播放演示文稿，首先映入眼帘的是课件的引导页面，在本页面可以跳转到学一学、读一读、练一练三个部分，如图 11.2 所示。

学一学部分通过动画的方式搭配对应的配音，逐一演示每一个短语和对应的配图。在学习完所有的短语后，会出现两个小男孩的对话，展示本课中的短语，如图 11.3 所示。

图 11.2　课件引导页

图 11.3　学一学部分

读一读部分采用单击播放录音的交互。鼠标指针移动到每一个短语上单击，会播放对应这条短语的录音，如图 11.4 所示。

练一练部分以选择题的形式呈现。进入本部分的同时会播放一段小短文。在播放短文录音的同时，选择正确的选项，如图 11.5 所示。

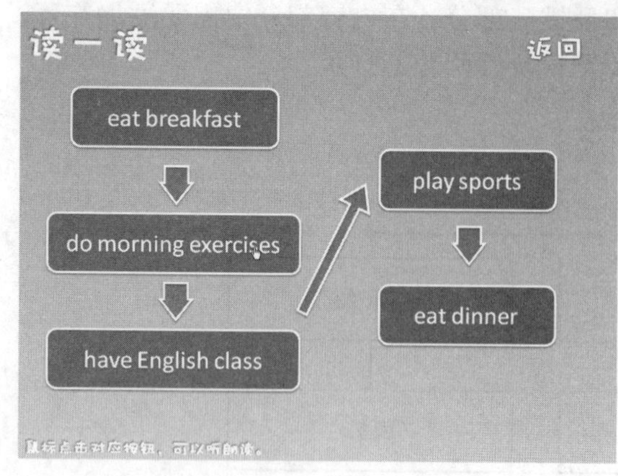


图 11.4 读一读部分

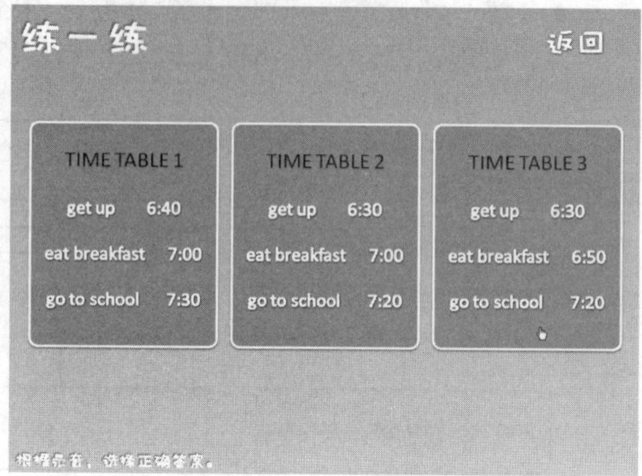


图 11.5 练一练部分

选择正确的选项会播放正确反馈，选择错误的选项会播放错误反馈。图 11.6 所示为正确反馈。

图 11.6 正确反馈

本课件较为完整地实现了认、读、听的教学环节，教师在授课时可以通过标题页的导航便捷地定位到相应内容进行教授，十分方便。本课件涉及的知识点较为广泛，重点包含了几方面：一是为幻灯片添加动画，二是添加幻灯片间跳转的链接，三是在幻灯片中加入声音。下面围绕这三个重点开始课件的制作。

首先来制作课件的标题导航页，本页包含背景图、导航文字(会加入链接)两部分内容。

**步骤 1** 新建一个演示文稿并保存为“小学英语课件-This Is My Day.pptx”，将幻灯片版式设置为空白，如图 11.7 所示。

**步骤 2** 在幻灯片上右击，在弹出的快捷菜单中选择【设置背景格式】命令，如图 11.8 所示。

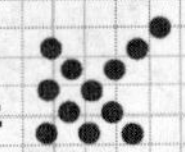

图 11.7　设置版式为空白

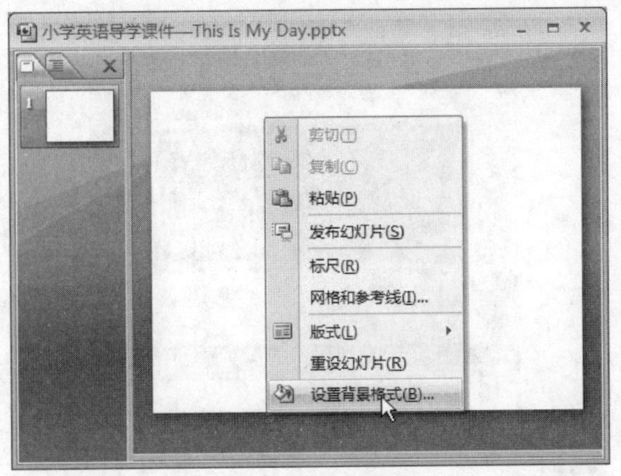

图 11.8　选择【设置背景格式】命令

**步骤 3**　在弹出的【设置背景格式】对话框中，将【填充】方式设置为【图片或纹理填充】。然后单击【文件】按钮，插入 bg.png(文件路径：配套光盘\素材\第 11 章\图片\bg.png)图片，如图 11.9 所示。

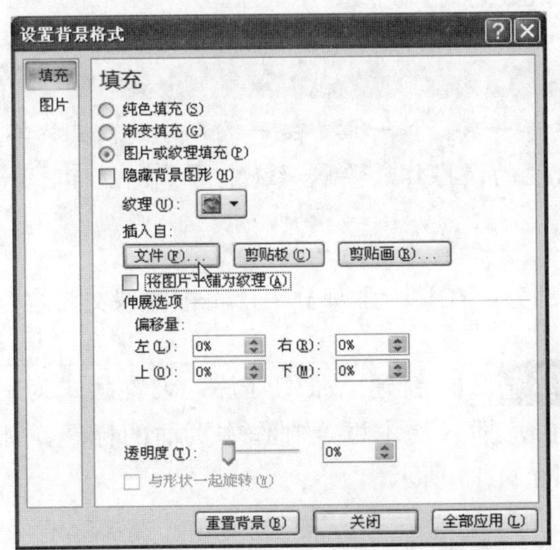

图 11.9　插入图片

**步骤 4**　插入图片后，单击【全部应用】按钮，将背景应用到演示文稿中所有的幻灯片，如图 11.10 所示。操作完成后单击【关闭】按钮关闭对话框。

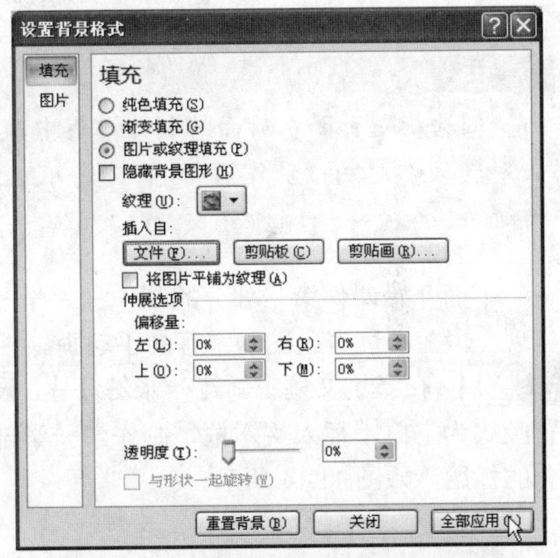

图 11.10　将背景格式应用到所有幻灯片

**提 示**

将背景格式全部应用到幻灯片时，不但会将背景格式应用到演示文稿中已经创建的幻灯片，而且会应用到以后新建的幻灯片。

**步骤 5**　插入“黑板.png”(文件路径：配套光盘\素材\第 11 章\图片\黑板.png)图片作为标题的背景，如图 11.11 所示。

**步骤 6**　插入文本框，输入课件的主、副标题，并为标题添加效果，如图 11.12 所示。

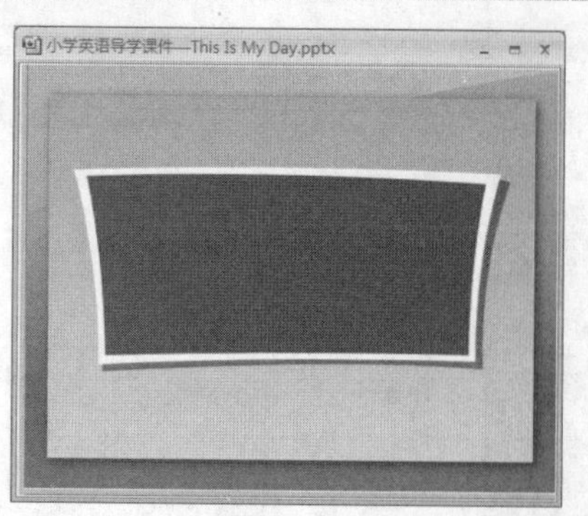


图 11.11 插入“黑板”图片

图 11.12 制作标题页面

步骤 7 在功能区中切换至【动画】选项卡，取消选中【换片方式】选项组中的【单击鼠标时】复选框，如图 11.13 所示。

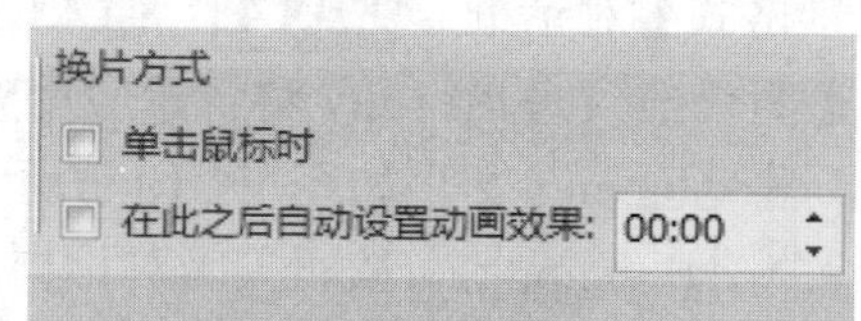


图 11.13 取消选中【单击鼠标时】复选框

**提 示**

因为标题页面在后面的制作过程中，要为学一学、读一读、练一练部分加入鼠标单击跳转幻灯片的“动作”，为了避免可能会出现的误操作，要取消选中【单击鼠标时】复选框。

下面开始课件第一部分的制作——学一学部分。在学一学部分中，将根据课文内容，实现一段随着读音出图和字幕的小动画。

步骤 1 在演示文稿中新建一张幻灯片，设置版式为空白，插入文本框，制作学一学部分的标题，如图 11.14 所示。

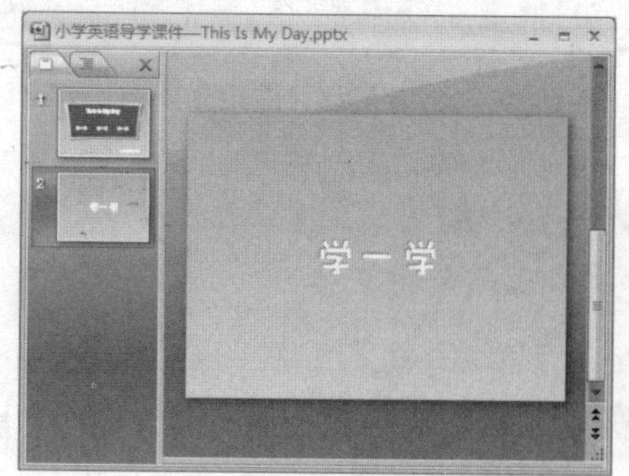


图 11.14 学一学部分的标题

步骤 2 新建一张幻灯片，设置版式为空白，插入文本框，制作本页面的标题，如图 11.15 所示。

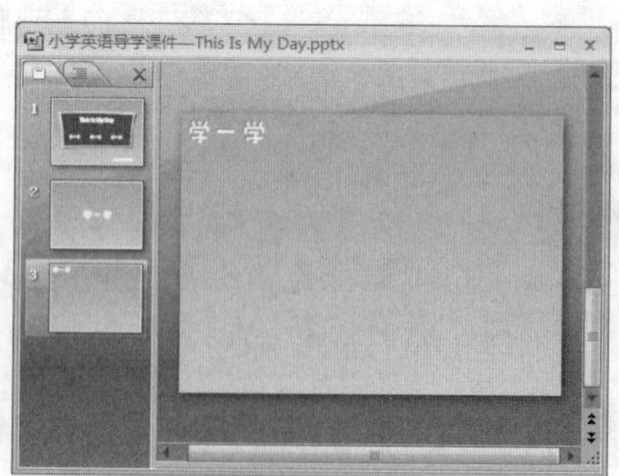


图 11.15 新建幻灯片

**步骤3**　插入两个图片“闹钟.png”、“两个小男孩.png”(文件路径：配套光盘\素材\第 11 章\图片\闹钟.png 等)，调整位置，如图 11.16 所示。

图 11.16　插入闹钟和小男孩两张图片

**步骤4**　插入 5 张图片，分别为“吃早餐.png”、“锻炼.png”、“上英语课.png”、“运动.png”、“吃晚餐.png”(文件路径：配套光盘\素材\第 11 章\图片\吃早餐.png 等)。调整 5 张图片的位置，如图 11.17 所示。

图 11.17　插入 5 张图片

**步骤5**　插入圆角矩形，然后在形状中输入英文短语，作为每一张图的注释，如图 11.18 所示。

图 11.18　插入形状

**步骤6**　选中“吃早餐”图片，在功能区中单击【动画】标签，找到【动画】选项组，在下拉列表中选择【淡出】选项，为图片加入淡出的动画效果，如图 11.19 所示。

图 11.19　添加【淡出】动画

**提 示**

在输入短语时，如果 PowerPoint 自动将第一个字母大写，只需要删除第一个字母，然后重新输入一次就可以了。

**步骤7**　调整动画细节。在【动画】选项组中单击【自定义动画】按钮，弹出【自定义动画】窗格；在窗格中选中动画效果的图标，然后在【开始】下拉列表框中选择【之前】选项，在【速度】下拉列表框中选择【快速】选项，如图 11.20 所示。

**步骤8**　选中写有 eat breakfast 的形状，在功能区中单击【动画】标签，找到【动画】选项组，添加【整批发送】的淡出动画效果，如图 11.21 所示。

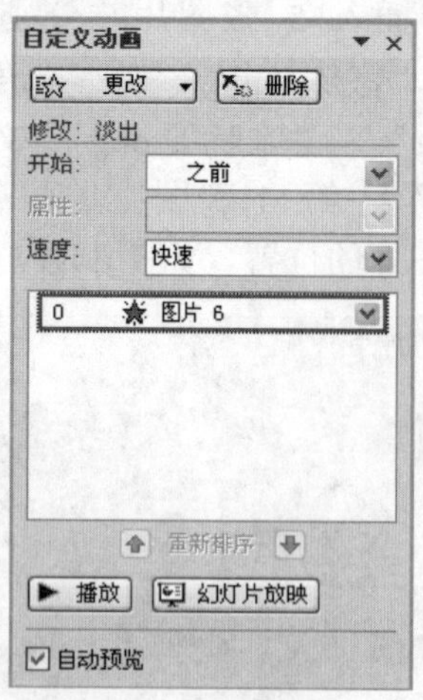


图 11.20 调节动画细节

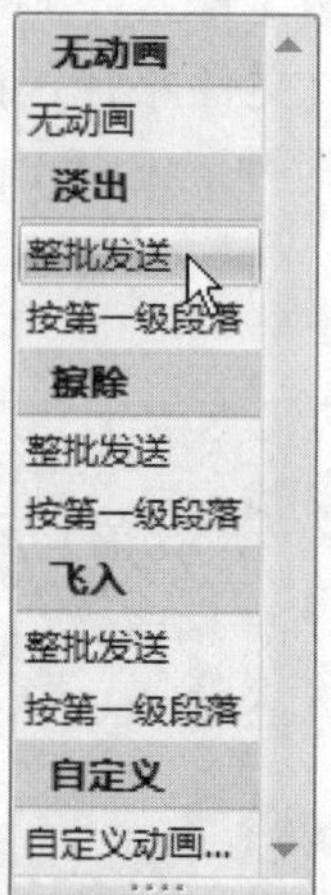


图 11.21 为形状添加动画

**提 示**

可以同时为多个对象添加动画，比如可以同时选中图片和注释，一起添加淡出效果。

**步骤 9** 调整动画细节。在【自定义动画】窗格中选中刚刚添加的动画，单击右侧的按钮，选择【从上一项开始】选项，设置本动画和“吃早餐”图片的动画同时播放，如图 11.22 所示。

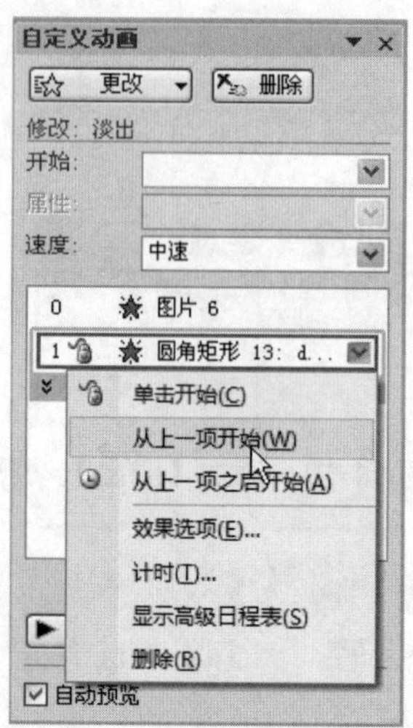


图 11.22 修改动画触发方式

**步骤 10** 选中“吃早餐”图片，在【自定义动画】窗格中单击【添加效果】按钮，选择【强调】|【放大/缩小】选项，如图 11.23 所示。

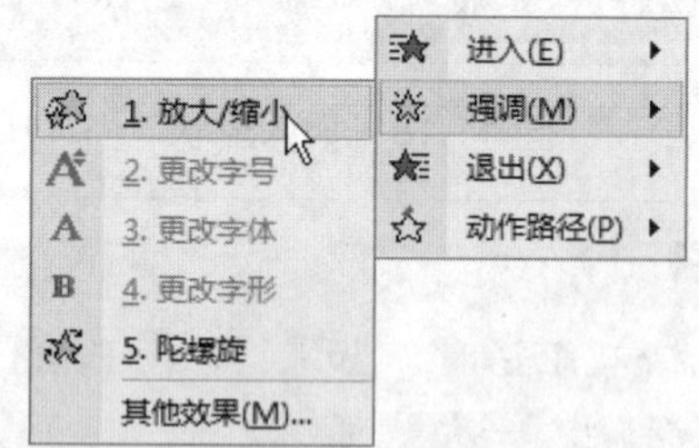


图 11.23 为图片添加【放大/缩小】动画

**步骤 11** 选中刚刚添加的动画，单击右侧的按钮，选择【效果】选项，打开对应的对话框。在【效果】选项卡中将【尺寸】自定义为 105%，选中【自动翻转】复选框，单击【确定】按钮关闭对话框，如图 11.24 所示。

**步骤 12** 在【自定义动画】窗格中，找到刚刚添加的动画，单击右侧的按钮，选择【从上一项之后开始】选项，如图 11.25 所示。

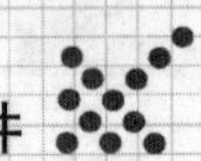

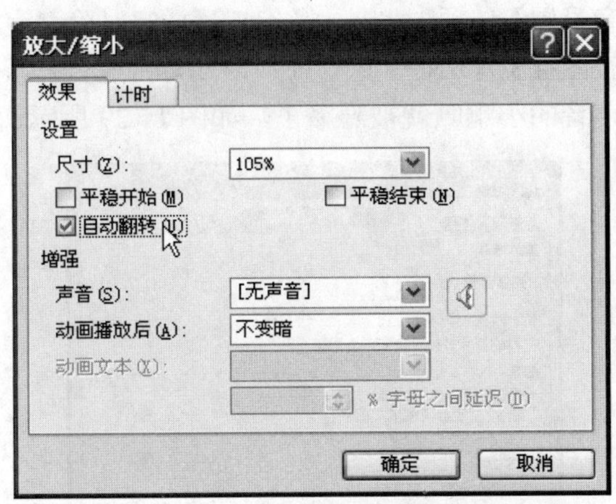


图 11.24　修改【放大/缩小】动画的细节

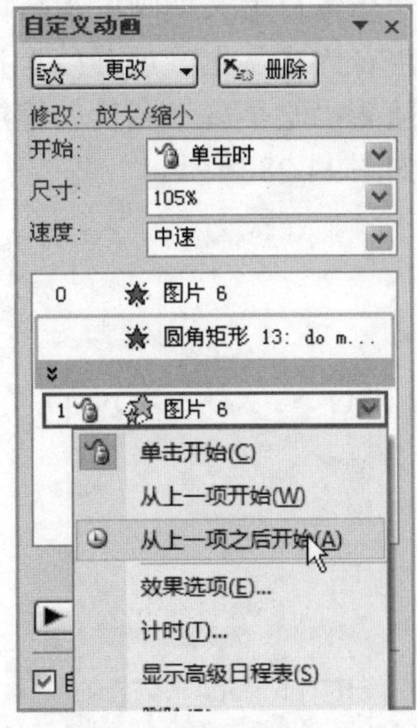


图 11.25　修改动画的触发方式

提 示

选中【自动翻转】复选框后，当放大/缩小的动画播放完毕后，会播放缩小/放大到图片原大小的动画。

步骤 13　下面插入 eat breakfast 部分的配音。在功能区中单击【插入】标签，在【媒体剪辑】选项组中单击【声音】按钮，如图 11.26 所示。

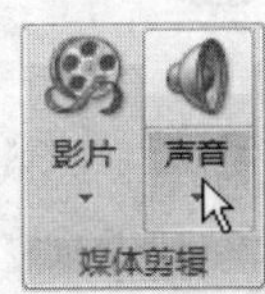


图 11.26　插入 eat breakfast 部分的配音

步骤 14　在【插入声音】对话框中找到“配音 1.wav”(文件路径：配套光盘\素材\第 11 章\声音\配音 1.wav)，单击【确定】按钮插入声音。这时会弹出一个提示对话框，单击【自动】按钮，顺利插入声音，如图 11.27 所示。

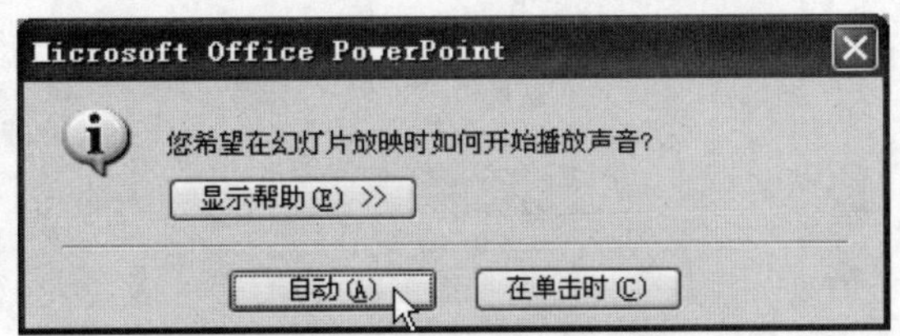


图 11.27　选择声音自动播放

提 示

如果单击的是声音按钮的下半部分，则会弹出一个下拉菜单，在这个下拉菜单中选择【文件中的声音】命令，同样可以插入一个声音文件。

提 示

插入声音后，声音会在幻灯片中以一个小喇叭的形状来表示。因为本幻灯片内容较为复杂，所以可以先将其移动到画面的一侧，以方便操作。

**步骤 15** 在【自定义动画】窗格中，设置刚插入的声音为【从上一项开始】播放，也就是说会随着“吃早餐”图片的缩放播放朗读配音，如图 11.28 所示。

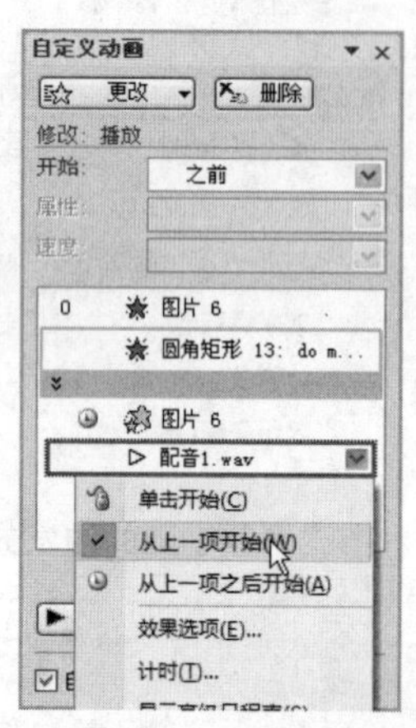


图 11.28　设置配音和强调动画同时播放

**步骤 16** 在【自定义动画】窗格中选中“配音 1.wav”，单击右侧的按钮，选择【效果】选项，弹出【播放 声音】对话框。切换到【声音设置】选项卡，选中【幻灯片放映时隐藏声音图标】复选框。这样在放映幻灯片时，表示声音的小喇叭就被隐藏了，如图 11.29 所示。

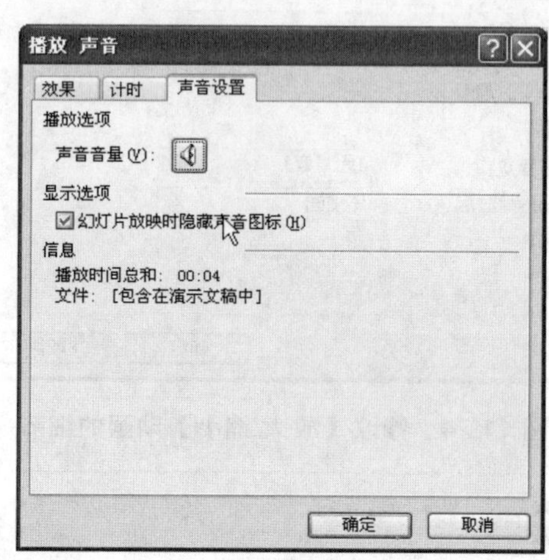


图 11.29　隐藏声音图标

**步骤 17** 用同样的方法为“锻炼”图片添加【淡出】动画。添加完成后需要将动画的开始设置为【从上一项之后开始】，如图 11.30 所示。

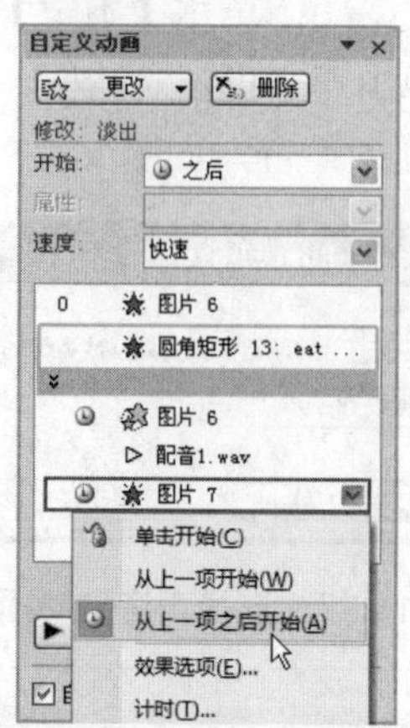


图 11.30　为“锻炼”图片添加淡出动画

**步骤 18** 继续为剩余项目添加动画。所有动画添加完成后，在幻灯片中选中所有的圆角方形(添加注释的形状)，如图 11.31 所示。

图 11.31　选中所有的圆角方形

**步骤 19** 在【自定义动画】窗格中单击【添加效果】按钮，选择【退出】|【百叶窗】命令。设置第一个动画为【从上一项之后开始】播放，如图 11.32 所示。剩余 4 个动画设置为【从上一项开始】同时播放。

**步骤 20** 此时放映幻灯片，会看到每张图片和对应的注释随着配音相继出现的效果如图 11.33 所示。

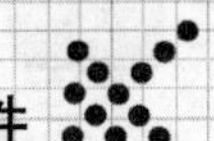

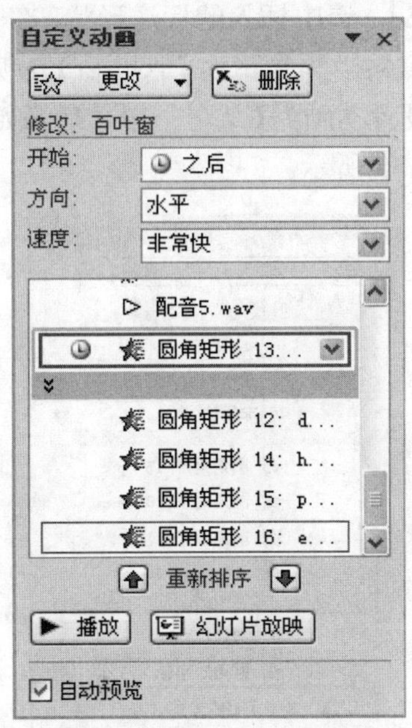


图 11.32　为圆角方形添加【百叶窗】动画

图 11.33　学一学部分的演示效果

**步骤 21**　插入一个标注形状，在其中输入"When do you do morning exercises？"，如图 11.34 所示。

图 11.34　插入标注形状

**步骤 22**　选中刚刚插入的标注形状，添加【整批发送】的淡出的动画效果，如图 11.35 所示，在【自定义动画】窗格中更改为【从上一项之后开始】播放。

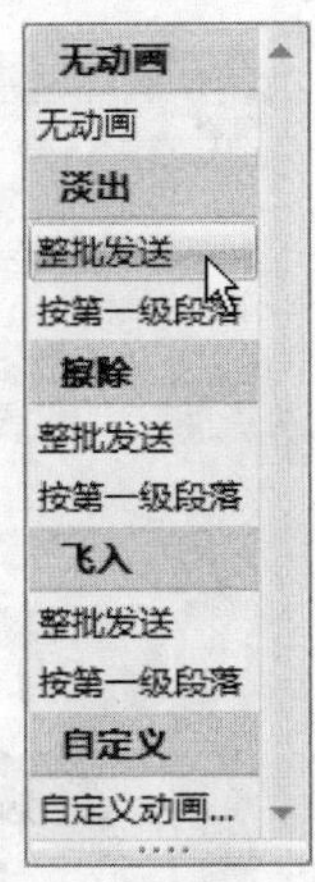


图 11.35　为标注形状添加动画

**步骤 23**　在【插入】选项卡中找到【媒体剪辑】选项组，单击【声音】按钮，插入声音文件"对话 1.wav"(文件路径：配套光盘\素材\第 11 章\声音\对话 1.wav)，如图 11.36 所示。

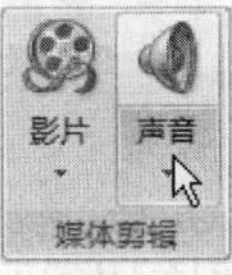


图 11.36　插入"对话 1.wav"声音

**步骤 24** 选择刚刚插入的声音，设置为【从上一项开始】播放，如图 11.37 所示。

图 11.37 设置声音【从上一项开始】播放

**步骤 25** 选中插入的标注形状，在【自定义动画】窗格中为其添加【百叶窗】效果的退出动画，设置动画为【从上一项之后开始】播放，如图 11.38 所示。

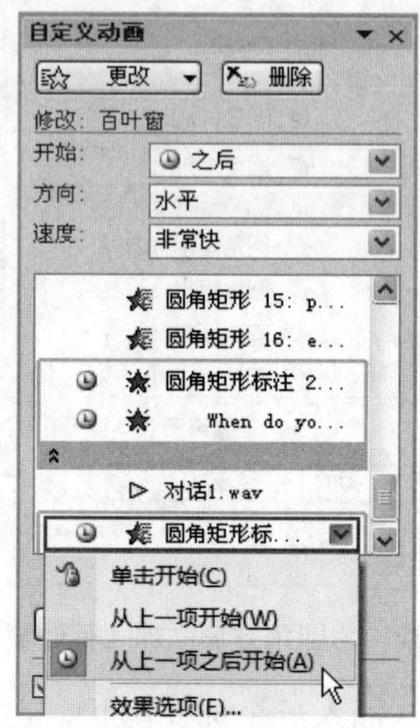


图 11.38 为标注形状添加【百叶窗】退出动画

**步骤 26** 继续添加“I usually do morning exercises at 8:30.”、“When do you play sports？”和“I usually play sports at 3:30.”三部分的相关内容。添加完成后的幻灯片如图 11.39 所示。

图 11.39 继续制作幻灯片

**步骤 27** 将功能区切换到【动画】选项卡，取消选中【换片方式】选项组中的【单击鼠标时】复选框，如图 11.40 所示。

**步骤 28** 到这里学一学部分就制作完成了。幻灯片的放映效果如图 11.41 所示。

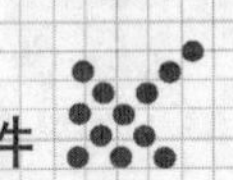

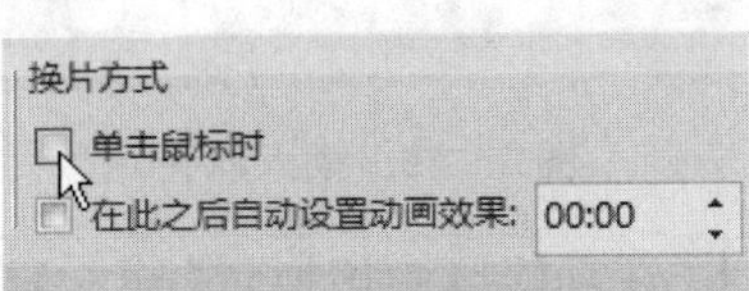


图 11.40　取消选中【单击鼠标时】复选框

图 11.41　演示幻灯片

**提 示**

学一学部分需要播放一个较长的动画序列，取消选中【单击鼠标时】复选框后，切换到下一张幻灯片的功能可避免演示时的误操作。在后面制作步骤中将加入控制各学习部分之间跳转的导航，所以暂时不用考虑幻灯片切换的问题。

读一读部分需要制作成有交互的自主学习模块。单击写有短语的方块，则朗读短语读音。读一读部分的制作方法如下。

**步骤 1**　新建一张幻灯片，将版式设置为空白，添加本部分的标题“读一读”，如图 11.42 所示。

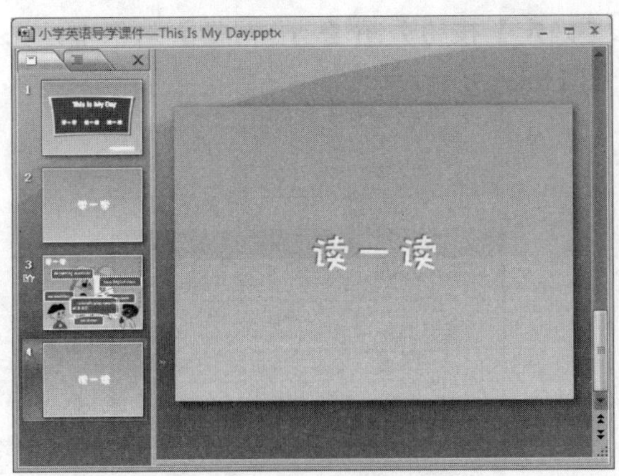


图 11.42　读一读部分的标题

**步骤 2**　新建一张幻灯片，将版式设置为空白，添加本部分的标题和帮助文字“鼠标单击对应按钮，可以听朗读。”，如图 11.43 所示。

图 11.43　新建幻灯片

**步骤 3**　插入 1 个圆角矩形，在其中输入 eat breakfast。继续插入其他 4 个圆角矩形并输入需要学习的短语，如图 11.44 所示。

**步骤 4**　插入箭头，将所有的 5 个圆角矩形按内容的时间顺序连接起来，如图 11.45 所示。

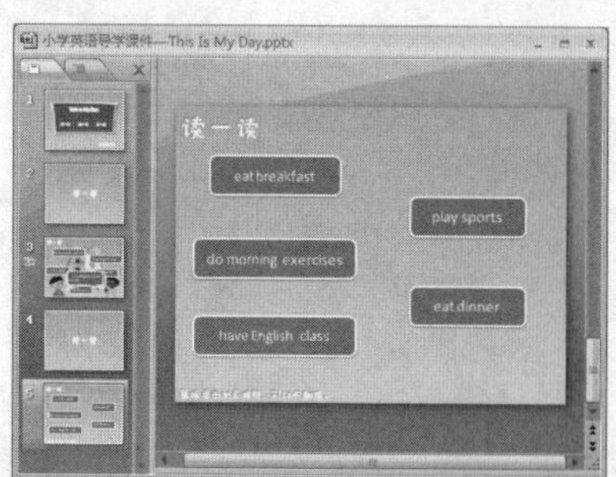

图 11.44　插入 5 个圆角矩形并输入短语

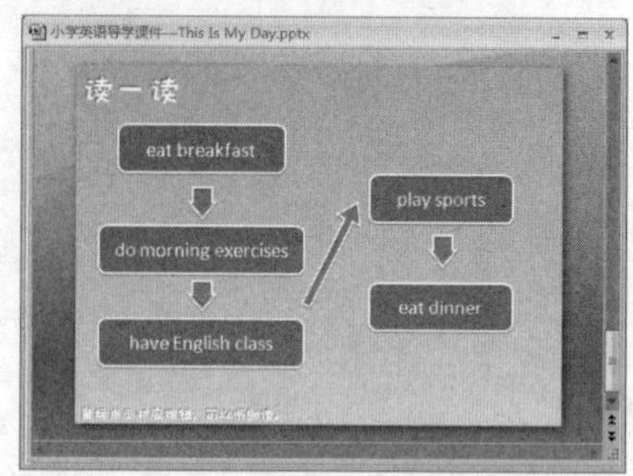

图 11.45　插入箭头

步骤 5　选中 eat breakfast 图形，如图 11.46 所示。

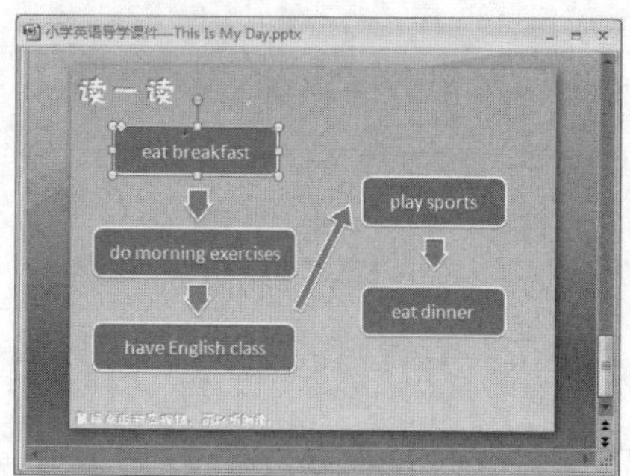

图 11.46　选中 eat breakfast 图形

步骤 6　在功能区中切换到【插入】选项卡，在【链接】选项组中单击【动作】按钮，如图 11.47 所示。

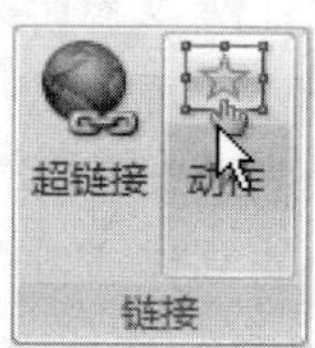


图 11.47　为 eat breakfast 图形添加动作

步骤 7　在【动作设置】对话框中切换到【单击鼠标】选项卡，选中【播放声音】复选框，然后在下拉列表框中选择【其他声音】，弹出【添加声音】对话框后找到“配音 1.wav”(文件路径：配套光盘\素材\第 11 章\声音\配音 1.wav 等)并添加，如图 11.48 所示。

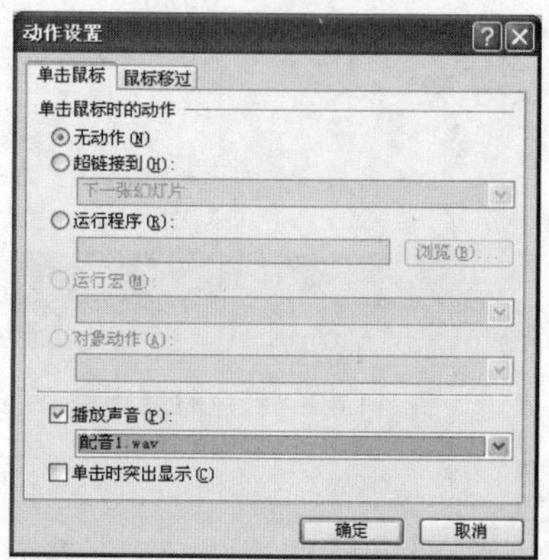

图 11.48　设置单击时播放的声音

步骤 8　切换到【鼠标移过】选项卡，选中【鼠标移过时突出显示】复选框，然后单击【确定】按钮关闭【动作设置】对话框，如图 11.49 所示。

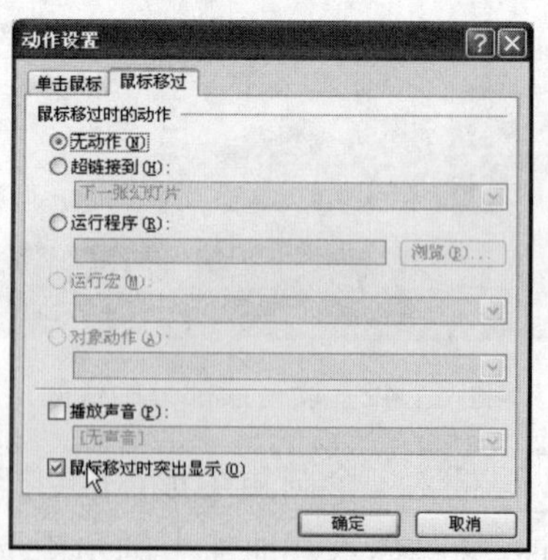

图 11.49　设置鼠标指针移过时突出显示

**步骤 9**　将功能区切换到【动画】选项卡，取消选中【换片方式】选项组中的【单击鼠标时】复选框，如图 11.50 所示。

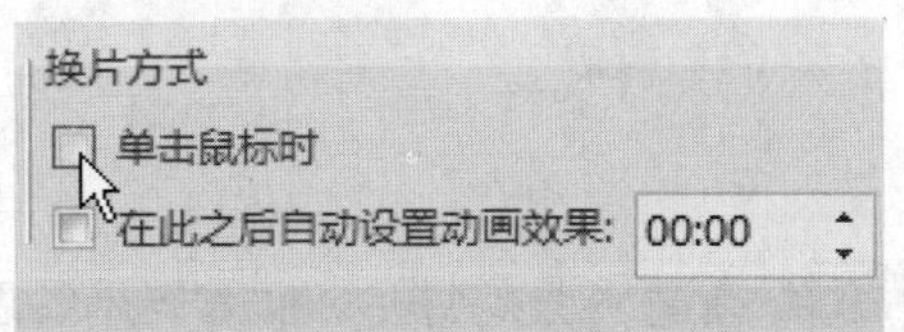


图 11.50　取消选中【单击鼠标时】复选框

**步骤 10**　按照同样的方式继续制作，为剩余几个写有短语的形状添加播放声音的动作。制作完成后，放映这张幻灯片，鼠标指针移过每一个写有短语的形状时，形状会突出显示；单击，会播放相应配音，如图 11.51 所示。

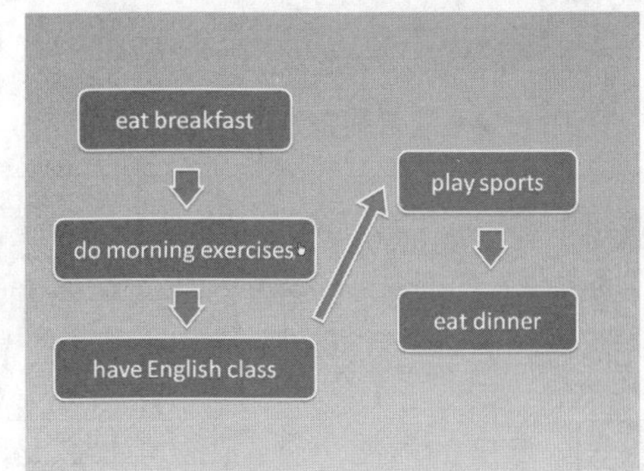


图 11.51　演示幻灯片

这样，读一读部分就制作完成了。下面制作课件的最后一部分是练一练。练一练部分要做成测验部分，首先播放一段英文配音，根据短文选择正确答案。根据用户的答案给出正确或错误反馈。

练一练部分的制作方法如下。

**步骤 1**　新建一张幻灯片，将版式设置为空白，添加本部分的标题“练一练”，如图 11.52 所示。

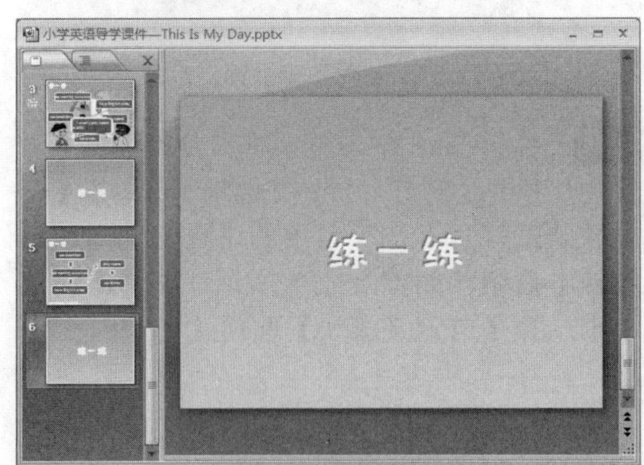


图 11.52　练一练部分的标题

**步骤 2**　新建一张幻灯片，将版式设置为空白，添加本部分的标题和帮助文字“根据录音，选择正确答案。”，如图 11.53 所示。

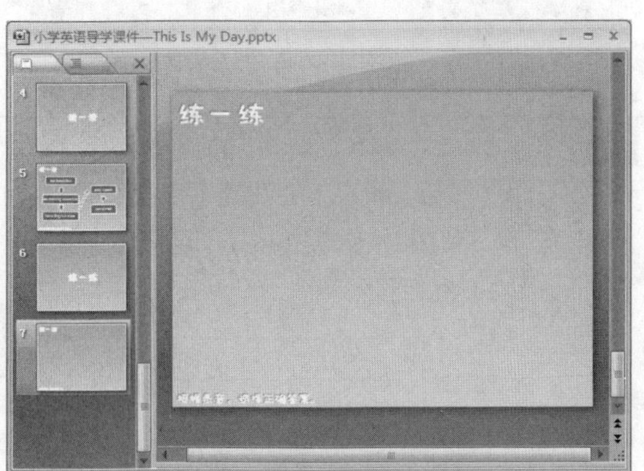


图 11.53　新建幻灯片

**步骤 3**　插入 3 个圆角矩形，在其中输入对应的内容，如图 11.54 所示。

**步骤 4**　在【插入】选项卡的【媒体剪辑】选项组中单击【声音】按钮，如图 11.55 所示，插入“练习配音.wav”(文件路径：配套光盘\素材\第 11 章\声音\练习配音.wav)。

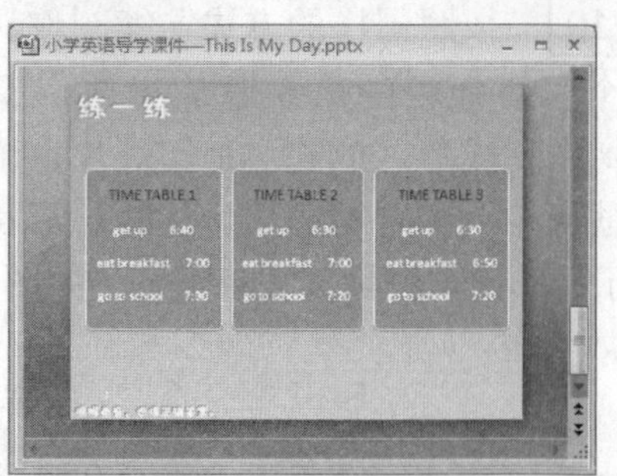


图 11.54　插入圆角矩形并输入内容

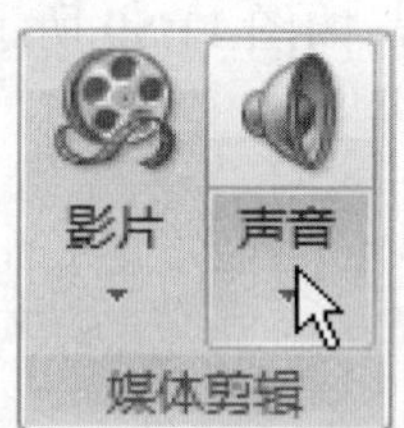


图 11.55　插入声音

**提 示**

插入圆角矩形时，可以先插入一个圆角矩形；输入相关内容后，复制出两个，然后修改具体内容即可。

**步骤 5**　选中插入的声音，在功能区中选中【放映时隐藏】复选框，如图 11.56 所示。

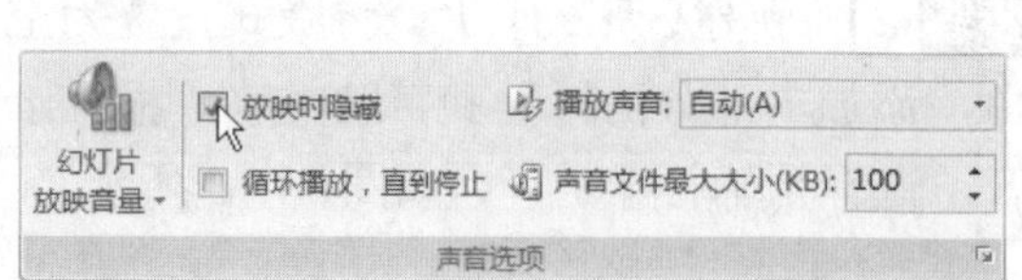


图 11.56　设置放映时隐藏声音图标

**步骤 6**　新建一张幻灯片，插入表示答题正确的图片“正确.png”(文件路径：配套光盘\素材\第 11 章\图片\正确.png)，调整图片的位置，如图 11.57 所示。

图 11.57　制作正确反馈幻灯片

**步骤 7**　新建一张幻灯片，插入表示答题错误的图片“错误.png”(文件路径：配套光盘\素材\第 11 章\图片\错误.png)，调整图片的位置，如图 11.58 所示。

图 11.58　制作错误反馈幻灯片

**步骤 8**　下面开始为练一练部分添加交互。首先切换到【幻灯片放映】选项卡，单击【开始放映幻灯片】选项组中的【自定义幻灯片放映】按钮，如图 11.59 所示。在弹出的菜单中选择【自定义放映】选项。

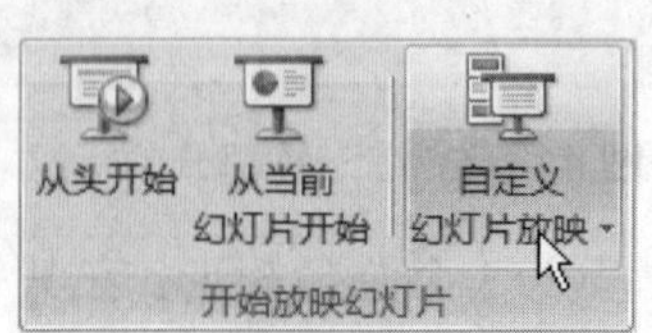


图 11.59　自定义幻灯片放映

**提 示**

可以为表示正确和错误的两个幻灯片插入两个声音，以便加强反馈效果。可以在素材文件夹中找到“对.wav”、“错.wav”两个声音文件。

**步骤 9**　在【自定义放映】对话框中单击【新建】按钮，新建一个放映。在【定义自定义放映】对话框中输入幻灯片放映名称“正确反馈”，选中表示正确反馈的幻灯片，单击【添加】按钮，将其添加到右侧的列表框中。单击【确定】按钮关闭对话框，如图 11.60 所示。

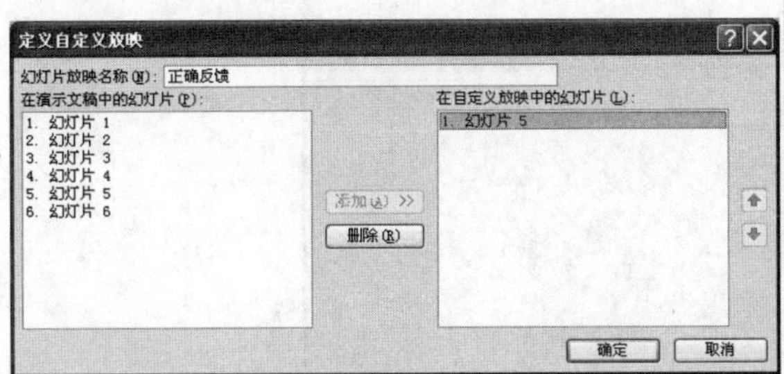


图 11.60　设置“正确反馈”放映序列

**步骤 10**　用同样的方法新建“错误反馈”放映，如图 11.61 所示，单击【关闭】按钮关闭【自定义放映】对话框。

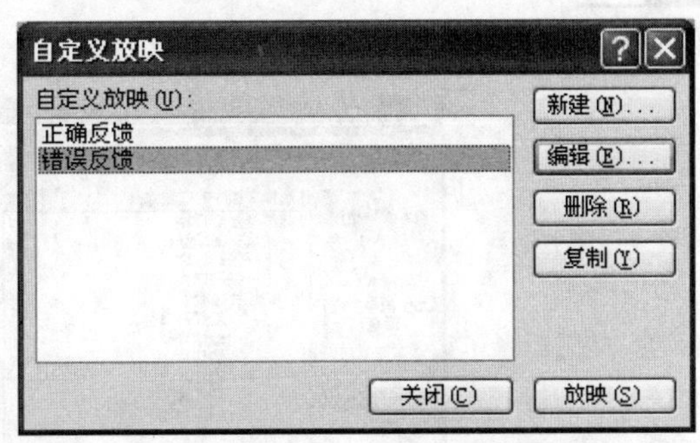


图 11.61　设置【错误反馈】放映序列

**步骤 11**　选中 TIME TABLE 1 图形，如图 11.62 所示。

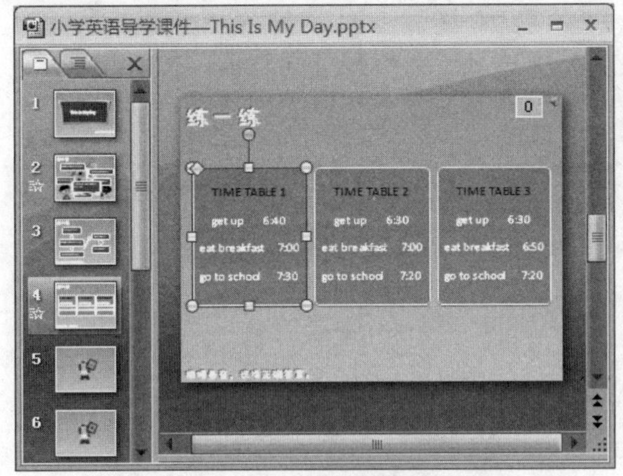


图 11.62　选中 TIME TABLE 1 图形

**步骤 12**　切换到【插入】选项卡，单击【超链接】按钮，如图 11.63 所示。

图 11.63　为图形插入超链接

**步骤 13**　在弹出的【编辑超链接】对话框中，单击【链接到】选项组中的【本文档中的位置】，然后在【请选择文档中的位置】列表框中选择【自定义放映】|【错误反馈】幻灯片。选中【显示并返回】复选框，如图 11.64 所示，单击【确定】按钮关闭【编辑超链接】对话框。

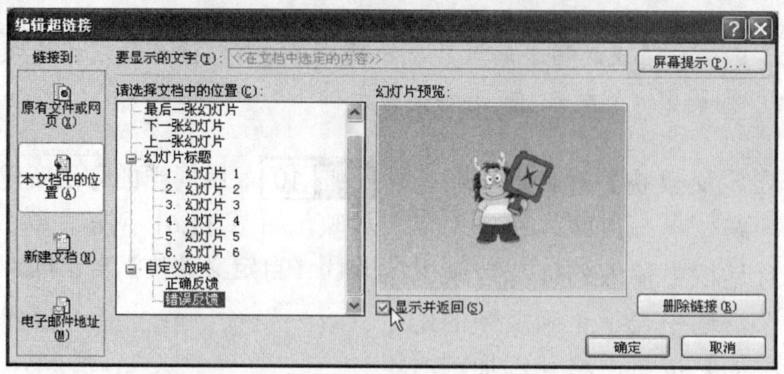


图 11.64　超链接到【错误反馈】播放序列

**步骤 14**　为 TIME TABLE 2 图形添加同样的超链接，为 TIME TABLE 3 图形添加到【正确反馈】的超链接，如图 11.65 所示。

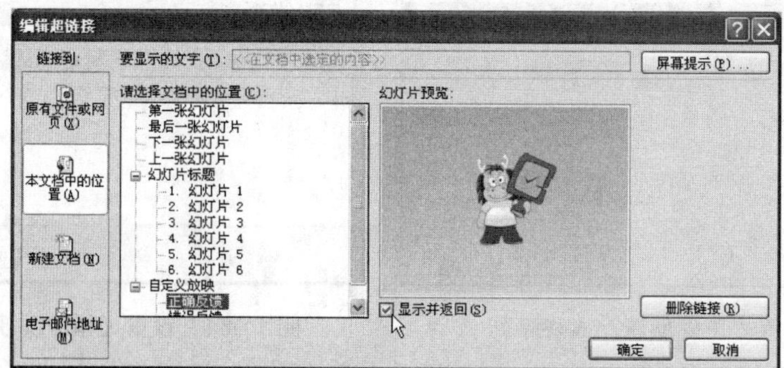


图 11.65　超链接到【正确反馈】播放序列

**提 示**

【显示并返回】复选框是针对自定义放映的特殊选项。选中此复选框后，可以在自定义放映完毕后返回链接之前的页面。

**步骤 15**　将功能区切换到【动画】选项卡，取消选中【换片方式】选项组中的【单击鼠标时】复选框，如图 11.66 所示。

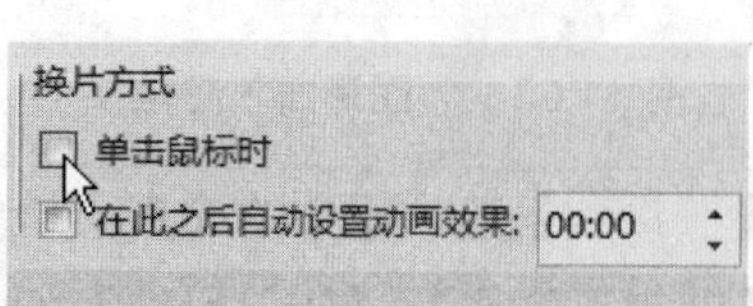


图 11.66　取消选中【单击鼠标时】复选框

**步骤 16**　放映幻灯片，根据声音选择正确答案，如图 11.67 所示。

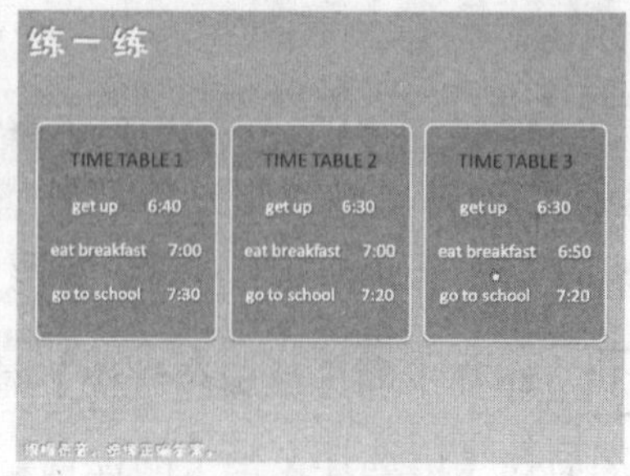


图 11.67　演示幻灯片

到这里，整个课件的三部分内容都制作完成了。最后来为课件添加导航，以方便快速跳转到想浏览的部分。

添加导航的方法如下。

**步骤 1**　切换到标题幻灯片(This Is My Day)，选中“学一学”文本，如图 11.68 所示。

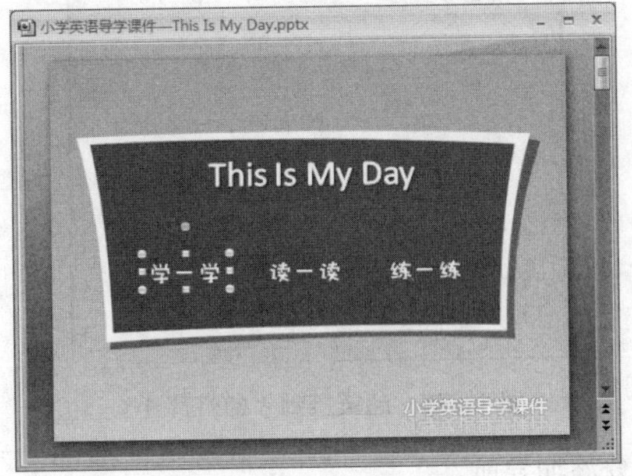


图 11.68　选中“学一学”

**步骤 2**　在【插入】选项卡中找到【链接】选项组，单击【动作】按钮，如图 11.69 所示，打开【动作设置】对话框。

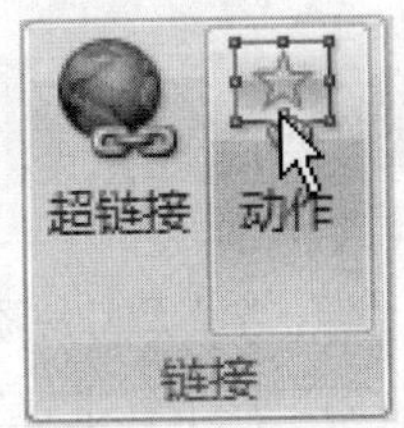


图 11.69　为“学一学”文本添加动作

**步骤 3**　在【单击鼠标】选项卡中，选择【超链接到】|【幻灯片】，在弹出的对话框中选择“幻灯片 2”(学一学部分)，操作完成后，【动作设置】对话框如图 11.70 所示。

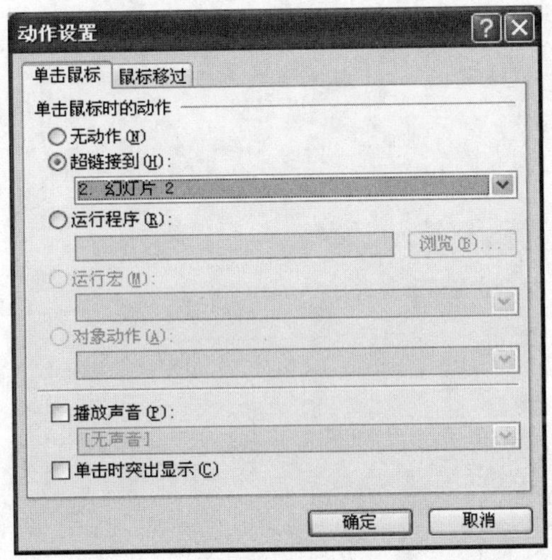


图 11.70　超链接到“幻灯片 2”

**步骤 4**　切换到【鼠标移过】选项卡，选中【播放声音】复选框，在下拉列表框中选择【其他声音】，插入“鼠标滑过.wav”(文件路径：配套光盘\素材\第 11 章\声音\鼠标滑过.wav)。选中【鼠标移过时突出显示】复选框，如图 11.71 所示。单击【确定】按钮关闭对话框。

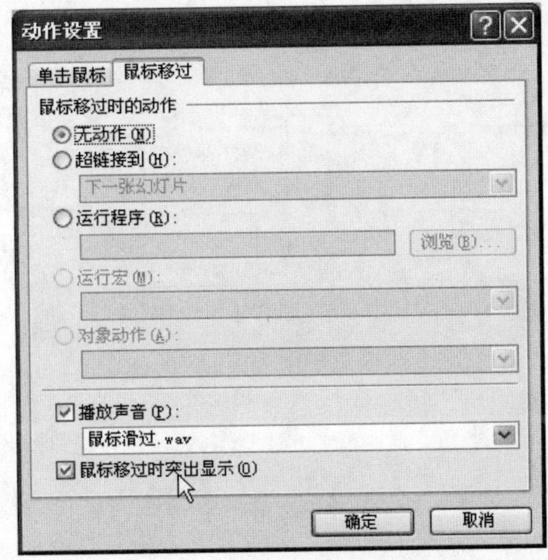


图 11.71　设置鼠标移过时的动作

**步骤5** 选中幻灯片“学一学”，在右上方插入一个文本框，输入“返回”，如图 11.72 所示。

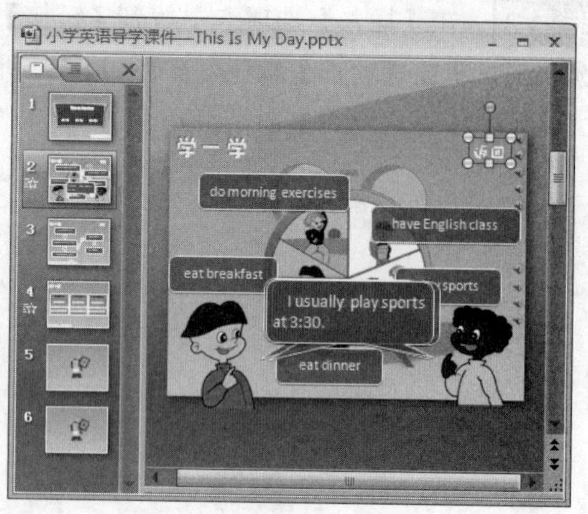


图 11.72 为“学一学”幻灯片添加返回链接

**步骤6** 为“返回”添加动作，超链接到“幻灯片 1”。

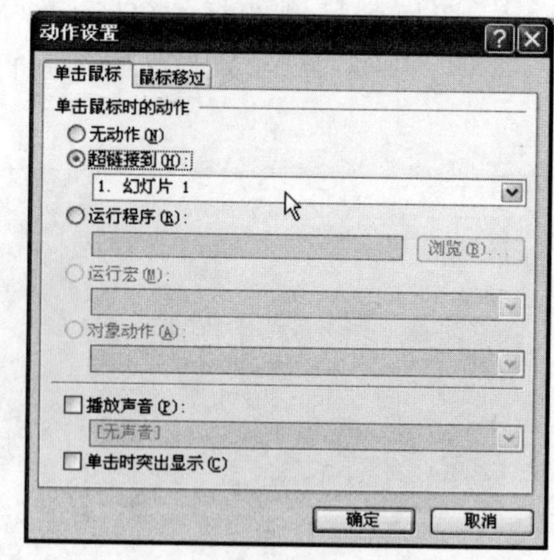


图 11.73 超链接到“幻灯片 1”

**步骤7** 用同样的方法，为读一读和练一练部分添加导航。

这样，整个课件就制作完成了。

# 第 12 章 制作语文课件

在语文教学中，汉字的结构和笔顺是一个重要的知识点，其中汉字的笔顺又是一个难点。汉字的笔顺，就是写字的笔画的先后顺序。一个汉字，不论是独体，还是合体，总是由基本笔画(点、横、竖、撇、折)构成的，先写什么，后写什么，是有一定的规律的。在现在的多媒体教学中，可以利用 PowerPoint 插入图片和制作进入动画效果的功能来制作汉字的书写顺序的效果，从而直观地显示每一个汉字的书写顺序，方便教学。

本章涉及的知识点主要有 PowerPoint 插入图片、制作进入动画效果、按钮的使用等。

本章内容主要包括：

- 课件的整体制作思路。
- 课件制作素材的前期准备。
- 演示动画的详细讲解。

# 12.1 教 学 思 路

本课件意在通过对汉字的介绍、汉字的结构、汉字的字形和汉字的笔顺几方面的讲解，使学生对汉字有一个基本的认识。

本课件首先通过文本的方式讲解汉字的介绍、汉字的结构、汉字的字形和汉字的笔顺，最后通过几个笔顺书写的实例讲解汉字的书写方法。利用实例演示的方法讲解汉字的书写，可以直观地让学生理解书写的顺序。

# 12.2 脚本设计及前期准备

根据本课件的实例，设计课件的整体结构图，如图 12.1 所示。

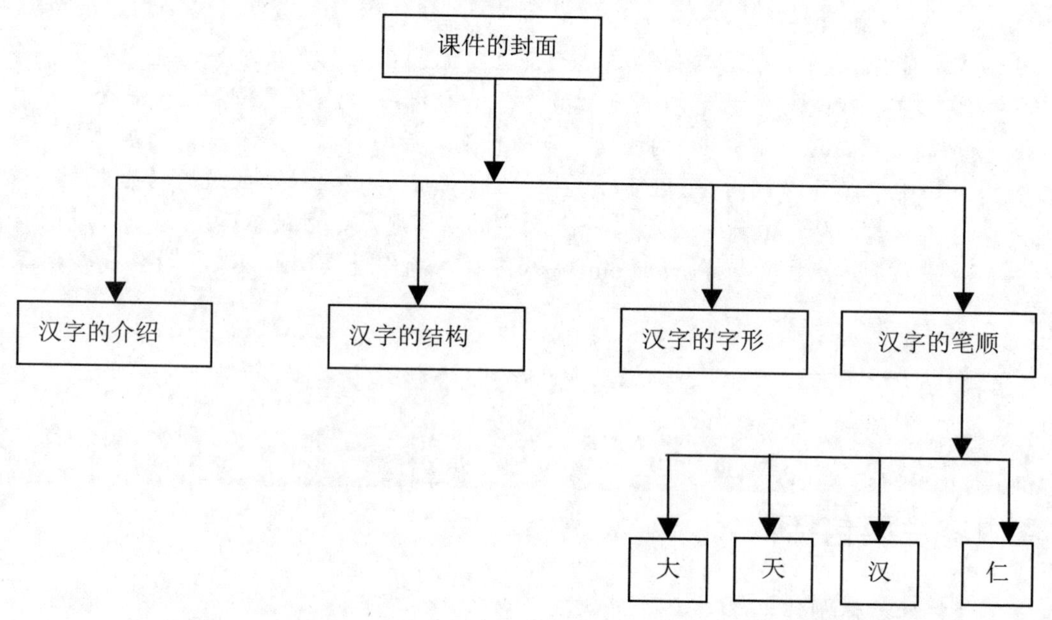


**图 12.1 课件结构图**

课件分汉字的介绍、汉字的结构、汉字的字形和汉字的笔顺 4 部分，在汉字的笔顺部分有 4 个实例演示。

在此课件制作过程中，汉字的笔顺实例在制作时需要前期准备好汉字笔顺的图片，可以通过其他软件来制作。使用画图工具制作的方法如下。

**步骤 1** 打开画图程序，选择【图像】|【属性】命令，设置宽度为 230，高度为 200，如图 12.2 所示。

**步骤 2** 选择文本工具，在舞台上拖出文本框，输入文本“大”，如图 12.3 所示。

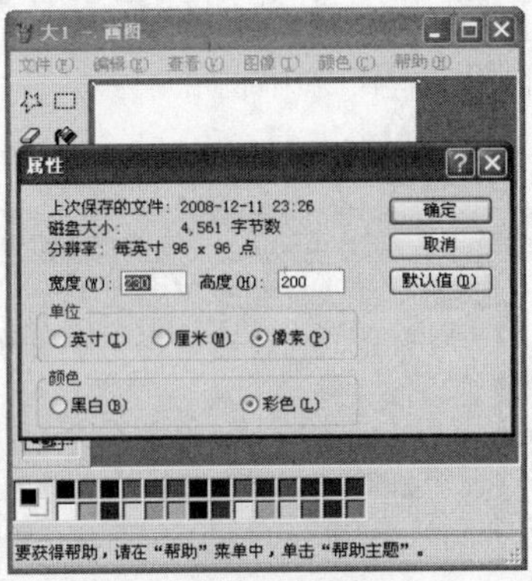

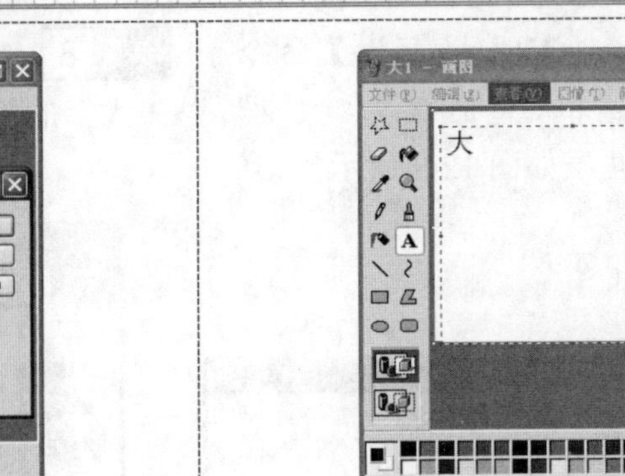

图 12.2　设置页面属性

图 12.3　输入文本

**步骤 3**　选择【查看】|【文本工具栏】命令，调出【字体】工具栏，设置字体为“隶书”，字号为 150，如图 12.4 所示。

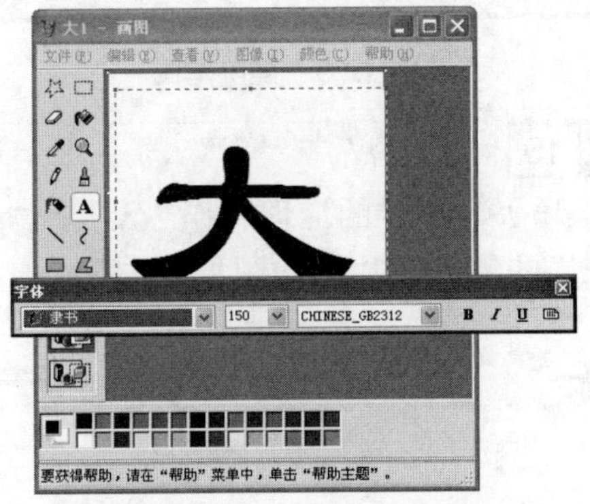

图 12.4　设置文本属性

**步骤 4**　单击舞台其他位置，使文本确定，然后选择【文件】|【另存为】命令，弹出【保存为】对话框。文件名设置为“大 1”，单击【保存】按钮，如图 12.5 所示。

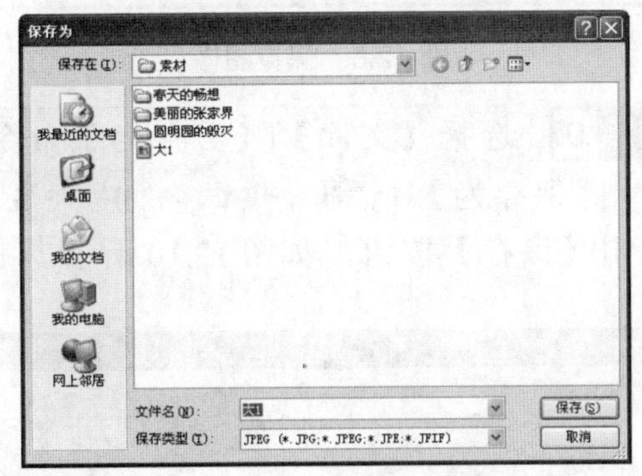

图 12.5　保存图像

**步骤 5**　回到画图程序，选择橡皮工具，如图 12.6 所示。

图 12.6　选择橡皮工具

**步骤 6**　在舞台上使用橡皮工具擦除汉字“大”的最后一笔，如图 12.7 所示。

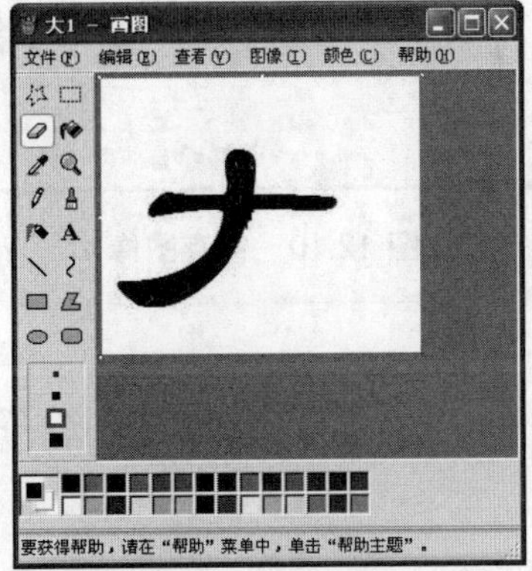

图 12.7　擦除笔画

步骤 7 选择【文件】|【另存为】命令，弹出【保存为】对话框，重命名为“大 2”，单击【保存】按钮，如图 12.8 所示。

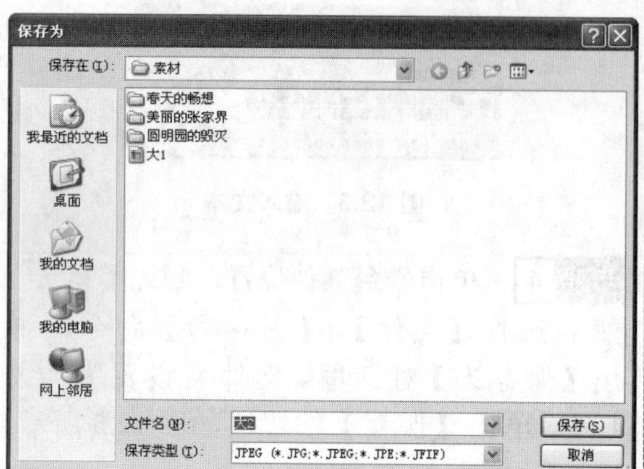

图 12.8 保存图像

步骤 8 在舞台上使用橡皮工具擦除汉字“大”的第二笔，如图 12.9 所示。

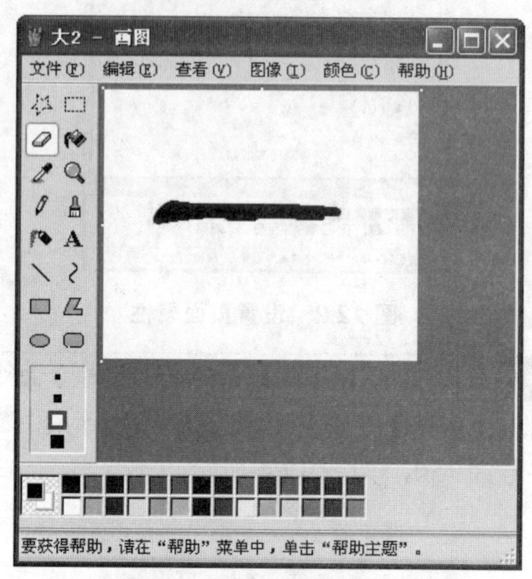

图 12.9 擦除笔画

步骤 9 选择【文件】|【另存为】命令，弹出【保存为】对话框，重命名为“大 3”，单击【保存】按钮，如图 12.10 所示。

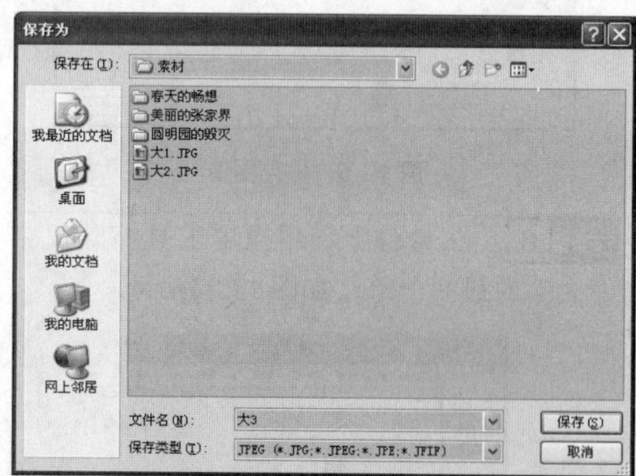

图 12.10 保存图像

步骤 10 这样汉字“大”的 3 个笔画就制作好了，同样的道理制作“天”、“汉”、“仁”的笔画图片，如图 12.11 所示。

图 12.11 制作的所有笔画

## 12.3 制作步骤

首先预览一下课件中主要的幻灯片。首先是课件的封面，如图 12.12 所示。

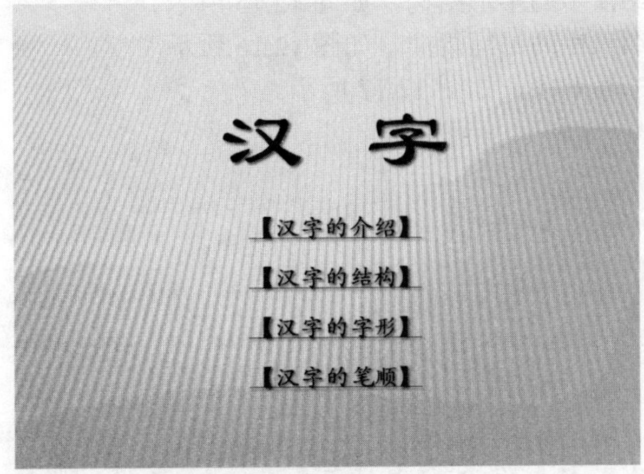


图 12.12　预览课件的封面

汉字的介绍，介绍汉字的历史，如图 12.13 所示。

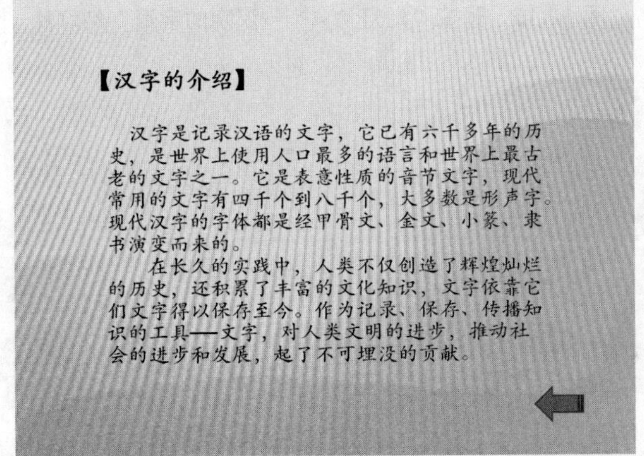


图 12.13　预览“幻灯片 2——汉字的介绍”幻灯片

汉字的结构，介绍汉字的构成，如图 12.14 所示。

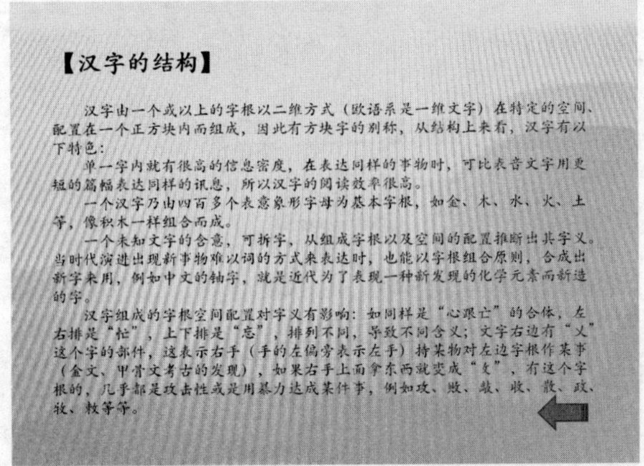


图 12.14　预览“幻灯片 3——汉字的结构”幻灯片

汉字的字形，介绍汉字的字形结构，如图 12.15 所示。

汉字的笔顺，介绍汉字的书写规律，如图 12.16 所示。

实例演示汉字的书写顺序，如图 12.17 所示。

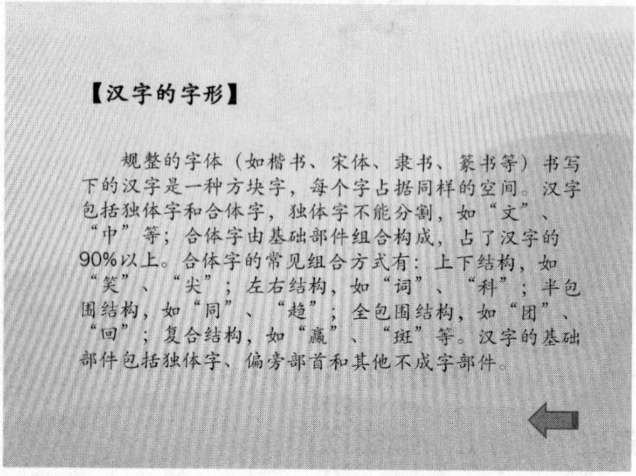

【汉字的字形】
规整的字体（如楷书、宋体、隶书、篆书等）书写下的汉字是一种方块字，每个字占据同样的空间。汉字包括独体字和合体字，独体字不能分割，如“文”、“中”等；合体字由基础部件组合构成，占了汉字的90%以上。合体字的常见组合方式有：上下结构，如“笑”、“尖”；左右结构，如“词”、“科”；半包围结构，如“同”、“趋”；全包围结构，如“团”、“回”；复合结构，如“赢”、“斑”等。汉字的基础部件包括独体字、偏旁部首和其他不成字部件。

图 12.15　预览“幻灯片 4——汉字的字形”幻灯片

【汉字的笔顺】
汉字的最小构成单位是笔画。
书写汉字时，笔画的走向和出现的先后次序，即“笔顺”，是比较固定的。基本规则是，先横后竖，先撇后捺，从上到下，从左到右，先外后内，先外后内再封口，先中间后两边。不同书写体汉字的笔顺可能有所差异。
大
天
汉
仁

图 12.16　预览“幻灯片 5——汉字的笔顺”幻灯片

大

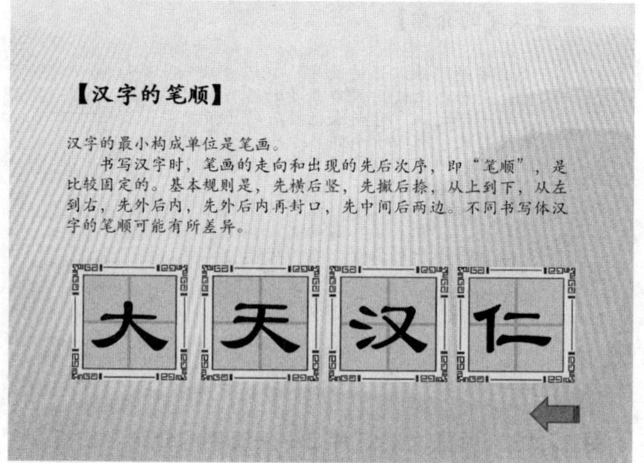

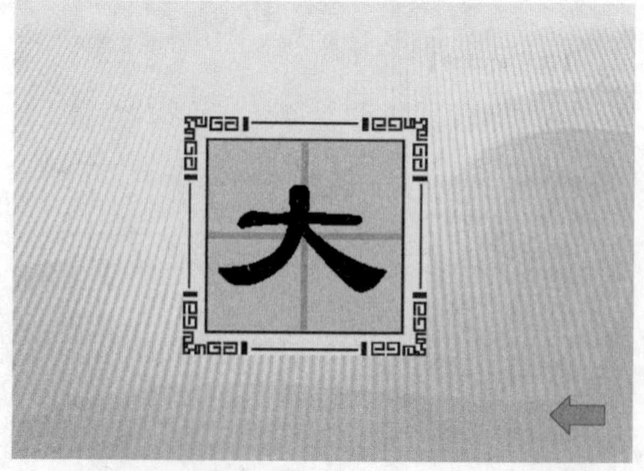

图 12.17　预览“幻灯片 6——书写实例”幻灯片

本课件分 4 部分讲解汉字的知识，重点是利用 PowerPoint 插入图片。设置进入动画的方法制作笔顺的书写，通过学习巩固 PowerPoint 的知识，拓展 PowerPoint 的使用思路。

语文教学课件“汉字”制作的方法如下。

**步骤 1**　新建一个空白演示文稿并保存为“汉字”，选择【设计】选项卡，在【主题】选项组中选择【跋涉】并应用于所有幻灯片，如图 12.18 所示。

图 12.18　新建幻灯片并设置主题

**步骤 2**　插入文本框，分别输入标题“汉字”，导航“汉字的介绍”、“汉字的结构”、“汉字的字形”和“汉字的笔顺”，如图 12.19 所示。

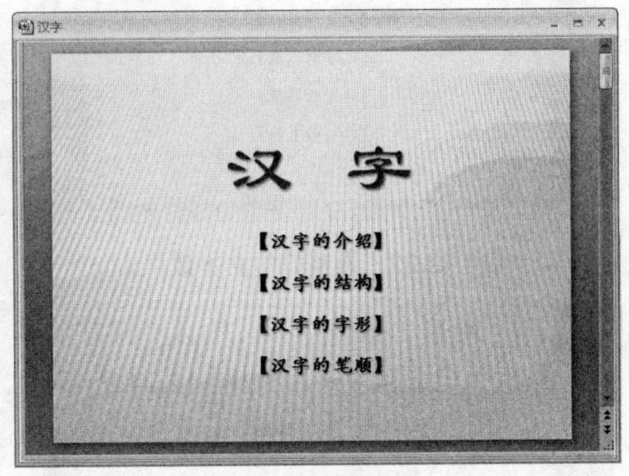


图 12.19　输入文本

**步骤 3**　选中文本，选择【格式】选项卡，在【艺术字样式】选项组中单击【文本效果】按钮，如图 12.20 所示。

图 12.20　单击【文本效果】按钮

**步骤 4**　在弹出的下拉列表中选择【阴影】|【右下斜偏移】按钮，为文字添加效果，如图 12.21 所示。

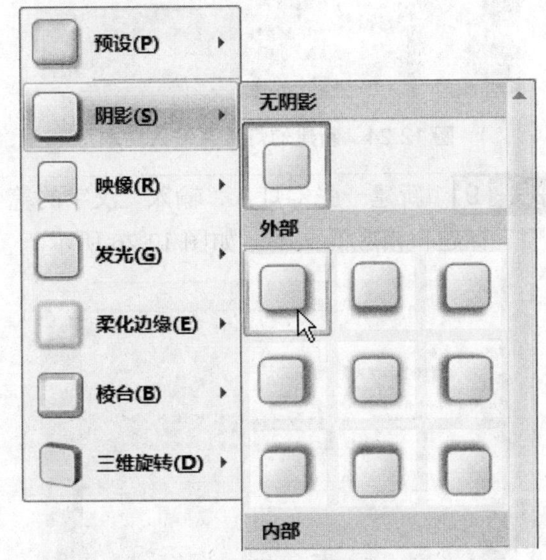


图 12.21　设置文本阴影的效果

步骤 5 设置完成后效果如图 12.22 所示。

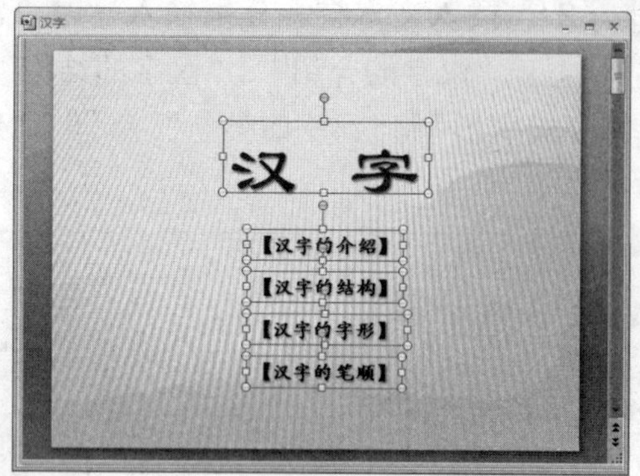


图 12.22 设置好的文本效果

步骤 6 新建一张幻灯片，插入文本框，输入“汉字的介绍”标题和相应的文本，如图 12.23 所示。

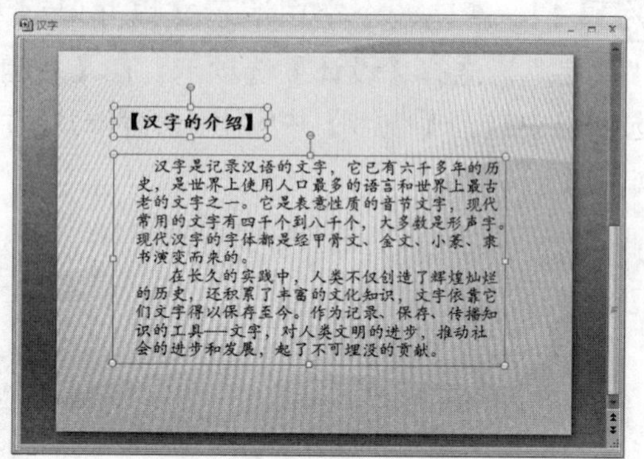


图 12.23 新建幻灯片并输入文本

步骤 7 新建一张幻灯片，输入“汉字的结构”标题和相应的文本，如图 12.24 所示。

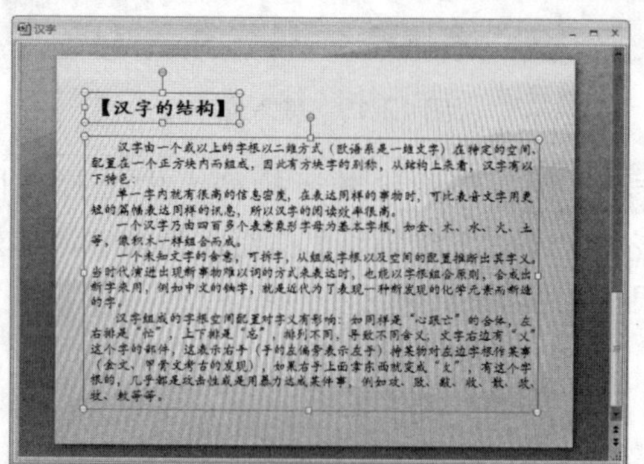


图 12.24 新建幻灯片并输入文本

步骤 8 新建一张幻灯片，输入“汉字的字形”标题和相应的文本，如图 12.25 所示。

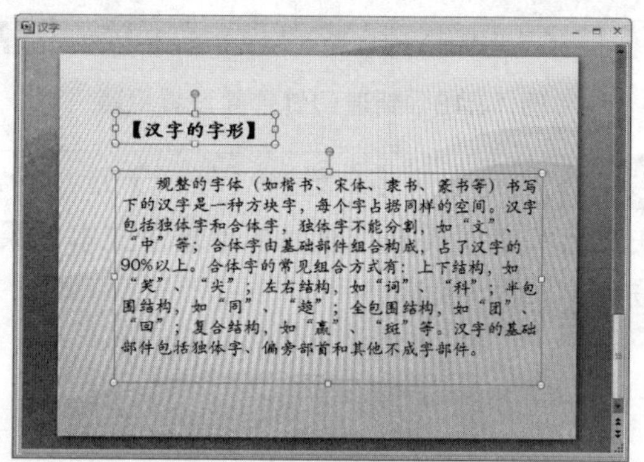


图 12.25 新建幻灯片并输入文本

步骤 9 新建一张幻灯片，输入“汉字的笔顺”标题和相应的文本，如图 12.26 所示。

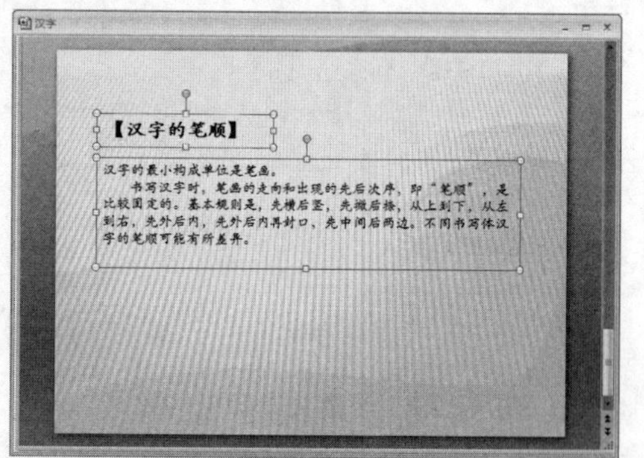


图 12.26 新建幻灯片并输入文本

步骤 10 插入图片“十字格”，并调整位置和大小，如图 12.27 所示。

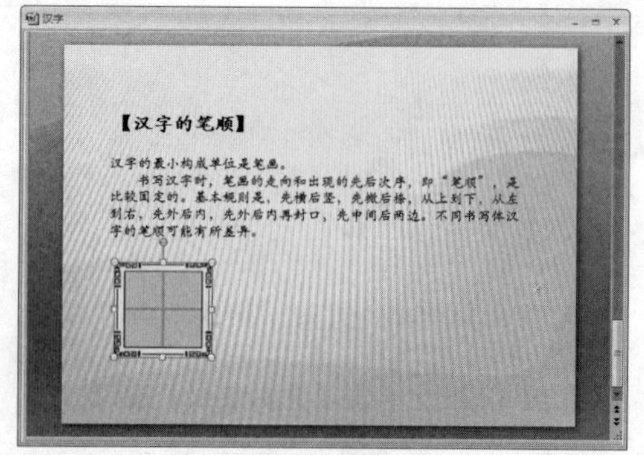


图 12.27 插入图片

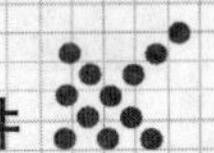

**步骤 11**　复制 3 个相同大小的图片，并调整位置对齐，如图 12.28 所示。

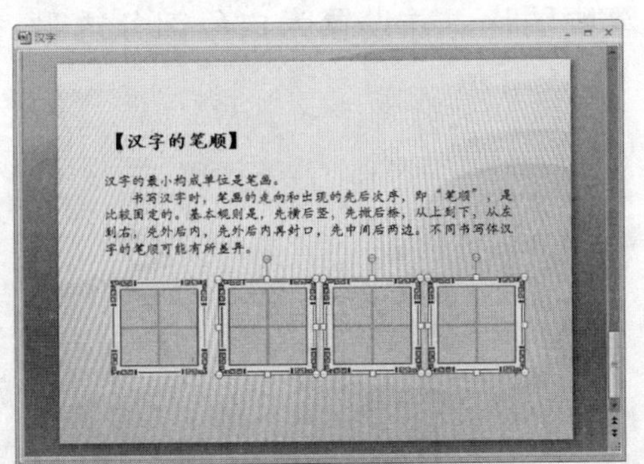


图 12.28　复制粘贴图片

**步骤 12**　插入文本框，分别输入对应的文字，如图 12.29 所示。

图 12.29　输入文本

**步骤 13**　插入幻灯片 6，并插入图片“十字格”，调整图片位置和大小，如图 12.30 所示。

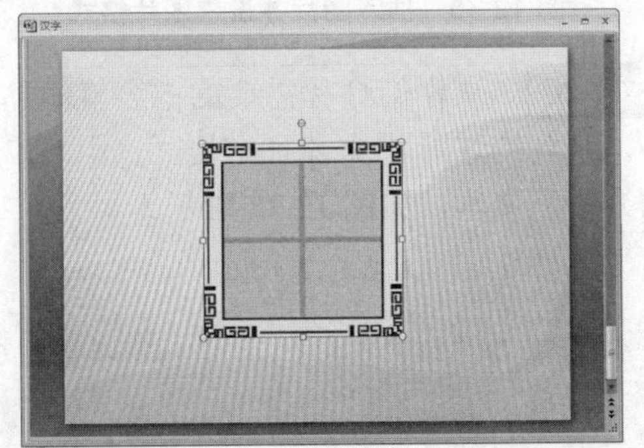

图 12.30　插入新幻灯片并插入图片

**步骤 14**　插入“大”的笔顺图片，并调整大小和位置，如图 12.31 所示。

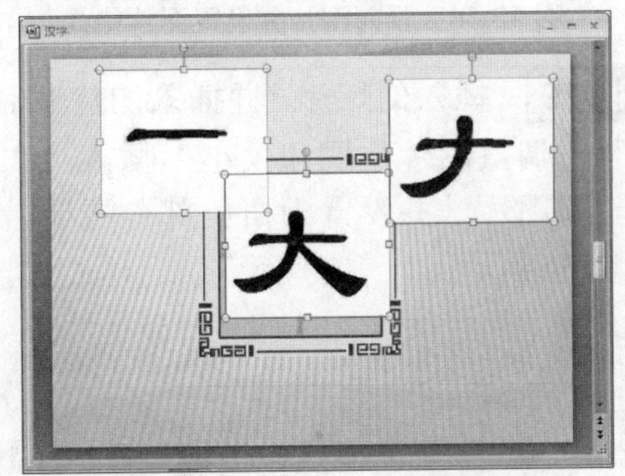


图 12.31　插入“大”的笔顺图片

**步骤 15**　同时选中 3 张图片，单击【格式】选项卡中的【调整】选项组中的【重新着色】按钮，选择【设置透明色】选项，如图 12.32 所示。

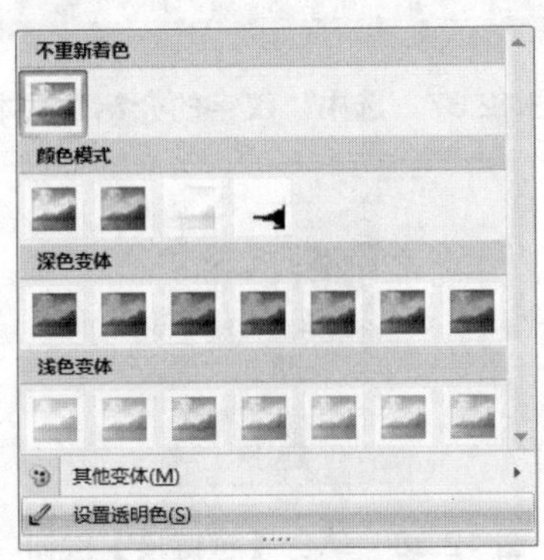


图 12.32　设置图片格式

**步骤 16**　单击任意图片的白色部分，将白色部分设置为透明，如图 12.33 所示。

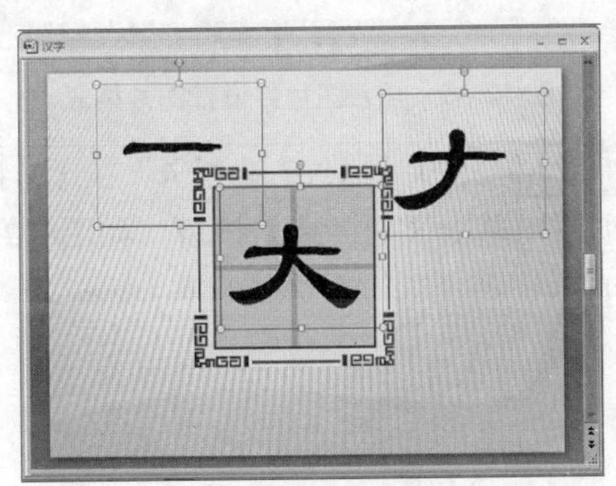


图 12.33　设置图片白色部分透明

步骤 17　插入幻灯片，并插入图片“十字格”，调整图片位置和大小，插入“天”的笔顺图片，并设置为白色部分透明，如图 12.34 所示。

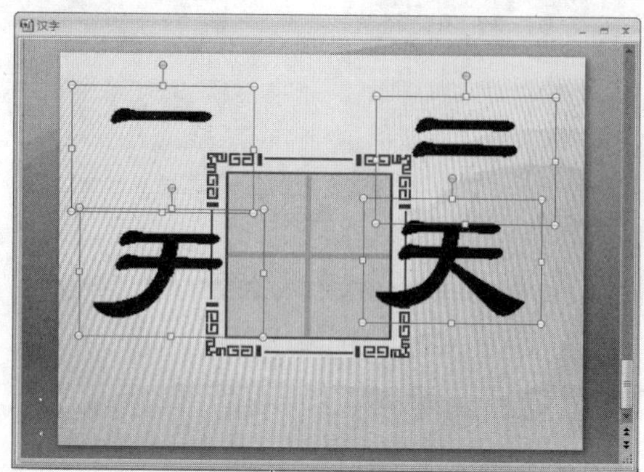

图 12.34　插入图片并设置图片格式

步骤 18　插入幻灯片，并插入图片“十字格”，调整图片位置和大小，插入“汉”的笔顺图片，并设置为白色部分透明，如图 12.35 所示。

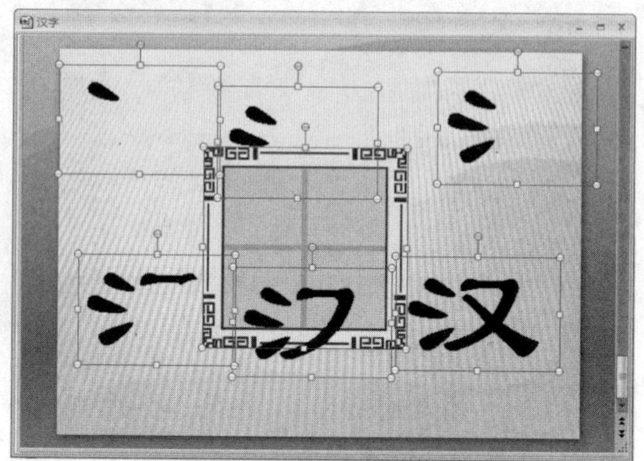

图 12.35　插入图片并设置图片格式

步骤 19　插入幻灯片，并插入图片“十字格”，调整图片位置和大小，插入“仁”的笔顺图片，并设置为白色部分透明，如图 12.36 所示。

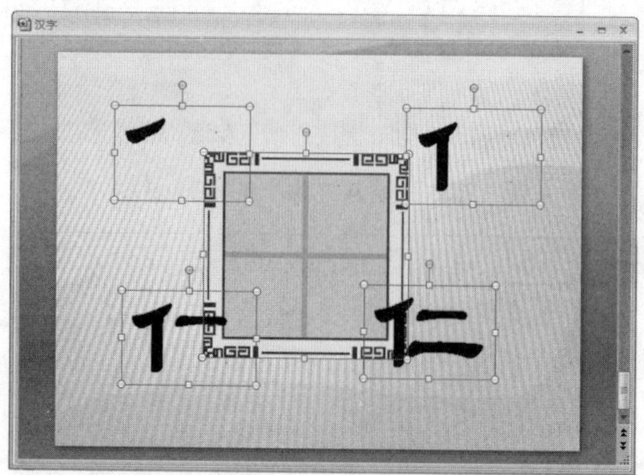

图 12.36　插入图片并设置图片格式

步骤 20　这样幻灯片需要的内容就添加好了。回到幻灯片 1 来添加链接。选中“汉字的介绍”文本，如图 12.37 所示。

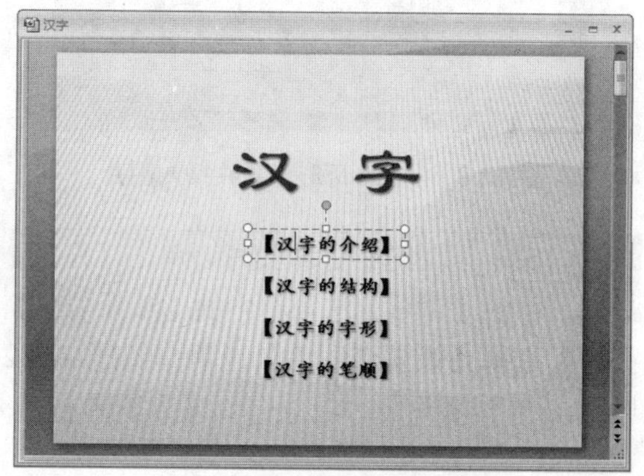


图 12.37　选中“汉字的介绍”文本

步骤 21　选择【插入】选项卡，在【链接】选项组中单击【超链接】按钮，如图 12.38 所示。

图 12.38　单击【超链接】按钮

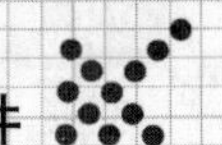

**步骤 22**　弹出【插入超链接】对话框。在【链接到】选项组中单击【本文档中的位置】，单击“幻灯片 2”，将文本框链接到幻灯片 2，如图 12.39 所示。

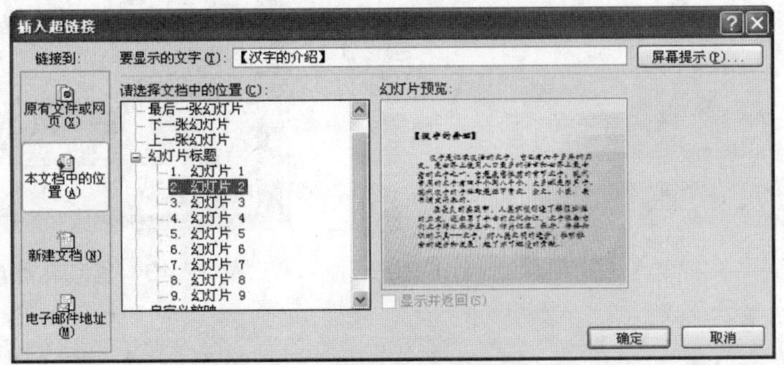


图 12.39　【插入超链接】对话框

**步骤 23**　同样的道理，将文本的结构文本框链接到幻灯片 3，将文本的字形文本框链接到幻灯片 4，将文本的笔顺文本框链接到幻灯片 5，如图 12.40 所示。

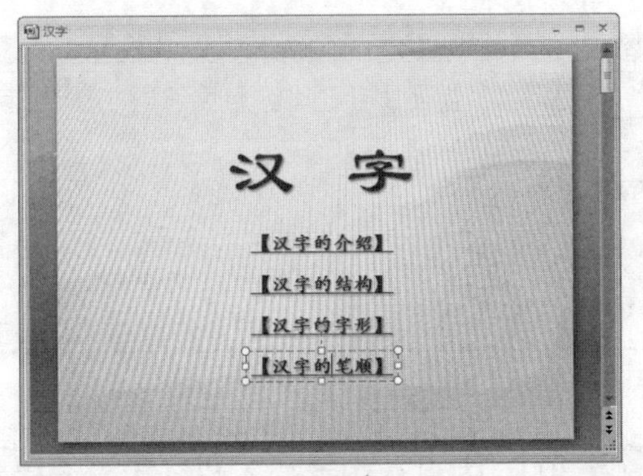


图 12.40　设置导航的超链接

**步骤 24**　选择幻灯片 2，选择【插入】选项卡，在【插图】选项组中单击【形状】按钮，在【箭头总汇】中选择【虚尾箭头】，在幻灯片左下角绘制一个箭头，并调整位置、大小和颜色，如图 12.41 所示。

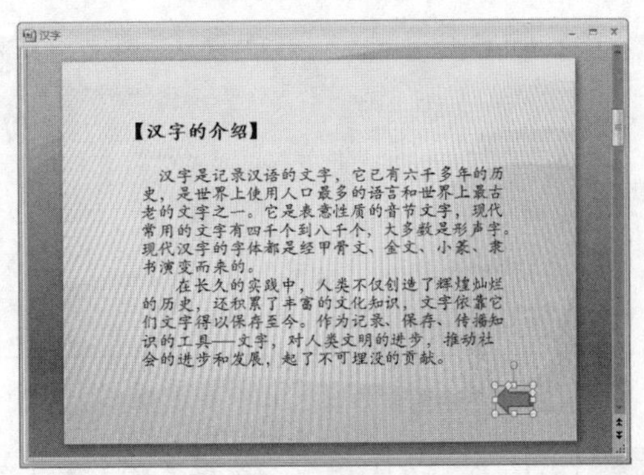


图 12.41　插入虚尾箭头

**步骤 25**　为自选图形插入超链接，链接到幻灯片 1，将虚尾箭头制作成一个【返回】按钮，如图 12.42 所示。

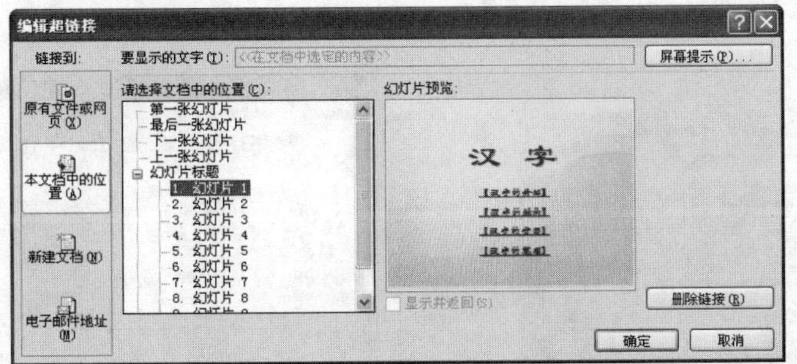


图 12.42　设置虚尾箭头的超链接

**步骤 26** 复制幻灯片 2 中制作的【返回】按钮，分别粘贴到幻灯片 3、4、5 中，如图 12.43 所示。

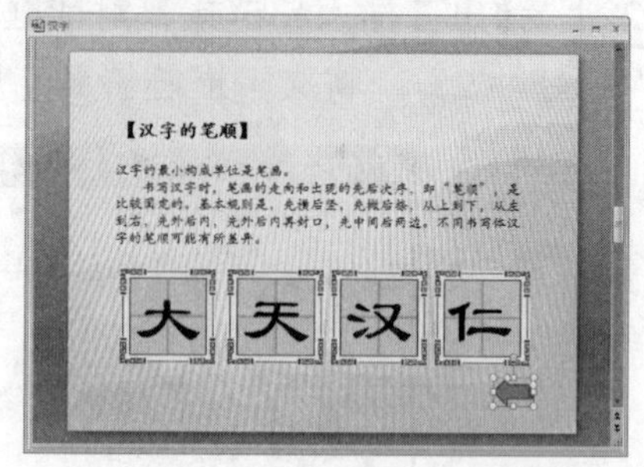

图 12.43 复制粘贴虚尾箭头

**注 意**

当复制粘贴带有链接的图形时，所添加的链接也随之复制粘贴。

**步骤 27** 选择幻灯片 5，选择“大”文本框下的十字格图片，添加超链接到幻灯片 6，如图 12.44 所示。

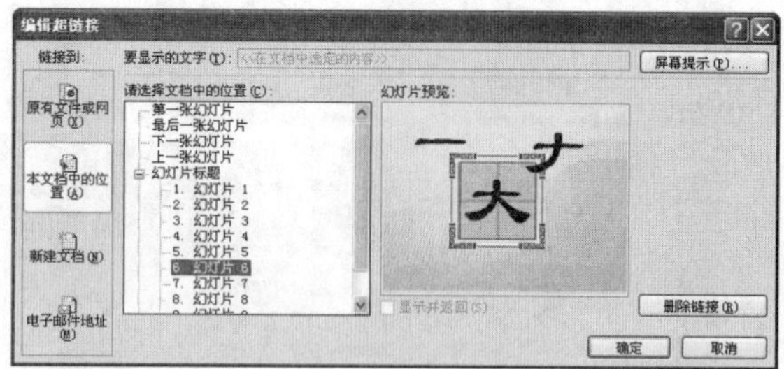

图 12.44 设置幻灯片 5 中“大”的超链接

**步骤 28** 同样的道理，为“天”文本框下的十字格图片，添加超链接到幻灯片 7；“汉”文本框下的十字格图片，添加超链接到幻灯片 8；“仁”文本框下的十字格图片，添加超链接到幻灯片 9，如图 12.45 所示。

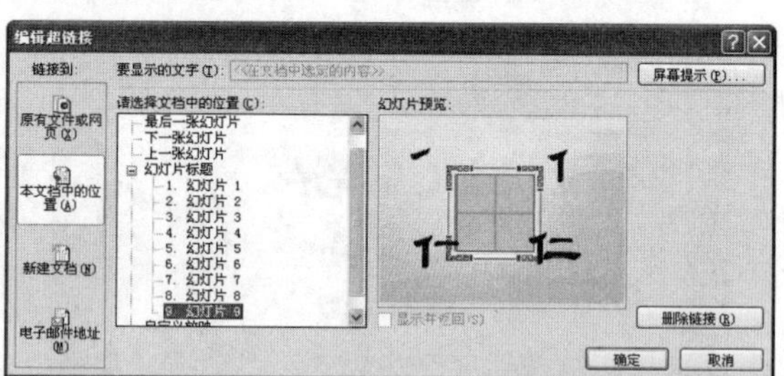

图 12.45 设置幻灯片 5 中“仁”的超链接

**步骤 29** 选择幻灯片 6，选择【插入】选项卡，在【插图】选项组中单击【形状】按钮，在【箭头总汇】中选择【左箭头】，在幻灯片左下角绘制一个箭头，并调整位置、大小和颜色，如图 12.46 所示。

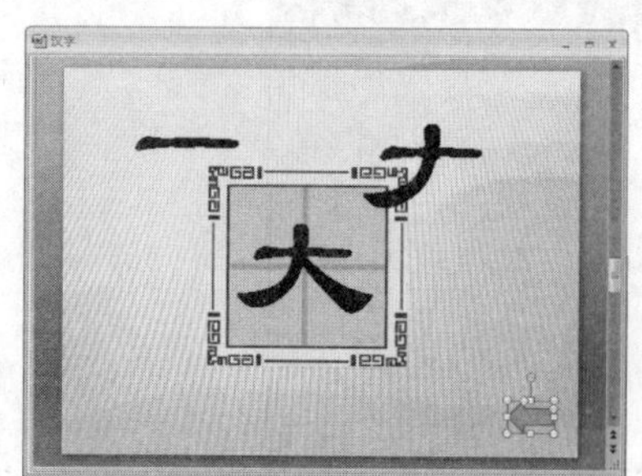
图 12.46 插入左箭头

**步骤 30** 为自选图形插入超链接，链接到幻灯片 5，将左箭头制作成一个【返回】按钮，如图 12.47 所示。

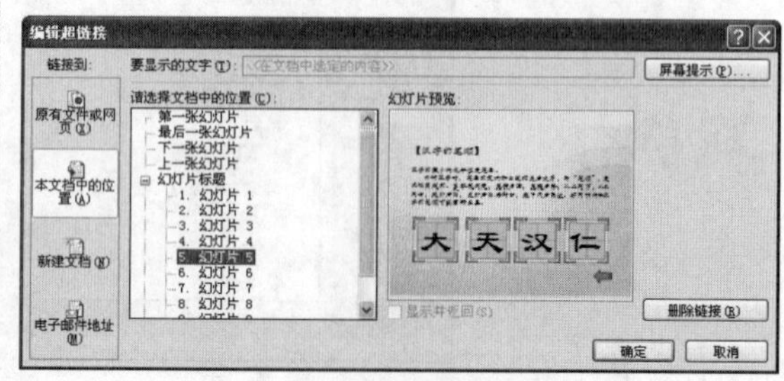

图 12.47 设置左箭头的超链接

**步骤 31**　复制幻灯片 6 中制作的“左箭头”，分别粘贴到幻灯片 7、8、9 中，如图 12.48 所示。

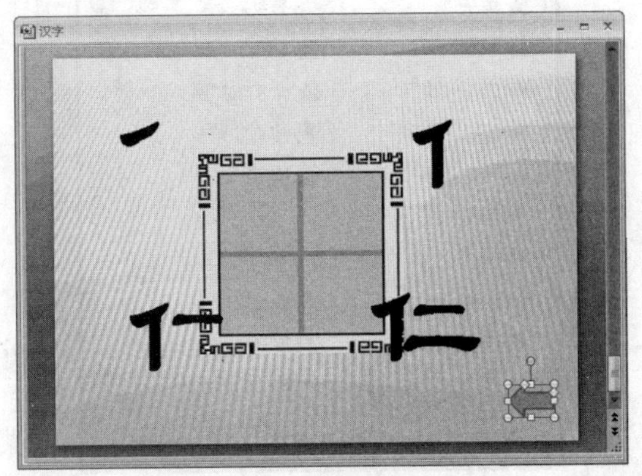

图 12.48　复制粘贴左箭头

**步骤 32**　为幻灯片添加进入效果。选择幻灯片 2，选中汉字的介绍的内容，选择【动画】选项卡，在【动画】选项组中，单击【自定义动画】按钮，或单击【动画】右侧的下拉按钮，选择【自定义动画】，如图 12.49 所示。

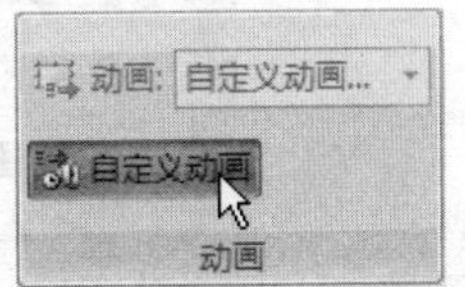


图 12.49　设置【自定义动画】

**步骤 33**　打开【自定义动画】窗格，单击【添加效果】按钮，在弹出的下拉列表中选择【进入】|【百叶窗】命令，如图 12.50 所示。

图 12.50　选择【百叶窗】命令

**步骤 34**　在【自定义动画】窗格中，在【速度】下拉列表框中选择【非常快】选项，如图 12.51 所示。

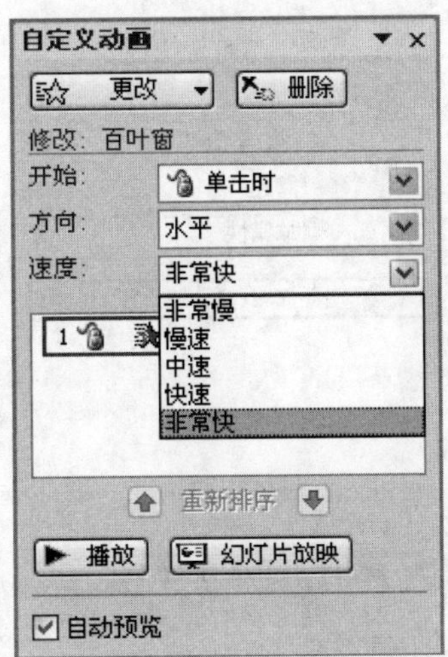


图 12.51　在【自定义动画】窗格中设置速度

**步骤 35**　选择幻灯片 3，选中汉字的结构的内容，在【自定义动画】窗格中，单击【添加效果】按钮，选择【进入】|【其他效果】命令，如图 12.52 所示。

**步骤 36**　弹出【添加进入效果】对话框。选择【盒状】效果，如图 12.53 所示。

图 12.52 选择【其他效果】命令

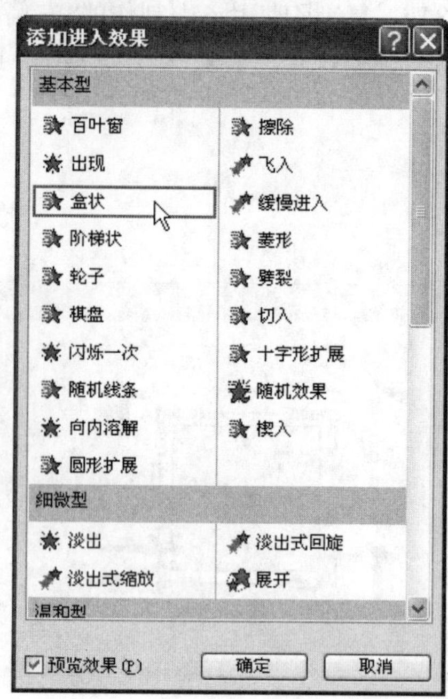


图 12.53 【添加进入效果】对话框

**步骤 37** 同样的道理，为幻灯片 4 的内容添加进入效果为【菱形】，幻灯片 5 的内容添加进入效果为【棋盘】，如图 12.54 所示。

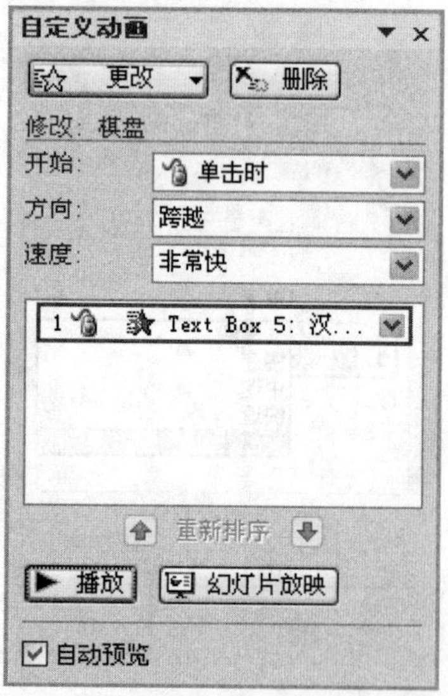

图 12.54 添加进入效果为【棋盘】

**步骤 38** 选中幻灯片 5 中的“大”文本框和它下方的十字格图片，添加进入效果为【轮子】，如图 12.55 所示。

图 12.55 添加进入效果为【轮子】

**步骤 39** 在【自定义动画】窗格中，选中动画“图片 3”，在【开始】下拉列表框中选择【之后】，如图 12.56 所示。

**步骤 40** 同样为其他 3 组文本和十字格图片添加进入效果【轮子】，设置【开始】为【之后】，如图 12.57 所示。

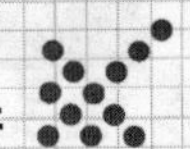

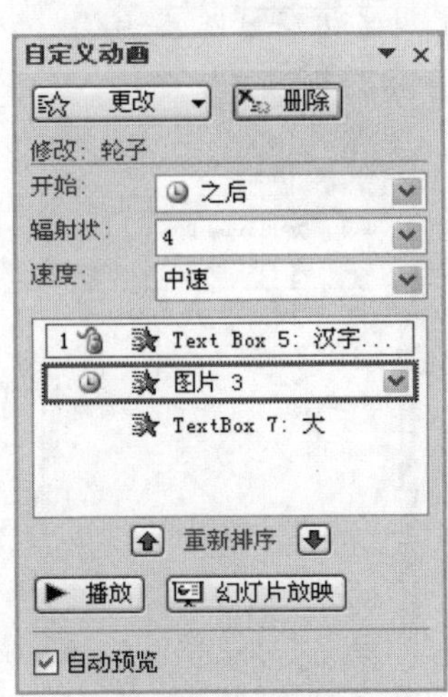


图 12.56　在【自定义动画】窗格中进行【开始】设置

图 12.57　设置【开始】为【之后】

**步骤 41**　选择第六张幻灯片，选中图片“大 1”，为图片添加进入效果为【擦除】，如图 12.58 所示。

**步骤 42**　继续在【自定义动画】窗格中设置动画，设置开始为【之后】，设置方向为【自左侧】。这样，第一笔的笔画效果就完成了，如图 12.59 所示。

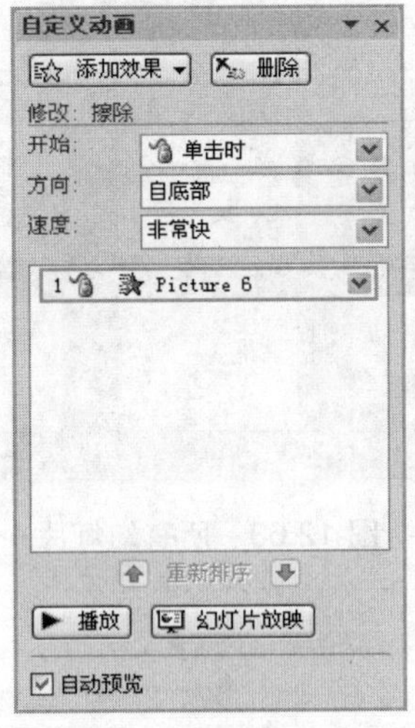


图 12.58　【自定义动画】窗格

图 12.59　在【自定义动画】窗格中设置【方向】

**步骤 43**　同样的道理，设置“大 2”的笔画效果，设置【方向】为【自顶部】，如图 12.60 所示。

**步骤 44**　设置“大 3”的笔画效果，设置【方向】为【自左侧】，如图 12.61 所示。

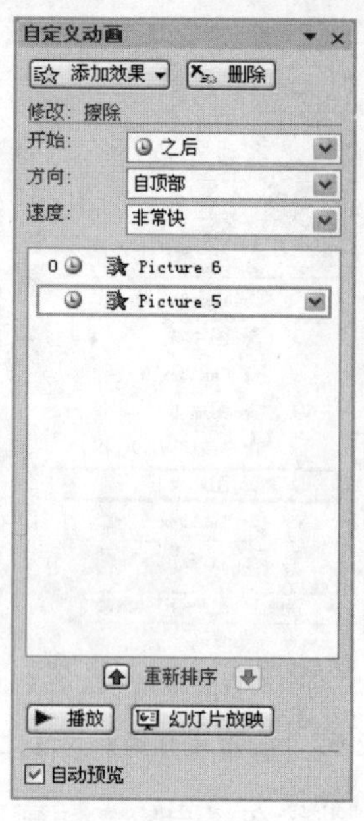


图 12.60　设置【方向】为【自顶部】

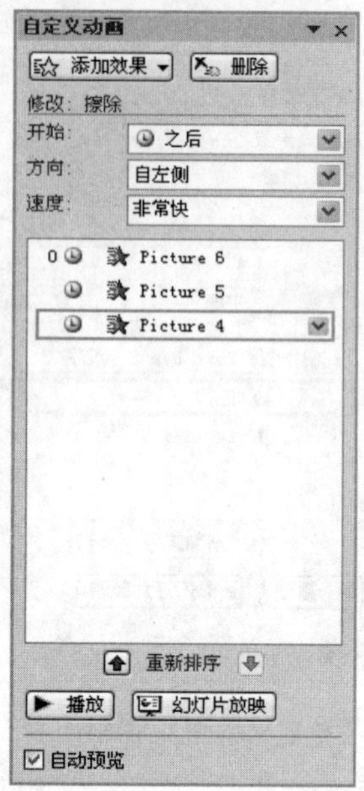


图 12.61　设置【方向】为【自左侧】

**步骤 45**　选择第六张幻灯片，选中笔顺图片，将 3 张图片对齐，使笔顺重合，调整位置，这样，“大”字的笔顺效果就完成了，如图 12.62 所示。

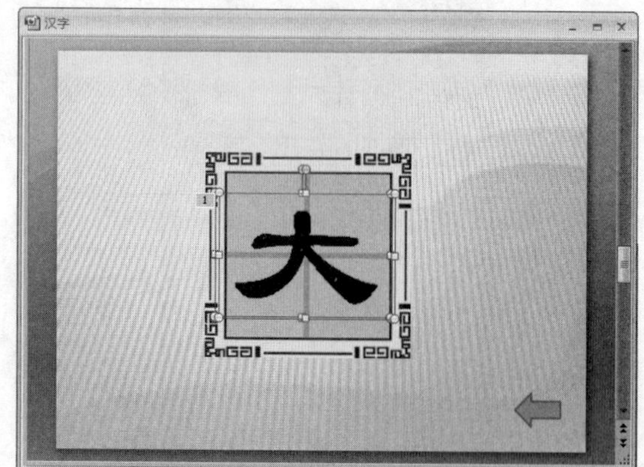


图 12.62　调整图片

**步骤 46**　继续分别调整其他幻灯片中的图片，这样，汉字的笔顺动画演示的幻灯片演示课件就制作完成了，如图 12.63 所示。

图 12.63　所有幻灯片

# 制作数学课件

本章通过“全等三角形”课件的制作，讲解了一个相对完整课件的制作过程。其中，着重讲解了全等三角形重叠的演示动画的制作方法。

**本章内容主要包括：**

- 课件的整体制作思路。
- 演示动画的详细讲解。

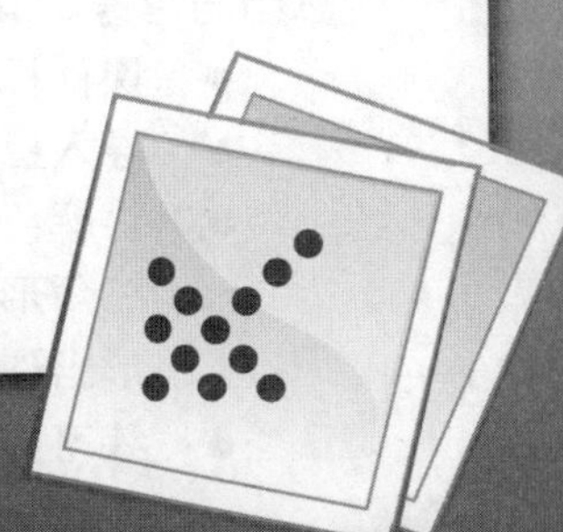

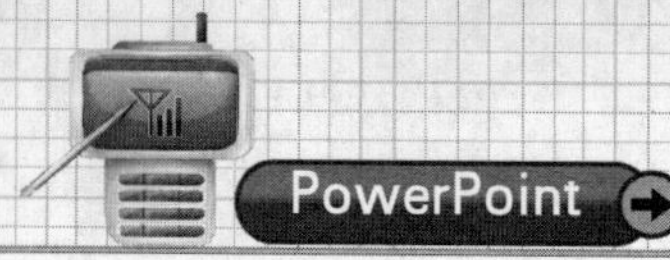




# 13.1 教 学 思 路

制作一个课件，首先要有明确的教学目标。这样，课件才能以教学目标为指导思想达到更理想的效果。

具体到本课件，教学目标可分为知识目标、能力目标和感性目标。

## 13.1.1 知识目标

本课件的能力目标如下。

- 知道什么是全等形、全等三角形及全等三角形的对应元素。
- 知道全等三角形的性质，能用符号正确地表示两个三角形全等。
- 能熟练找出两个全等三角形的对应角、对应边。

## 13.1.2 能力目标

本课件的能力目标如下。

- 通过全等三角形有关概念的学习，提高学生数学概念的辨析能力。
- 通过找出全等三角形的对应元素，培养学生的识图能力。

## 13.1.3 感性目标

本课件的感性目标如下。

- 通过感受全等三角形的对应美、激发学生热爱科学、勇于探索的精神。
- 通过自主学习的发展体验获取数学知识的感受，培养学生勇于创新，多方位审视问题的创造技巧。

# 13.2 脚 本 设 计

首先，将课件的整体框架进行定位。课件总体可分成 4 个部分：导入、讲解、练习和总结与思考。其中讲解和练习部分再进行细分，如图 13.1 所示。

- 课件标题：在第一张幻灯片上添加一个艺术字，内容为“全等三角形”。
- 导入：出现引导性文字及若干全等图形。
- 讲解：分为引入概念、详细讲解、性质分析 3 个部分。引入概念部分制作一段两个三角形从不重叠到重叠的动画。详细讲解部分，讲解全等三角形的概念及全等三角形出现的新名词。性质分析部分，分析全等三角形的性质。
- 练习：分别出现填空题和选择题，进行练习。

- 总结与思考：总结性文字及思考题目。

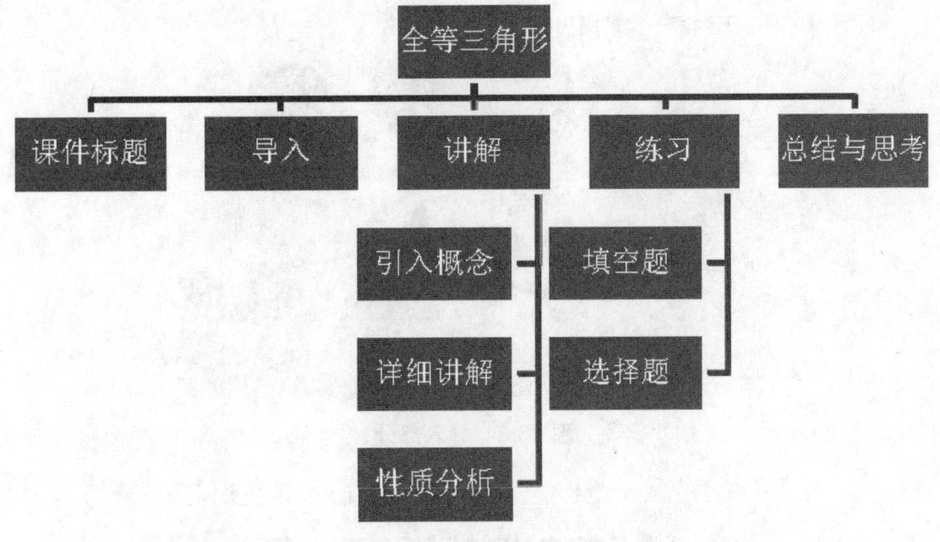


图 13.1　课件整体框架

# 13.3　课件实战——全等三角形

有了教学思路和脚本设计，课件的整体结构就一目了然了。

## 13.3.1　课件预览

按照课件的整体框架预览课件。首先是课件标题部分，如图 13.2 所示。

图 13.2　课件标题部分

课件的导入部分，可以根据文字提示，引导学生思考全等图形的概念，如图 13.3 所示。

课件的讲解部分，对全等三角形的概念和性质进行详细讲解，如图 13.4 所示。

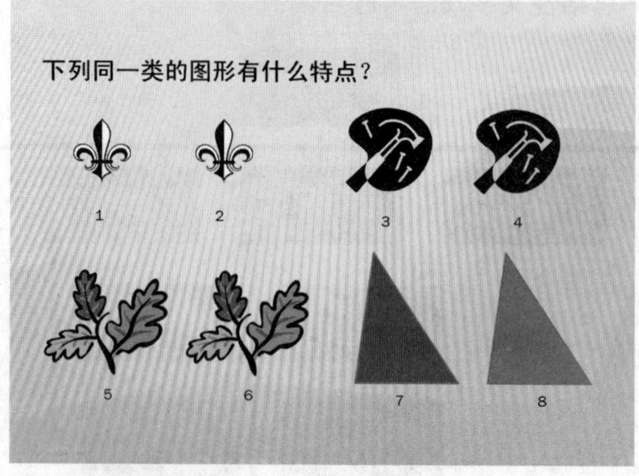

下列同一类的图形有什么特点？
1
2
3
4
5
6
7
8

图 13.3 导入部分

性质：全等三角形的对应边相等，对应角相等。
∵△ABC≌△DFE
∴AB=DF, BC=FE, AC=DE
（全等三角形的对应边相等）
∴∠A=∠D, ∠B=∠F、
∠C=∠E
（全等三角形的对应角相等）
C
F
A
B
D
E

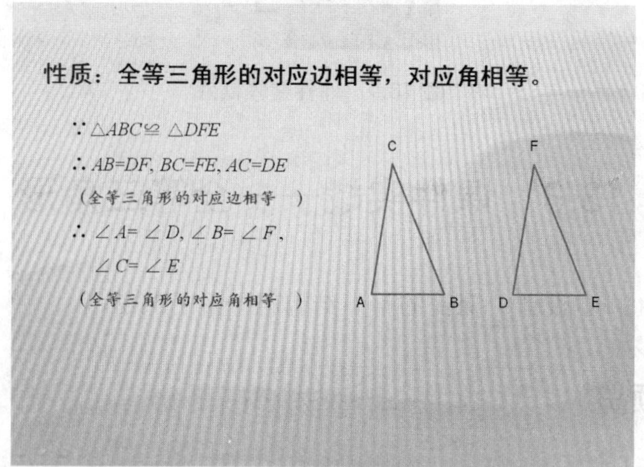

图 13.4 讲解部分

课件的练习部分。通过填空和选择题使学生巩固所学的知识，如图 13.5 所示。

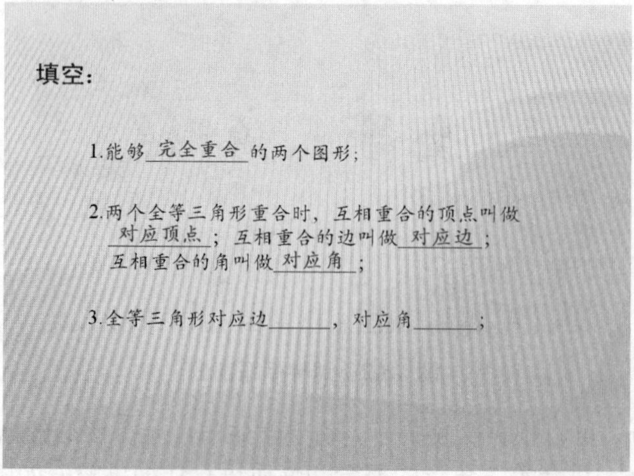

填空：
1.能够 完全重合 的两个图形；
2.两个全等三角形重合时，互相重合的顶点叫做 对应顶点；互相重合的边叫做 对应边；互相重合的角叫做 对应角；
3.全等三角形对应边______，对应角______；

图 13.5 练习部分

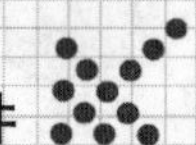

课件的总结与思考部分，巩固本课所学内容，并使学生扩展思维，如图 13.6 所示。

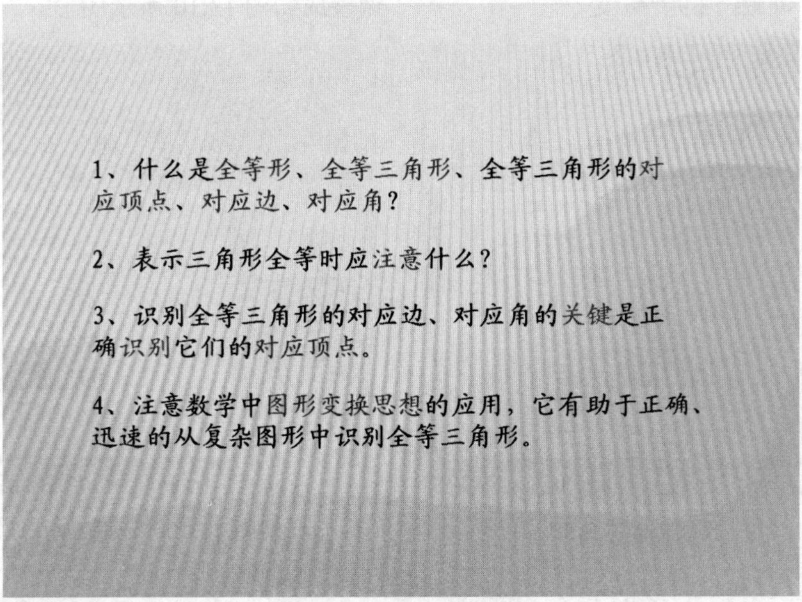

1、什么是全等形、全等三角形、全等三角形的对应顶点、对应边、对应角？

2、表示三角形全等时应注意什么？

3、识别全等三角形的对应边、对应角的关键是正确识别它们的对应顶点。

4、注意数学中图形变换思想的应用，它有助于正确、迅速的从复杂图形中识别全等三角形。

图 13.6　总结与思考部分

## 13.3.2　难点分析

课件的引入概念部分需要制作一段两个三角形从不重叠到完全重叠的动画。下面首先来实现这个动画效果。

**步骤 1**　新建空白演示文稿，在幻灯片上右击，选择【版式】|【空白】选项，如图 13.7 所示。

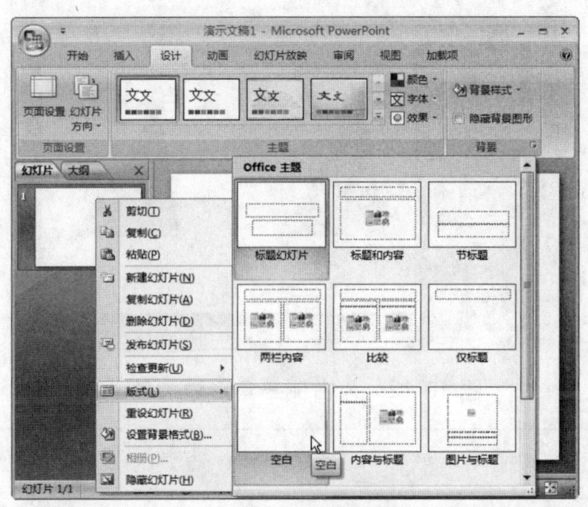


图 13.7　选择版式

**步骤 2**　选择【插入】选项卡中的【形状】，在【基本形状】中选择【等腰三角形】，如图 13.8 所示。

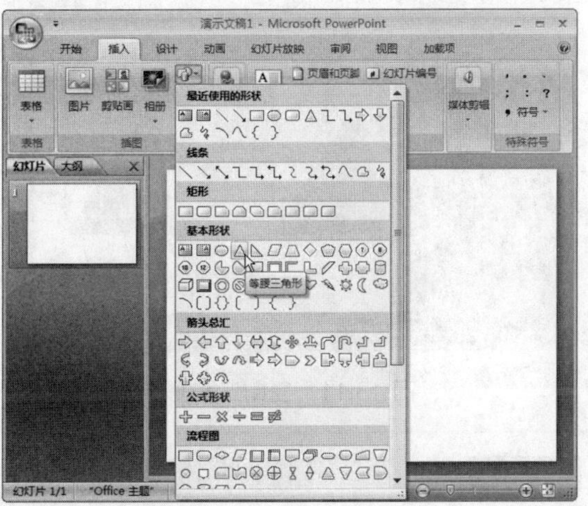


图 13.8　插入等腰三角形

步骤 3 在幻灯片上按住鼠标左键，拖曳出一个三角形，如图 13.9 所示。

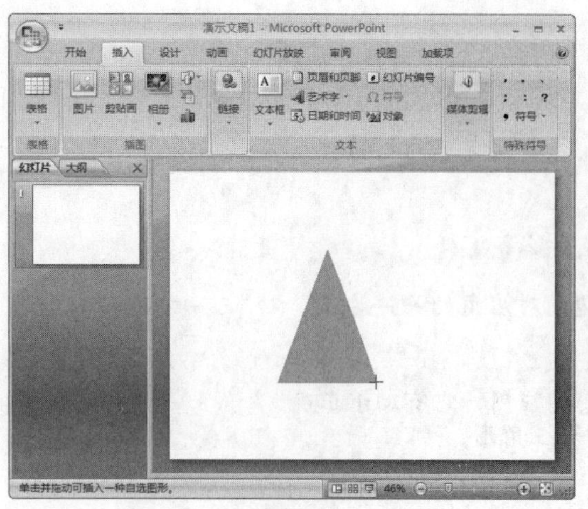

图 13.9 绘制等腰三角形

步骤 4 用鼠标拖动三角形的控制点，将其调整成如图 13.10 所示图形。

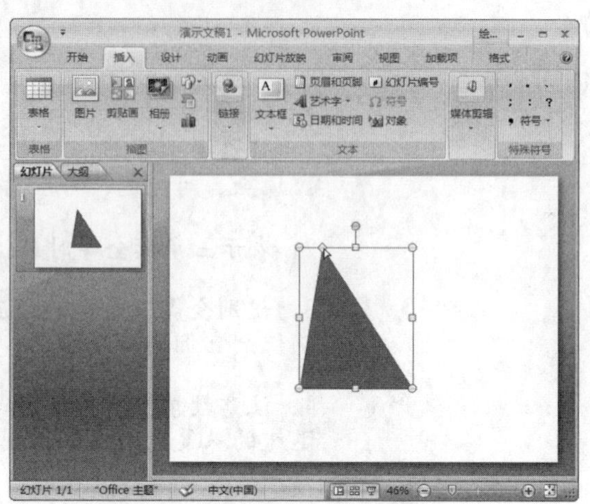

图 13.10 调整三角形形状

**提 示**

三角形的顶点可以移动位置。使用鼠标拖动三角形上的黄色控制点，可以改变三角形的顶点位置，如图 13.10 所示。

步骤 5 复制这个三角形，然后粘贴到幻灯片中，并调整两个三角形的位置，如图 13.11 所示。

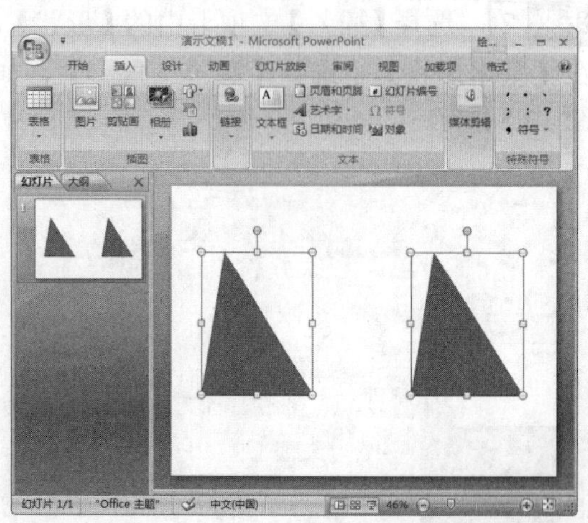

图 13.11 复制三角形

步骤 6 选择右侧三角形，在【动画】选项卡中单击【自定义动画】，如图 13.12 所示。

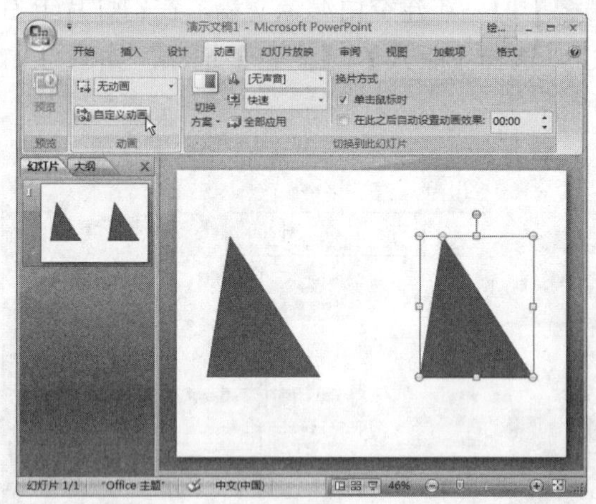

图 13.12 为右侧三角形添加动画

**提 示**

移动某个图形，直接按键盘上的方向键就可以。如果直接按方向键移动的距离超出要求，可以按住 Ctrl 键，同时按方向键，这样可以对图形的位置进行细微的调整。

**步骤 7**　在弹出的【自定义动画】窗格中，选择【添加效果】|【动作路径】|【向左】，如图 13.13 所示。

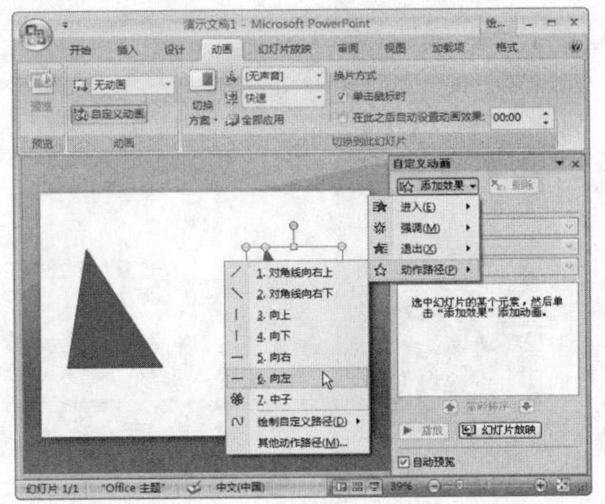

图 13.13　为右侧三角形添加动画

**步骤 8**　使用鼠标移动红色箭头(动画的终点)，将它移动到左侧三角形上，让起点和终点位于两个三角形的相同位置，如图 13.14 所示。

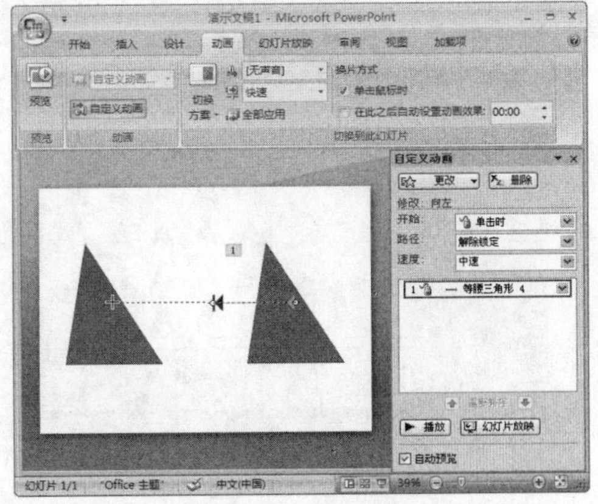

图 13.14　调整动画路径的终点位置

**提 示**

移动终点的位置，直接使用鼠标拖动就可以。如果直接用鼠标拖动时移动的距离超出要求，可以按住 Alt 键，同时拖动鼠标，这样可以对终点的位置进行细微的调整。

**步骤 9**　至此动画制作完成。可以按 F5 键测试动画，单击，动画便会播放。

### 13.3.3　制作过程

制作“全等三角形”课件的方法如下。

**步骤 1**　新建空白演示文稿，在【设计】选项卡中，选择名为【跋涉】的主题，如图 13.15 所示。

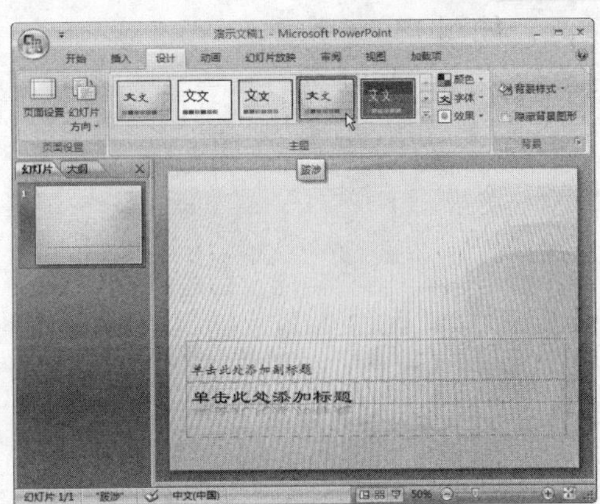

图 13.15　选择课件主题

**步骤 2**　在幻灯片上右击，选择【版式】|【空白】选项，如图 13.16 所示。

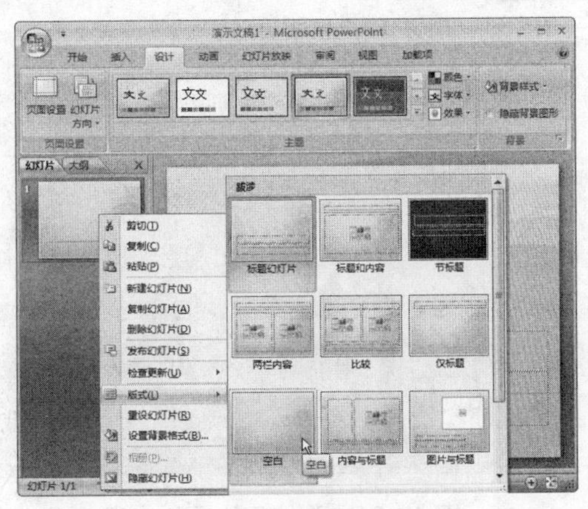

图 13.16　设置课件版式

步骤 3 选择【插入】选项卡，单击【艺术字】按钮，选择如图 13.17 所示的艺术字样式。

图 13.17 插入艺术字

步骤 4 在文本框内输入“全等三角形”，将文字的字体设置为“华文楷体”，字号设置为 80，如图 13.18 所示。

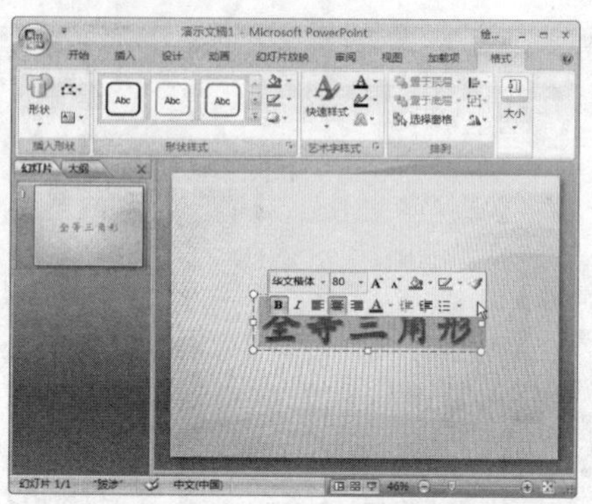


图 13.18 插入艺术字

步骤 5 在左侧窗格右击，选择【新建幻灯片】命令，如图 13.19 所示。

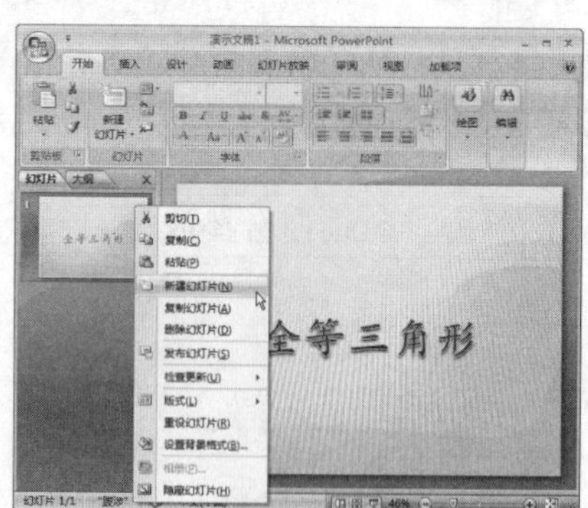


图 13.19 新建幻灯片

步骤 6 选择【插入】选项卡，插入文本框、剪贴画和自选图形，位置及内容如图 13.20 所示。

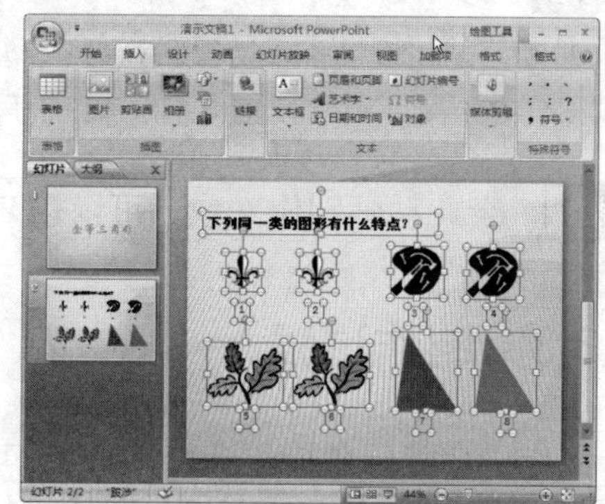


图 13.20 为幻灯片添加内容

步骤 7 新建幻灯片，在幻灯片内绘制两个三角形，如图 13.21 所示。

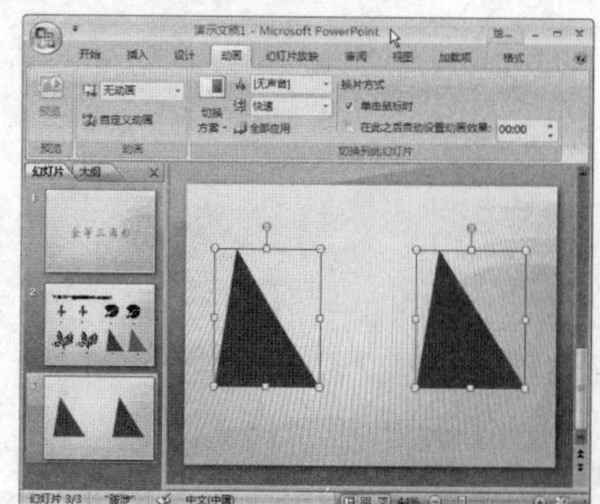

图 13.21 为幻灯片添加内容

步骤 8 为右侧三角形添加【动作路径】动画，如图 13.22 所示。

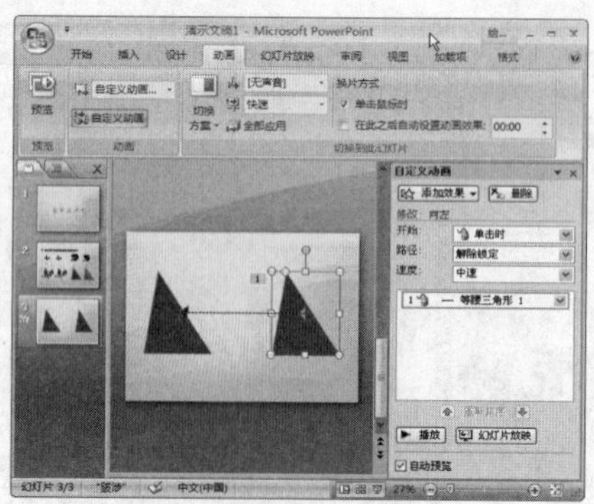

图 13.22 添加动画

**步骤 9**　插入文本框，输入“能够完全重合的两个三角形叫做全等三角形。”，字体设置为黑体，样式为加粗，字号为 28，如图 13.23 所示。

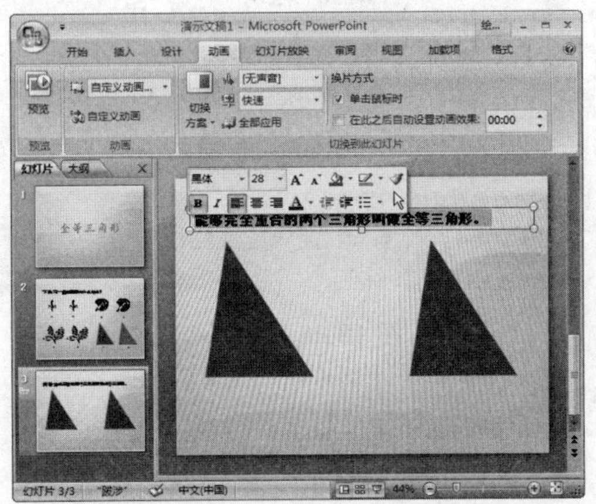

图 13.23　添加文本框

**步骤 10**　选择文本框，添加【百叶窗】动画，如图 13.24 所示。

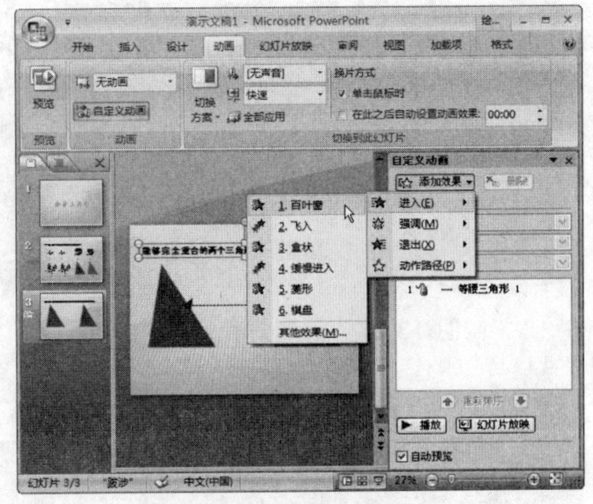

图 13.24　设置文本框动画

**步骤 11**　将动画的播放时间设置为【从上一项之后开始】，如图 13.25 所示。

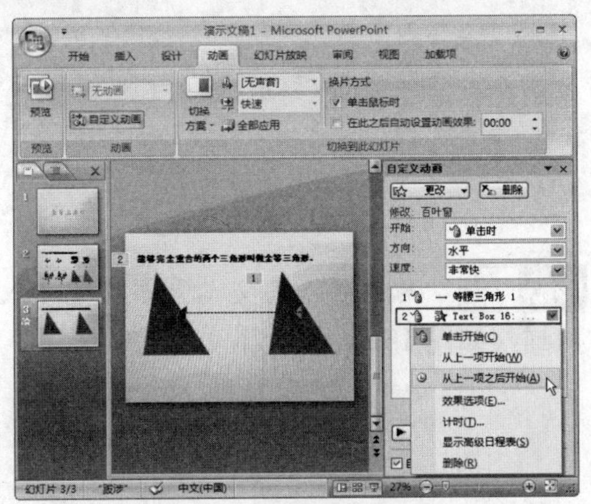

图 13.25　设置文本框动画

**步骤 12**　新建幻灯片，插入两个全等三角形，并为顶点标注字母，如图 13.26 所示。

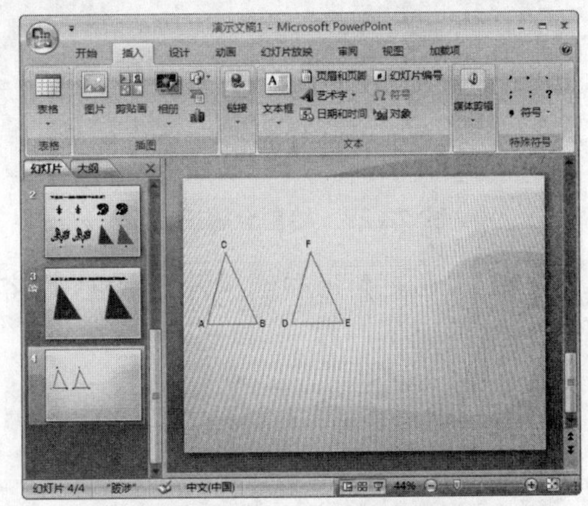

图 13.26　为幻灯片添加内容

**步骤 13**　输入 4 个文本内容，内容如图 13.27 所示。

**步骤 14**　为下面 3 个文本框添加飞入动画。如图 13.28 所示。

**步骤 15**　新建幻灯片，插入两个全等三角形，并为顶点标注字母，如图 13.29 所示。

**步骤 16**　在幻灯片的上方插入文本框，将文字设置为黑体、28 号、加粗、左对齐，并将“性质：”的颜色设置为红色，如图 13.30 所示。

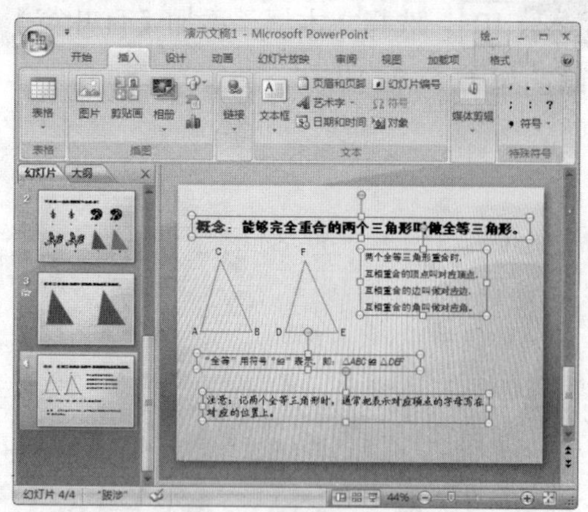


图 13.27　为幻灯片添加内容

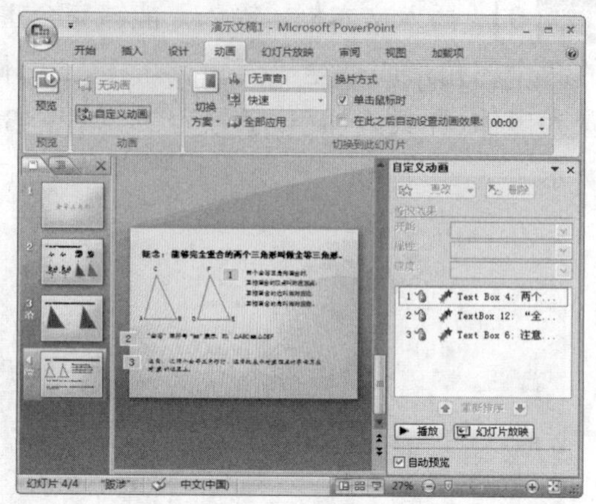


图 13.28　添加动画

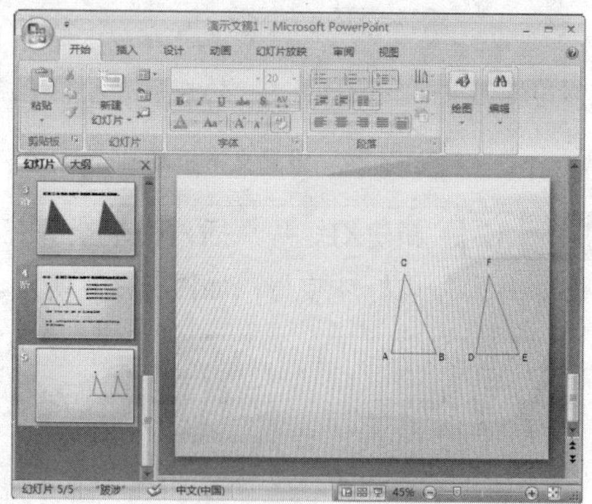


图 13.29　绘制全等三角形

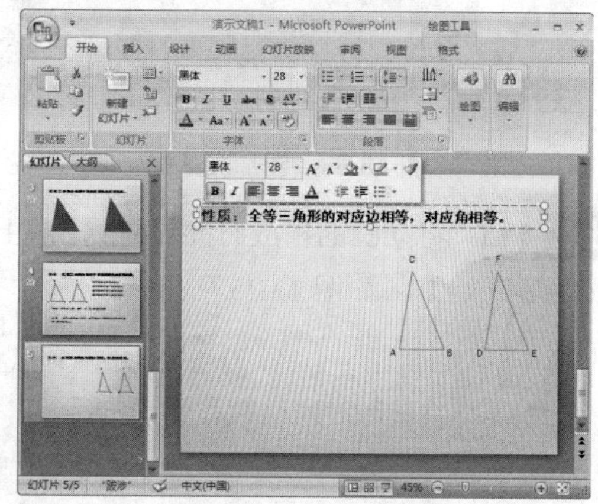


图 13.30　添加文本框

**步骤 17**　在三角形左侧插入文本框，内容如图 13.31 所示。

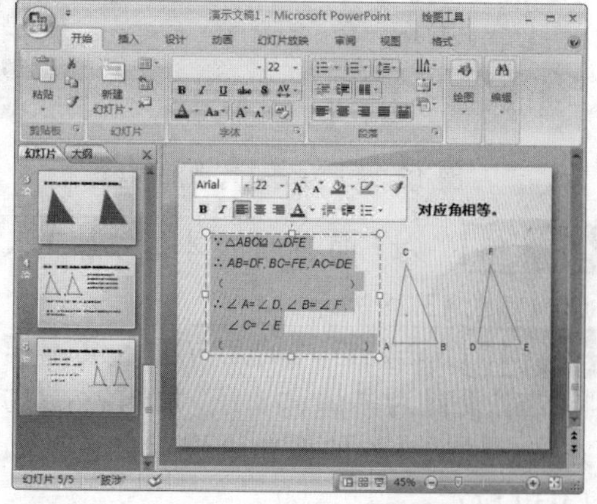


图 13.31　插入文本框

**步骤 18**　为刚插入的文本框添加【飞入】动画，如图 13.32 所示。

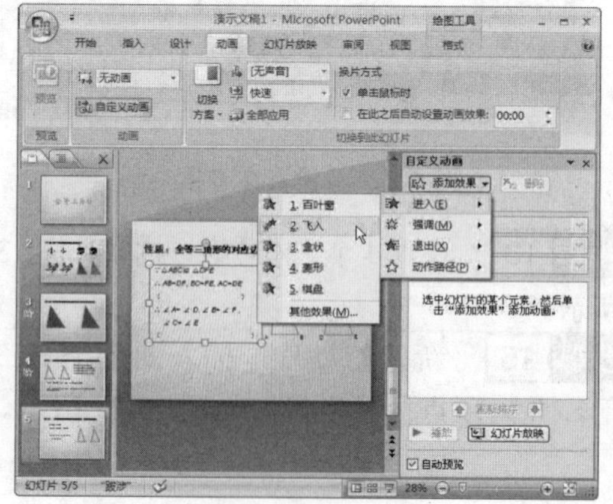


图 13.32　添加动画

**步骤 19**　在文本的两个括号的范围内插入两个文本框，并分别添加动画，如图 13.33 所示。

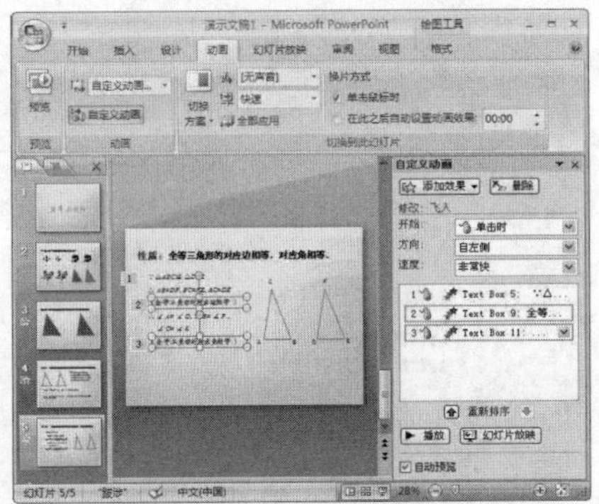

图 13.33　插入文本框并添加动画

**步骤 20**　新建幻灯片，插入文本框，并在文本框内输入题目，如图 13.34 所示。

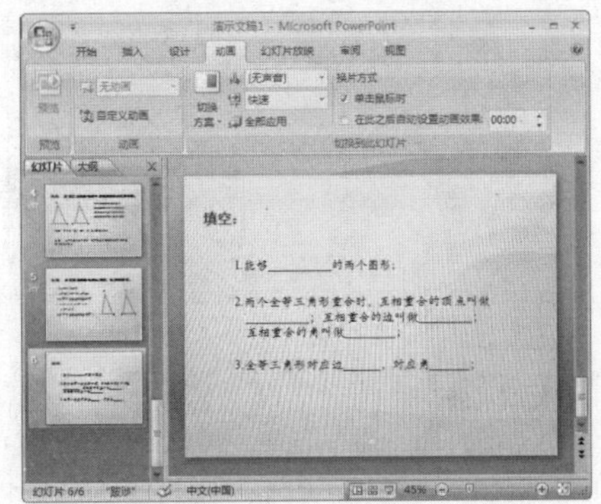

图 13.34　输入填空题题目

**步骤 21**　在空格处插入文本框，并将文本颜色设置为红色，如图 13.35 所示。

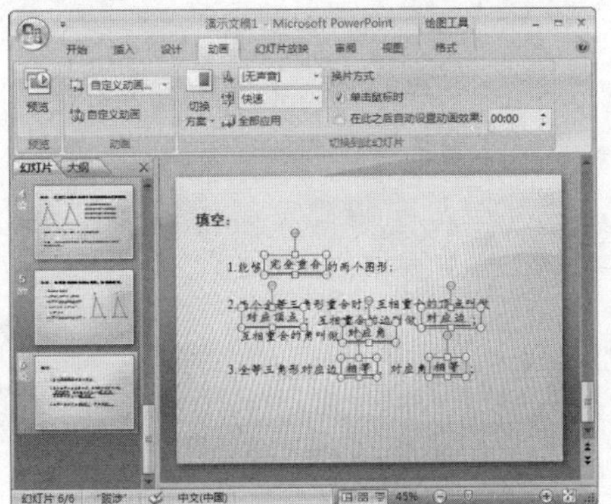

图 13.35　输入填空题答案

**步骤 22**　为这些答案添加动画，如图 13.36 所示。

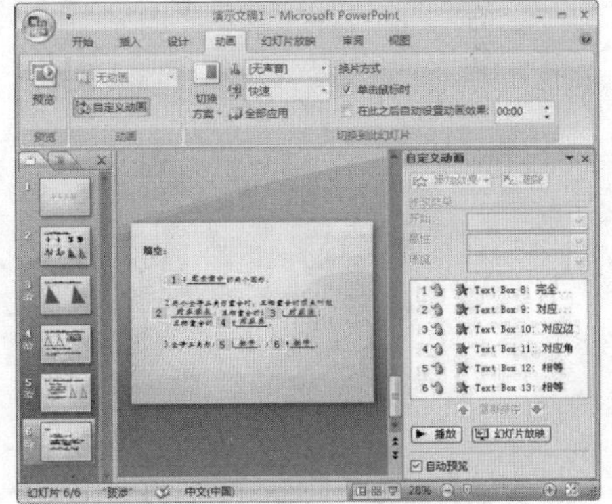

图 13.36　添加动画

**步骤 23**　新建幻灯片，添加选择题部分内容，如图 13.37 所示。

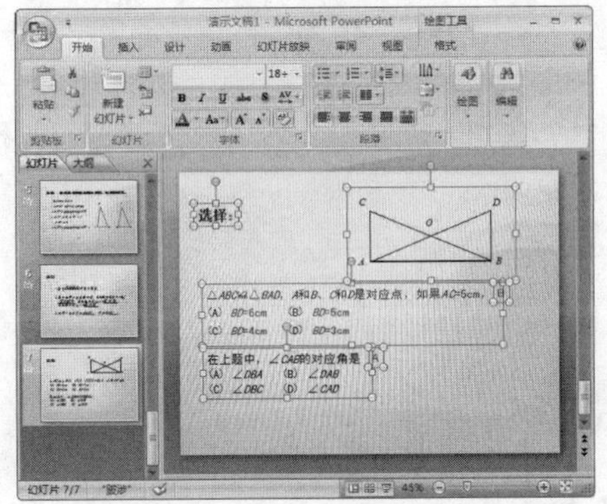

图 13.37　为幻灯片添加内容

**步骤 24**　为幻灯片内容添加动画，添加动画的内容为选择题的两个答案，如图 13.38 所示。

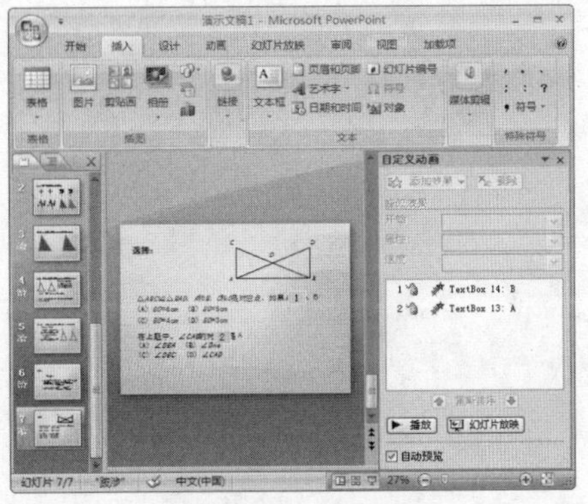

图 13.38　添加动画

**步骤 25** 新建幻灯片，输入课堂总结的内容，分为 4 个文本框，如图 13.39 所示。

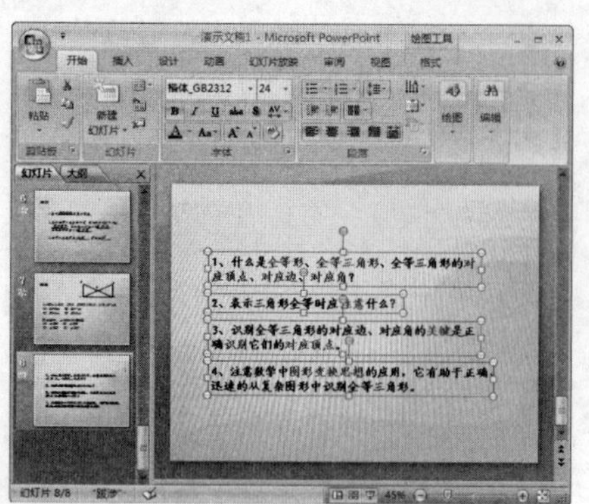

图 13.39 为幻灯片添加内容

**步骤 26** 为这 4 个文本框分别添加动画，如图 13.40 所示。

图 13.40 添加动画

一个完整的课件需要有的基本结构在本章课件中都有体现。本章课件是按照一个课件基本的结构制作的，在使用过程中，可以根据授课需要，添加和删除所需要的功能模块。

# 制作化学课件

本章通过“分子”课件的制作，介绍一个相对完整的化学课件的制作过程。其中，复习了前面讲解的导入图片、添加动画效果、设置超链接等。

## 本章内容主要包括：

- 制作化学课件的思路。
- 综合前面的知识制作化学课件。

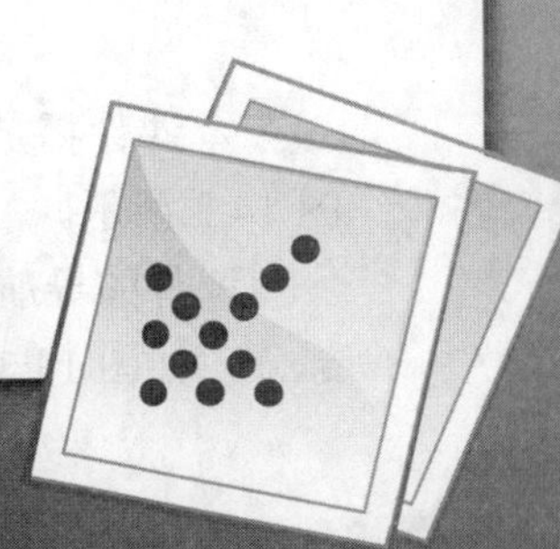

## 14.1 教 学 思 路

本课件通过提问让学生思考，以及采取实验与课件相结合的方法，激发学生的学习兴趣，让学生自主地对学习化学产生兴趣。在教学过程中，充分体现学生的教学主体地位。首先，提出问题让学生思考，在教学的过程中找到答案。其次，让学生通过观察实验，发现实验现象反映的信息，与同学交流进而引导出教学内容。最后，利用化学知识解决开始提出的实际问题，使学生体会到学习化学的重要性，将化学课与生活紧密地联系在一起，并通过练习巩固本课的知识。

## 14.2 脚 本 设 计

下面就要以教学思想为指导目标，针对课件的制作过程进行脚本设计。根据课件实例的具体内容，设计课件整体结构图，如图 14.1 所示。

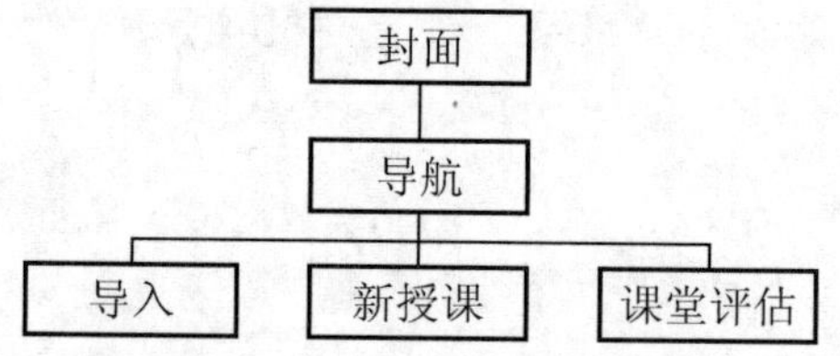


**图 14.1 课件整体结构图**

- 封面：在第一张幻灯片上添加一个内容为“分子”的艺术字，在“分子”的下面是两张有关化学实验的剪贴画，从而直观地体现出化学实验的氛围。
- 导航：由于课堂内容比较多，为了方便上课时回顾前面的幻灯片，利用超链接制作了一个导航页面。
- 导入：通过提出问题让学生思考，引出新授课的内容。
- 新授课：教师为学生讲解的新课内容。
- 课堂评估：利用课堂评估部分对学生进行测试，检查学生掌握新知识的程度。

## 14.3 课件实战——分子

本课件播放后，首先是课件的封面，包含课件的标题和两张有关化学的剪贴画，如图 14.2 所示。

课件的导航部分，是利用超链接制作的，可以根据讲课时的需要快速查找课件的其他部分，如图 14.3 所示。

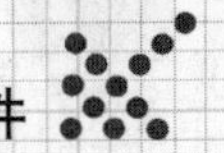

图 14.2　封面

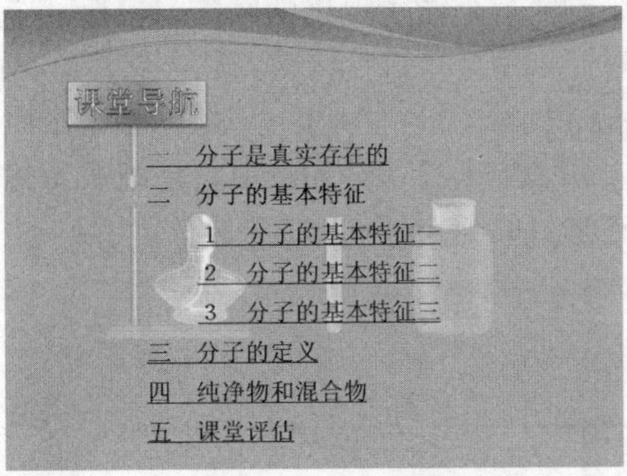

图 14.3　课堂导航

课件的导入部分，提出一些问题让学生思考，利用这些问题引出本课的内容，如图 14.4 所示。

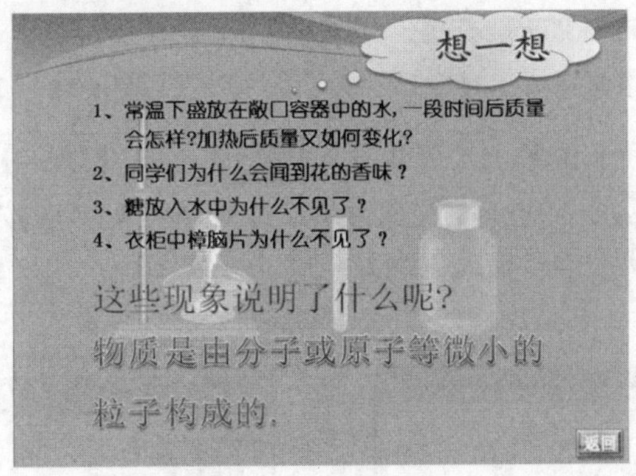


图 14.4　导入部分

新授课部分，一共 14 张幻灯片，分别通过图片或者实验来引出新知识。如图 14.5 所示为其中的一张幻灯片。

最后是课堂评估部分，一共有 6 张幻灯片，全部为选择题。如图 14.6 所示为课堂评估部分的第一张幻灯片。

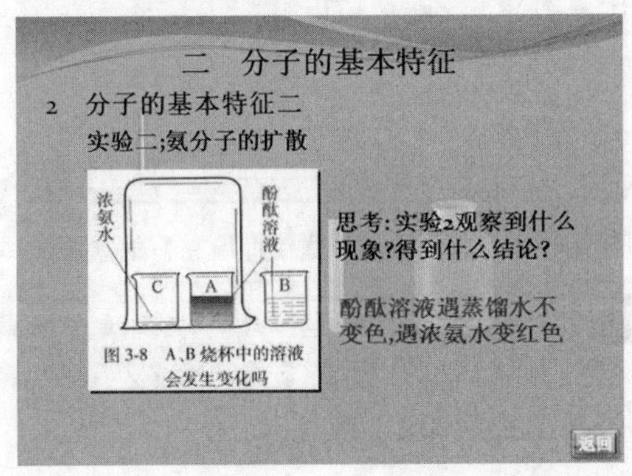


图 14.5　新授课

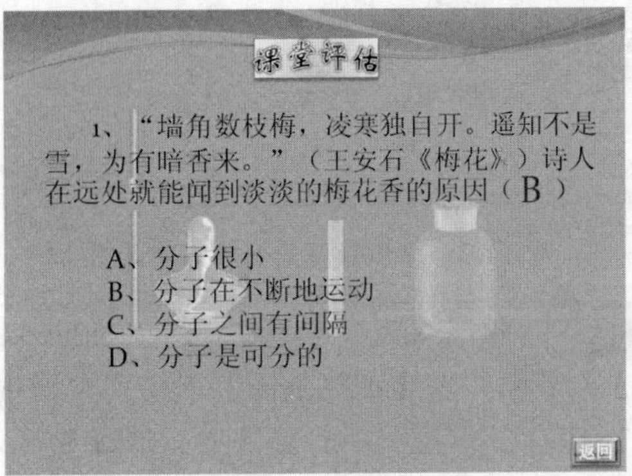


图 14.6　课堂评估

制作一个能表现化学风格的模板，应用到所有幻灯片上，在制作课件时再根据实际情况对个别幻灯片进行调整。这样课件的界面就比较美观和风格统一。具体制作方法如下。

**步骤 1** 运行 PowerPoint，新建一个空白演示文稿。单击【保存】按钮，把演示文稿保存为“分子.ppt”，如图 14.7 所示。

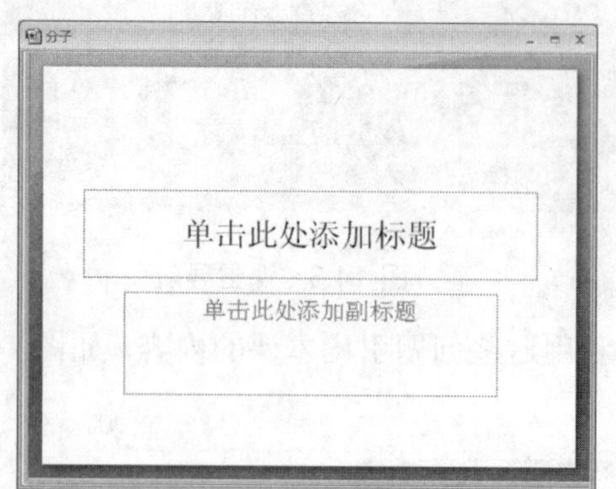


图 14.7 新建演示文稿

**步骤 2** 选择【设计】选项卡，在【设计】选项卡的【主题】选项组中选择一个主题，如图 14.8 所示。

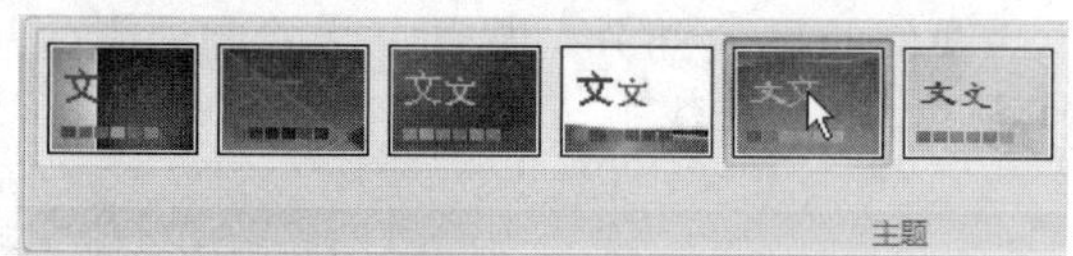


图 14.8 【主题】选项组

**步骤 3** 在【设计】选项卡中单击【背景样式】按钮，在弹出的对话框中选择【设置背景格式】命令，打开【设置背景格式】对话框，如图 14.9 所示。

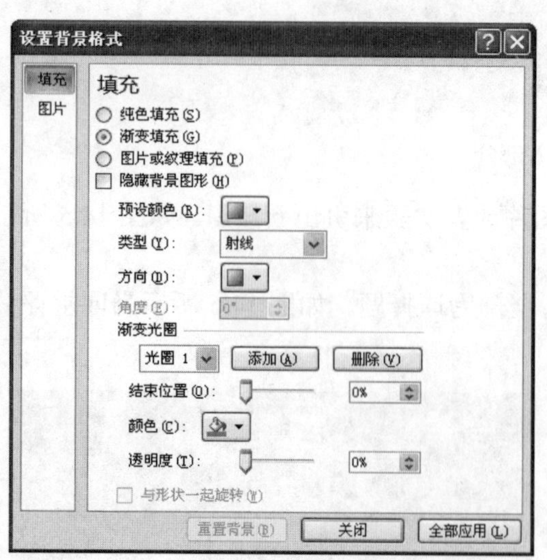


图 14.9 【设置背景格式】对话框

**步骤 4** 在【填充】选项组中，选中【图片或纹理填充】单选按钮，如图 14.10 所示。

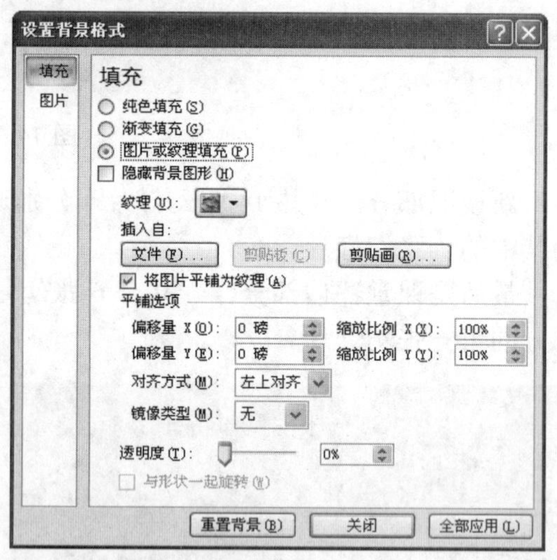


图 14.10 选中【图片或纹理填充】单选按钮

**步骤 5** 单击【文件】按钮，打开【插入图片】对话框，在【查找范围】下拉列表框中，选择含有要插入图片的文件夹，选择要插入的图片(文件路径：配套光盘\素材\第 14 章\背景.bmp)，如图 14.11 所示。

**步骤 6** 单击【插入】按钮，返回【设置背景格式】对话框。设置【透明度】为 60%，单击【全部应用】按钮，如图 14.12 所示。

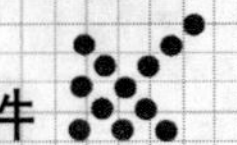

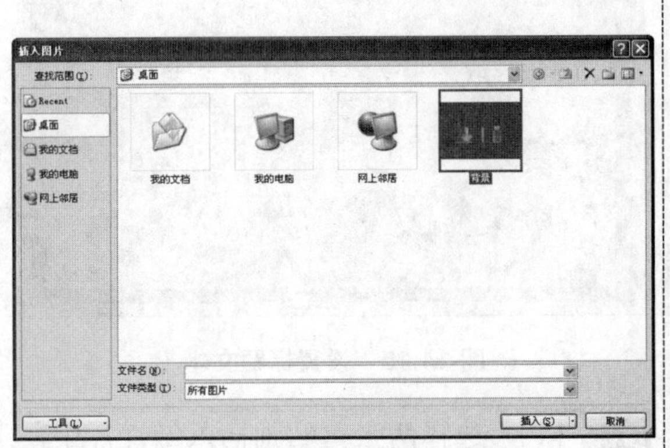

图 14.11　【插入图片】对话框

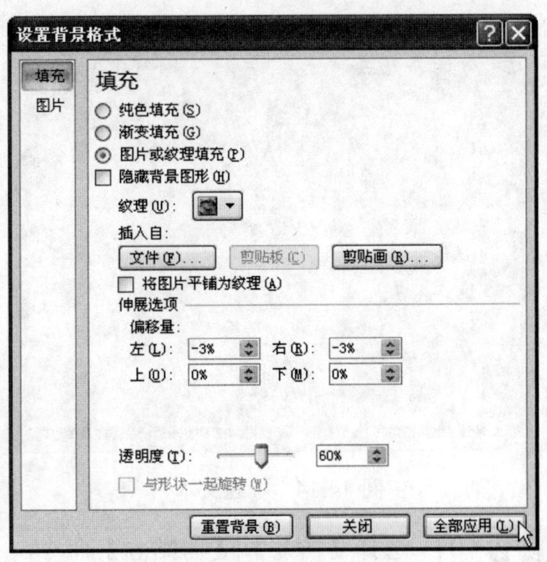


图 14.12　设置【透明度】

**步骤 7**　背景设置完成后，效果如图 14.13 所示。

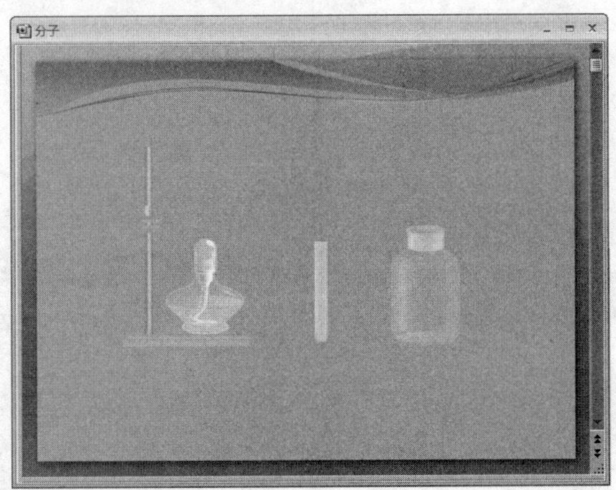

图 14.13　课件背景样式

**注 意**

本例是一个化学课件，在这个课件的封面中选用了两张有关化学实验的剪贴画，从而直观地体现出化学实验的氛围。

**步骤 8**　选择【插入】选项卡，然后在【文本】选项组中单击【文本框】按钮，在弹出的下拉列表中选择【横排文本框】命令。在幻灯片上插入水平文本框，输入本课件的标题“分子”，设置文字格式字体为“隶书”，颜色为“白色”，大小为 80，如图 14.14 所示。

**步骤 9**　选择【格式】选项卡，利用【形状样式】选项组和【艺术字样式】选项组为文字选择形状样式和艺术字样式，将文字居中，如图 14.15 所示。

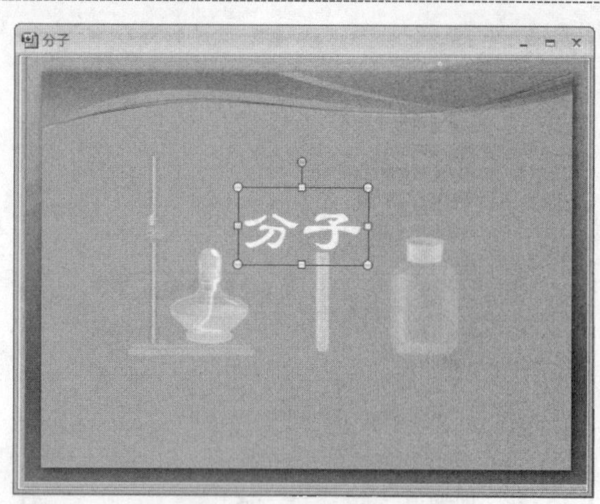


图 14.14　标题文本

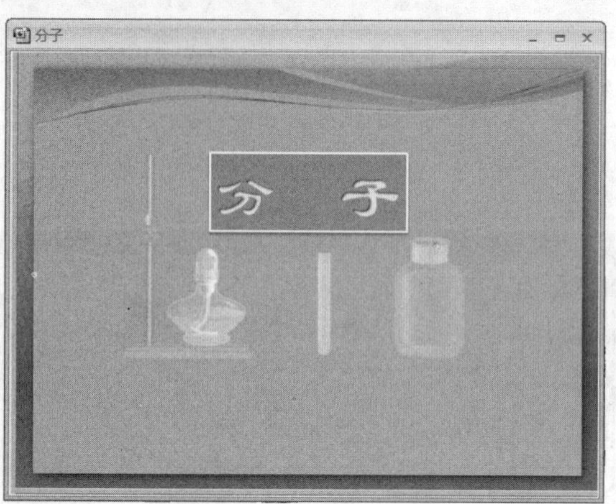


图 14.15　设置标题文本

步骤 10　选择【插入】|【剪贴画】命令，打开【剪贴画】窗格。在【搜索文字】文本框中输入“化学”，然后搜索有关的剪贴画，如图 14.16 所示。

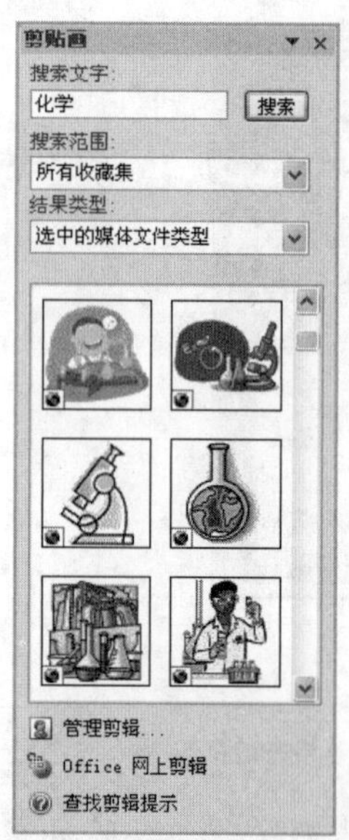


图 14.16　【剪贴画】窗格

步骤 11　选择两张剪贴画插入幻灯片中，调整其大小与位置，如图 14.17 所示。

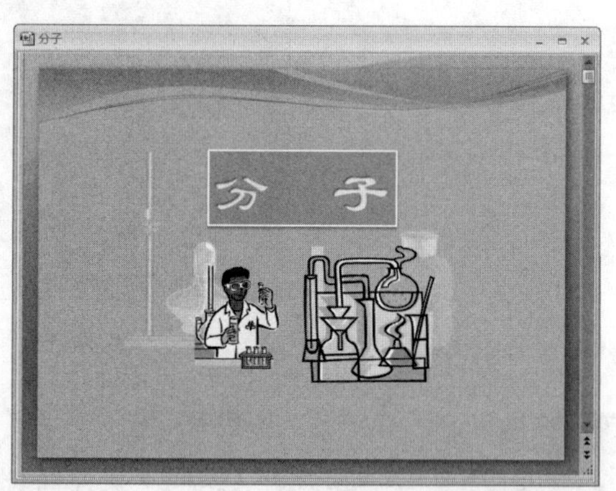


图 14.17　插入剪贴画

步骤 12　选择【动画】选项卡，单击【自定义动画】，打开【自定义动画】窗格。选中标题“分子”，单击【添加效果】按钮，在弹出的菜单中选择【进入】|【其他效果】命令。在出现的【添加进入效果】对话框中，选择【向内溶解】效果，如图 14.18 所示。

步骤 13　在【开始】下拉列表框中选择【之后】选项，其他采取默认设置，如图 14.19 所示。这样幻灯片播放时，随着幻灯片的打开就出现文字的进入效果。

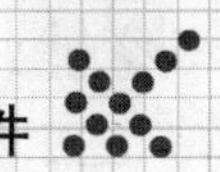

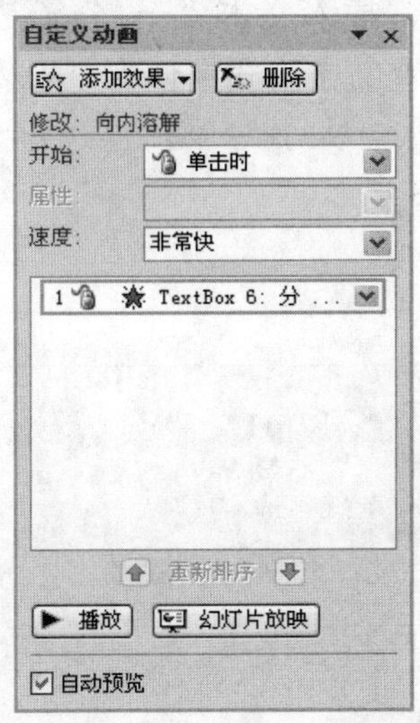


图 14.18　为“分子”设置动画

图 14.19　重新设置【开始】选项

**步骤 14**　在【自定义动画】窗格中单击动画效果选项，打开【向内溶解】对话框中的【效果】选项卡，在【声音】下拉列表框中选择【风铃】，如图 14.20 所示。

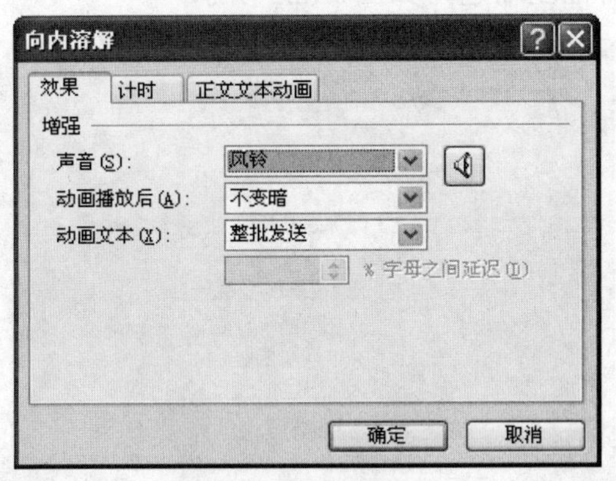


图 14.20　设置声音

**步骤 15**　把两张剪贴画进行组合，然后设置自定义动画。这里为其设置成进入动画效果中的【棋盘】效果，同样在【开始】下拉列表框中选择【之后】，也就是上一动画后自动播放，如图 14.21 所示。

图 14.21　为剪贴画设置动画

**注　意**

由于课堂内容比较多，为了方便上课时回顾前面的幻灯片，利用超链接制作了一个导航页面，制作一个【返回】按钮放在其他幻灯片上，播放幻灯片的任何时候单击这个按钮就可以返回到导航页面。

步骤 16 插入一张幻灯片，在幻灯片上右击，选择【版式】|【空白】命令。插入文本“课堂导航”，在【格式】选项卡中利用【形状样式】选项组和【艺术字样式】选项组，为文字选择形状样式和艺术字样式，如图 14.22 所示。

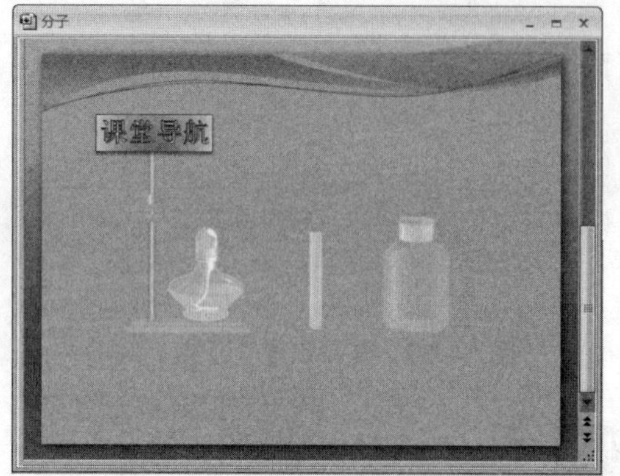


图 14.22 插入文本“课堂导航”

步骤 17 插入文本“一 分子是真实存在的”，设置文字格式字体为“宋体”，颜色为“黑色”，大小为 28，样式为“粗体”，如图 14.23 所示。

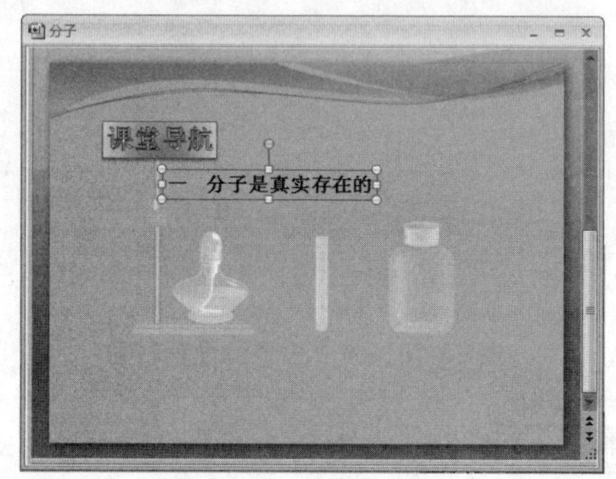


图 14.23 插入导航文本

步骤 18 输入其他的导航文本，如图 14.24 所示。

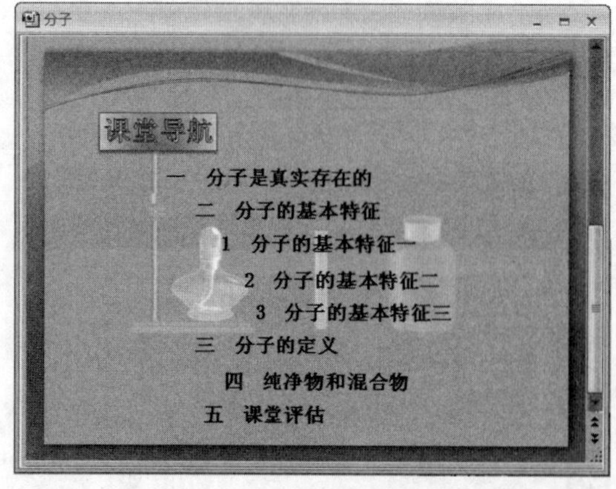


图 14.24 全部导航文本

步骤 19 选中所有文本，然后选择【格式】选项卡，单击【排列】选项组中的【对齐】按钮，在弹出的下拉列表中选择【左对齐】命令，然后再次选择【纵向分布】命令，使文本对齐并分布均匀，然后设置分子的基本特征左缩进，如图 14.25 所示。

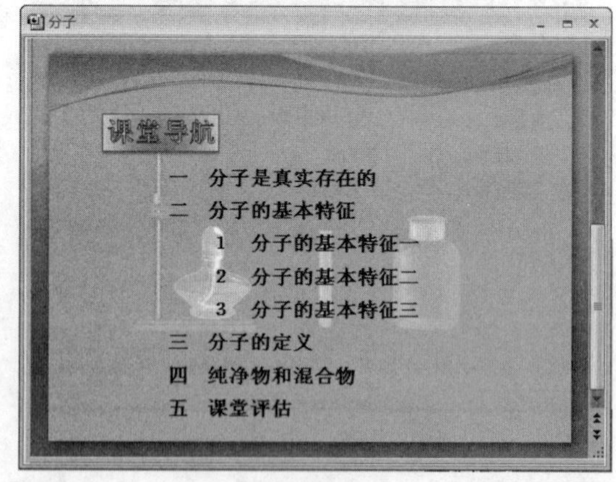


图 14.25 对齐导航文本

**注 意**

新授课部分一共 15 张幻灯片，幻灯片的序号是 3～17。下面开始制作新授课部分的幻灯片。

**步骤 20**　插入一张幻灯片，版式设置为【空白】。插入一个云形标注，输入文本“想一想”，设置它们的格式，如图 14.26 所示。

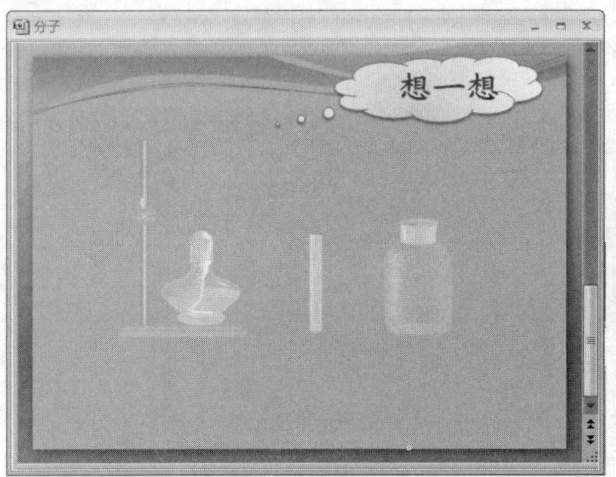


图 14.26　插入文本“想一想”

**步骤 21**　插入文本框输入想一想的问题和答案，并设置它们的格式和调整位置，如图 14.27 所示。

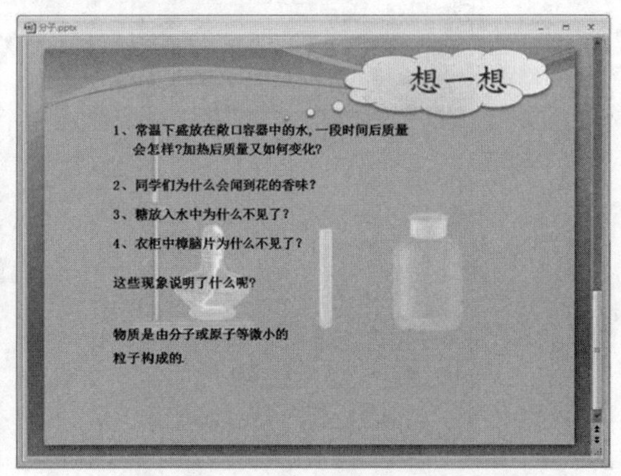


图 14.27　插入想一想的问题和答案

**步骤 22**　设置 4 个想一想问题的文本字体为“幼圆”，颜色为“黑色”，大小为 24，样式为“粗体”，如图 14.28 所示。

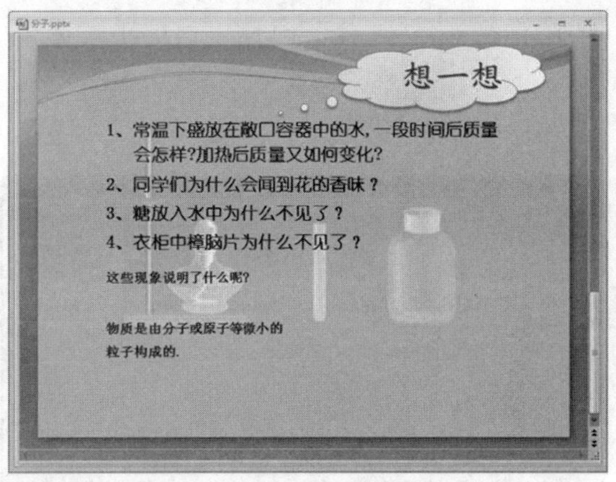


图 14.28　设置问题的格式

**步骤 23**　设置提问和回答的文本，字体为“宋体”，大小为 40，样式为“粗体”，并且为回答的文本设置艺术字样式，如图 14.29 所示。

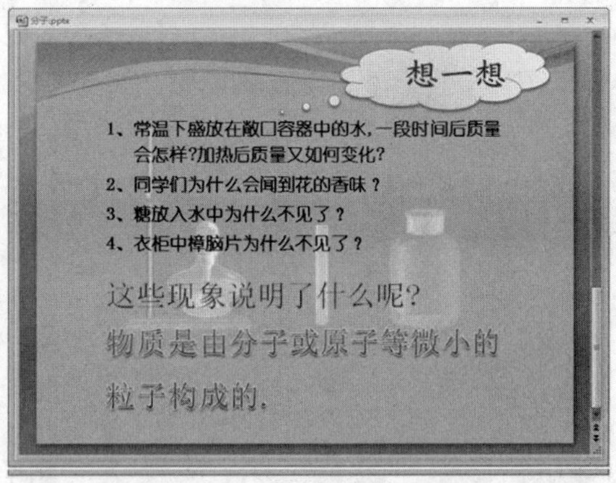


图 14.29　设置提问和回答的格式

**步骤 24**　选择【动画】选项卡，单击【自定义动画】，打开【自定义动画】窗格。选中问题 1，单击【添加效果】按钮，在弹出的菜单中选择【进入】|【其他效果】命令。在出现的【添加进入效果】对话框中，选择【百叶窗】效果，如图 14.30 所示。

**步骤 25**　用同样的方法为其他文本框添加动画效果。添加完成后如图 14.31 所示。

图 14.30 为问题 1 添加动画效果

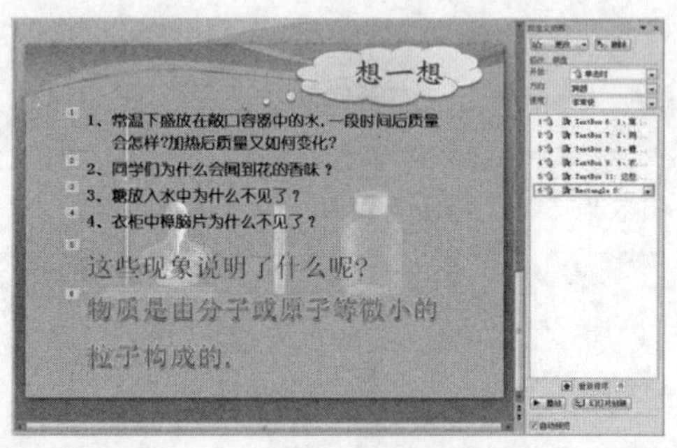


图 14.31 为其他文本添加动画效果

**步骤 26** 插入一张幻灯片，在这张幻灯片上制作“分子是真实存在的”的内容，版式设置为【空白】。插入文本框输入文本，再设置文本的格式，如图 14.32 所示。

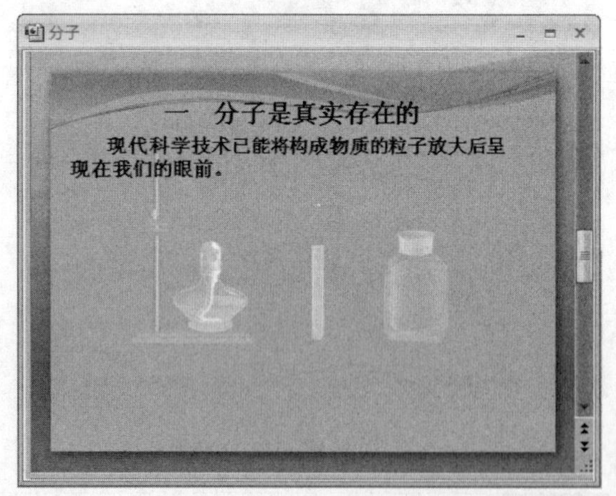


图 14.32 插入文本

**步骤 27** 选择【插入】选项卡，单击【图片】按钮，打开【插入图片】对话框。选择需要插入图片所在的文件和文件名称，单击【插入】按钮，插入图片(文件路径：配套光盘\素材\第 14 章\图片 1.jpg)，如图 14.33 所示。

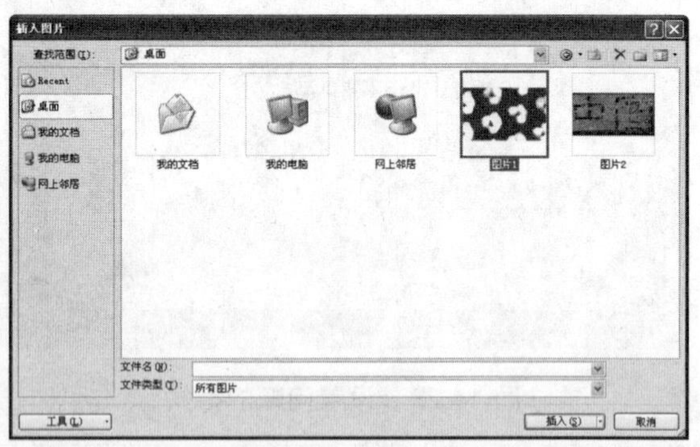


图 14.33 插入图片

**步骤 28** 用同样的方法插入“图片 2” (文件路径：配套光盘\素材\第 14 章\图片 2.jpg)，完成后调整两张图片的大小和位置，并在图下面插入每张图的介绍，如图 14.34 所示。

**步骤 29** 用以前的方法为文本和图片添加适当的进入动画效果，完成后如图 14.35 所示。

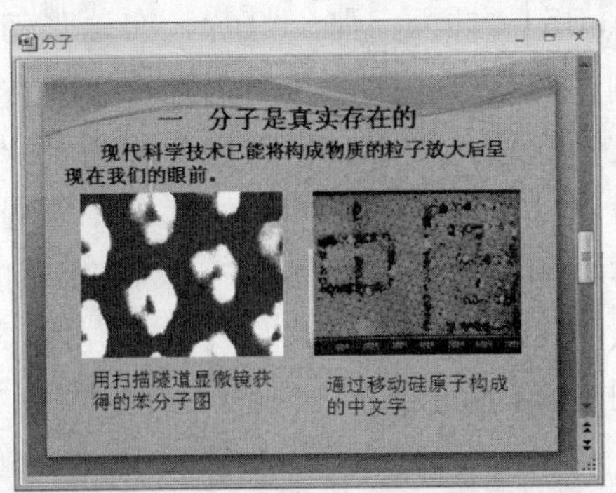


图 14.34　插入另一张图片及文本

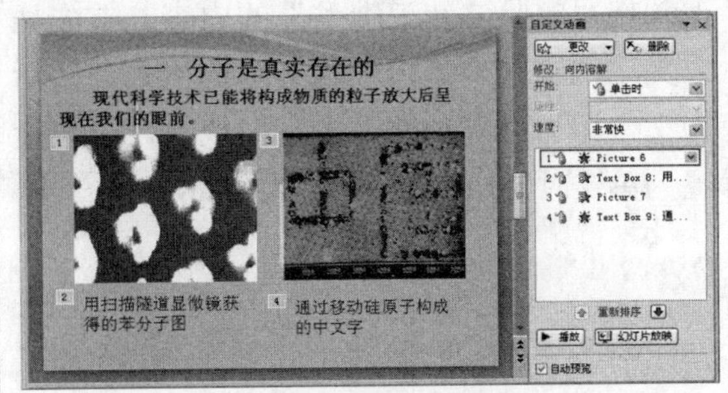


图 14.35　为文本和图片添加动画效果

**步骤 30**　插入一张幻灯片，在这张幻灯片上制作“分子的基本特征一”的内容，插入文本框输入文本，再设置文本的格式，如图 14.36 所示。

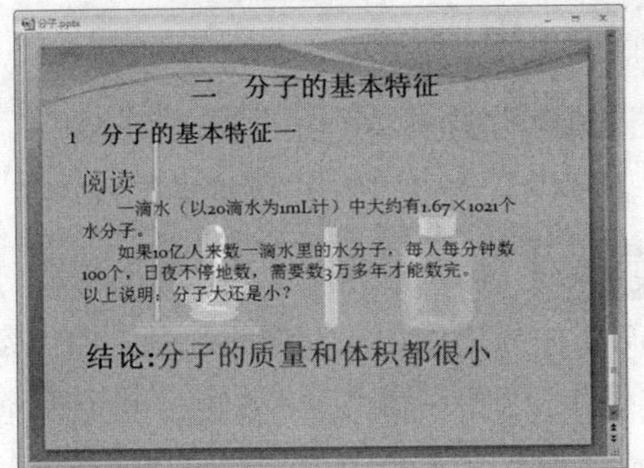


图 14.36　“分子的基本特征一”的内容

**步骤 31**　为文本“阅读”和“结论”添加进入动画“盒状”和“擦除”效果，这两个效果设置为单击时完成，如图 14.37 所示。

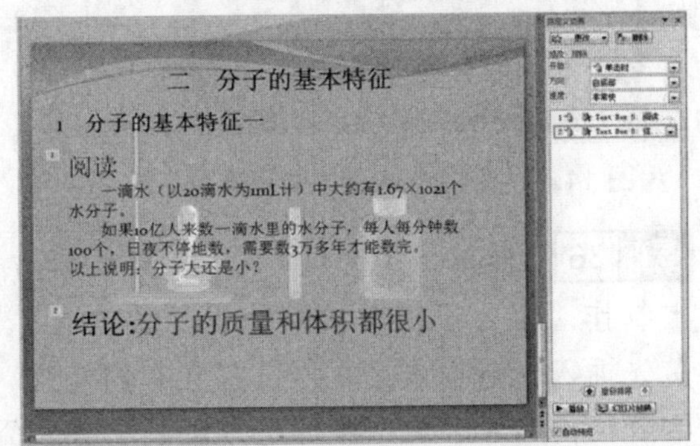


图 14.37　为文本添加动画效果

**步骤 32**　插入一张幻灯片，在这张幻灯片上制作“品红扩散实验”的内容。首先插入文本框输入文本和插入准备好的图片，然后设置文本的格式图片的大小，如图 14.38 所示。

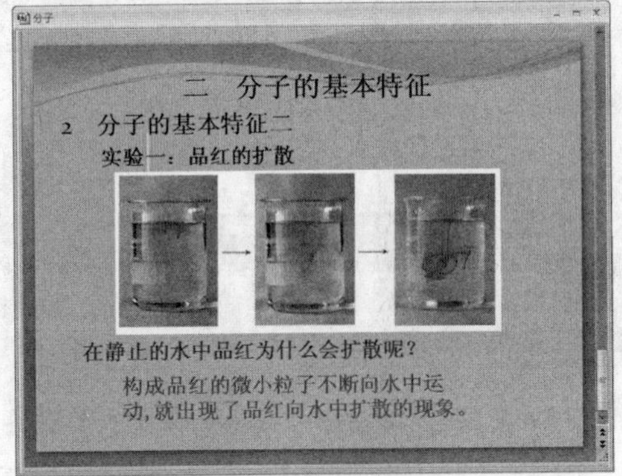


图 14.38　“品红扩散实验”的内容

**步骤 33**　为图片和文本添加进入动画“阶梯状”和“楔入”效果，这 3 个效果设置为单击时完成，如图 14.39 所示。

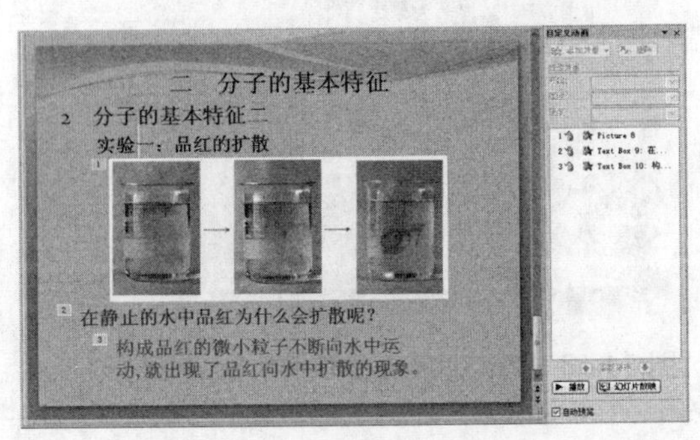


图 14.39　为图片和文本添加进入动画效果

**步骤 34** 插入一张幻灯片，在这张幻灯片上制作“实验二知识准备”的内容。首先插入文本框输入文本，设置文本的格式，然后为文本添加进入动画“盒状”效果，效果设置为单击时完成，如图 14.40 所示。

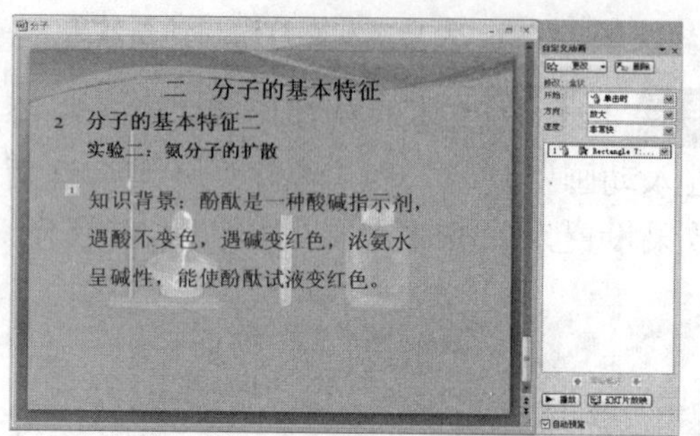


图 14.40 制作“实验二知识准备”幻灯片

**步骤 35** 插入一张幻灯片，在这张幻灯片上制作“氨分子扩散实验”的内容。首先插入文本框输入文本和插入准备好的图片，然后设置文本的格式、图片的大小。为图片和文本添加进入动画“盒状”、“擦除”和“阶梯状”效果，这 3 个效果设置为单击时完成，如图 14.41 所示。

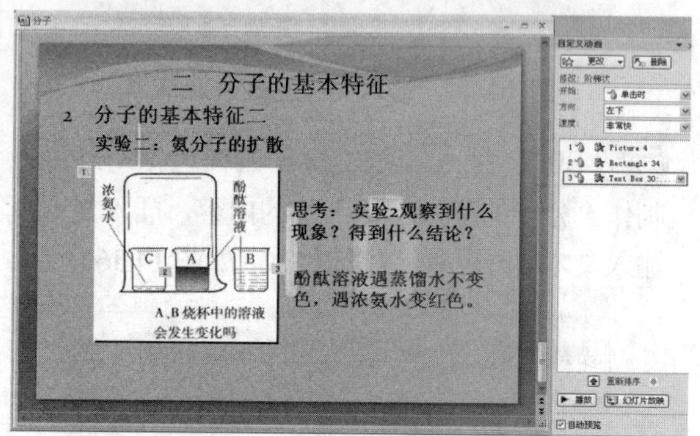


图 14.41 制作“氨分子扩散实验”幻灯片

**步骤 36** 插入一张幻灯片，在这张幻灯片上制作“氨分子扩散实验分析”的内容。首先插入表格输入文本，设置文本的格式。为表格内的 4 个文本添加进入动画“擦除”效果，4 个效果全部设置为单击时完成，如图 14.42 所示。

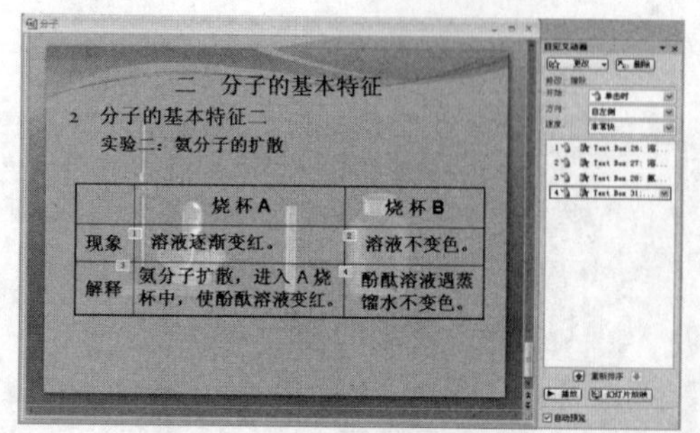


图 14.42 制作“氨分子扩散实验分析”幻灯片

**步骤 37** 插入一张幻灯片，在这张幻灯片上制作“分子运动与温度的关系”的内容。首先插入文本框输入文本和插入准备好的图片，然后设置文本的格式、图片的大小，如图 14.43 所示。

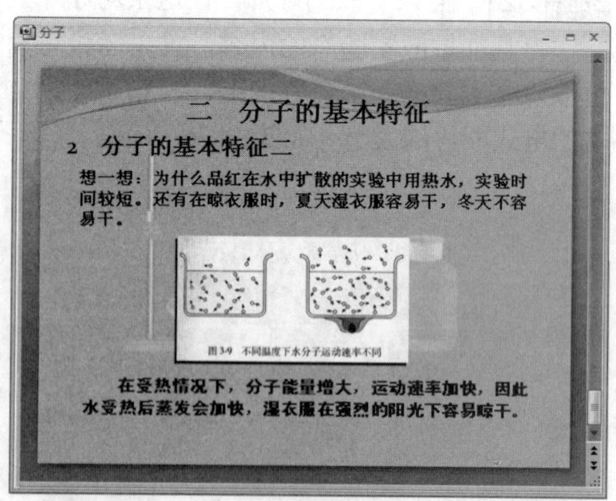


图 14.43 “分子运动与温度的关系”的内容

**步骤 38**　为两个文本添加进入动画“切入”效果，为图片添加进入动画“淡出式缩放”效果，这 3 个效果设置为单击时完成，如图 14.44 所示。

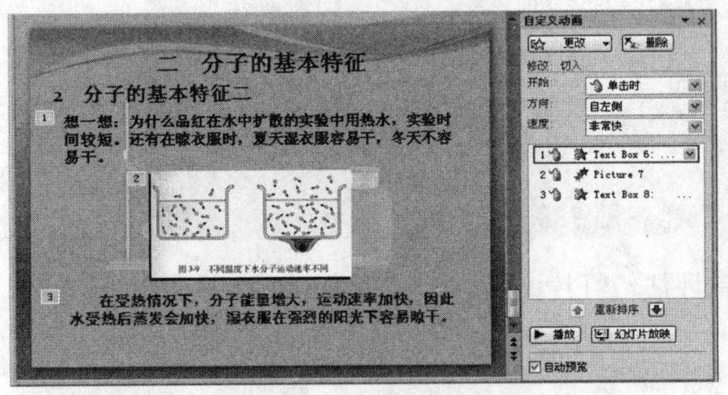

图 14.44　为图片和文本添加进入动画效果

**步骤 39**　插入一张幻灯片，在这张幻灯片上制作“分子基本特征二的结论”的内容。首先在文本框输入文本，设置文本的格式。然后为文本添加进入动画“向内溶解”效果，效果设置为单击时完成，如图 14.45 所示。

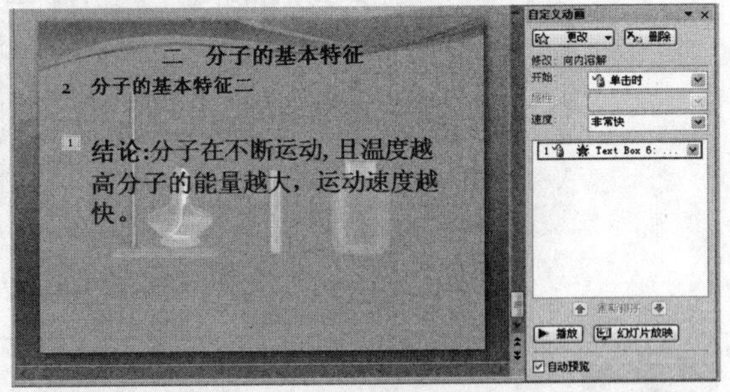

图 14.45　制作“分子基本特征二的结论”幻灯片

**注 意**

新授课部分“分子基本特征三”的幻灯片制作方法，与“分子基本特征二”幻灯片的制作方法大致相同，这里就不再详细介绍。

在上课要结束时，利用课堂评估部分对学生进行测试，检查学生掌握新知识的程度，以利于教师了解学生的学习情况。

**步骤 40**　插入一张幻灯片，版式设置为【空白】。插入“课堂评估”艺术字、习题、选项和正确答案的选项号，然后把正确答案的选项号变为红色，如图 14.46 所示。

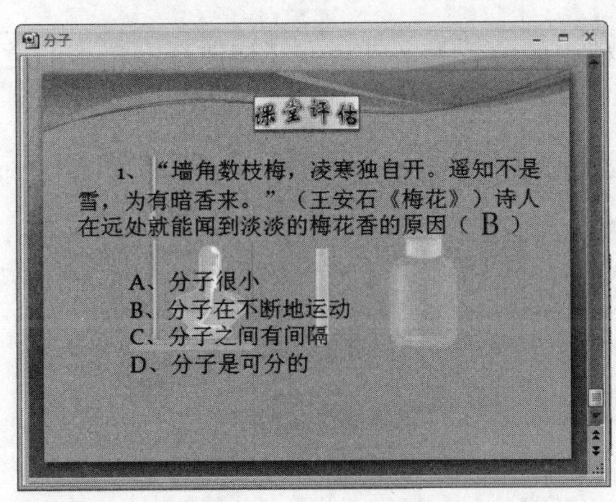


图 14.46　插入文本

**步骤 41**　选择【动画】选项卡，单击【自定义动画】，打开【自定义动画】窗格。选中 B 为其添加【飞入】动画效果，如图 14.47 所示。

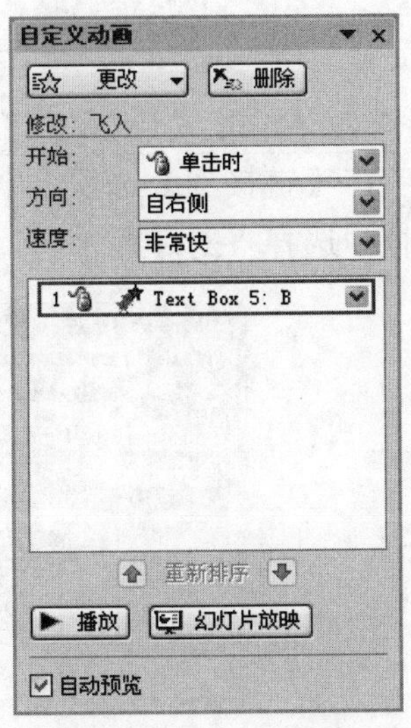


图 14.47　为 B 添加动画效果

**步骤 42** 依次制作其余的课堂评估幻灯片，制作完成后，效果如图 14.48 所示。

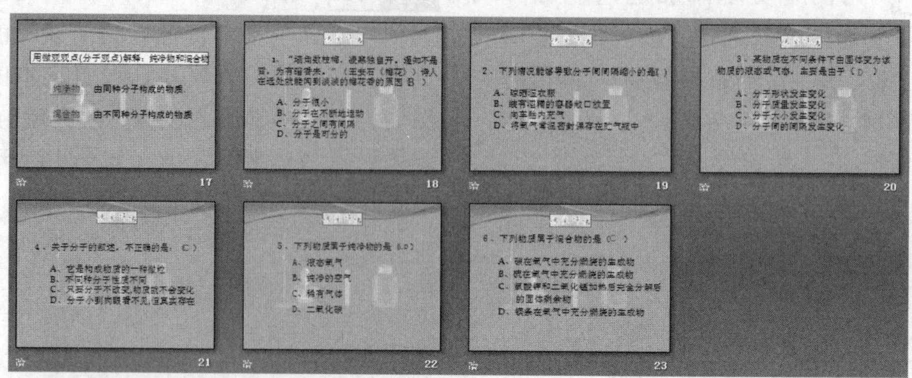

图 14.48 课堂评估幻灯片

**注 意**

制作完所有的幻灯片以后，回到第二张幻灯片，为导航文本设置超链接，单击导航文本后链接到相应的幻灯片上。而且在除导航幻灯片的其余幻灯片上放置一个【返回】按钮，同样通过设置超链接链接到导航幻灯片。

**步骤 43** 返回到第二张幻灯片，选择中“一　分子是真实存在的”的文本框，右击，选择【超链接】命令，打开【插入超链接】对话框，如图 14.49 所示。

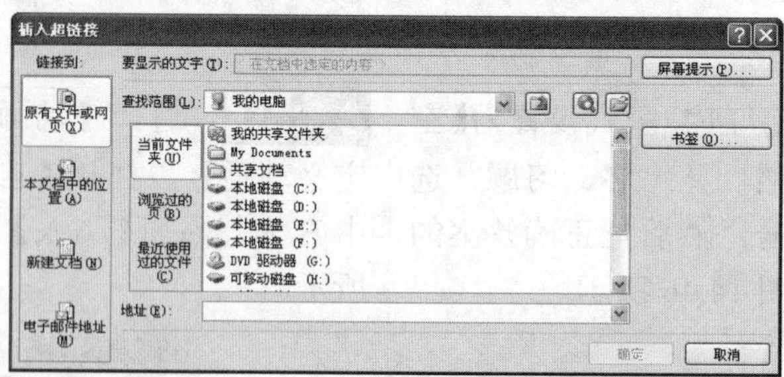


图 14.49 【插入超链接】对话框

**步骤 44** 在【链接到】选项组中单击【本文档中的位置】，然后在【请选择文档中的位置】列表框中选择“幻灯片 3”，单击【确定】按钮，如图 14.50 所示。

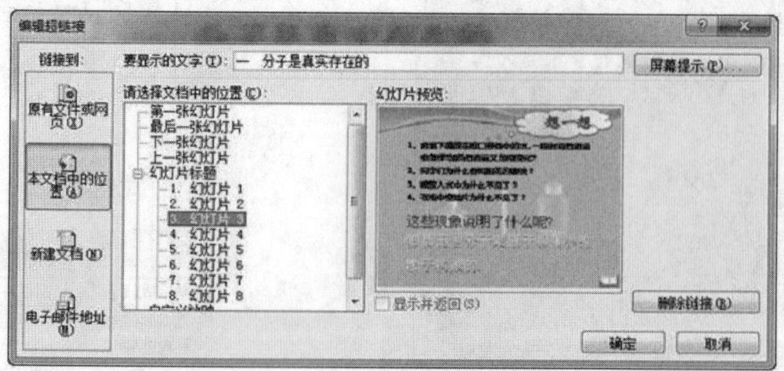


图 14.50 设置超链接

**步骤 45** 用同样的方法设置其他导航文本的超链接，链接到相应的幻灯片上。设置超链接以后，文本的颜色会发生改变，而且访问过的超链接会变成另一种颜色，如图 14.51 所示。

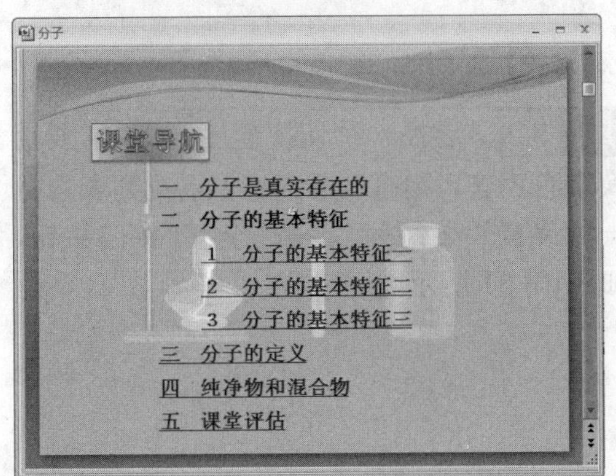


图 14.51　超链接页面

**步骤 46** 有时幻灯片背景的颜色与超链接的颜色相同或者相近，使得超链接不易辨认，因此要改变超链接的颜色，设置成需要的颜色。选择【设计】选项卡，单击【颜色】按钮，显示内置配色方案列表，如图 14.52 所示。

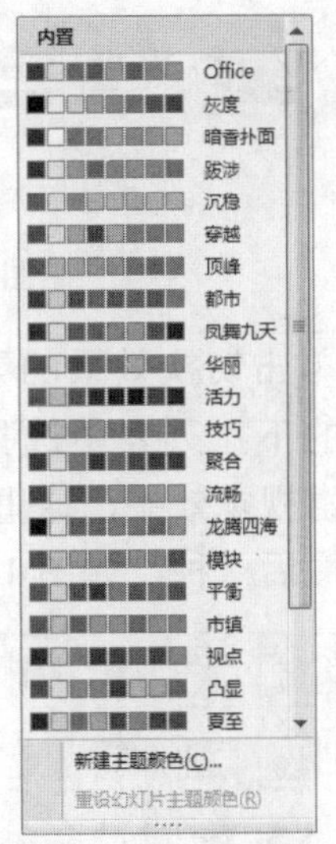


图 14.52　内置配色方案列表

**步骤 47** 单击显示内置配色方案列表下端的【新建主题颜色】，打开【新建主题颜色】对话框。在【主题颜色】选项组中单击超链接后面的选色按钮，打开【主题颜色】面板，选择合适的颜色。设置完成后，单击【保存】按钮就可以了。这时超链接的颜色就改变了，如图 14.53 所示。

图 14.53　【新建主题颜色】对话框

**步骤 48** 选择第三张幻灯片，制作一个【返回】按钮，调整它的位置到幻灯片的右下角，如图 14.54 所示。用和上面同样的方法将该按钮链接到第二张幻灯片。复制这个按钮到其余所有的幻灯片。可以测试一下，看看是不是实现了想要的效果。

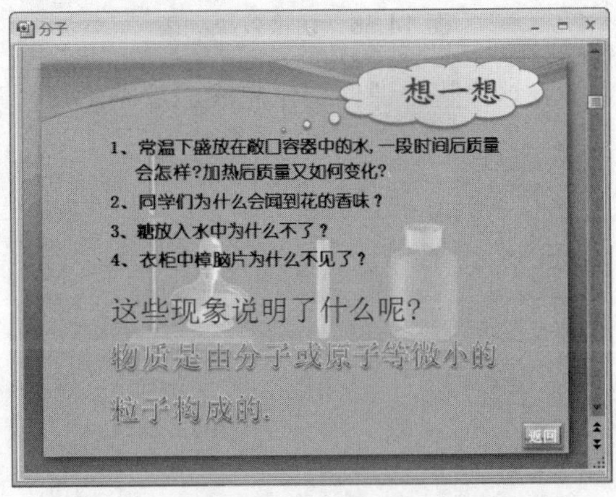


图 14.54　添加了【返回】按钮的幻灯片

**注 意**

为了丰富幻灯片的放映效果，可以设置每张幻灯片之间的切换效果。

**步骤 49** 选择第一张幻灯片，选择【动画】选项卡，出现【切换到此幻灯片】选项组，如图 14.55 所示。

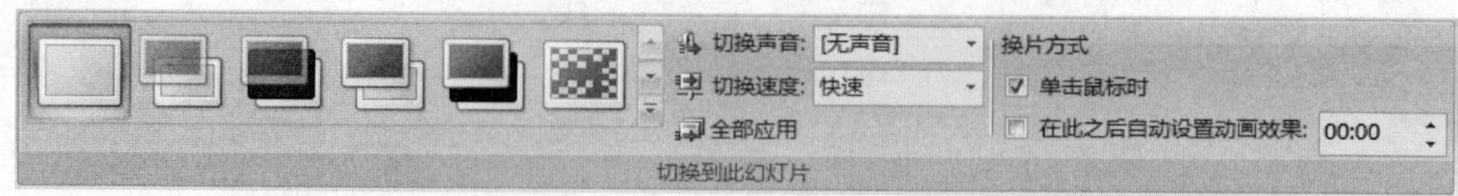


图 14.55 【切换到此幻灯片】选项组

**步骤 50** 单击切换效果的下拉列表按钮，在弹出的下拉列表中选择一种切换效果。为了丰富视觉效果，这里选择【随机】切换效果的最后一种，如图 14.56 所示。

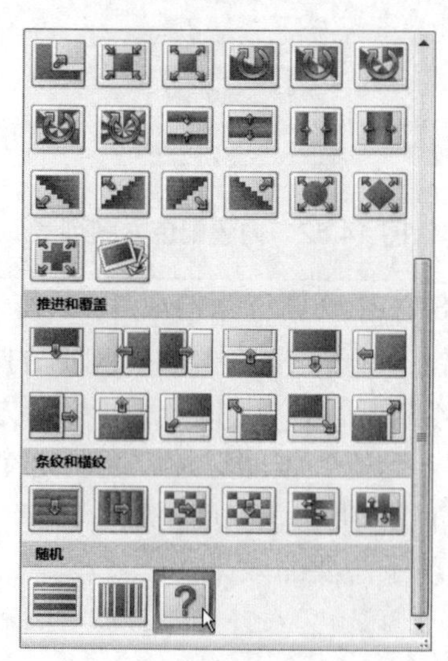


图 14.56 切换效果列表

**步骤 51** 选择一种切换速度。如果需要切换带有声音，则打开【声音】下拉列表选择一种声音效果，最后单击【全部应用】按钮，如图 14.57 所示。

图 14.57 单击【全部应用】按钮

到这里整个课件制作完成。放映幻灯片观察总体效果，如果有错误可以进行修改。

# 制作物理课件

本章应用前面所学的知识制作一个物理课件，复习前面所学的设置文字的样式、为对象设置出场动画、设置幻灯片切换效果、在幻灯片中插入 Flash、为对象添加动作等知识。

本章内容主要包括：

- 课件的整体制作思路。
- 制作物理课件的详细步骤。

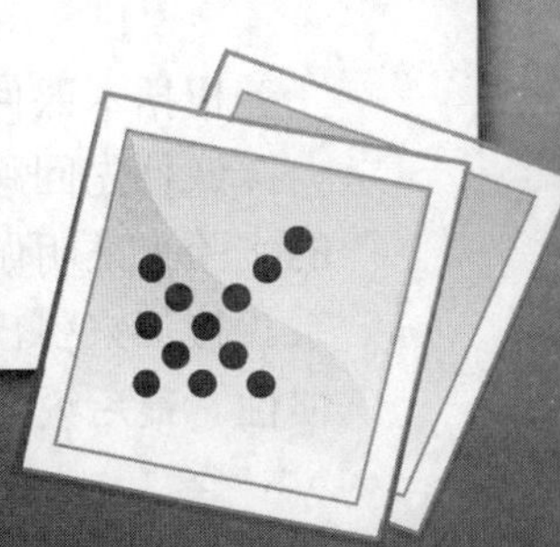

## 15.1 教学思路

本课件意在通过动态的课件激发学生的学习兴趣，利用学生的好奇心引导学生主动开展探究式学习，变被动接受为主动研究。

回顾历史，2000 多年前，古希腊哲学家亚里士多德根据当时人们对运动和力的关系的认识提出一个观点：必须有力作用在物体上，物体才能运动。这种观点的提出是很自然的。我们从周围的事情出发，很容易就会得出这个结论。如车不推就不走，门不拉不开等。这种观点统治人们的思想有 2000 年。直到 17 世纪，意大利科学家伽利略才指出这种说法是错误的，他分析到：运动的车停下来是由于摩擦力的原因，运动物体减速的原因是摩擦力。伽利略提出了自己的看法，他指出：物体一旦具有某一速度，没有加速和减速的原因，这个速度将保持不变。这里所指的减速的原因就是摩擦力。摩擦力实验可以证明这一观点，同一辆小车从同一个斜坡的同一高度向下走，下面分别铺毛巾、棉布和木板，发现表面越光滑，小车走得越远。由此可以推断如果运动表面绝对光滑且无穷长，小车会永远向前滑动。从而可以得出一个结论：力不是维持物体运动状态的原因，而是改变物体运动状态的原因。

牛顿总结了前人的经验，总结成牛顿第一定律：一切物体总保持匀速运动状态或静止状态，直到有外力迫使它改变这种状态为止。

牛顿第一定律又称为惯性定律：任何物体都有保持原来静止或匀速直线运动状态的性质，物理学中把这种性质叫做物体的惯性。

通过实验可以了解物体的惯性。如小车起动时，车上的木板向后倒；刹车时，木块向前倒。人坐在汽车中也有同样的感受。将几个棋子叠在一起，用尺迅速打出下面的棋子，上面的棋子不动。

最后通过提出问题的方式让学生思考惯性的大小是由什么决定的。

本课件利用实验引导学生从生活走向物理，再从物理走向生活。上课时老师为学生创设意境，激发学生探究的欲望，然后引导学生对提出的问题通过实验进行研究探讨，并对实验现象进行分析总结，得出相关的结论，最后让学生用所探究的结论来进一步认识生活中的常见现象，并能解释这些现象产生的原因。

## 15.2 脚本设计

根据本课件的实例，设计课件的整体结构图如图 15.1 所示。

课件先回顾历史，分别介绍亚里士多德和伽利略的观点，用小车在不同物体表面滑动的实验来证明伽利略的观点(插入一个 Flash 演示这一实验过程)，总结出力与动态状态的关系。接下来引出牛顿第一定律。牛顿第一定律又称为惯性定律，通过两个实验认识物体的惯性。最后说明质量是惯性的唯一量度。

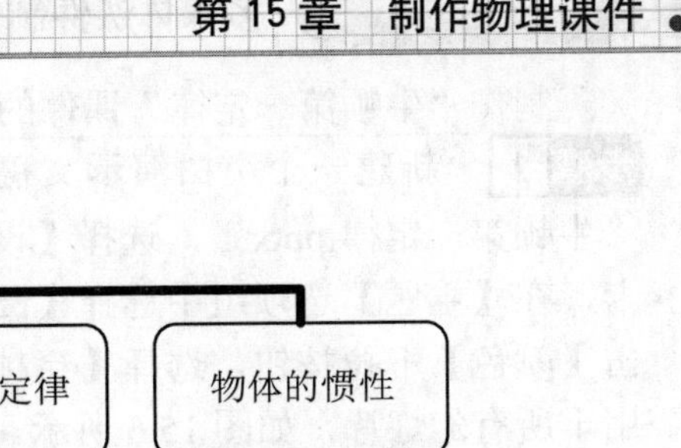

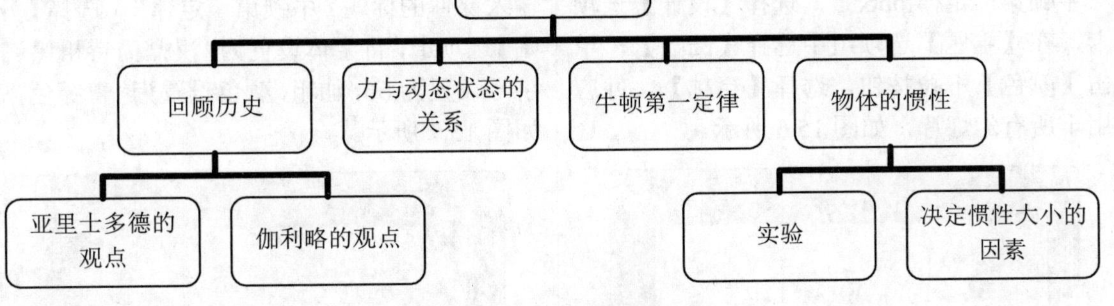


图 15.1　课件的整体结构图

## 15.3　课件实战——牛顿第一定律

下面开始制作课件“牛顿第一定律”。本课件主要复习前面所学的为对象设置出场动画的方法、设置幻灯片切换效果的方法、在幻灯片中插入 Flash 的方法、为对象添加动作的方法等知识。

先预览一下课件中主要的幻灯片。首先是课件的封面，如图 15.2 所示。

回顾历史，明白力与运动状态的关系后，引入牛顿第一定律，如图 15.3 所示。

图 15.2　预览课件的封面

图 15.3　预览“牛顿第一定律”幻灯片

介绍什么是惯性定律，如图 15.4 所示。

在幻灯片中插入 Flash，演示突然拉动小车，小车上的木块会向后倒；小车突然撞到障碍物时木块会向前倒的过程，说明物体是有惯性的，如图 15.5 所示。

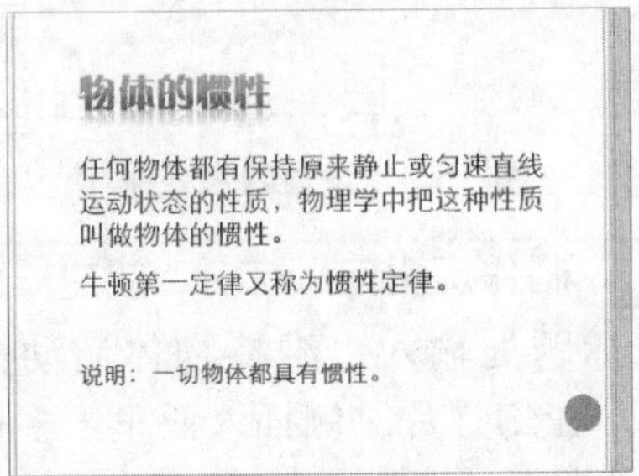


图 15.4　预览“物体的惯性”幻灯片

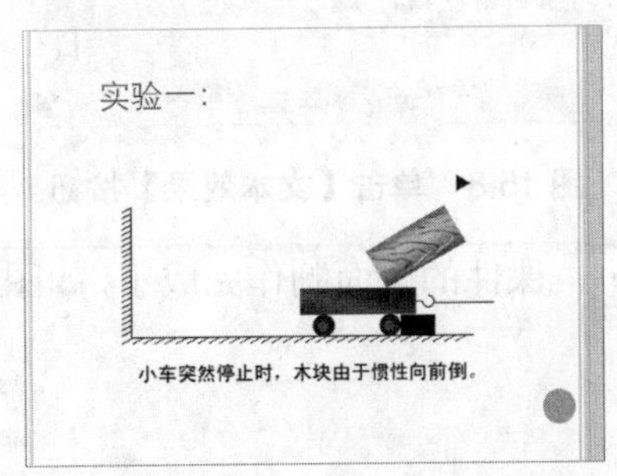


图 15.5　预览“实验一”幻灯片

制作“牛顿第一定律”课件的方法如下。

**步骤 1** 新建一个空白演示文稿并保存为“牛顿第一定律.pptx”，选择【设计】选项卡，在【主题】选项组中选择【凸显】，单击【颜色】下拉按钮，选择【穿越】，并应用于所有幻灯片，如图 15.6 所示。

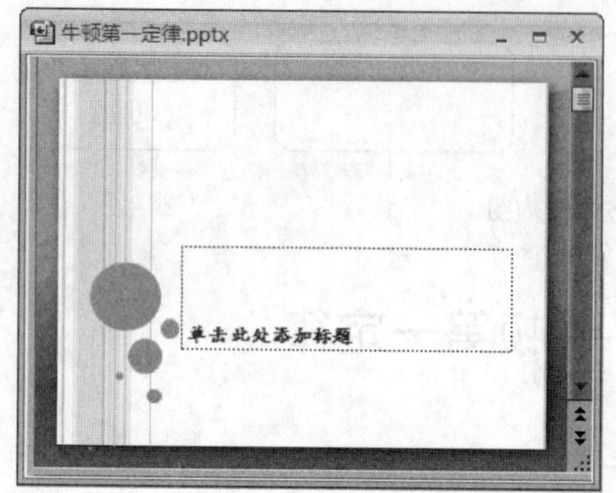


图 15.6 新建幻灯片并设置主题

**步骤 2** 在“单击此处添加标题”文本框中输入课件的标题“牛顿第一定律”，选择【开始】选项卡，将字体设置为“汉鼎简特粗黑”，字号设置为 66，加粗，颜色设置为“青绿色”，如图 15.7 所示。

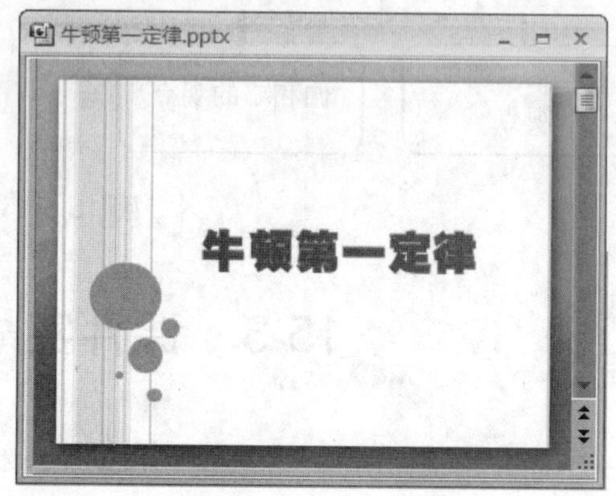


图 15.7 输入课件的标题

**步骤 3** 选择输入的文字，选择【格式】选项卡，在【艺术字样式】选项组中单击【文本效果】按钮，如图 15.8 所示。

图 15.8 单击【文本效果】按钮

**步骤 4** 在弹出的下拉列表中选择【映像】|【半映像，接触】按钮，为标题文字添加映像效果，如图 15.9 所示。

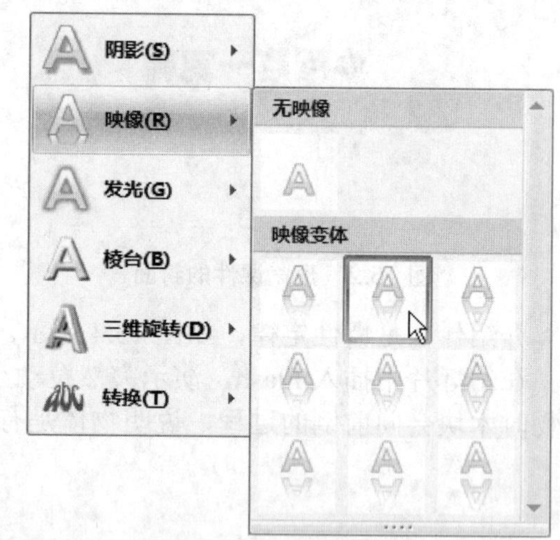


图 15.9 设置映像效果

**步骤 5** 课件的封面制作完成了，如图 15.10 所示。

**步骤 6** 制作历史回顾部分。新建一张幻灯片，在标题处输入“维持物体运动需要力吗？”，在幻灯片左侧插入亚里士多德的头像，在头像的右侧输入亚里士多德的观点，如图 15.11 所示。

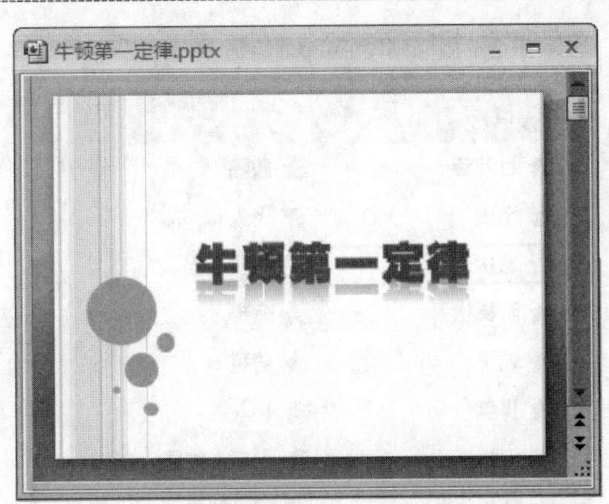


图 15.10　课件的封面

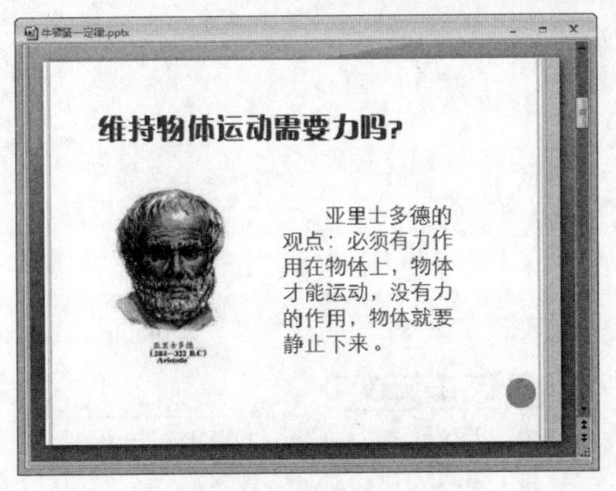


图 15.11　第二张幻灯片

步骤 7　选择亚里士多德的头像，选择【动画】选项卡，在【动画】选项组中，单击【自定义动画】按钮，或单击【动画】右侧的下拉按钮，选择【自定义动画】，如图 15.12 所示。

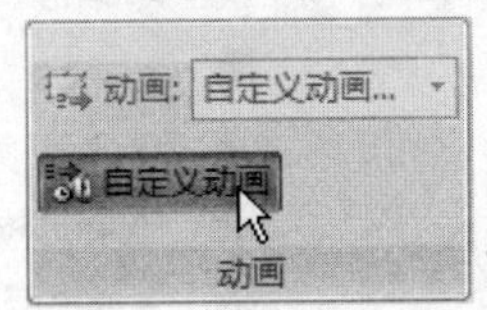


图 15.12　单击【自定义动画】按钮

步骤 8　打开【自定义动画】窗格，单击【添加效果】按钮，在弹出的下拉列表中选择【进入】|【百叶窗】命令，如图 15.13 所示。

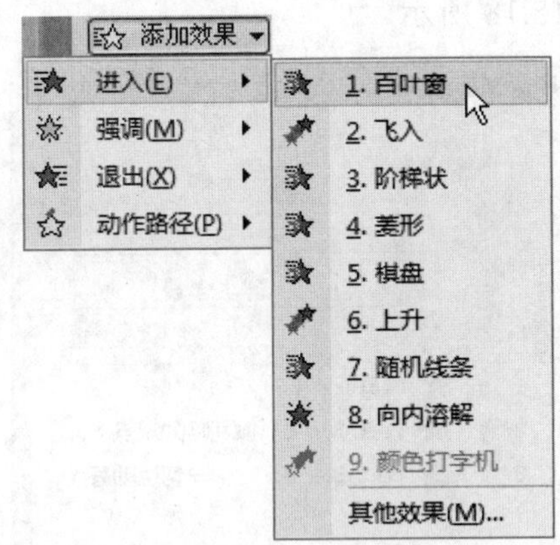


图 15.13　添加【百叶窗】效果

步骤 9　在【自定义动画】窗格中，在【速度】下拉列表框中选择【非常快】选项，如图 15.14 所示。

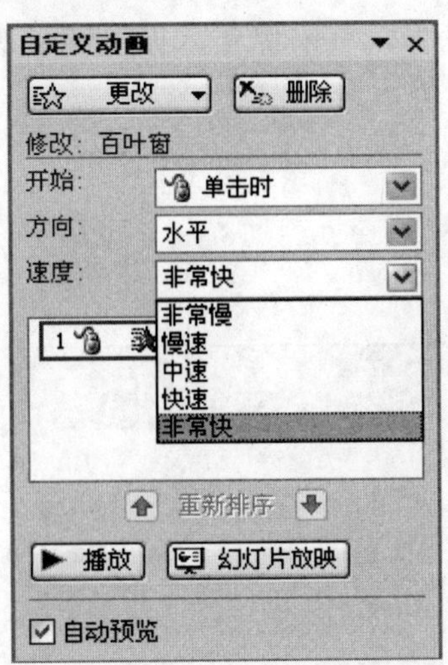


图 15.14　设置动画播放的速度

步骤 10　选择右侧的文本框，在【自定义动画】窗格中，单击【添加效果】按钮，选择【进入】|【其他效果】命令，如图 15.15 所示。

步骤 11　弹出【添加进入效果】对话框，选择【盒状】效果，如图 15.16 所示。

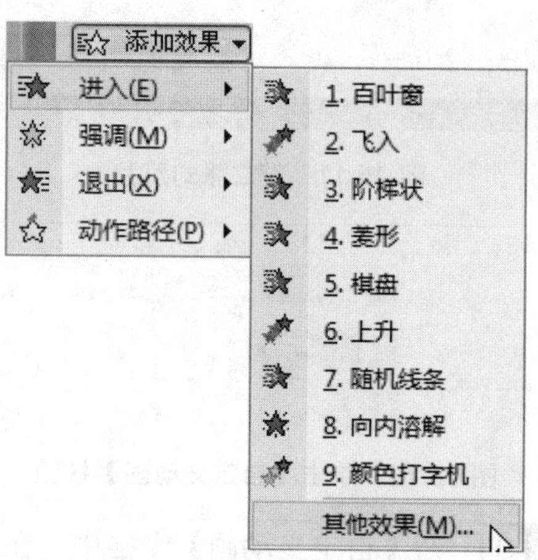


图 15.15 选择【其他效果】命令

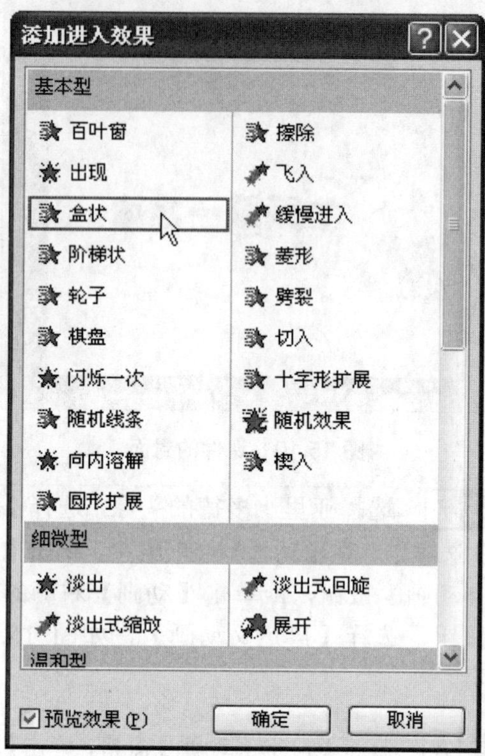


图 15.16 添加【盒状】效果

**步骤 12** 新建一张幻灯片，在左侧插入伽利略的头像，在右侧输入伽利略的观点，如图 15.17 所示。

图 15.17 第三张幻灯片

**步骤 13** 选择伽利略的头像，添加“向内溶解”效果；选择第一段文字，添加“菱形”效果；选择第二段文字，添加“棋盘”效果，如图 15.18 所示。

图 15.18 为第三张幻灯片添加动画效果

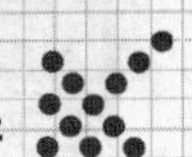

步骤 14　新建一张幻灯片，在标题处输入“阻力对物体运动的影响”；插入一个 Flash，模拟小车从同一斜面的同一高度同时向下滑，经过的表面不同，滑行路程不同的过程。利用实验演示力与运动的关系，选择【开发工具】选项卡，如图 15.19 所示。

图 15.19　选择【开发工具】选项卡

步骤 15　如果没有【开发工具】选项卡，单击 Office 按钮，然后单击【PowerPoint 选项】按钮，如图 15.20 所示。

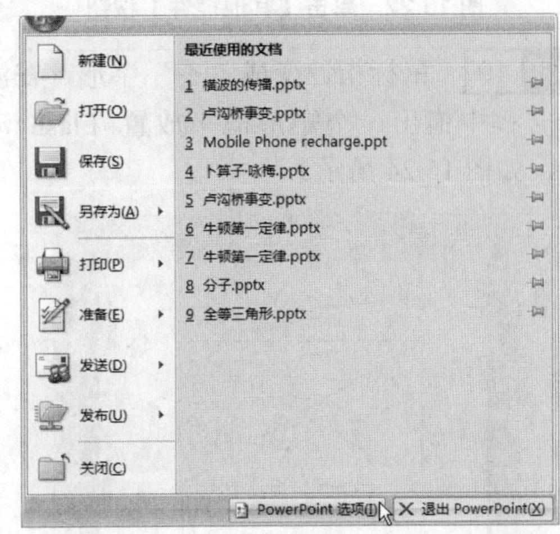


图 15.20　单击【PowerPoint 选项】按钮

步骤 16　单击【常用】，在【PowerPoint 首选使用选项】选项组中，选中【在功能区显示“开发工具”选项卡】复选框，然后单击【确定】按钮，如图 15.21 所示。【开发工具】选项卡就显示出来了。

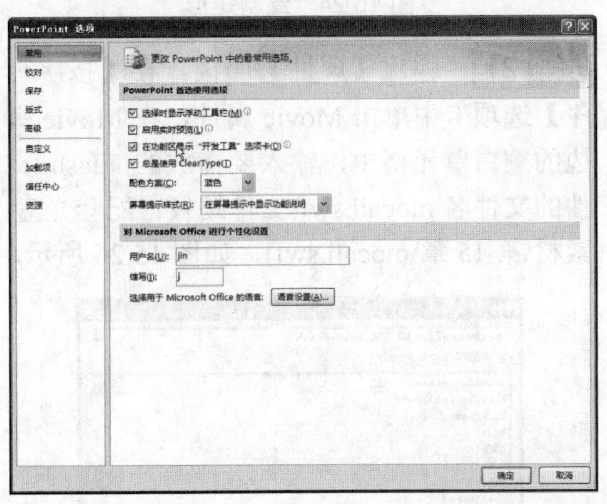

图 15.21　选中【在功能区显示“开发工具”选项卡】复选框

步骤 17　在【控件】选项组中单击【其他控件】按钮，如图 15.22 所示。

步骤 18　弹出【其他控件】对话框，拉动右侧滑动条，选择 Shockwave Flash Object 项目并单击【确定】按钮，如图 15.23 所示。

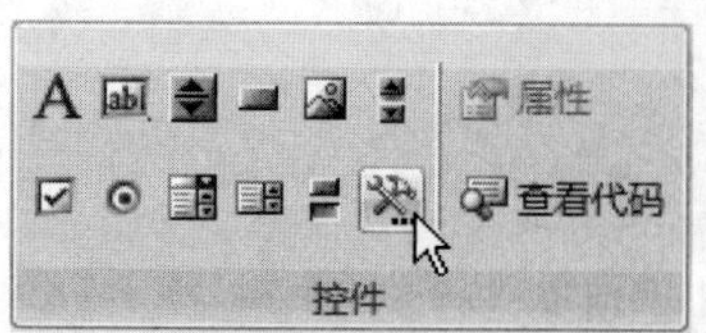


图 15.22 单击【其他控件】按钮

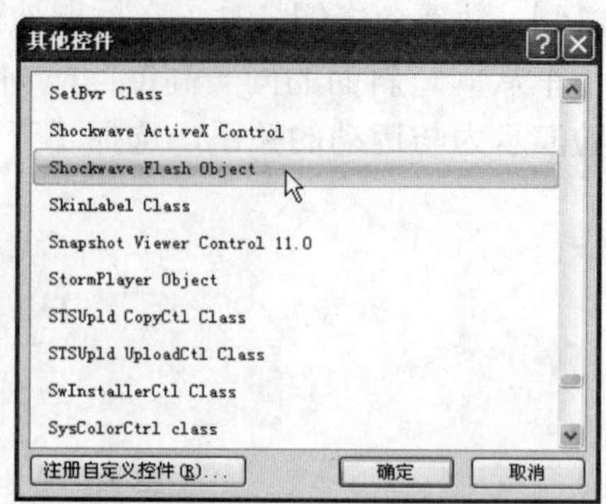


图 15.23 【其他控件】对话框

步骤 19 鼠标指针变成"＋"字形，在演示文稿中拖出一个矩形框来放置 Flash 动画，如图 15.24 所示。

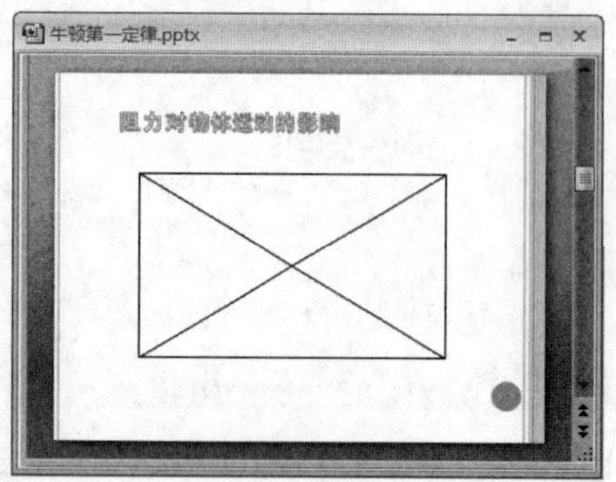


图 15.24 绘制矩形

步骤 20 右击已经制作好的控件 Shockwave Flash Object，选择【属性】命令，如图 15.25 所示。

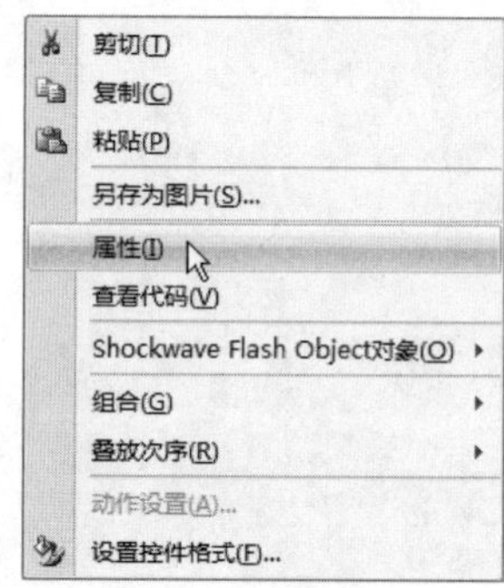


图 15.25 选择【属性】命令

步骤 21 弹出【属性】面板。在【按字母序】选项卡中单击 Movie 属性，在 Movie 旁边的空白单元格中，输入要播放的 Flash 文件的文件名 mocali.swf(文件路径：配套光盘\素材\第 15 章\mocali.swf)，如图 15.26 所示。

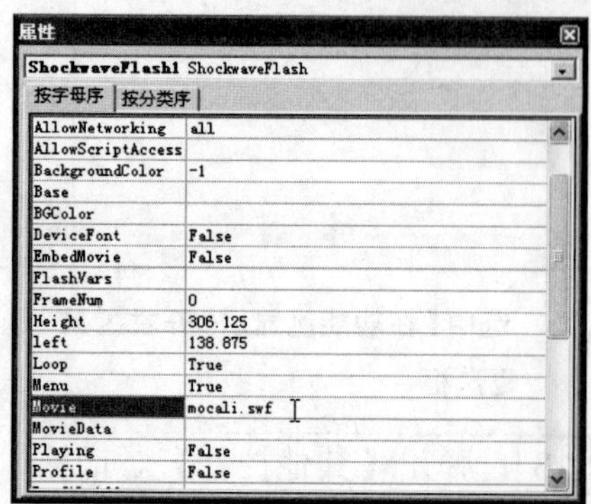


图 15.26 输入 Flash 的文件名

步骤 22 关闭【属性】面板，Flash 文件就被插入到幻灯片中。按 Shift+F5 组合键，预览当前幻灯片，就可以看到 Flash。结束放映以后，在幻灯片中显示 Flash 中的画面，如图 15.27 所示。

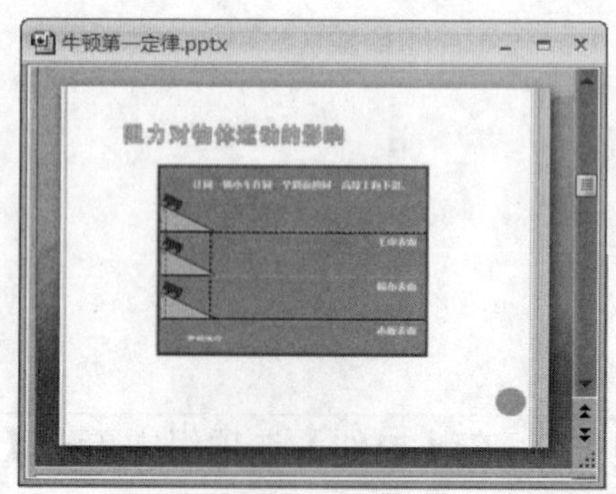


图 15.27 幻灯片中的 Flash

**注 意**

Flash 文件要与演示文稿保存在同一目录下。

**步骤 23**　在 Flash 下方输入文字“试想：如果运动表面绝对光滑且无穷长，小车会做怎样的运动？”，如图 15.28 所示。

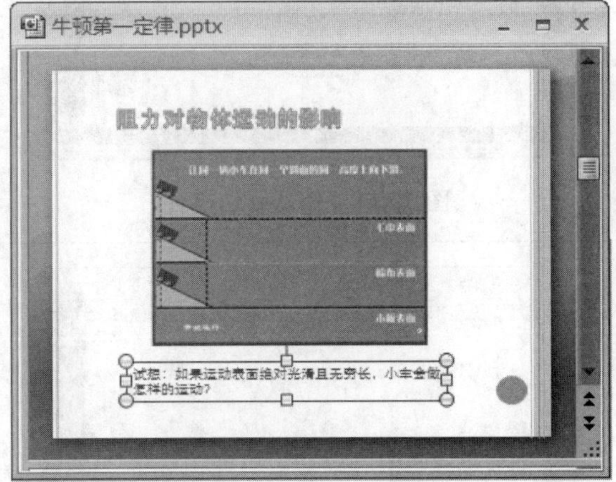


图 15.28　第四张幻灯片

**步骤 24**　选择 Flash 下方的文本框，为文本添加【飞入】动画效果，如图 15.29 所示。

图 15.29　添加【飞入】动画效果

**步骤 25**　新建一张幻灯片，在标题处输入“力与运动状态”，在内容部分输入力与运动状态的关系，并为文本框添加出场动画，如图 15.30 所示。

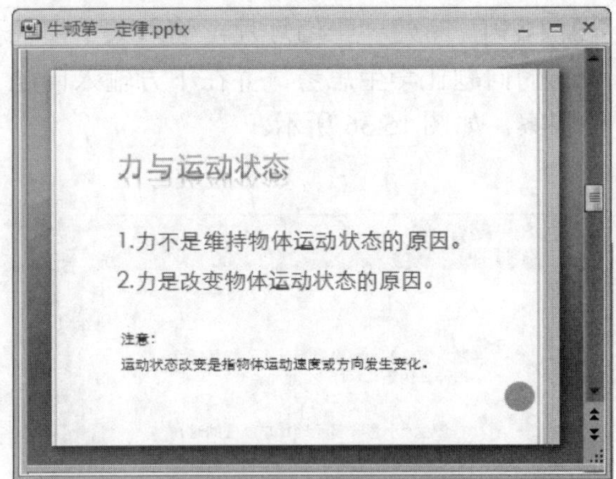


图 15.30　第五张幻灯片

**步骤 26**　新建一张幻灯片，在标题处输入“牛顿第一定律”，在左侧插入牛顿的头像，右侧输入牛顿第一定律的内容，如图 15.31 所示。

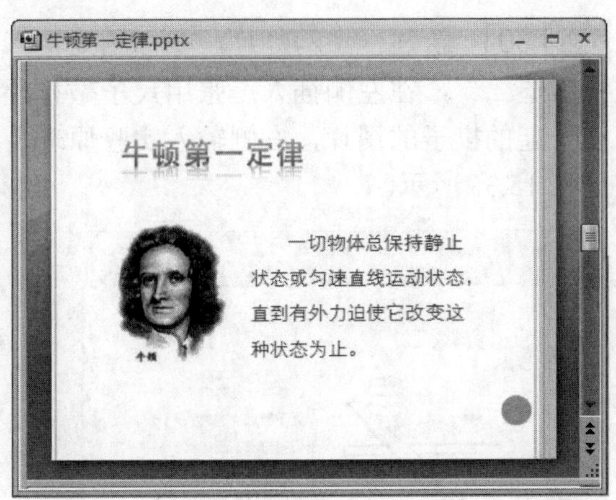


图 15.31　第六张幻灯片

**步骤 27**　新建一张幻灯片，输入由牛顿第一定律得到的启示，如图 15.32 所示。

**步骤 28**　新建一张幻灯片，在标题处输入“物体的惯性”，在内容部分输入惯性的定义，如图 15.33 所示。

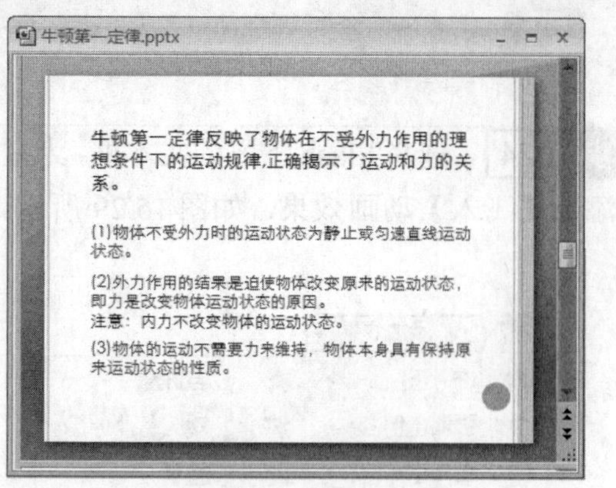


图 15.32 第七张幻灯片

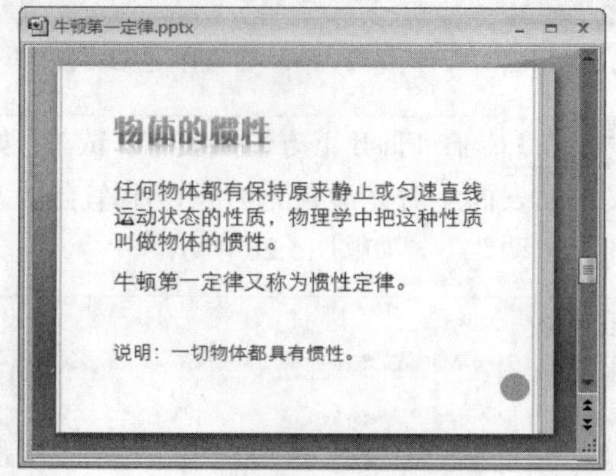


图 15.33 第八张幻灯片

**步骤 29** 新建一张幻灯片，在标题处输入“实验一”，插入 Flash 文件 shiyan.swf(文件路径：配套光盘\素材\第 15 章\ shiyan.swf)，演示拉动载有木块的小车的实验，验证物体是有惯性的。插入 Flash 的过程这里不再赘述，效果如图 15.34 所示。

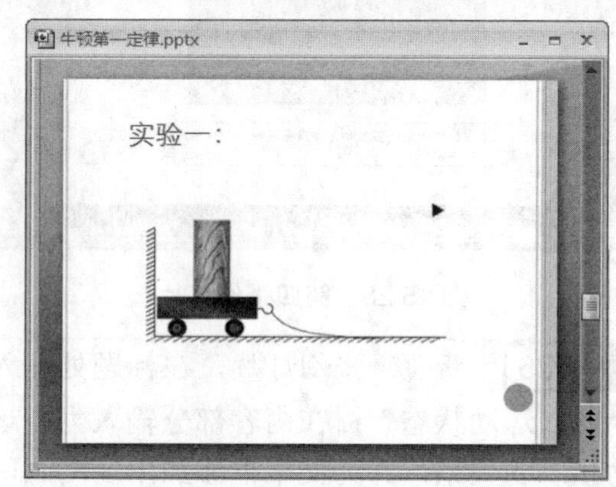


图 15.34 第九张幻灯片

**步骤 30** 新建一张幻灯片，在标题处输入“实验二”，在左侧插入一张用尺子敲打叠在一起的棋子的图片，右侧输入实验原理，如图 15.35 所示。

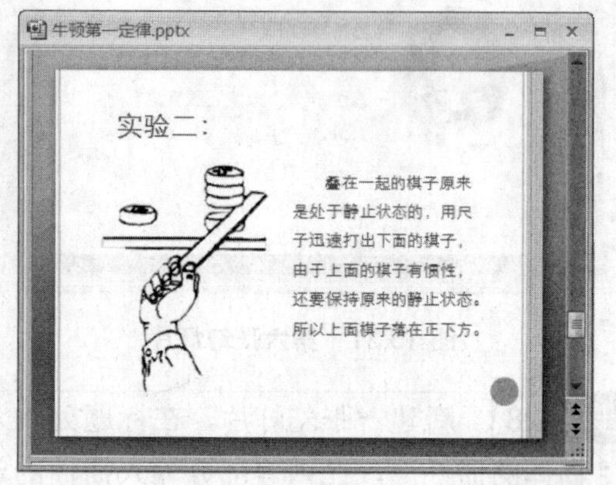


图 15.35 第十张幻灯片

**步骤 31** 新建一张幻灯片，输入关于惯性大小的问题让学生思考，并在下方输入问题的答案，如图 15.36 所示。

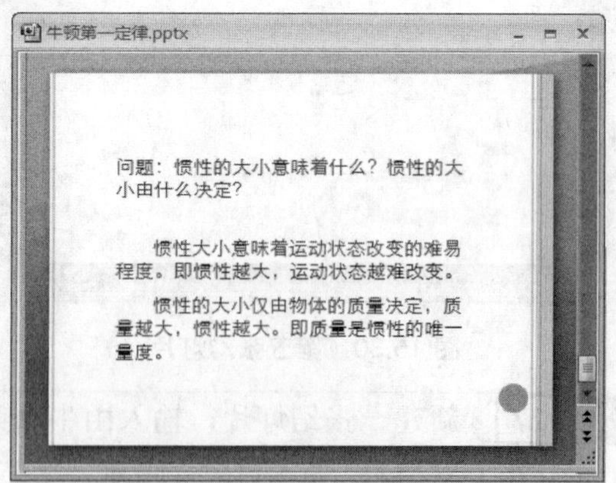


图 15.36 第十一张幻灯片

**步骤 32**　选择第一张幻灯片，选择【动画】选项卡，在【切换到此幻灯片】选项组中的幻灯片切换效果中选择【平滑淡出】效果，如图 15.37 所示。

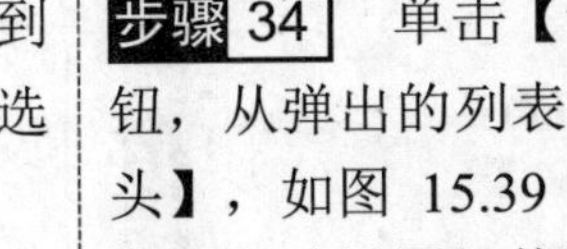
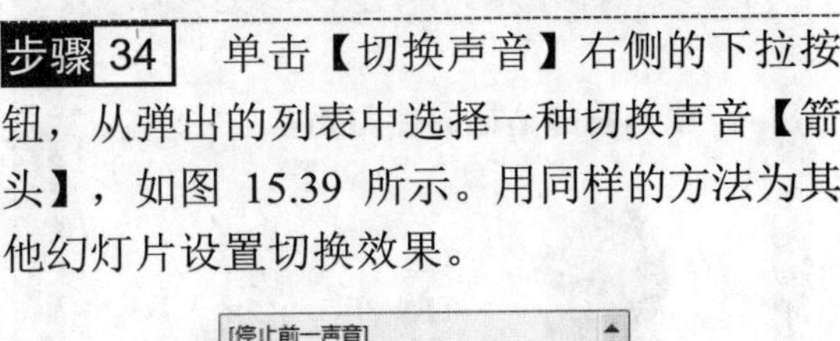

图 15.37　为第一张幻灯片设置切换效果

**步骤 33**　选择第二张幻灯片，在【切换到此幻灯片】选项组中的幻灯片切换效果中选择【向右揭开】效果，如图 15.38 所示。

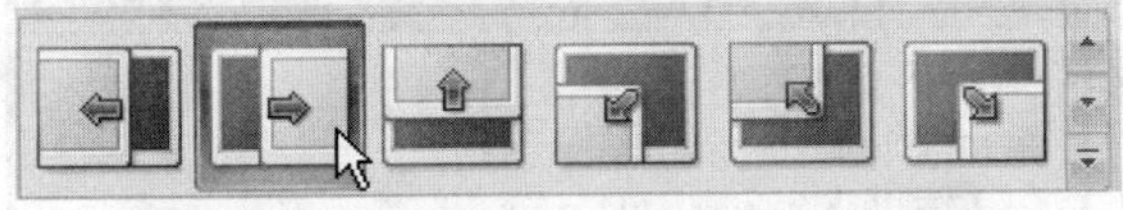

图 15.38　为第二张幻灯片设置切换效果

**步骤 34**　单击【切换声音】右侧的下拉按钮，从弹出的列表中选择一种切换声音【箭头】，如图 15.39 所示。用同样的方法为其他幻灯片设置切换效果。

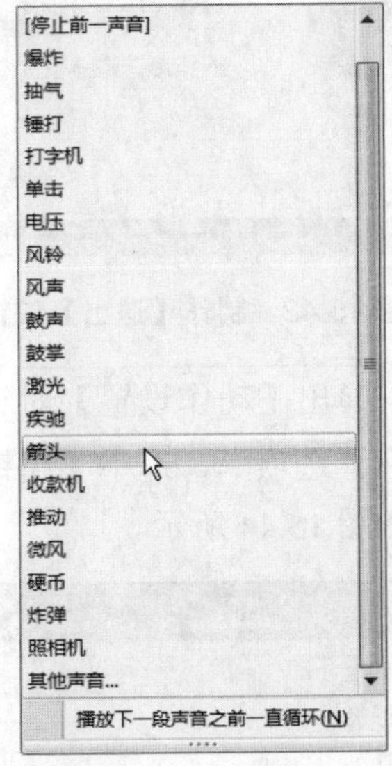


图 15.39　设置幻灯片切换声音

**步骤 35**　选择【插入】选项卡，在【插图】选项组中单击【形状】按钮，在【矩形】选项组中选择【圆角矩形】，在幻灯片左下角绘制一个圆角矩形，如图 15.40 所示。

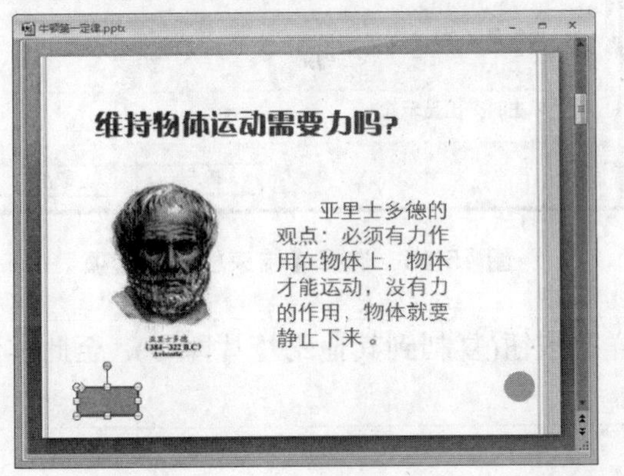


图 15.40　绘制圆角矩形

**步骤 36**　选择圆角矩形，选择【格式】选项卡，在【形状样式】选项组中，为圆角矩形选择一种样式，如图 15.41 所示。

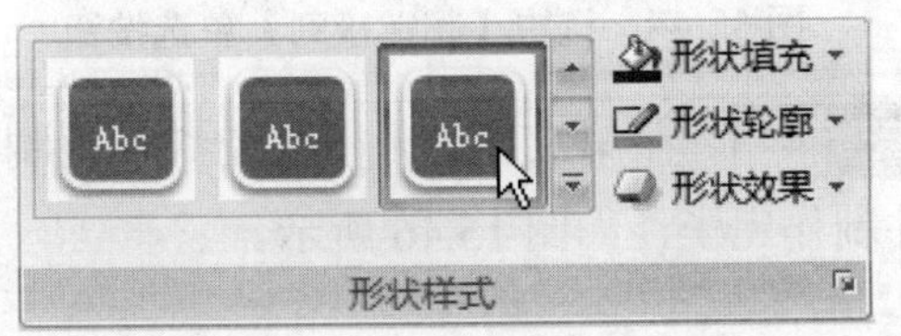


图 15.41　设置圆角矩形的样式

**步骤 37** 在圆角矩形上输入文字“退出”，这个圆角矩形将被用做结束放映的按钮，如图 15.42 所示。

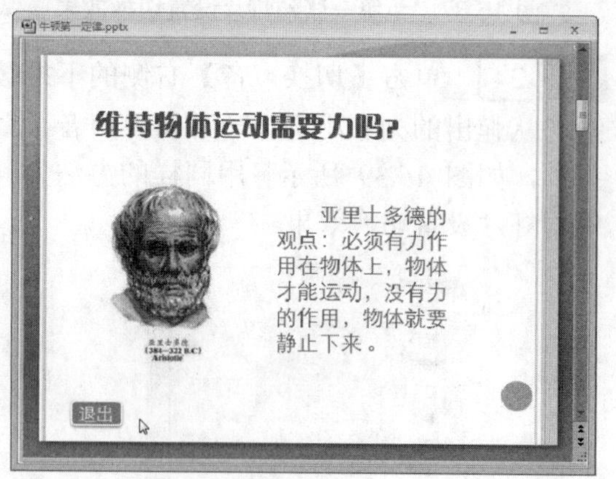


图 15.42 制作【退出】按钮

**步骤 38** 选择圆角矩形，选择【插入】选项卡，在【链接】选项组中单击【动作】按钮，如图 15.43 所示。

图 15.43 单击【动作】按钮

**步骤 39** 弹出【动作设置】对话框。选择【单击鼠标】选项卡，选中【超链接到】单选按钮，如图 15.44 所示。

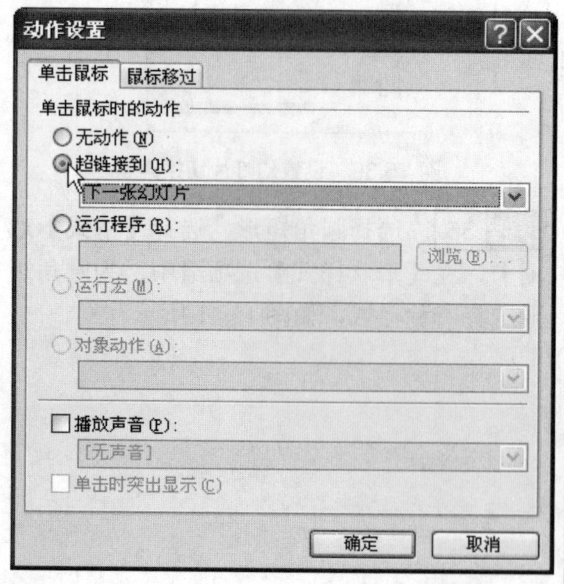


图 15.44 选中【超链接到】单选按钮

**步骤 40** 单击【超链接到】下方的下拉按钮，从列表中选择【结束放映】选项，如图 15.45 所示。

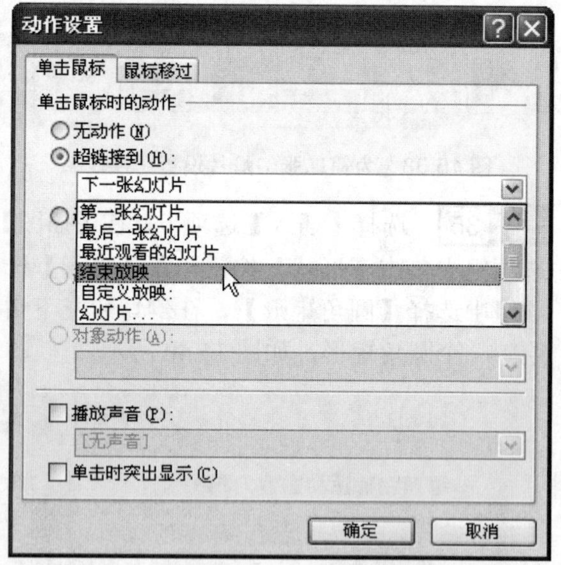


图 15.45 选择【结束放映】选项

**步骤 41** 在第三到第十一张幻灯片也制作这样的按钮(复制到其他幻灯片即可)。至此本课件制作完毕，如图 15.46 所示。

牛顿第一定律
牛顿第一定律
力与运动状态
1.力不是维持物体运动状态的原因。
2.力是改变物体运动状态的原因。
牛顿第一定律
物体的惯性
实验一：
实验二：

图 15.46　全部幻灯片

# 使用功能强大的 Adobe Presenter

前面的章节中，详细介绍了 PowerPoint 这款幻灯片演示文稿制作工具。本章介绍一款 Adobe 公司为 PowerPoint 设计的辅助插件——Adobe Presenter。

Adobe Presenter 在一些功能上为 PowerPoint 做出了补充，比如录音、摄像、插入 Flash 等。其中较为强大的是添加测试部分。

本章介绍如何安装与使用 Adobe Presenter；在 Adobe Presenter 中使用音频、视频等媒体；利用 Adobe Presenter 制作测验。

## 本章内容主要包括：

- 在 Adobe Presenter 中使用声音。
- 在 Adobe Presenter 中使用视频。
- 在 Adobe Presenter 中插入 Flash。
- 利用 Adobe Presenter 制作测验。
- 设置与发布幻灯片演示文稿。

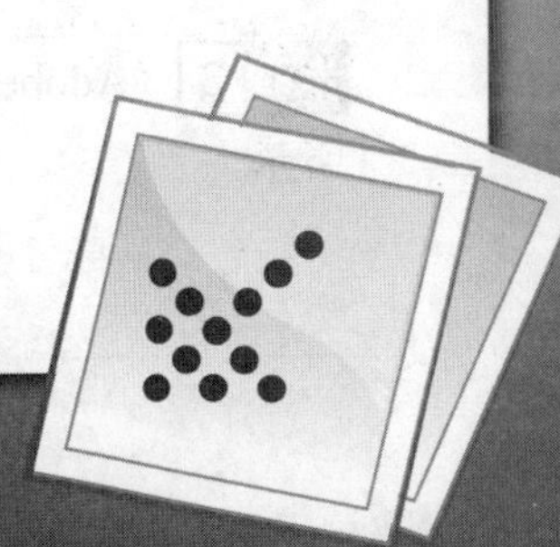

# 16.1 认识 Adobe Presenter

Adobe Presenter 是一款辅助 PowerPoint 制作演示文稿的插件。它在一些功能上为 PowerPoint 做出了补充，比如录音、摄像、插入 Flash 等。其中最吸引人的是添加测试部分。通过简单的操作，Adobe Presenter 能够基于幻灯片制作出各种题型的测试，并对这些题目进行评分或评价。

另外，值得关注的是，利用 Adobe Presenter 插件，可以轻松地把 PowerPoint 以 Flash 为载体发布到网络上，基于网络平台的应用使得 Adobe Presenter 会有更大的发展空间。

使用 Adobe Presenter 制作课件，可以方便地在 PPT 中插入声音、视频的 Flash，并且不需要掌握编程的知识就能简单便捷地设计测试题，具有较强的交互性和直观的反馈效果，十分适合在教学过程中使用。

## 16.1.1 安装

安装 Adobe Presenter 的操作方法具体如下。

**步骤 1** 运行 Adobe Presenter 的安装程序，弹出 Adobe Presenter 的安装对话框，如图 16.1 所示。

图 16.1 Adobe Presenter 安装程序欢迎界面

**步骤 2** 修改 Adobe Presenter 的安装目录，如图 16.2 所示，单击【下一步】按钮。

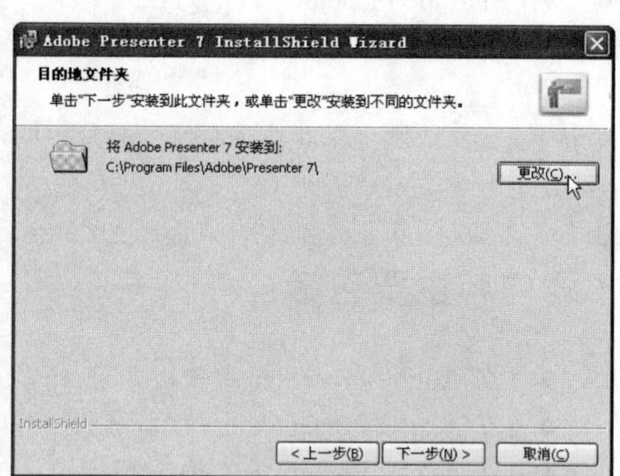


图 16.2 设定 Adobe Presenter 的安装目录

**步骤 3** Adobe Presenter 开始安装，如图 16.3 所示。

**步骤 4** 安装完成后，打开 Microsoft PowerPoint，在功能区中可以找到一个新的标签，单击 Adobe Presenter 标签可切换选项卡，如图 16.4 所示。

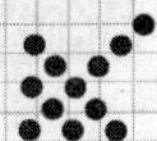

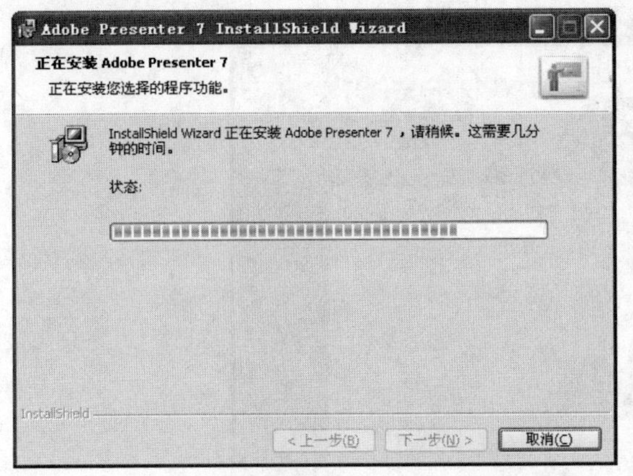

图 16.3　Adobe Presenter 安装中

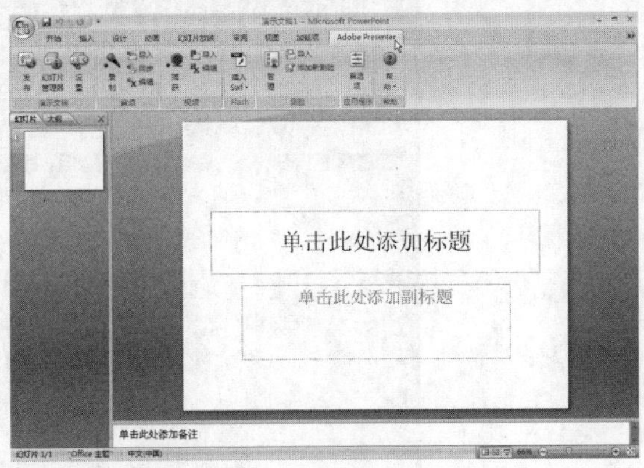


图 16.4　Adobe Presenter 选项卡

## 16.1.2　使用 Adobe Presenter

一个完成的 Adobe Presenter 程序发布以后的文件结构如图 16.5 所示。

图 16.5　发布后的 Adobe Presenter 演示程序

可以通过运行 index.htm 文件直接在本地运行。在网络发布时，同样需要将地址定位为 index.htm。

双击“index.htm”(文件路径：配套光盘\源文件\第 16 章\实例\第 3 节\finish\index.htm)如图 16.6 所示。

图 16.6　制作完成的 Adobe Presenter 演示文稿

画面的右下方是微缩版的控制条，按钮用来控制幻灯片的播放。按钮用来控制幻灯片的向前/向后切换；单击按钮，通过弹出的菜单可以控制幻灯片音量。

按钮用来展开提要栏和控制栏，如图 16.7 所示。

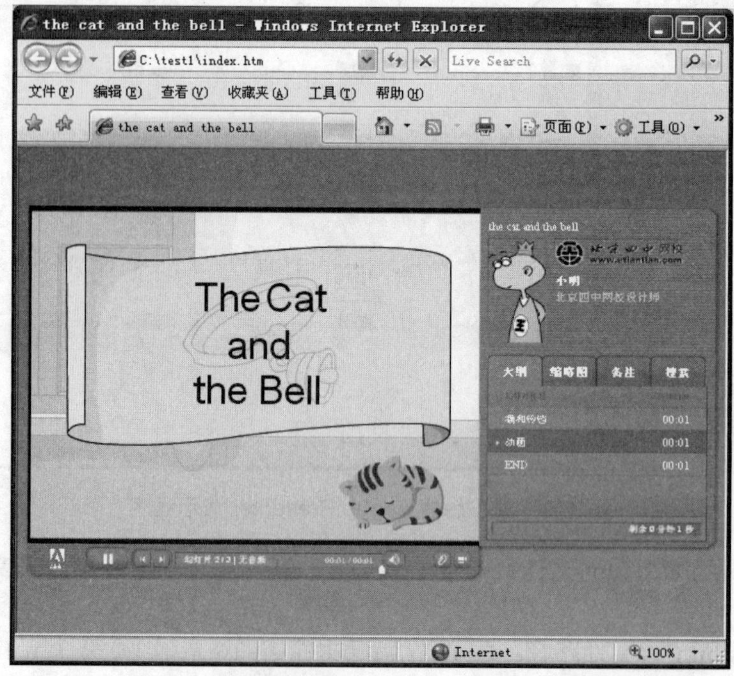


图 16.7　展开控制栏和提要栏

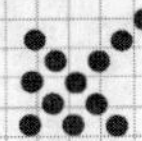



演示窗口的下方是控制栏，通过控制栏可以便捷地控制幻灯片的播放，如图 16.8 所示，单击其中的按钮可以展开附件对话框。

图 16.8　控制栏

右侧提要栏中，上面的部分是设计者的相关信息，下面用几个选项卡分别实现了对幻灯片的快速导航、备注和搜索功能，如图 16.9 所示。

图 16.9　提要栏

## 16.1.3　对于媒体的支持

### 1. 对于 Flash 的支持

Adobe Presenter 对于 Flash 支持得非常完美，内嵌到其中的 Flash 不论动画还是程序都不会受到影响。在 Adobe Presenter 中嵌入 Flash，效果如图 16.10 所示。

### 2. 对于音频和视频的支持

Adobe Presenter 允许在项目中添加旁白、音乐、分步说明以及任何其他声音内容。可以使用音频提供说明，或强调演示文稿中的要点。可以在 Adobe Presenter 中导入需要使用的声音，也可以录制所需要用到的声音。

视频可轻松地集成到现有幻灯片中，或者也可以创建只包含视频文件的幻灯片。Adobe Presenter 提供了视频录制功能，只要计算机安装有摄像头，就可以直接在 PowerPoint 中进行视频录制。另外利用 Adobe Presenter 还可以直接将已有视频文件插入幻灯片中。

Adobe Presenter 提供了简易的视频和音频编辑器。两款编辑器虽然功能简单，但是可以满足对媒体的剪切、修改等操作，十分方便。

图 16.10　Adobe Presenter 对 Flash 的完美支持

## 16.1.4　设计测验

Adobe Presenter 中提供了一套完善的测试题系统，利用这个系统可以制作出一套完整的测验或测评，如图 16.11 所示。

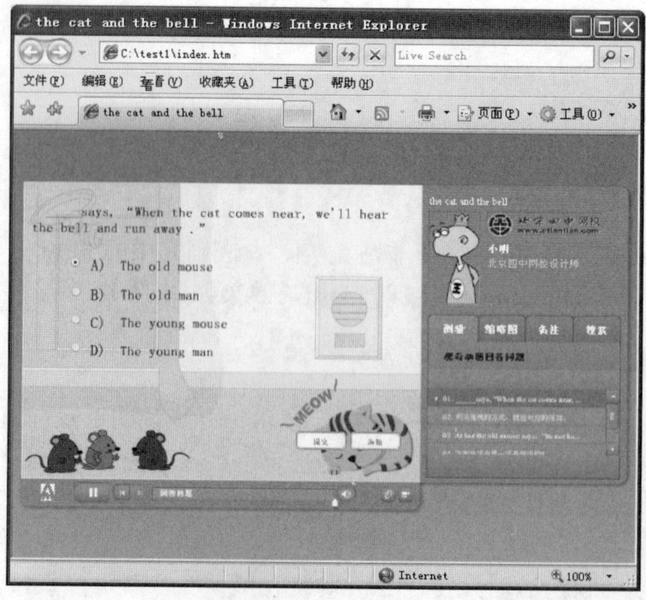


图 16.11　利用 Adobe Presenter 制作的测验

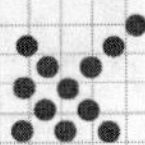

测试模块提供了填空题、单项选择题、多项选择题、连线题和简答题等题目类型。设计者可以定制不同的测验，允许对其中的试题进行分数统计和交互，比如达到多少分过关，是否允许重新尝试等。所有试题测试完成后的统计画面如图 16.12 所示。

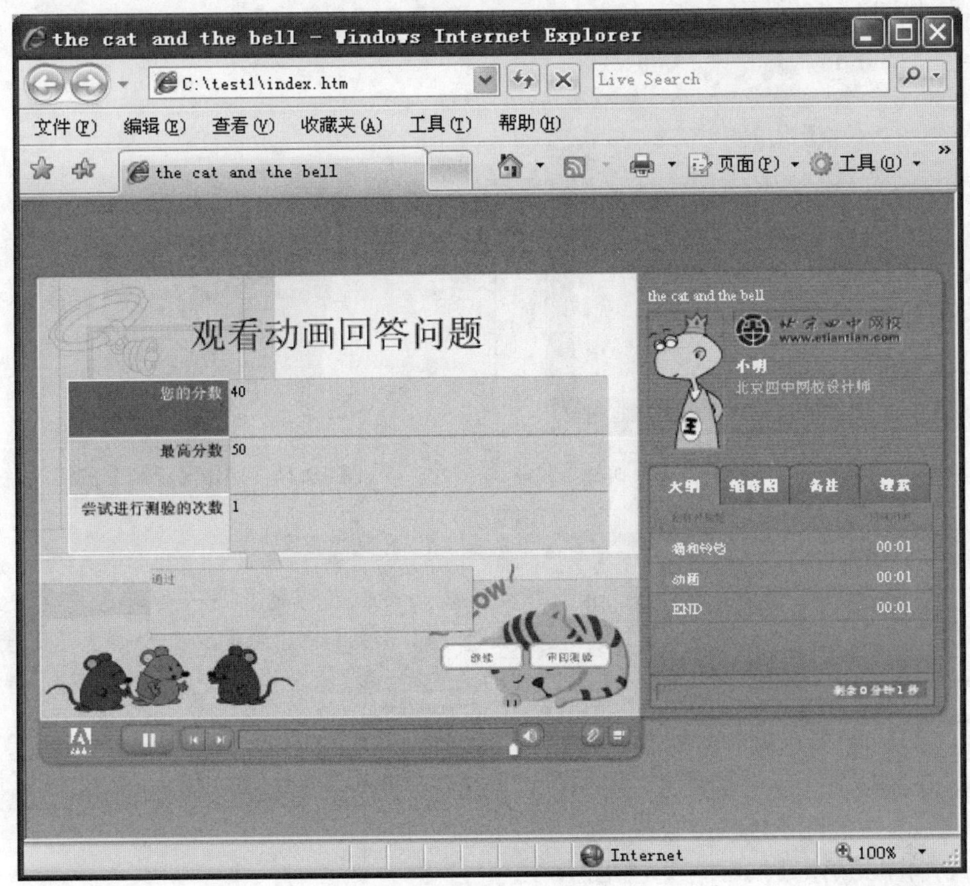


图 16.12　测验结束后的成绩统计

当测验完成后，可以单击【审阅测验】按钮查看本次测验的所有习题和答案。习题可以通过右侧的导航栏快速导航。

# 16.2　在 Adobe Presenter 中使用媒体

下面介绍如何在 Adobe Presenter 中使用媒体。

## 16.2.1　在 Adobe Presenter 中使用声音

### 1. 录制声音

在 Adobe Presenter 中可以方便地录制声音，以便为 PPT 添加旁白。录制声音的方法如下。

步骤 1 打开“望庐山瀑布—使用音频.pptx”(文件路径：配套光盘\源文件\第 16 章\实例\第 2 节\望庐山瀑布—使用音频.pptx)，如图 16.13 所示。

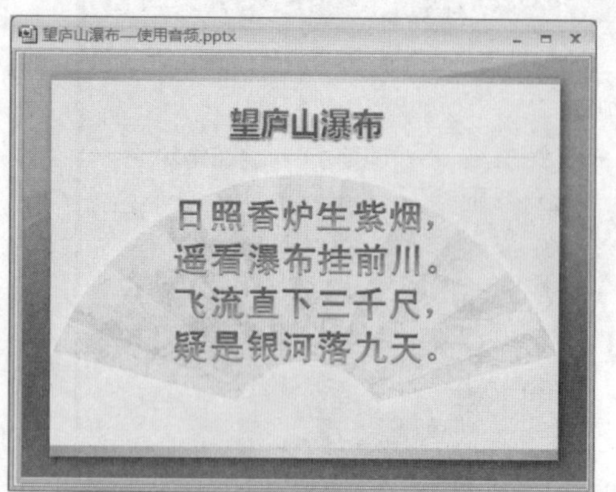


图 16.13 打开“望庐山瀑布—使用音频.pptx”文件

步骤 2 在功能区中切换到 Adobe Presenter 选项卡，在【音频】选项组中单击【录制】按钮，如图 16.14 所示。

图 16.14 单击【录制】按钮

**提 示**

文件“望庐山瀑布—使用音频.pptx”中，已经为诗歌的标题和每一行诗句设置了淡出动画，并将每个动画的出现方式设置为【单击开始】。动画设置为【单击开始】是必要的，只有这样，在录音或同步操作时，才能控制动画何时播放以配合声音的播放。

步骤 3 弹出的麦克风校对对话框要求设置麦克风录制级别，这里要按照要求朗读。当对话框右下方的红色色块变成绿色后说明校对成功，单击【确定】按钮继续，如图 16.15 所示。如果认为麦克风不需要设置，可以单击【跳过】按钮跳过这个步骤。

图 16.15 设置麦克风录制级别

步骤 4 在弹出的录制音频对话框中，单击录音【按钮】开始录音，如图 16.16 所示。

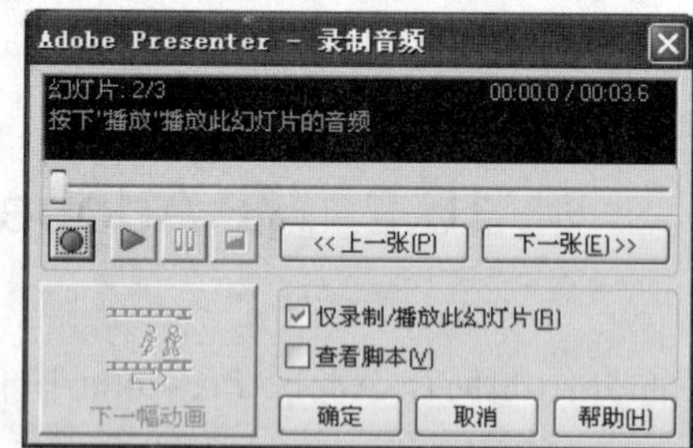


图 16.16 录制音频对话框

**提 示**

录音是针对于每一张幻灯片的，可以单击【上一张】按钮或【下一张】按钮切换幻灯片。

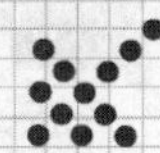

步骤 5　随着诗歌的朗读，单击【下一幅动画】按钮，控制动画配合朗读播放，如图 16.17 所示。

图 16.17　录音过程中控制动画播放

步骤 6　继续录音，效果如图 16.18 所示。如果需要暂停，单击【暂停】按钮；如果需要继续录音，单击【录音】按钮。

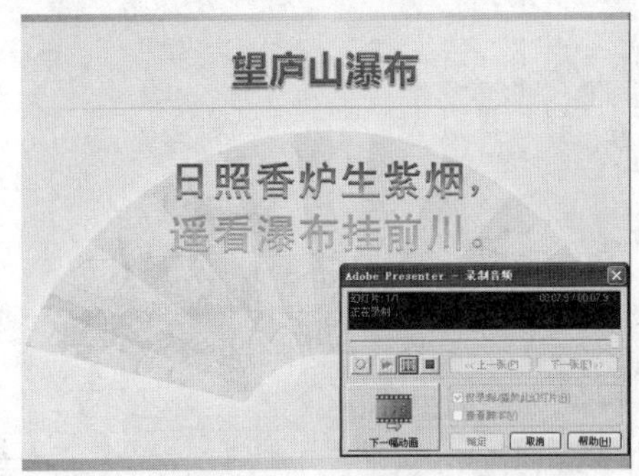


图 16.18　暂停和继续录制

步骤 7　要结束录音，可以单击【停止】按钮，或在所有动画都设置完毕播放点后，单击【停止录制】按钮。此后可以单击【播放】按钮检验录音效果，或单击【录音】按钮重新录制。单击【确定】按钮完成录音，单击【取消】按钮取消录音。

2. 导入声音

除了录制声音外，Adobe Presenter 还提供了导入声音文件的方法。下面通过 Adobe Presenter 为幻灯片导入声音。

步骤 1　新建一个演示文稿，功能区切换到 Adobe Presenter，在【音频】选项组中单击【导入】按钮，如图 16.19 所示。

图 16.19　单击【导入】按钮

步骤 2　在弹出的导入音频对话框中选择要导入声音的幻灯片，单击【浏览】按钮，如图 16.20 所示。

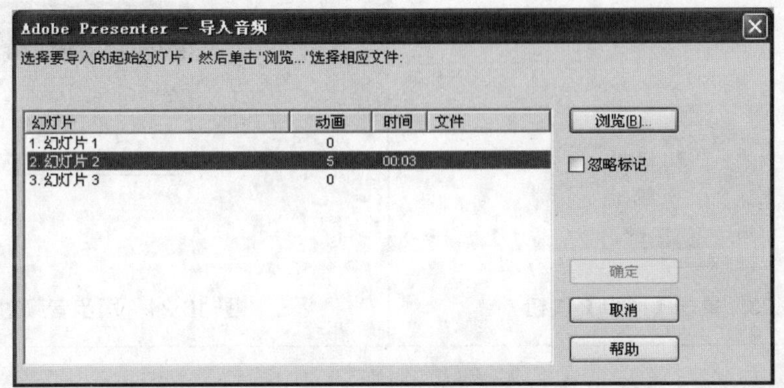


图 16.20　导入音频对话框

**步骤 3** 在弹出的对话框中选择要导入的声音文件，如图 16.21 所示。

图 16.21 选择要导入的声音

**步骤 4** 导入完成后，单击【确定】按钮关闭对话框，如图 16.22 所示。

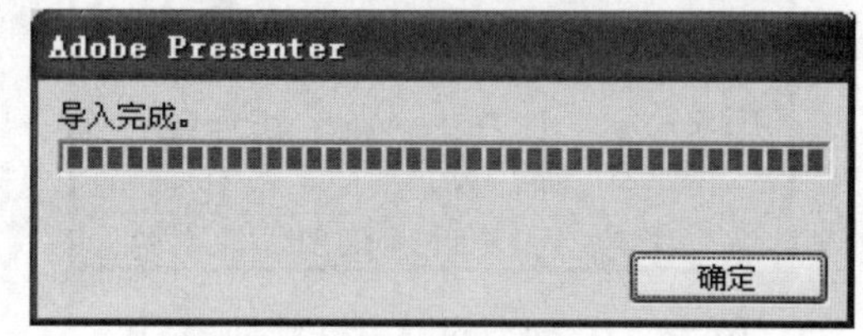


图 16.22 导入完成

### 3. 同步声音

使用同步声音功能，能够控制幻灯片中动画的放映时机，使其和声音的播放同步。下面通过一个小例子，介绍同步声音的方法。

**步骤 1** 打开“望庐山瀑布—使用音频.pptx”(文件路径：配套光盘\源文件\第 16 章\实例\第 2 节\望庐山瀑布—使用音频.pptx)并为其录制声音，功能区切换到 Adobe Presenter，在【音频】选项组中单击【同步】按钮，如图 16.23 所示。

图 16.23 单击【同步】按钮

**步骤 2** 此时可以单击按钮开始同步，也可以单击【播放】按钮听一听声音，如图 16.24 所示。

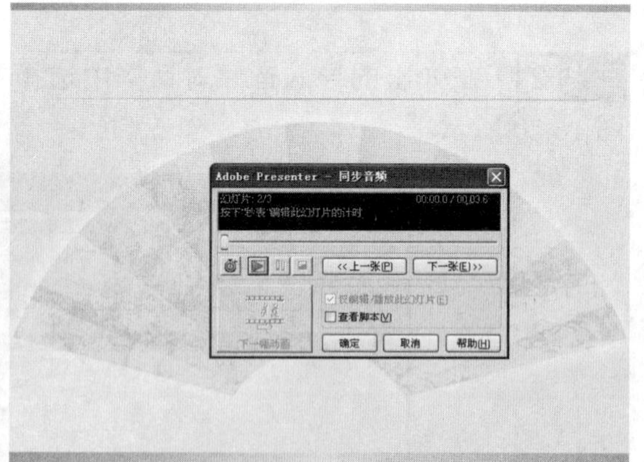


图 16.24 同步音频对话框

**注 意**

执行动画与声音同步的操作前，确保动画的触发方式为单击。

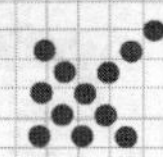

**步骤 3** 单击按钮，录音开始播放，在合适的时候单击【下一幅动画】按钮为动画设置放映点，如图 16.25 所示。

图 16.25 为动画设置放映点

**步骤 4** 同步中的课件如图 16.26 所示。

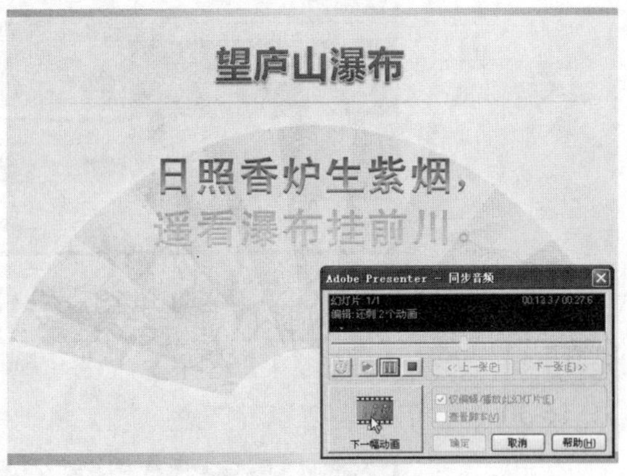


图 16.26 同步中的课件

**步骤 5** 声音与动画同步完成后，可以单击【确定】按钮结束同步，也可以单击按钮重新同步操作。

4. 编辑声音

录制或导入声音后，可以通过 Adobe Presenter 提供的声音编辑器对声音进行编辑。编辑声音的方法如下。

**步骤 1** 导入或录制的声音往往不是十分契合制作者的想法，这时候可以单击【音频】选项组中的【编辑】按钮对声音进行编辑，如图 16.27 所示。

图 16.27 单击【编辑】按钮

**步骤 2** 在弹出的编辑音频对话框中，可以看到声音的波形图，如图 16.28 所示。

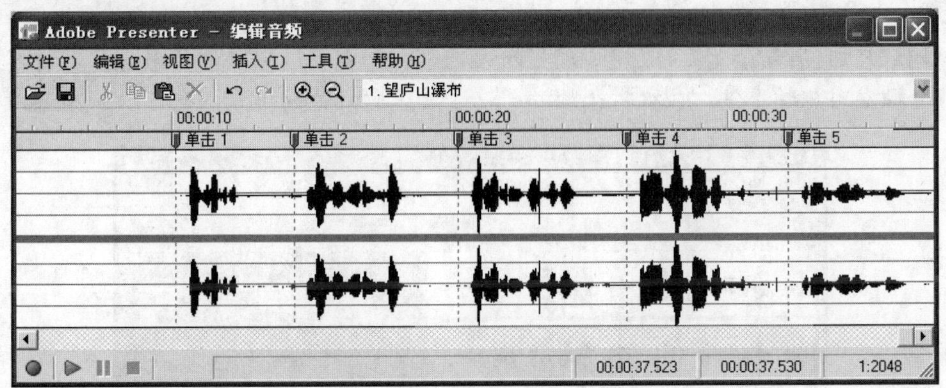


图 16.28 编辑音频对话框

步骤 3 用鼠标拖曳的方式，选取音频前面的大段空白，如图 16.29 所示。

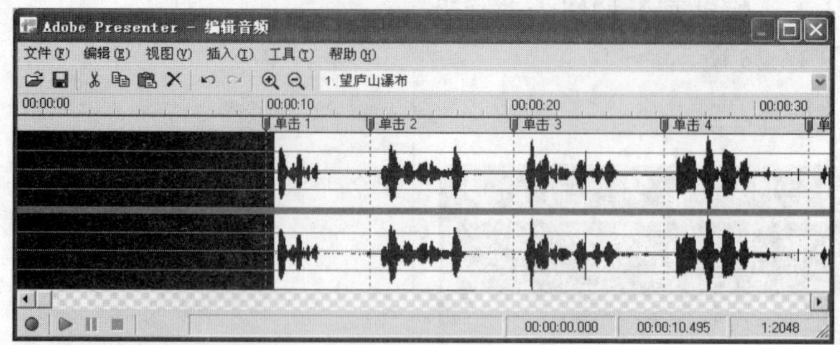

图 16.29 选取音频前面的大段空白

步骤 4 选择【编辑】|【删除】命令，删除选中的部分(按 Delete 键同样可以实现)，如图 16.30 所示。

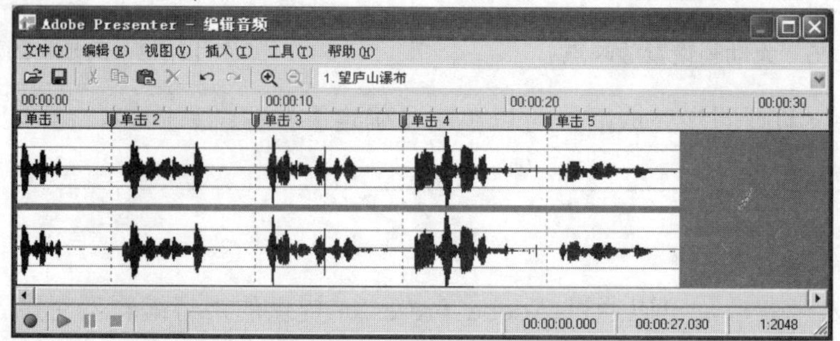

图 16.30 删除空白音频

**提 示**

在编辑音频时，如果发现漏录或某一段声音不满意，可以单击●按钮重新录制。

步骤 5 删除波形图中没有必要的空白和录制错误的部分，如图 16.31 所示。编辑声音结束后保存，单击右上角的【关闭】按钮关闭音频编辑器。

**注 意**

时间标尺下的绿色标签，是声音同步操作后插入的事件，当声音播放到这些标签标注的点时，会触发对应的事件。在编辑音频时可以修改这些标签的位置，也可以加入新的标签。

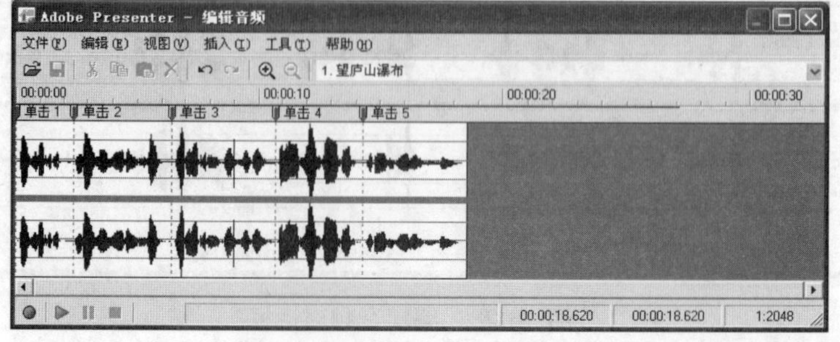

图 16.31 编辑完成后的音频

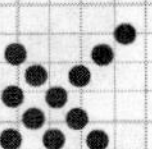

## 16.2.2　视频在 Adobe Presenter 中的应用

### 1. 录制视频

录制视频前，确认计算机连接并设置好一个正常运转的摄像头。下面介绍如何使用 Adobe Presenter 录制视频。

**步骤 1**　新建一个幻灯片演示文稿并保存，切换到 Adobe Presenter 选项卡，在【视频】选项组中单击【捕获】按钮捕获视频，如图 16.32 所示。

图 16.32　单击【捕获】按钮

**步骤 2**　在弹出的捕捉视频对话框中，单击【开始录制】按钮，录制视频，如图 16.33 所示。

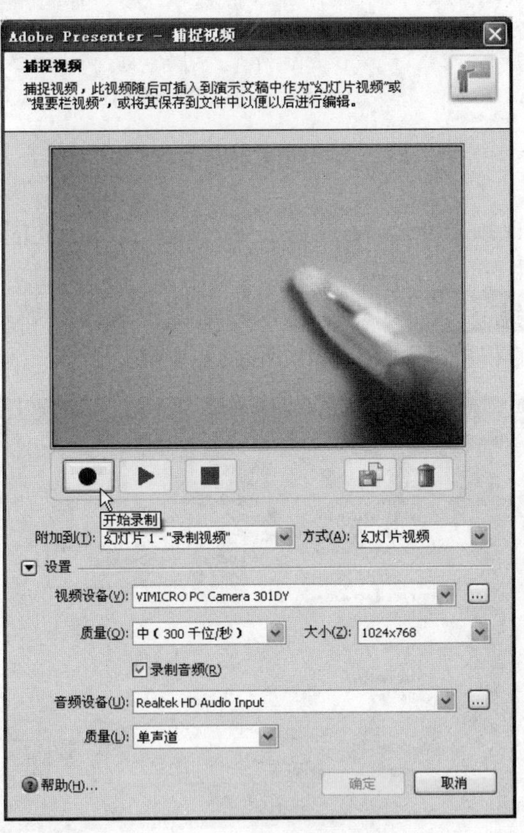


图 16.33　捕捉视频对话框

**步骤 3**　录制视频时，单击【暂停】按钮可以暂停视频的录制。完成录制后，单击【停止】按钮完成视频的录制，如图 16.34 所示。

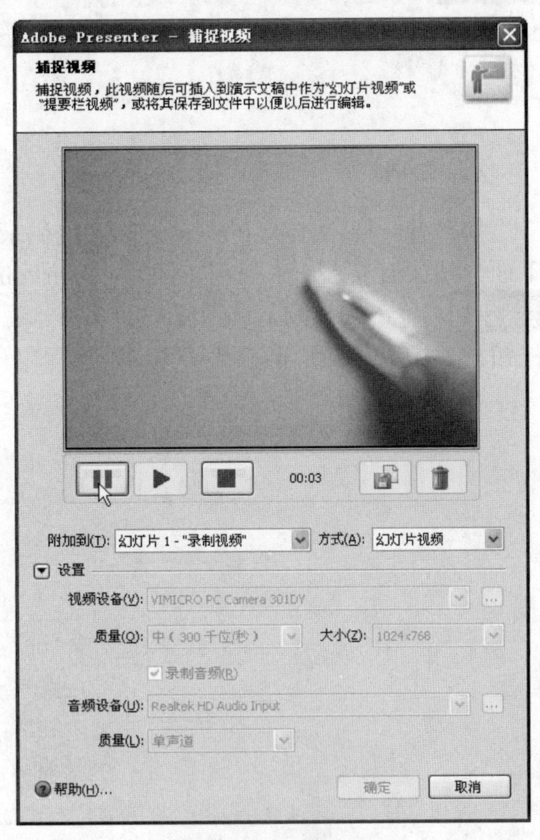


图 16.34　录制视频

**提 示**

在进行捕获视频操作前，确保已经安装并设置好一个摄像头。

步骤4 单击【确定】按钮，关闭【捕捉视频】对话框。录制好的视频被插入幻灯片中，如图 16.35 所示。

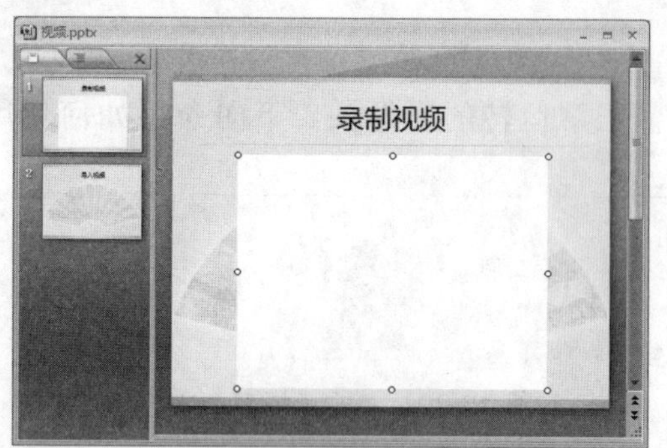


图 16.35 录制完成的视频被插入到幻灯片中

步骤5 放映幻灯片，可以通过 Adobe Presenter 自动插入的视频控制条控制视频的播放，如图 16.36 所示。

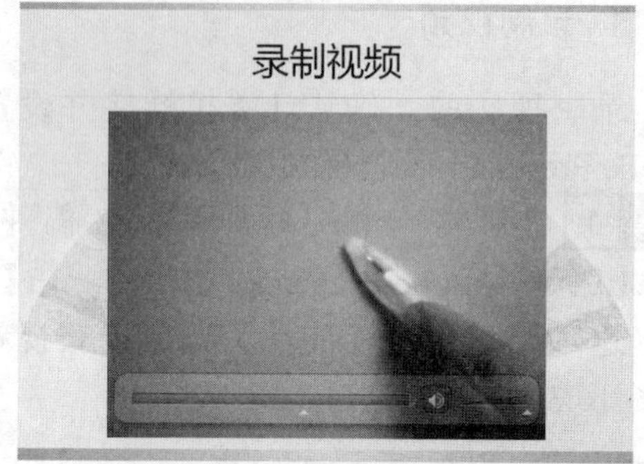


图 16.36 放映录制了视频的幻灯片

**提 示**

在录制视频后，可以单击按钮将视频保存为文件，也可以单击按钮删除录制好的视频。

## 2. 导入视频

和声音一样，Adobe Presenter 除了提供录制视频功能外，还提供了导入视频文件的功能。下面介绍如何导入一个视频文件到 PowerPoint 中。

步骤1 单击【视频】选项组中的【导入】按钮，如图 16.37 所示。

图 16.37 单击【导入】按钮

步骤2 在导入视频对话框中选择要导入的视频，如图 16.38 所示。

图 16.38 导入视频对话框

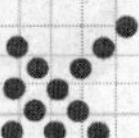

**提 示**

导入视频时，建议使用 FLV 格式的视频文件。

**步骤 3**　视频被导入幻灯片中，如图 16.39 所示。

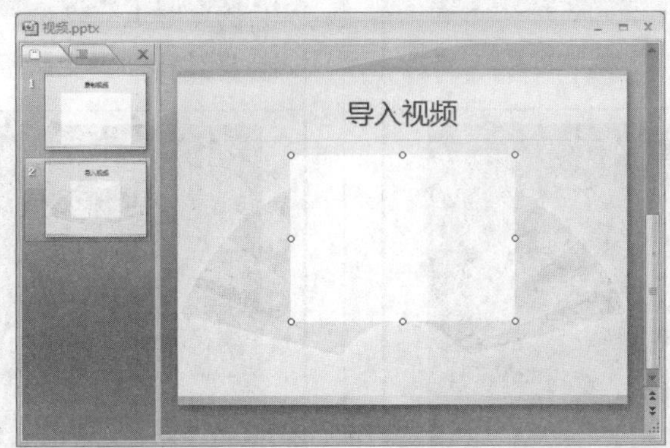


图 16.39　导入视频后的幻灯片

3. 编辑视频

Adobe Presenter 不但提供了录制和导入视频的功能，还提供了一个简易的视频编辑工具，允许对视频进行裁切、添加效果等操作。下面介绍如何编辑视频。

**步骤 1**　录制或导入视频后，单击【视频】选项组中的【编辑】按钮，如图 16.40 所示。

图 16.40　单击【编辑】按钮

**步骤 2**　在弹出的编辑视频对话框中可以对视频进行编辑，如图 16.41 所示。

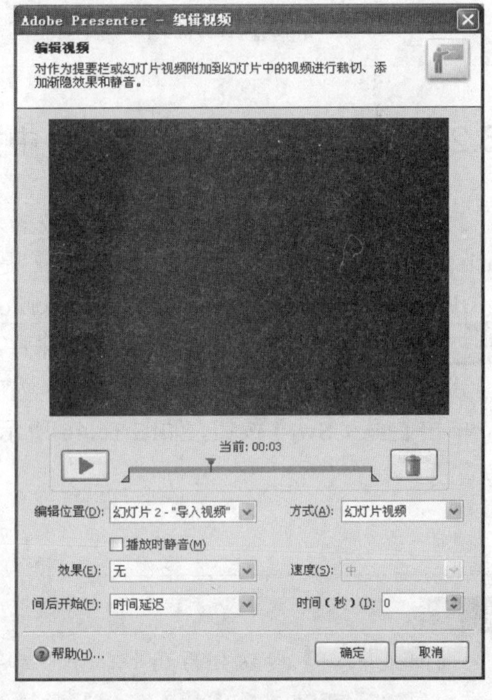


图 16.41　编辑视频对话框

步骤 3　拖动控制条两端的标签，可以对视频进行裁切，如图 16.42 所示。

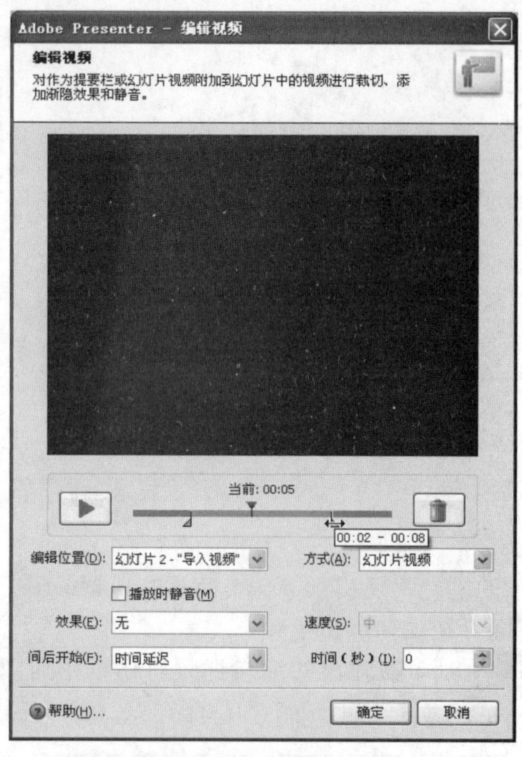


图 16.42　裁切视频

步骤 4　在【效果】下拉列表框中为视频选择【淡入】效果，单击【确定】按钮完成对视频的编辑，如图 16.43 所示。

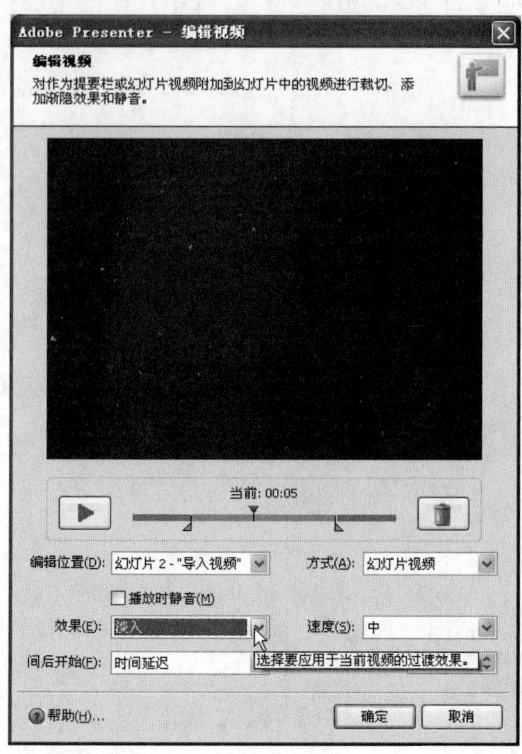


图 16.43　为视频添加【淡入】效果

## 16.2.3　在 Adobe Presenter 中插入 Flash

Flash 作为一种流行的媒体，可以被插入 PowerPoint 中。但是直接在 PowerPoint 中插入 Flash 的方法比较烦琐，Adobe Presenter 提供了便捷地插入 Flash 的功能。下面介绍如何利用 Adobe Presenter 将 Flash 插入到 PowerPoint 中。

步骤 1　新建一个幻灯片演示文稿并保存，在 Adobe Presenter 选项卡中找到 Flash 选项组，单击【插入 Swf】按钮，如图 16.44 所示。

图 16.44　单击【插入 Swf】按钮

**注 意**

【插入 Swf】按钮分为两个部分：单击上面的按钮直接插入 Flash；单击下面的按钮会弹出菜单，可以选择【插入 Swf】和【管理 Swf】。

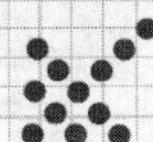

**步骤 2**　在插入 Flash 对话框中选择想要插入的 Flash 文件，如图 16.45 所示。

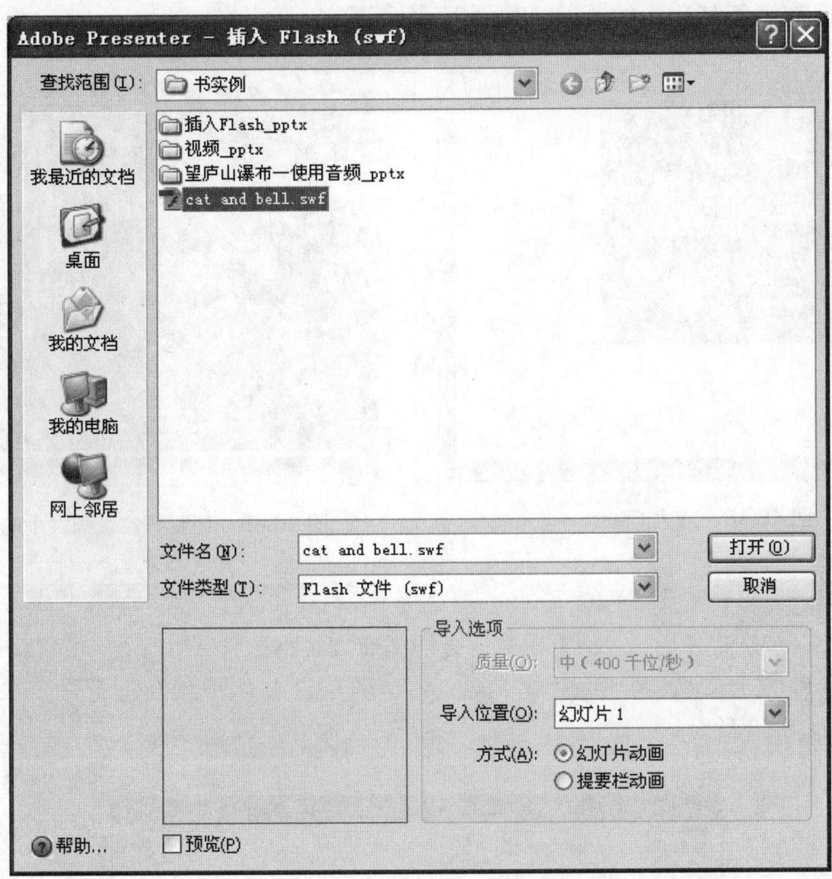


图 16.45　插入 Flash 对话框

**步骤 3**　Flash 被插入到幻灯片中，如图 16.46 所示。

图 16.46　插入幻灯片的 Flash

**步骤 4**　拖动 Flash 到幻灯片的左上角，如图 16.47 所示。

图 16.47　移动 Flash

**步骤5** 拖动 Flash 右下角的控制柄，放大使整个 Flash 充满幻灯片，如图 16.48 所示。

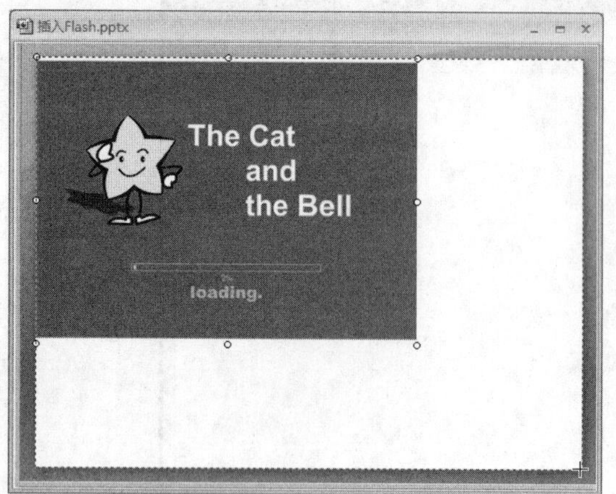


图 16.48 放大 Flash

**步骤6** Flash 插入并调整完成，如图 16.49 所示。

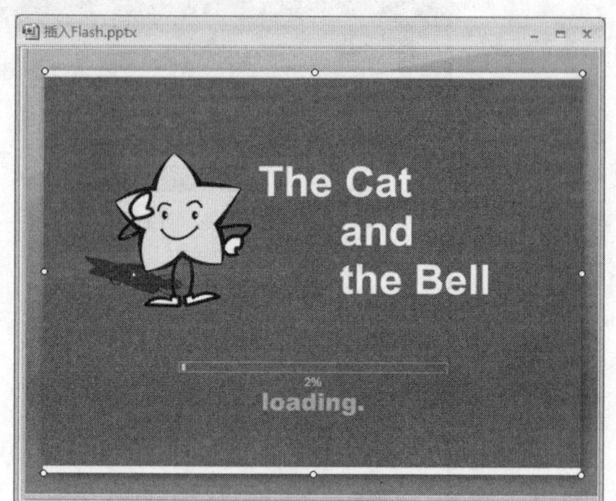


图 16.49 调整好位置和大小的 Flash

**提 示**

单击下面部分的【插入 Swf】按钮，选择【管理 Swf】。在弹出的管理 Flash 对话框中可以设置使用演示文稿播放栏控制 Flash 的播放，这个选项适合本身没有控制功能的 Flash，如图 16.50 所示。

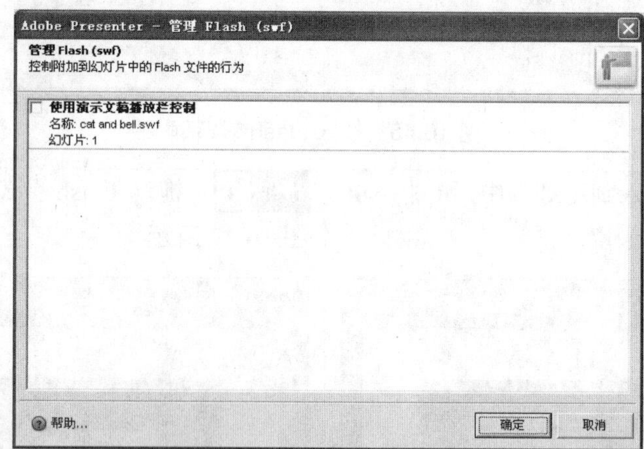


图 16.50 管理 Flash 对话框

## 16.3 利用 Adobe Presenter 制作测验

Adobe Presenter 中提供了一套较为完善的测试题系统，利用这个系统可以制作出一套完整的测验或测评。设计者通过简单的设置就能在幻灯片演示文稿中实现具备强大交互功能的测验，这也是 Adobe Presenter 最激动人心的功能。下面介绍如何制作测验。

**步骤 1**　打开 the cat and the bell.pptx(文件路径：配套光盘\源文件\第 16 章\实例\第 3 节\the cat and the bell.pptx)文档。这个演示文稿包括 3 张幻灯片，分别是“标题”、“Flash 动画”、“结束”，如图 16.51 所示。

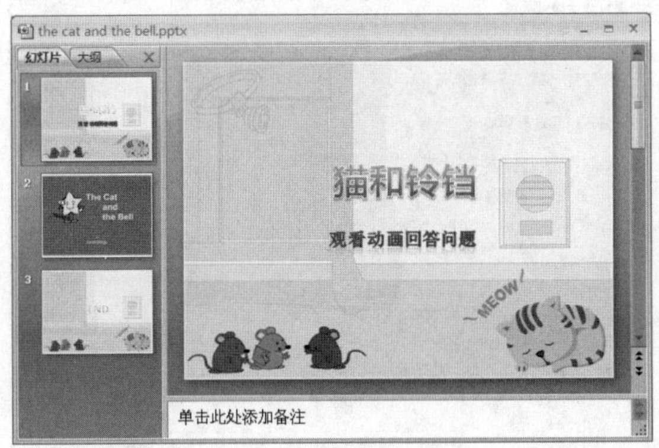


图 16.51　the cat and the bell.pptx 演示文稿

**步骤 2**　选中“Flash 动画”幻灯片，如图 16.52 所示。

图 16.52　选中第二张幻灯片

**提 示**

在制作测验前，需要定位要设计测验的位置。就本例而言，测试需要安排在动画播放完毕后，也就是“Flash 动画”这个幻灯片后面。所以需要选中这个幻灯片来定位。

**步骤 3**　在 Adobe Presenter 选项卡中找到【测验】选项组，单击【添加新测验】按钮，如图 16.53 所示。

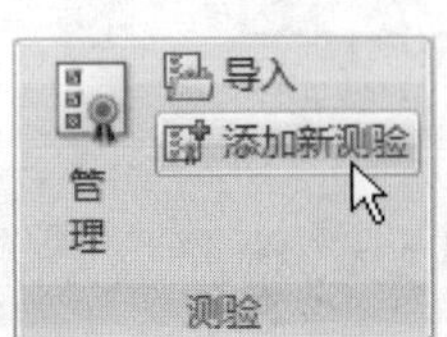


图 16.53　单击【添加新测验】按钮

**步骤 4**　在弹出的新建测验对话框中，可以对测验的属性进行设置，如图 16.54 所示。

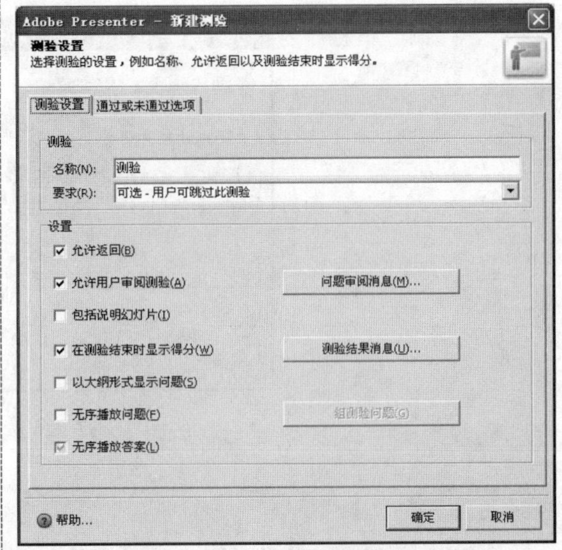


图 16.54　新建测验对话框

步骤 5 设置测验的名称为“观看动画回答问题。”，并选择“必须通过-用户必须通过此测验才能继续”，选中【无序播放问题】复选框，如图 16.55 所示。

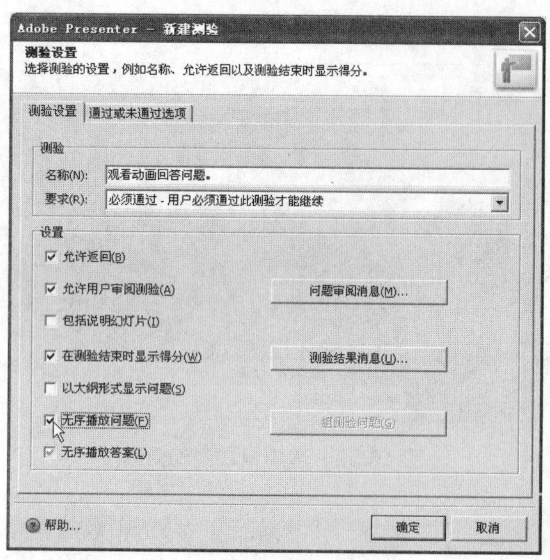


图 16.55 设置测验选项

步骤 6 切换到【通过或未通过选项】选项卡，如图 16.56 所示。

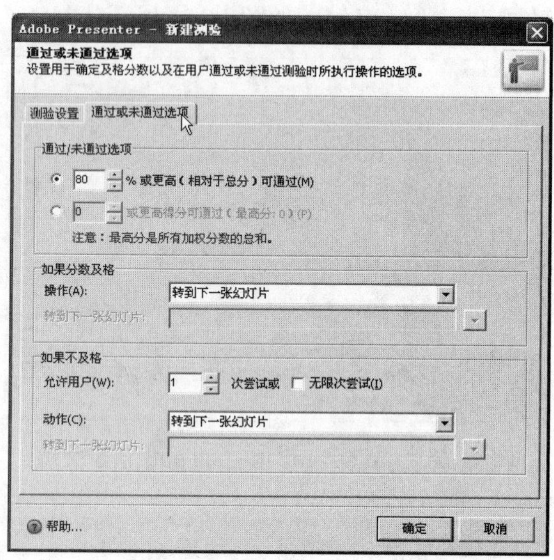


图 16.56 选择【通过或未通过选项】选项卡

**注 意**

在【测试设置】选项卡中，单击【问题审阅消息】按钮，会弹出问题审阅消息对话框。在这个对话框中设置测验完成后用户可以审阅测验时反馈的信息，如图 16.57 所示。

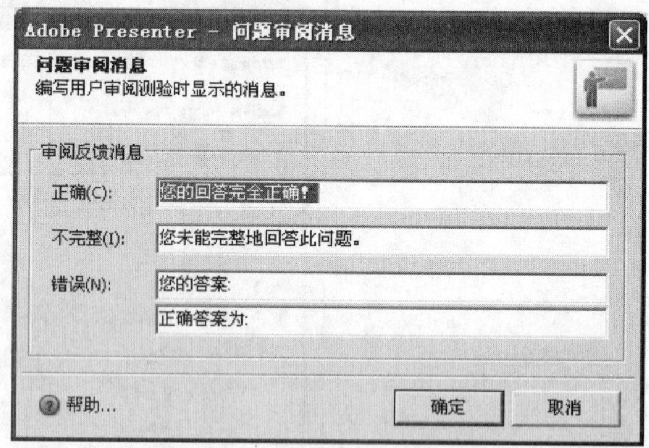


图 16.57 问题审阅消息对话框

**注 意**

在【测试设置】选项卡中，单击【测验结果消息】按钮，会弹出测验结果消息对话框。在这个对话框中可以设置测验结束时反馈给用户的信息，如图 16.58 所示。

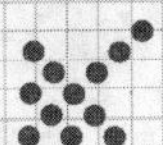

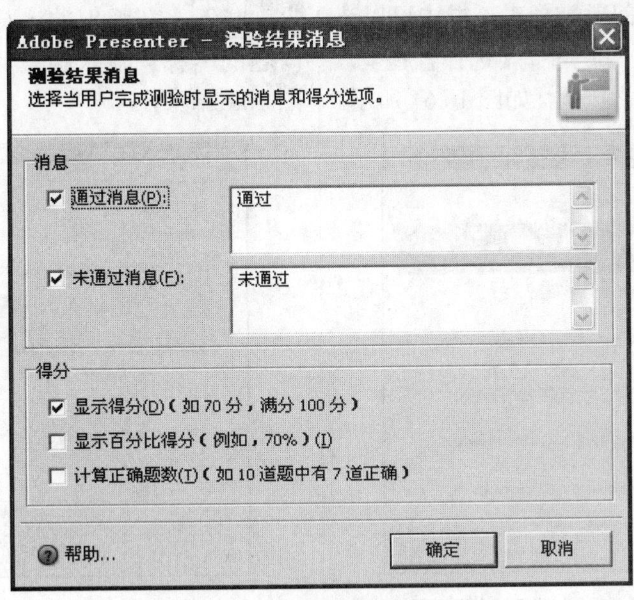


图 16.58　测验结果消息对话框

步骤 7　在【通过或未通过选项】选项卡中，设置如果测验不及格则跳转至“猫和铃铛”(标题)幻灯片。设置完成后，单击【确定】按钮关闭对话框，如图 16.59 所示。

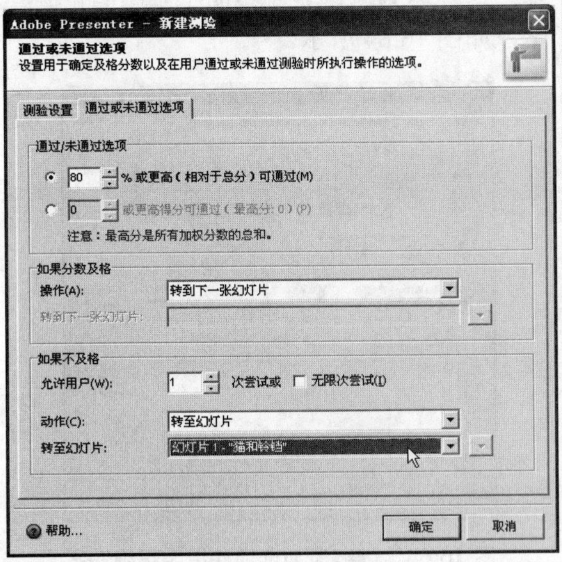

图 16.59　设置测验不及格时的反馈动作

步骤 8　此时，测验管理器对话框中可以看到刚刚添加的测试。单击【添加问题】按钮为测验添加测试题，如图 16.60 所示。

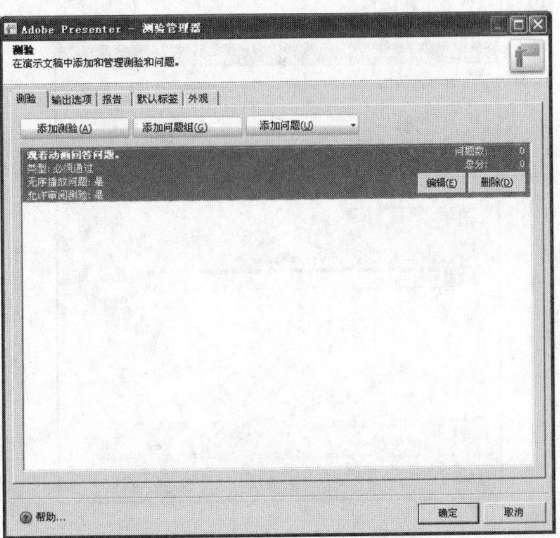


图 16.60　单击【添加问题】按钮

**注 意**

【通过或未通过选项】选项卡中的允许用户尝试次数中的数字容易引起歧义。这里的数值设置为 1 表示不允许用户尝试，设置为 2 表示允许用户重新测试 1 次，以此类推。

**步骤 9** 在弹出的问题类型对话框中可以选择将要添加的问题类型。选择【选择】题型，单击【创建评级问题】按钮，如图 16.61 所示。

图 16.61 选择【选择】类型创建问题

**步骤 10** 在弹出的选择题对话框中，设置问题的名称、输入题干并设置本题分数，如图 16.62 所示。

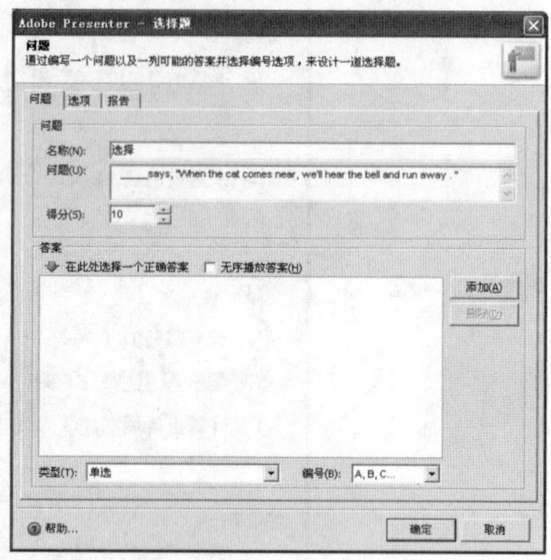


图 16.62 设置问题

## 注 意

评级问题和调查问题的区别在于是否存在正确答案。

**步骤 11** 单击【添加】按钮为选择题添加候选项。选中新加入的候选项，输入内容，如图 16.63 所示。

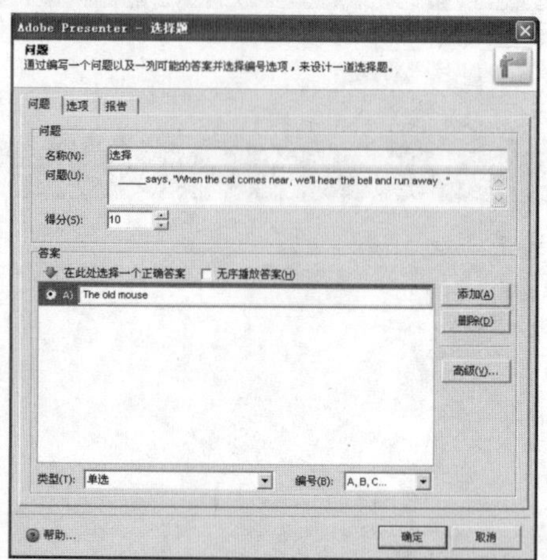


图 16.63 添加选项

**步骤 12** 继续添加候选项，并选择正确选项。这样就为测试系统指明了本题的正确答案，如图 16.64 所示。

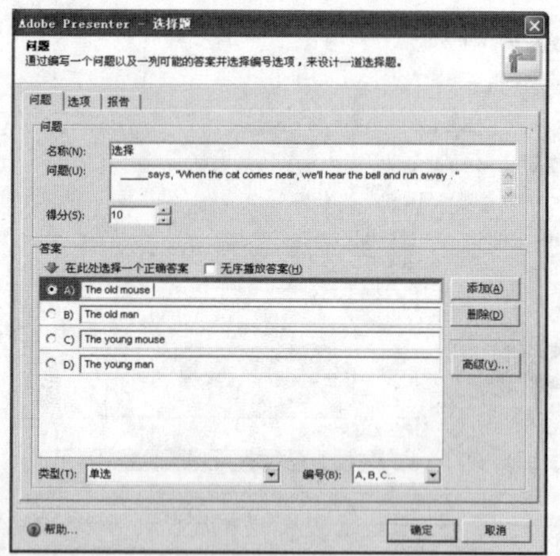


图 16.64 继续添加选项并指定正确答案

## 提 示

选择题分为单项选择和多项选择两种题型。可以通过更改选择题对话框下方的【类型】来切换。为多项选择题设置答案的方法和单项选择题类似，不同之处在于多项选择题允许设置多个正确答案。

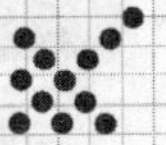

步骤 13 选中【无序播放答案】复选框，如图 16.65 所示。

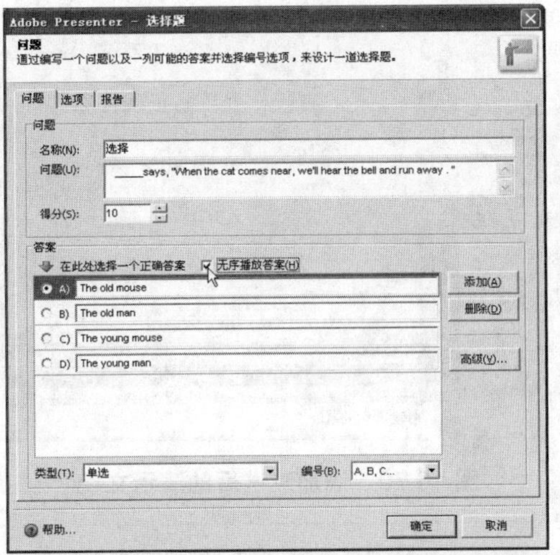

图 16.65 选中【无序播放答案】复选框

步骤 14 切换到【选项】选项卡，在【如果答案错误】选项组中设置允许用户尝试 2 次(指一共有两次机会做题)。选中【显示重试消息】复选框，这样用户在答题错误时会被提示允许重新做题。设置完成后单击【确定】按钮关闭对话框，如图 16.66 所示。

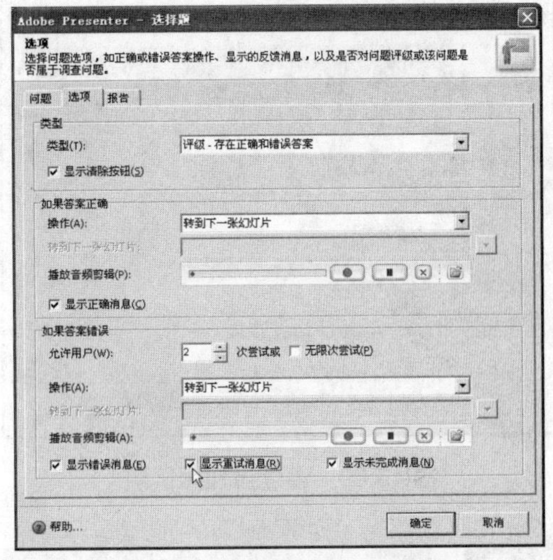

图 16.66 设置允许用户重复尝试

注 意

允许针对每个选项制定具有个性的答案选项。选中一个候选项，单击【高级】按钮。在弹出的高级答案选项对话框中选中【高级答案选项】复选框，可以针对本答案设置具有个性的答案反馈和操作，如图 16.67 所示。

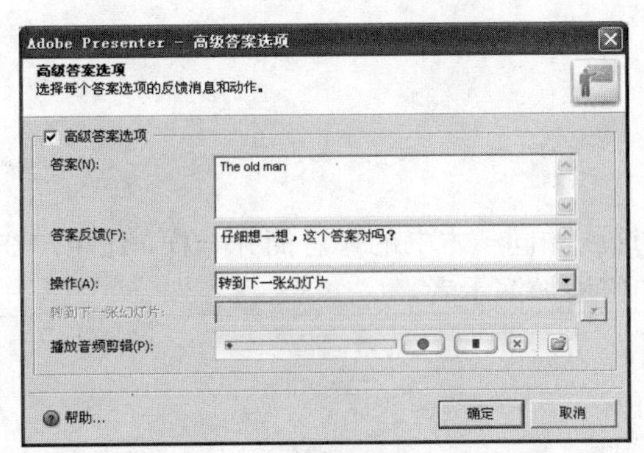

图 16.67 高级答案选项对话框

步骤 15 这样就为“观看动画回答问题”测试添加了一道选择题，如图 16.68 所示。

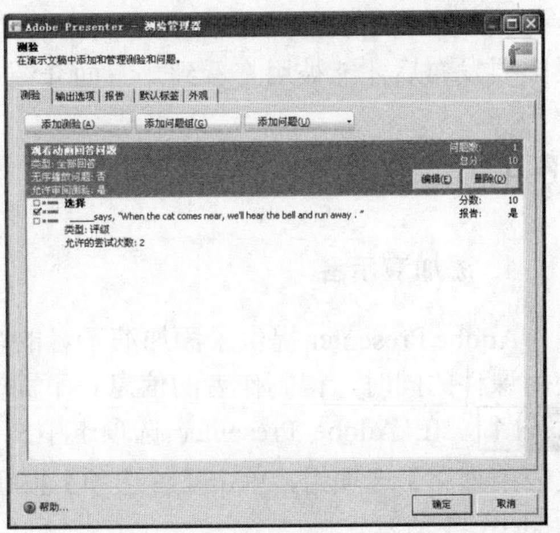

图 16.68 选择题添加成功

**步骤 16** 添加其他题型的方法和添加选择题类似，这里不再赘述。继续添加题目，完成测验，如图 16.69 所示。

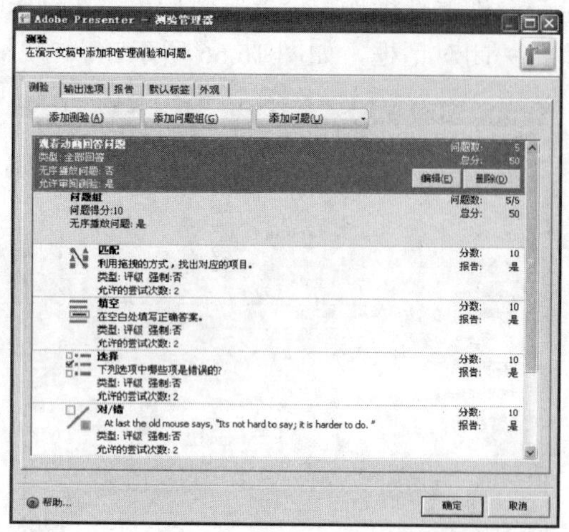


图 16.69　继续添加测试题

**步骤 17** 测验添加完成后，单击【确定】按钮关闭对话框。这时 Adobe Presenter 会自动添加若干幻灯片，这些幻灯片是测试的容器，不要删除，如图 16.70 所示。

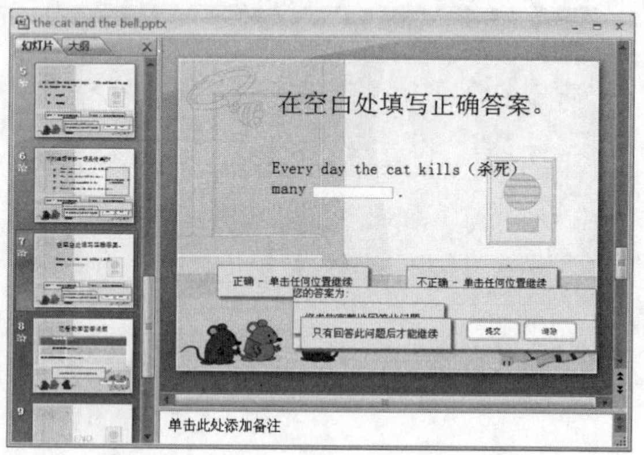


图 16.70　添加测试后的演示文稿

**注 意**

添加测试后，可以直接选择幻灯片来查看，并可以修改题目内容的字体、位置等。但是这么做有可能导致错误，所以在修改时要慎重。另外，不能通过直接播放幻灯片来测试，需要利用 Adobe Presenter 发布后才可进行测验。

# 16.4　设置与发布幻灯片演示文稿

当一个利用 Adobe Presenter 制作的幻灯片演示文稿完成后，这些激动人心的功能和效果需要发布后才能被用户看到。下面介绍最后的环节——设置与发布幻灯片演示文稿。

## 16.4.1　设置幻灯片演示文稿

### 1. 添加演示者

Adobe Presenter 提供了添加演示者的功能，这就如同一本书的作者简介一样，让用户在使用课件的同时，得到作者的信息。下面介绍如何添加演示者。

**步骤 1** 在 Adobe Presenter 选项卡中找到【应用程序】选项组，单击【首选项】按钮，如图 16.71 所示。

图 16.71　单击【首选项】按钮

步骤 2　在首选项对话框中可以添加演示者。单击【添加】按钮添加一个新的演示者，如图 16.72 所示。

图 16.72　添加一个新演示者

步骤 3　弹出的演示者对话框如图 16.73 所示。

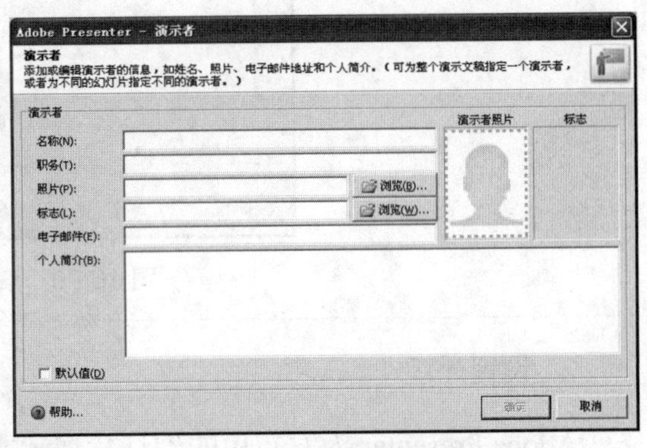


图 16.73　演示者对话框

步骤 4　添加演示者的名称、职务、电子邮件和个人简介，为演示者添加照片和标志，如图 16.74 所示。

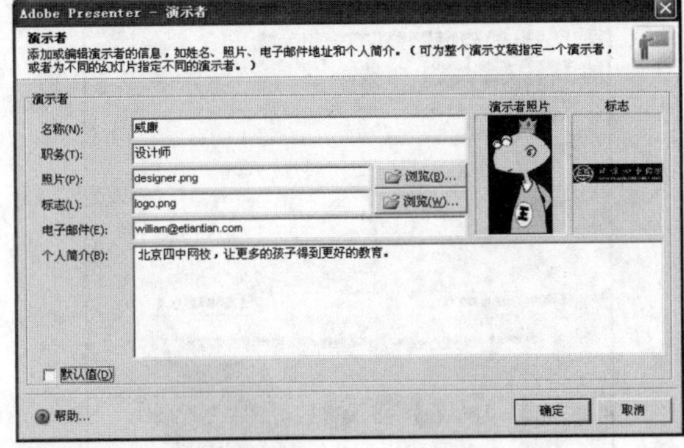


图 16.74　添加演示者的具体信息

步骤 5　选中演示者对话框中的【默认值】复选框，将本演示者设置为默认演示者，如图 16.75 所示。

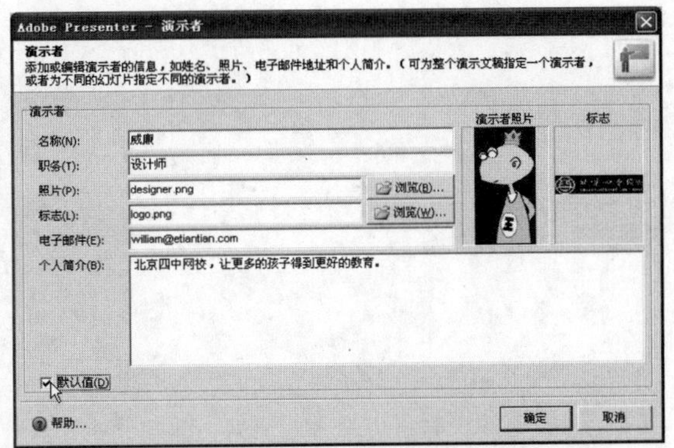


图 16.75　设置本演示者为默认演示者

步骤 6　单击【确定】按钮，完成新演示者的添加，如图 16.76 所示。

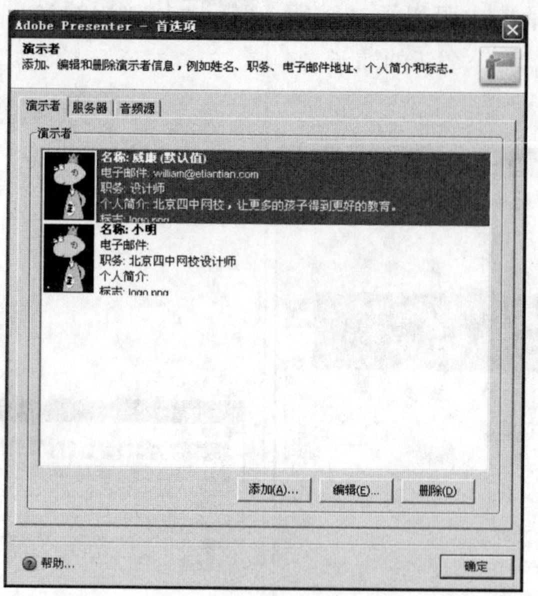


图 16.76 演示者添加成功

### 2. 设置外观

Adobe Presenter 为发布后的幻灯片演示文稿提供了很多绚丽的外观。下面介绍如何为幻灯片演示文稿设置外观。

**步骤1** 在 Adobe Presenter 选项卡中找到【演示文稿】选项组，单击【设置】按钮，如图 16.77 所示。

图 16.77 单击【设置】按钮

**步骤2** 弹出的演示设置对话框如图 16.78 所示。

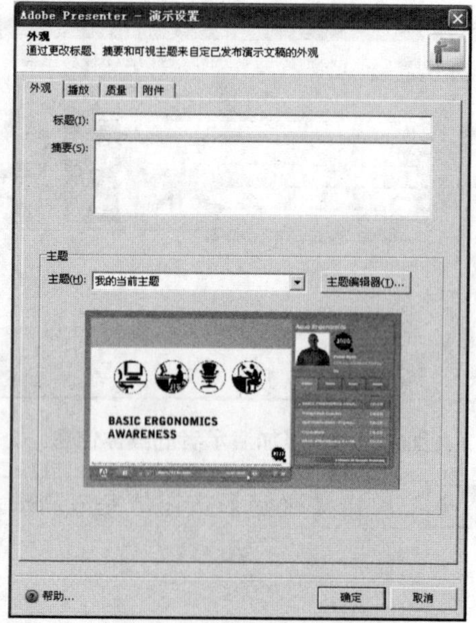


图 16.78 演示设置对话框

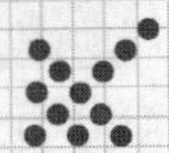

**步骤 3**　添加演示文稿的标题和摘要，如图 16.79 所示。

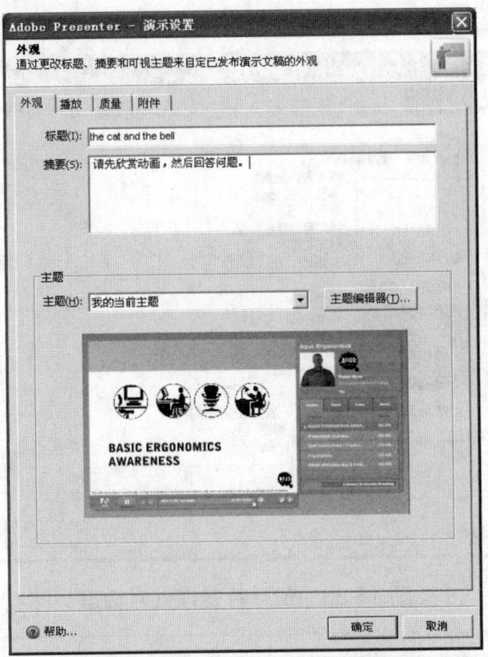


图 16.79　添加演示文稿的标题和摘要

**步骤 4**　更改本演示文稿的主题，单击【确定】按钮完成演示设置，如图 16.80 所示。

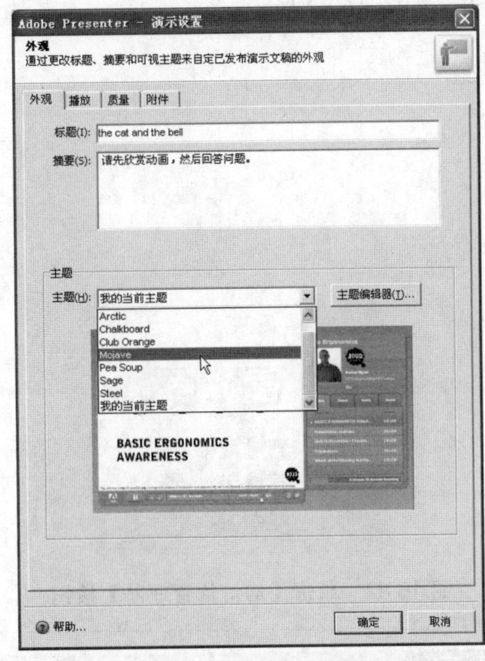


图 16.80　更改演示文稿的主题

**提 示**

单击【主题编辑器】按钮可以编辑当前选中的主题。可供修改的项目繁多，可根据需要自行设置，如图 16.81 所示。

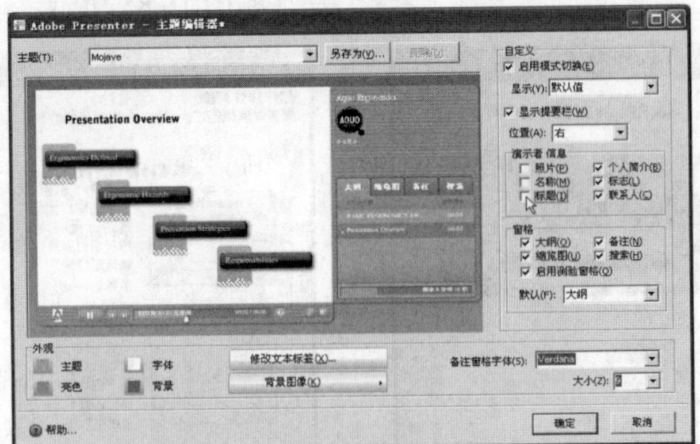


图 16.81　主题编辑器对话框

### 3. 管理幻灯片

针对每张幻灯片，Adobe Presenter 提供了强大的幻灯片管理器。下面介绍如何使用幻灯片管理器。

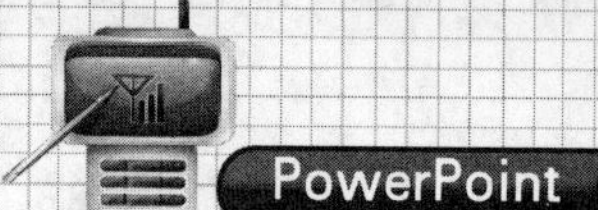



步骤 1　在 Adobe Presenter 选项卡中找到【演示文稿】选项组，单击【幻灯片管理器】按钮，如图 16.82 所示。

图 16.82　单击【幻灯片管理器】按钮

步骤 2　弹出的幻灯片管理器对话框，如图 16.83 所示。

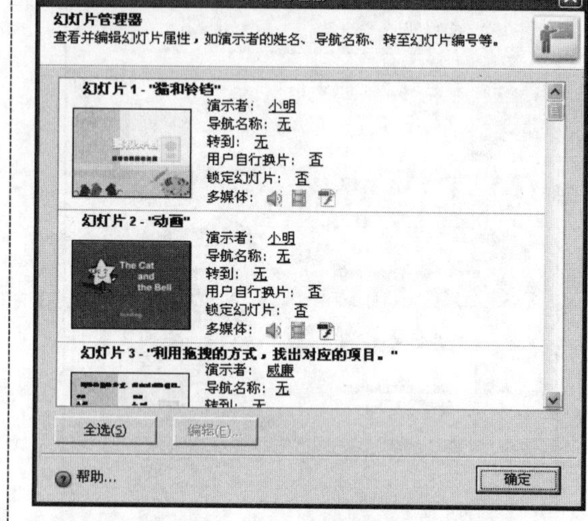


图 16.83　幻灯片管理器对话框

## 提 示

【幻灯片管理器】对话框中列出了演示文稿中所有的幻灯片，在这里可以查看和修改每张幻灯片的属性。

步骤 3　修改第一张幻灯片的【导航名称】为【标题】，【用户自行换片】设置为【是】，如图 16.84 所示。

图 16.84　更改幻灯片的属性

步骤 4　继续为“Flash 动画”和 END 两张幻灯片添加导航名称，并设置用户自行换片，如图 16.85 所示。

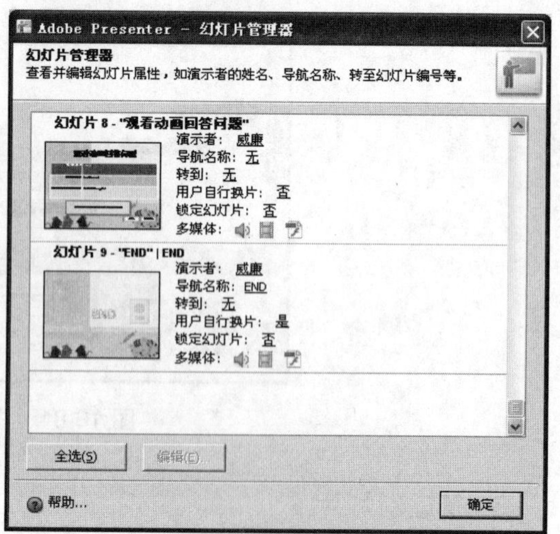


图 16.85　继续修改幻灯片的属性

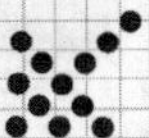

**注 意**

Adobe Presenter 为幻灯片的放映添加了播放时间控制的功能，当没有视频或音频播放时，会自动计时，时间到了就会切换到下一张幻灯片继续播放。该时长可在【演示设置】对话框的【播放】选项卡中修改，如果将【用户自行换片】设置为【否】，则幻灯片播放时会自动放映，当默认的放映时间结束后会切换到下一张幻灯片继续放映；如果设置为【是】，则幻灯片放映结束后会等待用户操作，直至用户单击【继续】按钮后才会继续放映。切勿修改测验部分幻灯片的属性，以避免出现问题。

## 16.4.2 发布幻灯片演示文稿

幻灯片演示文稿设置完成后，紧接着就是幻灯片的发布。利用 Adobe Presenter 制作的幻灯片演示文稿，只有发布后才能被用户使用。

下面介绍如何发布幻灯片演示文稿。

**步骤 1** 在 Adobe Presenter 选项卡中找到【演示文稿】选项组，单击【发布】按钮，如图 16.86 所示。

图 16.86 单击【发布】按钮

**步骤 2** 在弹出的发布演示文稿对话框中，可以选择 3 种发布方式：发布到本地，发布到 Adobe 提供的服务器，发布为 Adobe PDF，如图 16.87 所示。

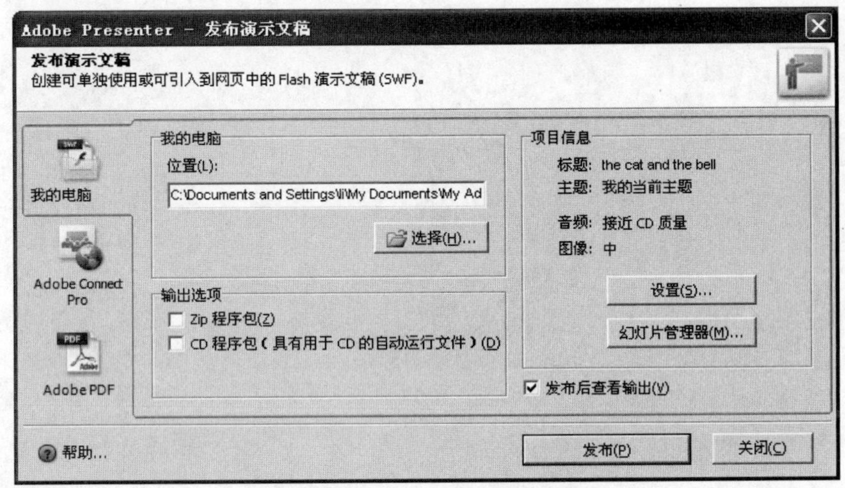


图 16.87 发布演示文稿对话框

● 发布到本地，可以将幻灯片所有的内容以一个“网站”的形式组织起来，存放到

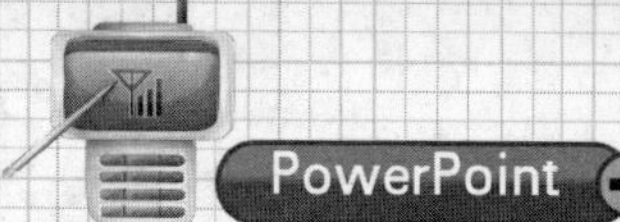


指定文件夹。这样可以方便地应用于本地演示或网络发布。

- 发布到 Adobe 提供的服务器，可以将制作的演示文稿发布到 Adobe 付费服务器上。
- 发布为 Adobe PDF 文件，可以将所有的内容压缩到一个 Adobe PDF 文件中。

步骤3 发布完成后，查看制作完成的课件，如图 16.88 所示。

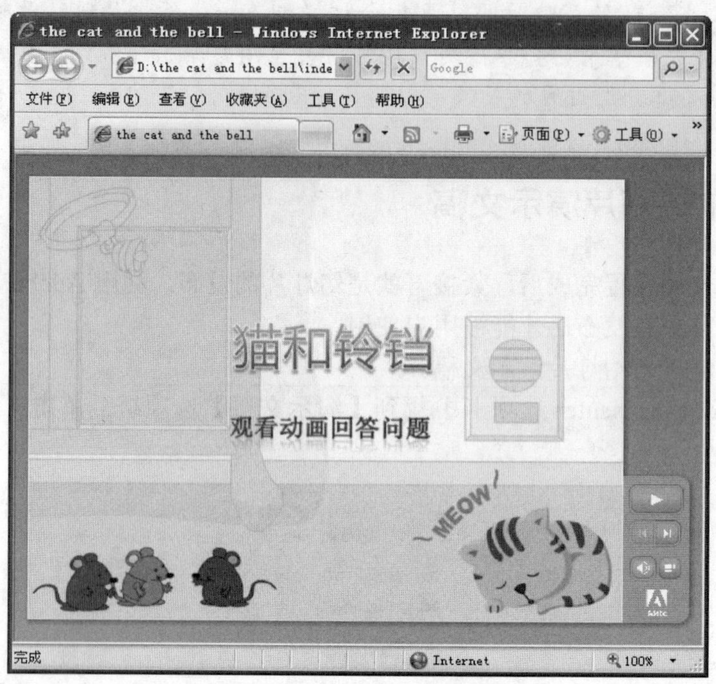


图 16.88 查看制作完成的课件